MATEMÀ-
-TIQUES 2

J. COLERA JIMÉNEZ
I. GAZTELU ALBERO
R. COLERA CAÑAS

ESO

Programa
Mary Somerville

BARCANOVA
INNOVA

ÍNDEX

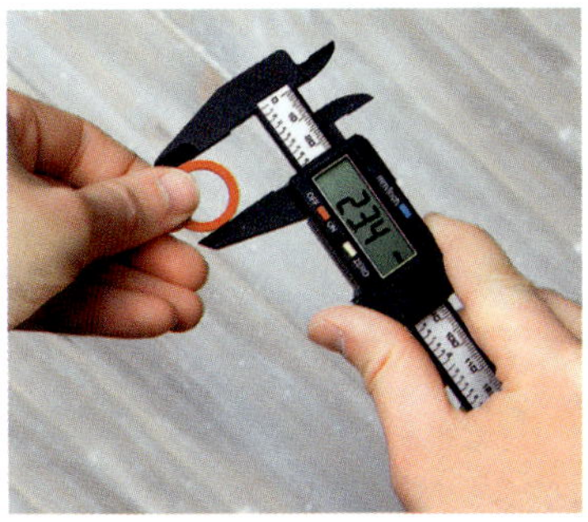

1

2

3

4

5

6

7

8

9

10

» PRESENTACIÓ I ESTRUCTURA

Els continguts del programa **Mary Somerville** per a 2n d'ESO s'estructuren en 10 unitats que es desenvolupen a partir d'informació clara i detallada i un gran nombre d'activitats.

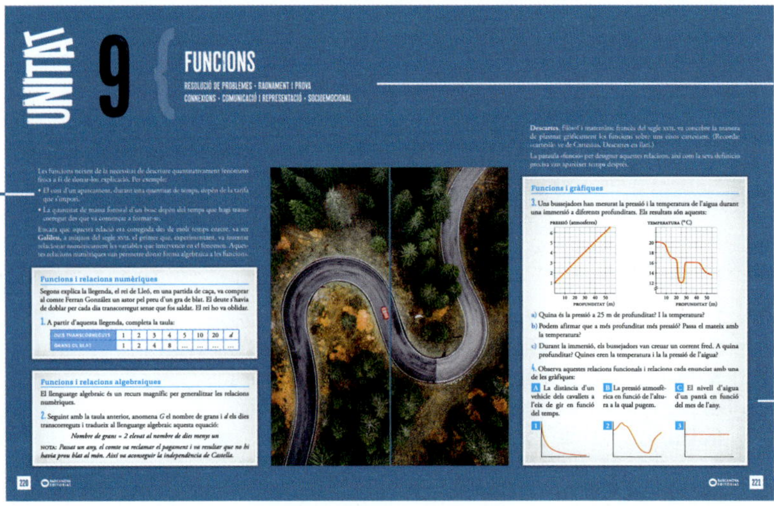

Blocs competencials, que es tracten en totes les unitats.

S'ofereixen una sèrie d'activitats motivadores amb la finalitat d'identificar els coneixements previs de l'alumne.

Cada unitat comença amb una breu introducció històrica dels continguts que es treballaran.

Destacats en color. Definicions i procediments principals.

Fixa idees. Activitats per completar i consolidar la teoria que s'acaba d'explicar.

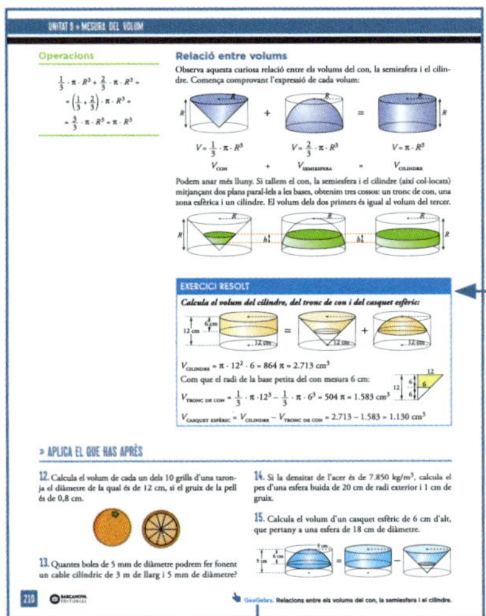

Notes al marge amb explicacions complementàries, exemples, recordatoris, calculadora, càlcul mental...

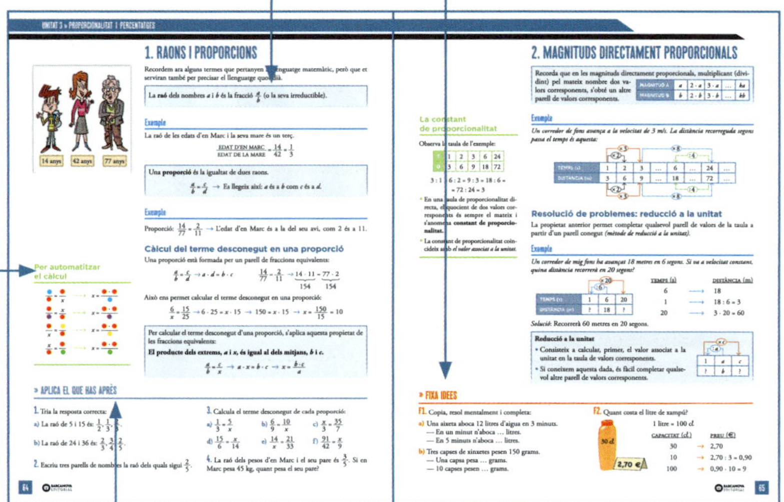

GeoGebra. Activitats amb GeoGebra que complementen els continguts. Les trobareu al web *www.espaibarcanova.cat*.

Exercicis i problemes resolts per practicar els procediments més importants.

Aplica el que has après. Activitats per posar en pràctica els coneixements que s'acaben d'adquirir i desenvolupar les diferents competències.

Exercita les teves competències. Al final de cada unitat hi ha una **bateria d'activitats** per aplicar els coneixements adquirits i per desenvolupar les diferents competències. En cada activitat s'indica el nivell de dificultat: baix mitjà alt

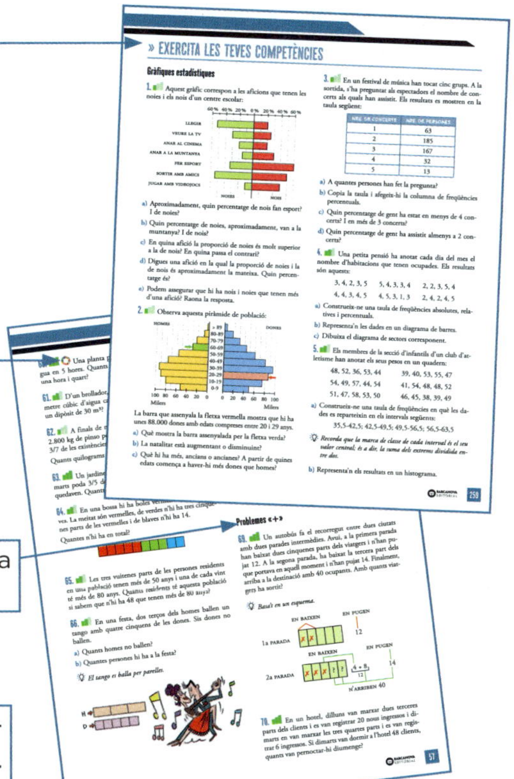

Aquesta icona indica que és una activitat per avaluar per dimensions.

Matemàtiques en context. Activitats competencials i contextualitzades en situacions reals per aplicar els continguts de la unitat.

Aquesta icona indica que és una activitat relacionada amb algun dels 17 **objectius de desenvolupament sostenible** aprovats per l'ONU.

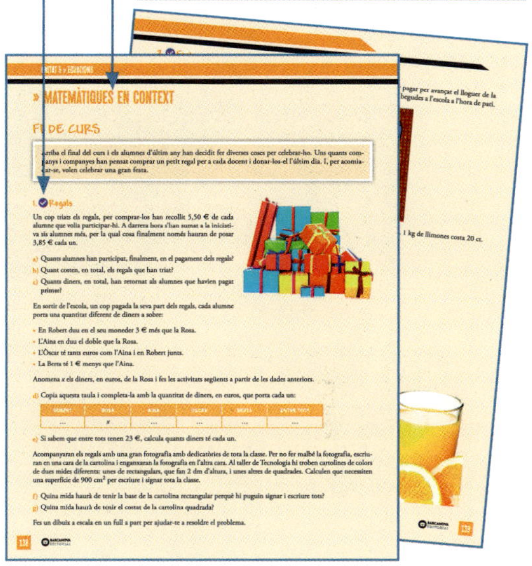

Problemes «+». Activitats d'una complexitat superior a la resta.

Taller de matemàtiques. Lectures, curiositats, informacions interessants… amb activitats de caire més lúdic.

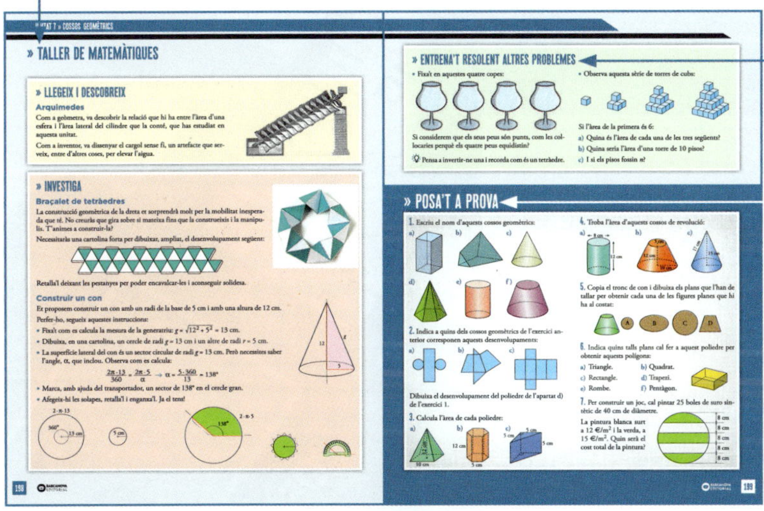

Entrena't resolent altres problemes. Problemes més lúdics per posar en joc diferents habilitats i estratègies.

Posa't a prova. Avaluació per comprovar si l'aprenentatge és satisfactori.

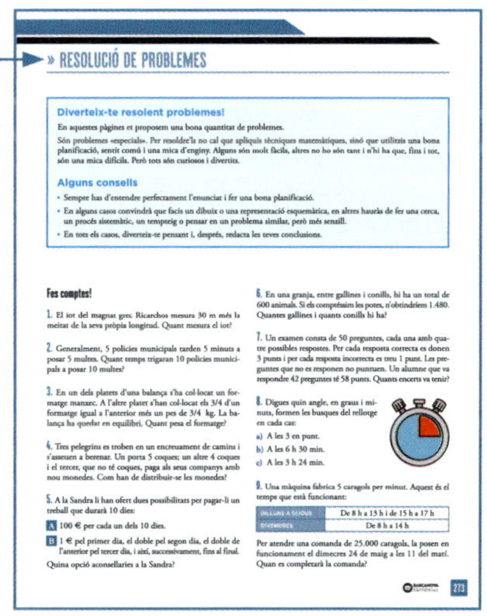

Resolució de problemes. Problemes curiosos i divertits que cal resoldre posant en joc la imaginació, una bona planificació, el sentit comú i una mica d'enginy.

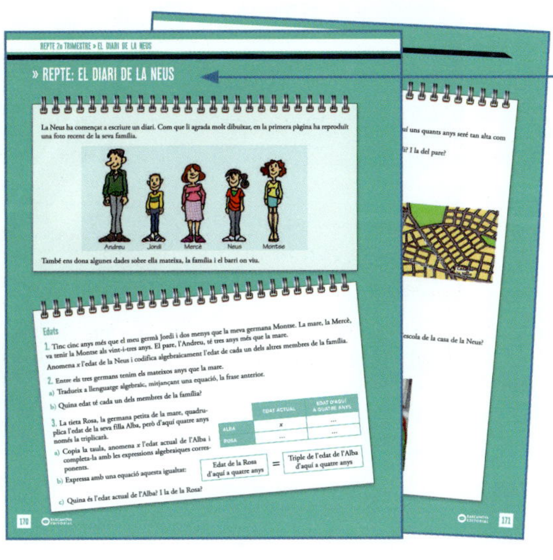

Repte. Al final de cada trimestre presentem una doble pàgina de problemes per resoldre aplicant les estratègies i els coneixements matemàtics apresos fins aquell moment. Per a la resolució dels tres reptes oferim recursos web que trobareu en l'espai personal del web *www.barcanova.cat*.

UNITAT 1

SISTEMA DE NUMERACIÓ DECIMAL I SISTEMA SEXAGESIMAL

RESOLUCIÓ DE PROBLEMES · RAONAMENT I PROVA
CONNEXIONS · COMUNICACIÓ I REPRESENTACIÓ · SOCIOEMOCIONAL

En evolucionar la cultura, el comerç, la ciència... la humanitat va necessitar idear recursos matemàtics capaços de respondre a nous reptes de la vida quotidiana. Així, ja en les civilitzacions antigues, aviat va sorgir la necessitat de tenir nombres capaços de treballar amb parts de la unitat.

Nombres a Mesopotàmia

A l'antiga Mesopotàmia s'utilitzava un sistema de numeració sexagesimal i posicional que permetia escriure nombres sencers i fraccionaris utilitzant uns quants signes:

 = 1  = 10  = 0

Observa els nombres gravats en aquestes tauletes mesopotàmiques:

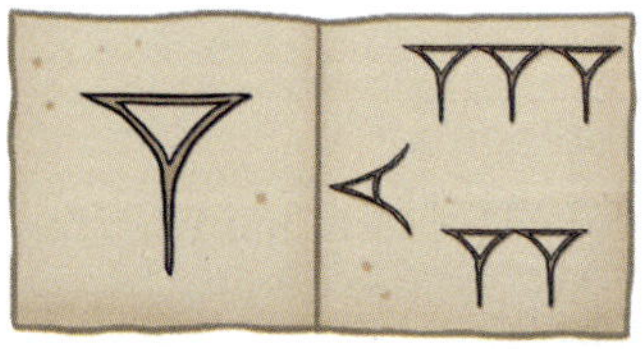

$1 + \frac{15}{60}$

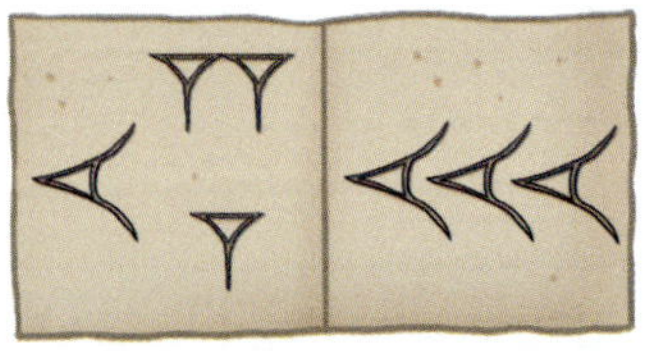

$13 + \frac{30}{60}$

1. Sabries expressar aquestes quantitats amb els nostres nombres decimals?

Tingues en compte que $\frac{15}{60} = 15 : 60 = 0{,}25$ *i que* $\frac{30}{60} = 30 : 60 = 0{,}5$.

BARCANOVA EDITORIAL

Els decimals a l'Europa del segle XV

A Europa, durant diversos segles, els nombres enters s'expressaven en el sistema decimal i les parts fraccionàries, en el sistema sexagesimal. Per exemple, el nombre 12,84 s'escrivia: 12; 50; 24, que significa:

$$12{,}84 \rightarrow 12 + \frac{50}{60} + \frac{24}{60^2}$$

2. Sabries justificar per què els nombres decimals 0,8 i 0,04 tenen, respectivament, el mateix valor que les fraccions $\frac{50}{60}$ i $\frac{24}{60^2}$?

3. Com escrivim ara el nombre $1 + \frac{45}{60}$ del segle XV?

Això que ara ens sembla tan complex, és conseqüència de l'ús generalitzat del sistema sexagesimal en l'època, heretat de l'antiga Babilònia, i a la lenta acceptació del sistema decimal, que els àrabs van portar de l'Índia cap al segle VIII.

A mitjans del segle XVI, matemàtics europeus com el flamenc **Simon Stevin** van començar a substituir les fraccions sexagesimals per les decimals, en constatar que permetien agilitzar el càlcul.

Els decimals en l'actualitat

Amb l'ús, les fraccions decimals van acabar substituint les sexagesimals per expressar unitats incompletes. I la notació basada en el sistema decimal va anar evolucionant i simplificant-se per fixar-se, a començaments del segle XVII, en la que utilitzem en l'actualitat.

$$12 + \frac{8}{10} + \frac{4}{10^2} \rightarrow 12 + \frac{84}{100} \rightarrow 12{,}84$$

4. Escriu en forma decimal:

a) $3 + \frac{1}{10} + \frac{7}{10^2}$ **b)** $\frac{3}{10} + \frac{8}{10^2} + \frac{5}{10^3}$

5. Expressa com a suma de fraccions decimals:

a) 2,73 **b)** 3,04 **c)** 9,165

Malgrat la implantació i el predomini del sistema decimal, el sistema sexagesimal ha arribat fins als nostres dies en la mesura i l'expressió de dues magnituds: el temps i l'amplitud angular.

Hores, minuts i segons

6. Sabries explicar la transformació següent?

$$5 \text{ min } 36 \text{ s} = \left(\frac{15}{60} + \frac{36}{60^2}\right) \text{h} = (0{,}25 + 0{,}01) \text{ h} = 0{,}26 \text{ h}$$

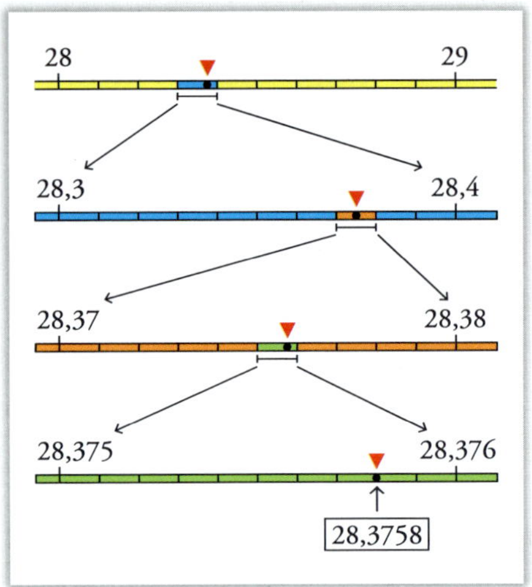

1. ELS NOMBRES DECIMALS

Per expressar quantitats compreses entre dos nombres enters, utilitzem els nombres decimals.

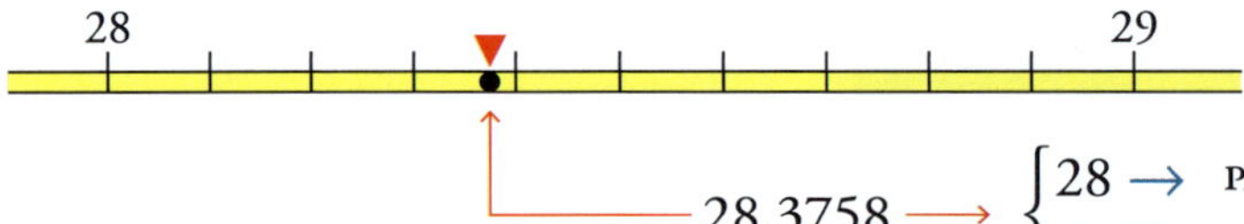

28,3758 → $\begin{cases} 28 \rightarrow \text{PART ENTERA} \\ 0{,}3758 \rightarrow \text{PART DECIMAL} \end{cases}$

La part decimal representa una quantitat més petita que la unitat i els seus ordres d'unitats tenen la mateixa estructura que els de la part entera:

> Una unitat de qualsevol ordre es divideix en deu unitats de l'ordre immediat inferior.

1 unitat = 10 dècimes ⟶ $1 = 10 \cdot \frac{1}{10} = 10 \cdot 0{,}1$

1 dècima = 10 centèsimes ⟶ $0{,}1 = 10 \cdot \frac{1}{100} = 10 \cdot 0{,}01$

1 centèsima = 10 mil·lèsimes ⟶ $0{,}01 = 10 \cdot \frac{1}{1.000} = 10 \cdot 0{,}001$

	MILERS	CENTENES	DESENES	UNITATS	DÈCIMES	CENTÈSIMES	MIL·LÈSIMES	DEUMIL·LÈSIMES	CENTMIL·LÈSIMES	MILIONÈSIMES	
...	UM	C	D	U,	d	c	m	dm	cm	mm	...
			2	8,	3	7	5	8			

→ Vint-i-vuit unitats i tres mil set-centes cinquanta-vuit deumil·lèsimes

$$28{,}3758 = 20 + 8 + \frac{3}{10} + \frac{7}{100} + \frac{5}{1.000} + \frac{8}{10.000} = 28 + \frac{3.758}{10.000}$$

Classes de nombres decimals

Cal que sapiguem diferenciar els diversos tipus de nombres decimals que ens trobarem en mesures, resultats d'operacions i problemes.

- **Decimals exactes:** tenen un nombre limitat de xifres decimals.

  4,75 — DUES XIFRES DECIMALS

- **Decimals periòdics:** tenen infinites xifres decimals que es repeteixen periòdicament. Poden ser de dos tipus:

  Periòdic pur:

  $7{,}151515\ldots = 7{,}\widehat{15}$ — PERÍODE

  Periòdic mixt:

  $8{,}24666\ldots = 8{,}24\widehat{6}$ — PART DECIMAL NO PERIÒDICA (24); PERÍODE (6)

- **Decimals no exactes i no periòdics:** tenen infinites xifres decimals que no es repeteixen periòdicament.

  $\sqrt{2} = 1{,}4124135\ldots$

Regla pràctica

Per comparar dos nombres decimals, contrastem xifra a xifra els ordres d'unitats corresponents, començant per l'esquerra.

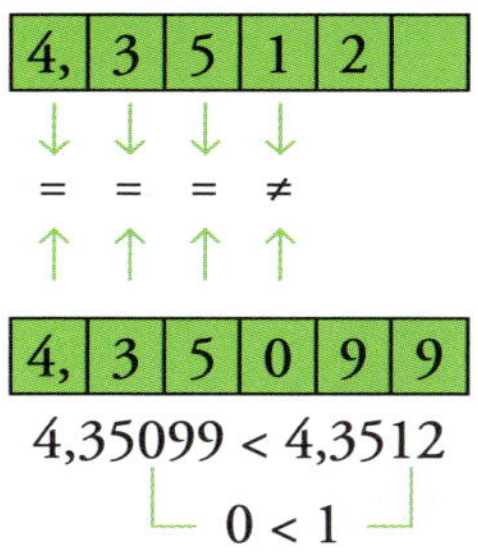

Representació i ordenació de nombres decimals

Cada nombre decimal es representa amb un punt en la recta numèrica.

Cada punt de la recta es localitza per mitjà d'un nombre decimal.

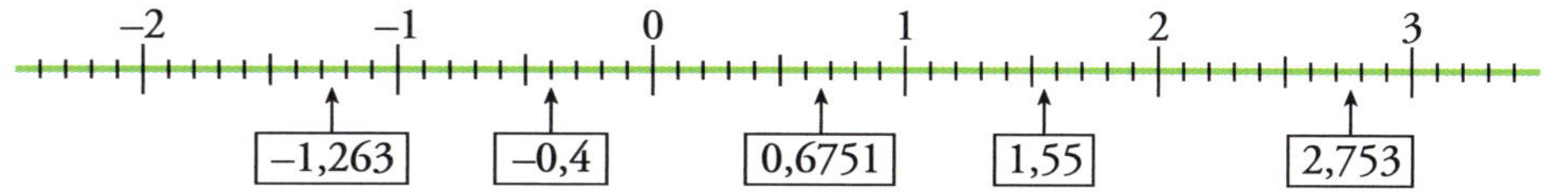

–1,263 < –0,4 < 0,6751 < 1,55 < 2,753

Els nombres decimals queden ordenats en la recta numèrica.

Si triem dos nombres qualssevol, el més petit queda a l'esquerra i el més gran, a la dreta.

» APLICA EL QUE HAS APRÈS

1. Escriu com es llegeixen les quantitats de la taula:

UM	C	D	U,	d	c	m	dm	cm	mm
			0,	0	3	7			
		1	5,	4	6	8			
			0,	0	0	2	4		
4	3	5	8,	6					
			0,	0	0	0	1	4	8

2. Escriu com es llegeixen les quantitats següents:

a) 1,37 **b)** 5,048 **c)** 2,0024
d) 0,00538 **e)** 0,000468 **f)** 0,0000007

3. Escriu amb xifres:

a) Tres unitats i cinc centèsimes.
b) Quaranta-tres mil·lèsimes.
c) Vuit mil·lèsimes.
d) Dues-centes dinou milionèsimes.
e) Vint-i-tres milionèsimes.
f) Catorze deumilionèsimes.

4. Observa els nombres decimals següents:

1,292929… | $4,76\widehat{2}$ | π = 3,14159265… | 3,7 | $13,\widehat{8}$ | $\sqrt{3}$ = 1,7320508… | 12,854 | 5,3888…

a) Quins són decimals exactes?
b) Quins són periòdics purs?
c) Quins són periòdics mixtos?
d) Quins no són ni exactes ni periòdics?

5. Escriu el nombre corresponent a cada lletra:

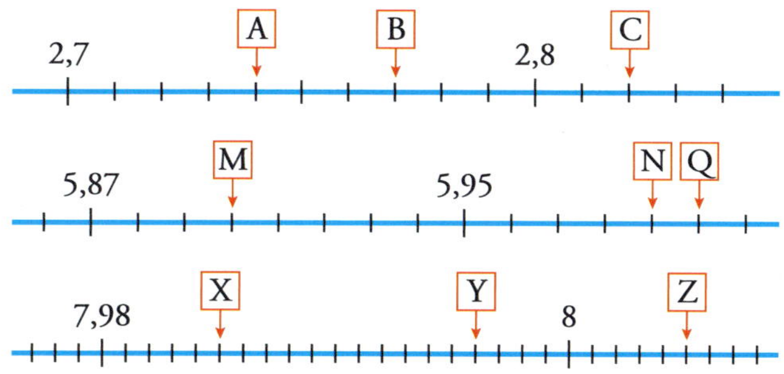

6. Dibuixa una recta numèrica i representa-hi els nombres següents:

A = 8,7 B = 9 C = 9,4 D = 10

7. Dibuixa una recta numèrica i representa-hi els nombres següents:

M = –0,2 N = 0,02 O = –0,07
P = 0,08 Q = 0,15 R = –0,12

8. Ordena del més gran al més petit:

a) 7,4; 6,9; 7,09; 7,11; 5,88
b) 3,9; 4,04; 3,941; 3,906; 4,001
c) 0,039; 0,01; 0,06; 0,009; 0,075
d) 11,99; 11,909; 11,009; 12,01; 11,91

9. Copia i completa amb els signes <, > o =, segons correspongui:

a) 2,5 ☐ 2,50 **b)** 6,1 ☐ 6,987
c) 3,009 ☐ 3,01 **d)** 4,13 ☐ 4,1300

GeoGebra. **Representa en una recta numèrica els nombres decimals.**

Aproximació d'un nombre decimal a un determinat ordre d'unitats

A vegades, com a resultat del càlcul, obtenim nombres amb excessives xifres decimals que són feixugues de manejar i aporten informació poc significativa. En aquests casos, substituïm els resultats per altres de més manejables de *valor aproximat.*

Exemple

Cada pot de melmelada costa: 5,50 : 3 = 1,8333... € ←

→ Cada paquet de cafè costa: 7,35 : 4 = 1,8375 €

El resultat 1,8333... és més a prop d'1,83 que d'1,84.

Arrodoniment: Cada pot de melmelada costa 1,83 €.

El resultat 1,8375 és més a prop d'1,84 que d'1,83.

Arrodoniment: Cada paquet de cafè costa 1,84 €.

L'**arrodoniment** consisteix a suprimir les xifres decimals a partir d'un determinat ordre d'unitats, sumant 1 a l'última xifra resultant quan la primera xifra suprimida és 5 o més gran que 5.

Tingues en compte

En l'arrodoniment, quan la primera xifra suprimida és 5, l'aproximació es fa a l'alça (cap amunt).

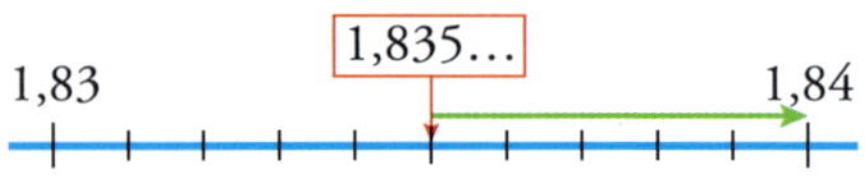

Arrodoniment: 1,835... → 1,84

Error comès en l'arrodoniment

Quan fem un arrodoniment, donem un valor aproximat; per tant, cometem voluntàriament un error.

	VALOR REAL	ARRODONIMENT	ERROR	FITA DE L'ERROR
POT DE MELMELADA	1,8333...	1,83	1,8333... – 1,83 = 0,00333...	< 0,005
PAQUET DE CAFÈ	1,8375	1,84	1,8375 – 1,84 = 0,0025	< 0,005

En ambdós casos hem arrodonit a les centèsimes, i l'error comès és més petit de cinc mil·lèsimes; és a dir, **no supera la mitja centèsima**.

Diem que mitja centèsima és una **fita de l'error** comès.

Tingues en compte

Arrodoniment a les dècimes → $\begin{cases} 6,22 \to 6,2 \\ 6,27 \to 6,3 \end{cases}$

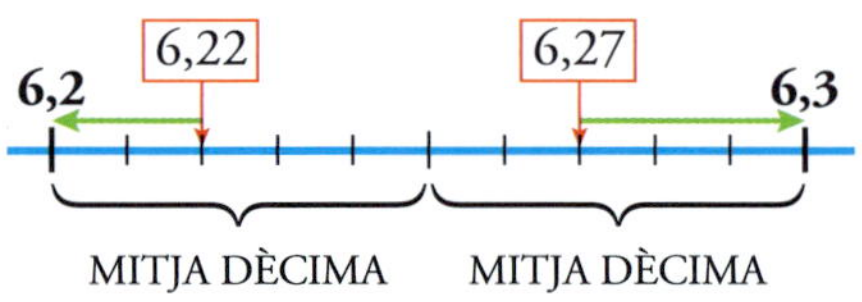

L'error comès en l'arrodoniment és inferior a mitja unitat de l'ordre al qual s'aproxima.

Entre dos nombres decimals sempre hi ha un altre nombre decimal

- Prenguem dos decimals qualssevol; per exemple, 5,5 i 5,9.

  És evident que entre ambdós hi ha d'altres nombres.

- Agafem-ne, ara, dos de consecutius dels anteriors; per exemple, 5,5 i 5,6.

  Ambdós nombres es diferencien en una dècima, que es divideix en deu centèsimes.

El raonament pot continuar indefinidament, i es repeteix per a qualsevol altre parell de nombres.

> Entre dos nombres decimals qualssevol hi ha infinits nombres decimals.

$$\left.\begin{matrix}2{,}58 = 2{,}580\\ 2{,}59 = 2{,}590\end{matrix}\right\} \rightarrow 2{,}580 < 2{,}581 < \ldots < 2{,}589 < 2{,}590$$

Regla pràctica

Per intercalar un nombre decimal entre dos nombres decimals, augmentem el nombre de xifres decimals afegint zeros a la dreta.

5,09 < … < 5,1

↓ ↓

5,090 < 5,095 < 5,100

» FIXA IDEES

F1. Arrodoneix el nombre 2,83516:

a) A les unitats. → … b) A les dècimes. → …

c) A les centèsimes. → … d) A les mil·lèsimes. → …

F2. Copia i completa:

a) Intercala tres nombres entre 2,58 i 2,59.

2,580 < … < … < … < 2,590

b) Intercala tres nombres entre 3,4 i 3,41.

3,400 < … < … < … < 3,…

c) Intercala tres nombres entre 0,59 i 0,6.

0,59… < … < … < … < 0,6…

AJUDA

F1. Arrodoniment de 6,0771:

A les unitats → 6

A les dècimes → 6,1

A les centèsimes → 6,08

A les mil·lèsimes → 6,077

F2. Intercala un nombre decimal entre 4,09 i 4,1:

4,09 4,1

↓ ↓

4,090 < 4,095 < 4,100

» APLICA EL QUE HAS APRÈS

10. Arrodoneix el nombre $6,\widehat{82}$:

a) A les unitats. b) A les dècimes.

c) A les centèsimes. d) A les mil·lèsimes.

11. Arrodoneix a les dècimes:

a) 5,48 b) 2,8346 c) 3,057

12. Arrodoneix a les centèsimes:

a) 6,284 b) 1,53369 c) 0,79462

13. Intercala un nombre decimal entre:

a) 2,2 i 2,3 b) 4,01 i 4,02

c) 1,59 i 1,6 d) 8 i 8,1

2. OPERACIONS AMB NOMBRES DECIMALS

Ja saps sumar, restar i multiplicar amb decimals. Com a repàs, comprova les operacions d'aquest rebut d'aigua, així com els arrodoniments dels resultats.

CONSUM D'AIGUA

$10 + 19 + 4 = 33\ m^3$

0,03 · 10

0,65 × 19 = 5 85 + 6 5 = 12,35

1,93 × 4 = 7,72

0,3 + 12,35 + 7,72 = 20,37

IVA al 10 %

20,37 · 0,1 = 2,037 → 2,04

CÀNON DE SANEJAMENT

0,418 × 33 = 1 254 + 12 54 = 13,794 → 13,79

SUBTOTAL

20,37 + 1,85 + 2,04 + 12,33 + 13,79 = 50,38

DESCOMPTES

50,38 × 0,15 = 25190 + 5038 = 7,5570 → 7,56

A PAGAR

50,38 − 7,56 = 42,82

AQUAX (SUBMINISTRAMENT MUNICIPAL D'AIGUA)

FACTURA TRIMESTRAL

	CONSUM AIGUA	Quantitat	Preu unitari	Import (€)	IVA (%)
A	Fins a 10 m^3	10	0,03	0,30	10
	D'11 a 30 m^3	19	0,65	12,35	10
	De 31 a 60 m^3	4	1,93	7,72	10
	Més de 60 m^3	0	2,50	0,00	21
B	COMPTADOR (lloguer)			1,85	
C	IVA al 10% Base imposable 20,37			2,04	
	IVA al 21% Base imposable 0,00			0,00	
	CÀNON SANEJAMENT				
D	Quota fixa			12,33	
	Consum	33	0,418	13,79	
E	SUBTOTAL			50,38	
F	DESCOMPTES				
	[x] Família nombrosa E x 0,15			7,56	
	[ ] Ajuts socials E x 0,3			0,00	
T	TOTAL A PAGAR (E – F)			42,82	

Les operacions s'han fet al marge i es recullen en les expressions següents:

A Quantitat (m^3) → 10 + 19 + 4 = 33 m^3
Import → 10 · 0,03 + 19 · 0,65 + 4 · 1,93 = 0,3 + 12,35 + 7,72 = 20,37 €

B Comptador (lloguer) → 1,85 €

C IVA al 10 % de 20,37 → 2,037 → Arrodoniment: 2,04 €

D Quota fixa → 12,33 €
Consum → (10 + 19 + 4) · 0,418 = 13,794 → Arrodoniment: 13,79 €

E Subtotal: A + B + C + D = 20,37 + 1,85 + 2,04 + (12,33 + 13,79) = 50,38 €

F Descompte família nombrosa → 50,38 · 0,15 = 7,557 → Arrodon.: 7,56 €

T Total a pagar: E – F → 50,38 – 7,56 = 45,82 €

- Per **sumar** o **restar** nombres decimals, es col·loquen en columna fent coincidir els ordres d'unitats corresponents.
- Per **multiplicar** nombres decimals, s'opera com si fossin enters i, després, en el producte resultant se separen tantes xifres decimals com les que tenen entre els dos factors.

Divisió de nombres decimals

Repassarem ara els diferents casos de divisió amb nombres decimals.

Per a cada un, partirem d'un problema que dona sentit a l'operació.

Divisions amb el divisor enter

Exemples

- *Amb un bidó de 70 litres d'oli s'han omplert 16 garrafes iguals.*

  Quant oli conté cada garrafa?

  ```
  7 0, 0 0 0 | 16
    6 0        4,375
    1 2 0
        8 0
          0
  ```

  Solució:
  Cada garrafa conté 4,375 litres d'oli.

- *Una bossa de taronges de 3 kg costa 3,59 €.*

  Quant costa un quilogram de taronges?

  ```
  3, 5 9 0 0 | 3
  0 5          1,1966...
    2 9
      2 0
        2 0
          2
          ...
  ```

  Solució:
  Costa $1,19\widehat{6}$ €/kg. → Arrodoniment: 1,20 €

Recorda

En l'arrodoniment, quan la primera xifra suprimida és 5 o més gran, se suma 1 a l'anterior.

1,19666... —ARRODONIMENT→ 1,20

```
  1, 1 9
+ 0, 0 1
--------
  1, 2 0
```

Per obtenir xifres decimals en el quocient:

- En *baixar* la xifra de les desenes del dividend, es posa la coma decimal en el quocient i es continua la divisió.
- Si no hi ha prou xifres decimals en el dividend, s'afegeixen els zeros necessaris per aconseguir l'aproximació desitjada.

Divisions amb el divisor decimal

Exemples

- *Hem pagat 6 € per 2,5 m de tela per fer una pancarta reivindicativa de la igualtat de gènere.*

  Quant costa el metre de tela?

  6 : 2,5 (×10, ×10)

  ```
  6 0 , 0 | 25
  1 0   0   2,4
      0   0
  ```

  Solució: Costa 2,40 €/m.

- *Una planxa d'aglomerat de fusta d'1,25 m^2 pesa 8 kg i 100 g.*

  Quant pesa un metre quadrat d'aquest aglomerat?

  8,1 : 1,25 (×100, ×100)

  ```
  8 1 0 , 0 0 | 125
    6 0   0     6,48
    1 0   0 0
      0   0 0
  ```

  Solució: Un metre quadrat pesa 6,48 kg.

Recorda

Si es multipliquen el dividend i el divisor pel mateix nombre, el quocient no varia.

6 : 2 = 3
× 10 ↓ ↓ × 10 — QUOCIENTS IGUALS
60 : 20 = 3

Quan hi ha **decimals en el divisor**:

- Es multipliquen el dividend i el divisor per la unitat seguida de tants zeros com xifres decimals hi hagi en el divisor.
- La nova divisió té el mateix quocient i el divisor enter.

Exemple

$1{,}5 - 0{,}5 \cdot (4{,}32 - 6)$

$1{,}5 - 0{,}5 \cdot (-1{,}68)$

$1{,}5 + 0{,}84$

$2{,}34$

Operacions combinades

Quan treballem amb expressions de nombres decimals amb parèntesis i operacions combinades seguirem les mateixes normes que amb els enters quant a la prioritat de les operacions, la regla dels signes, etc.

Prioritat de les operacions:

- Primer, els parèntesis.
- Després, les multiplicacions i les divisions.
- Finalment, les sumes i les restes.

Exemple:

$$1{,}5 - 0{,}5 \cdot (4{,}32 - 6) =$$
$$= 1{,}5 - 0{,}5 \cdot (-1{,}68) =$$
$$= 1{,}5 + 0{,}84 = 2{,}34$$

» FIXA IDEES

F3. Copia i completa per obtenir una divisió equivalent sense decimals en el divisor. Després, completa l'operació.

$0{,}15 : 0{,}3$ (×☐, ×10) → … ⌊3 ; … …

$3 : 0{,}05$ (×☐, ×☐) → 3 0 0 ⌊5 ; … …

$4{,}5 : 1{,}125$ (×☐, ×☐) → … ⌊1125 ; … …

F4. Observa el resultat que dona la calculadora en dividir 2,5 : 6 i, després, copia i completa els enunciats. Arrodonint en cada cas amb la precisió adequada.

2,5 ÷ 6 = → 0.4166666

a) S'han fet servir 2,5 kg de plata en la fabricació de sis trofeus.

Cada trofeu conté… kg de plata. → Arrodoniment: … grams

b) S'han fet servir 2,5 kg de patates per fer sis truites.

Cada truita conté… kg de patates. → Arrodoniment: … grams

F5. Observa l'esquema, copia i completa:

$3 - (1{,}5 + 1{,}54) : (4{,}23 - 2{,}33)$

3 − ☐ : ☐

3 − ☐

☐

$3 - (1{,}5 + 1{,}54) : (4{,}23 - 2{,}33) =$

= 3 − ☐ : ☐ = 3 − ☐ =

= ☐

F6. Recupera la factura de l'aigua de la pàgina 14. Copia i completa:

a) L'import de l'apartat A, per a una despesa de 40 m^3, seria:

$10 \cdot 0{,}03 + \ldots \cdot 0{,}65 + \ldots \cdot 1{,}93 = \ldots + \ldots + \ldots = \ldots$

b) Calcula el «total a pagar» de la factura per a una família que ha consumit 40 m^3 i no gaudeix de cap descompte.

c) Té el mateix preu tota l'aigua consumida? Per què?

AJUDA

F3. Exemple:

$3{,}5 : 1{,}75$ (×100, ×100)

3 5 0 ⌊175
0 0 0 2

F4. Exemple:

- 4,75 kg de farina per a 16 pastissos
- 4,75 kg d'or per a 16 lingots

Ho resolem amb la calculadora:

4,75 ÷ 16 = → 0.2968751

- Cada pastís porta 0,3 kg de farina.
- Cada lingot porta 0,297 kg d'or.

F5. Exemple:

$(3 - 1{,}9) \cdot (1{,}43 + 1{,}07) - 1{,}15$

$1{,}1 \cdot 2{,}5 - 1{,}15$

$2{,}75 - 1{,}15$

$1{,}6$

F6. Una despesa de 55 m^3 d'aigua es fracciona així:

Fins a 10 m^3	→ 10 m^3
D'11 a 30 m^3	→ 19 m^3
De 31 a 60 m^3	→ 26 m^3
Total	→ 55m^3

» APLICA EL QUE HAS APRÈS

14. Respon mentalment:

a) 0,75 + 0,25 **b)** 0,75 – 0,25
c) 1,80 + 1,20 **d)** 1,80 – 1,20
e) 2,30 + 1,80 **f)** 2,30 – 1,80
g) 3,50 + 1,75 **h)** 3,50 – 1,75

15. Calcula:

a) 2,37 + 0,356 **b)** 5,86 – 1,749
c) 13,2 + 4,08 + 2,635 **d)** 15,4 – 6,843
e) 7,04 + 12,283 + 0,05 **f)** 0,35 – 0,0648

16. Recorda el producte i el quocient per la unitat seguida de zeros i calcula:

a) 2,6 · 100 **b)** 5,4 : 10
c) 0,83 · 10 **d)** 12 : 100
e) 0,0048 · 1.000 **f)** 350 : 1.000

17. Calcula:

a) 6,3 · 1,24 **b)** 0,44 · 2,375
c) 0,016 · 0,0025 **d)** 143 · 0,068
e) 5,48 · 2,63 **f)** 0,15 · 1,01

18. Copia i completa perquè sigui certa cada igualtat:

a) 5,2 : 0,8 = 52 : … **b)** 3 : 0,004 = … : 4
c) 6,31 : 2,5 = … : 25 **d)** 2,4 : 1,638 = 2.400 : …
e) 0,005 : 0,02 = 5 : … **f)** 0,12 : 0,0012 = 1.200 : …

19. Calcula el quocient exacte o, com a màxim, amb tres xifres decimals:

a) 8 : 6 **b)** 218 : 16 **c)** 3 : 4
d) 12 : 536 **e)** 149,04 : 23 **f)** 2,58 : 15

20. Substitueix cada divisió per una altra d'equivalent amb el divisor enter. Després, calcula el quocient exacte o amb tres xifres decimals.

a) 6 : 0,2 **b)** 13 : 0,75
c) 53 : 4,11 **d)** 4 : 0,009
e) 45,6 : 3,8 **f)** 23,587 : 5,1
g) 2,549 : 8,5 **h)** 6,23 : 0,011

21. Aproxima a les centèsimes cada quocient:

a) 5 : 6 **b)** 7 : 9 **c)** 6 : 3,5 **d)** 2,7 : 5,9

22. Resol:

a) 2,37 – 1,26 + 0,8 – 0,35
b) 2,50 – 1,25 – 1,75 – 0,20
c) 13,48 – 10,7 + 5,328 – 6,726
d) 5,6 – 8,42 – 4,725 + 1,48

23. Calcula:

a) 6,2 – (7,2 – 4,63)
b) (12,85 – 7,9) – (6,2 + 3,28)
c) 5,6 – [4,23 – (5,2 + 1,75)]

24. Opera i resol:

a) 3,6 – 1,2 · 0,6 – 4,5 : 1,8
b) 3,6 – 0,5 · (4 – 2,26)
c) 0,75 : (2,65 – 1,15) – 1,1
d) (0,5 + 0,1) · (0,5 – 0,1) – (0,6 – 0,4) · (0,6 + 0,4)
e) 5,4 – 1,5 · [3,2 + 10 · (0,63 – 1,25)]

25. Experimenta, posa exemples i, després, completa:

a) Multiplicar per 0,1 és el mateix que dividir…
b) Dividir entre 0,1 és el mateix que multiplicar…
c) Multiplicar per 0,5 és el mateix que…
d) Dividir entre 0,5 és el mateix que…
e) Multiplicar per 0,25 és el mateix que…
f) Dividir entre 0,25 és el mateix que…

26. Calcula mentalment:

a) 12 · 0,5 **b)** 28 · 0,5 **c)** 8 · 0,25
d) 0,24 · 0,25 **e)** 17 · 0,1 **f)** 0,6 · 0,1
g) 7 : 0,5 **h)** 2,3 : 0,5 **i)** 2 : 0,25
j) 0,6 : 0,25 **k)** 8 : 0,1 **l)** 4,8 : 0,1

27. Estima mentalment, sense decimals, i després comprova-ho amb la calculadora.

a) 25,197 · 9,86 **b)** 142,36 · 0,49
c) 181,046 : 6,16 **d)** 33,44 : 0,511

T'has de desviar menys de dues unitats.

28. Resol amb la calculadora i aproxima el resultat a l'ordre d'unitats que consideris adequat:

a) Un paquet de 500 folis pesa 652 grams. Quant pesa un foli?
b) El pollastre costa 3,49 €/kg. Quant costarà un pollastre que pesa 1 kg i 850 g?
c) Hem de partir un llistó de 2 m en set trossos iguals. Quina serà la longitud de cada tros?
d) Un cotxe ha consumit 50 litres de gasolina en 837 km. Quanta n'ha consumit en fer 100 km?

3. ARREL QUADRADA D'UN NOMBRE DECIMAL

Ja sabem que l'arrel quadrada és l'operació inversa d'elevar al quadrat.

$$\sqrt{a} = b \leftrightarrow b^2 = a$$

Exemples

$$\sqrt{0,25} = 0,5 \leftrightarrow 0,5^2 = 0,25 \qquad \sqrt{1,44} = 1,2 \leftrightarrow 1,2^2 = 1,44$$

També sabem que hi ha molts nombres l'arrel dels quals no és exacta. En aquests casos, podem temptejar aproximacions amb tantes xifres decimals com vulguem.

Com a exemple, calcularem aproximacions successives de $\sqrt{7,2}$:

$2^2 = 4$ ⟶ no hi arriba
$3^2 = 9$ ⟶ es passa
} $\rightarrow 2 < \sqrt{7,2} < 3$

$2,6^2 = 6,76$ ⟶ no hi arriba
$2,7^2 = 7,29$ ⟶ es passa
} $\rightarrow 2,6 < \sqrt{7,2} < 2,7$

$2,68^2 = 7,1824$ ⟶ no hi arriba
$2,69^2 = 7,2361$ ⟶ es passa
} $\rightarrow 2,68 < \sqrt{7,2} < 2,69$

Aplicació

Calcular el costat d'un quadrat coneixent-ne la superfície.

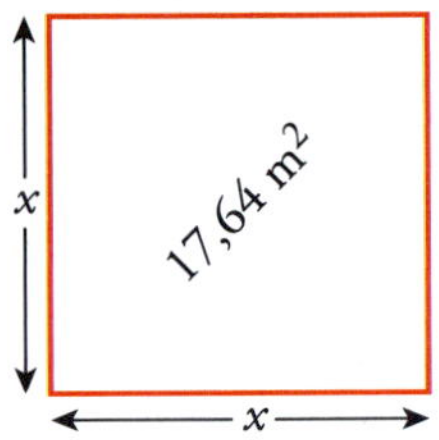

$$x \cdot x = x^2 = 17,64$$

$$x = \sqrt{17,64} = 4,2 \text{ m}$$

Algoritme per calcular l'arrel quadrada

Per calcular l'arrel quadrada d'un nombre decimal, actuarem igual que amb els nombres naturals i, a partir de la coma, baixarem les xifres decimals de dues en dues i afegirem els zeros necessaris per arribar a l'aproximació desitjada.

Exemple

$\sqrt{7,2}$	2
−4	
3	

$\sqrt{7,20}$	2,6
−4	46 · 6
3 20	
−2 76	
44	

$\sqrt{7,2000}$	2,68
−4	46 · 6
3 20	528 · 8
−2 76	
44 00	
− 42 24	
176	

Comprova l'algoritme

$\sqrt{548,73}$	23,4
−4	43 · 3
1 48	464 · 4
−1 29	
19 73	
−18 56	
177	

L'arrel quadrada en la calculadora

Normalment, per calcular l'arrel quadrada utilitzem la calculadora (tecla √), que ens ofereix la solució amb moltes xifres decimals.

D'aquesta solució, en prendrem l'aproximació desitjada.

$\sqrt{7,2} \rightarrow$ 2.6832815

» APLICA EL QUE HAS APRÈS

29. Calcula les arrels exactes següents:

a) $\sqrt{0,04}$ b) $\sqrt{0,49}$ c) $\sqrt{0,81}$
d) $\sqrt{0,0001}$ e) $\sqrt{0,0121}$ f) $\sqrt{0,1225}$

30. Obtén per tempteig, amb una xifra decimal:

a) $\sqrt{8}$ b) $\sqrt{11,5}$ c) $\sqrt{150}$

31. Calcula amb llapis i paper utilitzant l'algoritme. Si el resultat no és exacte, obtén dues xifres decimals.

a) $\sqrt{7,84}$ b) $\sqrt{56}$ c) $\sqrt{39,0625}$

32. Utilitza la calculadora i arrodoneix a les mil·lèsimes:

a) $\sqrt{10}$ b) $\sqrt{2,54}$ c) $\sqrt{76,38}$

4. EL SISTEMA SEXAGESIMAL

De la mateixa manera que comptem de 10 en 10 (sistema decimal), al llarg de la història altres cultures han comptat de 60 en 60 (sistema sexagesimal).

- L'adopció de 10 com a base del sistema de numeració decimal es fonamenta en la manera primitiva de comptar utilitzant els deu dits de les mans.
- L'adopció del 60 es basa, probablement, en una manera més sofisticada de comptar, utilitzant les falanges dels dits índex, cor, anular i petit d'una mà recorreguts amb el dit polze com a guia. El compte del nombre de recorreguts es porta amb els dits de l'altra mà.

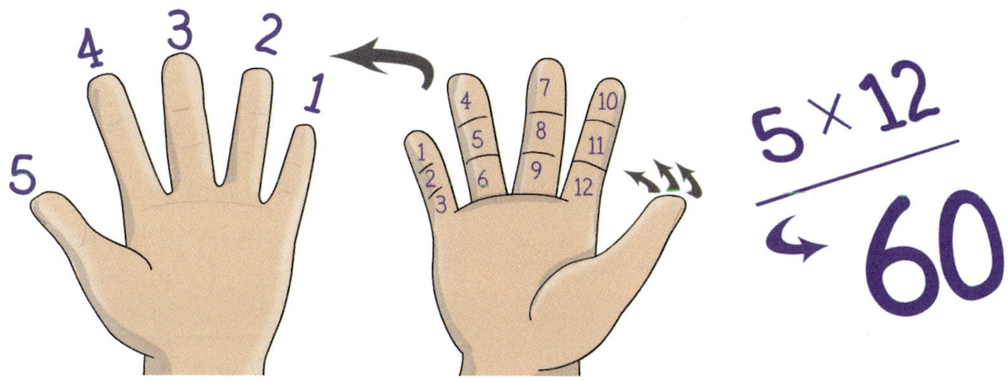

Tingues en compte

1 h = 60 min

1 min = $\frac{1}{60}$ h

12 min = $\frac{12}{60}$ h = 0,2 h

15 min = $\frac{12}{60}$ h = 0,25 h

30 min = $\frac{30}{60}$ h = 0,5 h

Mesura del temps i de l'amplitud angular

En l'actualitat, el sistema sexagesimal es fa servir en la mesura del *temps* i en la de l'*amplitud angular*. En aquestes magnituds, cada unitat es divideix en 60 unitats de l'ordre inferior.

TEMPS (· 60 →, · 60 →)

HORA	MINUT	SEGON
h	min	s

$$\left.\begin{array}{r} 1\ \text{h} = 60\ \text{min} \\ 1\ \text{min} = 60\ \text{s} \end{array}\right\}$$
$$1\ \text{h} = 60 \cdot 60 = 3.600\ \text{s}$$

AMPLITUD ANGULAR (· 60 →, · 60 →)

GRAU	MINUT	SEGON
°	'	''

$$\left.\begin{array}{r} 1° = 60' \\ 1' = 60'' \end{array}\right\}$$
$$1° = 60 \cdot 60 = 3.600''$$

Observa que les notacions dels minuts i els segons difereixen d'una magnitud a l'altra.

Expressions complexes i incomplexes

Recorda que la mesura de les quantitats relatives a una magnitud es pot expressar utilitzant simultàniament diverses unitats (forma complexa) o una unitat única (forma incomplexa).

FORMA COMPLEXA		FORMES INCOMPLEXES
1 h 15 min	⟶	1,25 h → 75 min
13° 12'	⟶	13,2° → 792'

Transformació d'expressions

La informació relativa al temps i a la mesura d'angles se sol donar en forma complexa. No obstant això, en introduir-la en la resolució d'un problema s'ha d'expressar en una única unitat (forma incomplexa). Cal, per tant, que sapiguem traduir-la d'una forma a l'altra. En els exemples següents aprendrem els procediments per fer-ho.

CÀLCUL MENTAL

15 min → 15 : 60 = 0,25 h
↓
30 min = 0,50 h
45 min = 0,75 h
...
6 min → 6 : 60 = 0,1 h
↓
12 min = 0,2 h
18 min = 0,3 h
24 min = 0,4 h
...

Pas de complex a incomplex

Exemples

- *Passa a segons 2 h 15 min 54 s.*

2 h →	2 · 3.600	=	7.200 s
15 min →	15 · 60	=	900 s
54 s →		=	54 s
2 h 15 min 54 s	⟶		8.154 s

- *Passa a hores 2 h 15 min 54 s.*

2 h →		=	2 h
15 min →	15 : 60	=	0,25 h
54 s →	54 : 3.600	=	0,015 h
2 h 15 min 54 s	⟶		2,265 h

Pas d'incomplex a complex

Exemples

- *Passa a hores, minuts i segons 8.154 s.*

8154 s | 60
215   135 min | 60
354   **15 min**   **2 h**
54 s

8.154 s → 135 min, 54 s
135 min → 2 h, 15 min
54 s → 54 s

- *Passa a hores, minuts i segons 2,265 h.*

2,265 h = **2 h** + 0,265 h
0,265 h $\xrightarrow{\cdot 60}$ 15,9 min = **15 min** + 0,9 min
0,9 min $\xrightarrow{\cdot 60}$ **54 s**

2,265 h = 2 h 15 min 54 s

» APLICA EL QUE HAS APRÈS

33. Expressa en segons:

a) 37 min **b)** 19 min 12 s
c) 1 h 25 min 12 s **d)** 2 h 45 min 12 s

34. Expressa en graus:

a) 828' **b)** 25.920''
c) 21° 15' **d)** 17° 24' 18''

35. Passa a graus, minuts i segons:

a) 24.660'' **b)** 37.240''
c) 78,5' **d)** 2,285°

36. Passa a hores, minuts i segons:

a) 4.597 s **b)** 82,3 min
c) 2,52 h **d)** 3,55 h

5. OPERACIONS EN EL SISTEMA SEXAGESIMAL

En els problemes resolts que hi ha a continuació, s'expliquen diversos procediments per operar en forma complexa. Intenta resoldre'ls, primer, pels teus propis mitjans i, després, compara els teus processos amb els que s'expliquen tot seguit.

Suma de quantitats en forma complexa

Exemple

Suma els angles A i B.

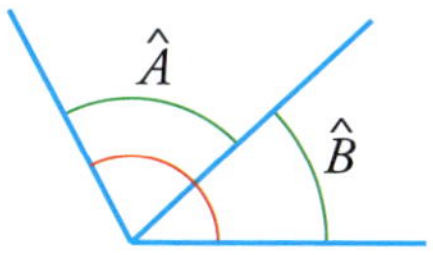

$\hat{A} = 74° 36' 52''$

$\hat{B} = 43° 18' 25''$

$$\begin{array}{r} 74° \ 36' \ 52'' \\ + 43° \ 18' \ 25'' \\ \hline \hat{A} + \hat{B} = 117° \ 54' \ 77'' \end{array}$$

Solució: $\hat{A} + \hat{B} = 117° \ 55' \ 17''$

Exemple

Un autobús de línia ha invertit 2 h 12 min 34 s en el trajecte d'anada entre dues ciutats i 1 h 57 min 46 s en el de tornada. Quant ha durat tot el viatge?

$$\begin{array}{r} 2 \text{ h } 12 \text{ min } 34 \text{ s} \\ + 1 \text{ h } 57 \text{ min } 46 \text{ s} \\ \hline 3 \text{ h } 69 \text{ min } 80 \text{ s} \end{array}$$

$\rightarrow$ 3 h 70 min 20 s $\rightarrow$ 4 h 10 min 20 s

En el resultat, transformem 60 segons en 1 minut, i 60 minuts, en 1 hora.

Solució: El viatge ha durat 4 h 10 min 20 s.

Resta de quantitats en forma complexa

Exemples

- *Un helicòpter de salvament marítim rep un avís de socors a les 18 h 56 min 45 s i arriba al lloc de l'accident a les 19 h 8 min 15 s. Quant ha tardat a respondre la trucada?*

$$\begin{array}{r} 19 \text{ h } \ 8 \text{ min } 15 \text{ s} \\ - 18 \text{ h } 56 \text{ min } 45 \text{ s} \\ \hline \end{array} \rightarrow \begin{array}{r} 18 \text{ h } 68 \text{ min } 15 \text{ s} \\ - 18 \text{ h } 56 \text{ min } 45 \text{ s} \\ \hline \end{array} \rightarrow \begin{array}{r} 18 \text{ h } 67 \text{ min } 75 \text{ s} \\ - 18 \text{ h } 56 \text{ min } 45 \text{ s} \\ \hline 0 \text{ h } 11 \text{ min } 30 \text{ s} \end{array}$$

Solució: Ha tardat onze minuts i mig.

- *Resta els angles $\hat{S}$ i $\hat{B}$.*

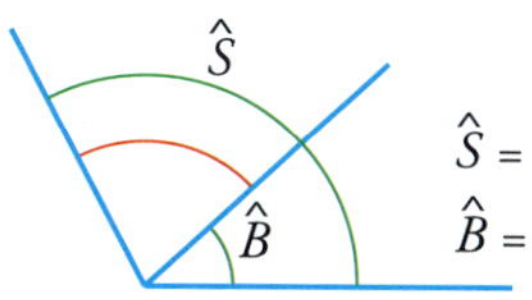

$\hat{S} = 117° 55' 17''$

$\hat{B} = 43° 18' 25''$

$$\begin{array}{r} 117° \ 55' \ 17'' \\ - 43° \ 18' \ 25'' \\ \hline \end{array} \rightarrow \begin{array}{r} 117° \ 54' \ 77'' \\ - 43° \ 18' \ 25'' \\ \hline 74° \ 36' \ 52'' \end{array}$$

Solució: 74° 36' 52''

» APLICA EL QUE HAS APRÈS

37. Fes les operacions següents:

a) 6 h 15 min 30 s + 1 h 18 min 45 s

b) 3 h 38 min 28 s – 46 min 12 s

38. Calcula aquestes operacions:

a) 12° 16' 37'' + 15° 42' 35''

b) 85° 45' – 18° 37' 19''

Producte d'una quantitat complexa per un nombre

Exemple

- *La cadena de muntatge d'una fàbrica d'electrodomèstics està programada per produir un rentavaixella cada 5 minuts i 13 segons. Quant tardarà a acabar una comanda de 50 rentavaixelles?*

```
      5 min 13 s
           × 50
   ──────────────
   250 min  650 s
```

En el resultat, fem les transformacions següents:

```
650 s  | 60             260 min | 60
050 s    10 min          20 min   4 h
```

650 s = 10 min 50 s 260 min = 4 h 20 min

250 min 650 s → 260 min 50 s → 4 h 20 min 50 s

Solució: Tardarà 4 h 20 min 50 s a acabar la comanda.

Quocient en forma complexa

Exemples

- *Es vol dividir el jardí d'una rotonda circular en set sectors iguals. Quant mesurarà l'angle de cada sector?*

```
360°                          | 7
  3° ──·60──> 180'              51° 25' 42''
              5' ──·60──> 300''
                            6''
```

— Es divideix 360° entre 7, i el residu es passa a minuts.

— Es divideix 180' entre 7, i el residu es passa a segons.

— Es divideix 300'' entre 7, i queda un residu de 6''.

Solució: L'angle de cada sector mesurarà 51° 25' 42'' i sobraran 6''.

- *En un circuit de motociclisme, un pilot ha completat 25 voltes en un temps d'1 h 45 min 25 s. Quant ha tardat, de mitjana, a fer cada volta?*

```
1 h      45 min            25 s  | 25
 └─·60─> 60 min                    0 h 4 min 13 s
        ────────
        105 min
         05 min ──·60──> + 300 s
                         ───────
                           325 s
                             0
```

Solució: Ha tardat, a fer cada volta, 4 minuts i 13 segons.

» APLICA EL QUE HAS APRÈS

39. Calcula:

a) (52 min 13 s) · 10

b) (1 h 15 min 4 s) : 4

40. Opera amb aquests angles:

a) 109° · 4

b) (101° 38' 24'') : 21

6. NOMBRES DECIMALS I NOMBRES SEXAGESIMALS

Com presentem els resultats

Per resoldre un problema la solució del qual és una quantitat de temps, operem en el sistema decimal, però la solució s'ha d'expressar segons l'ús tradicional de les unitats de temps, és a dir, en el sistema sexagesimal.

Exemple

Una ciclista ha fet els 49 km d'una etapa contrarellotge a una velocitat mitjana de 35 km/h. Quant temps ha invertit en l'etapa?

espai (km) : velocitat (km/h) = temps (h)

49 : 35 = 1,4 hores

```
 49  |35
140   1,4
 00
```

La solució, **una hora i quatre dècimes d'hora**, s'ha d'expressar en el sistema sexagesimal (hores i minuts).

Passem 0,4 hores a minuts multiplicant per 60:

$$1{,}4 \text{ h} \rightarrow \begin{cases} 1 \text{ h} \\ 0{,}4 \text{ h} \rightarrow 0{,}4 \cdot 60 = 24 \text{ min} \end{cases}$$

Solució: Ha invertit 1 h 24 min.

I també...

Per obtenir directament el resultat sexagesimal:

```
   4 9  |35
   1 4   1 h
 × 6 0
 8 4 0  |35
 1 4 0   24 min
   0 0
```

La resta de les hores (14) es multiplica per 60, es continua dividint i s'obtenen els minuts.

Com introduïm les dades en un problema

En el procés de resolució d'un problema, les dades han de ser compatibles; és a dir, s'han d'expressar en la mateixa unitat de mesura. Això ens obliga, de vegades, a passar del sistema sexagesimal al decimal.

Exemple

Una ciclista ha fet els 49 km d'una etapa contrarellotge en 1 h i 24 min. Quina ha estat la seva velocitat mitjana en km/h?

espai (km) : temps (h) = velocitat (km/h)

Perquè les dades siguin compatibles, **hem d'expressar el temps en hores**.

Per passar els 24 minuts a hores, dividim entre 60:

$$1 \text{ h } 24 \text{ min} = (1 + 24 : 60) \text{ h} = (1 + 0{,}4) \text{ h} = 1{,}4 \text{ h}$$

Calculem la velocitat:

49 : 1,4 →

```
490  |14
 70   35
 00
```

Solució: La seva velocitat mitjana ha estat de 35 km/h.

I també...

24 minuts són $\frac{24}{60}$ d'hora:

$$\frac{24}{60} \text{ h} = 24 : 60 = 0{,}4 \text{ h}$$

» APLICA EL QUE HAS APRÈS

41. Un dipòsit de 80 litres s'omple en 3 minuts i 12 segons. Quants litres surten per l'aixeta cada segon?

42. Per una aixeta surten 25 litres per minut. Quant es tarda a omplir un dipòsit de 80 litres?

43. Un centre comercial emet cíclicament, durant 7 hores, un enregistrament musical que dura 5 minuts i 15 segons. Quantes vegades passa l'enregistrament en aquest temps?

Passa totes les dades a minuts.

» EXERCITA LES TEVES COMPETÈNCIES

Els nombres decimals

1. Copia i completa:

a) 5 dècimes = … mil·lèsimes

b) 2 mil·lèsimes = … milionèsimes

c) 6 centmil·lèsimes = … centèsimes

d) 8 milionèsimes = … mil·lèsimes

2. Ordena del més petit al més gran:

a) 5,1 - 5,099 - 4,83 - 4,9 - 4,99

b) 0,21 - 0,03 - 0,15 - 0,209 - 0,101 - 0,121

3. Escriu el nombre que correspon a cada lletra:

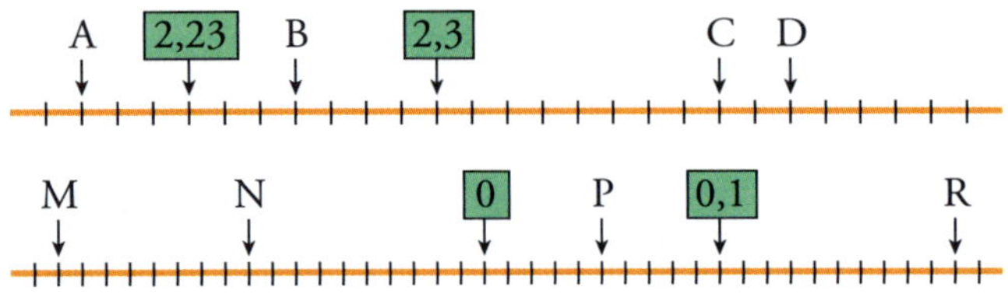

4. Copia i completa la taula:

NOMBRE	$2,\widehat{7}$	$5,\widehat{29}$	$4,6\widehat{51}$
ARRODONIMENT A LES UNITATS			
ARRODONIMENT A LES DÈCIMES			
ARRODONIMENT A LES CENTÈSIMES			
ARRODONIMENT A LES MIL·LÈSIMES			

5. La Berta pesa 52 kg i 450 grams. La Maria pesa 52,5 kg. En Joan pesa més que la Berta, però menys que la Maria.

a) Què pots dir de l'error comès en estimar el pes d'en Joan en 52 kg?

b) I en estimar-lo en cinquanta-dos quilograms i mig?

Operacions amb nombres decimals

6. Calcula:

a) 3,2 – 1,63 – 0,528

b) 0,85 + 1,23 – 0,638 – 0,4

c) 3,458 – (6,7 – 4,284)

d) 5,2 – (2,798 + 1,36)

7. Opera amb la calculadora i aproxima el resultat a les centèsimes:

a) 2,63 · 0,84

b) 0,27 · 0,086

c) 62,35 : 12

d) 5,27 : 153

e) $\sqrt{851}$

f) $\sqrt{13,29}$

8. Calcula amb la calculadora i arrodoneix el resultat a les centèsimes:

a) 8,73 : 1,7 – 3,42 : 2,1

b) (8,73 : 1,7 – 3,42) : 2,1

9. Opera:

a) 5,8 – 3,2 · 1,6 – 0,29

b) (5,8 – 3,2) · 1,6 – 0,29

c) 5,8 – 3,2 · (1,6 – 0,29)

d) 5,8 – (3,2 · 1,6 – 0,29)

10. Per multiplicar per 0,1 podem dividir entre 10, com es mostra en l'exemple:

- **80 · 0,1 = 80 : 10 = 8**

Per quin nombre cal dividir per:

a) …multiplicar per 0,01?

b) …multiplicar per 0,001?

11. Per dividir entre 0,2 podem multiplicar per 10 i dividir entre 2:

- **8 : 0,2 = 8 · 10 = 80 : 2 = 40**

Calcula mentalment:

a) 6 : 0,2

b) 15 : 0,2

c) 45 : 0,2

d) 9 : 0,3

e) 12 : 0,3

f) 33 : 0,3

g) 6 : 0,6

h) 18 : 0,6

i) 45 : 0,6

12. Calcula amb llapis i paper utilitzant l'algoritme i comprova amb la calculadora:

a) $\sqrt{5,24}$ b) $\sqrt{12}$ c) $\sqrt{73,96}$

13. Copia i completa aquest quadrat màgic:

La suma dels nombres de cada fila, de cada columna i de cada diagonal ha de ser la mateixa.

	1,23	
1,08	0,03	0,78

14. Continua cada sèrie amb tres termes:

a) 2,37 - 2,16 - 1,95 - 1,74 - …

b) 5 - 1 - 0,2 - 0,04 - …

c) 0,24 - 1,2 - 6 - 30 - …

15. Calcula cada resultat amb un error més petit que mitja centèsima:

a) $4,\widehat{6} + 6,4\widehat{8}$ b) $6 - 2,\widehat{29}$

c) 4,2864 · 0,03 d) 6,28 : 9

16. Busca el nombre decimal que ha d'ocupar cada casella i escriu-lo:

a) □ · 4,8 = 6 b) 0,2 · □ = 0,002

c) 7 : □ = 5 d) □ : 0,25 = 1,2

17. Calcula, amb dues xifres decimals, la nota mitjana d'en Joan en cada assignatura:

a) Llengua: 8 - 6 - 7 - 7 - 6 - 7

b) Matemàtiques: 5,2 - 6 - 5,8 - 4,5 - 7,1 - 5,7

18. Cert o fals?

a) El producte d'un decimal per un enter és sempre decimal.

b) El producte de dos nombres decimals pot ser enter.

c) En dividir dos nombres decimals mai no s'obté un enter.

d) L'arrel quadrada d'un nombre decimal sempre és més petita que el nombre.

e) L'arrel quadrada d'un nombre decimal mai no és un decimal exacte.

19. Investiga i respon:

a) Per quin nombre decimal he de multiplicar una quantitat per reduir-la a la cinquena part?

b) I per reduir-la el 20 %?

c) I per augmentar-la el 20 %?

20. Llegeix i calcula:

a) Si multipliques un nombre n per 0,1 i després per a, obtens com a resultat final n.

Quant val a?

b) Si multipliques un nombre n per 0,2 i després per b, obtens com a resultat final n.

Quant val b?

21. Reflexiona, busca exemples i respon:

a) Un nombre augmenta si el multipliques per a.

Què pots dir de a?

b) Un nombre disminueix si el multipliques per b.

Què pots dir de b?

Operacions en el sistema sexagesimal

22. Expressa en hores:

a) 48 min b) 66 min c) 6.120 s

23. Passa a forma complexa:

a) 12.639'' b) 756,25' c) 45,15°

24. Passa a hores, minuts i segons:

a) 8,42 h

b) 123,45 min

c) 12.746 s

25. EXERCICI RESOLT

a) Suma: 14° 27' 54" + 16° 42' 18"

$$\begin{array}{rrr} 14^\circ & 27' & 54'' \\ +\ 16^\circ & 42' & 18'' \\ \hline 30^\circ & 69' & 72'' \end{array} \rightarrow 31^\circ\ 10'\ 12''$$

+1 −60 +1 −60

b) Resta: 31° 10' 12" – 14° 27' 54"

−1 +60 −1 +60

$$\begin{array}{rrr} 31^\circ & 10' & 12'' \\ -\ 14^\circ & 27' & 54'' \end{array} \rightarrow \begin{array}{rrr} 30^\circ & 69' & 72'' \\ -\ 14^\circ & 27' & 54'' \\ 16^\circ & 42' & 18'' \end{array}$$

26. Fes les sumes i les restes següents:

a) 2 h 37 min 12 s + 43 min 18 s

b) 3 h 24 min 16 s + 1 h 50 min 58 s

c) 2 h 23 min 13 s – 1 h 42 min 20 s

d) 2 h – 1 h 16 min 30 s

27. Calcula aquestes sumes i restes d'angles:

a) 84° 25' 52'' + 12° 46' 33''

b) 70° 49' 12'' – 36° 57' 10''

c) 62° 14' 21'' – 18° 27' 35''

28. Calcula:

a) 37° 50' 18'' + 25° 39'

b) 53° 27' 46'' + 39° 43' 32''

c) (3 h 13 min) – (1 h 52 min 28 s)

d) (4 h 16 min 24 s) – (2 h 39 min 51 s)

29. Calcula:

a) (14 min 16 s) · 8

b) (26° 52' 10'') · 5

c) (59° 46' 18'') : 6

d) (2 h 25 min 36 s) : 12

30. Les coordenades geogràfiques de Manresa, expressades en graus, són aquestes:

Latitud → 41,7281500° N

Longitud → 1,8239900° E

Expressa-les en graus, minuts i segons.

Resol problemes

31. Quant costen 2 kg i 800 grams de pomes a 1,65 € el quilogram?

32. Quant pagaré si compro 1,083 kg de salmó a 9,75 €/kg?

Compte amb l'arrodoniment.

33. Per fabricar 3.500 dosis d'un medicament, es necessiten 1,96 kg de principi actiu. Quants grams d'aquest principi porta cada dosi?

34. El preu d'un formatge és de 12,80 €/kg. Si hem gastat 6,08 € quant pesa el tros de formatge que hem comprat?

35. Una síndria de 2 quilograms i 625 grams ha costat 4,20 €. Quant costa el quilogram?

36. En Marcel compra un meló que pesa 2 quilograms i 400 grams. Si el meló es ven a 1,99 €/kg, quina d'aquestes quantitats ha de pagar?

4,80 € 4,90 € 4,78 € 4,88 €

37. La Carla ha comprat 340 grams de pernil, ha pagat amb un bitllet de 10 € i li han tornat 3,88 €. Quant costa el quilogam de pernil?

38. Una cadena de ràdio inicia a les 18 h 45 min 13 s l'emissió d'un programa de música preenregistrat que té una durada d'1 h 16 min 52 s. A quina hora acabarà el programa?

39. Per la TV han emès una pel·lícula que té una durada d'1 h 53 min 23 s, però amb les falques publicitàries ha durat 2 h 12 min 15 s. Quant temps han dedicat a publicitat?

BARCANOVA EDITORIAL

40. Una ruleta està dividida en 27 zones iguals en les quals es pot aturar l'agulla.

Quina amplitud té l'angle de cada zona?

41. El canó d'un telescopi ha girat un angle de 158° 53' 20'', des de la posició inicial (nord), en el sentit de les busques del rellotge. Quin angle hauria d'haver girat en el sentit contrari per arribar a la mateixa posició?

42. Per celebrar una festa, tretze amics compren:

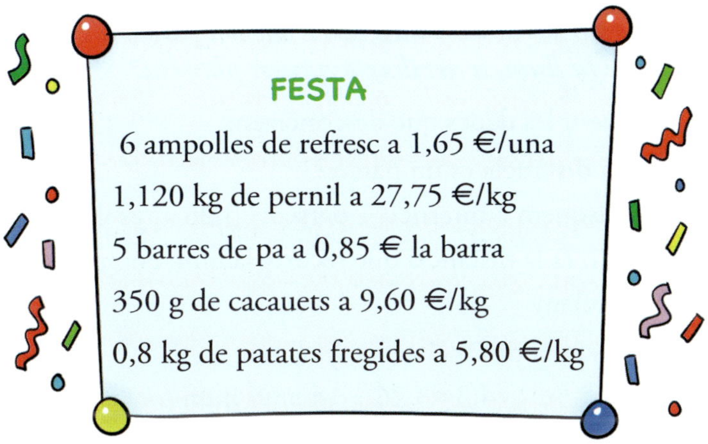

Quants diners ha de posar cadascun?

43. Una furgoneta transporta 250 dotzenes d'ous que costen 0,98 € la dotzena. En un revolt es tomba una caixa i es trenquen 60 ous. Quant cal augmentar el preu de la dotzena perquè la mercaderia continuï costant el mateix?

44. Una empresa immobiliària compra un terreny rectangular de 125,40 m de llarg i 74,60 m d'ample per 350.000 €. Després, l'urbanitza, amb un cost de 62.528,43 €. I, finalment, el divideix en parcel·les i el posa a la venda a 52,75 €/m^2.

Quin benefici obtindrà?

45. Si divideixes una hora en 25 intervals iguals, quant dura cada interval?

46. Calcula la mesura dels angles l'amplitud dels quals sigui el doble i el triple, respectivament, de la de l'angle $\hat{M}$ = 22° 25' 43''.

47. PROBLEMA RESOLT

Un ciclista ha recorregut els 52 km d'una etapa contrarellotge en 1 hora i 36 minuts. Quina ha estat la seva velocitat mitjana en km/h?

Resolem el problema amb una divisió:

velocitat (km/h) = espai (km) : temps (h)

Perquè les dades siguin compatibles, hem d'expressar el temps en hores:

1 h 36 min = (1 + 36 : 60) h = (1 + 0,6) h = 1,6 h

Solució: 52 : 1,6 = 32,5 km/h

48. Un camió ha fet un viatge de 169,29 km en 2 h 42 min. Quina ha estat la seva velocitat mitjana?

49. Un autobús interurbà fa al seu recorregut cada hora i dotze minuts. Quantes vegades el farà en les 12 hores que dura el seu servei?

50. PROBLEMA RESOLT

Un ciclista ha recorregut els 52 km d'una etapa contrarellotge a una velocitat de 32,5 km/h. Quant temps ha invertit en l'etapa?

Resolem el problema amb una divisió:

temps (h) = espai (km) : velocitat (km/h)

52 : 32,5 = 1,6 h

Però la solució, una quantitat de temps, s'ha d'expressar en el sistema sexagesimal. Per tant, calculem el quocient enter (hores), multipliquem el residu per 60 i continuem dividint per obtenir els minuts:

```
520            |32,5
195 →  195      1 h 36 min
      ×  60
      11700
       1950
        000
```

Solució: 1 hora i 36 minuts

51. Una furgoneta ha viatjat durant 4 hores i 36 minuts a una velocitat mitjana de 65 km/h. Quina distància ha recorregut?

52. Un tren de mercaderies ha recorregut 187 km a 55 km/h. Quant temps ha invertit en el trajecte?

53. Un vaixell petrolier, que navega a una velocitat mitjana de 18 nusos, ha cobert la distància entre la plataforma d'extracció i el port de la refineria en 12 hores i tres quarts. Quina distància ha recorregut durant la travessia?

Què significa que la velocitat és de 18 nusos?

54. Un autobús de línia ha invertit 7 hores i 12 minuts en el trajecte entre Barcelona i Bilbao. Quina ha estat la velocitat mitjana del viatge?

Si et falta alguna dada, l'has de buscar.

55. Un veler, que navega a una velocitat mitjana de 5 nusos, recorre la distància entre dues illes en 1 hora i 24 minuts. Quina distància ha cobert en la travessia?

56. PROBLEMA RESOLT

Uns científics han detectat un nou planeta a una distància de 4,3 parsecs del nostre sistema solar.

Quant tardaria una nau terrícola del futur, a la velocitat de la llum, a arribar a aquest planeta?

- Busquem les dades que desconeixem:

  Quina distància és un parsec?

  Ho busquem a internet: 1 parsec = 3,26 anys llum

  És a dir, és la distància que recorre la llum en 3,26 anys.

- Ho resolem:

  Calculem la distància en anys llum:

  $$4{,}3 \cdot 3{,}26 \approx 14 \text{ anys llum}$$

Solució: Una nau, a la velocitat de la llum, tardaria 14 anys a arribar al planeta.

57. Quant tardaria una sonda espacial, a una velocitat de 100 km/s, a arribar al planeta Mart, si es calcula que en la trajectòria recorreria una distància de 2,4 UA (unitats astronòmiques)?

Recordes què és una UA?

Analitza i expressa't

58. Descriu les diferents formes en què s'ha resolt el problema i digues si aprecies errors en algunes.

Un camió circula per una autopista a 90 km/h. Quant temps tarda a recórrer 300 km?

Resolució 1

```
300          |90
 30 → 30     3 h 20 min
    ×  60
     1800
      000
```

El camió tarda 3 h 20 min.

Resolució 2

```
300,00 |90
 30 0   3,33
   3 00
     30
```

El camió tarda 3 h 33 min.

Resolució 3

```
300 = 90   +   90   +   90   +   30
      ↓        ↓        ↓         ↓
     1 h      1 h      1 h     20 min
```

Resolució 4

90 km/h = (90.000 : 60) m/min = 1.500 m/min

300 km = 300.000 m

300.000 m : 1.500 m/min = 200 min =
= 180 min + 20 min = 3 h 20 min

El camió tarda 3 h 20 min.

Resolució 5

```
300     |90
 300     3,33 h = 3 h + 0,33 h
   300
    30
```

0,33 h → 0,33 · 60 = 19,8 min = (19 + 0,8) min

0,8 min → 0,8 · 60 = 48 s

El camió tarda 3,33 h = 3 h 19 min 48 s.

Problemes «+»

59. El gerent d'una fàbrica de pantalons texans estudia les dades següents:

- Els dipòsits del taller de rentat a la pedra han de subministrar, durant la jornada laboral (6.00 h – 20.00 h), un cabal d'aigua fix de 15 litres per minut, a 85 °C.
- Per apujar un grau la temperatura d'un metre cúbic d'aigua, es necessiten 0,65 litres de combustible, que té un cost d'1,08 €/ℓ.
- Durant els mesos de març i de juliol es van fer deu mesuraments de la temperatura de l'aigua que subministra la xarxa:

	TEMPERATURA (°C)									
MARÇ	6	8	10	12	11	9	6	10	9	7
JULIOL	25	27	30	29	26	25	28	30	32	35

Amb aquestes dades, estima l'estalvi en combustible durant el mes de juliol, respecte al mes de març, i el seu import en euros.

60. Calcula l'angle que formen les busques d'un rellotge a les hores següents:

a) 2 h 24 min **b)** 7 h 42 min **c)** 13 h 18 min

61. EXERCICI RESOLT

Quin angle formen les dues busques d'un rellotge a les 3 h 12 min?

3 h 12 min = 3 h + (12 : 60) h = 3,2 h

- La busca minutera, en una hora, recorre un angle de 360 : 12 = 30°. Prenent com a origen les 12, a les 3 h 12 min la busca horària haurà avançat un angle α = 3,2 · 30° = 96°.
- La busca horària, en un minut, recorre un angle de 360 : 60 = 6°. En 12 min, la busca minutera haurà avançat un angle β = 12 · 6 = 72°.
- L'angle que formen ambdues busques a les 3 h 12 min és aquest: 96° – 72° = 24°.

62. Les busques d'un rellotge marquen les 10 h 36 min. Quin angle girarà cada una fins a arribar a les dotze en punt?

63. Quina velocitat, en nusos, porta un ferri que fa la travessia entre València i Eivissa en 3 hores i 45 minuts?

Si et falta alguna dada, busca-la.

» MATEMÀTIQUES EN CONTEXT

AMUNT I AVALL AMB BICICLETA

Des de fa un temps, la bicicleta és imprescindible per a la Júlia. A la ciutat és el mitjà de transport més pràctic i sostenible i li permet anar amunt i avall sense patir per res. I, els caps de setmana, la usa per fer esport.

1. Anem a comprar

La Júlia ha quedat amb la mare per anar a comprar. És a casa d'un amic, a 25 minuts amb bici del lloc on han quedat amb la mare:

a) A quina hora haurà de sortir de casa de l'amic, si ha quedat amb la mare a les 10 h i 15 min?

b) Per poder fer la compra més de pressa, han deixat el germà petit a la ludoteca del centre comercial, que té una tarifa d'1,5 € cada 15 min. Si hi ha entrat a les 10.30 h i el recolliran a les 11.45 h, quant temps hi serà? Quant hauran de pagar?

c) Si comparen els preus dels productes de marca blanca amb els d'una marca comercial, quin producte de cada filera de la taula resulta proporcionalment més barat?

PRODUCTE	MARCA BLANCA	UNA ALTRA MARCA
Detergent	6,50 € (50 dosis)	5,40 € (33 dosis)
Refresc de cola	4,65 € (pack de 4 unitats de 2 ℓ)	3,57 € (pack de 3 unitats de 2 ℓ)
Oli	9,00 € (garrafa de 5 ℓ)	1,80 € (ampolla de 75 cℓ)
Formatge	5,95 € (peça de 900 g)	4,95 € (peça de 385 g)
Paper higiènic	0,25 € (rotlle de 25 m)	0,28 € (rotlle de 35 m)

A la peixateria, la mare té aquesta conversa amb el dependent:

–Un quilo de llenguados, si us plau.

–De seguida... Ja està. Són sis peces, però passen 80 grams del quilogram... Per tant, són... 13,50 €. Li'n trec un?

–Sí, si us plau.

–Bé. Ara, amb un llenguado menys, fan 935 grams. Què li sembla?

–Molt bé. Posi-me'ls. Quant li dec?

d) El peixater ha col·locat sis llenguados a la balança i després n'ha tret un. Raona si la peça retirada és de les més grosses o de les més petites entre les sis inicials.

e) A quant va el quilogram de llenguado?

f) Quant ha de pagar la mare per la compra que s'emporta?

BARCANOVA EDITORIAL

2. Contrarellotge

Aquest cap de setmana la Júlia ha participat en una cursa contrarellotge que organitza el club de ciclisme amateur d'Osona.

Per recollir les dades, l'organització ha elaborat una taula amb les corredores ordenades alfabèticament, però s'han esborrat algunes caselles.

a) Copia la taula i completa-la amb les dades que s'han perdut.

CORREDORA	DISTÀNCIA	HORA DE SORTIDA	HORA D'ARRIBADA	TEMPS	VELOCITAT MITJANA (km/h)
A. Aguilar	55 km	12 h 23 min	14 h 13 min	…	…
B. Beltran	55 km	12 h 25 min	…	1 h 45 min	…
C. Camps	55 km	12 h 27 min	…	…	27,5
D. Domínguez	55 km	…	14 h 09 min	…	33
E. Ezquerra	55 km	12 h 31 min	…	2 h 5 min	…

b) Ordena aquestes cinc ciclistes de la més lenta a la més ràpida.

c) Quina diferència de temps hi ha hagut entre la corredora més ràpida i la més lenta?

El conductor d'un dels cotxes de suport comprova a l'ordinador de bord que la distància que ha recorregut amb el cotxe ha estat de 98 km i que la velocitat mitjana ha estat de 88 km/h. A meitat del recorregut ha fet una aturada d'un quart d'hora per recollir l'avituallament.

Tenint en compte que l'ordinador calcula la velocitat mitjana comptant només el temps al volant, és a dir, sense incloure-hi el temps de les aturades, calcula:

d) El temps que ha estat conduint.

e) El temps total que ha durat el viatge.

f) La velocitat mitjana real, inclòs el temps de l'aturada.

» TALLER DE MATEMÀTIQUES

» LLEGEIX I DESCOBREIX

Una mica d'història

- El primer que va utilitzar una notació per escriure els nombres decimals va ser el matemàtic holandès Simon Stevin al segle XVI.

$$1\;2\;\overset{\boxed{1}}{5}\;\overset{\boxed{2}}{4} \quad \text{significava } 12{,}54$$

$$8\;\overset{\boxed{2}}{6} \quad \text{significava } 8{,}06$$

  Aquest mètode no va tenir gaire èxit.

- Al segle XVII, l'escocès Napier, després de successives aproximacions, va proposar la notació actual, que consisteix a separar amb una coma o un punt la part entera de la decimal i a utilitzar zeros per portar cada xifra a l'ordre d'unitats desitjat.

$$3 + \frac{47}{100} \rightarrow 3\underline{^{47}} \rightarrow 3|47 \rightarrow 3{,}47$$

- A gran part d'Europa es va adoptar la coma per escriure els nombres decimals.
- Tanmateix, al món anglosaxó s'utilitza un punt.

$$8{,}5 \leftrightarrow \boxed{\quad 8.5}$$

Aquesta és la causa que ho facin també les calculadores i els ordinadors.

Coses de nombres

Comprova amb la calculadora aquestes divisions que tenen com a resultat nombres amb infinites xifres decimals:

$1 : 9 = 0{,}111...$

$2 : 9 = 0{,}222...$

$3 : 9 = 0{,}333...$

$4 : 9 = 0{,}444...$

Segons aquests resultats, 9 : 9 hauria de ser $0{,}99999... = 0{,}\widehat{9}$.

Però, sabem que 9 : 9 = 1.

$$0{,}999... \leftrightarrow \boxed{\quad 1}$$

- Són diferents aquests resultats? Series capaç de calcular-ne la diferència?

» INVESTIGA

Una xifra en cada casella

Copia i col·loca les xifres de l'1 al 8, una en cada casella, de manera que resultin dues fraccions equivalents.

BARCANOVA EDITORIAL

» ENTRENA'T RESOLENT ALTRES PROBLEMES

Lògica de trens

Tenint en compte que la locomotora pot anar cap endavant i cap endarrere, arrossegar i empènyer, com podem intercanviar la posició dels vagons entre ells i deixar la locomotora en la posició actual?

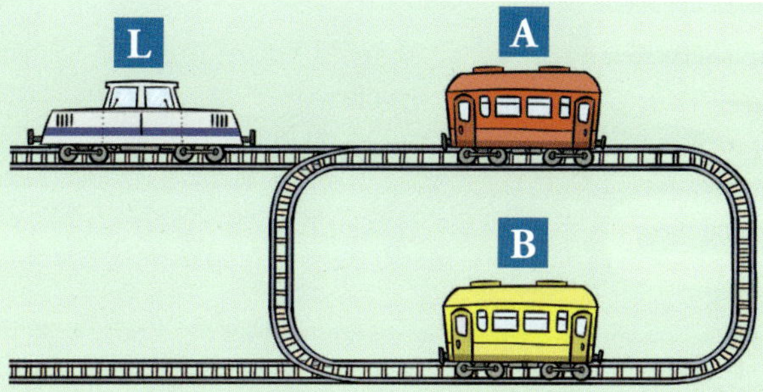

Endevinalla del rellotge

- Comprova que si falten 22 min i 30 s per a les 9, la busca horària tardarà el triple que la dels minuts a arribar a la marca de les 9.
- Quina hora ha de marcar el rellotge perquè la busca de les hores tardi a arribar a la marca de les 9 el doble que la minutera?
- I perquè la busca horaràia tardi quatre vegades el que tarda la minutera?

» POSA'T A PROVA

1. Escriu com es llegeixen:

a) 1,07 **b)** 0,0023 **c)** 0,000234

2. Escriu amb xifres:

a) Divuit centèsimes.

b) Tretze centmil·lèsimes.

c) Dues-centes trenta-cinc milionèsimes.

3. Arrodoneix a les centèsimes:

a) 5,052 **b)** 0,55555 **c)** 0,7481

4. Calcula:

a) $0{,}25 \cdot 11{,}48$ **b)** $23 : 4{,}5$

c) $0{,}08 : 1{,}6$ **d)** $10{,}2 : 0{,}034$

5. Calcula:

a) $1{,}4 - 1{,}8 \cdot 0{,}2 - 0{,}4 : 1{,}6$

b) $2{,}024 - 0{,}3 \cdot (7{,}1 - 4{,}02)$

c) $0{,}5 - 2{,}7 : [1{,}2 - 0{,}1 \cdot (0{,}25 - 1{,}75)]$

6. Expressa en segons:

a) 42 min **b)** 1 h 12 min 4 s

7. Passa a graus minuts i segons:

a) 13.660'' **b)** 3,455°

8. Calcula:

a) 5 h 30 min 14 s + 13 min 12 s

b) (22 min 14 s) : 2

9. Fes aquestes operacions amb angles:

a) 15° 15' 14'' – 33' 12''

b) (1° 13' 15'') · 4

c) (166° 19' 12'') : 28

10. Un majorista compra en un trull 12.400 litres d'oli, a 1,60 €/ℓ, per envasar-lo en ampolles de 0,75 ℓ destinades a una cadena de supermercats. Però deixa sense embotellar l'última dècima part per no arrossegar pòsits. Quin serà el guany si rep 2,10 € per cada ampolla, ven la resta a una indústria de sabons a 0,45 €/ℓ i estima les seves despeses de magatzem en 2.350 €?

11. Una furgoneta fa un viatge de 76 km circulant per una autovia a una velocitat constant de 95 km/h. Quant dura el viatge?

UNITAT 2

LES FRACCIONS

RESOLUCIÓ DE PROBLEMES · RAONAMENT I PROVA
CONNEXIONS · COMUNICACIÓ I REPRESENTACIÓ · SOCIOEMOCIONAL

L'origen de les fraccions és molt antic: babilonis, egipcis, grecs, xinesos i indis les feien servir fa milers d'anys.

Els egipcis utilitzaven, exclusivament, fraccions unitàries (amb numerador 1). Per exemple, escrivien $\frac{3}{5}$ així: $\frac{1}{2} + \frac{1}{10}$.
Una explicació d'aquest costum podria ser la forma com feien els repartiments.

Repartiments amb fraccions unitàries

Fixa't com els egipcis repartien, per exemple, 3 unitats entre 5:

- Dividien cada unitat en dues i cada un se n'emportava una meitat $\left(\frac{1}{2}\right)$.
- Partien la que quedava en cinc parts i cada un se n'emportava una $\left(\frac{1}{10}\right)$.

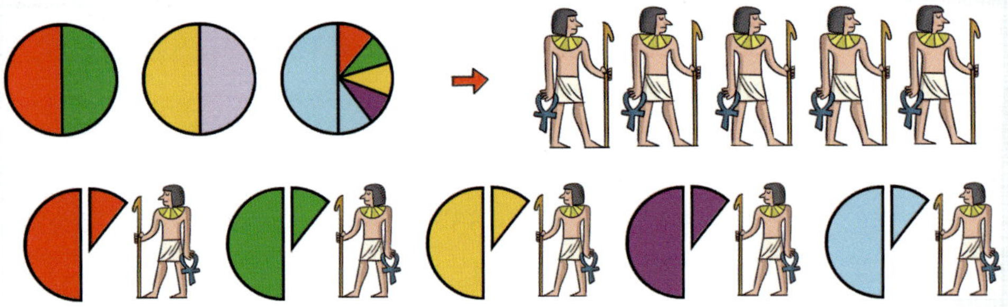

$$3 : 5 = \frac{3}{5} = \frac{1}{2} + \frac{1}{10}$$

1. Observa el gràfic i reparteix a l'estil egipci dos pans entre tres:

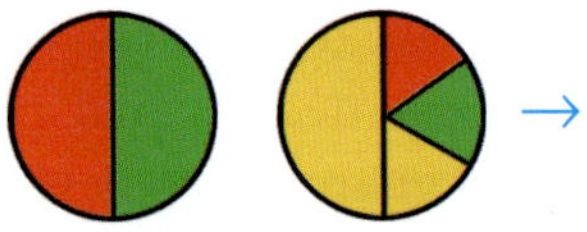

$$\frac{2}{3} = \frac{1}{\square} + \frac{1}{\square}$$

2. Quina fracció ordinària substitueix aquesta suma de fraccions unitàries?

$$\frac{1}{3} + \frac{1}{4} \rightarrow$$

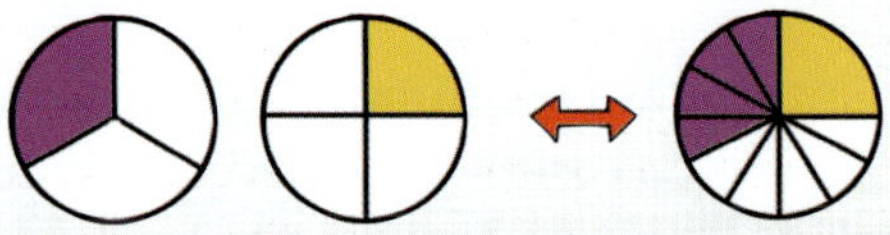

Les fraccions dels babilonis eren sexagesimals: només utilitzaven denominadors amb el nombre 60 i les seves potències. Per exemple, escrivien $\frac{3}{4}$ així: $\frac{45}{60}$. Això feia els càlculs molt complicats i els obligava a valer-se de taules complexes per fer operacions.

Fraccions a Mesopotàmia

3. Quina fracció usaria un matemàtic de Mesopotàmia per escriure $\frac{1}{2}$?

4. En la tauleta s'ha gravat la fracció $\frac{40}{60}$.
Sabries expressar aquest mateix valor amb una altra fracció més senzilla?

$0 + \frac{40}{60} \rightarrow$ 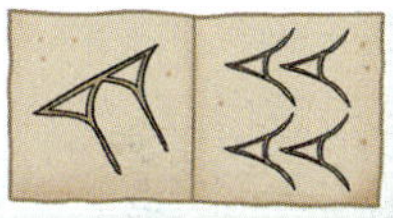

Els antics grecs, inicialment, van continuar la tradició egípcia, encara que més endavant van fer ervir les fraccions ordinàries, que van arribar a utilitzar amb gran soltesa. Però s'entossudien a donar el resultat dels problemes com una suma de fraccions unitàries. I aquest estrany tractament mixt es va estendre fins a l'Europa del segle XIII.

Els xinesos, tanmateix, ja al segle IV usaven amb destresa les fraccions ordinàries. Com a curiositat, direm que anomenaven *fill* el numerador i *mare* el denominador.

Divisions a l'estil de l'antiga Xina

Els xinesos no dividien les fraccions com nosaltres, és a dir, multiplicant els termes creuats, sinó que les reduïen a denominador comú i dividien els numeradors:

$$\frac{2}{5} : \frac{3}{4} = \frac{8}{20} : \frac{15}{20} = \frac{8}{15}$$

5. Divideix pel mètode xinès i pel nostre, i després, compara els resultats:

a) $\frac{1}{8} : \frac{1}{4}$ **b)** $\frac{4}{7} : \frac{3}{5}$

Els àrabs, en la seva època d'expansió i esplendor, també van tenir grans matemàtics, en els tractats dels quals apareixen les fraccions. Així, el mot *fracció* ve de la traducció (segle XII) de l'obra *Aritmètica* d'al-Hwarizmi. La paraula àrab *al-kasr*, que significa «fer fallida, trencar» (es referia a la fracció de la unitat), es va traduir al llatí per *fractio*.

1. LES FRACCIONS

Ja coneixes les fraccions. Com a repàs, en recordarem aspectes importants per avançar en la unitat.

Fraccions equivalents

Dues **fraccions** són **equivalents** quan expressen la mateixa porció d'unitat.

$\frac{2}{5}$ 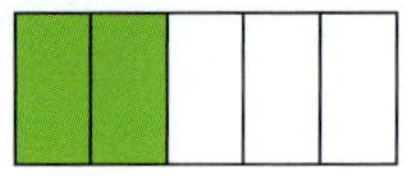 $=\frac{4}{10}$ 

Dues fraccions equivalents tenen el mateix valor numèric.

$$\frac{2}{5} = 2 : 5 = 0{,}4$$

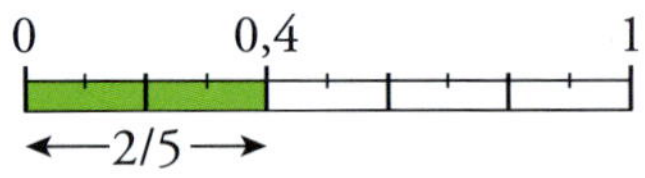

$$\frac{4}{10} = 4 : 10 = 0{,}4$$

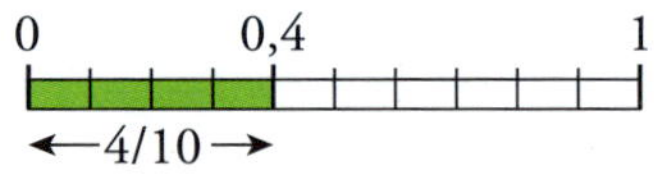

Recorda

Com podem reconèixer fraccions equivalents?

$$\frac{a}{b} = \frac{c}{d} \leftrightarrow a \cdot d = b \cdot c$$

En les fraccions equivalents, els productes dels termes creuats són iguals.

$$\frac{2}{5} = \frac{6}{15} \leftrightarrow \underbrace{2 \cdot 15}_{30} = \underbrace{5 \cdot 6}_{30}$$

Propietat fonamental de les fraccions

Si es multipliquen els dos membres d'una fracció pel mateix nombre, s'obté una fracció equivalent:

$$\frac{a}{b} = \frac{a \cdot n}{b \cdot n}$$

$$\frac{2}{5} = \frac{2 \cdot 2}{5 \cdot 2} = \frac{4}{10} \qquad \frac{2}{5} = \frac{2 \cdot 3}{5 \cdot 3} = \frac{6}{15}$$

Simplificació de fraccions

Com a conseqüència de la propietat anterior, podem afirmar que:

Si es divideixen els dos termes d'una fracció pel mateix nombre, s'obté una fracció equivalent:

$$\frac{a}{b} = \frac{a : n}{b : n}$$

Aquesta transformació s'anomena **simplificació de fraccions**.

Una fracció que no es pot simplificar s'anomena **irreductible**.

$$\frac{12}{30} = \frac{12 : 2}{30 : 2} = \frac{6}{15} = \frac{6 : 3}{15 : 3} = \frac{2}{5} \rightarrow \text{FRACCIÓ IRREDUCTIBLE}$$

» APLICA EL QUE HAS APRÈS

1. Escriu tres fraccions equivalents a aquestes:

a) $\frac{2}{3}$ **b)** $\frac{6}{8}$ **c)** $\frac{5}{50}$

2. Divideix, expressa en forma decimal i comprova que les fraccions $\frac{1}{4}$, $\frac{2}{8}$ i $\frac{3}{12}$ són equivalents.

3. Obtén en cada cas la fracció irreductible:

a) $\frac{15}{18}$ **b)** $\frac{30}{54}$ **c)** $\frac{25}{75}$

4. Calcula, en cada igualtat, el terme desconegut:

a) $\frac{8}{20} = \frac{10}{x}$ **b)** $\frac{25}{x} = \frac{15}{9}$ **c)** $\frac{x}{21} = \frac{12}{28}$

Reducció de fraccions a denominador comú

Comparar, sumar i restar fraccions és molt senzill quan totes tenen el mateix denominador. Quan no el tenen, les substituïm per altres d'equivalents amb el mateix denominador.

Analitza el procés que s'ha de seguir en l'exemple que hi ha a continuació.

Recorda

Per obtenir el mínim comú múltiple de diversos nombres:

- Es descomponen en factors primers.
- Es prenen els factors primers comuns i els no comuns, amb l'exponent més gran.

Exemple

Volem ordenar de la més petita a la més gran les fraccions $\frac{7}{12}$, $\frac{9}{14}$ *i* $\frac{11}{21}$*; per a això, les reduïm, primer, a denominador comú.*

- Triem com a denominador comú el mínim comú múltiple dels denominadors:

$$\left.\begin{array}{l} 12 = 2^2 \cdot 3 \\ 14 = 2 \cdot 7 \\ 21 = 3 \cdot 7 \end{array}\right\} \rightarrow \text{MCM } (12, 14, 21) = 2^2 \cdot 3 \cdot 7 = 84$$

- En cada fracció, multipliquem a dalt i a baix pel mateix nombre, l'adequat per obtenir 84 en el denominador:

$$\left.\begin{array}{l} 84 : 12 = 7 \rightarrow \frac{7}{12} = \frac{7 \cdot 7}{12 \cdot 7} = \frac{49}{84} \\ 84 : 14 = 6 \rightarrow \frac{9}{14} = \frac{9 \cdot 6}{14 \cdot 6} = \frac{54}{84} \\ 84 : 21 = 4 \rightarrow \frac{11}{21} = \frac{11 \cdot 4}{21 \cdot 4} = \frac{44}{84} \end{array}\right\} \rightarrow \frac{44}{84} < \frac{49}{84} < \frac{54}{84}$$

Ara, ja podem ordenar les fraccions: $\frac{11}{21} < \frac{7}{12} < \frac{9}{14}$

Per reduir fraccions a denominador comú:

- Es calcula el mínim comú múltiple dels denominadors.
- Es multipliquen els dos membres de cada fracció pel nombre que resulta de dividir el mínim comú múltiple entre el denominador corresponent.

» APLICA EL QUE HAS APRÈS

5. Copia i completa per aconseguir fraccions equivalents amb el mateix denominador:

$$2, \frac{3}{4}, \frac{7}{10} \rightarrow \frac{2 \cdot 20}{20}, \frac{3 \cdot \square}{20}, \frac{7 \cdot \square}{20}$$

6. Redueix al denominador comú que s'indica:

a) $\frac{1}{2}, \frac{1}{4}, \frac{1}{8}$ → Denominador comú: 8

b) $\frac{2}{3}, \frac{1}{6}, \frac{5}{9}$ → Denominador comú: 18

c) $\frac{3}{4}, \frac{5}{6}, \frac{2}{9}$ → Denominador comú: 36

d) $\frac{1}{4}, \frac{3}{5}, \frac{3}{10}$ → Denominador comú: 20

7. Redueix a denominador comú:

a) $\frac{1}{4}, \frac{2}{5}$

b) $\frac{2}{3}, \frac{5}{9}$

c) $\frac{1}{4}, \frac{1}{6}, \frac{1}{12}$

d) $\frac{2}{3}, \frac{5}{6}, \frac{11}{18}$

e) $\frac{2}{5}, \frac{5}{6}, \frac{8}{15}$

f) $\frac{3}{4}, \frac{5}{8}, \frac{7}{16}$

g) $\frac{1}{15}, \frac{1}{20}, \frac{1}{30}$

h) $\frac{2}{5}, \frac{5}{9}, \frac{11}{15}, \frac{22}{45}$

8. Redueix a denominador comú i ordena de la més gran a la més petita:

a) $\frac{7}{12}, \frac{13}{30}, \frac{11}{20}$

b) $\frac{1}{6}, \frac{3}{10}, \frac{4}{15}, \frac{8}{25}, \frac{7}{30}$

2. SUMA I RESTA DE FRACCIONS

- Per sumar o restar fraccions, primer les reduïm a denominador comú.
- Si algun dels sumands és un nombre enter (a), el transformem en una fracció amb denominador igual a la unitat $\left(a = \frac{a}{1}\right)$.

Recorda

$$\left.\begin{array}{l} 6 = 2 \cdot 3 \\ 8 = 2^3 \\ 12 = 2^2 \cdot 3 \end{array}\right\}$$

MCM (6, 8, 12) = $2^3 \cdot 3 = 24$.

Exemple

$1 - \frac{5}{6} + \frac{3}{8} - \frac{5}{12} \rightarrow$ MCM (6, 8, 12) = 24

24 : 1 = 24 ↓ 24 : 6 = 4 ↓ 24 : 8 = 3 ↓ 24 : 12 = 2 ↓

$$\frac{1}{1} - \frac{5}{6} + \frac{3}{8} - \frac{5}{12} = \frac{1 \cdot 24}{24} - \frac{5 \cdot 4}{24} + \frac{3 \cdot 3}{24} - \frac{5 \cdot 2}{24} =$$

$$= \frac{24 - 20 + 9 - 10}{24} = \frac{33 - 30}{24} = \frac{3}{24} = \frac{1}{8}$$

Sumes, restes i parèntesis

L'ús dels parèntesis en les sumes i les restes de fraccions segueix les mateixes regles que en els nombres enters.

- Si se suprimeix un parèntesi precedit del signe més, els signes interiors no varien:

$$+\left(\frac{a}{b} + \frac{c}{d} - \frac{m}{n}\right) = \frac{a}{b} + \frac{c}{d} - \frac{m}{n}$$

- Si se suprimeix un parèntesi precedit del signe menys, els signes interiors es transformen; el més esdevé menys i el menys esdevé més:

$$-\left(\frac{a}{b} + \frac{c}{d} - \frac{m}{n}\right) = -\frac{a}{b} - \frac{c}{d} + \frac{m}{n}$$

Recorda

- Dues **fraccions** són **oposades** quan la seva suma és zero.
- Tota fracció $\frac{a}{b}$ en té una d'oposada, $\frac{-a}{b}$ $\left(\text{o bé } \frac{a}{-b}\right)$:

$$\frac{a}{b} + \frac{-a}{b} = 0$$

EXEMPLE

$$\frac{3}{5} \longrightarrow \text{Formes de l'oposada} \begin{cases} -\frac{3}{5} \\ \frac{-3}{5} \\ \frac{3}{-5} \end{cases}$$

Exemples

- Resolució suprimint primer els parèntesis:

$$\left(2 - \frac{4}{3}\right) - \left(\frac{13}{12} - \frac{3}{4} + \frac{1}{6}\right) = \frac{2}{1} - \frac{4}{3} - \frac{13}{12} + \frac{3}{4} - \frac{1}{6} =$$

$$= \frac{24}{12} - \frac{16}{12} - \frac{13}{12} + \frac{9}{12} - \frac{2}{12} = \frac{33 - 31}{12} = \frac{2}{12} = \frac{1}{6}$$

- Resolució operant dins dels parèntesis:

$$\left(2 - \frac{4}{3}\right) - \left(\frac{13}{12} - \frac{3}{4} + \frac{1}{6}\right) = \left(\frac{6}{3} - \frac{4}{3}\right) - \left(\frac{13}{12} - \frac{9}{12} + \frac{2}{12}\right) =$$

$$= \frac{2}{3} - \frac{15 - 9}{12} = \frac{2}{3} - \frac{6}{12} = \frac{8}{12} - \frac{6}{12} = \frac{2}{12} = \frac{1}{6}$$

» FIXA IDEES

F1. Observa, calcula mentalment i contesta amb una fracció:

a) $1-\frac{1}{3}$

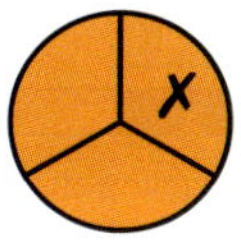

b) $1+\frac{1}{2}$

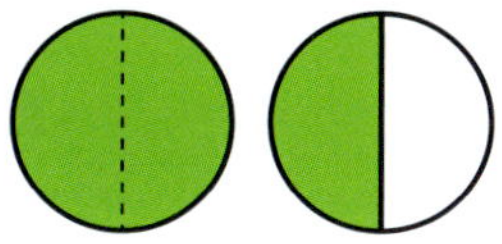

c) $\frac{3}{4}-\frac{1}{8}$

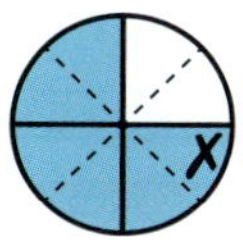

d) $2-\frac{2}{3}$

F2. Copia, redueix a denominador comú 30 i completa:

a) $\frac{3}{10}+\frac{7}{15}=\frac{3\cdot\square}{10\cdot 3}+\frac{7\cdot\square}{15\cdot 2}=\frac{\square}{30}+\frac{\square}{30}=\frac{\square}{30}$

b) $\frac{5}{6}-\frac{4}{5}=\frac{5\cdot\square}{6\cdot 5}-\frac{4\cdot\square}{5\cdot\square}=\frac{\square}{30}-\frac{\square}{30}=\frac{\square}{30}$

c) $\frac{1}{2}-\frac{2}{3}+\frac{3}{5}=\frac{1\cdot\square}{2\cdot\square}-\frac{2\cdot\square}{3\cdot\square}+\frac{3\cdot\square}{5\cdot\square}=\frac{\square}{30}-\frac{\square}{30}+\frac{\square}{30}=\frac{\square}{30}$

F3. Associa cada pregunta a les expressions de la dreta i calcula el resultat corresponent:

Segons les estadístiques, al barri de la Marta les tres cinquenes parts de la població escolar fa Infantil o Primària, un terç fa Secundària i la resta, Batxillerat.

a) Quina fracció representen les etapes d'Infantil, Primària i Secundària?

b) Quina fracció representen Secundària i Batxillerat?

c) Quina fracció representa Batxillerat?

d) Si sabem que els d'Infantil sumen el 15 %, quina fracció suma Primària?

I $1-\frac{3}{5}$

II $\frac{3}{5}+\frac{1}{3}$

III $\frac{3}{5}-\frac{15}{100}$

IV $1-\left[\frac{3}{5}+\frac{1}{3}\right]$

» APLICA EL QUE HAS APRÈS

9. Copia i completa:

a) $\frac{2}{7}-\frac{2}{\square}=0$ b) $\frac{3}{4}+\frac{\square}{4}=0$

c) $\frac{1}{6}+\frac{1}{\square}=0$ d) $\frac{5}{8}-\frac{-5}{\square}=0$

10. Opera i simplifica:

a) $\frac{7}{6}+\frac{7}{12}$ b) $\frac{1}{5}+\frac{3}{10}$ c) $\frac{2}{7}-\frac{11}{14}$

d) $\frac{1}{6}-\frac{1}{14}$ e) $\frac{7}{15}-\frac{3}{10}$ f) $\frac{7}{20}-\frac{4}{15}$

11. Redueix al denominador comú que s'indica i calcula:

a) $\frac{1}{2}-\frac{1}{4}+\frac{1}{8}$ → Denominador comú: 8

b) $1+\frac{1}{2}-\frac{1}{3}$ → Denominador comú: 6

c) $\frac{7}{9}-\frac{4}{15}-\frac{1}{5}$ → Denominador comú: 45

12. Calcula i simplifica els resultats:

a) $\frac{4}{9}+\frac{5}{6}-\frac{7}{18}$ b) $\frac{3}{7}-\frac{2}{5}+\frac{27}{35}$

c) $\frac{5}{6}-\frac{1}{10}-\frac{1}{5}$ d) $\frac{13}{12}-\frac{5}{8}-\frac{5}{6}$

13. Treu parèntesis i calcula:

a) $1-\left(\frac{1}{4}+\frac{2}{3}\right)$ b) $\frac{3}{5}+\left(\frac{1}{6}-\frac{2}{3}\right)$

c) $\left(\frac{1}{2}+\frac{1}{3}\right)-\left(\frac{1}{5}+\frac{1}{6}\right)$ d) $\left(1-\frac{1}{7}\right)-\left(\frac{9}{14}-\frac{1}{2}\right)$

14. Resol de dues formes:

- Traient primer els parèntesis.
- Operant primer dins de cada parèntesi.

a) $\left(1-\frac{1}{4}\right)-\left(1-\frac{5}{9}\right)-\left(1-\frac{5}{6}\right)$

b) $\left(1-\frac{2}{3}\right)-\left(\frac{4}{5}-\frac{1}{3}\right)+\left(\frac{1}{5}-\frac{7}{15}\right)$

15. Calcula:

a) $\frac{7}{12}-\left[1-\left(\frac{2}{3}-\frac{3}{4}\right)\right]$

b) $\left(\frac{2}{3}-\frac{1}{5}\right)-\left[\frac{7}{12}-\left(\frac{1}{3}+\frac{1}{5}\right)\right]$

c) $\left[1-\left(\frac{2}{3}+\frac{3}{4}\right)\right]-\left[\frac{5}{12}-\left(\frac{1}{3}-\frac{1}{8}\right)\right]$

3. MULTIPLICACIÓ I DIVISIÓ DE FRACCIONS

Multiplicació

Observa i interpreta els gràfics següents:

$$3 \cdot \frac{1}{5} = \frac{3}{5}$$

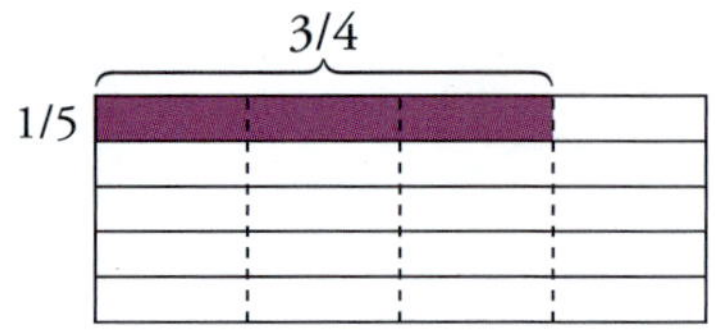

$$\frac{3}{4} \cdot \frac{1}{5} = \frac{3}{20}$$

La manera d'arribar als mateixos resultats, sense ajuda dels gràfics, és aquesta:

$$3 \cdot \frac{1}{5} = \frac{3}{1} \cdot \frac{1}{5} = \frac{3 \cdot 1}{1 \cdot 5} = \frac{3}{5} \qquad \frac{3}{4} \cdot \frac{1}{5} = \frac{3 \cdot 1}{4 \cdot 5} = \frac{3}{20}$$

Per multiplicar fraccions:

$$\frac{a}{b} \cdot \frac{c}{d} = \frac{a \cdot c}{b \cdot d}$$
→ Es multipliquen els numeradors.
→ Es multipliquen els denominadors.

Fraccions inverses

- Dues **fraccions** són **inverses** quan el seu producte és la unitat.
- Tota fracció diferent de zero té inversa:

Inversa de $\frac{a}{b} \rightarrow \frac{b}{a}$

$$\frac{a}{b} \cdot \frac{b}{a} = \frac{a \cdot b}{b \cdot a} = 1$$

Divisió

Recorda les relacions entre la multiplicació i la divisió d'enters:

$$8 \cdot 5 = 40 \rightarrow \begin{cases} 40 : 8 = 5 \\ 40 : 5 = 8 \end{cases}$$

Aquestes relacions s'han de mantenir amb les fraccions:

$$\frac{4}{5} \cdot \frac{2}{3} = \frac{8}{15} \rightarrow \begin{cases} \frac{8}{15} : \frac{4}{5} = \frac{2}{3} \\ \frac{8}{15} : \frac{2}{3} = \frac{4}{5} \end{cases}$$

A la pràctica, per obtenir aquests resultats en dividir dues fraccions, **es multiplica la primera per la inversa de la segona** o, el que és el mateix, es multipliquen els termes creuats:

$$\frac{8}{15} : \frac{4}{5} = \frac{8}{15} \cdot \frac{5}{4} = \frac{40}{60} = \frac{2}{3} \qquad \frac{8}{15} : \frac{2}{3} = \frac{8}{15} \cdot \frac{3}{2} = \frac{24}{30} = \frac{4}{5}$$

Per dividir dues fraccions:

$$\frac{a}{b} : \frac{c}{d} = \frac{a \cdot d}{b \cdot c}$$
→ Es multipliquen els termes creuats.

Recorda

PRIORITAT DE LES OPERACIONS

- Primer, els parèntesis.
- Després, les multiplicacions i les divisions.
- Finalment, les sumes i les restes.

$$\frac{7}{8} - \frac{3}{8} \cdot \left(\frac{1}{2} + \frac{1}{3}\right)$$

$$\frac{7}{8} - \frac{3}{8} \cdot \frac{5}{6}$$

$$\frac{7}{8} - \frac{15}{48} = \frac{9}{16}$$

Exemples

- $\frac{3}{10} : \frac{6}{5} = \frac{3 \cdot 5}{10 \cdot 6} = \frac{15}{60} = \frac{1}{4}$
- $\frac{6}{5} : \frac{3}{10} = \frac{6 \cdot 10}{5 \cdot 3} = \frac{60}{15} = 4$

» FIXA IDEES

F4. Copia i completa:

a) $\frac{1}{5} \cdot \frac{2}{3} = \frac{1 \cdot 2}{5 \cdot \square} = \frac{2}{\square}$

b) $\frac{4}{5} \cdot \frac{7}{6} = \frac{4 \cdot 7}{\square \cdot \square} = \frac{\square}{\square} = \frac{\square}{\square}$

c) $3 \cdot \frac{2}{7} = \frac{3}{\square} \cdot \frac{2}{7} = \frac{3 \cdot \square}{7} = \frac{\square}{7}$

d) $\frac{2}{3} : \frac{5}{7} = \frac{2 \cdot 7}{3 \cdot \square} = \frac{14}{\square}$

e) $\frac{5}{4} : \frac{3}{2} = \frac{5 \cdot \square}{\square \cdot \square} = \frac{\square}{\square} = \frac{\square}{\square}$

f) $\frac{11}{2} : 5 = \frac{11}{2} : \frac{5}{\square} = \frac{11}{2 \cdot \square} = \frac{\square}{\square}$

F5. Copia, completa i compara els resultats en cada apartat:

a) $\left(\frac{1}{2} \cdot \frac{1}{3}\right) \cdot \frac{1}{5} = \frac{1}{6} \cdot \frac{1}{5} = \frac{\square}{\square}$

$\frac{1}{2} \cdot \left(\frac{1}{3} \cdot \frac{1}{5}\right) = \frac{1}{2} \cdot \frac{1}{15} = \frac{\square}{\square}$

b) $\left(\frac{1}{2} : \frac{1}{3}\right) : \frac{1}{5} = \frac{3}{2} : \frac{1}{5} = \frac{\square}{\square}$

$\frac{1}{2} : \left(\frac{1}{3} : \frac{1}{5}\right) = \frac{1}{2} : \frac{5}{3} = \frac{\square}{\square}$

- Què observes?
- La multiplicació de fraccions compleix la propietat associativa? I la divisió?

F6. Relaciona cada pregunta amb dues de les expressions de la dreta i calcula'n el resultat:

a) Quantes bosses de quart de quilogram s'omplen amb 7,5 kg de cafè?

b) La Marta va comprar la tercera part d'un formatge i n'ha consumit la cinquena part. Quina fracció de formatge ha consumit?

c) En una festa d'aniversari el pastís es reparteix en 15 trossos i cada un dels cinc convidats se'n menja 2 trossos. Quina fracció de pastís s'han menjat entre tots?

I $\left(7 + \frac{1}{2}\right) : \frac{1}{4}$

II $2 \cdot \frac{1}{15} \cdot 5$

III $\frac{2}{15} \cdot 5$

IV $\frac{1}{3} : 5$

V $\frac{1}{3} \cdot \frac{1}{5}$

VI $\left(7 + \frac{1}{2}\right) \cdot 4$

» APLICA EL QUE HAS APRÈS

16. Multiplica i, si és possible, simplifica el resultat:

a) $\frac{3}{4} \cdot 8$ b) $\frac{5}{3} \cdot (-12)$ c) $\left(-\frac{1}{6}\right) \cdot (-18)$

d) $\frac{2}{9} \cdot \frac{9}{2}$ e) $\frac{(-3)}{5} \cdot \frac{(-5)}{3}$ f) $\frac{13}{21} \cdot \frac{7}{13}$

g) $\frac{4}{5} \cdot \frac{15}{2}$ h) $\frac{4}{5} \cdot \left(-\frac{10}{3}\right)$ i) $\left(-\frac{7}{9}\right) \cdot \left(-\frac{18}{35}\right)$

17. Divideix:

a) $4 : \frac{1}{3}$ b) $\frac{3}{5} : 2$ c) $\frac{3}{5} : \frac{8}{7}$

d) $\frac{1}{7} : \frac{1}{2}$ e) $\frac{2}{3} : \left(-\frac{1}{7}\right)$ f) $\left(-\frac{1}{5}\right) : \left(-\frac{3}{4}\right)$

g) $\frac{2}{7} : \frac{3}{4}$ h) $\frac{2}{11} : \left(-\frac{3}{7}\right)$ i) $\frac{(-3)}{5} : \frac{2}{(-3)}$

18. Divideix i simplifica els resultats:

a) $6 : \frac{3}{5}$ b) $\frac{4}{7} : (-2)$ c) $(-10) : \frac{(-5)}{6}$

d) $\frac{1}{3} : \frac{1}{3}$ e) $\frac{3}{4} : \frac{(-3)}{4}$ f) $\frac{5}{9} : \frac{2}{(-3)}$

g) $\frac{4}{21} : \frac{6}{7}$ h) $\left(-\frac{6}{35}\right) : \frac{3}{5}$ i) $\left(-\frac{1}{10}\right) : \frac{3}{(-8)}$

19. EXERCICI RESOLT

a) $\frac{2}{5} \cdot \left(\frac{3}{4} - \frac{1}{3}\right) = \frac{2}{5} \cdot \frac{9-4}{12} = \frac{2}{5} \cdot \frac{5}{12} = \frac{10}{60} = \frac{1}{6}$

b) $\frac{2}{5} \cdot \frac{3}{4} - \frac{1}{3} = \frac{6}{20} - \frac{1}{3} = \frac{3}{10} - \frac{1}{3} = \frac{9-10}{30} = \frac{-1}{30}$

20. Calcula i compara els resultats de cada apartat:

a) $\frac{5}{2} \cdot \frac{2}{5} - \frac{3}{10}$

$\frac{5}{2} \cdot \left(\frac{2}{5} - \frac{3}{10}\right)$

b) $\frac{15}{4} \cdot \frac{1}{3} - \frac{2}{5}$

$\frac{15}{4} \cdot \left(\frac{1}{3} - \frac{2}{5}\right)$

21. Opera:

a) $\left(\frac{3}{4} - \frac{1}{5}\right) \cdot 20$ b) $\left(\frac{3}{5} - \frac{1}{4}\right) : 7$

c) $\frac{2}{7} \cdot \left(\frac{2}{3} - \frac{1}{6}\right)$ d) $\frac{3}{21} : \left(\frac{4}{7} - \frac{1}{3}\right)$

22. Calcula:

a) $\frac{2}{5} - \frac{3}{4} \cdot \left(\frac{7}{10} - \frac{1}{2}\right)$

b) $\frac{4}{3} \cdot \left(\frac{2}{5} + \frac{1}{4}\right) - \left(\frac{2}{3} - \frac{4}{7}\right) : \frac{5}{28}$

c) $\left(\frac{3}{4} - \frac{7}{8}\right) \cdot \left[\frac{5}{3} : \left(\frac{2}{3} - \frac{1}{4}\right)\right]$

4. PROBLEMES AMB FRACCIONS

A continuació hi ha una sèrie de problemes, resolts, la comprensió dels quals et facilitarà el camí per resoldre, per analogia, moltes situacions amb fraccions.

Fracció d'una quantitat

Problema 1: càlcul de la fracció

L'empresa municipal de lloguer de bicicletes disposa d'un total de 1.155 unitats. D'aquestes, 330 s'estan reparant o estan en reserva, i la resta, en funcionament. Quina fracció de les bicicletes està en funcionament?

Fora de servei $\longrightarrow \frac{330}{1155} \xrightarrow[:3]{:3} \frac{110}{385} \xrightarrow[:5]{:5} \frac{22}{77} \xrightarrow[:11]{:11} \frac{2}{7}$

En funcionament $\longrightarrow \frac{7}{7} - \frac{2}{7} = \frac{5}{7}$

Solució: Estan en funcionament $\frac{5}{7}$ de les bicicletes.

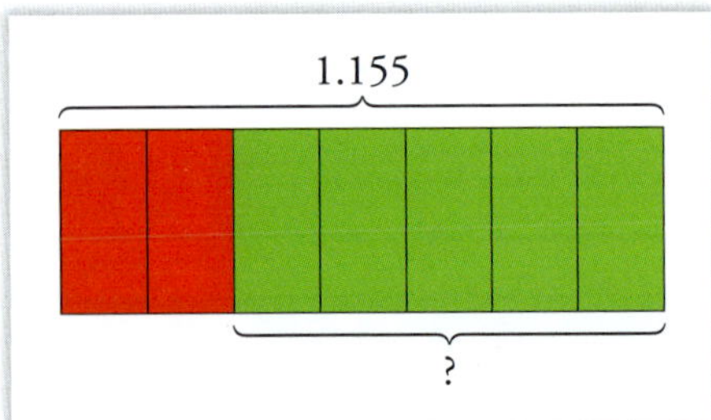

Problema 2: càlcul de la part (problema directe)

L'empresa municipal de lloguer de bicicletes disposa d'un total de 1.155 unitats, 2/7 de les quals estan en reparació o reserva; és a dir, fora de servei. Quantes bicicletes hi ha en funcionament?

Fora de servei $\longrightarrow \frac{2}{7}$ de 1.155 $= \frac{1155 \cdot 2}{7} = 330$

En funcionament $\longrightarrow 1.155 - 330 = 825$

Solució: Hi ha 825 bicicletes en funcionament.

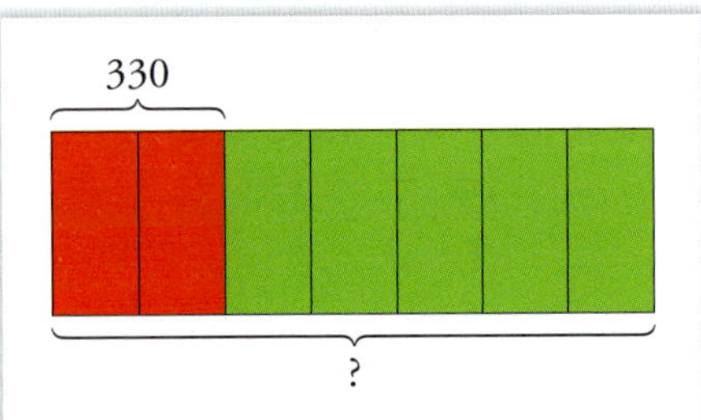

Problema 3: càlcul del total (problema invers)

L'empresa municipal de lloguer de bicicletes té 330 unitats fora de servei, en reparació o reserva, cosa que representa 2/7 del total. De quantes bicicletes disposa l'empresa?

$\frac{2}{7}$ del total $\longrightarrow 330$

$\frac{1}{7}$ del total $\longrightarrow 330 : 2 = 165$

$\frac{7}{7}$, és a dir, el total $\longrightarrow 165 \cdot 7 = 1.155$

Solució: L'empresa disposa de 1.155 bicicletes.

Suma i resta de fraccions

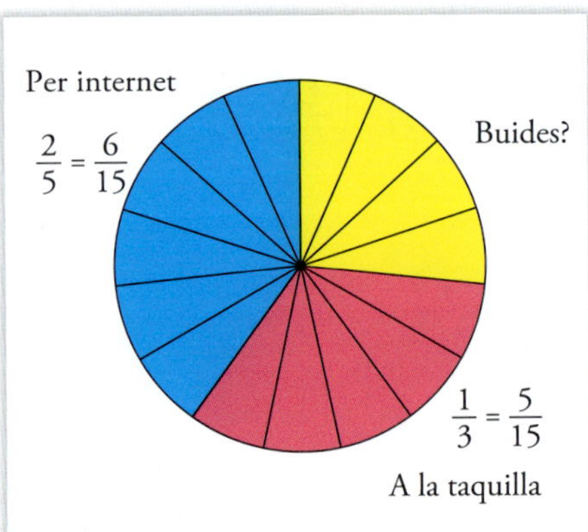

Problema 4: càlcul de la fracció

Per a una sessió de teatre s'han venut dos cinquens de les entrades per internet i un terç directament a la taquilla; la resta no s'ha venut. Quina fracció de les butaques han quedat buides?

Venudes $\longrightarrow \frac{2}{5} + \frac{1}{3} = \frac{6}{15} + \frac{5}{15} = \frac{11}{15}$

Buides $\longrightarrow \frac{15}{15} - \frac{11}{15} = \frac{4}{15}$

Solució: Han quedat buides $\frac{4}{15}$ de les butaques.

Problema 5: càlcul de la part (problema directe)

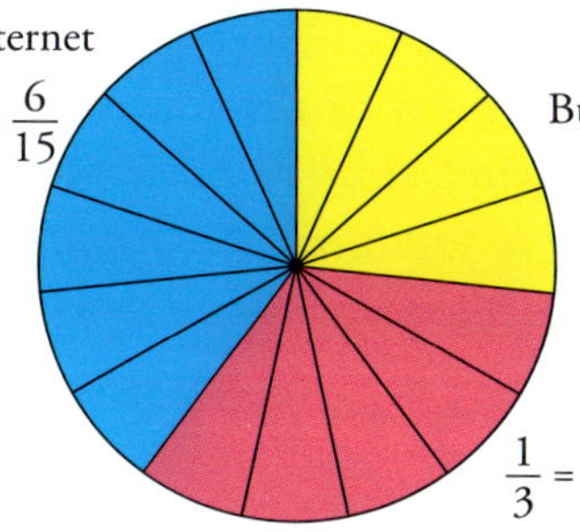

En una sala amb 300 butaques, s'han venut per internet dos cinquens de les entrades per a una sessió de teatre i un terç a la taquilla; la resta no s'ha venut. Quantes butaques han quedat buides?

Venudes ⟶ $\frac{2}{5} + \frac{1}{3} = \frac{6}{15} + \frac{5}{15} = \frac{11}{15}$

Buides ⟶ $\frac{15}{15} - \frac{11}{15} = \frac{4}{15}$

Nombre de butaques buides ⟶ $\frac{4}{15}$ de 300 = $\frac{4 \cdot 300}{15} = 80$

Solució: Han quedat 80 butaques buides.

Problema 6: càlcul del total (problema invers)

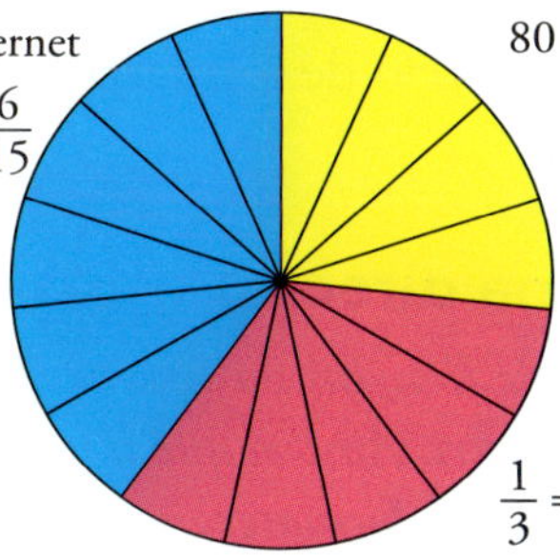

Per a una sessió de teatre s'han venut dos cinquens de les entrades per internet i un terç a la taquilla; les 80 restants no s'han venut. Quantes butaques té en total la sala?

Venudes ⟶ $\frac{2}{5} + \frac{1}{3} = \frac{6}{15} + \frac{5}{15} = \frac{11}{15}$

Sense vendre ⟶ $\frac{15}{15} - \frac{11}{15} = \frac{4}{15}$

$\frac{4}{15}$ del total ⟶ 80 butaques

$\frac{1}{15}$ del total ⟶ 80 : 4 = 20 butaques

$\frac{15}{15}$, és a dir, el total ⟶ 20 · 15 = 300 butaques

Solució: La sala té 300 butaques en total.

Multiplicació i divisió de fraccions

Problema 7: producte

Cada càpsula d'un medicament porta 3/20 de gram del principi actiu. Quants grams de principi actiu hi ha en un pot de 30 càpsules?

$$\frac{3}{20} \cdot 30 = \frac{3 \cdot 30}{20} = \frac{90}{20} = \frac{9}{2} = \frac{8}{2} + \frac{1}{2} = 4 + \frac{1}{2}$$

Solució: En un pot de 30 càpsules hi ha quatre grams i mig de principi actiu.

Problema 8: quocient

Cada càpsula d'un medicament porta 3/20 de gram del principi actiu. Quantes càpsules hi ha en un pot que conté en total quatre grams i mig de principi actiu?

Quatre grams i mig ⟶ $4 + \frac{1}{2} = \frac{8}{2} + \frac{1}{2} = \frac{9}{2}$

Nombre de càpsules ⟶ $\frac{9}{2} : \frac{3}{20} = \frac{9 \cdot 20}{2 \cdot 3} = \frac{180}{6} = 30$

Solució: En un pot amb quatre grams i mig de principi actiu hi ha 30 càpsules.

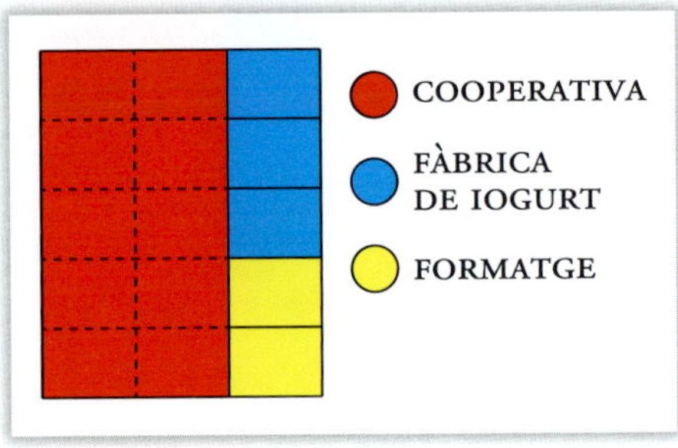

Tingues en compte

La fracció d'una fracció és igual al producte d'ambdues fraccions.

$$\frac{2}{5} \text{ de } \frac{1}{3} \rightarrow \frac{2}{5} \cdot \frac{1}{3} = \frac{2}{15}$$

Fracció d'una altra fracció

Problema 9: càlcul de la fracció

El mes passat un granger va lliurar 2/3 de la seva producció de llet a la cooperativa ramadera i va vendre 3/5 de la resta a la fàbrica de iogurt. Amb el que li va quedar, va fer formatge. Quina fracció de la llet va destinar a la producció de formatge?

A la cooperativa $\begin{cases} \text{Entrega } \frac{2}{3} \\ \text{Li queda } \frac{1}{3} \end{cases}$

A la fàbrica de iogurt $\begin{cases} \text{Entrega } \frac{3}{5} \text{ de } \frac{1}{3} \\ \text{Li queden } \frac{2}{5} \text{ de } \frac{1}{3} \rightarrow \frac{2}{5} \cdot \frac{1}{3} = \frac{2}{15} \end{cases}$

Solució: El granger va destinar $\frac{2}{15}$ de la llet a la producció de formatge.

Problema 10: càlcul de la part (problema directe)

El mes passat un ramader va obtenir 90.000 litres de llet. En va lliurar 2/3 a la cooperativa ramadera i 3/5 de la resta a la fàbrica de iogurt. Amb el que li va quedar, va fer formatge. Quants litres va destinar a la producció de formatge?

	LLIURA	LI QUEDA
A LA COOPERATIVA	$\frac{2}{3}$	$\frac{1}{3}$
A LA FÀBRICA DE IOGURT	$\frac{3}{5}$ de $\frac{1}{3}$	$\frac{2}{5}$ de $\frac{1}{3} = \frac{2}{15}$

Li queden $\frac{2}{15}$ de 90.000 litres =

$$= \frac{2 \cdot 90.000}{15} = 12.000 \text{ litres}$$

Solució: El granger va destinar 12.000 litres de llet a la producció de formatge.

Problema 11: càlcul del total (problema invers)

El mes passat un ramader va lliurar 2/3 de la seva producció de llet a la cooperativa ramadera i va vendre 3/5 de la resta a la fàbrica de iogurt. Amb els 12.000 litres que li van quedar, va fer formatge. Quants litres va produir en total?

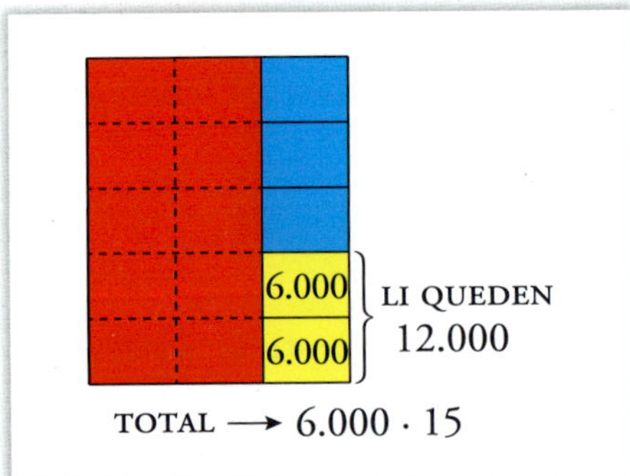

	LLIURA	LI QUEDA
A LA COOPERATIVA	$\frac{2}{3}$	$\frac{1}{3}$
A LA FÀBRICA DE IOGURT	$\frac{3}{5}$ de $\frac{1}{3}$	$\frac{2}{5}$ de $\frac{1}{3} = \frac{2}{15}$

Li queden $\frac{2}{15}$ del total, que són 12.000 litres.

$\frac{2}{15}$ del total ⟶ 12.000 litres

$\frac{1}{15}$ del total ⟶ 12.000 : 2 = 6.000 litres

$\frac{15}{15}$, és a dir, el total ⟶ 6.000 · 15 = 90.000 litres

Solució: El granger va obtenir en total una producció de 90.000 litres de llet.

23. Calcula i contesta:

a) En Robert ha fet 100 passos i ha avançat 80 m. Quina fracció de metre recorre en cada pas?

b) Una llebre ha fet 25 salts i ha recorregut 40 m. Quina fracció de metre avança en cada salt?

24. Una escola té matriculats 837 estudiants, $\frac{2}{9}$ dels quals estan a primer cicle d'ESO. Quants estudiants té a primer cicle d'ESO?

25. Una escola té matriculats 186 estudiants a primer cicle d'ESO, que són $\frac{2}{9}$ del total. Quants estudiants són en total?

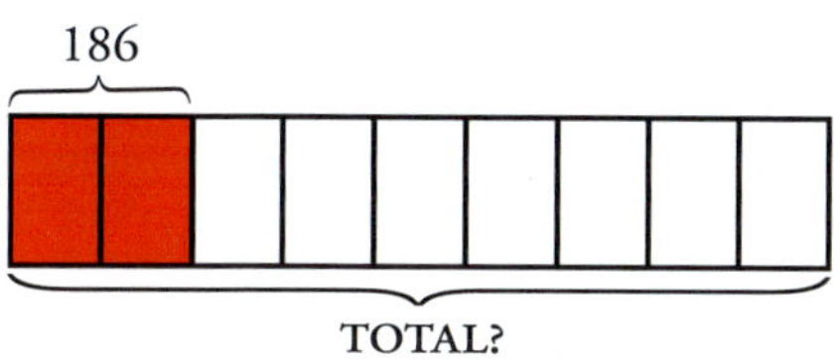

26. La setmana passada, una botiga de confecció va posar a la venda una partida de vestits de senyora. Ja n'han venut les dues cinquenes parts i encara li queden 60 unitats. Quants vestits han venut?

27. En un hotel, la meitat de les habitacions són al primer pis; la tercera part, al segon pis, i la resta, a l'àtic, que té deu habitacions.

a) Quina fracció del total de les habitacions és a l'àtic?

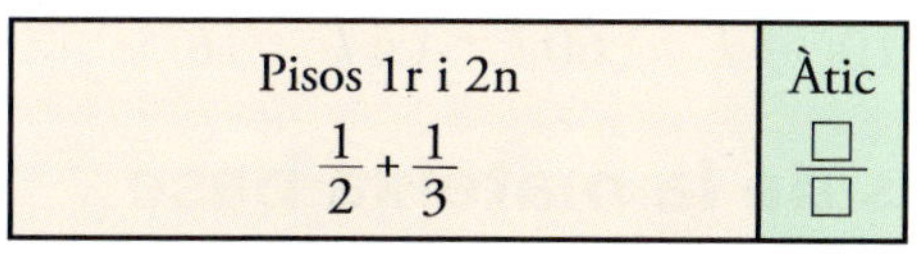

b) Quantes habitacions hi ha en total?

c) I en cada pis?

28. En unes instal·lacions, $\frac{3}{8}$ dels esportistes estan practicant atletisme; $\frac{2}{5}$ juguen a tenis; una desena part, a futbol, i els 16 restants fan tasques no esportives. Quantes persones hi ha a les instal·lacions?

29. Llegeix, observa i contesta.

Un pot de suavitzant conté 30 dosis que s'administren amb el seu propi tap.

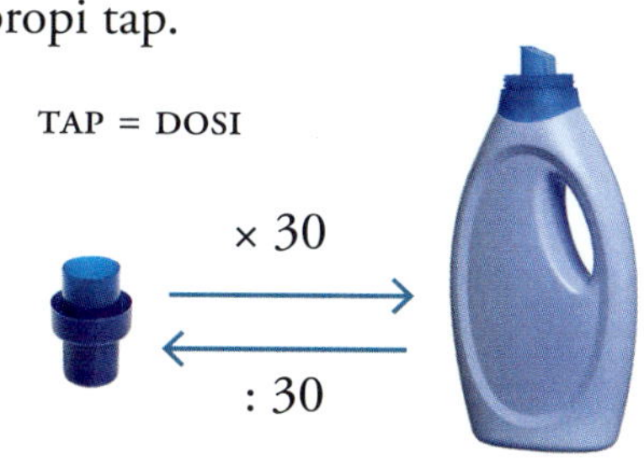

a) Quina és la capacitat del pot si la del tap és de $\frac{3}{40}$ de litre?

b) Quina és la capacitat del tap si la del pot és de dos litres i quart?

30. Un pot de suavitzant de dos litres i quart porta un tap dosificador amb una capacitat de $\frac{3}{40}$ de litre. Quantes dosis conté el pot?

31. Quants litres d'oli calen per omplir 300 ampolles de tres quarts de litre?

32. Quantes ampolles de vi de tres quarts de litre s'omplen amb un barril de 1.800 ℓ?

33. Un embassament és ple a començaments d'estiu. Al juliol perd $\frac{3}{7}$ del seu contingut i a l'agost, $\frac{3}{4}$ del que li quedava. Quina fracció conserva a començaments de setembre?

34. Els $\frac{3}{4}$ dels empleats d'una empresa tenen contracte indefinit, $\frac{2}{3}$ de la resta tenen contracte temporal i els altres són eventuals.

a) Quina fracció suposen els eventuals?

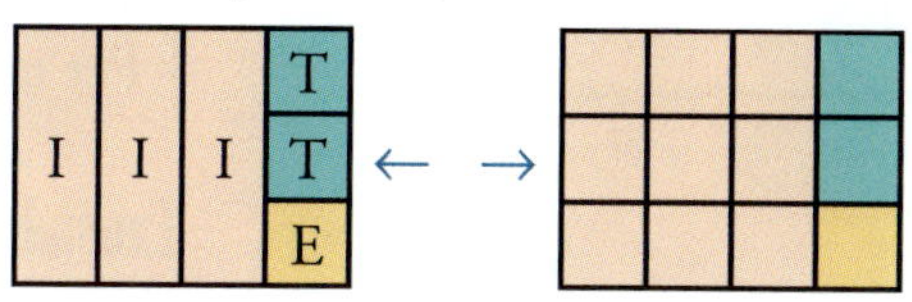

b) Si n'hi ha 45 de fixos, quants són eventuals i quants tenen contracte temporal?

5. POTÈNCIES I FRACCIONS

Les propietats que vas estudiar per a les potències de nombres enters serveixen per als nombres fraccionaris. Aquestes propietats es tradueixen en regles d'ús pràctic. Però no et limitis a memoritzar-les; si en comprens la justificació, les utilitzaràs amb més seguretat i eficàcia.

Potència d'una fracció

$$\left(\frac{a}{b}\right)^3 = \frac{a}{b} \cdot \frac{a}{b} \cdot \frac{a}{b} = \frac{a^3}{b^3}$$

Per elevar una fracció a una potència, s'eleven el numerador i el denominador a aquesta potència.

No ho oblidis

$$\left(\frac{a}{b}\right)^n = \frac{a^n}{b^n}$$

Potència d'un producte de fraccions

$$\left(\frac{a}{b} \cdot \frac{c}{d}\right)^2 = \left(\frac{a}{b} \cdot \frac{c}{d}\right) \cdot \left(\frac{a}{b} \cdot \frac{c}{d}\right) = \frac{a^2}{b^2} \cdot \frac{c^2}{d^2} = \left(\frac{a}{b}\right)^2 \cdot \left(\frac{c}{d}\right)^2$$

La potència d'un producte és igual al producte de les potències dels factors.

No ho oblidis

$$\left(\frac{a}{b} \cdot \frac{c}{d}\right)^n = \left(\frac{a}{b}\right)^n \cdot \left(\frac{c}{d}\right)^n$$

Exemple

$$\left(\frac{5}{6}\right)^3 \cdot \left(\frac{3}{5}\right)^3 = \left(\frac{5}{6} \cdot \frac{3}{5}\right)^3 = \left(\frac{15}{30}\right)^3 = \left(\frac{1}{2}\right)^3 = \frac{1}{8}$$

Potència d'un quocient de fraccions

$$\left(\frac{a}{b} : \frac{c}{d}\right)^3 = \left(\frac{a \cdot d}{b \cdot c}\right)^3 = \frac{a^3 \cdot d^3}{b^3 \cdot c^3} = \frac{a^3}{b^3} : \frac{c^3}{d^3} = \left(\frac{a}{b}\right)^3 : \left(\frac{c}{d}\right)^3$$

La potència d'un quocient és igual al quocient de les potències del dividend i del divisor.

No ho oblidis

$$\left(\frac{a}{b} : \frac{c}{d}\right)^n = \left(\frac{a}{b}\right)^n : \left(\frac{c}{d}\right)^n$$

Exemple

$$\left(\frac{3}{10}\right)^2 : \left(\frac{6}{5}\right)^2 = \left(\frac{3}{10} : \frac{6}{5}\right)^2 = \left(\frac{15}{60}\right)^2 = \left(\frac{1}{4}\right)^2 = \frac{1}{16}$$

Producte de potències de la mateixa base

$$\left(\frac{a}{b}\right)^3 \cdot \left(\frac{a}{b}\right)^2 = \frac{a^3}{b^3} \cdot \frac{a^2}{b^2} = \frac{a^5}{b^5} = \left(\frac{a}{b}\right)^5 \leftarrow (5 = 3 + 2)$$

Per multiplicar dues potències amb la mateixa base, se sumen els exponents.

No ho oblidis

$$\left(\frac{a}{b}\right)^n \cdot \left(\frac{a}{b}\right)^m = \left(\frac{a}{b}\right)^{n+m}$$

Exemple

$$\left(\frac{2}{5}\right)^3 \cdot \left(\frac{2}{5}\right)^4 = \left(\frac{2}{5}\right)^{3+4} = \left(\frac{2}{5}\right)^7$$

Quocient de potències de la mateixa base

No ho oblidis

$$\left(\frac{a}{b}\right)^n : \left(\frac{a}{b}\right)^m = \left(\frac{a}{b}\right)^{n-m}$$

$$\left(\frac{a}{b}\right)^7 : \left(\frac{a}{b}\right)^4 = \frac{a^7}{b^7} : \frac{a^4}{b^4} = \frac{a^7 \cdot b^4}{b^7 \cdot a^4} = \frac{a^3}{b^3} = \left(\frac{a}{b}\right)^3 \leftarrow (3 = 7-4)$$

Per dividir dues potències amb la mateixa base, es resten els exponents.

Exemple

$$\left(\frac{3}{5}\right)^8 : \left(\frac{3}{5}\right)^6 = \left(\frac{3}{5}\right)^{8-6} = \left(\frac{3}{5}\right)^2$$

Potència d'una altra potència

No ho oblidis

$$\left[\left(\frac{a}{b}\right)^n\right]^m = \left(\frac{a}{b}\right)^{n \cdot m}$$

$$\left[\left(\frac{a}{b}\right)^2\right]^3 = \left[\frac{a^2}{b^2}\right]^3 = \frac{a^2}{b^2} \cdot \frac{a^2}{b^2} \cdot \frac{a^2}{b^2} = \frac{a^6}{b^6} = \left(\frac{a}{b}\right)^6 \leftarrow (6 = 2 \cdot 3)$$

Per elevar una potència a una altra potència, es multipliquen els exponents.

Exemple

$$\left[\left(\frac{1}{2}\right)^3\right]^3 = \left(\frac{1}{2}\right)^9 = \frac{1}{2^9}$$

» FIXA IDEES

F7. Copia, redueix i calcula:

a) $\left(\frac{1}{2}\right)^4 = \frac{1^4}{\square^4} = \frac{\square}{\square}$

b) $\left(\frac{2}{3}\right)^2 = \frac{2^\square}{3^\square} = \frac{\square}{\square}$

c) $\left(\frac{1}{10}\right)^3 = \frac{1^3}{\square^\square} = \frac{\square}{\square}$

d) $\frac{15^3}{5^3} = \left(\frac{15}{\square}\right)^3 = \square^3 = \square$

e) $\frac{8^4}{16^4} = \left(\frac{\square}{\square}\right)^4 = \left(\frac{1}{\square}\right)^4 = \frac{1}{\square}$

f) $\frac{10^2}{15^2} = \left(\frac{\square}{\square}\right)^2 = \left(\frac{\square}{3}\right)^2 = \frac{\square}{\square}$

F8. Copia, redueix i calcula:

a) $\left(\frac{1}{4}\right)^3 \cdot 8^3 = \left(\frac{1}{4} \cdot \square\right)^3 = \left(\frac{\square}{4}\right)^3 = \square^3 = \square$

b) $\left(\frac{5}{3}\right)^3 \cdot \left(\frac{3}{10}\right)^3 = \left(\frac{5}{\square} \cdot \frac{3}{\square}\right)^3 = \left(\frac{15}{\square}\right)^3 = \left(\frac{\square}{2}\right)^3 = \frac{\square}{\square}$

c) $5^3 : \left(\frac{5}{4}\right)^3 = \left(5 : \frac{5}{4}\right)^3 = \left(\frac{\square}{5}\right)^3 = \square^3 = \square$

d) $\left(\frac{1}{6}\right)^2 : \left(\frac{1}{3}\right)^2 = \left(\frac{1}{\square} : \frac{1}{\square}\right)^2 = \left(\frac{3}{\square}\right)^2 = \left(\frac{\square}{2}\right)^2 = \frac{\square}{\square}$

F9. Copia, redueix a una sola potència i completa:

a) $x^3 \cdot x^2 = x^{\square + \square} = x^\square$

b) $\left(\frac{1}{a}\right)^4 \cdot \left(\frac{1}{a}\right)^3 = \left(\frac{1}{a}\right)^{\square + \square} = \left(\frac{\square}{\square}\right)^7$

c) $\left(\frac{x}{y}\right)^2 \cdot \left(\frac{x}{y}\right)^4 = \left(\frac{x}{y}\right)^{\square + \square} = \left(\frac{\square}{\square}\right)^\square$

d) $x^5 : x^2 = x^{\square - \square} = x^\square$

e) $\left(\frac{1}{a}\right)^7 : \left(\frac{1}{a}\right)^4 = \left(\frac{1}{a}\right)^{\square - \square} = \left(\frac{\square}{\square}\right)^3$

f) $\left(\frac{x}{y}\right)^6 : \left(\frac{x}{y}\right)^4 = \left(\frac{x}{y}\right)^{\square - \square} = \left(\frac{\square}{\square}\right)^\square$

g) $\left(x^3\right)^2 = x^{\square \cdot \square} = x^\square$

h) $\left[\left(\frac{1}{a}\right)^4\right]^3 = \left(\frac{1}{a}\right)^{\square \cdot \square} = \left(\frac{1}{a}\right)^\square$

i) $\left[\left(\frac{x}{y}\right)^2\right]^2 = \left(\frac{x}{y}\right)^{\square \cdot \square} = \left(\frac{x}{y}\right)^\square$

Potències d'exponent zero (a^0)

En principi, l'expressió a^0 no tindria sentit; però a aquesta combinació de signes li donem un significat en llenguatge matemàtic:

- El quocient de dos nombres iguals és igual a la unitat. → $\frac{5^3}{5^3} = 1$
- Per dividir dues potències amb la mateixa base, restem els exponents. → $\frac{5^3}{5^3} = 5^{3-3} = 5^0$

$$\left.\begin{array}{l}\frac{5^3}{5^3} = 1\\ \frac{5^3}{5^3} = 5^{3-3} = 5^0\end{array}\right\} \rightarrow 5^0 = 1$$

I de la mateixa forma:

$$\left.\begin{array}{l}\left(\frac{a}{b}\right)^3 : \left(\frac{a}{b}\right)^3 = 1\\ \left(\frac{a}{b}\right)^3 : \left(\frac{a}{b}\right)^3 = \left(\frac{a}{b}\right)^{3-3} = \left(\frac{a}{b}\right)^0\end{array}\right\} \rightarrow \left(\frac{a}{b}\right)^0 = 1$$

No ho oblidis

$a^0 = 1 \qquad \left(\frac{a}{b}\right)^0 = 1$

La potència d'exponent zero val sempre 1 (per a qualsevol base diferent de zero).

Potències d'exponent negatiu

Seguint un raonament similar al de l'apartat anterior:

$$\left.\begin{array}{l}\frac{a^3}{a^5} = \frac{a \cdot a \cdot a}{a \cdot a \cdot a \cdot a \cdot a} = \frac{1}{a^2}\\ \frac{a^3}{a^5} = a^{3-5} = a^{-2}\end{array}\right\} \rightarrow a^{-2} = \frac{1}{a^2}$$

I de la mateixa forma:

$$\left.\begin{array}{l}\left(\frac{a}{b}\right)^3 : \left(\frac{a}{b}\right)^5 = \frac{a^3}{b^3} : \frac{a^5}{b^5} = \frac{a^3 \cdot b^5}{b^3 \cdot a^5} = \frac{b^2}{a^2} = \left(\frac{b}{a}\right)^2\\ \left(\frac{a}{b}\right)^3 : \left(\frac{a}{b}\right)^5 = \left(\frac{a}{b}\right)^{3-5} = \left(\frac{a}{b}\right)^{-2}\end{array}\right\} \rightarrow \left(\frac{a}{b}\right)^{-2} = \left(\frac{b}{a}\right)^2$$

No ho oblidis

$a^{-n} = \frac{1}{a^n} \qquad \left(\frac{a}{b}\right)^{-n} = \left(\frac{b}{a}\right)^n$

Una potència d'exponent negatiu és la inversa de la mateixa potència d'exponent positiu.

» FIXA IDEES

F10. Calcula:

a) $8^0 = \square$ **b)** $(-8)^0 = \square$ **c)** $\left(\frac{1}{3}\right)^0 = \square$ **d)** $\left(-\frac{1}{3}\right)^0 = \square$ **e)** $\left(\frac{3}{4}\right)^0 = \square$

F11. Expressa en forma de fracció:

a) $(2)^{-1} = \frac{1}{\square}$ **b)** $(3)^{-1} = \frac{\square}{\square}$ **c)** $(-2)^{-1} = \frac{\square}{-2}$ **d)** $(3)^{-1} = \frac{\square}{\square}$ **e)** $(10)^{-1} = \frac{\square}{\square}$

F12. Expressa en forma de potència d'exponent positiu:

a) $(5)^{-2} = \left(\frac{1}{\square}\right)^2$ **b)** $\left(\frac{1}{2}\right)^{-3} = \square^3$ **c)** $\left(\frac{2}{3}\right)^{-1} = \frac{\square}{2}$ **d)** $\left(\frac{3}{5}\right)^{-2} = \left(\frac{5}{\square}\right)^2$ **e)** $\left(\frac{3}{4}\right)^{-4} = \left(\frac{\square}{\square}\right)^{\square}$

No ho oblidis

$10^{-1} = \frac{1}{10} = 0{,}1$

$10^{-2} = \frac{1}{10^2} = \frac{1}{100} = 0{,}01$

$10^{-3} = \frac{1}{10^3} = \frac{1}{1.000} = 0{,}001$

...

Nombres i potències de base 10

Ja coneixes la descomposició polinòmica d'un nombre enter segons les successives potències de base 10:

$$3.857 = 3 \cdot 10^3 + 8 \cdot 10^2 + 5 \cdot 10^1 + 7 \cdot 10^0$$

Fixem-nos, ara, en el valor de les potències negatives de base 10:

$$10^{-1} = 0{,}1 \qquad 10^{-2} = 0{,}01 \qquad 10^{-3} = 0{,}001 \ldots$$

Això ens permet estendre la descomposició polinòmica als nombres decimals.

Exemple

$$25{,}48 = \begin{cases} 2 \cdot 10 + 5 \cdot 1 + 4 \cdot 0{,}1 + 8 \cdot 0{,}01 \\ 2 \cdot 10^1 + 5 \cdot 10^0 + 4 \cdot 10^{-1} + 8 \cdot 10^{-2} \end{cases}$$

Expressió abreujada de quantitats molt grans o molt petites. Notació científica

Tot el que hem vist fins ara ens proporciona un mètode per expressar amb comoditat nombres de moltes xifres.

Reflexiona

$$0{,}000\,000\,000\,0001 = 10^{-13}$$

Quina de les dues formes et sembla més efectiva?

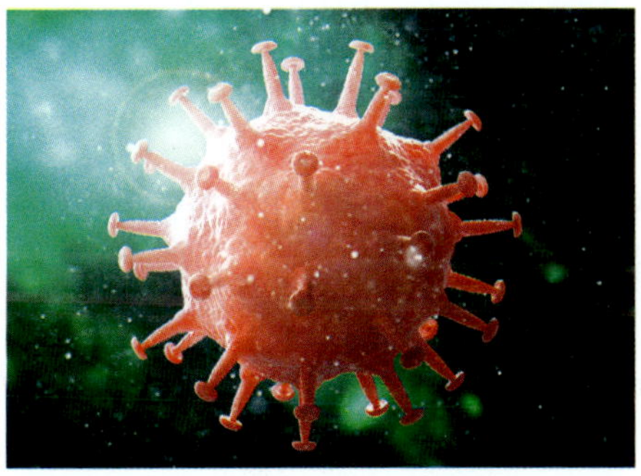

Exemples

- La distància mitjana de la Terra al Sol és de 149.598.000 km.

  $$149.598.000 \approx 150.000.000 = 1{,}50 \cdot 100.000.000$$

  Distància mitjana de la Terra al Sol $\approx 1{,}50 \cdot 10^8$ km

- Un virus mesura, aproximadament, 0,000 225 mm de longitud.

  $$0{,}000\,225 = 2{,}25 \cdot 0{,}0001 = 2{,}25 \cdot 10^{-4} \text{ mm}$$

Aquesta manera estandarditzada d'expressar nombres molt grans o molt petits s'anomena **notació científica**.

$$a{,}bcd\ldots \cdot 10^n$$

PART ENTERA (una sola xifra) → a

POTÈNCIA DE 10 (amb exponent enter) → 10^n

» APLICA EL QUE HAS APRÈS

35. Escriu la descomposició polinòmica d'aquests nombres:

a) 72,605 **b)** 0,63842
c) 658,32 **d)** 18,0486

36. Escriu amb totes les seves xifres la dada següent:

La massa d'un àtom de plata és de $1{,}79 \cdot 10^{-22}$ *grams.*

Quina forma és més pràctica, l'abreujada o l'estesa?

37. Expressa amb totes les xifres:

a) $0{,}5 \cdot 10^6$ **b)** $1{,}34 \cdot 10^7$
c) $3{,}08 \cdot 10^{-5}$ **d)** $1{,}26 \cdot 10^{-8}$

38. Expressa en notació científica:

a) Un any llum equival a 9.460.800.000.000 km.

b) El radi d'un àtom d'oxigen mesura 0,000 000 066 mm.

6. FRACCIONS I NOMBRES DECIMALS

Les notacions fraccionària i decimal són formes numèriques i, com veuràs ara, moltes quantitats es poden expressar tant en l'una com en l'altra.

Pas de fracció a decimal

Ja saps que una fracció és una divisió el resultat de la qual és un decimal exacte o un decimal periòdic.

Exemples

$\frac{6}{5} = 6 : 5 = 1{,}2$ DECIMAL EXACTE

$\frac{11}{9} = 11 : 9 = 1{,}\widehat{2}$ DECIMAL PERIÒDIC PUR

$\frac{13}{18} = 13 : 18 = 0{,}7\widehat{2}$ DECIMAL PERIÒDIC MIXT

Tota fracció es pot passar a forma decimal. Per a això, es divideix el numerador entre el denominador.

Tanmateix, el contrari no és cert: només es poden passar a fracció els decimals exactes i els periòdics.

Fracció generatriu

La fracció irreductible que dona lloc a un decimal s'anomena **fracció generatriu** d'aquest nombre.

EXEMPLE

La fracció generatriu d'$1{,}\widehat{2}$ és $\frac{11}{9}$:

$$\frac{11}{9} = 11 : 9 = 1{,}\widehat{2}$$

Decimal exacte. Pas a fracció

Un decimal exacte es transforma en fracció si li traiem la coma i el dividim per la unitat seguida de tants zeros com xifres decimals tenia.

Exemples

$0{,}4 = \frac{4}{10} = \frac{2}{5}$ $\quad 1{,}75 = \frac{175}{100} = \frac{7}{4}$ $\quad 0{,}125 = \frac{125}{1.000} = \frac{1}{8}$

Decimal periòdic. Pas a fracció

Observa en els exemples el procés seguit per trobar la fracció generatriu d'un decimal periòdic pur i d'un decimal periòdic mixt.

Exemples

- *Volem passar a forma fraccionària $1{,}\widehat{2}$.*

  Anomenem A el nombre: $A = 1{,}222\ldots$

  El multipliquem per 10 i li restem el mateix nombre:

$$\left.\begin{array}{r} 10A = 12{,}222\ldots \\ -\quad A = 1{,}222\ldots \\ \hline 9A = 11{,}000\ldots \end{array}\right\} \rightarrow 9A = 11 \rightarrow A = \frac{11}{9} \rightarrow 1{,}\widehat{2} = \frac{11}{9}$$

- *Volem passar a forma fraccionària $0{,}7\widehat{2}$.*

  Anomenem B el nombre: $B = 0{,}7222\ldots$

  El multipliquem, primer per 100 i després per 10, i restem:

$$\left.\begin{array}{r} 100B = 72{,}222\ldots \\ -\quad 10B = 7{,}222\ldots \\ \hline 90B = 65{,}000\ldots \end{array}\right\} \rightarrow 90B = 65 \rightarrow B = \frac{65}{90} = \frac{13}{18} \rightarrow 0{,}7\widehat{2} = \frac{13}{18}$$

Els nombres racionals

- Es diu que un **nombre** és **racional** quan es pot expressar en *forma de fracció.*

$$\text{NOMBRE RACIONAL} = \frac{\text{NOMBRE ENTER}}{\text{NOMBRE ENTER}}$$

- El conjunt dels nombres racionals es designa amb la lletra **Q**.

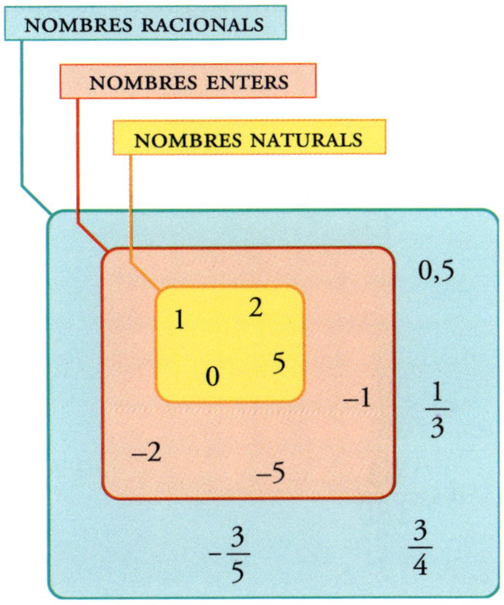

- Un nombre racional es pot expressar de moltes maneres diferents:

  Per exemple: $0{,}2 = \frac{2}{10} = \frac{1}{5} = \frac{3}{15} = \frac{4}{20} = \ldots = \frac{50}{250} = \ldots$

- Tots els nombres enters i, per tant, també els naturals són racionals.

  Efectivament, qualsevol nombre enter es pot extressar en forma de fracció:

  $3 = \frac{3}{1} = \frac{6}{2} = \ldots \qquad -3 = \frac{-3}{1} = \frac{-6}{2}$

- Els decimals exactes i els decimals periòdics també són racionals.

  Com ja hem vist, aquests nombres sempre es poden expressar en forma fraccionària:

  $0{,}35 = \frac{7}{20} \qquad 1{,}\widehat{4} = \frac{13}{9} \qquad 0{,}2\widehat{15} = \frac{71}{330}$

- Els decimals amb infinites xifres no periòdiques no són racionals.

  Per exemple: $\sqrt{2} = 1{,}414213\ldots \qquad \pi = 3{,}141592\ldots \qquad \sqrt{5} = 2{,}236067\ldots$

  Aquests nombres no es poden expressar en forma de fracció.

Tot el que s'ha dit es pot resumir en l'esquema següent:

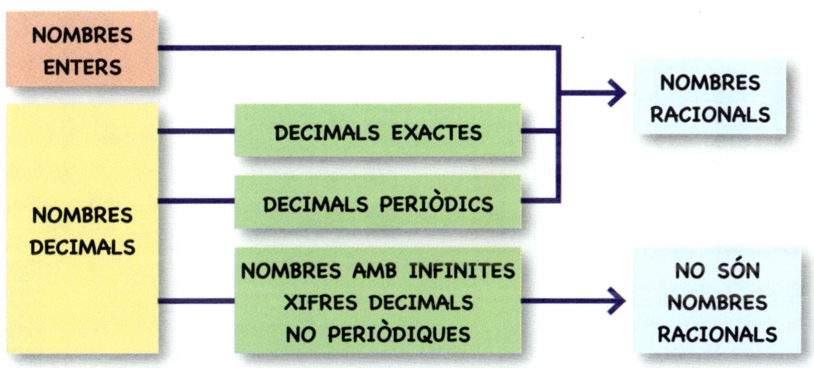

» APLICA EL QUE HAS APRÈS

39. Expressa en forma decimal:

a) $\frac{1}{2}$ **b)** $\frac{2}{3}$ **c)** $\frac{2}{5}$

d) $\frac{7}{10}$ **e)** $\frac{2}{9}$ **f)** $\frac{17}{110}$

40. Relaciona cada fracció amb la seva forma decimal:

$\frac{3}{4}$ | $\frac{1}{25}$ | $\frac{1}{6}$ | $\frac{2}{5}$ | $\frac{13}{10}$ | $\frac{5}{11}$

$0{,}04$ | $1{,}3$ | $0{,}75$ | $0{,}1\widehat{6}$ | $0{,}\widehat{45}$ | $0{,}4$

41. Expressa en forma de fracció:

a) 0,8 **b)** 1,6 **c)** 1,35

d) $0{,}\widehat{3}$ **e)** $2{,}1\widehat{3}$ **f)** $1{,}\widehat{25}$

42. Indica quins d'aquests nombres són racionals:

$\frac{3}{4}$ | $0{,}\widehat{37}$ | $\frac{3}{7}$ | -125 | $0{,}00009$

$\sqrt{3}$ | $13{,}6$ | 2 | $0{,}12345678910\ldots$ | $7{,}4\widehat{8}$

» EXERCITA LES TEVES COMPETÈNCIES

Fraccions

1. Calcula mentalment:

a) $\frac{2}{3}$ de 60 **b)** $\frac{1}{10}$ de 90 **c)** $\frac{3}{4}$ de 120

2. El cub petit està construït amb daus grocs. Per formar el cub gran, recobrim l'anterior de daus vermells.

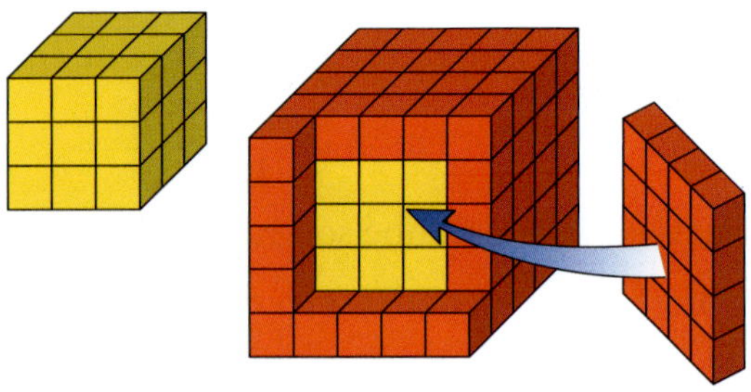

Quina fracció dels daus del cub gran són grocs? I vermells?

3. El diagrama informa sobre els esports preferits en una classe de 30 estudiants de 2n d'ESO:

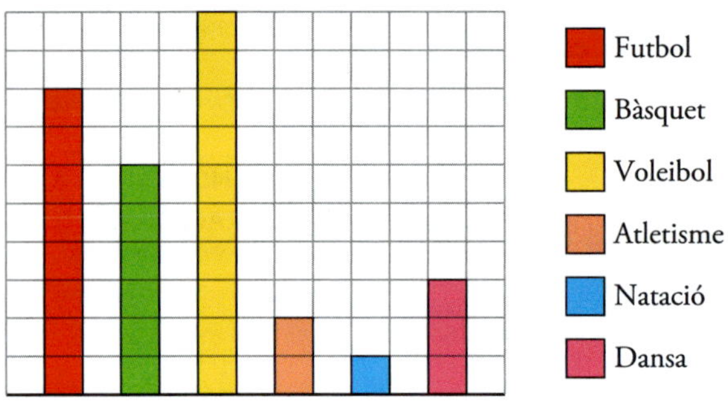

Quina fracció de la classe...

a) ...practica futbol?

b) ...practica bàsquet?

c) ...no practica bàsquet?

d) ...no practica ni futbol ni bàsquet?

4. Quants grams són?

a) $\frac{3}{4}$ de quilo **b)** $\frac{3}{5}$ de quilo **c)** $\frac{7}{20}$ de quilo

5. Quants minuts són?

a) $\frac{5}{6}$ d'hora **b)** $\frac{3}{12}$ d'hora **c)** $\frac{4}{5}$ d'hora

6. Quina fracció d'hora són?

a) 5 minuts **b)** 24 minuts **c)** 360 segons

Equivalència de fraccions

7. Escriu:

a) Una fracció equivalent a $\frac{4}{10}$ el numerador de la qual sigui 6.

b) Una fracció equivalent a $\frac{15}{45}$ el denominador de la qual sigui 12.

c) Una fracció equivalent a $\frac{35}{45}$ el numerador de la qual sigui 91.

8. Simplifica:

a) $\frac{12}{16}$ **b)** $\frac{21}{28}$ **c)** $\frac{30}{48}$

d) $\frac{33}{55}$ **e)** $\frac{42}{99}$ **f)** $\frac{63}{180}$

9. Redueix a denominador comú:

a) $\frac{5}{6}, \frac{1}{9}$ **b)** $1, \frac{3}{12}, \frac{5}{8}$

c) $\frac{2}{3}, \frac{1}{2}, \frac{1}{7}$ **d)** $\frac{4}{9}, \frac{17}{33}, \frac{52}{99}$

e) $\frac{2}{3}, \frac{1}{6}, \frac{1}{9}$ **f)** $\frac{5}{9}, \frac{7}{12}, \frac{11}{18}$

g) $\frac{2}{5}, \frac{4}{15}, \frac{7}{10}$ **h)** $\frac{2}{21}, \frac{5}{12}, \frac{13}{18}$

10. Aquests dos trossos de tela són igual de grans:

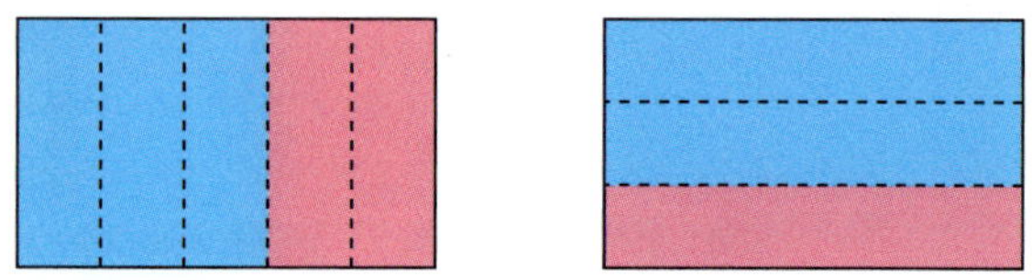

Quin dels dos té una porció més gran de blau? Explica la transformació que proposa aquest gràfic per resoldre la pregunta:

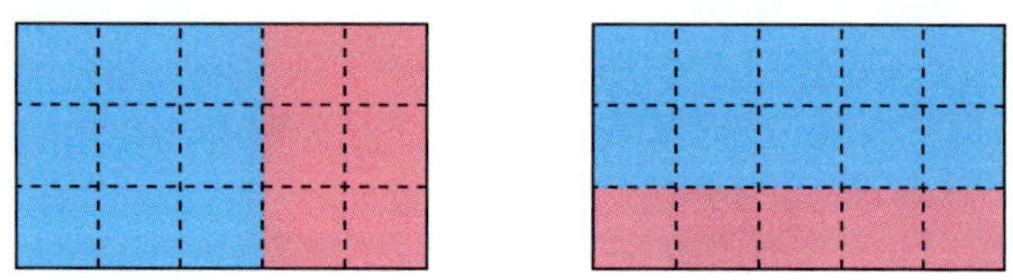

11. Calcula x en cada cas:

a) $\frac{6}{22} = \frac{15}{x}$ **b)** $\frac{21}{49} = \frac{x}{35}$

c) $\frac{13}{x} = \frac{11}{99}$ **d)** $\frac{x}{78} = \frac{91}{169}$

Suma i resta de fraccions

12. Calcula mentalment:

a) $1-\frac{1}{10}$ b) $\frac{1}{5}-\frac{1}{10}$

c) $1+\frac{1}{3}$ d) $\frac{1}{3}-\frac{1}{6}$

e) $\frac{1}{4}-\frac{1}{8}$ f) $\frac{1}{4}+\frac{1}{8}$

13. Calcula i simplifica:

a) $\frac{1}{2}-\frac{1}{5}+\frac{1}{10}$ b) $\frac{1}{3}+\frac{1}{5}-\frac{2}{15}$

c) $\frac{1}{6}-\frac{5}{9}+\frac{1}{2}$ d) $\frac{4}{3}-2+\frac{3}{2}-\frac{5}{6}$

14. Calcula i simplifica:

a) $\frac{11}{36}-\frac{5}{12}+\frac{4}{9}-\frac{7}{24}$ b) $\frac{13}{32}-\frac{5}{24}+\frac{17}{48}-\frac{7}{12}$

c) $\frac{17}{40}-\frac{11}{30}+\frac{13}{20}-\frac{9}{8}$ d) $\frac{21}{44}-\frac{31}{66}-\frac{13}{22}+\frac{11}{12}$

e) $\frac{2}{3}-\frac{1}{5}-\frac{4}{27}-\frac{2}{15}$ f) $\frac{23}{78}-\frac{5}{26}+\frac{23}{78}-\frac{25}{117}$

15. Opera i simplifica els resultats. Què observes?

a) $2-\frac{2}{3}+\frac{1}{2}$ b) $2-\left(\frac{2}{3}+\frac{1}{2}\right)$

c) $\frac{3}{5}-\frac{1}{4}-\frac{1}{10}$ d) $\frac{3}{5}-\left(\frac{1}{4}-\frac{1}{10}\right)$

e) $\frac{3}{4}-\frac{2}{5}-\frac{3}{10}$ f) $\frac{3}{4}-\left(\frac{2}{5}-\frac{3}{10}\right)$

16. Opera:

a) $\left(1-\frac{3}{4}\right)-\left(2-\frac{5}{4}\right)$

b) $\left(\frac{5}{7}-\frac{1}{3}\right)-\left(\frac{3}{7}-\frac{2}{3}\right)$

c) $\left(3-\frac{1}{3}\right)-\left(\frac{3}{4}-\frac{3}{5}\right)+\left(\frac{1}{10}-\frac{7}{20}\right)$

d) $\frac{7}{6}-\left[2-\left(\frac{3}{2}-\frac{1}{3}\right)\right]$

e) $\left[3-\left(\frac{3}{4}-\frac{1}{6}\right)\right]-\left[2-\left(\frac{1}{6}+\frac{1}{8}\right)\right]$

f) $\left[\frac{4}{3}-\left(\frac{3}{8}-\frac{1}{6}\right)\right]-\left[\frac{2}{5}-\left(\frac{7}{8}-\frac{5}{6}\right)\right]$

g) $\frac{7}{12}-\left[\frac{13}{20}-\left(\frac{1}{5}+\frac{8}{15}\right)\right]-\left[\frac{17}{30}+\left(\frac{1}{2}-\frac{23}{30}\right)\right]$

17. Completa amb fraccions irreductibles:

a) $\frac{\square}{\square}-\frac{7}{15}-\frac{1}{5}=\frac{1}{6}$

b) $\frac{6}{7}-\frac{11}{21}+\frac{\square}{\square}=1$

c) $\frac{5}{9}-\frac{\square}{\square}+\frac{5}{12}=\frac{3}{4}$

d) $2-\frac{7}{24}=\frac{3}{8}+\frac{\square}{\square}$

Multiplicació i divisió de fraccions

18. Cert o fals?

a) Les fraccions negatives tenen oposada però no inversa.

b) Per a una fracció, l'oposada de la inversa és igual que la inversa de l'oposada.

c) Tots els nombres racionals tenen oposat i també invers.

d) Si a és un nombre positiu, el seu oposat és més petit que el seu invers.

e) Si a és un nombre negatiu, el seu oposat és més gran que el seu invers.

19. Calcula mentalment i per escrit:

a) El triple d'un terç.

b) La meitat d'un quart.

c) Els tres cinquens de 5.

d) La quarta part d'un terç.

20. Copia i completa com en l'exemple:

- **Multiplicar per $\frac{1}{2}$ és igual que dividir entre 2.**

a) Multiplicar per $\frac{1}{10}$ és igual que dividir entre…

b) Dividir entre $\frac{1}{10}$ és igual que multiplicar per…

c) Multiplicar per $\frac{2}{3}$ és igual que dividir entre…

d) Multiplicar per $\frac{1}{3}$ i dividir entre 5 és igual que dividir entre 3 i multiplicar per…

e) Multiplicar per $\frac{1}{5}$ i dividir entre 3 és igual que dividir entre 5 i multiplicar per…

21. Calcula i simplifica:

a) $\frac{3}{7}\cdot 14$ b) $\frac{2}{5}:4$ c) $\frac{7}{2}\cdot\frac{4}{(-7)}$

d) $\frac{3}{11}:\frac{(-5)}{11}$ e) $\frac{2}{3}\cdot\frac{9}{20}$ f) $\frac{2}{3}\cdot\frac{1}{6}$

g) $\frac{2}{3}:\frac{1}{6}$ h) $\frac{4}{15}:\frac{2}{5}$ i) $\frac{6}{35}\cdot\frac{(-77)}{36}$

j) $\frac{-48}{55}:\frac{12}{11}$ k) $\frac{-3}{8}:\frac{28}{(-9)}$ l) $\frac{14}{2}:\frac{(-7)}{49}$

22. EXERCICI RESOLT

$$\frac{\frac{4}{9}}{\frac{2}{3}}=\frac{4}{9}:\frac{2}{3}=\frac{4\cdot 3}{9\cdot 2}=\frac{12}{48}=\frac{2}{3}$$

23. Calcula i redueix:

a) $\frac{1}{\frac{1}{6}}$ b) $\frac{6}{\frac{1}{5}}$ c) $\frac{\frac{1}{10}}{\frac{1}{5}}$

d) $\frac{\frac{2}{5}}{\frac{4}{3}}$ e) $\frac{2}{\frac{1}{3}}$ f) $\frac{10}{\frac{3}{6}}$

24. Opera i redueix:

a) $\frac{5}{11}\cdot\left(3\cdot\frac{22}{15}\right)$ b) $\frac{7}{2}:\left(5:\frac{10}{21}\right)$

c) $\frac{8}{9}\cdot\left(\frac{15}{26}:\frac{20}{30}\right)$ d) $\left(\frac{7}{20}:\frac{14}{15}\right)\cdot\frac{4}{9}$

Potències i fraccions

25. Calcula:

a) $\left(\frac{1}{2}\right)^3$ b) $\left(\frac{1}{3}\right)^2$ c) $\left(\frac{1}{5}\right)^4$ d) $\left(\frac{1}{10}\right)^6$

26. Calcula, com en l'exemple, pel camí més curt:

- $\frac{15^4}{5^4}=\left(\frac{15}{5}\right)^4=3^4=81$

a) $\frac{12^3}{4^3}$ b) $\frac{8^5}{4^5}$

c) $\frac{5^4}{10^4}$ d) $5^2\cdot\left(\frac{1}{15}\right)^2$

e) $(-4)^3\cdot\left(\frac{3}{4}\right)^3$ f) $10^2\cdot\left(-\frac{1}{15}\right)^2$

27. Redueix i calcula:

a) $\frac{6^4\cdot 3^4}{9^4}$ b) $\frac{2^5\cdot 3^5}{6^5}$

c) $\frac{3^3\cdot 3^3}{12^3}$ d) $\frac{5^7\cdot 4^7}{(-20)^7}$

e) $\frac{4^2\cdot(-3)^2}{18^2}$ f) $\frac{(-6)^5\cdot(-3)^5}{36^5}$

28. Calcula:

a) 2^0 b) 10^0 c) $\left(\frac{1}{5}\right)^0$ d) $\left(\frac{3}{7}\right)^0$

29. Calcula:

a) 2^{-2} b) $(-2)^{-2}$ c) $\left(\frac{1}{2}\right)^{-2}$ d) $\left(-\frac{1}{2}\right)^{-2}$

e) 2^{-3} f) $(-2)^{-3}$ g) $\left(\frac{1}{2}\right)^{-3}$ h) $\left(-\frac{1}{2}\right)^{-3}$

30. Simplifica:

a) $x^3\cdot\left(\frac{1}{x}\right)^5$ b) $x^3:\left(\frac{1}{x}\right)^5$

c) $\left(\frac{a}{b}\right)^4\cdot b^4$ d) $\left(\frac{a}{b}\right)^3:a^3$

e) $(a^2)^3\cdot\left(\frac{1}{a}\right)^7$ f) $\left(\frac{1}{a^2}\right)^3:\left(\frac{1}{a^3}\right)^3$

31. Expressa sense utilitzar potències negatives:

a) x^{-2} b) x^{-3} c) x^{-4}

d) $\frac{1}{x^{-2}}$ e) $\frac{1}{x^{-3}}$ f) $\frac{1}{x^{-4}}$

32. Redueix a una potència única:

a) $a^5\cdot a^2$ b) $a\cdot a^2\cdot a^3$

c) $x^5\cdot x^{-3}$ d) $x^{-2}\cdot x^5$

e) $a^2\cdot\frac{1}{a^{-2}}$ f) $\frac{1}{a^{-2}}\cdot a^{-3}$

g) $x^3\cdot x^{-2}\cdot x$ h) $x^{-2}\cdot x^{-2}\cdot x^{-2}$

i) $\frac{a^3\cdot a^4}{a^5}$ j) $\frac{a\cdot a^4}{a^3\cdot a^5}$

k) $\frac{x^2\cdot x^{-4}}{x^{-3}}$ l) $\frac{x^{-1}}{x^2\cdot x^{-4}}$

33. Redueix:

a) $x^3 \cdot x^{-2}$ b) $\frac{1}{x^2} \cdot \frac{1}{x^4}$

c) $\left(\frac{1}{x}\right)^{-3} \cdot x^{-3}$ d) $\left(\frac{x}{y}\right)^{-1} : x^{-1}$

e) $\left(\frac{z}{m}\right)^{-2} : m^3$ f) $a^5 : \left(\frac{a}{b}\right)^{-4}$

34. Escriu la descomposició polinòmica d'aquests nombres:

a) 1.238.600 b) 0,07586 c) 340,578

35. Escriu amb totes les seves xifres aquestes quantitats:

a) $261 \cdot 10^9$ b) $15{,}4 \cdot 10^8$ c) $3{,}28 \cdot 10^{11}$

d) $124 \cdot 10^{-7}$ e) $37{,}8 \cdot 10^{-7}$ f) $1{,}78 \cdot 10^{-10}$

36. Expressa en notació científica, igual que en els exemples:

- **5.360.000.000 = $5{,}36 \cdot 10^9$**
- **0,000 000 438 4 = $4{,}384 \cdot 10^{-7}$**

a) 8.420.000 b) 61.500.000.000

c) 0,000 0074 d) 0,000 000 128

Fraccions i decimals

37. Expressa en forma decimal:

a) $\frac{7}{2}$ b) $\frac{27}{50}$ c) $\frac{13}{125}$

d) $\frac{7}{6}$ e) $\frac{4}{9}$ f) $\frac{5}{11}$

g) $\frac{2}{5}$ h) $\frac{26}{13}$ i) $\frac{15}{12}$

38. Copia i completa amb fraccions irreductibles:

0,1	0,2	1,5	0,05	0,16	0,55	1,25	2,5
$\frac{1}{10}$	…	…	…	…	…	…	…

39. Passa a forma fraccionària:

a) 1,1 b) 0,13 c) 0,008 d) $0,\widehat{8}$

e) $1,\widehat{8}$ f) $0,2\widehat{8}$ g) $0,\widehat{24}$ h) $0,0\widehat{2}$

Interpreta, descriu, expressa't

40. Observa les resolucions d'en David i l'Olga:

Una empresa de vehicles usats rep un lot de 180 cotxes. El primer mes ven les tres quartes parts i el mes següent, la cinquena part del lot. Quants cotxes li queden encara per vendre?

Resolució d'en David

- 3/4 de 180 = (180 : 4) · 3 = 135
- 1/5 de 180 = 180 : 5 = 36
- 135 + 36 = 171
- 180 – 171 = 9

Resolució de l'Olga

- $\frac{3}{4} + \frac{1}{5} = \frac{15+4}{20} = \frac{19}{20}$
- $\frac{20}{20} - \frac{19}{20} = \frac{1}{20}$
- 1/20 de 180 = 180 : 20 = 9

Indica el significat de cada operació i el resultat obtingut en cada cas.

41. Observa aquests problemes que poden semblar similars pel seu enunciat, però que són molt diferents:

Problema 1

Un granger esquila dilluns la meitat de les seves ovelles i dimarts la tercera part. Dimecres esquila les 16 últimes i acaba la feina. Quantes ovelles té en total?

Resolució

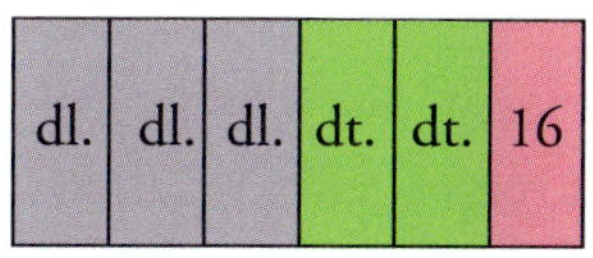

16 · 6 = 93 ovelles

Problema 2

Un granger esquila dilluns la meitat de les seves ovelles i dimarts la tercera part de les que quedaven. Dimecres esquila les 16 últimes i acaba la feina. Quantes ovelles té en total?

Resolució

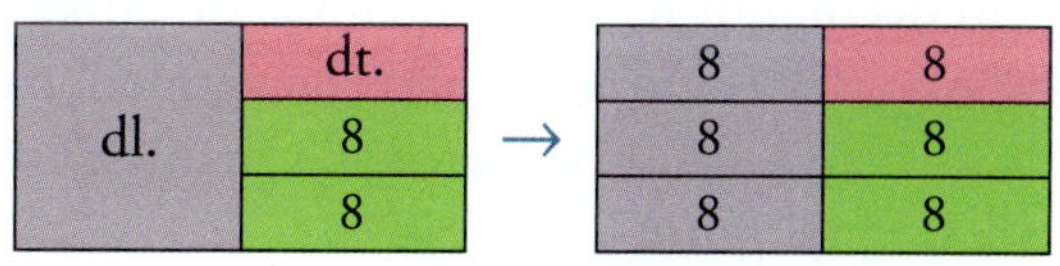

8 · 6 = 48 ovelles

Explica la diferència entre ambdós problemes i el procés seguit en la resolució de cada un.

Resol problemes

42. Una bassa de reg amb una capacitat de 2.800 m^3 conté 1.600 m^3 d'aigua. Quina fracció de la bassa falta per completar?

43. Una furgoneta de repartiment portava 36 caixes amb 30 ampolles de refrescos cada una. Si s'han trencat 162 ampolles en el trajecte, quina fracció de les ampolles s'ha trencat?

44. Un incendi ha arrasat les tres dècimes parts d'una muntanya de 1.700 hectàrees. Quantes hectàrees s'han salvat de la crema?

45. S'ha abocat un palet que tenia 5 caixes amb 30 dotzenes d'ous cada una i se n'han trencat dues cinquenes parts. Quants ous s'han salvat?

46. Per tres quarts de quilogram de cireres hem pagat 1,80 €. Quant costa el quilogram?

47. Una molla estirada fa 5/3 de la seva longitud inicial. Si estirada mesura 4,5 cm, quant mesura en repòs?

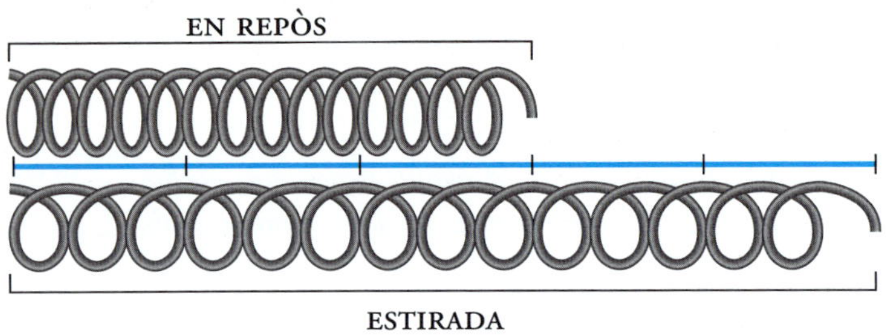

48. Una bassa de reg té plenes les quatre setenes parts i conté 1.600 m^3 d'aigua. Quants metres cúbics caben a la bassa?

49. L'Amèlia ha gastat $\frac{3}{8}$ dels seus estalvis en la compra d'un telèfon mòbil que li ha costat 90 €. Quants diners li queden encara?

50. Un decorador ha fet una barreja de 20 kg de pintura que porta dues cinquenes parts de vermell, tres dècimes parts de blau i la resta de taronja. Quants quilograms de pintura taronja porta la barreja?

51. La tercera part dels 240 viatgers que ocupen un avió són europeus, 2/5 parts són africans i la resta són americans. Quants americans viatgen a l'avió?

52. La Berta gasta 3/8 dels seus estalvis per arreglar la moto i 3/10 de la resta en un concert. Quina fracció del que tenia estalviat li queda?

Encara que puguis resoldre el problema observant el gràfic, escriu i explica les operacions que porten a la solució.

53. En Xavier ha gastat 3/5 dels seus estalvis en un viatge i 3/4 de la resta a renovar el vestuari. Si encara li queden 140 €, quant tenia estalviat?

54. Un automòbil fa un viatge d'anada i tornada. En l'anada gasta 13/15 de la capacitat total del dipòsit de combustible. A la tornada, omple el dipòsit i en consumeix 17/20 parts. En quin dels dos trajectes ha gastat més combustible?

55. Una confiteria ha rebut una comanda de diverses bosses de caramels. Dues cinquenes parts de les bosses són de taronja, tres dècimes parts de llimona i la resta de maduixa. Si hi havia 6 bosses de maduixa, quantes bosses formaven la comanda?

56. La Sara avança 4 metres en 5 passos. Quina fracció de metre avança en cada pas? I en 100 passos?

57. Un flascó de perfum té una capacitat d'1/20 de litre. Quants flascons es poden omplir amb un bidó que conté tres litres i mig?

58. Quants litres de suc es necessiten per omplir 200 ampolles de 3/8 de litre cada una?

59. Resol aquests dos problemes similars:

a) D'un detergent de 5 kg se n'han consumit 3 kg. Quina fracció queda del contingut original?

b) D'un detergent de 5 kg se n'han consumit dos quilograms i tres quarts. Quina fracció queda del contingut original?

60. Una planta potabilitzadora tracta 3 m^3 d'aigua en 5 hores. Quants metres cúbics d'aigua tracta en una hora i quart?

61. D'un brollador, en surten nou dècimes parts d'un metre cúbic d'aigua cada hora. Quant tardarà a omplir un dipòsit de 30 m^3?

62. A finals de maig un granger té unes reserves de 2.800 kg de pinso per alimentar el bestiar. Al juny gasta 3/7 de les existències i al juliol, 3/4 del que li quedava.

Quants quilograms de pinso té a principis d'agost?

63. Un jardiner dilluns poda 2/7 dels seus rosers, dimarts poda 3/5 de la resta i dimecres, els 20 rosers que quedaven. Quants rosers té en total al jardí?

64. En una bossa hi ha boles vermelles, verdes i blaves. La meitat són vermelles, de verdes n'hi ha tres cinquenes parts de les vermelles i de blaves n'hi ha 14.

Quantes n'hi ha en total?

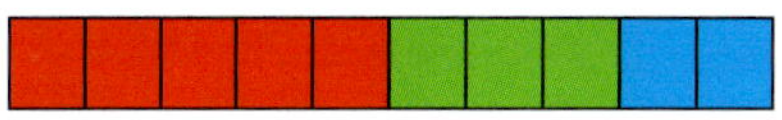

65. Les tres vuitenes parts de les persones residents en una població tenen més de 50 anys i una de cada vint té més de 80 anys. Quants residents té aquesta població si sabem que n'hi ha 48 que tenen més de 80 anys?

66. En una festa, dos terços dels homes ballen un tango amb quatre cinquens de les dones. Sis dones no ballen.

a) Quants homes no ballen?

b) Quantes persones hi ha a la festa?

El tango es balla per parelles.

67. Una empresa de transports treballa amb camions de llarg recorregut, furgonetes de repartiment i motos de missatgeria. De cada 12 vehicles, 7 són furgonetes i 3 són motos. Si hi ha 8 camions, quants vehicles té l'empresa en total?

68. Quines expressions resolen aquest problema?

La família Rams ha comprat un frigorífic que costa 540 € i acorda amb el venedor donar una entrada de 120 € i la resta en 6 terminis, amb un recàrrec del 8 %.

Quant han de pagar en cada termini?

a) $(540 - 120 \cdot 1{,}08) : 6$

b) $[(540 - 120) : 6] + 0{,}08$

c) $\dfrac{540 - 120}{6} \cdot \dfrac{100 + 8}{100}$

d) $\dfrac{540 - 120}{6} \cdot 0{,}8$

Problemes «+»

69. Un autobús fa el recorregut entre dues ciutats amb dues parades intermèdies. Avui, a la primera parada han baixat dues cinquenes parts dels viatgers i n'han pujat 12. A la segona parada, ha baixat la tercera part dels que portava en aquell moment i n'han pujat 14. Finalment, arriba a la destinació amb 40 ocupants. Amb quants viatgers ha sortit?

Basa't en un esquema.

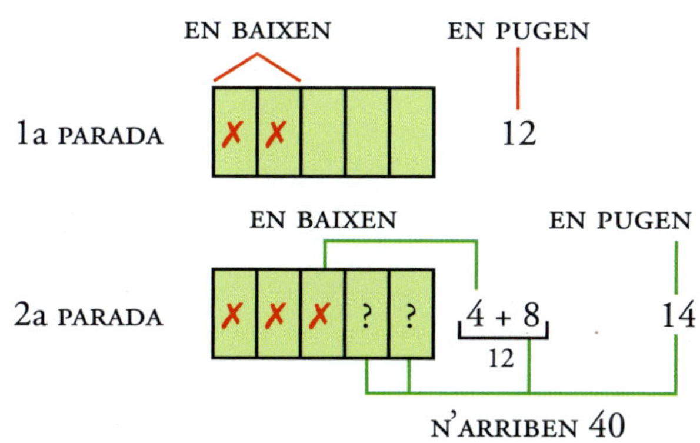

70. En un hotel, dilluns van marxar dues terceres parts dels clients i es van registrar 20 nous ingressos i dimarts en van marxar les tres quartes parts i es van registrar 6 ingressos. Si dimarts van dormir a l'hotel 48 clients, quants van pernoctar-hi diumenge?

» MATEMÀTIQUES EN CONTEXT

LES DESPESES D'EN RAMON

Des que en Ramon fa de tresorer del fons del viatge de final de curs de l'institut, està força interessat en l'economia domèstica. Sovint llegeix els titulars econòmics dels diaris i ajuda els pares a fer els comptes de casa.

1. Titulars i publicitat

① **Una de cada dues dones viatgeres...**

② **Dos de cada tres clients prefereixen...**

③ **Una de cada quatre editorials comercialitzarà en versió digital...**

④ **Cinc de cada deu espectadors van triar...**

a) Expressa amb una fracció el que diu cada titular.

b) Representa cada fracció pintant figures geomètriques.

c) Ordena les fraccions obtingudes de la més gran a la més petita. N'hi ha cap d'equivalent?

2. Despeses familiars

El mes passat, la família d'en Ramon va gastar la meitat dels diners que tenia en l'entrada per a un cotxe nou. Del que els quedava, van invertir la cinquena part en canviar l'ordinador, que s'havia espatllat. A més a més, van gastar la quarta part de la resta en el funcionament del dia a dia.

Així, a final de mes, en el compte corrent tenien un saldo de 3.000 €.

a) Representa en un gràfic com aquest cada part gastada:

☐ Cotxe
☐ Ordinador
☐ Dia a dia
☐ Saldo

b) En quina partida van invertir una quantitat més gran, en l'ordinador o en les despeses del dia a dia?

c) Quants diners tenien en el compte quan va començar el mes?

3. Venda de «fraccions»

Per recaptar fons per al viatge de final de curs, a l'institut d'en Ramon han organitzat un berenar i en Ramon en porta els comptes.

Han preparat quatre pastissos de galeta i sis pastissos de xocolata dividits en vuit parts iguals cada un i cinc pastissos de formatge i cinc de poma dividits en deu parts iguals cada un. Per beure, ofereixen gots de 200 mℓ de suc o de llet fresca.

a) Després de les vendes els han sobrat tres porcions de pastís de galeta i una porció i un pastís complet de formatge. Elabora una taula com la que hi ha a continuació i expressa en forma de fracció les porcions que han venut i les que han sobrat de cada tipus de pastís i el total.

	VENUT	SOBRANT
PASTÍS DE GALETA	...	...
PASTÍS DE FORMATGE	...	...
PASTÍS DE POMA	...	...
PASTÍS DE XOCOLATA	...	...
TOTAL	...	...

b) Si el suc i la llet van en ampolles d'un litre, expressa en forma de fracció la capacitat de cada got.

c) Si per cada litre de llet volen obtenir 3 € i per cada litre de suc, 4 €, a quant han de vendre cada got?

d) Quant han recaptat amb els pastissos, si amb cada pastís de galeta volen recaptar 4 €, amb cada un de xocolata 4,80 € i amb cada un dels altres 6 €?

e) A quant han venut la porció dels diferents pastissos?

Pensa una altra pregunta per plantejar-la a un company o companya de la classe. Primer l'has de resoldre tu per comprovar que està ben plantejada i per saber quina és la solució correcta.

» TALLER DE MATEMÀTIQUES

» LLEGEIX I DESCOBREIX

La utilitat de fer esquemes

En la resolució d'alguns problemes és de gran utilitat l'elaboració d'esquemes per:

– Ordenar i visualitzar globalment les dades.

– Organitzar les idees.

– Facilitar l'exposició del procés i de la solució.

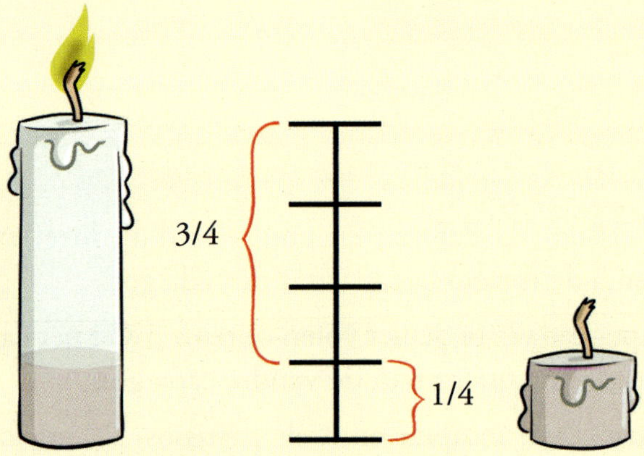

- Analitza i interpreta l'esquema que explica aquest problema:

Problema

Una espelma crema mentre se'n consumeixen tres quartes parts. Però el cap sobrant no el desaprofitem: amb quatre caps, fem una espelma nova.

Si cada espelma dura una nit, quantes nits ens podem il·luminar amb un paquet de 25 espelmes?

Esquema

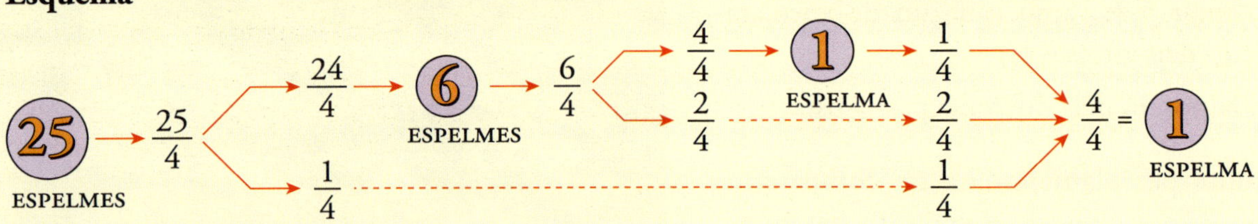

Solució: 25 + 6 + 1 + 1 = 33 espelmes → Ens podem il·luminar 33 nits.

- Construeix un esquema similar per al problema anterior, si ara de cada espelma se'n consumeixen només $\frac{2}{3}$.

» INVESTIGA

Un joc solitari

Intercanvia la fitxa groga i la fitxa vermella amb el mínim nombre de moviments.

Explica com podem fer-ho.

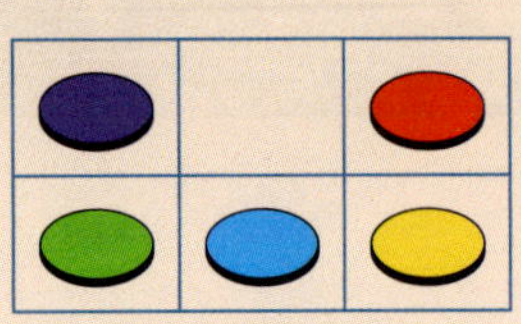

Per explicar la solució, inventa un codi. Per exemple, numera les caselles:

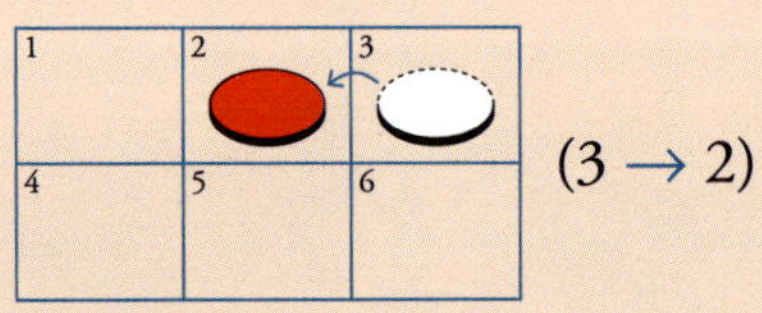

(3 → 2): Significa que la fitxa que ocupa la casella 3 passa a la 2.

BARCANOVA EDITORIAL

» ENTRENA'T RESOLENT ALTRES PROBLEMES

Basa't en un gràfic

En un ramat hi ha ovelles i cabres. El pastor ven la meitat de les ovelles i la tercera part de les cabres i, tot i així, les primeres doblen les segones. Quants caps li queden si sabem que n'ha venut 25?

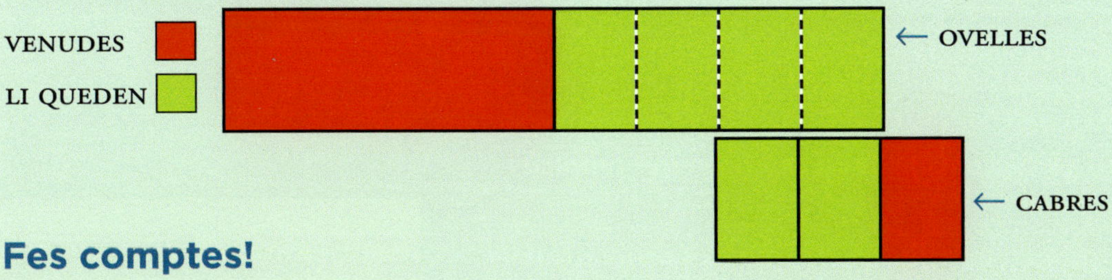

Fes comptes!

Avui és el darrer dia d'acampada i tenim botifarres per berenar. Som 18, tots tenim molta gana i només queden 30 botifarres. A mi m'ha tocat repartir. Quin és el mínim nombre de talls que necessito fer per donar-ne a tots la mateixa quantitat?

» POSA'T A PROVA

1. Expressa cada decimal amb una fracció irreductible:

a) 0,05 **b)** $0,\widehat{7}$ **c)** $0,3\widehat{6}$

2. Simplifica:

a) $\frac{50}{75}$ **b)** $\frac{27}{45}$ **c)** $\frac{210}{180}$

3. Calcula:

a) $\frac{2}{3}+\frac{1}{6}-\frac{1}{9}$ **b)** $\frac{5}{9}-\frac{7}{12}+\frac{11}{18}$

c) $\frac{2}{3}\cdot 6$ **d)** $\frac{2}{3}:4$

4. Resol:

a) $\dfrac{\frac{2}{5}}{\frac{2}{4}}$ **b)** $\dfrac{\frac{1}{3}\cdot 5}{\frac{1}{6}\cdot 10}$

c) $\frac{11}{12}-\left[1-\left(\frac{1}{6}-\frac{3}{4}\right)\right]$ **d)** $\left(\frac{1}{2}+\frac{1}{3}\right)\cdot\left(2-\frac{2}{5}\right)$

5. Redueix:

a) $\left(\frac{a}{b}\right)^{-2}\cdot\left(\frac{a}{b}\right)^{3}$ **b)** $\left(\frac{2}{x}\right)^{2}:\left(\frac{x}{2}\right)^{2}$ **c)** $\left[\left(\frac{1}{y}\right)^{2}\right]^{3}$

6. Calcula:

a) $\left(\frac{2}{3}\right)^{3}\cdot 6^{3}$ **b)** $\left(\frac{3}{5}\right)^{2}:\left(\frac{3}{5}\right)^{3}$

7. Expressa en notació científica:

a) 2.470.000.000 **b)** 0,000 000 0238

8. Un quiosc ha venut al matí 1/3 del total de diaris rebuts i a la tarda, 2/5 també del total. Si li queden per vendre 20 diaris, quants n'ha rebut?

9. En Manel surt a comprar i gasta 1/3 dels diners que porta en una americana i 2/5 del que li queda al mercat. Si encara té 30 €, amb quants diners ha sortit de casa?

10. En una bossa hi ha boles blanques, negres i vermelles. De blanques n'hi ha tres cinquens del total i de vermelles, dos terços de les negres. Quina fracció del total correspon a les negres?

UNITAT 3

PROPORCIONALITAT I PERCENTATGES

RESOLUCIÓ DE PROBLEMES · RAONAMENT I PROVA
CONNEXIONS · COMUNICACIÓ I REPRESENTACIÓ · SOCIOEMOCIONAL

El concepte de proporcionalitat apareix en els vestigis de totes les cultures, associat inicialment a problemes i a situacions pràctiques: tres gerres omplen dos odres; sis gerres n'omplen quatre...

Algunes tauletes o papirs de les primeres civilitzacions que han arribat fins als nostres dies inclouen problemes sobre proporcionalitat: intercanvi de mercaderies, repartiments proporcionals...

Proporcionalitat en l'antiguitat

En el papir Rhind (1650 aC), document egipci en el qual es van trobar 87 problemes matemàtics sobre diferents temes, hi ha el problema següent:

Si 10 litres de greix han de durar un any, quant greix pot usar-se en un dia?

1. Resol al problema egipci i expressa el resultat d'aquestes tres maneres:

a) En forma de fracció.

b) En forma decimal, en litres.

c) En centilitres.

A l'antiga Grècia, els matemàtics van reflexionar sobre la proporcionalitat i en van analitzar les lleis i les relacions. És a dir, van començar a formalitzar i construir un cos teòric, independent de situacions concretes.

Força més tard, en el Renaixement, el desenvolupament del comerç va donar un nou impuls a la proporcionalitat, i va fer que la matemàtica comercial experimentés un avenç: descomptes, deutes, terminis...

Proporcionalitat en la comptabilitat i el comerç

2. Llegeix i resol el problema pas a pas:

Si et deixo 100 doblons durant un mes, me'n tornaràs 106.

a) Si et deixo 200 doblons durant un mes, me'n tornaràs...

b) Si et deixo 200 doblons durant dos mesos, me'n tornaràs...

c) Si et deixo 200 doblons durant un any, me'n tornaràs...

El concepte de percentatge és més recent, tot i que en trobem precedents en l'organització de l'estat des de l'antiguitat. En algunes civilitzacions, com la babilònia o l'egípcia fa uns 4.000 anys o la grega més tard, els temples concedien préstecs a alguns ciutadans i els cobraven després amb interessos, encara que llavors no es calculaven en tant per cent.

Impostos en l'antiga Pèrsia

3. En una població de l'antiga Pèrsia, per cada 12 cistells de cereals de la collita, un agricultor n'havia de pagar un al temple i dos a l'estat.

a) Quina fracció de la collita havia de lliurar en total?

b) El que va collir 30 sacs de blat, quants sacs va lliurar al temple? I a l'estat?

En l'antic Imperi romà, molts segles abans que a Europa s'imposés el sistema decimal, alguns càlculs es feien utilitzant fraccions múltiples d'$\frac{1}{100}$. Per exemple, l'emperador romà August va implementar un impost d'$\frac{1}{100}$ sobre els béns venuts en subhasta. És a dir, cobrava l'1 % d'impostos.

Precedents en l'antiga Roma

4. Segons l'impost de l'emperador August, quant tributaria en una subhasta una licitació guanyadora de 200 monedes?

5. Quant tributaria una compra en una subhasta per un import de 50 monedes? I per una compra de 250 monedes?

A partir dels segles XIV i XV, amb el desenvolupament del comerç en el Renaixement, es van ampliar les demandes en el camp del càlcul i la comptabilitat i es va estandarditzar l'ús de percentatges.

La paraula percentatge deriva del llatí *per centum,* que significa «per cent».

El signe de *percentatge* (%) va sorgir al segle XVI a partir de l'abreviatura de *cento* (*cto*) mitjançant una deformació d'aquesta.

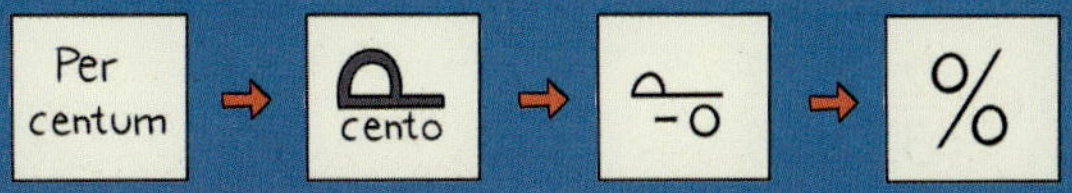

Un segle després, el símbol ja era àmpliament acceptat i utilitzat en el sentit actual.

1. RAONS I PROPORCIONS

Recordem ara alguns termes que pertanyen al llenguatge matemàtic, però que et serviran també per precisar el llenguatge quotidià.

La **raó** dels nombres a i b és la fracció $\frac{a}{b}$ (o la seva irreductible).

Exemple

La raó de les edats d'en Marc i la seva mare és un terç.

$$\frac{\text{EDAT D'EN MARC}}{\text{EDAT DE LA MARE}} = \frac{14}{42} = \frac{1}{3}$$

Una **proporció** és la igualtat de dues raons.

$\frac{a}{b} = \frac{c}{d} \rightarrow$ Es llegeix així: a és a b com c és a d.

Exemple

Proporció: $\frac{14}{77} = \frac{2}{11} \rightarrow$ L'edat d'en Marc és a la del seu avi, com 2 és a 11.

Càlcul del terme desconegut en una proporció

Una proporció està formada per un parell de fraccions equivalents:

$$\frac{a}{b} = \frac{c}{d} \rightarrow a \cdot d = b \cdot c \qquad \frac{14}{77} = \frac{2}{11} \rightarrow \underbrace{14 \cdot 11}_{154} = \underbrace{77 \cdot 2}_{154}$$

Això ens permet calcular el terme desconegut en una proporció:

$$\frac{6}{x} = \frac{15}{25} \rightarrow 6 \cdot 25 = x \cdot 15 \rightarrow 150 = x \cdot 15 \rightarrow x = \frac{150}{15} = 10$$

Per calcular el terme desconegut d'una proporció, s'aplica aquesta propietat de les fraccions equivalents:

El producte dels extrems, a i x, és igual al dels mitjans, b i c.

$$\frac{a}{b} = \frac{c}{x} \rightarrow a \cdot x = b \cdot c \rightarrow x = \frac{b \cdot c}{a}$$

Per automatitzar el càlcul

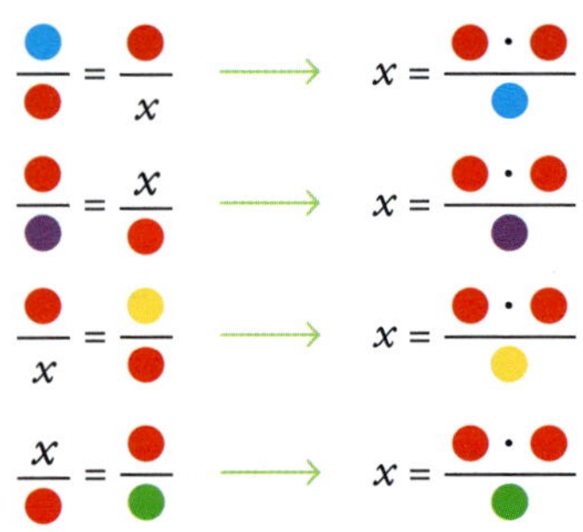

» APLICA EL QUE HAS APRÈS

1. Tria la resposta correcta:

a) La raó de 5 i 15 és: $\frac{1}{2}, \frac{1}{3}, \frac{2}{3}$.

b) La raó de 24 i 36 és: $\frac{2}{3}, \frac{3}{4}, \frac{2}{5}$.

2. Escriu tres parells de nombres la raó dels quals sigui $\frac{2}{5}$.

3. Calcula el terme desconegut de cada proporció:

a) $\frac{1}{3} = \frac{5}{x}$ b) $\frac{6}{9} = \frac{10}{x}$ c) $\frac{x}{3} = \frac{35}{7}$

d) $\frac{15}{6} = \frac{x}{14}$ e) $\frac{14}{x} = \frac{21}{33}$ f) $\frac{91}{42} = \frac{x}{9}$

4. La raó dels pesos d'en Marc i el seu pare és $\frac{3}{5}$. Si en Marc pesa 45 kg, quant pesa el seu pare?

2. MAGNITUDS DIRECTAMENT PROPORCIONALS

Recorda que en les magnituds directament proporcionals, multiplicant (dividint) pel mateix nombre dos valors corresponents, s'obté un altre parell de valors corresponents.

MAGNITUD A	a	$2 \cdot a$	$3 \cdot a$	...	ka
MAGNITUD B	b	$2 \cdot b$	$3 \cdot b$	...	kb

La constant de proporcionalitat

Observa la taula de l'exemple:

T	1	2	3	6	24
D	3	6	9	18	72

$3 : 1 = 6 : 2 = 9 : 3 = 18 : 6 =$
$= 72 : 24 = 3$

- En una taula de proporcionalitat directa, el quocient de dos valors corresponents és sempre el mateix i s'anomena **constant de proporcionalitat.**
- La constant de proporcionalitat coincideix amb *el valor associat a la unitat.*

Exemple

Un corredor de fons avança a la velocitat de 3 m/s. La distància recorreguda segons passa el temps és aquesta:

TEMPS (s)	1	2	3	...	6	...	24	...
DISTÀNCIA (m)	3	6	9	...	18	...	72	...

(×2, ×3, ×8, :4)

Resolució de problemes: reducció a la unitat

La propietat anterior permet completar qualsevol parell de valors de la taula a partir d'un parell conegut *(mètode de reducció a la unitat).*

Exemple

Un corredor de mig fons ha avançat 18 metres en 6 segons. Si va a velocitat constant, quina distància recorrerà en 20 segons?

TEMPS (s)	1	6	20
DISTÀNCIA (m)	?	18	?

(:6, ×20)

TEMPS (s)		DISTÀNCIA (m)
6	→	18
1	→	$18 : 6 = 3$
20	→	$3 \cdot 20 = 60$

Solució: Recorrerà 60 metres en 20 segons.

Reducció a la unitat

- Consisteix a calcular, primer, el valor associat a la unitat en la taula de valors corresponents.
- Si coneixem aquesta dada, és fàcil completar qualsevol altre parell de valors corresponents.

1	a	c
?	b	?

(:a, ×c)

» FIXA IDEES

F1. Copia, resol mentalment i completa:

a) Una aixeta aboca 12 litres d'aigua en 3 minuts.
— En un minut n'aboca ... litres.
— En 5 minuts n'aboca ... litres.

b) Tres capses de xinxetes pesen 150 grams.
— Una capsa pesa ... grams.
— 10 capses pesen ... grams.

F2. Quant costa el litre de xampú?

1 litre = 100 cl

CAPACITAT (cl)		PREU (€)
30	→	2,70
10	→	$2{,}70 : 3 = 0{,}90$
100	→	$0{,}90 \cdot 10 = 9$

Altres relacions en les taules de proporcionalitat directa

En una taula de proporcionalitat directa, amb dos parells qualssevol de valors corresponents es construeixen dues fraccions equivalents; és a dir, una proporció.

Exemple

Una vinya produeix, de mitjana, 3,5 kg de raïm de cada cep.

NRE. DE CEPS	1	2	3	4	5	...
QUANTITAT (kg)	3,5	7	10,5	14	17,5	...

Triem dos parells qualssevol:

NRE. DE CEPS	...	3	...	5
QUANTITAT (kg)	...	10,5	...	17,5

$$\rightarrow \frac{3}{10,5} = \frac{5}{17,5} \rightarrow \underbrace{3 \cdot 17,5}_{52,5} = \underbrace{10,5 \cdot 5}_{52,5}$$

La proporció anterior també es pot escriure així: $\frac{3}{5} = \frac{10,5}{17,5}$.

Comprova que passa el mateix per a qualsevol parell de columnes de la taula.

En una taula de proporcionalitat directa, dos parells de valors corresponents formen una proporció.

Resolució de problemes: regla de tres

La relació anterior i el càlcul del terme desconegut d'una proporció ens ofereixen un mètode senzill de resoldre problemes de proporcionalitat: la *regla de tres*.

Exemple

Una veremadora ha collit 14 kg de raïm en els 4 primers ceps de la vinya. Quants quilograms collirà en els pròxims 10 ceps?

NRE. DE CEPS		QUANTITAT (kg)
4	⟶	14
10	⟶	x

PROPORCIÓ

$$\rightarrow \frac{4}{14} = \frac{10}{x} \rightarrow x = \frac{14 \cdot 10}{4} = 35$$

Solució: De 10 ceps, en collirà 35 kg.

Regla de tres

- S'ordenen les dades i la incògnita.

MAGNITUD A		MAGNITUD B
a	⟶	b
c	⟶	d

- Es construeix la proporció amb els termes en l'ordre en què apareixen. $\rightarrow \frac{a}{c} = \frac{b}{d}$
- Es calcula el terme desconegut de la proporció.

» FIXA IDEES

F3. Copia i completa els esquemes següents:

a) En un taller de confecció s'han fet servir set metres i mig de tela per confeccionar 6 camises. Quants metres de tela es necessitaran per cobrir una comanda de 80 camises?

TELA (m)		NRE. DE CAMISES
7,5	⟶	6
x	⟶	80

$$\left.\right\} \rightarrow \frac{7{,}5}{x} = \frac{\square}{\square} \rightarrow x = \frac{\square}{\square} = \square$$

Solució: Per cobrir una comanda de 80 camises, es necessiten … metres de tela.

b) Un granger ha gastat 260 € en 325 dosis de vacunes per al bestiar. Quants diners ha de gastar encara si n'ha de comprar 180 dosis més?

NRE. DE DOSIS		DESPESA (€)
325	⟶	…
180	⟶	x

$$\left.\right\} \rightarrow \frac{\square}{180} = \frac{\square}{x} \rightarrow x = \frac{\square}{\square} = \square$$

c) Una màquina embotelladora omple 750 ampolles en un quart d'hora. Quant tardarà a omplir 1.800 ampolles?

NRE. D'AMPOLLES		TEMPS (min)
…	⟶	…
…	⟶	x

$$\left.\right\} \rightarrow \frac{\square}{\square} = \frac{\square}{x} \rightarrow x = \frac{\square}{\square} = \square$$

» APLICA EL QUE HAS APRÈS

5. Resol per reducció a la unitat:

a) Tres capses de galetes pesen 1.200 g. Quant pesen dues capses?

b) Una aixeta tarda 40 segons a omplir una garrafa de 5 litres. Quant tardarà a omplir un bidó de 12 litres?

c) Una màquina excavadora ha mogut 25 tones de terra en 5 hores. Quantes tones mourà en 3 hores?

6. Resol, primer per reducció a la unitat i després amb una regla de tres:

Un camió avança per una carretera a 90 km/h. Quina distància recorrerà els pròxims 5 minuts?

a) Reducció a la unitat:

- En 1 h (60 min) recorre → 90 km
- En 1 min recorre → … km
- En 5 min recorre → … km

b) Regla de tres:

TEMPS (min)		DISTÀNCIA (km)
60	⟶	90
5	⟶	x

7. En una vinya, de la verema dels 10 primers ceps, se n'han obtingut 125 kg de raïm. Quina collita es pot esperar de tota la vinya, que té 362 ceps?

8. Quant costarà un tros de formatge de 465 g si el formatge es ven a 13,50 €/kg?

9. 260 g de formatge costen 3,51 €. Quant costa el quilogram de formatge?

10. Una ampolla de 75 cl d'oli costa 3,80 €. A quant surt el litre?

11. En un menjador escolar amb 45 alumnes, es van consumir ahir 2,7 kg de pa. Quants quilograms es consumiran avui amb 60 alumnes?

12. Dels 480 alumnes d'una escola, 3 de cada 10 han passat la grip. Quants alumnes han patit aquesta malaltia?

13. Obtén la constant de proporcionalitat i els valors de *a*, *b* i *c* en aquesta taula de proporcionalitat directa:

3	4	5	6
a	1,6	*b*	*c*

3. MAGNITUDS INVERSAMENT PROPORCIONALS

MAGNITUD A	a	$a \cdot 3$	$a : 5$
MAGNITUD B	b	$b : 3$	$b \cdot 5$

Recorda que en les magnituds inversament proporcionals, si es multiplica (divideix) un valor d'una de les magnituds per un nombre, el valor corresponent de l'altra magnitud queda dividit (multiplicat) per aquest nombre.

Exemple

Un embassament té reserves d'aigua per proveir una població de 2.000 habitants durant 6 mesos. Vegem com variaria el temps de proveïment si canviés el nombre d'habitants:

NRE. D'HABITANTS	1.000	2.000	3.000	4.000	6.000	12.000
TEMPS (mesos)	12	6	4	3	2	1

Resolució de problemes: reducció a la unitat

Aplicarem el mètode que ja coneixem (buscar el valor associat a la unitat), tenint en compte el que hem vist fins ara.

Exemple

Un ramader té alfals al magatzem per alimentar 3 vaques durant 10 dies. Quant li duraria si tingués 5 vaques?

NRE. DE VAQUES	1	3	5
TEMPS (dies)	?	10	?

NRE. DE VAQUES		TEMPS (dies)
3	⟶	10
1	⟶	$10 \cdot 3 = 30$
5	⟶	$30 : 5 = 6$

Solució: Si tingués 5 vaques, li duraria 6 dies.

Proporcions en les taules de proporcionalitat inversa

Tornant a l'exemple anterior, observa que el producte de dos valors corresponents és sempre el mateix:

NRE. DE VAQUES	1	2	3	5	10	30
TEMPS (dies)	30	15	10	6	3	1

$\rightarrow 1 \cdot 30 = 2 \cdot 15 = 3 \cdot 10 = 5 \cdot 6 = \ldots$

Això ens permet construir proporcions a partir de dos parells de valors, però ordenant els elements de manera diferent que en la proporcionalitat directa:

NRE. DE VAQUES	2	5
TEMPS (dies)	15	6

$\rightarrow 2 \cdot 15 = 5 \cdot 6 \rightarrow \frac{2}{6} = \frac{5}{15}$ o bé $\frac{2}{5} = \frac{6}{15}$

Tingues en compte

MAGNITUD A		MAGNITUD B
a	⟶	b
c	⟶	x

$\frac{a}{c} = \frac{x}{b}$ o bé $\frac{c}{a} = \frac{b}{x}$

S'inverteix l'ordre en els elements d'una de les magnituds.

Resolució de problemes: regla de tres inversa

Aplicarem la regla de tres, però per construir la proporció invertirem la raó dels valors en una de les magnituds.

Exemple

Un ciclista que circula a 20 km/h tarda 30 minuts a anar del seu poble al poble veí. Quant tardarà un motorista que circula a 50 km/h?

VELOCITAT (km/h)		TEMPS (min)
20	⟶	30
50	⟶	x

$\rightarrow \frac{20}{50} = \frac{x}{30}$ o bé $\frac{50}{20} = \frac{30}{x}$ (PROPORCIÓ)

Solució: $x = \frac{20 \cdot 30}{50} = 12$ minuts

» FIXA IDEES

F4. Copia i completa. Resol primer per reducció a la unitat i després amb la regla de tres:

Tres treballadors descarreguen un camió en 4 h. Quant tardarien si només fossin dos?

a) Reducció a la unitat:

- Tres treballadors tarden ⟶ 4 h
- Un sol treballador tardaria ⟶ 4 h · … = … h
- Dos treballadors tardarien ⟶ … h

b) Regla de tres (inversa):

PROP. INVERSA

NRE. DE TREBALLADORS		TEMPS (h)
3	⟶	4
2	⟶	x

$\rightarrow \frac{3}{2} = \frac{x}{4} \rightarrow x = \frac{\square \cdot \square}{\square} = \square$

» APLICA EL QUE HAS APRÈS

14. Construeix tres proporcions diferents amb els valors d'aquesta taula de proporcionalitat inversa:

MAGNITUD A	1	2	4	5
MAGNITUD B	40	20	10	8

15. Un tractor llaura un camp en 15 h.

a) Quant tardarien dos tractors?

b) I tres tractors?

c) I quatre tractors?

16. Tres operaris netegen un parc en 7 h. Quant tardarien a fer la mateixa feina 7 operaris?

17. Un conducte d'aigua, amb un cabal de 3 litres per segon, tarda 20 minuts a omplir un dipòsit. Quant tardaria amb un cabal de 2 litres per segon?

18. Un cotxe, a 80 km/h, tarda 2 h a arribar a Barcelona.

a) Quant tardaria un camió a 40 km/h?

b) I un tren d'alta velocitat a 160 km/h?

19. Un autobús, a 90 km/h, tarda 2 h a completar un recorregut. A quina velocitat el faria en una hora i mitja?

20. Una bomba, que aboca un cabal de 3 litres per segon, omple un dipòsit en 20 segons. Quin hauria de ser el cabal per omplir-lo en 15 segons?

21. Copia i completa aquestes taules de proporcionalitat inversa:

MAGNITUD A	1	2	3	4	…	…	10
MAGNITUD B	30	15	…	…	6	5	…

MAGNITUD H	1	2	3	4	6	8	…
MAGNITUD N	…	…	16	12	…	…	4

4. PROBLEMES DE PROPORCIONALITAT COMPOSTA

Els problemes **de proporcionalitat composta** són aquells en què intervenen més de dues magnituds lligades per la relació de proporcionalitat.

Exemple

En un menjador escolar amb 60 alumnes s'han consumit 36 kg de verdura en tres setmanes.

Quants quilograms de verdura consumiran, en quatre setmanes, 80 alumnes?

a) Primer, analitza el problema:

- Identifica les magnituds que hi intervenen.
- Ordena les magnituds, les dades i la incògnita.
- Identifica el tipus de proporcionalitat (directa-inversa) que relaciona cada magnitud amb la que té la incògnita.

PROPORCIONALITAT DIRECTA (ALUMNES – kg)
PROP. DIRECTA (SETMANES – kg)

ALUMNES		SETMANES		kg
60	→	3	→	36
80	→	4	→	x

Per facilitar el procés següent, convé col·locar en últim lloc la magnitud que té la incògnita.

b) A continuació, resol:

ALUMNES		SETMANES		kg
60 alumnes	→	en 3 setmanes	→	en consumeixen 36 kg
60 alumnes	→	en 1 setmana	→	en consumeixen 36 : 3 = 12 kg
1 alumne	→	en 1 setmana	→	en consumeix 12 : 60 = 0,2 kg
80 alumnes	→	en 1 setmana	→	en consumeixen 0,2 · 80 = 16 kg
80 alumnes	→	en 4 setmanes	→	en consumeixen 16 · 4 = 64 kg

c) Automatitza el procés:

PROPORCIONALITAT DIRECTA (ALUMNES – kg)
PROP. DIRECTA (SETMANES – kg)

ALUMNES		SETMANES		kg
60	→	3	→	36
80	→	4	→	x

PROPORCIÓ

$$\rightarrow \frac{60}{80} \cdot \frac{3}{4} = \frac{36}{x} \rightarrow$$

$$x = \frac{80 \cdot 4 \cdot 36}{60 \cdot 3} = 64$$

Solució: 80 alumnes consumiran 64 kg de verdures en 4 setmanes.

5. PROBLEMES DE REPARTIMENTS PROPORCIONALS

A continuació es proposen problemes de repartiments. Estudia els procediments de resolució per poder aplicar-los en situacions similars.

Repartiments directament proporcionals

Exemple

Tres amics lloguen un trepant per fer arranjaments a casa. El primer l'utilitza durant dos dies i el passa al segon, que el té cinc dies. Després el rep el tercer, que l'utilitza durant tres dies i el torna a la botiga. Quant ha de posar cada un per pagar els 60 € que costa en total el lloguer?

Nombre total de dies → 2 + 5 + 3 = 10   Cost per dia → 60 : 10 = 6 €

DIES	2	5	3	10	1
COST (€)	x	y	z	60	6

← PROPORCIONALITAT DIRECTA

$x = 2 \cdot 6 = 12$ € $y = 5 \cdot 6 = 30$ € $z = 3 \cdot 6 = 18$ €

Solució: El primer ha de posar 12 €; el segon, 30 €, i el tercer, 18 €.

Comprovació

$12 + 30 + 18 = 60$

$$\frac{2}{12} = \frac{5}{30} = \frac{3}{18}$$

Per repartir una quantitat C en parts x, y, z directament proporcionals a m, n, k:

– Es divideix la quantitat que s'ha de repartir, C, entre la suma $m + n + k$.

Així, calculem la part, p, que correspon a una unitat. → $p = \dfrac{C}{m+n+k}$

– Es multiplica cada nombre m, n, k, pel quocient, p, obtingut:

$$\frac{1}{p} = \frac{m}{x} = \frac{n}{y} = \frac{k}{z} \rightarrow x = m \cdot p \qquad y = n \cdot p \qquad z = k \cdot p$$

Repartiments inversament proporcionals

Per repartir una quantitat C en parts inversament proporcionals a m, n, k, es reparteix en parts directament proporcionals als inversos, $\frac{1}{m}, \frac{1}{n}, \frac{1}{k}$.

Exemple

Reparteix 190 en parts inversament proporcionals a 2, 4 i 5.

- Repartim 190 en parts *directament proporcionals* a $\frac{1}{2}, \frac{1}{4}$ i $\frac{1}{5}$.
- Sumem les tres quantitats, calculem p i repartim:

$$\frac{1}{2} + \frac{1}{4} + \frac{1}{5} = \frac{10+5+4}{20} = \frac{19}{20} \rightarrow p = 190 : \frac{19}{20} = 200 \rightarrow \begin{cases} \frac{1}{2} \cdot 200 = 100 \\ \frac{1}{4} \cdot 200 = 50 \\ \frac{1}{5} \cdot 200 = 40 \end{cases}$$

Les parts de 190 inversament proporcionals a 2, 4 i 5 són, respectivament, 100, 50 i 40.

Comprovació

$100 + 50 + 40 = 200$

2	4	5	1
100	50	40	200

$2 \cdot 100 = 4 \cdot 50 = 5 \cdot 40 = 1 \cdot 200$

PROPORCIONALITAT INVERSA

6. PERCENTATGES

Un percentatge es pot considerar una *proporció*, una *fracció* o un *nombre decimal.*

Un percentatge indica una proporció

Amb la frase *El 30 % dels joves supera el metre vuitanta d'alçada,* diem que de cada 100 joves, 30 mesuren més d'1,80 m.

TOTAL	100	200	300	50	250	...
PART (30 %)	30	60	90	15	?	...

Veiem que es tracta d'una taula de proporcionalitat directa, la qual cosa ens permet tractar una situació de percentatge com una situació de proporcionalitat.

TOTAL		PART (30 %)
100	⟶	30
250	⟶	x

$$\rightarrow \frac{100}{250} = \frac{30}{x} \rightarrow x = \frac{250 \cdot 30}{100} = 75$$

$30\,\%$ de $250 = \frac{250 \cdot 30}{100} = 75$ → En un grup de 250 joves, n'hi ha 75 que superen l'alçada d'1,80 m.

> Per calcular un determinat tant per cent d'una quantitat, es multiplica la quantitat pel «tant» i es divideix entre 100. → $a\%$ de $C = \frac{C \cdot a}{100}$

Un percentatge és una fracció

El 30 % d'una quantitat implica dividir la quantitat en 100 parts i prendre'n 30; és a dir, prendre la fracció $\frac{30}{100}$.

$$30\,\% \text{ de } 250 = \frac{30}{100} \text{ de } 250 = \frac{250 \cdot 30}{100} = 75$$

> Un percentatge es pot calcular com la fracció d'una quantitat. → $a\%$ de $C = \frac{a}{100}$ de $C = \frac{C \cdot a}{100}$

Tingues en compte

$30\,\%$ de $250 = 75$

En tota situació de percentatge cal diferenciar:

- El tant de cada 100 → 30 %
- El total → 250
- La part → 75

Un percentatge s'associa a un nombre decimal

Un percentatge es pot expressar en forma de fracció i, al seu torn, la fracció es pot expressar en forma de nombre decimal, cosa que proporciona una manera ràpida de calcular percentatges.

$30\,\% \rightarrow \frac{30}{100} \rightarrow 30 : 100 \rightarrow 0{,}30$ $\qquad$ $30\,\%$ de $250 = 250 \cdot 0{,}30 = 75$

> Per calcular un percentatge, es multiplica el total pel tant per cent expressat en forma decimal.

Càlcul ràpid d'alguns percentatges

Ja saps que cada percentatge s'associa a una fracció: $a\% \rightarrow \frac{a}{100}$.

En alguns casos aquesta fracció pot simplificar-se i donar lloc a una altra d'equivalent molt senzilla, que facilita el càlcul mental del percentatge.

A continuació, tens alguns dels casos més rellevants:

- **El 50 % és la meitat.**

  $50\% \rightarrow \frac{50}{100} = \frac{1}{2} \rightarrow$ Per calcular el 50 %, es divideix entre 2.

  Per exemple: 50 % de 120 $\rightarrow \frac{1}{2}$ de 120 = 120 : 2 = 60

- **El 25 % és la quarta part.**

  $25\% \rightarrow \frac{25}{100} = \frac{1}{4} \rightarrow$ Per calcular el 25 %, es divideix entre 4.

  Per exemple: 25 % de 120 $\rightarrow \frac{1}{4}$ de 120 = 120 : 4 = 30

- **El 10 % és la desena part.**

  $10\% \rightarrow \frac{10}{100} = \frac{1}{10} \rightarrow$ Per calcular el 10 %, es divideix entre 10.

  Per exemple: 10 % de 120 $\rightarrow \frac{1}{10}$ de 120 = 120 : 10 = 12

A partir d'aquests procediments pots raonar estratègies per calcular percentatges habituals:

- El 5 % és la meitat del 10 %.
- El 20 % és el doble del 10 %.
- El 30 % és el triple del 10 %.
- El 75 % és el triple del 25 %.
- El 60 % és el 50 % més el 10 %.
- El 40 % és el 50 % menys el 10 %.

Tingues en compte

$50\% \rightarrow \frac{1}{2}$	$25\% \rightarrow \frac{1}{4}$
$75\% \rightarrow \frac{3}{4}$	$20\% \rightarrow \frac{1}{5}$
$10\% \rightarrow \frac{1}{10}$	$5\% \rightarrow \frac{1}{20}$

» APLICA EL QUE HAS APRÈS

22. Calcula mentalment:

a) 50 % de 46 b) 25 % de 120 c) 75 % de 40

d) 12 % de 50 e) 8 % de 60 f) 2 % de 200

23. Calcula seguint estratègies similars a la de l'exemple:

10 % de 160 = 16
5 % de 160 = 8 $\}$ → **15 % de 160 = 16 + 8 = 24**

a) 10 % de 40
20 % de 40
30 % de 40

b) 50 % de 60
5 % de 60
45 % de 60

c) 10 % de 80
25 % de 80
35 % de 80

24. Copia i associa cada percentatge a un nombre decimal:

PERCENTATGE	35 %	24 %	…	8 %	…	95 %	120 %	…
EXPRESSIÓ DECIMAL	0,35	…	0,52	…	0,03	…	…	1,50

25. Resol mentalment:

a) La Paula tenia estalviats 280 € i n'ha gastat el 50 % en un monopatí. Quant li ha costat el monopatí?

b) D'un dipòsit ple, amb una capacitat de 600 litres, se n'ha extret el 15 %. Quants litres se n'han extret?

26. Una biblioteca pública ha comprat 260 llibres nous el 25 % dels quals són novel·les. Quantes novel·les han comprat?

27. En un poble de 875 habitants només queda el 12 % de joves. Quants joves hi viuen?

28. A classe hi ha 30 alumnes i el 90 % ha aprovat l'examen de Matemàtiques. Quants l'han aprovat?

29. Un avió transporta 425 viatgers. El 52 % són europeus, el 28 % americans, el 12 % africans i la resta asiàtics. Quin és el percentatge d'asiàtics? Quants asiàtics viatgen a l'avió?

7. PROBLEMES AMB PERCENTATGES

En qualsevol situació de percentatge trobem bàsicament tres elements: un *total*, un *tant per cent* (fracció) i la *part* del total que correspon a aquesta fracció.

Exemple

Una empresa de neteja té 180 empleats, el 35 % dels quals treballa en el torn de nit. Quants empleats hi ha en el torn de nit?

$$35\,\%\text{ de }180 = \frac{180 \cdot 35}{100} = 180 \cdot 0{,}35 = 63 \rightarrow \begin{cases} \text{TOTAL} \rightarrow 180 \text{ empleats} \\ \text{TANT PER CENT} \rightarrow 35\,\% \leftrightarrow \dfrac{35}{100} \\ \text{PART} \rightarrow 63 \text{ empleats} \end{cases}$$

Solució: En el torn de nit hi ha 63 empleats.

Vegem, ara, altres problemes en els quals es demana calcular el total o el tant per cent.

Càlcul del total, coneguts el tant per cent i la part

Una empresa de neteja té 63 empleats en el torn de nit, els quals suposen el 35 % de la plantilla. Quants empleats componen el total de la plantilla?

Observa que, en aquest cas, es coneix la part i es demana el total.

TOTAL		PART
100	⟶	35
x	⟶	63

$$\rightarrow \frac{100}{x} = \frac{35}{63} \rightarrow x = \frac{63 \cdot 100}{35} = 180$$

Solució: L'empresa té en total 180 treballadors.

Tenint en compte que l'expressió decimal associada al 35 % és $\frac{35}{100} = 0{,}35$, també podríem haver resolt el problema així:

El 35 % d'una quantitat desconeguda, x, és 63. Calculem x:

$$35\,\%\text{ de }x = 63 \rightarrow 0{,}35 \cdot x = 63 \rightarrow x = 63 : 0{,}35 = 180$$

Tingues en compte

$$85\,\%\text{ de }x = 527$$
$$\downarrow$$
$$x \cdot 0{,}85 = 527$$
$$\downarrow$$
$$x = 527 : 0{,}85 = 620$$

TOTAL → T PART → P

PERCENTATGE → a%

$$T \cdot \frac{a}{100} = P$$

» FIXA IDEES

F5. Copia i resol de dues maneres:

En l'última sessió d'un cinema s'han ocupat 81 butaques, que és el 45 % del total de la sala. Quantes butaques hi ha a la sala?

a)

TOTAL		PART
100	⟶	45
x	⟶	81

$$\rightarrow \frac{100}{x} = \frac{\dots}{\dots} \rightarrow x = \frac{100 \cdot \dots}{\dots} = \dots$$ → *Solució:* A la sala hi ha … butaques

b) El 45 % del total de les butaques (x) és 81.

$45\,\%$ de $x = 81 \rightarrow 0{,}45 \cdot x = 81 \rightarrow x = 81 : \dots = \dots$ → *Solució:* A la sala hi ha … butaques.

Càlcul del tant per cent, coneguts el total i la part

Dels 180 empleats que té una empresa de neteja, 63 treballen en el torn de nit. Quin percentatge treballa de nit?

TOTAL		PART
180	⟶	63
100	⟶	x

$$\rightarrow \frac{180}{100} = \frac{63}{x} \rightarrow x = \frac{100 \cdot 63}{180} = 35$$

De cada 100 empleats, 35 treballen de nit; és a dir, el 35 %.

Solució: El 35 % de la plantilla treballa en el torn de nit.

Tenint en compte que el tant per cent expressa la relació entre els empleats de nit i el total d'empleats, el quocient entre ambdues quantitats ens donarà, també, el tant per cent en forma decimal:

$$63 : 180 = 0{,}35 \rightarrow a\,\% = 35\,\%$$

» FIXA IDEES

F6. Copia i resol de dues maneres diferents:

En l'última sessió d'un cinema s'han ocupat 81 de les 180 butaques que té la sala. Quin ha estat el percentatge d'ocupació?

a)

TOTAL		PART
180	⟶	81
…	⟶	x

$\rightarrow \frac{180}{\ldots} = \frac{81}{x} \rightarrow x = \frac{\ldots \cdot \ldots}{180} = \ldots \rightarrow$ *Solució:* S'ha ocupat el … % de la sala.

b) El percentatge d'ocupació, expressat en forma decimal (a : 100), coincideix amb el quocient entre les butaques ocupades i el total de butaques.

81 : 180 = 0,… → *Solució:* S'ha ocupat el … % de la sala.

» APLICA EL QUE HAS APRÈS

30. Resol mentalment:

a) Quina és la quantitat el 50 % de la qual és 15?

b) El 10 % d'un nombre és 28. Quin nombre és?

c) Quin total té el 75 % igual a 12?

d) De 40 en prenc 10. Quin percentatge prenc?

e) De 80 n'he tret 16. Quin percentatge n'he tret?

f) Quin tant per cent de 160 és igual a 8?

31. D'un rodet de cinta se n'han gastat 6 m, el 75 % del total. Quants metres de cinta tenia el rodet originalment?

32. Al mes d'abril ha plogut 12 dies. Quin tant per cent de dies ha plogut?

33. En Rafael ha gastat el 90 % dels diners que portava en un jersei que li ha costat 45 €. Quants diners portava?

34. Dues de cada cinc de les ovelles d'un ramat han tingut un xai aquesta primavera. Quin percentatge suposa?

35. En un bidó buit s'han abocat 18 litres d'oli, que ocupen el 60 % de la seva capacitat. Quants litres caben en el bidó?

36. En un poble amb un cens de 380 persones es van comptar 266 vots en l'última consulta electoral. Quin tant per cent va votar?

37. Un arquer esportiu ha encertat 24 vegades en el blanc, la qual cosa suposa el 96 % del total de fletxes llançades. Quants llançaments ha fet en total?

38. Aquest any, a conseqüència de la sequera, una pagesa només ha collit 14 tones d'ordi, el 28 % d'una collita normal. Quantes tones cull en un any normal?

Augments percentuals

L'aparcament del centre comercial, que té 180 places, es reformarà per augmentar-ne la capacitat el 20 %. De quantes places disposarà després de la reforma?

- **Primer mètode**

$$\underbrace{\boxed{\text{PLACES FINALS}}} = \overset{180}{\boxed{\text{PLACES INICIALS}}} + \overset{20\,\%\text{ de }180}{\boxed{\text{AUGMENT}}}$$

AUGMENT → $20\,\%$ de $180 = \dfrac{180 \cdot 20}{100} = 36$ places

PLACES FINALS → $180 + 36 = 216$ places

Solució: Després de la reforma, l'aparcament tindrà 216 places.

- **Segon mètode**

Un augment del 20 % significa que cada 100 places es converteixen en 120.

PLACES INICIALS		PLACES FINALS
100	⟶	120
180	⟶	x

$$\rightarrow \frac{100}{180} = \frac{120}{x} \rightarrow x = \frac{180 \cdot 120}{100} = 216 \text{ places}$$

- **Mètode ràpid**

Observa que, en realitat, en el punt anterior hem calculat el 120 % de 180, per la qual cosa podríem haver resolt el problema així:

PLACES FINALS → $120\,\%$ de $180 = 180 \cdot 1{,}20 = 216$ places

> Augmenta una quantitat en un a % equival a calcular el $(100 + a)$ % d'aquesta quantitat.

» FIXA IDEES

F7. Copia i completa:

a) Un viticultor ha collit 216 tones de raïm, la qual cosa representa el 20 % més que l'any passat. Quantes tones va collir l'any passat?

COLLITA ANTERIOR		COLLITA ACTUAL
100	⟶	120
x	⟶	216

$$\rightarrow \frac{\dots}{x} = \frac{120}{\dots} \rightarrow x = \frac{\dots \cdot \dots}{120} = \dots$$

Solució: L'any passat va collir … tones.

b) L'any passat un viticultor va collir 180 tones de raïm i aquest any, 216 t. En quin percentatge ha augmentat la seva producció?

COLLITA ANTERIOR		COLLITA ACTUAL
180	⟶	216
100	⟶	x

$$\rightarrow \frac{180}{\dots} = \frac{\dots}{x} \rightarrow x = \frac{\dots \cdot \dots}{180} = 120$$

Cada 100 tones de l'any passat s'han convertit en 120 tones.

Solució: La producció ha augmentat el … %.

Disminucions percentuals

El trimestre passat hi va haver 620 accidents de trànsit a la província. Després d'adoptar mesures, les autoritats esperen rebaixar la sinistralitat almenys el 15%. En aquest cas, quin seria el nombre màxim d'accidents del trimestre actual?

- **Primer mètode**

PREVISIÓ D'ACCIDENTS	=	ACCIDENTS TRIMESTRE ANTERIOR (620)	–	DISMINUCIÓ (15 % de 620)

DISMINUCIÓ D'ACCIDENTS → $15\,\%$ de $620 = \dfrac{620 \cdot 15}{100} = 93$ accidents

PREVISIÓ PER AL TRIMESTRE ACTUAL → $620 - 93 = 527$ accidents

Solució: El nombre màxim d'accidents previstos per al trimestre actual és de 527.

- **Segon mètode**

Una disminució d'accidents del 15 % significa que per cada 100 accidents del trimestre anterior, ara n'hi haurà 85.

ACCIDENTS ABANS		PREVISIÓ ACTUAL
100	→	85
620	→	x

$$\rightarrow \frac{100}{620} = \frac{85}{x} \rightarrow x = \frac{620 \cdot 85}{100} = 527 \text{ accidents}$$

- **Mètode ràpid**

Observa que, en realitat, els accidents previstos són el 85 % de 620, per la qual cosa podem resoldre el problema així:

ACCIDENTS PREVISTOS → $85\,\%$ de $620 = 620 \cdot 0{,}85 = 527$ accidents

> Disminuir una quantitat en l'a% equival a calcular el $(100 - a)$% d'aquesta quantitat.

» FIXA IDEES

F8. Copia i completa:

a) Hem pagat 527 € per una bicicleta rebaixada el 15 %. Quant costava abans de la rebaixa?

PREU INICIAL		PREU FINAL
100	→	85
x	→	527

$$\rightarrow \frac{100}{x} = \frac{\dots}{\dots} \rightarrow x = \frac{\dots \cdot \dots}{\dots} = \dots$$

Solució: La bicicleta costava … €.

b) Una bicicleta que costava 620 € s'ha venut en les rebaixes per 527 €. Quin percentatge s'ha rebaixat?

PREU INICIAL		PREU FINAL
620	→	527
100	→	x

$$\rightarrow \frac{\dots}{100} = \frac{\dots}{x} \rightarrow x = \frac{\dots \cdot 100}{\dots} = \dots$$

De cada 100 €, n'hem pagat 85 €; ens han rebaixat 15 €.

Solució: S'ha aplicat un descompte del … %.

8. INTERÈS BANCARI

Tingues en compte

Del tant per cent de benefici anual se'n diu **rèdit** (r).

$r = 2{,}3\,\%$

↓

Significa que 100 € produeixen un benefici de 2,30 € en un any.

S'anomena **interès** el benefici que produeixen els diners prestats. Aquest benefici és directament proporcional a la quantitat prestada i al temps que dura el préstec.

Com pots observar, es tracta d'una situació de proporcionalitat composta.

Exemple

Un banc ofereix un interès anual del 2,3 %. Quin benefici obtindrem si hi dipositem 680 € durant 3 anys?

PROPORCIONALITAT DIRECTA (CAPITAL – BENEFICI = INTERÈS)

PROP. DIRECTA (TEMPS – BENEFICI = INTERÈS)

CAPITAL		TEMPS				BENEFICI = INTERÈS
100 €	→	en 1 any	→	produeixen	→	2,30 €
1 €	→	en 1 any	→	produeix	→	$\frac{2{,}30}{100}$ €
680 €	→	en 1 any	→	produeixen	→	$\frac{680 \cdot 2{,}30}{100}$ €
680 €	→	en 3 anys	→	produeixen	→	$\frac{680 \cdot 2{,}30 \cdot 3}{100} = 46{,}92$ €

Resumint:

CAPITAL		TEMPS		INTERÈS
100	→	1	→	2,30
680	→	3	→	I

$$\rightarrow \frac{100}{680} \cdot \frac{1}{3} = \frac{2{,}3}{I} \rightarrow I = \frac{680 \cdot 2{,}3 \cdot 3}{100} = 46{,}92\ €$$

Solució: 680 € col·locats al 2,3 % durant 3 anys produeixen 46,92 €.

Un capital, C, col·locat al r% anual durant t anys produeix un benefici I.

P. DIRECTA (CAPITAL – INTERÈS)

P. DIRECTA (TEMPS – INTERÈS)

CAPITAL		TEMPS		INTERÈS
100	⟶	1	⟶	r
C	⟶	t	⟶	I

$$\rightarrow \frac{100}{C} \cdot \frac{1}{t} = \frac{r}{I} \rightarrow I = \frac{C \cdot r \cdot t}{100}$$

» FIXA IDEES

F9. Copia i completa:

a) Quin interès he de pagar per un préstec de 3.000 € al 8 % que tornaré al cap de 2 anys?

Capital → $C = 3.000$ €
Rèdit → $r = 8\,\%$
Temps → $t = 2$ anys

→ Interès: $I = \frac{\ldots \cdot 8 \cdot \ldots}{100} = \ldots$ €

b) Quin interès produirà un dipòsit de 1.500 € col·locat al 3 % durant 2 anys i 3 mesos?

Capital → $C = \ldots$ €
Rèdit → $r = \ldots\,\%$
Temps → $t = 2 + \frac{3}{12} = 2{,}25$ anys

→ Interès: $I = \frac{\ldots \cdot \ldots \cdot \ldots}{100} = \ldots$ €

9. ALTRES PROBLEMES ARITMÈTICS

A continuació, tens alguns problemes aritmètics d'interès resolts. Analitza els processos que inclouen per aplicar-los després en altres problemes similars.

Problemes de barreges

Exemple 1. Cerca del preu de la barreja

Un cuiner barreja un bidó de 40 ℓ d'oli d'oliva de qualitat A, a 6 €/ℓ, amb un altre bidó de 30 litres d'oli de qualitat B, a 2,50 €/ℓ. A quin preu surt el litre de la barreja?

	QUANTITAT (ℓ)	PREU (€/ℓ)	VALOR (€)
QUALITAT A	40	6	40 · 6 = 240
QUALITAT B	30	2,50	30 · 2,50 = 75
BARREJA	70	x	240 + 75 = 315

Cost dels 70 ℓ de barreja → 315 €

Cost d'1 ℓ de barreja → 315 : 70 = 4,50 €

Solució: La barreja li surt a 4,50 €/ℓ.

Exemple 2. Cerca de la quantitat d'un component

Quants litres d'oli de qualitat B, a 2,50 €/ℓ, s'han de barrejar amb 40 ℓ d'un altre oli de qualitat A, a 6 €/ℓ, perquè el litre de barreja surti a 4,50 €?

Idea per a la resolució:

El valor que perd en la barreja l'oli de qualitat A s'equilibra (és igual) al valor que guanya l'oli de qualitat B.

- Valor que perden 40 ℓ d'oli A → $(6 - 4{,}5) \cdot 40 = 1{,}5 \cdot 40$
- Valor que guanyen x ℓ d'oli B → $(4{,}5 - 2{,}5) \cdot x = 2 \cdot x$

$$2 \cdot x = 1{,}5 \cdot 40 \rightarrow 2 \cdot x = 60 \rightarrow x = 60 : 2 = 30$$

Solució: Perquè la barreja costi 4,50 €/ℓ, els 40 ℓ d'oli de qualitat A s'han de barrejar amb 30 ℓ d'oli de qualitat B.

Problemes de mòbils (trobades i distàncies)

Exemple 1

Aquests dos vehicles han sortit alhora de l'àrea de descans. Quina distància els separarà al cap de 10 minuts?

- Velocitat d'allunyament → 80 + 100 = 180 km/h
- Quina distància es recorre en 10 min a 180 km/h?

Si la velocitat s'expressa en km/h, el temps s'ha d'expressar en hores: 10 min = $\frac{10}{60}$ h

$$e = v \cdot t = 180 \text{ km/h} \cdot \frac{10}{60} \text{ h} = 30 \text{ km}$$

Solució: Els separarà una distància de 30 km.

Idea per a la resolució

A quina velocitat s'allunyen?

Idea per a la resolució

A quina velocitat s'apropen?

Exemple 2

Quant trigaran a trobar-se?

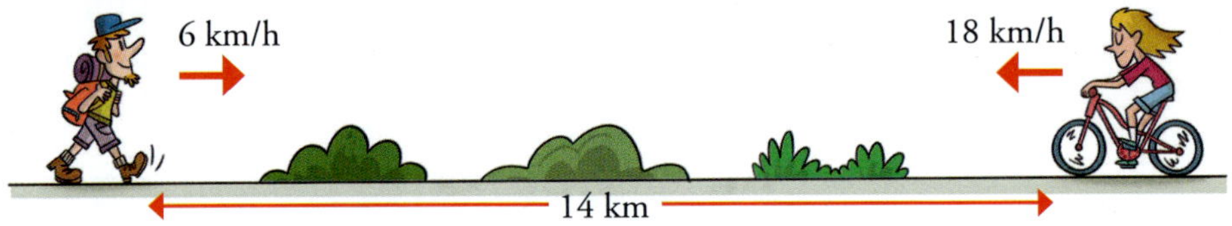

- Velocitat d'acostament → 18 + 6 = 24 km/h
- Quant es tarda a recórrer 14 km a 24 km/h?

$$t = e : v = 14 \text{ km} : 24 \text{ km/h} = \frac{14}{24} \text{ h} = \frac{14 \cdot 60}{24} \text{ min} = 35 \text{ min}$$

Solució: Trigaran 35 min a trobar-se.

Idees per a la resolució

- Quin avantatge porta el primer?
- A quina velocitat s'apropen?

Exemple 3

El camió ha passat pel control de l'autopista 8 minuts abans que el cotxe. Quant tardarà el cotxe a atrapar el camió?

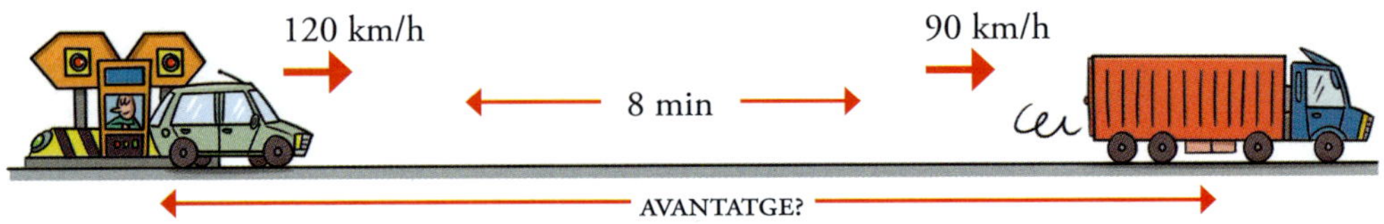

- Velocitat d'acostament → 120 – 90 = 30 km/h
- Avantatge del camió → $e = v \cdot t = 90 \text{ km/h} \cdot \frac{8}{60} \text{ h} = 12 \text{ km}$
- Quant es tarda a recórrer 12 km a 30 km/h? →

$$t = e : v = 12 \text{ km} : 30 \text{ km/h} = 0{,}4 \text{ h} = (0{,}4 \cdot 60) \text{ min} = 24 \text{ min}$$

Solució: El cotxe tardarà 24 minuts a atrapar el camió.

Problemes d'omplir i buidar

Idea per a la resolució

Quina fracció del total cobreixen totes dues aixetes actuant simultàniament?

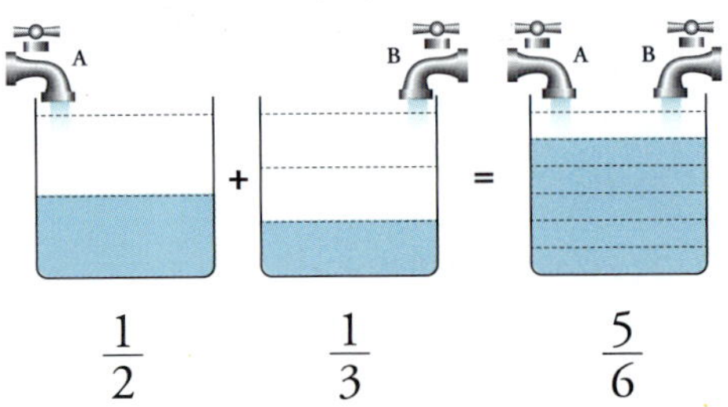

Exemple

Una aixeta A omple un dipòsit en 2 hores. Una aixeta B omple el mateix dipòsit en 3 hores. Quant tardaran a omplir-lo si s'obren totes dues alhora?

L'aixeta A, en una hora, omple $\frac{1}{2}$ del dipòsit.

L'aixeta B, en una hora, omple $\frac{1}{3}$ del dipòsit.

Ambdues aixetes, en una hora, omplen $\frac{1}{2} + \frac{1}{3} = \frac{5}{6}$ del dipòsit.

Si s'obren les dues aixetes alhora:

- Omplen $\frac{5}{6}$ del dipòsit en una hora.
- Omplen $\frac{1}{6}$ del dipòsit en $\frac{1}{5}$ d'hora. → 12 minuts
- Omplen $\frac{6}{6}$ del dipòsit en $\frac{6}{5}$ d'hora. → 1 h i 12 min

Solució: Les dues aixetes omplen el dipòsit en 1 hora i 12 minuts.

» EXERCITA LES TEVES COMPETÈNCIES

Raons i proporcions

1. Escriu:

a) Tres parells de nombres la raó dels quals sigui $\frac{2}{3}$.

b) Tres parells de nombres en relació de cinc a un.

c) Tres parells de nombres que estiguin a raó de tres a quatre.

2. Calcula x en les proporcions següents:

a) $\frac{6}{9} = \frac{10}{x}$ **b)** $\frac{6}{4} = \frac{x}{6}$ **c)** $\frac{8}{x} = \frac{12}{15}$

d) $\frac{x}{21} = \frac{4}{28}$ **e)** $\frac{x}{39} = \frac{30}{65}$ **f)** $\frac{14}{x} = \frac{49}{42}$

3. Cert o fals?

a) La raó de dos nombres no pot ser un nombre enter.

b) La raó de a i b és igual a la raó de b i a.

c) Una proporció és la igualtat de dues fraccions equivalents.

d) La proporció $\frac{a}{b} = \frac{c}{d}$ dona la mateixa informació que la proporció $\frac{d}{b} = \frac{c}{a}$.

e) En la proporció $\frac{a}{b} = \frac{c}{d}$, si $a = d$, llavors $b = c$.

Relacions de proporcionalitat

4. Completa aquestes taules de proporcionalitat:

a)

1	2	3	7	...
5	10	...	...	60

b)

1	2	3	4	...
...	18	...	9	6

5. Observa aquestes taules de proporcionalitat directa i calcula la constant de proporcionalitat de cada una:

A	1	2
B	0,8	1,6

K	28	17
H	420	255

6. Completa aquesta taula de proporcionalitat directa, si la constant de proporcionalitat és 0,35:

A	1	2	3	5	10	15
B	...	...	...	...	...	...

7. Indica, quins d'aquests parells de magnituds tenen relació de proporcionalitat directa, quins tenen relació de proporcionalitat inversa i quins no tenen relació de proporcionalitat.

a) L'edat d'una persona i la seva alçada.

b) La velocitat d'un vehicle i la distància que ha recorregut en mitja hora.

c) El temps que està oberta una aixeta i la quantitat d'aigua que aboca.

d) El cabal d'una aixeta i el temps que tarda a omplir un dipòsit.

e) El nombre de pàgines d'un llibre i el seu preu.

8. Escriu tres proporcions diferents amb els valors d'aquesta taula de proporcionalitat directa:

MAGNITUD A	2	3	5	6
MAGNITUD B	10	15	25	30

9. Escriu tres proporcions diferents amb els valors d'aquesta taula de proporcionalitat inversa:

MAGNITUD A	2	3	4	6
MAGNITUD B	36	24	18	12

Problemes de proporcionalitat directa i inversa

10. Calcula mentalment i respon:

a) Un tren recorre 240 km en 3 h. Quina distància recorre en 2 h?

b) Quatre obrers fan un treball en 3 h. Quant tardarien sis obrers?

c) Dos quilograms i mig de tomàquets costen 1,50 €. Quant costen cinc quilograms?

11. Copia l'esquema, decideix si la proporcionalitat és directa o inversa i completa:

Dues poblacions separades 5 cm en un mapa estan a 35 km de distància en la realitat. Quina és la distància real entre dues poblacions que en el mapa disten 13 cm?

PROPORC. ...

MAPA (cm)		REALITAT (km)
5	→	35
1	→	35 : ...
13	→	13 · ...

12. Resol com en l'exercici anterior:

a) Una piscina té tres desguassos iguals. Si se n'obren dos, la piscina es buida en 45 min. Quant tardarà a buidar-se si s'obren tots tres?

b) Quatre operaris tarden 10 h a netejar un solar. Quant tardarien cinc operaris?

13. Llegeix i calcula x i y:

Un paquet de 700 g de cafè molt costa 5,60 €.

a) Quant costa un paquet de 450 g?

b) Quant pesa un paquet que costa 8 €?

PROPORC. ...

PES (g)		COST (€)
700	⟶	5,6
450	⟶	x
y	⟶	8

14. Una màquina embotelladora omple 450 ampolles en 10 minuts.

a) Quantes ampolles omple en una hora i quart?

b) Quant tardarà a omplir 2.700 ampolles?

15. Un ramader té farratge per alimentar les 65 vaques durant 32 dies.

a) Quant li duraran les provisions si compra 15 vaques més?

b) Quantes vaques hauria de tenir perquè li durés 40 dies?

16. Un lluç de dos quilos i tres-cents grams costa 28,75 €.

a) Quant costa un lluç més petit que fa 1,5 kg?

b) Quant pesava un lluç que s'ha venut per 22,50 €?

17. Un cotxe, a 90 km/h, tarda 20 minuts a anar de la població A a la població B. Quant tardarà un camió a 60 km/h? I una furgoneta a 80 km/h?

18. Un brollador que aboca un cabal de 3,5 litres per minut omple un dipòsit en una hora i mitja.

a) Quant tardaria si el cabal augmentés a 4,5 litres per minut?

b) Quin hauria de ser el cabal per omplir el dipòsit en una hora i quinze minuts?

19. PROBLEMA RESOLT

Una motobomba ha abocat 1.250 m³ d'aigua a un aljub en 7 hores. Quant tardarà a abocar els 1.000 m³ que encara falten per omplir-lo?

m^3		HORES
1.250	⟶	7
1.000	⟶	x

$$\rightarrow \frac{1.250}{1.000} \cdot \frac{7}{x} \rightarrow x = \frac{700}{125}$$

```
  7 0 0 h  |125
  0 7 5     5 h 36 min
  × 6 0
 4 5 0 0 min
 0 7 5 0
   0 0 0
```

Solució: Tardarà 5 h 36 min.

20. Un tren de mercaderies, a una velocitat mitjana de 72 km/h, fa el trajecte entre la ciutat A i la ciutat B en 7 hores.

a) Quina hauria de ser la velocitat mitjana per fer el mateix viatge en només 6 hores?

b) Quant tardaria a una velocitat mitjana de 90 km/h?

21. El 2019, la kenyana Brigid Kosgei va aconseguir el rècord de marató femení: va córrer els 42 km 195 m de la prova en 2 h 14 min 04 s.

a) Quin temps va invertir de mitjana en cada quilòmetre? (Arrodoneix als segons.)

b) Quina distància va recórrer, de mitjana, per minut? (Arrodoneix als centímetres.)

Problemes de proporcionalitat composta

22. Resol mentalment:

Dos tractors llauren un camp de 5 hectàrees en 6 h.

a) Quant tardarien dos tractors a llaurar un camp de 15 hectàrees?

b) Quant tardaria un sol tractor a llaurar un camp de 15 hectàrees?

c) Quants tractors es necessitarien per llaurar un camp de 15 hectàrees en 9 h?

23. Cinquanta vedells consumeixen 4.200 kg d'alfals a la setmana.

a) Quin és el consum d'alfals per vedell i dia?

b) Quants quilograms d'alfals es necessiten per alimentar 20 vedells durant 15 dies?

c) Durant quants dies podem alimentar 10 vedells si disposem de 600 kg d'alfals?

24. En un taller de confecció, amb 6 màquines teixidores, s'han fabricat 600 jaquetes en 10 dies.

a) Quantes peces es fabricarien amb 5 màquines en 15 dies?

b) Quantes màquines caldrien per fabricar 750 peces en 15 dies?

c) Si es treballés només amb 5 màquines, quants dies es tardaria a fabricar 750 peces?

Repartiments proporcionals

25. Durant el cap de setmana el parc d'atraccions ha registrat 2.460 visites; per cada cinc de dissabte n'hi va haver set diumenge. Quantes entrades es van vendre cada dia?

26. Una emprenedora ha muntat una empresa de paqueteria que ha aconseguit distribuir 2.800 paquets durant el primer trimestre d'activitat. El primer mes va fer uns quants enviaments, el segon mes va triplicar l'activitat i el tercer va multiplicar per quatre l'activitat del mes anterior. Quants lliuraments va fer cada mes?

27. El premi d'un concurs de televisió es va repartir entre els tres finalistes, que van rebre quantitats inversament proporcionals al nombre de preguntes fallades. El tercer classificat, que va fallar 4 preguntes, va rebre 3.000 €. Quant van rebre el primer i el segon, que van tenir un i tres errors, respectivament?

28. La propietària d'una empresa decideix repartir entre els seus tres treballadors un plus de beneficis de 1.300 €. Cada un rebrà una quantitat inversament proporcional als dies que hagi faltat a treballar. El dependent ha faltat 4 dies, la comptable 3 i el repartidor 2. Quina quantitat assignarà a cada un?

Càlcul amb percentatges

29. Calcula mentalment:

a) 50 % de 220
b) 50 % de 82
c) 50 % de 12
d) 25 % de 800

30. Calcula mentalment:

a) 50 % de 30
c) 150 % de 30
b) 10 % de 40
d) 110 % de 40

31. Troba mentalment el valor de x:

a) 50 % de x = 150
b) 50 % de x = 7
c) 25 % de x = 120
d) 25 % de x = 6
e) 10 % de x = 31
f) 10 % de x = 4
g) 20 % de x = 18
h) 20 % de x = 86

32. Calcula:

a) 15 % de 160
b) 13 % de 700
c) 2,4 % de 350
d) 1,7 % de 2.500

33. Copia i completa:

a) Per calcular el 30 %, es divideix entre 10 i es multiplica per...

b) Per calcular el 75 %, es divideix entre 4 i es multiplica per...

c) Per calcular el 40 %, es divideix entre 10 i es multiplica per...

Relacions percentatges-fraccions-decimals

34. Completa:

PERCENTATGE	20 %	85 %	5 %	2 %	115 %
FRACCIÓ	1/5	...	...	...	...
NRE. DECIMAL	0,20	...	...	...	...

35. Calcula com en l'exemple:

- **15 % de 280 = 280 · 0,15 = 42**

a) 18 % de 1.350
b) 57 % de 2.400
c) 8 % de 125
d) 6 % de 40

36. Calcula x com en l'exemple:

- **15 % de x = 42 → x · 0,15 = 42 → x = 42 : 0,15 = 280**

a) 20 % de x = 27
b) 17 % de x = 595
c) 5 % de x = 3,2
d) 7 % de x = 17,5

37. Observa l'exemple i calcula el tant per cent corresponent:

- $t\%$ **de 180 = 63** $\rightarrow$ $\mathbf{180 \cdot \frac{t}{100} = 63}$

$$\frac{t}{100} = 63 : 180 = 0{,}35 \rightarrow t\% = 35\,\%$$

a) $t\%$ de 165 = 66 b) $t\%$ de 460 = 69

c) $t\%$ de 48 = 40,8 d) $t\%$ de 90 = 14,40

38. El gràfic representa la relació entre la població autòctona i la immigrant en un poble agrícola:

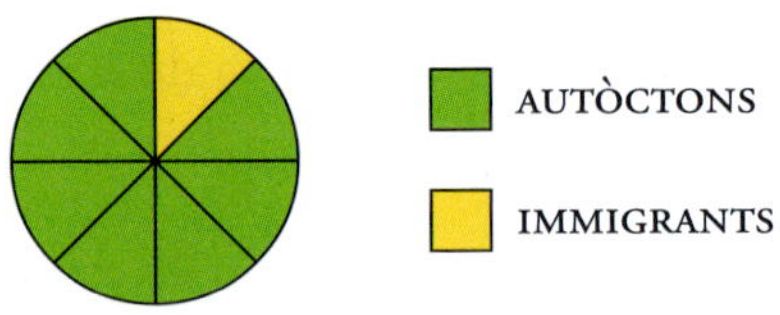

a) Quina fracció de la població és immigrant?

b) Quantes de cada 100 persones són immigrants?

c) Quin és el percentatge d'immigrants?

Problemes amb percentatges

39. Un treballador guanya 1.700 € al mes i en gasta el 40 % en la hipoteca del seu habitatge. Quants diners li queden per afrontar la resta de les despeses?

40. Dels 425 alumnes que hi ha matriculats en una escola, el 8 % s'ha apuntat al taller d'escacs. Quants alumnes hi ha al taller d'escacs?

41. A començaments d'estiu un embassament tenia 775 dam^3 d'aigua. Durant l'estiu, les seves reserves han disminuït el 68 %. Quines són les reserves actuals ara, al final de l'estiu?

42. Una família amb uns ingressos mensuals de 2.450 € en gasta 343 € en lleure. Quin tant per cent dels ingressos dediquen al lleure?

43. Un hotel té 187 habitacions ocupades, cosa que suposa el 85 % del total. De quantes habitacions disposa l'hotel?

44. Al final de l'estiu un embassament és ple al 23 % de la seva capacitat. Si conté 92 dam^3 d'aigua, quina és la capacitat total de l'embassament?

45. La Meritxell havia de resoldre 18 problemes de matemàtiques i ja n'ha solucionat més del 65 %, però menys del 70 %. Quants problemes li queden per resoldre?

46. Un jersei que costava 45 € es ven en les rebaixes per 36 €. Quin tant per cent s'ha rebaixat?

47. El bitllet d'autobús ha pujat el 8 % i ara costa 2,70 €. Quant costava abans de la pujada?

48. Un pagès planta tomàquets en el 45 % de superfície dels seus 3.500 m^2 de terreny. Quantes plantes ha de comprar si en col·loca 9 per metre quadrat i sempre en compra el 10 % més?

49. Si demano un préstec de 4.000 €, al 6,5 %, i el torno en 4 anys, quins interessos hauré de pagar?

50. PROBLEMA RESOLT

Calcula l'interès que produeix, en 5 mesos, un capital de 7.800 €, col·locat al 3 % anual.

- Interès en 1 any $\rightarrow I_{1\ \text{any}} = \frac{7.800 \cdot 3}{100} = 234$ €
- Interès en 1 mes $\rightarrow I_{1\ \text{mes}} = 234 : 12 = 19{,}50$ €
- Interès en 5 mesos $\rightarrow I_{5\ \text{mesos}} = 19{,}5 \cdot 5 = 97{,}50$ €

51. Quin interès produeixen 800 € al 6 % durant 1 any? I durant 1 mes? I durant 7 mesos?

52. Calcula els interessos que genera un préstec de 6.000 € al 4,5 % durant 2 mesos i 13 dies.

53. Tres companys d'oficina gasten 20 € en una travessa. L'Adrià posa 9 €, la Patrícia 6 € i l'Esteve la resta. La travessa resulta premiada amb 740 €. Com es repartiran el premi?

54. Un majorista ha pagat 1.275 € a tres pagesos a qui ha comprat, respectivament, 400 kg, 300 kg i 800 kg de nectarines. Quant ha cobrat cada pagès?

55. Un comerciant barreja 80 kg de cafè de 10,50 €/kg amb 60 kg d'un altre cafè de qualitat superior, que costa 14 €/kg. A quant surt el quilogram de barreja?

56. Un cotxe, que avança per una carretera a 85 km/h, es creua amb una furgoneta que circula en sentit contrari a 65 km/h. Quina distància els separarà al cap de 4 min?

57. Un ciclista surt d'un poble a una velocitat de 15 km/h. Vint minuts després el segueix una moto a 45 km/h. Quant tardarà a atrapar-lo?

58. Una font té dues canelles, A i B. La primera omple una gerra en 6 min i la segona fa el mateix en 10 min. Quant tardarà a omplir-se la gerra si es connecten les dues canelles simultàniament?

59. Una aixeta omple un dipòsit en 3 hores i un desguàs el buida en 4 h. Quant tardarà a omplir-se el dipòsit si s'obre l'aixeta i, per distracció, no es tanca el desguàs?

Interpreta, descriu, expressa't

60. Analitza les dades i els processos de la il·lustració i troba-hi els errors. Després, corregeix-ne els càlculs.

1,80
1,80
0,90
3,50

PES (kg)		PREU (€)
2,500	⟶	3,50
0,250	⟶	3,50 : 10 = 0,35
2,750	⟶	3,85

61. Analitza i explica les diferents solucions del problema. Troba l'error i corregeix-lo.

Un ciclista ha recorregut 25 km en una hora i quart. A aquesta velocitat, quant tardaria a recórrer una etapa de 64 km?

Resolució 1

P. D.

DISTÀNCIA (km)		TEMPS (min)
25	⟶	75
64	⟶	x

$$\rightarrow x = \frac{64 \cdot 75}{25} = 192 \rightarrow$$

192 : 60 = 3 i residu 12

Solució: 3 h 12 min

Resolució 2

$$\left.\begin{array}{l} 25 \text{ km} \rightarrow 1{,}25 \text{ h} \\ 64 \text{ km} \rightarrow x \end{array}\right\} \rightarrow x = \frac{64 \cdot 1{,}25}{25} = 3{,}20$$

Solució: 3 h 20 min

Resolució 3

$$25 \text{ km} \rightarrow \left(1 + \frac{1}{4}\right)\text{h} = 75 \text{ min}$$

$$1 \text{ km} \rightarrow 75 : 25 = 3 \text{ min}$$

$$64 \text{ km} \rightarrow 64 \cdot 3 = 192 \text{ min}$$

Solució: El ciclista tarda 192 min a recórrer 64 km.

62. La Lea i l'Albert han resolt el problema següent, però una de les dues solucions és errònia. Digues quina i explica per què.

Unes sabatilles esportives, rebaixades el 20 %, ara costen 80 €. Quant costaven sense la rebaixa?

Resolució de la Lea

Rebaixa → 20 % de 80 = 80 · 0,20 = 16

Preu sense rebaixa → 80 + 16 = 96 €

Solució: Les sabatilles, sense rebaixa, costaven 96 €.

Resolució de l'Albert

$$100\,\% - 20\,\% = 80\,\%$$

$$0{,}80\,\% \text{ de } x = 80 \rightarrow x = 80 : 0{,}80 = 100$$

Solució: Les sabatilles, sense rebaixa, costaven 100 €.

Problemes «+»

63. En uns grans magatzems, rebaixen un abric el 20 % en les primeres rebaixes i, sobre aquest preu, tornen a fer un altre 20 % de descompte en les segones rebaixes. Quin percentatge del preu original s'ha rebaixat l'abric?

Suposa que l'abric costava inicialment 100 €.

64. Un pantà perd durant el mes d'agost el 20 % de l'aigua que tenia embassada i al setembre recupera el nivell anterior. En quin percentatge va augmentar durant el setembre?

65. Un tren de càrrega surt de A cap a B a les vuit del matí a 90 km/h. A un quart i cinc de nou surt de B cap a A, per una via paral·lela, un tren ràpid a 150 km/h. Si la distància entre A i B és de 102 km, a quina distància de A es creuen i a quina hora passa?

66. Un comerciant pacta amb el banc un préstec de 18.000 €: el rebrà l'1 de juny i l'haurà de tornar el 20 de setembre, a un interès anual del 7,3 %. Quant li costarà el préstec si es respecten les condicions pactades?

67. L'Alexa ingressa en el banc un capital de 400 € en un compte amb un interès del 5 % anual. Si els beneficis s'ingressen al final de cada any, quin serà el saldo al final del tercer any?

» MATEMÀTIQUES EN CONTEXT

EL SOU DE LA JOANA

La Joana treballa en una cadena de supermercats. Gestiona les vendes de la botiga que la cadena té a Girona i coordina un equip de quinze empleats i empleades.

1. Vendes de cafè

El supermercat on treballa la Joana ofereix una marca de cafè pròpia en dos tipus de paquets:

- El paquet petit, de 300 grams, per a consum familiar, costa 2,40 €.
- El paquet gros, de 800 grams, per a cafeteries i restaurants, costa el 10 % menys per quilogram.

La Joana és l'encarregada d'analitzar-ne les vendes.

a) Si del paquet gros se'n venen menys unitats, en la proporció 2 a 5, i aquest mes s'han venut 210 paquets petits, quants paquets grossos s'hauran venut en aquest mateix període, aproximadament?

b) La setmana passada es van vendre 70 paquets en total. Quants se'n van vendre de cada mida?

c) Quants quilograms de cafè es van vendre la setmana passada en total?

d) Quant costa el quilogram de cafè en paquets petits? I en paquets grossos?

e) Quant costa cada paquet gros?

f) Una cafeteria ha comprat 30 paquets grossos. Si l'IVA del cafè és del 21 %, quant ha pagat d'IVA?

g) Un supermercat de barri de la mateixa cadena té una oferta per als paquets petits: si te n'emportes tres, et fan una rebaixa del 25 %. A quant surt el quilo en aquest cas? Resulta més o menys barat que comprar-lo en paquets grossos?

Pensa una altra pregunta per plantejar-la a un company o companya de la classe. Primer l'has de resoldre tu per comprovar que està ben plantejada i per saber quina és la solució correcta.

2. Discriminació en els sous: cas general

La Joana també dirigeix el Departament de Recursos Humans de la cadena de supermercats. Aquest mes ha endegat un estudi per comprovar si els sous del supermercat es troben dins els marges generals.

Observa el diagrama de barres que ha consultat sobre la diferència mitjana de salaris entre dones i homes segons el seu càrrec i respon les preguntes:

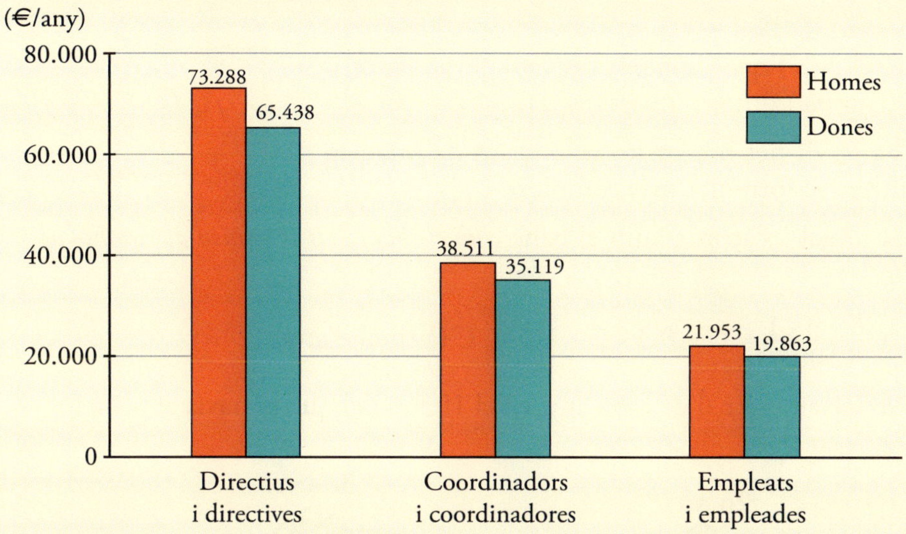

a) Segons el gràfic, quina és la diferència entre el salari d'un home i el d'una dona que ocupen un càrrec directiu? I entre el d'un coordinador i una coordinadora? I entre el d'un empleat i una empleada?

b) Quin tant per cent menys cobren les directives, les empleades i les coordinadores respecte dels seus homòlegs masculins?

c) En quin tipus de càrrec hi ha més discriminació salarial? I menys discriminació salarial?

3. Població activa

En la taula següent es mostra com es distribueix la població activa entre homes i dones:

	OCUPATS	ATURATS
DONA	8.166.600	2.103.100
HOME	10.289.900	2.529.300

Tenint en compte les dades de la taula, calcula:

a) Quin és el percentatge de desocupació respecte de la població activa?

b) Quin és el percentatge de desocupació per sexe?

c) Observes alguna cosa estranya en aquesta taula? Raona la teva resposta.

» TALLER DE MATEMÀTIQUES

» LLEGEIX I DESCOBREIX

L'interès compost

En aquesta unitat has estudiat el benefici (interès → I) que produeix un capital (C) invertit o prestat a un determinat tant per cent (rèdit → r %) durant un temps (t).

$$I = \frac{C \cdot r \cdot t}{100}$$

Aquest tipus d'interès s'anomena **simple** i t'ha servit per iniciar-te en les claus del maneig dels diners. Tanmateix, a la pràctica solen utilitzar-se fórmules més complexes.

Suposa que una quantitat C es col·loca al 3 % anual i s'acorda amb el banc *que els beneficis se sumin al compte al final de cada any.*

$$C \text{ (a principi d'any)} \rightarrow C + \frac{C \cdot 3 \cdot 1}{100} = C + 0{,}3 \cdot C = 1{,}03 \cdot C \text{ (a final d'any)}$$

Així, els diners que hi ha en el compte es converteixen, a final de cada any, en el 103 % del que hi havia al principi. És a dir, va creixent cada any.

INICI	1r ANY	2n ANY	3r ANY	...
C	$1{,}03 \cdot C$	$(1{,}03)^2 \cdot C$	$(1{,}03)^3 \cdot C$	...

Així doncs, la cosa es complica. Imagina't què passa si el benefici se suma al compte cada mes.

Quan els diners es col·loquen en aquestes condicions, diem que l'interès és **compost** i les fórmules, que estudiaràs en cursos superiors, són més complexes.

» INVESTIGA

3 × 2!

Deus haver vist ofertes com aquesta en supermercats. Podries dir quin percentatge de rebaixa implica?

Observa aquestes dues opinions i pensa quina és la correcta.

Pau

Si en pago dos i me'n regalen un, és com si em regalessin mig article per cada un que pago. → La rebaixa és del 50 %.

Laura

Suposa que compres un article que costa 1 €.

Dues unitats costen 2 € i tres unitats, 3 €.

Per tant, si en pagues dos i te n'emportes tres, quant pagues si te n'emportes 100?

$$\frac{2}{3} = \frac{x}{100} \rightarrow x = \frac{2 \cdot 100}{3} = 66{,}666\ldots$$

Pagues el 66,66 %. → La rebaixa és del 33,33 %.

» ENTRENA'T RESOLENT ALTRES PROBLEMES

Imagina l'espai

- Quin tant per cent del quadrat verd està tapat pel vermell? Quin tant per cent del vermell està tapat pel verd?

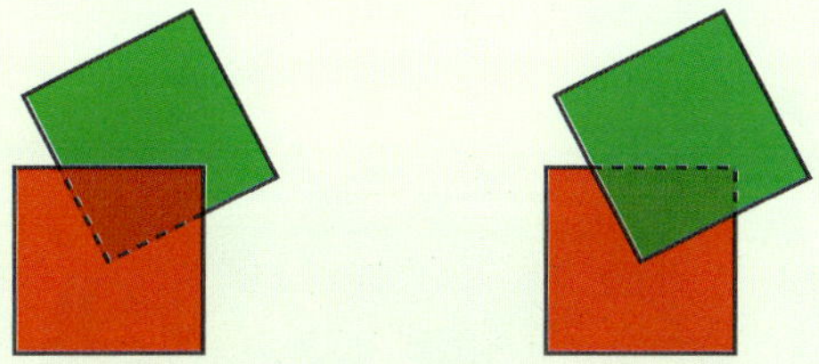

Utilitza la lògica

- Tres germans, l'Anna, la Carla i en Toni, van a la mateixa classe i comparteixen les tasques escolars. També comparteixen les tasques domèstiques. Ahir havien de fer 12 problemes de matemàtiques. L'Anna en va fer 4 i la Carla, 8.

En Toni se'ls va copiar, però per compensar-les es va comprometre a fer 6 vegades el llit a les seves germanes.

Quantes vegades ha de fer el llit a l'Anna i quantes a la Carla?

» POSA'T A PROVA

1. Calcula el terme desconegut de cada proporció:

a) $\frac{6}{8} = \frac{15}{x}$ **b)** $\frac{28}{8} = \frac{x}{6}$ **c)** $\frac{x}{18} = \frac{20}{24}$

2. Identifica si la taula següent és de proporcionalitat directa o inversa:

MAGNITUD M	1	2	3	4	6
MAGNITUD N	48	24	16	12	8

3. Copia i completa aquesta taula de proporcionalitat tenint en compte que la constant de proporcionalitat és 0,75:

1	…	…	10	…	28
…	2,25	3,75	…	10,50	…

4. Resol:

a) Per tres quarts de quilogram de cireres he pagat 2,40 €. Quant pagaré per un quilogram i un quart?

b) Si s'obren 6 aixetes, un dipòsit es buida en 50 min. Quant tardarà a buidar-se si només se n'obren 4?

c) Un cotxe, a una mitjana de 70 km/h, fa un viatge en 6 hores. Quant temps invertirà en el viatge de tornada si circula a una mitjana de 100 km/h?

5. Si 50 vedells d'engreixament consumeixen 1.400 kg d'alfals en una setmana, quants quilograms d'alfals es necessiten per alimentar 30 vedells durant 20 dies?

6. Reparteix 585 en:

a) Parts directament proporcionals a 3, 4 i 6.

b) Parts inversament proporcionals a 3, 4 i 6.

7. Calcula:

a) 75 % de 40 **b)** 20 % de 500 **c)** 5 % de 40

d) 65 % de 80 **e)** 16 % de 160 **f)** 150 % de 38

8. Copia i completa la taula:

PERCENTATGE	25 %	…	…	…	140 %
FRACCIÓ	…	…	3/20	…	…
NRE. DECIMAL	…	0,80	…	0,07	…

9. D'un piló d'aigua que contenia 36.000 litres, se n'ha gastat el 15 %. Quants litres queden?

10. Un hospital té 210 llits ocupats, que són el 84 % dels llits disponibles. Quants llits hi ha a l'hospital?

11. Calcula l'interès produït per un capital de 5.500 € col·locat al 3,6 % durant 4 anys.

12. Quants litres d'oli d'oliva a 3,20 €/ℓ cal barrejar amb 150 litres d'oli de gira-sol, a 1,60 €/ℓ, perquè la barreja surti a 2,60 €/ℓ?

13. Una furgoneta surt d'un poble a 60 km/h. Deu minuts després, del mateix poble en surt una moto a 90 km/h. Quant tardarà a atrapar-la?

» REPTE: PA ACABAT DE COURE

Cada dia de matinada, ben carregada, la furgoneta del pa surt del forn, al polígon industrial, per fer el repartiment a botigues, restaurants i despatxos. Va carregada de barres de diferents mides i de pans rodons. En la taula pots veure la càrrega que porta avui:

		PES	COST (€)	UNITATS
BARRA	Grossa	500 g	1,8	90
	Mitjana	300 g	1,2	200
	Petita	150 g	0,75	300
PA DE PAGÈS	Gros	1 kg	3	20
	Mitjà	3/5 kg	2	25
	Petit	1/3 kg	1,40	45

1. Expressa:
   a) …amb una fracció de quilogram el pes de cada barra.
   b) …amb un nombre decimal el pes de cada pa de pagès en quilograms.

2. Calcula a quin preu, en €/kg, surt el pa de cada tipus de peça.

3. Ordena de la més gran a la més petita les peces de pa que surten del forn segons:
   a) el pes.
   b) el cost.
   c) el preu per quilogram.

4. Calcula:
   a) Quant pesa la càrrega que transporta avui la furgoneta?
   b) Quin tant per cent de càrrega correspon a les barres?

5. Calcula:

a) Quin és el valor total de la mercaderia que porta?

b) Quin tant per cent d'aquest valor correspon a les barres i quin tant per cent correspon als pans?

6. Dues barres petites pesen igual que una de mitjana, però costen més. Quin tant per cent més?

7. En la primera parada, a la fleca de la plaça Vella, hi deixa 12 barres grosses, 25 de mitjanes i la mateixa quantitat de petites. També hi deixa 5 pans grossos, 5 de mitjans i 10 de petits. Calcula el valor de cada una d'aquestes expressions i indica quina correspon a l'import del pa que ha lliurat:

a) $12 \cdot 3 + 25 \cdot (2 + 1{,}4) + 5 \cdot (1{,}8 + 1{,}2) + 10 \cdot 0{,}75$

b) $12 \cdot 1{,}80 + 25 \cdot (1{,}2 + 0{,}75) + 5 \cdot (3 + 2) + 10 \cdot 1{,}4$

c) $12 \cdot 3 - 25 \cdot (2 - 1{,}4) - 5 \cdot (1{,}8 + 1{,}2) - 10 \cdot 0{,}75$

8. En l'últim lliurament, en un restaurant, hi deixa 15 barres mitjanes, 30 de petites i 15 pans mitjans. Calcula el valor de cada una d'aquestes expressions i indica quina correspon al pes en grams d'aquest lliurament:

a) $300 \cdot 15 + 150 \cdot 30 + 600 \cdot 15$

b) $35 + 310 + 30 \cdot 13$

c) $12 + 30 \cdot 320 - 15 \cdot 35$

9. Després del repartiment, la furgoneta ha d'anar a recollir una càrrega de farina. Fa el recorregut fins al magatzem, per l'autopista, a una velocitat mitjana de 110 km/h i tarda tres quarts d'hora a arribar-hi. Quant tardarà a fer el viatge de tornada, ja carregada, si circula a una mitjana de 90 km/h?

10. Per controlar la despesa de combustible, el conductor de la furgoneta ha fet dues fotos al panell d'indicadors amb el seu mòbil, una en començar el dia i una altra al final:

INICI DE LA JORNADA

FINAL DE LA JORNADA

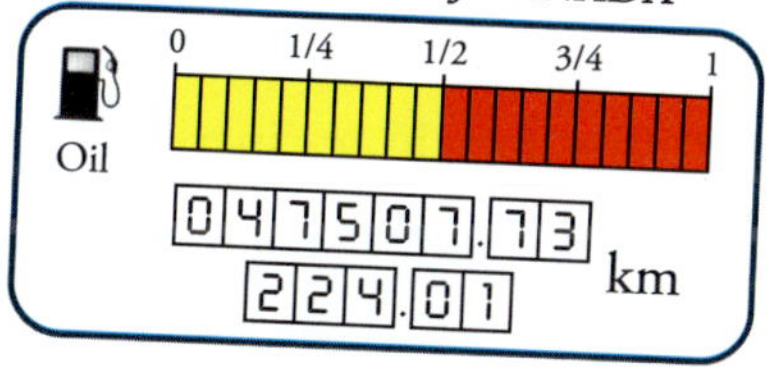

Si en el dipòsit hi caben 60 litres, quin és el consum de gasoil de la furgoneta després de fer 100 km?

UNITAT 4

ÀLGEBRA

RESOLUCIÓ DE PROBLEMES · RAONAMENT I PROVA
CONNEXIONS · COMUNICACIÓ I REPRESENTACIÓ · SOCIOEMOCIONAL

Els babilonis, els egipcis i els antics grecs practicaven l'**àlgebra retòrica**: tot es descrivia amb el llenguatge col·loquial. També els àrabs, molts segles després, la van utilitzar i van anomenar la incògnita *la cosa.*

Matemàtics com **Pitàgores** (segle VI aC), Euclides (segle III aC) i **al-Hwarizmi** (segle IX) sovint van recórrer a representacions geomètriques per justificar relacions algebraiques i per resoldre equacions. Aquests estudiosos practicaven l'**àlgebra geomètrica.**

Àlgebra i geometria

Mitjançant l'àlgebra geomètrica, aquest problema del camperol egipci es podia resoldre amb ajuda d'una figura geomètrica:

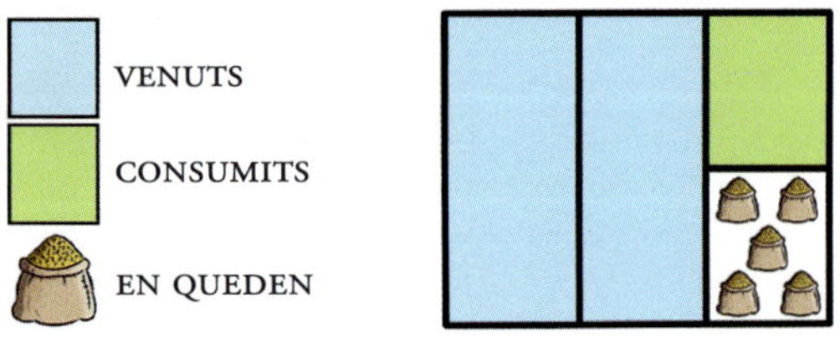

Total → $5 \times 2 \times 3 = 30$

1. Quina propietat, relacionada amb la suma i la multiplicació, es justifica en el gràfic següent?

$$m \cdot (a + b + c) = m \cdot a + m \cdot b + m \cdot c$$

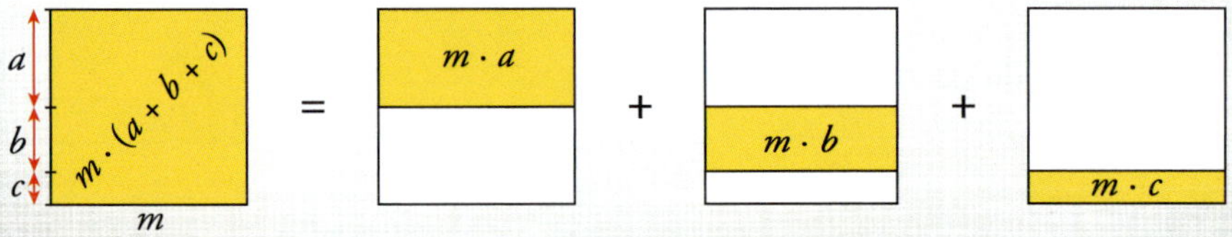

Al segle III, **Diofant** va utilitzar una sèrie d'abreviatures que van simplificar notablement el llenguatge algebraic. En aquest sentit, es va avançar a la seva època, ja que fins a dotze segles després, a Europa, no es va progressar en aquesta tasca.

Al segle XV, la terminologia matemàtica es va anar enriquint fins a arribar als francesos **Vieta** (segle XVI) i **Descartes** (segle XVII), que van dotar l'àlgebra d'un **llenguatge** definitivament **simbòlic,** gairebé igual al que fem servir en l'actualitat.

El llenguatge algebraic

2. Recuperem el problema egipci de la pàgina anterior:

- Nombre de sacs → x
- Sacs venuts → $\frac{2}{3}$ de x → $\frac{2x}{3}$
- Sacs no venuts → $\frac{x}{3}$
- Sacs consumits → $\frac{1}{2}$ de $\frac{x}{3}$ → $\frac{x}{6}$
- En queden → $\frac{x}{6} = 5$

Quin és el valor de x?

3. Si construís un castell de cartes de 15 pisos, per exemple, sabries dir el nombre de buits (triangles) que s'han format? I el nombre de cartes que he fet servir?

NOTA: Trobaràs les respostes en les expressions de la dreta.

NRE. DE PISOS	1	2	3	4	…	n
NRE. DE TRIANGLES	1	4	…	…	…	?
NRE. DE CARTES	2	7	…	…	…	?

n^2

$n^2 - 2$

$\frac{n^2 + n}{2}$

$\frac{3n^2 + n}{2}$

1. L'ÀLGEBRA: LLETRES EN LLOC DE NOMBRES

L'**àlgebra** és la part de les matemàtiques en què s'utilitzen lletres per expressar nombres de valor desconegut, variable o indeterminat; és un **llenguatge** que facilita la construcció i la descripció dels processos matemàtics.

Vegem alguns exemples de les aplicacions de l'àlgebra.

Expressar propietats aritmètiques

- La suma és associativa, però la resta no.

$$(a + b) + c = a + (b + c) \qquad (a - b) - c \neq a - (b - c)$$

- La multiplicació és distributiva respecte de la suma.

$$a \cdot (b + c) = a \cdot b + a \cdot c$$

Generalitzar sèries numèriques (terme general)

Exemple

a_1	a_2	a_3	a_4	a_5	...
↓	↓	↓	↓	↓	
0	2	6	12	20	...
(0 · 1)	(1 · 2)	(2 · 3)	(3 · 4)	(4 · 5)	

$\rightarrow a_n = (n - 1) \cdot n$; $a_n = n^2 - n$

Així, per exemple, si volem saber el desè terme de la sèrie, hem de fer:

$$a_{10} = 9 \cdot 10 = 90 \text{ o bé } a_{10} = 10^2 - 10 = 90$$

Expressar relacions entre magnituds (fórmules)

- L'interès, I, que produeix en t mesos un capital, C, col·locat al banc al r% anual. $\rightarrow I = \dfrac{C \cdot r \cdot t}{12 \cdot 100}$

  Així, un capital de 4.000 € col·locat a l'1,5 % durant 8 mesos produeix uns interessos de 40 €. $\rightarrow I = \dfrac{4.000 \cdot 1,5 \cdot 8}{12 \cdot 100} = 40$ €

- L'àrea, A, d'un rombe de diagonals d_1 i d_2 $\rightarrow A = \dfrac{d_1 \cdot d_2}{2}$

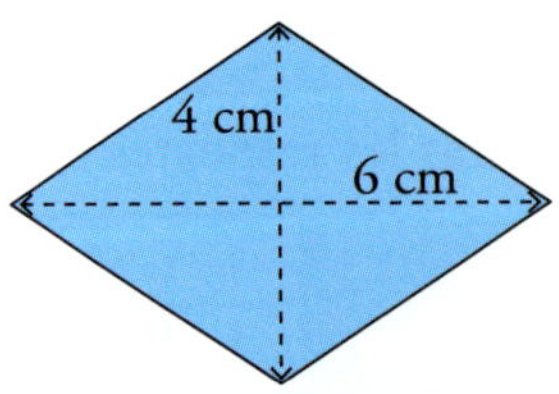

$$A = \frac{6 \cdot 4}{2} = 12 \text{ cm}^2$$

FACTURA

Desplaçament → 50 €

Cost hora → 35 €

Temps (hores) → h

Materials → m

Total → $35 \cdot h + m + 50$

IVA 21 %

Cost total (€):

$0,21 \cdot (35 \cdot h + m + 50)$

Expressar i operar nombres de valor indeterminat (expressions algebraiques)

Exemples

- Un nombre natural → a
- El següent → $a + 1$
- El doble del següent → $2 \cdot (a + 1)$
- El quadrat del següent → $(a + 1)^2$

Expressar relacions que faciliten la resolució de problemes (equacions)

Exemple

En un test de 20 preguntes, s'aconsegueixen 3 punts per cada resposta encertada i es perden 2 punts per cada resposta errònia o en blanc.

Quants encerts i quants errors ha fet la Berta si ha obtingut 40 punts?

Encerts → x Errors → $20 - x$

PUNTS GUANYATS	–	PUNTS PERDUTS	=	PUNTUACIÓ OBTINGUDA
$3x$		$2 \cdot (20 - x)$		40

$$3x - 2(20 - x) = 40 \rightarrow x = 16$$

Comprovació: $3 \cdot 16 - 2(20 - 16) = 40$

Solució: La Berta ha fet 16 encerts i 4 errors.

» APLICA EL QUE HAS APRÈS

1. Quina de les identitats correspon a l'enunciat següent:

La propietat associativa de la multiplicació diu que, si en multiplicar tres o més nombres s'agrupen de maneres diferents, el resultat no varia.

$a \cdot b \cdot c = c \cdot a \cdot b$ $(a \cdot b) \cdot c = a \cdot (b \cdot c)$

$a \cdot (c + 1) = a \cdot c + a$

2. Copia i completa les caselles buides:

1	2	3	4	5	…	n
…	…	…	10	…	…	$3n - 2$

3. Escriu els cinc primers elements de la sèrie el terme general de la qual és $a_n = \frac{3n+1}{2}$.

4. Escriu el terme general d'aquestes sèries:

a) 1 - 4 - 9 - 16 - 25 - … → $a_n = ?$

b) 0 - 3 - 8 - 15 - 24 - … → $b_n = ?$

5. El sou mensual brut, l'IRPF i el sou net dels empleats d'una empresa es calculen amb les fórmules següents:

$S_b = 900 + 3a + 10b$

$\text{IRPF} = 0{,}21 \cdot S_b$

$S_n = 0{,}79 \cdot S_b$

a = Antiguitat (anys)

b = Hores extres

a) Quant cobrarà aquest mes un empleat amb 8 anys d'antiguitat i 21 hores extres acumulades?

b) Quant li retindran d'IRPF?

6. La suma dels n primers nombres naturals és aquesta:

$$1 + 2 + 3 + 4 + \ldots + n = \frac{n^2 + n}{2}$$

Calcula la suma $1 + 2 + 3 + \ldots + 50$.

7. Un comerciant compra una partida de 100 samarretes per després vendre-les. Per planificar els comptes, fa servir les variables següents:

C → Cost total de la compra

v → Preu de venda (per unitat)

G → Despeses

B → Beneficis

Escriu una igualtat que relacioni les quatre variables.

8. Copia la taula i tradueix a llenguatge algebraic les edats dels membres d'aquesta família:

	EDAT
Xavier Té x anys.	x
Pepa (germana) És un any més petita que en Xavier	…
Carol (mare) Va tenir en Xavier als 22 anys.	…
Àlex (pare) Triplica l'edat de la Pepa.	…

9. Escriu una igualtat que reflecteixi aquesta nova dada sobre la família: *El pare d'en Xavier té 3 anys menys que la mare.*

Calcula per tempteig l'edat d'en Xavier.

2. EXPRESSIONS ALGEBRAIQUES

Una expressió formada per lletres i nombres s'anomena **expressió algebraica**.
Comencem estudiant les més senzilles: els monomis.

Monomis

Un **monomi** és el producte d'un valor conegut **(coeficient)** per un o diversos valors desconeguts representats per lletres **(part literal)**.

$3a$: COEFICIENT → 3; PART LITERAL → a

$\frac{3}{5}xy^2$: COEFICIENT → $\frac{3}{5}$; PART LITERAL → xy^2

Exemple

$-5ax^2$ → MONOMI
- COEFICIENT → -5
- PART LITERAL → ax^2
- GRAU → 3 ($a \cdot x \cdot x$)

Grau d'un monomi

És el nombre de factors que formen la part literal.

$4a^2$ → MONOMI DE GRAU 2 ($a \cdot a$)

$5x^2y^2$ → MONOMI DE GRAU 4 ($x \cdot x \cdot y \cdot y$)

Valor numèric d'un monomi

És el valor del monomi quan les lletres prenen valors concrets.

El valor numèric de $2ab^2$ per a $a = 1$ i $b = 2$ és 8. → $2ab^2 \xrightarrow[b=2]{a=1} 2 \cdot 1 \cdot 2^2 = 8$

Exemple

$5x^2 \longleftrightarrow \frac{1}{2}x^2$

IDÈNTICA PART LITERAL

Monomis semblants

Dos monomis són semblants si tenen la part literal idèntica.

$3a \xrightarrow[\text{SEMBLANTS}]{\text{SÓN}} -2a$

$4x^2y \xrightarrow[\text{SEMBLANTS}]{\text{SÓN}} \frac{1}{5}x^2y$

Suma de monomis

- Dos monomis només es poden sumar si són semblants. En aquest cas, se sumen els coeficients i es deixa la mateixa part literal.
- Si els monomis no són semblants, la suma queda indicada.

Exemples

- $5a + 2a = 7a$
- $8x^2 - 3x^2 = 5x^2$
- $3x + 2x^2$ ⟶ queda indicada
- $a^2 - a + a^2 = 2a^2 - a$ ⟶ queda indicada

» FIXA IDEES

F1. Copia i completa:

a) $2x + 3x = 5x$
$3x + x = \dots$
$5x + 4x = \dots$
$3x + 4x + x = \dots$

b) $5x - 2x = 3x$
$3x - \ x = \dots$
$7x - 3x = \dots$
$2x - 3x = \dots$

c) $3x^2 + 4x^2 = 7x^2$
$6x^2 + x^2 = \dots$
$2x^2 + 6x^2 = \dots$
$5x^2 + x^2 + 2x^2 = \dots$

d) $7x^2 - 4x^2 = 3x^2$
$5x^2 - 2x^2 = \dots$
$5x^2 - 4x^2 = \dots$
$3x^2 - 7x^2 = \dots$

F2. Copia i redueix:

a) $4x + x - 6 + 2 = 5x - 4$
$x + x - 3 + 5 = 2x + \dots$
$3x - 2x + 2 + 2 = \dots + 4$
$8x - 5x - 3 - 2 = \dots$

b) $4x^2 - 2x^2 + 7 + 1 = 2x^2 + 8$
$6x^2 - 5x^2 + 3 + 4 = x^2 + \dots$
$5x^2 - 3x^2 - 2 - 2 = \dots - 4$
$6x^2 + 2x^2 + 3 - 6 = \dots$

c) $x^2 + 2x^2 + 7x - 2x + 1 = 3x^2 + 5x + 1$
$x^2 + 3x^2 + x - 5x + 6 = 4x^2 - \dots + 6$
$9x^2 - 2x + 3x - 3 + 1 = \dots + x - \dots$
$7x^2 + 3x^2 + 7x - 2 - 4 = \dots + \dots - \dots$

» APLICA EL QUE HAS APRÈS

10. Copia i completa:

MONOMI	$8a$	$-3x$	a^2b	$\frac{2}{3}xy^4$	…
COEFICIENT	…	…	1	…	$\frac{1}{4}$
PART LITERAL	…	…	…	…	ab
GRAU	…	…	…	…	…

11. Suma els monomis següents:

a) $a + a$
b) $m + m + m$
c) $x + x + x$
d) $n + n + n + n$
e) $x^2 + x^2$
f) $a^3 + a^3 + a^3 + a^3$

12. Suma les expressions següents:

a) $4a + 2a$
b) $4m + 4m$
c) $3x^2 + 6x^2$
d) $5a^2 + a^2 + 2a^2$
e) $m^3 + 2m^3 + 4m^3$
f) $3x^4 + 6x^4 + 2x^4$

13. EXERCICI RESOLT

Suma les expressions següents:

a) $\frac{1}{3}x + x = \frac{4}{3}x$

b) $\frac{n^3}{2} + \frac{2}{5}n^3 = \frac{9}{10}n^3$

14. Suma per reduir:

a) $x + \frac{1}{2}x$
b) $\frac{3m}{7} + \frac{2m}{7}$
c) $\frac{n^2}{4} + \frac{2n^2}{3}$

15. Resta aquests monomis:

a) $8x - 3x$
b) $8a - 7a$
c) $11x^2 - 6x^2$
d) $5a^2 - 9a^2$
e) $m^3 - 5m^3$
f) $4n^4 - n^4$
g) $\frac{5}{6}x - \frac{1}{6}x$
h) $\frac{3a^2}{4} - \frac{1}{2}a^2$
i) $\frac{a^3}{2} - \frac{2a^3}{5}$

16. Ordena com en l'exemple i redueix:

- $\mathbf{3x + 6 + x + 2 = 3x + x + 6 + 2 = 4x + 8}$

a) $3a + 3 - 2a + 1$
b) $5x + 2 - 3x + x$
c) $7 - 4a - 7 + 5a$
d) $4x - 3 - 4x + 2$
e) $x^2 + 4 + x^2 + 1$
f) $5x^2 - 3 - 4x^2 + 1$
g) $x^2 + 4x + 1 + 2x + 3$
h) $5x^2 + 3x - 4x^2 - 2x + 1$
i) $3x^2 + \frac{4}{5} - x^2 + 2x - \frac{1}{5}$
j) $10 - \frac{3}{2}x + \frac{1}{2}x^2 - 7 - x$

17. EXERCICI RESOLT

Elimina parèntesis i redueix:

a) $(5x + 1) - (2x - 3) = 5x + 1 - 2x + 3 = 3x + 4$

b) $(4x^2 - 6) - (x^2 - 2x + 1) = 4x^2 - 6 - x^2 + 2x - 1 =$
$= 3x^2 + 2x - 7$

18. Elimina parèntesis i redueix:

a) $3x + (2x - 1)$
b) $7x - (5x - 4)$
c) $6x - (4x + 2)$
d) $3x - (x + 5)$
e) $(x - 5) + (x - 3)$
f) $(4x + 2) - (3x + 2)$
g) $(3x^2 - 5x + 2) + (x^2 - 2x + 1)$
h) $(5x^2 - 2x - 3) - (4x^2 + 3x - 1)$
i) $(x - 3) + (x^2 + 2x + 1)$
j) $(6x^2 - x) - (3x^2 - 5x + 6)$

19. Calcula:

a) El valor numèric de $5x^2$ per a $x = 1$.
b) El valor numèric de $-4x^2$ per a $x = -3$.
c) El valor numèric de $-2xy$ per a $x = 3$ i $y = -5$.

Observa

GRAU 3

GRAU 2

$$(2x^2) \cdot (3x^3) = 6x^5$$

GRAU 5

El grau del producte és igual a la suma dels graus dels factors.

Multiplicació de monomis

Com que un monomi és un producte de nombres i lletres, el producte de dos monomis és un altre monomi.

Exemples

- $(3a) \cdot (2a) = 3 \cdot 2 \cdot a \cdot a = 6a^2$
- $(5x) \cdot (-3x^2) = 5 \cdot (-3) \cdot x \cdot x^2 = -15x^3$
- $(3a) \cdot \left(\frac{5}{6}ab\right) = 3 \cdot \frac{5}{6} \cdot a \cdot a \cdot b = \frac{15}{6}a^2b = \frac{5}{2}a^2b$

Divisió de monomis

El quocient de dos monomis pot ser un nombre, un altre monomi o una fracció algebraica.

Tingues en compte

Una fracció algebraica és una fracció amb una part literal en el denominador.

$\frac{5a}{3b^2}$ → Fracció algebraica

$\frac{4x}{12x^2} = \frac{1}{3x}$ → Fracció algebraica

Exemples

- $10a^2 : 5a^2 = \frac{10 \cdot \cancel{a^2}}{5\cancel{a^2}} = 2$ ⟶ (nombre)
- $18x^3 : 3x^2 = \frac{6 \cdot \cancel{3} \cdot \cancel{x^2} \cdot x}{\cancel{3x^2}} = 6x$ ⟶ (monomi)
- $(2a^2) : (6ab) = \frac{\cancel{2} \cdot \cancel{a} \cdot a}{\cancel{2} \cdot 3 \cdot \cancel{a} \cdot b} = \frac{a}{3b}$ ⟶ (fracció)

Com que les lletres representen nombres, en les operacions amb expressions algebraiques es conserven totes les propietats de les operacions numèriques.

» FIXA IDEES

F3. Copia i completa:

a) $(ab) \cdot (ab^2) = a^{\square}\square^3$

b) $(-2ab) \cdot (ab^2) = -\square\, a^{\square}\, b^{\square}$

c) $(-2ab) \cdot \left(\frac{3}{4}ab^2\right) = -\frac{\square}{2}\, a^{\square}\, b^{\square}$

d) $x : x^2 = \frac{x}{x^2} = \frac{1}{\square}$

e) $2x : 6x^2 = \frac{2x}{6x^2} = \frac{\square}{3x}$

f) $2xy^2 : 6x^2y = \frac{2xy^2}{6x^2y} = \frac{y}{3\square}$

» APLICA EL QUE HAS APRÈS

20. Fes les multiplicacions següents:

a) $(3x) \cdot (5x)$

b) $(-a) \cdot (4a)$

c) $(4a) \cdot (-5a^2)$

d) $\left(\frac{x^2}{2}\right) \cdot (6x)$

e) $\left(\frac{x^2}{3}\right) \cdot \left(\frac{x^2}{2}\right)$

f) $(5a) \cdot \left(-\frac{1}{5}a^2\right)$

21. Multiplica aquests monomis:

a) $(3x) \cdot (5xy)$

b) $(-2ab) \cdot (4b)$

c) $(4x^3y) \cdot (xy)$

d) $\left(-\frac{2}{3}ab\right) \cdot \left(-\frac{3}{2}ab\right)$

22. Simplifica:

a) $\frac{4x}{2}$

b) $\frac{3}{3a}$

c) $\frac{5x}{10x}$

d) $\frac{12a^2}{4a}$

e) $\frac{15x}{3x^2}$

f) $\frac{8a^2}{8a^3}$

23. Divideix:

a) $(10x) : (2x)$

b) $(5a^2) : (15a^2)$

c) $(14a^2) : (-7a)$

d) $(6x^3) : (9x^2)$

e) $(10x^2) : (5x^3)$

f) $(-5a) : (-5a^3)$

g) $(-16a^4) : (8a^6)$

h) $(27x^3) : (-9x)$

GeoGebra. Simplifica fraccions algebraiques amb monomis.

3. POLINOMIS

- La suma (o resta) indicada de dos monomis és un **binomi**.
- La suma (o resta) indicada de tres monomis és un **trinomi**.
- En general, la suma (o la resta) de diversos monomis és un **polinomi**.

Exemples

BINOMIS: $x + y$, $a^2 - 1$

TRINOMIS: $x^2 - 3x + 1$, $a^2 - ab + 2$

$5x^4 - 3x^3 + 2x - 1$

Tots són POLINOMIS.

Grau d'un polinomi

És el més gran dels graus dels monomis que el formen.

Exemple

$2x^4 - 5x^2 + 3x - 8$ ⟶ POLINOMI DE GRAU 4

$2x^4$: GRAU 4; $5x^2$: GRAU 2; $3x$: GRAU 1; 8: GRAU 0

Valor numèric d'un polinomi

Quan en un polinomi les lletres prenen valors concrets, el polinomi també pren un valor concret.

Exemple

Donat el polinomi $3x^2 - 2x + 5$:

- Per a $x = -2$ ⟶ $3 \cdot (-2)^2 - 2 \cdot (-2) + 5 = 12 + 4 + 5 = 21$

  El valor numèric de $3x^2 - 2x + 5$ per a $x = -2$ és 21.

El valor numèric d'un polinomi depèn del valor que prenguin les lletres.

Oposat d'un polinomi

L'oposat d'un polinomi és un altre polinomi amb els mateixos monomis canviats de signe, més per menys i menys per més.

Exemple

$7x^3 + 3x^2 - 5x + 8 \leftrightarrow -7x^3 - 3x^2 + 5x - 8$

POLINOMIS OPOSATS

Observa

POLINOMI		GRAU
$8x^3 - 5x^2 + 7$	→	3
$x^5 - 4x^3 + 1$	→	5
$3x^2 + 11x$	→	2

» APLICA EL QUE HAS APRÈS

24. Indica el grau de cada polinomi:

a) $x^2 - 3x + 7$ **b)** $x^4 - 2$ **c)** $5x^3 - 3x^2$

d) $9x^6 + 2x$ **e)** $x^5 - 2x^2$ **f)** $6x^4 - 3x^4$

25. Calcula el valor numèric de $x^3 - 5x^2 - 11$.

a) Per a $x = 1$ **b)** Per a $x = -1$

26. Calcula, per tempteig, els valors de x que anul·len cada polinomi:

a) $x^2 - 2x + 1$ **b)** $x^3 - 8$ **c)** $x^4 - x^3$

27. Escriu els oposats d'aquests polinomis:

a) $x^3 - 5x + 1$ **b)** $2x^4 + 6x^3 - 8x^2 + 3x - 1$

Suma de polinomis

Per sumar dos o més polinomis, tindrem en compte el que ja sabem sobre la suma de monomis.

Per exemple, sumem els polinomis $A = 2x^3 - 3x^2 + 6$ i $B = x^2 - 5x + 4$.

- Amb el que ja sabem, faríem:

$$A + B = (2x^3 - 3x^2 + 6) + (x^2 - 5x + 4) = 2x^3 - 3x^2 + 6 + x^2 - 5x + 4 =$$
$$= 2x^3 - 3x^2 + x^2 - 5x + 6 + 4 = 2x^3 - 2x^2 - 5x + 10$$

- En la pràctica, se sol fer de la manera següent:

$$\begin{array}{rcrrrr} A & \rightarrow & 2x^3 - & 3x^2 + & 0x + & 6 \\ B & \rightarrow + & & x^2 - & 5x + & 4 \\ \hline A + B & \rightarrow & 2x^3 - & 2x^2 - & 5x + & 10 \end{array}$$

Regla pràctica

Per **sumar** dos (o més) **polinomis**, es col·loquen l'un sota l'altre fent coincidir, en la mateixa columna, els monomis semblants.

Resta de polinomis

Restem els polinomis A i B anteriors.

- Amb el que ja sabem, faríem:

$$A - B = (2x^3 - 3x^2 + 6) - (x^2 - 5x + 4) = 2x^3 - 3x^2 + 6 - x^2 + 5x - 4 =$$
$$= 2x^3 - 3x^2 - x^2 + 5x + 6 - 4 = 2x^3 - 4x^2 + 5x + 2$$

- En la pràctica, se sol fer així:

$$\begin{array}{rcrrrr} A & \rightarrow & 2x^3 - & 3x^2 + & 0x + & 6 \\ -B & \rightarrow + & & -x^2 + & 5x - & 4 \\ \hline A - B & \rightarrow & 2x^3 - & 4x^2 + & 5x + & 2 \end{array}$$

Regla pràctica

Per **restar** dos **polinomis**, se suma el primer amb l'oposat del segon. És a dir, es canvia el signe del segon i se sumen.

» FIXA IDEES

F4. Copia i completa:

a)
$$\begin{array}{r} x^2 + 5x - 7 \\ + \; x^2 - 8x + 5 \\ \hline \square - \square - 2 \end{array}$$

b)
$$\begin{array}{r} 3x^3 - 6x^2 + 8x + 2 \\ + \; 2x^3 + 2x^2 - 6x - 9 \\ \hline \square - 4x^2 + \square - \square \end{array}$$

c)
$$\begin{array}{r} -x^2 + 3x - 9 \\ + \quad \square - x + \square \\ \hline 3x^2 + 2x - 5 \end{array}$$

d)
$$\begin{array}{r} x^3 - 4x^2 - \square - 1 \\ + \; \square - \square + x + \square \\ \hline 3x^3 - 6x^2 - 5x + 3 \end{array}$$

F5. Donats els polinomis $P = x^4 + 5x^3 - 7x - 6$ i $H = x^3 - 4x^2 - x + 8$, copia i completa:

$$\begin{array}{rcrrrrr} P & \rightarrow & x^4 & + 5x^3 & + 0x^2 & - 7x & - 6 \\ H & \rightarrow + & & x^3 & - 4x^2 & - x & + 8 \\ \hline P + H & \rightarrow & x^4 & + \square & - \square & - \square & + 2 \end{array}$$

$$\begin{array}{rcrrrrr} P & \rightarrow & x^4 & + 5x^3 & + 0x^2 & - 7x & - 6 \\ -H & \rightarrow + & & -x^3 & + 4x^2 & + x & - 8 \\ \hline P - H & \rightarrow & x^4 & + \square & + \square & - \square & - 14 \end{array}$$

Per què en el polinomi P hi hem afegit el sumand $0x^2$?

» APLICA EL QUE HAS APRÈS

28. Calcula les operacions següents amb aquests polinomis:

$A = 3x^3 - 5x^2 - 4x + 4$ $\qquad B = 2x^3 - x^2 - 7x - 1$

a) $A + B$ $\qquad$ **b)** $A - B$

29. Calcula les operacions següents amb aquests polinomis:

$M = 7x^3 - 6x^2 + 2$ $\qquad N = 5x^2 - 3x - 5$

a) $M + N$ $\qquad$ **b)** $M - N$ $\qquad$ **c)** $N - M$

GeoGebra. Suma de polinomis.

Producte d'un polinomi per un monomi

Per multiplicar un polinomi per un monomi, multipliquem el monomi per cada un dels sumands del polinomi (propietat distributiva).

Observa com multipliquem el polinomi $x^3 - 4x^2 + 5x - 1$, primer per un nombre (2), després per un monomi de primer grau ($-3x$) i, finalment, per un monomi de grau dos (x^2).

- $(x^3 - 4x^2 + 5x - 1) \cdot 2$

$$\begin{array}{rrrrr} & x^3 & -\,4x^2 & +\;5x & -\;1 \\ \times & & & & 2 \\ \hline & 2x^3 & -\,8x^2 & +\;10x & -\;2 \end{array}$$

- $(x^3 - 4x^2 + 5x - 1) \cdot (-3x)$

$$\begin{array}{rrrrr} & x^3 & -\,4x^2 & +\;5x & -\;1 \\ \times & & & & -\,3x \\ \hline -3x^4 & +\,12x^3 & -\,15x^2 & +\;3x & \end{array}$$

- $(x^3 - 4x^2 + 5x - 1) \cdot x^2$

$$\begin{array}{rrrrr} & x^3 & -\,4x^2 & +\;5x & -\;1 \\ \times & & & & x^2 \\ \hline x^5 & -\,4x^4 & +\,5x^3 & -\,x^2 & \end{array}$$

Producte de dos polinomis

Si combinem els productes anteriors, podem calcular el producte de dos polinomis seguint un procediment similar al que apliquem per multiplicar nombres:

$$\begin{array}{rrrrrr} & & x^3 & -\;4x^2 & +\;5x & -\;1 \\ & \times & & x^2 & -\;3x & +\;2 \\ \hline & & 2x^3 & -\;8x^2 & +\;10x & -\;2 \\ & -\,3x^4 & +\,12x^3 & -\,15x^2 & +\;3x & \\ +\,x^5 & -\,4x^4 & +\;5x^3 & -\;x^2 & & \\ \hline x^5 & -\,7x^4 & +\,19x^3 & -\,24x^2 & +\,13x & -\;2 \end{array} \rightarrow \left\{ \begin{array}{l} (x^3 - 4x^2 + 5x - 1) \cdot (x^2 - 3x + 2) = \\ = (x^3 - 4x^2 + 5x - 1) \cdot x^2 + \\ + (x^3 - 4x^2 + 5x - 1) \cdot (-3x) + \\ + (x^3 - 4x^2 + 5x - 1) \cdot 2 \end{array} \right.$$

$$(x^3 - 4x^2 + 5x - 1) \cdot (x^2 - 3x + 2) = x^5 - 7x^4 + 19x^3 - 24x^2 + 13x - 2$$

Regla pràctica

Per calcular el **producte de dos polinomis**, es multiplica cada monomi d'un dels factors per tots els monomis de l'altre factor, se sumen els monomis obtinguts i es redueixen els monomis semblants.

» FIXA IDEES

F6. Copia i completa les multiplicacions següents:

a) $(2x^3 - 3x^2 + 5x + 6) \cdot (x - 2)$

$$\begin{array}{rrrrrr} & & 2x^3 & -\;3x^2 & +\;5x & +\;6 \\ & \times & & & x & -\;2 \\ \hline & & -\,4x^3 & +\;\square & -\;\square & -\;12 \\ +\;\square & & -\,3x^3 & +\;\square & +\;6x & \\ \hline \square & & -\;\square & +\;\square & -\;\square & -\;12 \end{array}$$

b) $(4x^3 + 5x^2 + 3) \cdot (x^3 - 3x + 1)$

$$\begin{array}{rrrrrrr} & & & 4x^3 & +\;5x^2 & +\;0x & +\;3 \\ & & \times & x^3 & +\;0x^2 & -\;3x & +\;1 \\ \hline & & & 4x^3 & +\;5x^2 & +\;0x & +\;3 \\ & & -\;\square & -\;\square & -\;\square & -\;9x & \\ +\,4x^6 & +\;\square & +\;\square & +\;3x^3 & & & \\ \hline \square & +\;\square & -\;\square & -\;\square & +\;\square & -\;\square & +\;3 \end{array}$$

» APLICA EL QUE HAS APRÈS

30. Calcula:

a) $3 \cdot (2x + 5)$
b) $5 \cdot (x^2 - x)$
c) $7 \cdot (x^3 - 1)$
d) $(-2) \cdot (5x - 3)$
e) $x \cdot (x + 1)$
f) $2x \cdot (3x - 5)$
g) $x^2 \cdot (5x - 2)$
h) $3x^2 \cdot (x + 2)$
i) $3x \cdot (x^2 - 2)$
j) $5x \cdot (x^2 + x + 1)$
k) $(-2x) \cdot (x^2 + 3)$
l) $-x \cdot (x^3 + x + 3)$

31. Multiplica:

a) $(x + 1) \cdot (x - 2)$
b) $(2x - 1) \cdot (x - 1)$
c) $(2x - 3) \cdot (3x - 2)$
d) $(4 + x) \cdot (2x + 1)$

32. Fes els productes següents:

a) $(2x + 1) \cdot (x^2 - x - 1)$
b) $(3x^2 - 2) \cdot (2x^2 + 4x - 3)$
c) $(x^3 + 2x^2 - 3) \cdot (3x^2 + 5x - 4)$

4. PRODUCTES NOTABLES

Anomenem **productes notables** determinats productes de binomis la memorització dels quals resulta útil per abreujar els càlculs amb expressions algebraiques.

Quadrat d'una suma

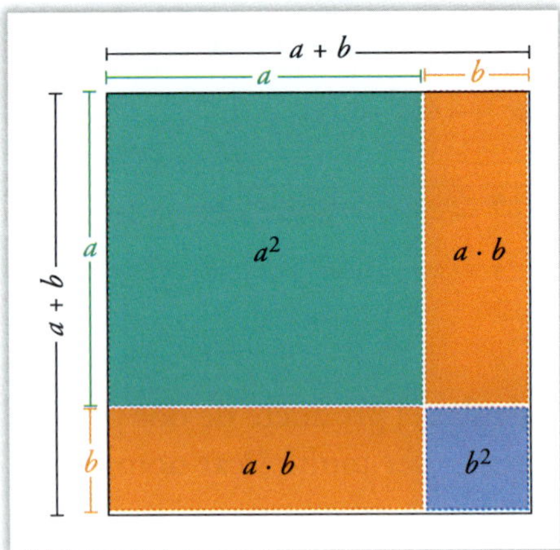

Per començar, observa:

- $(x+1)^2$

$$\begin{array}{rrrrr} & & x & + & 1 \\ \times & & x & + & 1 \\ \hline & & x & + & 1 \\ + & x^2 & + & x & \\ \hline & x^2 & + 2x & + & 1 \end{array}$$

- $(x+5)^2$

$$\begin{array}{rrrrr} & & x & + & 5 \\ \times & & x & + & 5 \\ \hline & & 5x & + & 25 \\ + & 5x^2 & + & 5x & \\ \hline & 5x^2 & + 10x & + & 25 \end{array}$$

- $(3x+2)^2$

$$\begin{array}{rrrrr} & & 3x & + & 2 \\ \times & & 3x & + & 2 \\ \hline & & 6x & + & 4 \\ + & 9x^2 & + & 6x & \\ \hline & 9x^2 & + 12x & + & 4 \end{array}$$

I en general:

$$\begin{array}{rrrrr} & & a & + & b \\ \times & & a & + & b \\ \hline & & ab & + & b^2 \\ + & a^2 & + & ab & \\ \hline & a^2 & + 2ab & + & b^2 \end{array}$$

El quadrat d'una suma de dos monomis és igual:
al quadrat del primer,
més el doble del primer pel segon,
més el quadrat del segon.

$$(a+b)^2 = a^2 + 2ab + b^2$$

L'enunciat anterior es compleix per a qualsevol valor dels sumands a i b, per la qual cosa pot aplicar-se de forma automàtica sense recórrer al producte.

Exemple

- $(3x+4)^2 = (3x)^2 + 2 \cdot 3x \cdot 4 + 4^2 = 9x^2 + 24x + 16$

$$\begin{array}{rrrr} & & 3x + & 4 \\ \times & & 3x + & 4 \\ \hline & & 12x + & 16 \\ + & 9x^2 + & 12x & \\ \hline & 9x^2 + & 24x + & 16 \end{array}$$

Quadrat d'una diferència

I de la mateixa manera:

$$\begin{array}{rrrrr} & & a & - & b \\ \times & & a & - & b \\ \hline & & -\ ab & + & b^2 \\ + & a^2 & - & ab & \\ \hline & a^2 & - 2ab & + & b^2 \end{array}$$

El quadrat d'una diferència de dos monomis és igual:
al quadrat del primer,
menys el doble del primer pel segon,
més el quadrat del segon.

$$(a-b)^2 = a^2 - 2ab + b^2$$

Exemple

$(3x-4)^2 = (3x)^2 - 2 \cdot 3x \cdot 4 + 4^2 = 9x^2 - 24x + 16$

$$\begin{array}{rrrr} & & 3x - & 4 \\ \times & & 3x - & 4 \\ \hline & & -\ 12x + & 16 \\ + & 9x^2 - & 12x & \\ \hline & 9x^2 - & 24x + & 16 \end{array}$$

Suma per diferència

$$\begin{array}{rrrrr} & & a & + & b \\ \times & & a & - & b \\ \hline & & -\ ab & - & b^2 \\ + & a^2 & + & ab & \\ \hline & a^2 & + & 0 & -\ b^2 \end{array}$$

La suma de dos monomis per la seva diferència és igual a la diferència dels seus quadrats.

$$(a+b) \cdot (a-b) = a^2 - b^2$$

Exemple

$(3x+4) \cdot (3x-4) = (3x)^2 - 4^2 = 9x^2 - 16$

$$\begin{array}{rrrr} & & 3x + & 4 \\ \times & & 3x - & 4 \\ \hline & & -\ 12x - & 16 \\ + & 9x^2 + & 12x & \\ \hline & 9x^2 + & 0 - & 16 \end{array}$$

Aplicació de productes notables

Els productes notables s'apliquen, entre d'altres situacions de càlcul, per descompondre polinomis en factors i per simplificar fraccions.

Exemples

- Descomponem en factors el polinomi $x^2 - 4x + 4$:

$$x^2 - 4x + 4 = x^2 - 2 \cdot 2 \cdot x + 2^2 = (x-2)^2$$

QUADRAT DEL PRIMER | DOBLE DEL PRIMER PEL SEGON | QUADRAT DEL SEGON

- Descomponem en factors $x^2 - 4$:

$$x^2 - 4 = x^2 - 2^2 = (x+2) \cdot (x-2)$$

DIFERÈNCIA DE QUADRATS = SUMA · DIFERÈNCIA

- Tenint en compte els exemples anteriors, podem simplificar la fracció següent:

$$\frac{x^2-4}{x^2-4x+4} = \frac{(x+2)\cdot(x-2)}{(x-2)^2} = \frac{(x+2)\cdot\cancel{(x-2)}}{(x-2)\cdot\cancel{(x-2)}} = \frac{x+2}{x-2}$$

Recorda

$$\frac{ab}{b^2} = \frac{a \cdot \cancel{b}}{b \cdot \cancel{b}} = \frac{a}{b}$$

$$\frac{a}{ab} = \frac{\cancel{a} \cdot 1}{\cancel{a} \cdot b} = \frac{1}{b}$$

» FIXA IDEES

F7. Copia i completa. Aplica les fórmules de la pàgina anterior per multiplicar i, després, comprova'n el resultat fent l'operació:

a) $(2x+7)^2 = (2x)^2 + 2 \cdot 2x \cdot 7 + 7^2 =$
$= \square + \square + \square$

$$\begin{array}{r} 2x + 7 \\ \times\ 2x + 7 \\ \hline \square + \square \\ +\ \square + \square \quad \\ \hline \square + \square + \square \end{array}$$

b) $(2x-7)^2 = (2x)^2 - 2 \cdot 2x \cdot 7 + 7^2 =$
$= \square - \square + \square$

$$\begin{array}{r} 2x - 7 \\ \times\ 2x - 7 \\ \hline -\square + \square \\ +\ \square - \square \quad \\ \hline \square - \square + \square \end{array}$$

c) $(2x+7) \cdot (2x-7) = (2x)^2 - 7^2 =$
$= \square - \square$

$$\begin{array}{r} 2x + 7 \\ \times\ 2x - 7 \\ \hline -\square - \square \\ +\ \square + \square \quad \\ \hline \square + \square - \square \end{array}$$

» APLICA EL QUE HAS APRÈS

33. Copia i completa:

a) $(x+1)^2 = x^2 + 2 \cdot \square \cdot \square + \square^2 = x^2 + 2\square + \square$

b) $(x-5)^2 = x^2 - 2 \cdot \square \cdot \square + 5^2 = x^2 - \square x + \square$

c) $(x+5) \cdot (x-5) = \square^2 - 5^2 = x^2 - \square$

Fes els productes per comprovar els resultats.

34. Calcula:

a) $(x+4)^2$ **b)** $(x-1)^2$ **c)** $(x-6) \cdot (x+6)$

d) $(a+2)^2$ **e)** $(a-1)^2$ **f)** $(a+4) \cdot (a+4)$

g) $(2x-y)^2$ **h)** $(5-3x)^2$ **i)** $(2x+1) \cdot (2x-1)$

35. Copia i completa:

a) $a^2 - 1 = (a+1) \cdot (\square - \square)$

b) $a^2 - 2a + 1 = (\square - \square)^2$

c) $a^2 - 16 = (\square + \square) \cdot (\square - \square)$

d) $x^2 + 2xy + y^2 = (\square + \square)^2$

36. Simplifica les fraccions següents:

a) $\dfrac{x^2+2xy+y^2}{x^2-y^2}$ **b)** $\dfrac{a^2-9}{a^2-6a+9}$

c) $\dfrac{a^2-1}{a^2-2a+1}$ **d)** $\dfrac{a^2-16}{a+4}$

Extracció de factor comú

Quan parlem d'extreure *factor comú*, ens referim a una transformació a què es poden sotmetre determinades sumes i restes, que resulta molt útil en el càlcul algebraic.

Observa l'expressió:

$a \cdot b + a \cdot c - a \cdot d \rightarrow$
- — És una suma els sumands de la qual són productes.
- — Tots els productes tenen el *factor comú a*.

Així doncs, podem **treure factor comú** i col·locar un parèntesi per transformar la suma en un producte:

$$a \cdot b + a \cdot c - a \cdot d = a \cdot (b + c - d)$$

Observa que la transformació no és res més que l'aplicació de la propietat distributiva.

Cas particular

Quan el factor comú que cal extreure coincideix amb un dels sumands, en el seu lloc en la suma queda la unitat.

$$a + ab = a \cdot 1 + ab = a \cdot (1 + b)$$

Exemples

- $4 \cdot a + 4 \cdot b = 4 \cdot (a + b)$
- $a^2 + ab = a \cdot a + a \cdot b = a \cdot (a + b)$
- $x^3 - 2x^2 + 5x = x^2 \cdot x - 2x \cdot x + 5 \cdot x = (x^2 - 2x + 5) \cdot x$

Aplicacions

L'extracció de factor comú es fa servir en la simplificació de fraccions, com pots comprovar en els exemples següents:

Tingues en compte

Raona els passos d'aquesta simplificació:

$$\frac{5}{5a+5} = \frac{\cancel{5} \cdot 1}{\cancel{5} \cdot (a+1)} = \frac{1}{a+1}$$

Exemples

- $\dfrac{5a+5b}{a^2+ab} = \dfrac{5 \cdot \cancel{(a+b)}}{a \cdot \cancel{(a+b)}} = \dfrac{5}{a}$
- $\dfrac{x^3}{x^2+x^3} = \dfrac{\cancel{x^2} \cdot x}{\cancel{x^2} \cdot (1+x)} = \dfrac{x}{1+x}$
- $\dfrac{m^2-mn}{m^2-n^2} = \dfrac{m \cdot \cancel{(m-n)}}{(m+n) \cdot \cancel{(m-n)}} = \dfrac{m}{m+n}$

» FIXA IDEES

F8. Copia i completa:

a) $7x + 7y = 7 \cdot (x + \square)$

b) $ax - ax = a \cdot (\square - y)$

c) $6a - 9b = \square \cdot (2a - 3b)$

d) $x^2y - xy^2 = xy \cdot (\square - \square)$

F9. Copia i completa com en l'exemple:

- $\mathbf{2a \cdot (a + 3) = 2a^2 + 6a \leftrightarrow 2a^2 + 6a = 2a \cdot (a + 3)}$

a) $5a \cdot (2 + a) = \square + \square \leftrightarrow 10a + 5a^2 = 5a \cdot (\square + \square)$

b) $3x \cdot (1 - 4x) = \square - \square \leftrightarrow 3x - 12x^2 = \square \cdot (\square - \square)$

c) $x^2 \cdot (x - 5) = \square - \square \leftrightarrow x^3 - 5x^2 = \square \cdot (\square - \square)$

F10. Copia i completa:

a) $\dfrac{x}{x^2+3x} = \dfrac{x \cdot 1}{x(\square + \square)} = \ldots$

b) $\dfrac{3a}{a^2+a} = \dfrac{3a}{\square\,(a+1)} = \ldots$

c) $\dfrac{2x^2}{6x^2+2x} = \dfrac{2 \cdot x^2}{2x(\square + \square)} = \ldots$

» APLICA EL QUE HAS APRÈS

37. Extreu factor comú:

a) $8x + 8y$ b) $8 + 4a$ c) $x^2 + xy$

d) $2a^2 + 6a$ e) $6a + 2a^3$ f) $x^3 + x^2 - x$

38. Simplifica:

a) $\dfrac{3x}{2x+xy}$ b) $\dfrac{4a}{4a+8b}$ c) $\dfrac{x^2}{x^2+x^3}$

» EXERCITA LES TEVES COMPETÈNCIES

Utilitza el llenguatge algebraic

1. Escriu una expressió algebraica per a cada enunciat si x és un nombre qualsevol:

a) El triple de x.

b) La meitat del seu anterior.

c) El resultat de sumar-hi 3 unitats.

d) La meitat d'un nombre 3 unitats més gran que x.

e) El triple del nombre que resulta de sumar 5 unitats a x.

f) Un nombre 5 unitats més gran que el triple de x.

2. En una granja hi ha C cavalls, V vaques i G gallines. Associa aquestes expressions al nombre de:

a) Potes **b)** Caps **c)** Orelles

- 2 C + 2V
- C + V + G
- 4(C + V) + 2G

3. Si anomenem x el sou mensual d'un treballador, expressa algebraicament:

a) El valor d'una paga extraordinària que equival al 80 % del sou.

b) La nòmina de desembre, mes en què percep una paga extraordinària.

c) Els ingressos anuals si cobra dues pagues extres: una a l'estiu i una altra per Nadal.

4. Tradueix a una igualtat algebraica cada un d'aquests enunciats:

a) Si augmentes un nombre x en 15 unitats i divideixes el resultat entre 2, obtens el triple del nombre inicial.

b) Si tripliques l'edat d'en Jordi, x, i al resultat hi sumes 5 anys, obtens l'edat del seu pare, que tenia 33 anys quan va néixer en Jordi.

Edat d'en Jordi → x Edat del pare → $x + 33$

5. Digues quina d'aquestes expressions representa:

a) Un nombre de tres xifres $\boxed{a|b|c}$.

b) El seu següent.

c) El seu doble.

d) El doble del seu anterior.

- $100a + 10b + (c + 1)$
- $200a + 20b + 2c$
- $200a + 20b + 2c - 2$
- $100a + 10b + c$

6. Copia i completa:

1	2	3	4	5	…	n
…	…	22	…	…	…	$3n^2 - 5$

1	2	3	4	5	…	n
…	…	…	10	…	…	$\frac{n(n+1)}{2}$

7. Segueix la lògica de la taula i completa'n les caselles buides:

1	2	3	5	10	15	20	n
0	3	8	24	…	…	399	…

1	2	3	5	10	20	25	n
1	4	7	13	…	…	73	…

8. Escriu l'expressió del terme enèsim de cada una d'aquestes sèries:

a) 2 - 4 - 6 - 8 - 10 - … → $a_n = ?$

b) 3 - 5 - 7 - 9 - 11 - … → $b_n = ?$

c) 5 - 10 - 15 - 20 - 25 - … → $c_n = ?$

d) 4 - 9 - 14 - 19 - 24 - … → $d_n = ?$

9. El terme enèsim d'una sèrie ve donat per aquesta expressió:

$$a_n = 5n - 4$$

a) Escriu-ne els cinc primers termes.

b) Quin és el valor de a_{100}?

10. El terme enèsim d'una sèrie ve donat per aquesta expressió:

$$a_n = \frac{3n - 1}{2}$$

Calcula els termes a_5, a_9 i a_{15}.

11. Copia i completa la taula si els valors a, b i c es relacionen mitjançant la fórmula: $a = \frac{3b + 2c}{5}$.

b	0	0	2	3	4
c	0	5	7	3	9
a	…	…	…	…	…

12. En cada una d'aquestes taules se segueix la mateixa lògica; és a dir, la relació entre els nombres de cada casella és la mateixa. Copia i completa les taules:

A	$A \cdot B$	$2A - B$	$A^2 - B^2$
B	…	…	…

7	21	…	…
3	13	8	16

10	…	…	…
1	12	16	81

2	10	…	…
5	12	–6	9

Monomis

13. Copia i completa:

MONOMI	$8a$	$\frac{2}{3}xy$	…
COEFICIENT	…	…	1
PART LITERAL	…	…	a^3b
GRAU	…	…	…

14. Opera:

a) $2x + 8x$ b) $7a - 5a$

c) $2x - 5x$ d) $3a - 10a$

e) $8x - 6 - 3x - 1$ f) $6a - 2 - 5a - 1$

g) $2x + 3 - 9x + 1$ h) $a - 6 - 2a + 7$

15. Treu parèntesis i redueix:

a) $x - (x - 2)$ b) $3x + (2x + 3)$

c) $(5x - 1) - (2x + 1)$ d) $(7x - 4) + (1 - 6x)$

e) $(1 - 3x) - (1 - 5x)$ f) $2x - (x - 3) - (2x - 1)$

16. Opera i redueix:

a) $3x \cdot 4x$ b) $12x : 3x$

c) $x^2 \cdot x^3$ d) $15x^6 : 5x^4$

e) $3x \cdot 5x^3$ f) $(-20x^8) : 5x^7$

g) $(-2x^2) \cdot (3x^4)$ h) $\frac{3x^2}{4} : \frac{x}{4}$

i) $\frac{2x}{3} \cdot 6x$ j) $x^2 : x^5$

k) $\frac{3x^3}{4} \cdot (-3x^3)$ l) $\frac{2x^2}{5} : (-2x^3)$

m) $\frac{x}{2} \cdot \frac{2x^2}{3}$ n) $\frac{2x}{3} : \frac{x^3}{6}$

Polinomis

17. Indica el grau de cada polinomi:

a) $x^3 + 3x^2 + 2x - 6$ b) $4 - 3x^2$

c) $2x^5 - 4x^2 + 1$ d) $7x^4 - x^3 + x^2 + 1$

18. Redueix:

a) $x^2 - 6x + 1 + x^2 + 3x - 5$

b) $3x - x^2 + 5x + 2x^2 - x - 1$

c) $2x^2 + 4 + x^3 - 6x + 2x^2 - 4$

d) $5x^3 - 1 - x + x^3 - 6x^2 - x^2 + 4$

19. Treu parèntesis i redueix:

a) $(3x^2 - 5x + 6) + (2x - 8)$

b) $(6 - 3x + 5x^2) - (x^2 - x + 3)$

c) $(9x^2 - 5x + 2) - (7x^2 - 3x - 7)$

d) $(3x^2 - 1) - (5x + 2) + (x^2 - 3x)$

20. Copia i completa:

$$\begin{array}{r} 3x^2 - 5x - 5 \\ + \square x^2 + \square x - \square \\ \hline 5x^2 - x - 6 \end{array} \qquad \begin{array}{r} \square x^3 - 3x^2 + \square x - 8 \\ + \; 4x^3 + \square x^2 - 5x - \square \\ \hline 6x^3 + 2x^2 - x - 10 \end{array}$$

21. Donats els polinomis següents, calcula:

$A = 3x^3 - 6x^2 + 4x - 2$ $B = x^3 - 3x + 1$

$C = 2x^2 + 4x - 5$

a) $A + B$ b) $A + B + C$ c) $A - B$

d) $B - C$ e) $A + B - C$ f) $A - B - C$

22. Opera:

a) $2 \cdot (x^3 - 3x^2 + 2x + 2)$

b) $(-4) \cdot (2x^2 - 5x - 1)$

c) $x \cdot (3x^3 - 4x^2 - 6x - 1)$

d) $x^2 \cdot (5x^2 + 3x + 4)$

e) $(-2x) \cdot (x^3 - 2x^2 + 3x + 2)$

23. Redueix:

a) $2(3x - 1) + 3(x + 2)$

b) $3(x^2 - 2x - 1) - 2(x + 5)$

c) $4(2x^2 - 5x + 3) - 3(x^2 + x + 1)$

d) $6(3x^2 - 4x + 4) - 5(3x^2 - 2x + 3)$

24. Multiplica:

a) $(x - 1) \cdot (2x - 3)$ b) $(3x - 2) \cdot (x - 5)$

c) $(2x + 3) \cdot (3x - 4)$ d) $(x + 1) \cdot (x^2 + x + 1)$

e) $(3x + 2) \cdot (x^3 - 2x^2 + 5x + 1)$

f) $(x^2 - 2x - 3) \cdot (2x^3 - 5x^2 - 4x + 3)$

25. EXERCICI RESOLT

Multiplica: $\boldsymbol{(x^3 - 5x + 1) \cdot (x^2 + 3)}$

$$\begin{array}{r} x^3 + 0x^2 - 5x + 1 \\ \times \qquad x^2 + 0x + 3 \\ \hline 3x^3 + 0x^2 - 15x + 3 \\ + \; x^5 + 0x^4 - 5x^3 + x^2 \qquad\quad \\ \hline x^5 + 0x^4 - 2x^3 + x^2 - 15x + 3 \end{array}$$

Quan els polinomis que es multipliquen són incomplets, convé incloure els monomis de coeficient zero corresponents.

26. Calcula:

a) $(x^2 + 1) \cdot (x - 2)$ b) $(2x^2 - 1) \cdot (x^2 + 3)$

c) $(2x - 3) \cdot (3x^3 - 2x + 2)$ d) $(x^2 + 2) \cdot (x^3 - 3x + 1)$

27. Opera com en l'exemple:

- $\boldsymbol{(x^2 + 3) \cdot (x^2 - 1) = x^2 \cdot (x^2 - 1) + 3 \cdot (x^2 - 1) =}$
  $\boldsymbol{= x^4 - x^2 + 3x^2 - 3 = x^4 + 2x^2 - 3}$

a) $(x + 1) \cdot (x^2 + 4)$ b) $(x^3 + 1) \cdot (x^2 + 5)$

c) $(x^2 - 2) \cdot (x + 7)$ d) $(x^3 - 3x + 5) \cdot (2x - 1)$

28. Redueix:

a) $(x + 1) \cdot (2x + 3) - 2 \cdot (x^2 + 1)$

b) $(2x - 5) \cdot (x + 2) + 3x \cdot (x + 2)$

c) $(x^2 - 3) \cdot (x + 1) - (x^2 + 5) \cdot (x - 2)$

d) $(4x + 3) \cdot (2x - 5) - (6x^2 - 10x - 12)$

29. EXERCICI RESOLT

Divideix: $\boldsymbol{(9x^3 - 15x^2 + 6x) : 3x}$

$$(9x^3 - 15x^2 + 6x) : 3x = \frac{9x^3}{3x} - \frac{15x^2}{3x} + \frac{6x}{3x} =$$
$$= 3x^2 - 5x + 2$$

30. Resol les divisions següents:

a) $(8x - 6) : 2$ b) $(20x - 5) : 5$

c) $(3x^2 - x) : x$ d) $(4x^3 - 8x^2) : 2x$

e) $(4x^3 - 2x^2 + 6x) : 2x$ f) $(12x^3 + 9x^2) : 3x^2$

Productes notables i extracció de factor comú

31. Extreu factor comú:

a) $3x + 3y + 3z$ b) $2x - 5xy + 3xz$

c) $a^2 + 3a$ d) $3a - 6b$

e) $2x + 4y + 6z$ f) $4x - 8x^2 + 12x^3$

g) $9a + 6a^2 + 3a^3$ h) $2a^2 - 5a^3 + a^4$

32. Calcula fent servir les fórmules dels productes notables (sense fer la multiplicació):

a) $(x + 3)^2$ b) $(3 + a)^2$

c) $(2 - x)^2$ d) $(a - 6)^2$

e) $(2x + 1)^2$ f) $(5 - 3a)^2$

g) $(x - 5) \cdot (x + 5)$ h) $(3x - 5) \cdot (3x + 5)$

33. EXERCICI RESOLT

Descompon en factors aquestes expressions:

- $\boldsymbol{x^2 - 8x + 16} = (x - 4)^2 = (x - 4) \cdot (x - 4)$
- $\boldsymbol{x^3 - 4x} = x \cdot (x^2 - 4) = x \cdot (x + 2) \cdot (x - 2)$
- $\boldsymbol{5x^2 + 10x + 5} = 5 \cdot (x^2 + 2x + 1) = 5 \cdot (x + 1)^2 =$
  $= 5 \cdot (x + 1) \cdot (x + 1)$

34. Descompon en factors:

a) $x^2 - 6x + 9$ b) $x^3 - 9x$

c) $3x^2 + 6x + 3$ d) $2x^3 - 12x^2 + 18x$

e) $x^4 - x^2$ f) $4x^2 + 4x + 1$

35. Treu factor comú en el numerador i en el denominador i, després, simplifica:

a) $\dfrac{x}{x^2 + 2x}$ b) $\dfrac{2x^2 + 10x}{3x^3 + 15x^2}$ c) $\dfrac{2x^2 - 2x}{2x^3}$

36. Descompon en factors el numerador i el denominador i, després, simplifica:

a) $\dfrac{x^2 - 9}{x^2 - 6x + 9}$ b) $\dfrac{5x + 15}{x^2 + 6x + 9}$

c) $\dfrac{3x + 3}{3x^2 - 3}$ d) $\dfrac{x^2 + 2x + 1}{5x^2 + 5x}$

e) $\dfrac{2x^2 - 6x}{2x^3 - 12x^2 + 18x}$ f) $\dfrac{3x^3 + 6x^2 + 3x}{6x^3 + 6x^2}$

Interpreta, descriu i expressa't

37. En un camp de cultiu hi ha quatre basses. Si anomenem C la quantitat d'aigua que tindrà una bassa al cap de m minuts, associa cada bassa amb l'expressió corresponent:

BASSA M: Conté 4.500 litres d'aigua i s'obre una aixeta que hi aboca 4 litres per minut.

BASSA N: Conté 4.500 litres d'aigua i s'hi connecta una bomba que n'extreu 4 litres per minut.

BASSA P: Conté 4 m³ d'aigua i s'hi connecta una canonada que hi aboca 4,5 m³ cada hora.

BASSA Q: Conté 4 m³ d'aigua i s'obre una boca de reg que n'extreu 4,5 m³ cada hora.

$$C = 4.000 + \frac{4.500 \cdot m}{60}$$

$$C = 4.500 - 4 \cdot m$$

$$C = 4.000 - \frac{4.500 \cdot m}{60}$$

$$C = 4.500 + 4 \cdot m$$

38. A la classe de la Marta, la nota de Matemàtiques es calcula segons tres conceptes amb un pes diferent: la mitjana dels controls (3/4), el quadern (20 %) i els treballs especials (resta).

a) Quina o quines d'aquestes fórmules serveixen per calcular la nota?

Controls (a); Quadern (b); Treballs especials (c).

$$N = \frac{3a}{4} + \frac{b}{5} + \frac{c}{20}$$

$$N = 0{,}75a + 0{,}2b + 0{,}05c$$

$$N = \frac{15a + 4b + c}{20}$$

$$N = \frac{75a + 20b + 5c}{100}$$

b) Calcula la nota de la Marta i la d'en Víctor (amb dues xifres decimals).

	M. CONTROLS	QUADERN	T. ESPECIALS
MARTA	7,25	8	6
VÍCTOR	6,80	7	5

c) Si el sistema informàtic de secretaria només admet notes amb nombres enters, quines seran les qualificacions definitives de tots dos en Matemàtiques?

39. L'import brut I, sense IVA, del rebut de la llum d'una companyia elèctrica es calcula segons la fórmula següent:

$$I = F + (L_{AC} - L_{ANT}) \cdot P$$

$F \rightarrow$ Despeses fixes i lloguer d'equips de mesura (€)

$L_{AC} \rightarrow$ Lectura actual (kWh)

$L_{ANT} \rightarrow$ Lectura anterior (kWh)

$P \rightarrow$ Preu del kWh (€/kWh)

a) Escriu la fórmula en la seva versió actualitzada si les despeses fixes són de 8,50 € i el quilowatt hora costa 0,80 €.

b) Quina de les fórmules següents seria l'actualitzada de la factura, en el format final, incloent-hi el 21 % d'IVA?

$$I = \frac{8,50 + (L_{ACT.} - L_{ANT.}) \cdot 0,80 + 21}{100}$$

$$I = [8{,}50 + (L_{ACT.} - L_{ANT.}) \cdot 0{,}80] \cdot 1{,}21$$

$$I = 8{,}50 + (L_{ACT.} - L_{ANT.}) \cdot 0{,}80 + 1{,}21$$

40. El mes passat, la lectura del comptador de l'habitatge de la família Mas va ser de 2.457 kWh i la lectura d'aquest mes ha estat de 2.516 kWh. Quant puja la factura d'aquest mes?

41. Un lampista que dona servei a domicili cobra, per respondre una trucada, un fix de 25 €, més l'import del material utilitzat, més 15 € per hora de treball. I, a tot això, hi afegeix el 21 % d'IVA.

Escriu la fórmula per obtenir l'import de la factura (I), en funció de les hores treballades (h) i del cost del material (M).

42. Compta el nombre de diagonals dels polígons següents:

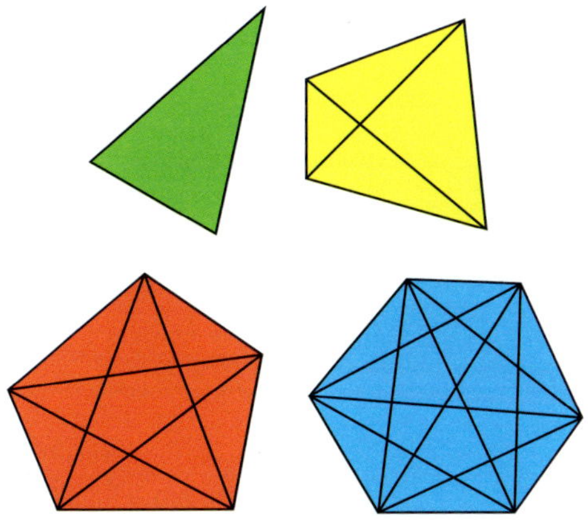

Comprova que:

— El nombre de diagonals que surten d'un vèrtex és igual al nombre de costats menys 3.

— Cada diagonal toca dos vèrtexs.

Segons aquestes dades:

a) Copia i completa la taula:

NRE. COSTATS	3	4	5	6	7	8	10	20
NRE. DIAGONALS	0	2	5	9	…	…	…	…

b) Escriu la fórmula que et permet calcular el nombre de diagonals (D) segons el nombre de costats (n).

Problemes «+»

43. Escriu un nombre de dues xifres. Escriu un altre nombre que tingui les mateixes xifres, però canviades d'ordre. Resta ambdós nombres. Repeteix l'experiència.

Pots dir per què aquesta diferència és sempre un múltiple de 9?

44. Escriu l'any del teu naixement.

Resta-hi la suma de les seves xifres. El nombre resultant és múltiple de 9. Passa el mateix amb els anys d'altres amics? Pots explicar per què?

45. Compta el nombre de cartes que es necessiten per aixecar aquest castell de tres pisos.

a) Quantes cartes es necessitarien per aixecar un castell de 5 pisos?

b) I per a un de 10 pisos?

c) I per a un castell de n pisos?

46. La Laia treballa de transportista per compte propi i porta els comptes setmanals amb l'ajuda de l'esquema següent:

INGRESSOS	*IN*
Hores treballades	HT
Hores extres	HE
$IN = HT \cdot 15 + HE \cdot 25$	
DESPESES	***DT***
Despeses fixes	150 €
Quilometratge	k
Gasoil (€/ℓ)	g
Materials	m
$DT = 150 + \frac{g \cdot 6{,}4}{100} \cdot k + m$	
SALDO	***SS***
$SS = IN - DT$	

a) Quant cobra per hora treballada en horari normal? I l'hora extra?

b) Suposa que la seva furgoneta gasta x litres cada 100 km i que el gasoil costa 0,95 €/ℓ. Amb aquestes dades, com expressaries la despesa per quilòmetre recorregut?

c) Quants litres de gasoil creus que consumeix la furgoneta cada 100 km?

d) Quin significat té la fracció $\frac{g \cdot 6{,}4}{100}$?

e) Durant la setmana passada, les dades per als seus comptes van ser les següents:

$HT = 38$ $HE = 5$

$k = 325$ $g = 1{,}32$ $m = 135{,}32$

Quin va ser el saldo setmanal corresponent?

f) Fes una estimació del seu saldo en una setmana en què s'hagi espatllat la furgoneta i no pugui treballar. Afegeix que li cobraran 900 € per la reparació.

» MATEMÀTIQUES EN CONTEXT

CONCURS DE MATEMÀTIQUES

La Isona diu que quan acabi el batxillerat estudiarà Ciències Exactes, perquè es diverteix amb les matemàtiques. Aquests dies està molt atenta a classe i prepara problemes perquè al març s'ha apuntat al X Concurs de Matemàtiques de Mataró.

1. Suma de nombres naturals correlatius

Observa, amb l'ajuda de la il·lustració següent, el procediment que ha fet servir la Isona per sumar els cinc primers nombres naturals:

- Ha representat la suma en un gràfic en forma d'escala.
- Ha construït un rectangle que té el doble de caselles que el gràfic.
- Ha calculat el nombre de caselles del rectangle i l'ha dividit entre 2.

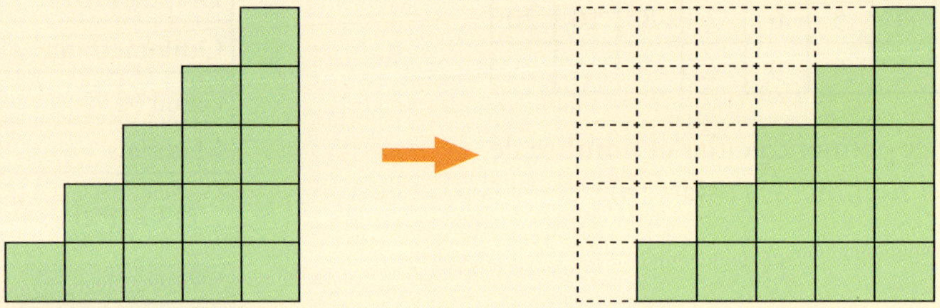

$1 + 2 + 3 + 4 + 5$ $\qquad$ $\frac{5 \cdot 6}{2}$

$$1 + 2 + 3 + 4 + 5 = \frac{5 \cdot 6}{2} = \frac{30}{2} = 15$$

a) Calcula, de la mateixa manera, la suma dels deu primers nombres naturals.

b) Calcula, també, la suma dels trenta primers nombres naturals.

c) Si anomenem S_n la suma dels n primers nombres naturals, calcula S_{50}.

d) Quina o quines de les fórmules següents expressen la suma dels n primers nombres naturals?

$S_n = n \cdot (n + 1)$ $\qquad$ $S_n = \frac{n \cdot (n + 1)}{2}$ $\qquad$ $S_n = \frac{n^2}{2} + \frac{n}{2}$ $\qquad$ $S_n = \frac{n^2 - n}{2}$

Els nombres que, com la suma dels n nombres naturals, es poden disposar com en els gràfics anteriors s'anomenen *nombres triangulars*.

e) Quin any, entre el 2010 i el 2020, correspon a un nombre triangular? Quin va ser l'any triangular precedent? Quin serà l'any triangular següent?

PISTA: Aquests tres anys corresponen a tres sumes dels 60-70 primers nombres naturals correlatius.

2. Suma de nombres senars correlatius

Observa el procediment que ha seguit la Isona per sumar els nombres senars fins al 7:

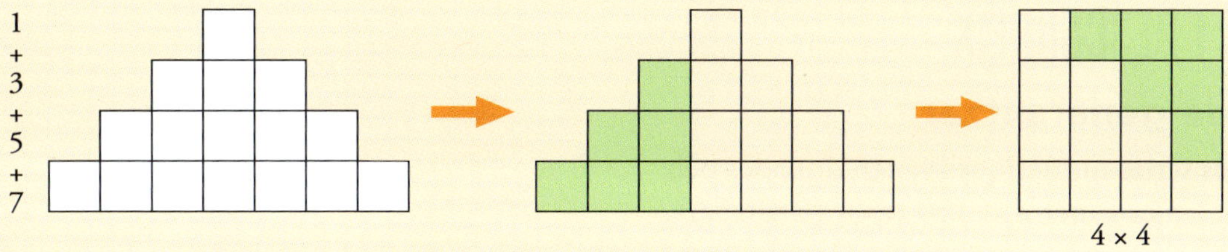

$$1 + 3 + 5 + 7 = 4 \cdot 4 = 4^2 = 16$$

a) Calcula, pel mateix mètode, la suma dels nombres senars fins al 9.

b) Copia i completa la taula amb altres sumes dels primers nombres senars fins a un de donat:

SUMA DELS PRIMERS SENARS...							
FINS A L'1	**FINS AL 3**	**FINS AL 5**	**FINS AL 7**	**FINS AL 9**	**FINS A L'11**	**FINS AL 13**	**FINS AL 15**
1	4	...	16	...	...	...	...

c) Si anomenem k un nombre senar qualsevol, quina de les expressions següents serveix per calcular la suma dels nombres senars fins a k?

$SS = k^2$ | $SS = (k-1)^2$ | $SS = \frac{1(k+1)^2}{2}$ | $SS = \left(\frac{k+1}{2}\right)^2$

d) Fes servir la fórmula per calcular SS fins al 99.

3. Suma de nombres parells correlatius

Observa com ha calculat la Isona la suma dels tres primers nombres parells (SP_3) en la primera il·lustració i la dels quatre primers nombres parells (SP_4) en la segona:

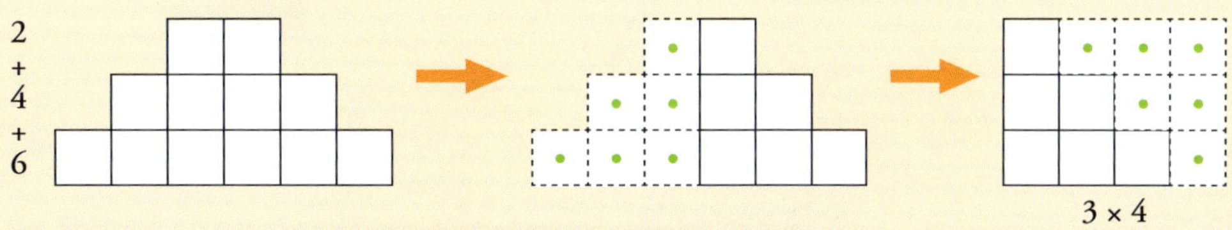

$$SP_3 = 2 + 4 + 6 = 3 \cdot 4 = 12$$

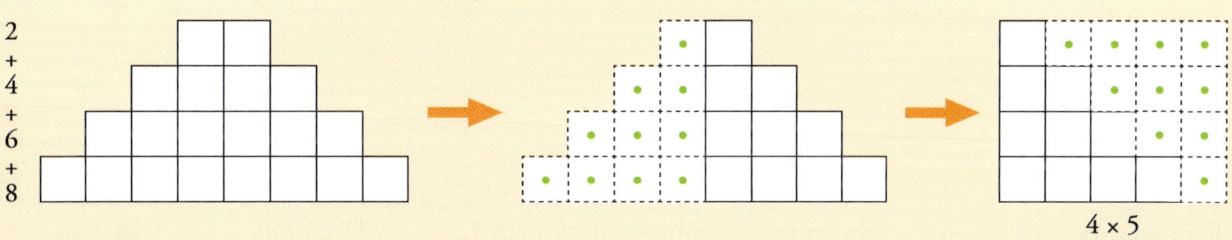

$$S_4 = 2 + 4 + 6 + 8 = 4 \cdot 5 = 20$$

a) Calcula, de la mateixa manera, les sumes SP_5, SP_6, SP_7, SP_8, SP_9 i SP_{15}.

b) Escriu la fórmula per calcular la suma SP_n dels n primers nombres parells. Després, utilitza-la per calcular SP_{100}.

» TALLER DE MATEMÀTIQUES

» LLEGEIX I DESCOBREIX

La tasca de generalitzar

De vegades, les sèries numèriques venen donades pels seus primers termes o per diversos casos particulars, per exemple, el nombre de peces triangulars que componen cada una de les figures que veus a la dreta.

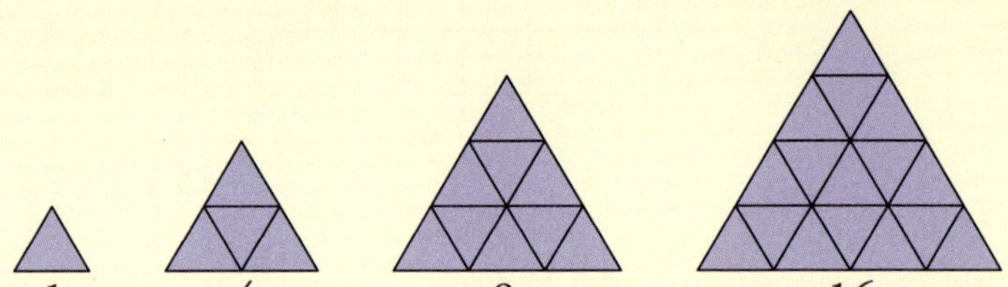

Quan observem aquestes primeres figures, ens preguntem: I si la figura tingués 20 pisos? I si en tingués 100? I si tingués…?

En la taula següent hi ha la solució a aquestes preguntes:

PISOS	1	2	3	4	…	n
PECES	1	4	9	16	…	n^2

n PISOS ↔ n^2 PECES

20 PISOS ↔ 400 PECES

Estudiant els casos particulars, hem trobat la relació entre el nombre de pisos de qualsevol figura i el de peces que la componen. **Hem fet una generalització.**

Fes-ho tu

En una exposició s'ha presentat aquest mosaic en forma d'hexàgon de 3 unitats de costat, construït amb 54 peces triangulars.

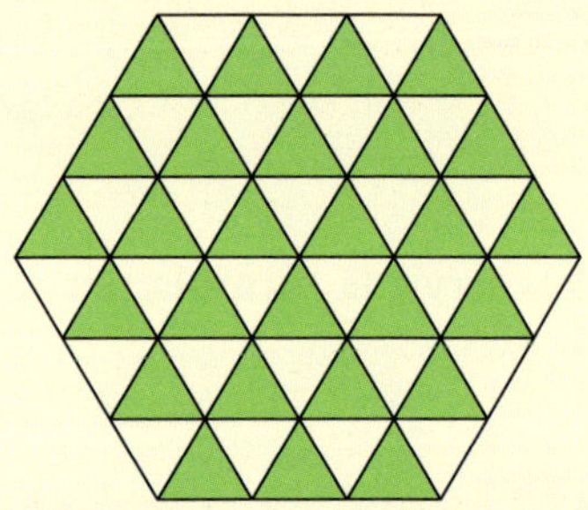

a) Quantes peces es necessitarien per construir un mosaic amb la mateixa forma, però de 20 unitats de costat?

b) En general, quantes peces es necessitarien per construir un hexàgon de n unitats de costat?

AJUDA: Recorda l'exemple anterior i observa les figures.

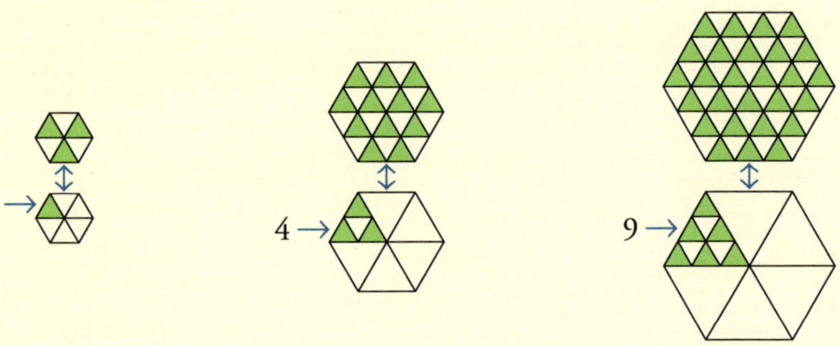

COSTAT	1	2	3	4	…	n
PECES	6 $6 \cdot 1$	24 $6 \cdot 4$	54 $6 \cdot 9$	?	…	?

» INVESTIGA

Salt i captura

Objectiu: Eliminar totes les fitxes del tauler, excepte una.

Regles: En cada moviment, una fitxa salta per sobre d'una altra i cau en la casella següent, que ha de ser buida. La fitxa per sobre de la qual s'ha saltat queda eliminada; és a dir, surt del tauler.

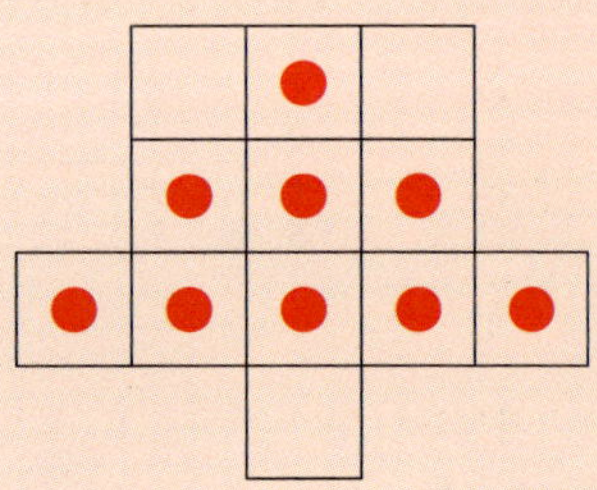

- Busca un codi que et permeti expressar amb facilitat els moviments.

» ENTRENA'T RESOLENT ALTRES PROBLEMES

En Christian fica diverses bales en una capsa i fa l'experiment següent:

Llança la moneda i aposta la meitat de les bales que hi ha a la capsa.

- Si surt *cara,* afegeix l'aposta a la capsa.
- Si surt *creu,* retira l'aposta de la capsa.

Tenint en compte que, estadísticament, en llançar la moneda surt cara la meitat de les vegades i creu l'altra meitat, respon:

a) Suposa que a la capsa hi ha 16 bales. Quins resultats podem esperar després de llançar la moneda quatre vegades?

b) Suposa que a la capsa hi ha x bales. Quins serien els resultats després de dues tirades?

c) Creus que el joc és rendible per a la capsa? Per què?

» POSA'T A PROVA

1. Copia la taula i completa'n les caselles buides seguint la lògica de la taula:

1	3	5	8	10	…	15	n
2	12	22	37	…	57	…	…

2. Si anomenem x un nombre, expressa en llenguatge algebraic:

a) El seu doble.

b) El següent del seu doble.

c) El doble del seu següent.

d) El triple de la seva meitat.

3. Quins són el coeficient i el grau d'aquests monomis?

a) $5x$ **b)** a^2b^2 **c)** $-\frac{2}{3}xy^2$

4. Redueix aquestes expressions:

a) $2x + 4 + x - 6$

b) $5x^2 + 2 + 6x - x - 3x^2 + 1$

c) $3x - (x^2 + 3 - 4x) + 4x^2$

5. Opera i redueix:

a) $-\frac{1}{5}x^2(-5x)$ **b)** $6x^4 : 2x^3$ **c)** $\left(a + \frac{ab}{9}\right) : \frac{2a}{9}$

6. Redueix aquestes expressions:

a) $2(x^2 - 5) - 3(2x - 1)$

b) $x(x - 1) + x^2(3x - 2)$

7. Considera els polinomis següents i calcula:

$A = 3x^3 + 5x^2 - 6x + 8$ $B = x^3 - 5x^2 + 1$

a) $A + B$

b) $A - B$

8. Calcula el producte: $(2x - 1) \cdot (x^3 + 3x - 6)$.

9. Calcula:

a) $(x - 3)^2$ **b)** $(1 + 2x)^2$ **c)** $(x - 3) \cdot (x + 3)$

10. Treu factor comú:

a) $3a^2 + 6a$ **b)** $4x^3 + 6x^2 - 2x$

11. Simplifica:

a) $\frac{3a}{3a^2 + 6a}$ **b)** $\frac{x^2 - 9}{x^2 - 6x + 9}$

12. Quina de les fórmules següents serveix per calcular la suma S dels primers n múltiples de 5?

- $\frac{4n + n^2}{5}$
- $\frac{5n^2 + n}{2}$
- $\frac{5(n^2 + n)}{2}$

UNITAT 5

EQUACIONS

RESOLUCIÓ DE PROBLEMES · RAONAMENT I PROVA
CONNEXIONS · COMUNICACIÓ I REPRESENTACIÓ · SOCIOEMOCIONAL

Alguns consideren **Diofant** (segle III dC) el «pare de l'àlgebra» gràcies a la seva significativa aportació en la millora de la terminologia algebraica i als enginyosos mètodes de resolució d'alguns tipus d'equacions.

Els escrits de Diofant inclouen una interessant col·lecció de problemes resolts, per mètodes molt enginyosos, sense recórrer a la representació geomètrica utilitzada per matemàtics anteriors com Euclides. Però no va trobar un mètode general per resoldre'ls.

La seva obra es va traduir a l'àrab al segle X i al llatí al segle XVI i va tenir una gran influència en matemàtics d'èpoques posteriors.

Àlgebra retòrica i àlgebra simbòlica

1. Observa i resol:

LLENGUATGE CORRENT	LLENGUATGE ALGEBRAIC
Entre ovelles i cabres hi ha 36 animals, i compto tantes banyes com ovelles.	Ovelles $\rightarrow x$ Banyes $\rightarrow x$ Cabres $\rightarrow \frac{x}{2}$ Ovelles + Cabres = 36 $x + \frac{x}{2} = 36$

2. Resol l'equació per tempteig.

3. Quantes ovelles i quantes cabres hi ha en el ramat?

No obstant això, la major part dels autors atorguen la paternitat de l'àlgebra a **al-Hwarizmi** (segle IX). Malgrat que els problemes que va resoldre eren d'un nivell molt més elemental que els que va estudiar Diofant, al-Hwarizmi, en la seva obra *Hisab al-jabr w'al-muqabala* (àlgebra), exposa de forma directa com es resolen equacions mitjançant una argumentació lògica, clara i sistemàtica, la qual cosa va facilitar que fos seguida i apresa en la seva època i que fos difosa en èpoques posteriors.

Enunciats i expressions algebraiques

Observa cada enunciat i la seva traducció al llenguatge gràfic i simbòlic.

- Un pot de melmelada pesa 150 g més que un paquet de galetes.

- El paquet i el pot pesen 800 g.

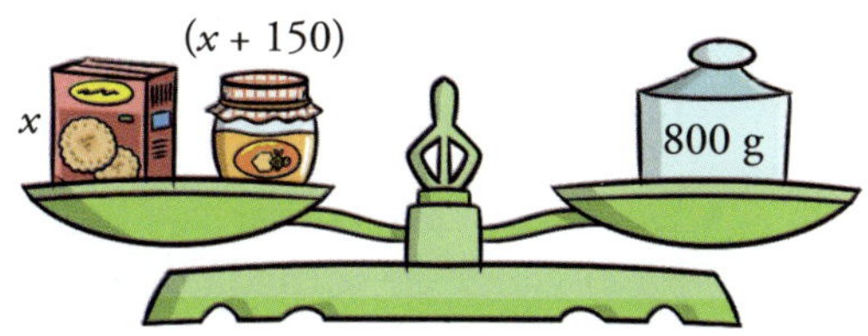

→ $x + (x + 150) = 800$

- Si substituïm el pot per un altre paquet i un pes de 150 g, aleshores dos paquets i 150 g pesen 800 g.

→ $2x + 150 = 800$

−150 −150

- Si traiem 150 g de cada platet, aleshores dos paquets pesen 650 g.

→ $2x = 650$

: 2 : 2

- Per tant, el paquet de galetes pesa 325 g.

→ $x = 325$

- I el pot de melmelada pesa 450 g.

→ 325 + 150 = 475 g

1. EQUACIONS: SIGNIFICAT I UTILITAT

Una equació expressa, mitjançant una igualtat algebraica, una relació entre quantitats el valor de les quals, de moment, no coneixem.

Aquestes quantitats es representen amb lletres.

Exemples

- Al galliner, becs, crestes i potes sumen 28:

$$\left.\begin{array}{l}\text{Gallines} \to x\\ \text{Becs} \to x\\ \text{Crestes} \to x\\ \text{Potes} \to 2x\end{array}\right\}\ \text{Equació} \to x + x + 2x = 28$$

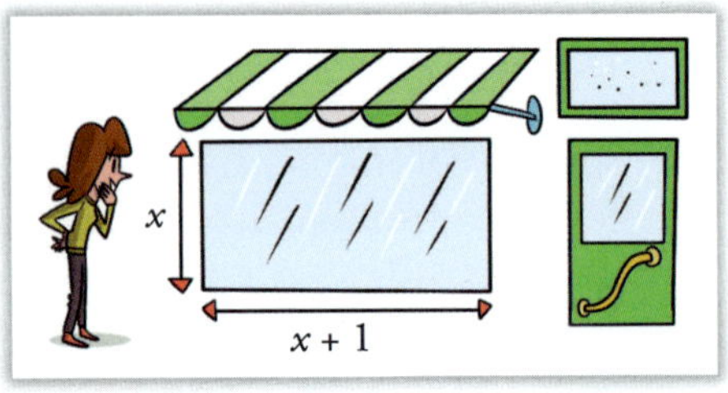

- La lluna d'un aparador mesura un metre més de llarg que d'alt i té una superfície de 3,75 m^2:

$$\left.\begin{array}{l}\text{Alt} \to x\\ \text{Llarg} \to x + 1\end{array}\right\}\ \text{Equació} \to x \cdot (x + 1) = 3{,}75$$

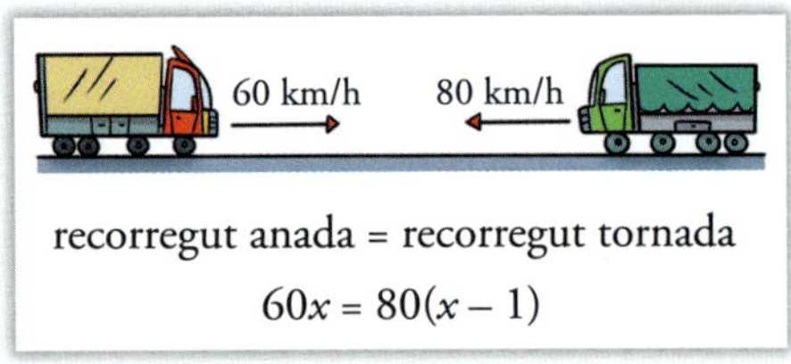

- Un camió carregat tarda a fer el viatge d'anada, a 60 km/h, una hora més que a fer el viatge de tornada, a 80 km/h:

$$\left.\begin{array}{ll}\text{Temps (hores)} & \begin{cases}\text{Anada} \to x\\ \text{Tornada} \to x - 1\end{cases}\\ \text{Distància (km)} & \begin{cases}\text{Anada} \to 60 \cdot x\\ \text{Tornada} \to 80 \cdot (x - 1)\end{cases}\end{array}\right\}\ \text{Equació} \to 60 \cdot x = 80 \cdot (x - 1)$$

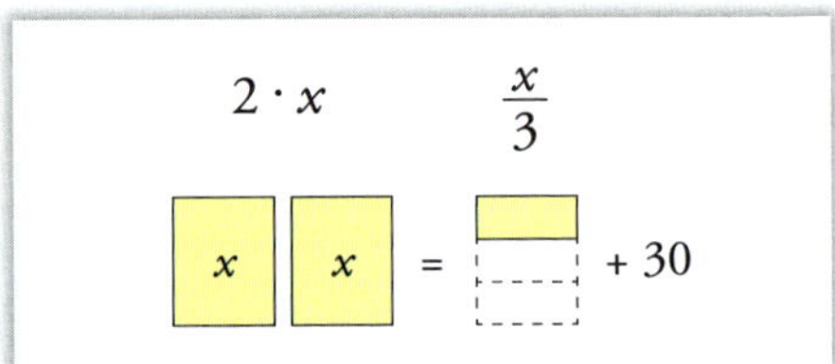

- El doble d'un nombre és igual a la seva tercera part més trenta unitats:

$$\left.\begin{array}{l}\text{El nombre} \to x\\ \text{El seu doble} \to 2x\\ \text{La seva tercera part} \to \dfrac{x}{3}\end{array}\right\}\ \text{Equació} \to 2x = \frac{x}{3} + 30$$

Les equacions permeten codificar relacions en llenguatge algebraic i, a partir d'aquí, manejar-les matemàticament. Això, com comprovaràs més endavant, és una **eina molt potent per resoldre problemes**.

Però abans, has d'aprendre a resoldre-les.

Què és resoldre una equació?

Resoldre una equació és trobar el valor, o els valors, que han de prendre les lletres perquè la igualtat sigui certa.

Exemple

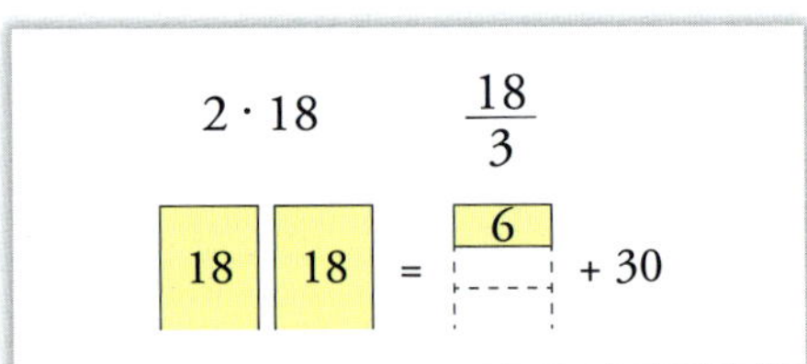

En l'equació de l'últim exemple, $2x = \frac{x}{3} + 30$, la igualtat es compleix només per a $x = 18$.

$$\left.\begin{array}{l}2x = \dfrac{x}{3} + 30\\ x = 18\end{array}\right\} \to \underbrace{2 \cdot 18}_{36} = \underbrace{\frac{18}{3} + 30}_{36}$$

Diem, aleshores, que la solució de l'equació és $x = 18$.

BARCANOVA EDITORIAL

Equacions amb infinites solucions i equacions sense solució

- En l'equació $\mathbf{0 \cdot x = 0}$, qualsevol valor que prengui x fa certa la igualtat.

$$0 \cdot x = 0 \rightarrow \textbf{Té infinites solucions.}$$

- En l'equació $\mathbf{0 \cdot x = k}$, amb $k \neq 0$, no hi ha cap valor de x que faci certa la igualtat.

$$0 \cdot x = k \rightarrow \textbf{No té solució.}$$

Resol equacions «amb el que ja saps»

Abans d'aprendre cap tècnica específica, tingues en compte que, raonant amb el que ja saps o temptejant, pots resoldre moltes equacions.

Exemples

- Explica el procés següent:

$$\sqrt{7x-10} = 5 \xrightarrow{\sqrt{25}=5} 7x - 10 = 25 \rightarrow 7x = 35 \rightarrow x = 5$$

- Intenta-ho per tempteig:

$$\frac{x^3+5}{x+8} = 10 \rightarrow \begin{cases} \text{Per a } x = 1 \rightarrow \dfrac{1^3+5}{1+8} = \dfrac{6}{9} \neq 10 \\ \text{Per a } x = 2 \rightarrow \dfrac{2^3+5}{2+8} = \dfrac{13}{10} \neq 10 \\ \ldots \\ \text{Per a } x = 5 \rightarrow \dfrac{5^3+5}{5+8} = \dfrac{130}{13} = 10 \end{cases}$$

Una solució és $x = 5$

» APLICA EL QUE HAS APRÈS

1. Quin enunciat associes a cada equació?

$x + \frac{x}{3} = 20$	$2x + 2(x+3) = 30$	$15(x-1) = 5x$
$\frac{x}{3} = \frac{x}{4} + 20$	$3x + 2x = 30$	$15x = 5(x+1)$

a) La tercera part d'un nombre és igual a la seva quarta part més 20 unitats. (Nombre $\rightarrow x$)

b) L'edat de l'Andreu és el triple que la de la seva germana, i entre tots dos sumen 20 anys. (Andreu $\rightarrow x$ anys)

c) Un rectangle és 3 m més llarg que ample, i el seu perímetre mesura 30 m. (Ample $\rightarrow x$ metres)

d) He pagat 30 € per 3 blocs de dibuix i una capsa d'aquarel·les, però la capsa costava el doble que un bloc. (Bloc $\rightarrow x$ euros)

e) Un ciclista ha recorregut la distància des de A fins a B a 15 km/h i un vianant, a 5 km/h, ha tardat una hora més. (Ciclista $\rightarrow x$ hores)

f) Un grill avança, en cada salt, un metre menys que una llagosta. Però el grill, en 15 salts, arriba igual de lluny que la llagosta en 5. (Llagosta $\rightarrow x$ metres)

2. Resol:

a) $3x = 21$ **b)** $3x - 1 = 20$

c) $\frac{3x-1}{5} = 4$ **d)** $\sqrt{\frac{3x-1}{5}} = 2$

3. Resol:

a) $6x = 24$ **b)** $x + 3 = 10$

c) $2x - 4 = 6$ **d)** $2(x+1) = 12$

e) $\frac{x}{3} = 9$ **f)** $\frac{x-2}{2} = 5$

g) $\frac{x+1}{3} = 2$ **h)** $\frac{7}{x+1} = 1$

i) $x^2 + 1 = 26$ **j)** $\sqrt{3x+1} = 5$

4. Troba alguna solució per tempteig:

a) $x^2 + 2x + 1 = 4$ **b)** $x^2 - 5x + 6 = 0$

c) $\frac{x}{4} + \frac{8}{x} = 3$ **d)** $x^3 - \sqrt{x} = 0$

5. Comprova que les solucions de cada equació són els valors de x indicats:

a) $x^2 - 4x - 5 = 0$; $x = -1$ $x = 5$

b) $x^3 = 2x^2 + 3x$; $x = 0$ $x = -1$ $x = 3$

2. EQUACIONS: ELEMENTS I NOMENCLATURA

- **Membres d'una equació:** és cada una de les expressions que hi ha a ambdós costats del signe d'igualtat.
- **Termes:** són els sumands que formen els membres.

PRIMER MEMBRE → $3x + 1$; SEGON MEMBRE → $9 - x$

$$3x + 1 = 9 - x$$

TERMES: $3x$, 1, 9, x

- **Incògnites:** són les lletres que hi ha en l'equació.

Exemples

$3x + 1 = 9 - x$ → Equació amb una incògnita, x.

$5x + 3y = y + 2$ → Equació amb dues incògnites, x i y.

- **Solucions:** són els valors que han de prendre les lletres perquè la igualtat sigui certa.

Exemple

$$3x + 1 = 9 - x \rightarrow \begin{cases} x = 2 \text{ és solució, ja que } 3 \cdot 2 + 1 = 9 - 2. \\ x = 1 \text{ no és solució, ja que } 3 \cdot 1 + 1 \neq 0 - 1. \end{cases}$$

- **Grau d'una equació:** és el més gran dels graus dels monomis que formen els membres, una vegada reduïda l'equació.

Exemples

$3x + 1 = 9 - x$ → Equació de primer grau.

$x^2 - 3x + 1 = 2x - 5$ → Equació de segon grau.

- **Equacions equivalents:** dues equacions són equivalents quan tenen les mateixes incògnites i les mateixes solucions.

Exemple

$$\left.\begin{array}{l} 3x + 1 = 9 - x \\ 4x = 8 \end{array}\right\} \rightarrow \text{Són equivalents. Totes dues tenen com a solució } x = 2.$$

» APLICA EL QUE HAS APRÈS

6. Cert o fals?

a) L'equació $x^2 + 6x - x^2 = 7x - 1$ és de segon grau.

b) L'equació $2x + x \cdot y = 6$ és de segon grau.

c) Els termes d'una equació són els sumands que formen els membres.

d) Una equació pot tenir més de dos membres.

e) Totes les equacions de primer grau són equivalents.

f) L'equació $x + 1 = 5$ és equivalent a l'equació $x + 2 = 6$.

7. Copia i associa cada equació a la seva solució:

a) $4x + 4 = 5$ **b)** $4x - 3 = x + 3$

c) $x^2 - 3 = 2x$ **d)** $3x = x + 1$

3 -1 $\frac{1}{4}$ $\frac{1}{2}$ 2

8. Agrupa les equacions equivalents:

a) $4x = 20$ **b)** $3x - 1 = 8$

c) $5x - 4 = x$ **d)** $3x = 9$

e) $4x - 5 = 15$ **f)** $4x - 4 = 0$

3. TRANSPOSICIÓ DE TERMES

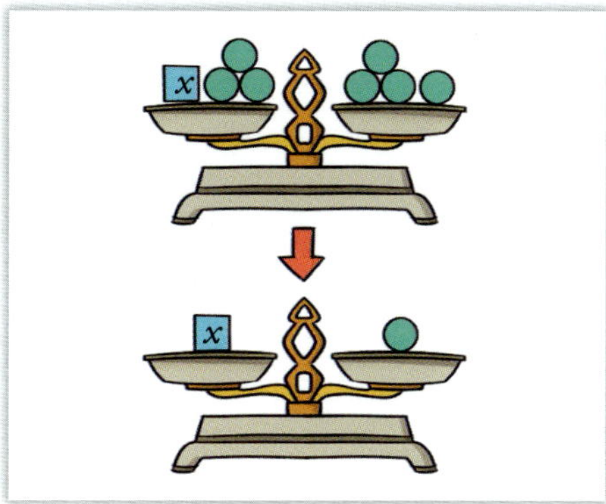

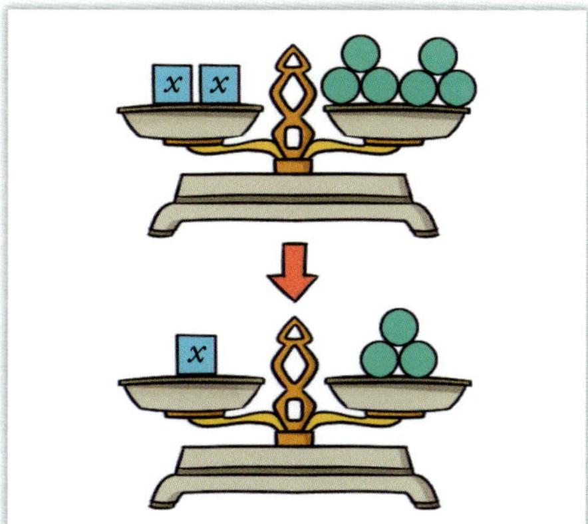

La transposició de termes és una tècnica bàsica que permet transformar una equació en una altra d'equivalent més senzilla portant els termes d'un membre a l'altre de la igualtat.

La transposició de termes es basa en el principi següent:

> En sumar, restar, multiplicar o dividir el mateix nombre en els dos membres d'una equació, s'obté una altra equació equivalent.

Primer cas: $x + a = b$

El terme que està sumant en un membre passa restant a l'altre.

$$\left.\begin{array}{l} x+3=4 \\ x=4-3 \end{array}\right\} \rightarrow \text{En restem 3 als dos membres.}$$

Segon cas: $x - a = b$

El terme que està restant en un membre passa sumant a l'altre.

$$\left.\begin{array}{l} x-2=3 \\ x=3+2 \end{array}\right\} \rightarrow \text{En sumem 2 als dos membres.}$$

Tercer cas: $a \cdot x = b$

El terme que està multiplicant en un membre passa dividint a l'altre.

$$\left.\begin{array}{l} 2x=6 \\ x=\dfrac{6}{2} \end{array}\right\} \rightarrow \text{Dividim els dos membres entre 2.}$$

Quart cas: $\dfrac{x}{a} = b$

El terme que està dividint en un membre passa multiplicant a l'altre.

$$\left.\begin{array}{l} \dfrac{x}{3}=4 \\ x=4\cdot 3 \end{array}\right\} \rightarrow \text{Multipliquem tots dos membres per 3.}$$

> La transposició de termes permet aïllar la incògnita; és a dir, deixar-la sola en un dels membres de la igualtat, cosa que equival a resoldre l'equació.

No ho oblidis

$x + a = b \rightarrow x = b - a$

$x - a = b \rightarrow x = b + a$

$a \cdot x = b \rightarrow x = \dfrac{b}{a}$

$\dfrac{x}{a} = b \rightarrow x = b \cdot a$

» APLICA EL QUE HAS APRÈS

9. Segueix la recomanació per aïllar la incògnita i calcula la solució de l'equació:

a) $x + 7 = 10 \rightarrow$ Resta'n 7 a cada membre.

b) $x + 8 = 5 \rightarrow$ Resta'n 8 a cada membre.

c) $x - 4 = 6 \rightarrow$ Suma'n 4 a cada membre.

d) $x - 1 = 4 \rightarrow$ Suma'n 1 a cada membre.

e) $6x = 12 \rightarrow$ Divideix entre 6 cada membre.

f) $-2x = 8 \rightarrow$ Divideix entre –2 cada membre.

g) $\dfrac{x}{3} = 5 \rightarrow$ Multiplica per 3 cada membre.

h) $\dfrac{x}{-7} = 1 \rightarrow$ Multiplica per –7 cada membre.

10. Aïlla la incògnita i calcula la solució:

a) $x + 2 = 5$ **b)** $x + 3 = 2$ **c)** $x + 8 = 0$ **d)** $x - 1 = 5$ **e)** $x - 5 = 1$

f) $3x = 6$ **g)** $5x = 15$ **h)** $-5x = 10$ **i)** $\dfrac{x}{4} = -1$ **j)** $\dfrac{5x}{-2} = -10$

4. RESOLUCIÓ D'EQUACIONS SENZILLES

El mètode per resoldre una equació consisteix a anar transformant-la, mitjançant passos successius, en altres d'equivalents més senzilles fins a aïllar-ne la incògnita.

> Per transformar una equació en una altra d'equivalent més senzilla, utilitzarem dos recursos:
> - Reduir-ne els membres (R).
> - Transposar-ne els termes (T).

Analitza els exemples següents i resol les equacions proposades. Perquè puguis avaluar la feina, tens les solucions al marge.

Exemple 1

T: $3x - 8 = 4$

R: $3x = 4 + 8$

T: $3x = 12$

$x = \dfrac{12}{3} \rightarrow x = 4$

Exemple 2

T: $7 = 4x + 5$

R: $7 - 5 = 4x$

T: $2 = 4x$

$\dfrac{2}{4} = x \rightarrow x = \dfrac{1}{2}$

Practica

(1) $3x - 2 = 4$	(2) $2x + 4 = 6$	(3) $7x - 5 = -5$
(4) $x + 5 = 4$	(5) $2 + 3x = -4$	(6) $2x - 1 = -11$
(7) $7 = x + 1$	(8) $0 = 3x + 12$	(9) $8 = 5x - 2$

Exemple 3

T: $4 - 3x = 10$

R: $-3x = 10 - 4$

T: $-3x = 6$

$x = \dfrac{6}{-3} \rightarrow x = -2$

Exemple 4

T: $6x - 3 = 1$

R: $6x = 1 + 3$

T: $6x = 4$

$x = \dfrac{4}{6} \rightarrow x = \dfrac{2}{3}$

Practica

(10) $5 - x = 2$	(11) $6 - 2x = 4$	(12) $4 - 5x = 9$
(13) $3x - 1 = 1$	(14) $4 = 3x + 5$	(15) $5 = 4x + 7$
(16) $0x + 2 = 2$	(17) $1 + 0x = 4$	(18) $-5 = 0x - 5$

Exemple 5

T: $5x + 1 = 3x + 7$

R: $5x - 3x = 7 - 1$

T: $2x = 6$

$x = \dfrac{6}{2} \rightarrow x = 3$

Exemple 6

T: $4x - 1 = 6x - 9$

R: $4x - 6x = -9 + 1$

T: $-2x = -8$

$x = \dfrac{-8}{-2} \rightarrow x = 4$

Practica

(19) $8x - 4 = 5 - x$	(20) $5x + 3 = x + 15$	(21) $10 + x = 2 - 3x$
(22) $3x + 15 + 2x = -5$	(23) $5 + 2x + 1 = 7$	(24) $5 - 1 = x + 5 - 2x$
(25) $4 = x + 5 - 6x$	(26) $7x + 2 - 7x = 3 - 1$	(27) $5x + 3 - 5x = 7$

Recorda

- L'equació $0 \cdot x = 0$ té infinites solucions.
- L'equació $0 \cdot x = k$, amb $k \neq 0$, no té solució.

Solucions

(1) 2	(2) 1	(3) 0
(4) –1	(5) –2	(6) –5
(7) 6	(8) –4	(9) 2

Solucions

(10) 3	(11) 1	(12) –1
(13) 2/3	(14) –1/3	(15) –1/2
(16) I. S.(*)	(17) S. S.(**)	(18) I. S.(*)

(*) → I. S. (infinites solucions)

(**) → S. S. (sense solució)

Solucions

(19) 1	(20) 3	(21) –2
(22) –4	(23) 1/2	(24) 1
(25) 1/5	(26) I. S.	(27) S. S.

El camí de resolució no és únic

A mesura que les equacions es compliquen, les opcions de resolució es diversifiquen, i qualsevol és vàlida sempre que operis correctament.

A continuació, pots veure un exemple resolt de dues maneres diferents:

Exemple 7

R: $2x - 1 - 5x = 2 + 3x + 1$

$-3x - 1 = 3 + 3x$

La incògnita a l'esquerra (T):

R: $-3x - 3x = 3 + 1$

T: $-6x = 4$

$x = \dfrac{4}{-6}$

La incògnita en el costat en què queda positiva (T):

R: $-1 - 3 = 3x + 3x$

T: $-4 = 6x$

$\dfrac{-4}{6} = x$

$$x = \frac{-2}{3}$$

Practica

(28) $2x - 1 = x + 2$	(29) $3x + 2 = x + 6$
(30) $2x + 1x = 5x - 5$	(31) $1 - x = 4 - 2x$
(32) $3 + 7x = 2x + 5$	(33) $x - 6 = 5x - 2$
(34) $6x - 2 + x = 2x + 3$	(35) $7 + 3x - 3 = 4x + 5 + x$
(36) $8x + 3 - 5x = 7 - 2x - 1$	(37) $4x - 1 - 7x = 8 - x + 1$
(38) $7x - 4 - 3x = 2 + 4x - 6$	(39) $2 + 3x - 5 = 4x - 2 - x$

Solucions

(28) 3	(29) 2	(30) 2
(31) 3	(32) 2/5	(33) –1
(34) 1	(35) –1/2	(36) 3/5
(37) –5	(38) I. S.	(39) S. S.

Equacions amb parèntesis

Quan una equació conté parèntesis, suprimir i reduir.

Exemple 8

Eliminar els parèntesis: $5x - 2(2x - 2) = 8 - (3 + 2x)$

$5x - 4x + 4 = 8 - 3 - 2x$

$x + 4 = 5 - 2x$

$x + 2x = 5 - 4$

$3x = 1 \rightarrow x = \dfrac{1}{3}$

Practica

(40) $x - 7 = 6 - (x - 3)$	(41) $x - (1 - 3x) = 8x - 1$
(42) $1 - (3x - 9) = 5x - 4x + 2$	(43) $13x - 15 - 6x = 1 - (7x + 9)$
(44) $7x - (4 + 2x) = 1 + (x - 2)$	(45) $2(3x - 1) - 5x = 5 - (3x + 11)$
(46) $1 - 2(2x - 1) = 5x - (5 - 3x)$	(47) $7 - (2x + 9) = 11x - 5(1 - x)$
(48) $4(5x - 3) - 7x = 3(6x - 4) + 10$	(49) $4 - 7(2x - 3) = 3x - 4(3x - 5)$
(50) $16x - 7(x + 1) = 2 - 9(1 - x)$	(51) $6 - (8x + 1) = 4x - 3(2 + 4x)$

Solucions

(40) 8	(41) 0	(42) 2
(43) 1/2	(44) 3/4	(45) –1
(46) 2/3	(47) 1/6	(48) –2
(49) 1	(50) I. S.	(51) S. S.

5. EQUACIONS AMB DENOMINADORS

Quan hi ha denominadors en els termes d'una equació, cal transformar l'equació en una altra d'equivalent que no en tingui. Per fer-ho, *multipliquem els dos membres* de l'equació per un nombre que sigui múltiple de tots els denominadors. El múltiple més adequat és el més petit; és a dir, el *mínim comú múltiple dels denominadors.*

Una estratègia similar

- Reduir a denominador comú:

$$\frac{x}{4}+\frac{2}{5}=\frac{1}{1}+\frac{x}{10}$$

Denominador comú → 20

$$\frac{5x}{20}+\frac{8}{20}=\frac{20}{20}+\frac{2x}{20}$$

- Eliminar denominadors:

$$5x+8=20+2x$$

Exemple

$$\frac{x}{4}+\frac{2}{5}=1+\frac{x}{10}$$
$$20\cdot\left(\frac{x}{4}+\frac{2}{5}\right)=20\cdot\left(1+\frac{x}{10}\right)$$

→ MCM (4, 5, 10) = 20
Multipliquem els dos membres per 20.

$$\frac{20x}{4}+\frac{20\cdot 2}{5}=20+\frac{20x}{10}$$
$$5x+8=20+2x$$

→ En treure parèntesis i reduir, desapareixen els denominadors.

$$5x-2x=20-8$$
$$3x=12$$
$$x=\frac{12}{3}\ \rightarrow\ x=4$$

→ A partir d'aquí, actuem com ja sabem.

Per **eliminar** els **denominadors** en una equació, es multipliquen ambdós membres pel mínim comú múltiple de tots els denominadors.

» FIXA IDEES

F1. Copia, multiplica per eliminar denominadors i resol:

a) $4-\frac{2x}{3}=x+\frac{2}{3}$ ← Multiplica ambdós costats per 3.

$$12-\frac{6x}{3}=\square x+\frac{\square}{3}$$
$$12-\square x=\square x+\square$$

b) $\frac{5x}{6}-1=\frac{x}{3}-\frac{3}{4}$ ← Multiplica ambdós costats per 12.

$$\frac{60x}{6}-\square=\frac{\square}{3}-\frac{\square}{4}$$
$$\square x-\square=4x-\square$$

» APLICA EL QUE HAS APRÈS

11. Multiplica pel nombre que s'indica i resol:

a) $1+\frac{2x}{5}=\frac{1}{5}-2x$ ← Multiplica ambdós costats per 5.

b) $\frac{x}{3}=\frac{1}{15}+\frac{2x}{5}$ ← Multiplica ambdós costats per 15.

c) $\frac{7x}{10}+1=\frac{2}{5}+x$ ← Multiplica ambdós costats per 10.

d) $\frac{7x}{9}-\frac{1}{6}=\frac{x}{3}$ ← Multiplica ambdós costats per 18.

Solucions: a) –1/3; b) –1; c) 2; d) 3/8

12. Resol:

a) $\frac{3x}{2}+5=2x-\frac{1}{2}$

b) $\frac{3x}{4}-\frac{1}{6}=\frac{5x}{6}-1$

c) $\frac{3x}{4}+\frac{2x}{5}+\frac{x}{10}=1$

d) $\frac{3x}{2}-\frac{1}{5}=\frac{3x}{5}-\frac{1}{2}$

e) $\frac{x}{2}+\frac{1}{3}=\frac{x}{3}+\frac{1}{4}$

f) $\frac{x}{2}-\frac{5}{6}=\frac{x}{3}-\frac{x}{5}+1$

g) $x-\frac{3x}{4}+\frac{1}{10}=\frac{4x}{5}-\frac{x}{2}$

Solucions: a) 11; b)10; c) 4/5; d) –1/3; e) –1/2; f) 5; g) 2

6. PROCEDIMENT GENERAL PER RESOLDRE EQUACIONS DE PRIMER GRAU

Per resoldre equacions de primer grau, convé seguir els passos que s'exposen en l'exemple següent:

Exemple

- Primer pas:

  Treure parèntesis. →

$$\begin{cases} \dfrac{x}{4} - \dfrac{1}{3} = 1 - \dfrac{1}{2}\left(x - \dfrac{1}{3}\right) \\ \dfrac{x}{4} - \dfrac{1}{3} = 1 - \dfrac{x}{2} + \dfrac{1}{6} \end{cases}$$

- Segon pas:

  Treure denominadors.

  Multipliquem ambdós membres per 12. →

$$\begin{cases} \dfrac{12x}{4} - \dfrac{12}{3} = 12 - \dfrac{12x}{2} + \dfrac{12}{6} \\ 3x - 4 = 12 - 6x + 2 \end{cases}$$

- Tercer pas:

  Aïllar la incògnita.
  Reduïm i transposem els termes. →

$$\begin{cases} 3x + 6x = 12 + 2 + 4 \\ 9x = 18 \\ x = \dfrac{18}{9} \rightarrow x = 2 \end{cases}$$

» APLICA EL QUE HAS APRÈS

13. Resol aquestes equacions:

a) $\frac{3}{2}(1 - x) + 2 = 3x$

b) $1 - \frac{2x}{7} = x - 2\left(x - \frac{1}{3}\right)$

c) $\frac{x}{2} - \frac{x}{3} = \frac{1}{6}\left(x - \frac{3}{2}\right) + x$

d) $\frac{2x}{3} - \frac{1}{2} = \frac{1}{3}\left(x - \frac{7}{3}\right)$

Solucions: a) 7/9; b) –7/15; c) 1/4; d) –5/6

14. Resol les equacions següents:

a) $\frac{1}{2}\left(\frac{x}{2} + 1\right) - \frac{2x}{3} = \frac{1}{6}\left(x - \frac{1}{2}\right)$

b) $\frac{1}{2}(2x - 3) + 1 = \frac{1}{3}(x - 5) - x$

c) $2\left(\frac{4x}{9} - \frac{7}{6}\right) + x = 1 - \frac{x}{3}$

d) $5\left(\frac{x}{2} + \frac{1}{6}\right) - \frac{1}{3} = x - 2\left(1 - \frac{x}{3}\right)$

Solucions: a) 1; b) –7/10; c) 3/2; d) –3

15. Troba el valor de x perquè es compleixi cada igualtat:

a) $2\left(\frac{x}{2} + \frac{1}{3}\right) = 3\left(\frac{2x}{3} - \frac{1}{2}\right) + 1$

b) $5x - \left(\frac{2x}{3} + \frac{x}{2}\right) = \frac{1}{3}\left(9x - \frac{1}{2}\right)$

c) $5 - 2\left(\frac{x}{5} + 1\right) = \frac{x}{10} + 3\left(\frac{x}{2} - 1\right)$

d) $3\left(\frac{x}{10} - \frac{1}{4}\right) + x = 5\left(\frac{x}{4} - \frac{1}{10}\right)$

Solucions: a) 7/6; b) –1/5; c) 3; d) 5

16. Resol les equacions següents:

a) $2\left(\frac{x}{3} + \frac{x}{5}\right) - \frac{3x}{10} = 3\left(\frac{1}{3} + \frac{2x}{5}\right) - 1$

b) $\frac{1}{4} - 2\left(\frac{x}{5} - \frac{1}{2}\right) = x + 3\left(\frac{2}{5} - \frac{x}{2}\right)$

c) $\frac{1}{3}\left(x - \frac{1}{2}\right) - \frac{1}{2}\left(\frac{x}{6} - 1\right) = \frac{x}{4} + \frac{1}{3}$

d) $x - 3\left(\frac{x}{5} + \frac{1}{3}\right) = \frac{1}{10}(4x - 6)$

Solucions: a) 0; b) –1/2; c) I. S.; d) S. S.

7. RESOLUCIÓ DE PROBLEMES AMB EQUACIONS

En la informació que dona l'enunciat d'un problema, trobem elements coneguts *(dades)* i elements desconeguts *(incògnits).*

Si aconseguim *codificar algebraicament* tots aquests elements i relacionar-los mitjançant una igualtat, haurem construït una *equació.*

Si resolem l'equació i interpretem les solucions en el context de l'enunciat, haurem resolt el problema.

En aquesta pàgina i en les següents, trobaràs exemples del procés que cal seguir.

Exemple 1

Pujant de dos en dos les escales de casa, faig quatre passos més que la meva germana, que juga a bàsquet i és capaç de pujar-les de tres en tres. Quants esglaons tenen les escales?

a) Identifica els elements del problema i expressa algebraicament els que són desconeguts:

- Nombre d'esglaons ⟶ x
- Passos pujant de dos en dos ⟶ $\frac{x}{2}$
- Passos pujant de tres en tres ⟶ $\frac{x}{3}$

b) Relaciona, amb una igualtat, els elements coneguts i els desconeguts:

[PASSOS PUJANT DE DOS EN DOS] = [PASSOS PUJANT DE TRES EN TRES] + 4

$$\frac{x}{2} = \frac{x}{3} + 4$$

c) Resol l'equació:

$$\frac{x}{2} = \frac{x}{3} + 4 \rightarrow 3x = 2x + 24 \rightarrow 3x - 2x = 24 \rightarrow x = 24$$

d) Interpreta la solució de l'equació dins de l'enunciat del problema i comprova si és correcta:

Solució: Les escales tenen 24 esglaons.

Comprovació: $\frac{24}{2} = \frac{24}{3} + 4 \rightarrow 12 = 8 + 4$

» FIXA IDEES

Reflexiona sobre les ajudes que es donen en els problemes següents i, després, resol-los.

F2. Si a la meitat d'un nombre li sumes la seva cinquena part, obtens la mateixa quantitat que si a aquest nombre li treus tres unitats. Quin nombre és?

- El nombre → x
- La seva meitat → $\frac{x}{2}$
- La seva cinquena part → $\frac{x}{5}$
- El nombre menys tres → $x - 3$

[LA MEITAT DEL NOMBRE] + [LA CINQUENA PART DEL NOMBRE] = [EL NOMBRE MENYS TRES]

F3. A classe, si fem equips de tres, surten dos equips més que si els fem de quatre. Quants som a classe?

- A classe som → x
- Nombre d'equips de tres → $\frac{x}{3}$
- Nombre d'equips de quatre → $\frac{x}{4}$

[NOMBRE D'EQUIPS DE TRES] – 2 = [NOMBRE D'EQUIPS DE QUATRE]

1,40 €/unitat   1,80 €/unitat

Exemple 2

Un obrador serveix a un hotel una comanda de croissants, a 1,40 €/unitat, i d'ensaïmades, a 1,80 €/unitat. En total són 50 peces i la factura puja 78 €. Quantes peces de cada classe porta la comanda?

a) Identifica els elements del problema i expressa algebraicament els que són desconeguts:

	QUANTITAT	COST (€)
CROISSANTS	x	$1{,}40 \cdot x$
ENSAÏMADES	$50 - x$	$1{,}80 \cdot (50 - x)$

b) Relaciona, amb una igualtat, els elements coneguts i els desconeguts:

[COST DELS CROISSANTS] + [COST DE LES ENSAÏMADES] = 78 €

$$1{,}40x + 1{,}80\,(50 - x) = 78$$

c) Resol l'equació:

$$1{,}40x + 1{,}80\,(50 - x) = 78 \rightarrow 1{,}40x + 1{,}80 \cdot 50 - 1{,}80x = 78 \rightarrow$$
$$90 - 0{,}4x = 78 \rightarrow 12 = 0{,}4x \rightarrow x = 30$$

d) Interpreta la solució de l'equació dins de l'enunciat del problema i comprova si és correcta:

Solució: La comanda porta:

Croissants → 30   Ensaïmades → $50 - 30 = 20$

Comprovació: $1{,}4 \cdot 30 + 1{,}8 \cdot 20 = 42 + 36 = 78$

» FIXA IDEES

Reflexiona sobre les ajudes que es donen en els problemes següents i, després, resol-los.

F4. Una pagesa ha carregat a la furgoneta 35 caixes, unes de patates, de 15 kg, i unes altres de naps, de 10 kg. En total pesen 455 kg. Quantes caixes hi ha de cada classe?

	NRE. DE CAIXES	PES (kg)
PATATES	x	$15 \cdot x$
NAPS	$35 - x$	$10 \cdot (35 - x)$

[PES DE x CAIXES DE PATATES] + [PES DE $(35 - x)$ CAIXES DE NAPS] = 455 kg

F5. La Rosa té 25 anys menys que el seu pare, en Joan, i 26 anys més que el seu fill Albert. Entre tots tres sumen 98 anys. Quina és l'edat de cada un?

- Edat de la Rosa → x
- Edat d'en Joan → $x + 25$
- Edat de l'Albert → $x - 26$

[EDAT DE LA ROSA] + [EDAT D'EN JOAN] + [EDAT DE L'ALBERT] = 98 anys

F6. Un quilogram de pomes costa 0,50 € més que un de taronges. La Marta ha comprat 3 kg de taronges i 1 kg de pomes per 5,30 €. Quant costen les taronges? I les pomes?

- Un quilogram de taronges → x
- Tres quilograms de taronges → $3x$
- Un quilogram de pomes → $x + 0{,}50$

[COST DE 3 KG DE TARONGES] + [COST D'1 KG DE POMES] = 5,30 €

F7. La colla ha anat a berenar en una sandvitxeria. Un entrepà costa 1 € més que un sandvitx. Per tres sandvitxos i dos entrepans paguen 11 €. Quant costa un sandvitx? I un entrepà?

[$3x$ 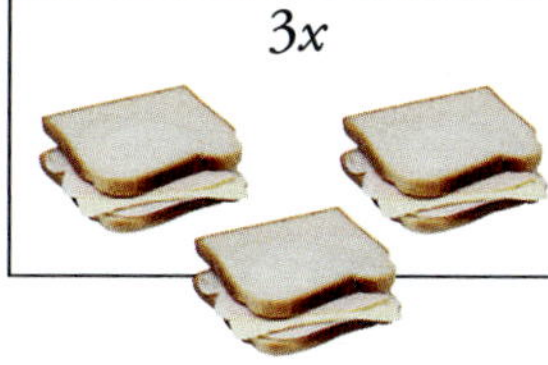] + [$2(x + 1)$ ] = 11 €

Exemple 3

Tres agricultors reben una indemnització de 100.000 € per l'expropiació de terrenys per a la construcció d'una autopista. Com han de repartir-se els diners, si el primer ha perdut el doble de terreny que el segon, i aquest, el triple de terreny que el tercer?

a) Identifica els elements del problema i expressa algebraicament els que són desconeguts:

- El tercer agricultor rep ⟶ x
- El segon agricultor ha de rebre el triple que el tercer ⟶ $3x$
- El primer agricultor ha de rebre el doble que el segon ⟶ $2 \cdot 3x = 6x$

b) Relaciona, amb una igualtat, els elements coneguts i els desconeguts:

INDEMNITZACIÓ 3r AGRICULTOR + INDEMNITZACIÓ 2n AGRICULTOR + INDEMNITZACIÓ 1r AGRICULTOR = 100.000

$$x + 3x + 6x = 100.000$$

c) Resol l'equació.

$$x + 3x + 6x = 100.000 \rightarrow 10x = 100.000 \rightarrow x = 10.000$$

d) Interpreta la solució de l'equació dins de l'enunciat del problema i comprova si és correcta:

Solució:

El tercer rebrà → $x = 10.000$ €

El segon rebrà → $3x = 30.000$ €

El primer rebrà → $6x = 60.000$ €

Comprovació: $10.000 + 3 \cdot 10.000 + 6 \cdot 10.000 = 100.000$

» APLICA EL QUE HAS APRÈS

17. Reparteix 99 € entre tres persones, de manera que la primera rebi la meitat que la segona, i aquesta, el triple que la tercera.

- La tercera persona → x
- La segona persona → $3x$
- La primera persona → $\frac{3x}{2}$

18. En un taller es distribueix una paga de 5.000 € per beneficis. L'encarregada rebrà el doble que un oficial i un oficial rebrà 200 € més que un peó. Quant s'emportarà cada un si sabem que al taller hi treballen l'encarregada, tres oficials i cinc peons?

- Un peó → x
- Un oficial → $x + 200$
- L'encarregada → $2 \cdot (x + 200)$

Abans de començar, pensa: cinc peons rebran $5x$ i tres oficials...

19. La Sara i en Jordi es reparteixen a parts iguals la paga que els ha donat l'àvia. Després, en Jordi diu a la Sara: «Si et torno els 10 € que et dec, només en tindré la meitat que tu.» Quants diners els va donar l'àvia?

- Paga de l'àvia (€) → x
- Si en Jordi torna 10 €, en tindrà → $\frac{x}{2} - 10$
- Si la Sara rep 10 €, en tindrà → $\frac{x}{2} + 10$

20. S'han repartit 500 litres de gasoil, a parts iguals, en dos barrils. Quants litres s'han de passar de l'un a l'altre perquè el segon tingui el triple de quantitat que el primer?

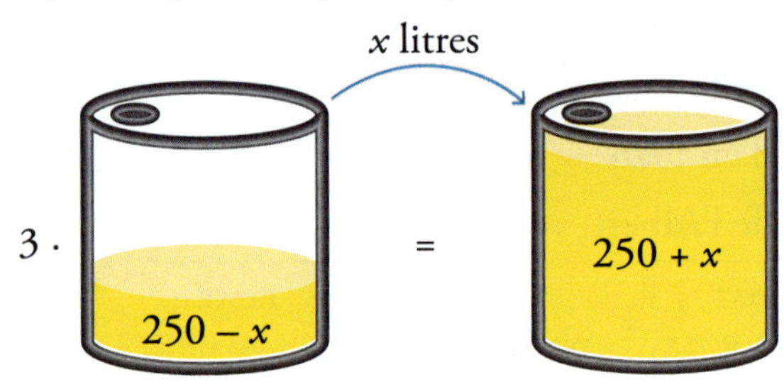

Exemple 4

Un restaurant compra una partida d'oli d'oliva a 3,40 €/ℓ i una altra d'oli de gira-sol a 1,30 €/ℓ. Quina quantitat d'oli de gira-sol han de barrejar amb cada garrafa de 10 litres d'oliva perquè el litre de barreja costi 2,50 €?

a) Les dades:

	QUANTITAT (ℓ)	PREU (€/ℓ)	COST (€)
OLIVA	10	3,40	$3{,}40 \cdot 10$
GIRA-SOL	x	1,30	$1{,}30 \cdot x$
BARREJA	$10 + x$	2,50	$2{,}50 \cdot (10 + x)$

b) L'equació:

COST DE 10 ℓ OLIVA + COST DE x ℓ GIRA-SOL = COST DE $(10 + x)$ ℓ BARREJA

$$3{,}40 \cdot 10 + 1{,}30 \cdot x = 2{,}50 \cdot (10 + x)$$

c) Resolució de l'equació:

$$3{,}40 \cdot 10 + 1{,}30 \cdot x = 2{,}50 \cdot (10 + x) \rightarrow 34 + 1{,}3x = 25 + 2{,}5x \rightarrow$$

$$34 - 25 = 2{,}5x - 1{,}3x \rightarrow 9 = 1{,}2x \rightarrow x = \frac{9}{1{,}2} \rightarrow x = 7{,}5$$

d) *Solució:* Perquè la barreja surti a 2,50 €/ℓ, cada 10 litres d'oli d'oliva s'han de barrejar amb 7,5 litres d'oli de gira-sol.

Comprovació:

Cost de 10 ℓ d'oli d'oliva → $3{,}40 \cdot 10 =$ 34,00 €

Cost de 7,5 ℓ d'oli de gira-sol → $1{,}30 \cdot 7{,}5 =$ + 9,75 €

Cost de la barreja (17,5 ℓ) → $2{,}50 \cdot 17{,}5 =$ 43,75 €

» APLICA EL QUE HAS APRÈS

21. En un magatzem tenen dos tipus de cafè, un de qualitat superior, a 12,70 €/kg, i un altre de qualitat inferior, a 7,80 €/kg.

Quants quilograms del cafè superior han de barrejar amb 100 kg de l'inferior per aconseguir una barreja de qualitat intermèdia que surti a 9,90 €/kg?

	PES (kg)	PREU (€/kg)	COST (€)
SUPERIOR	x	12,70	$12{,}70 \cdot x$
INFERIOR	100	7,80	$7{,}80 \cdot 100$
BARREJA	$x + 100$	9,90	$9{,}90\,(x + 100)$

22. Un orfebre disposa de dos aliatges d'or, un amb el 96 % de metall noble i l'altre amb només el 75 %.

Quants grams del primer cal fondre amb 100 grams del segon per augmentar-ne la riquesa fins al 82 %?

23. La Martina ha barrejat pintura vermella i groga per obtenir 40 ℓ de pintura taronja. El litre de pintura vermella costa 3,40 € i el de pintura groga, 2,60 €. Quants litres de cada tipus ha usat si la pintura taronja costa 2,95 €/ℓ?

	QUANTITAT	PREU (€/ℓ)	COST (€)
VERMELLA	x	…	…
GROGA	$40 - x$	…	…
BARREJA	40	2,95	…

24. Una empresària compra 100 camises a 24 € la unitat i les posa a la venda amb un increment del preu del 30 %. Quan n'ha venut una part, arriben les rebaixes i les deixa només el 10 % més cares del que li van costar. Un cop les ha venut totes, ha tingut un benefici global del 25 %. Quantes en va vendre abans de les rebaixes?

Exemple 5

Calcula les dimensions d'una finca rectangular, si sabem que és 80 m més llarga que ampla i que la tanca que l'envolta té una longitud de 560 m.

a) Les dades:

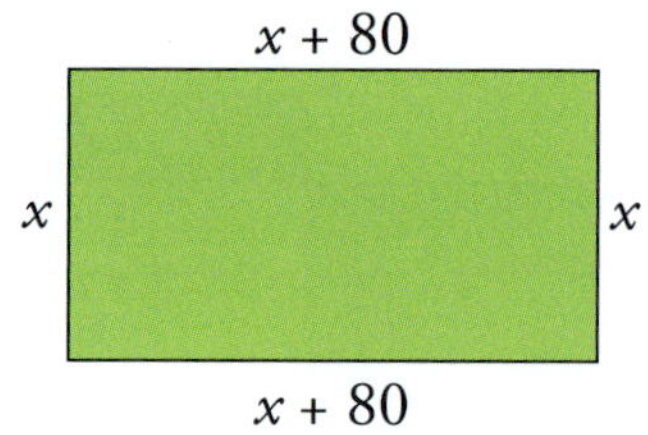

Costat curt (ample) → x

Costat llarg (llarg) → $x + 80$

Longitud de la tanca → 560 m

b) L'equació:

$2x + 2 \cdot (x + 80) = 560$

c) Resolució de l'equació:

$2x + 2 \cdot (x + 80) = 560$

$2x + 2x + 160 = 560$

$4x = 560 - 160 \rightarrow 4x = 400 \rightarrow x = 100$

d) *Solució:*

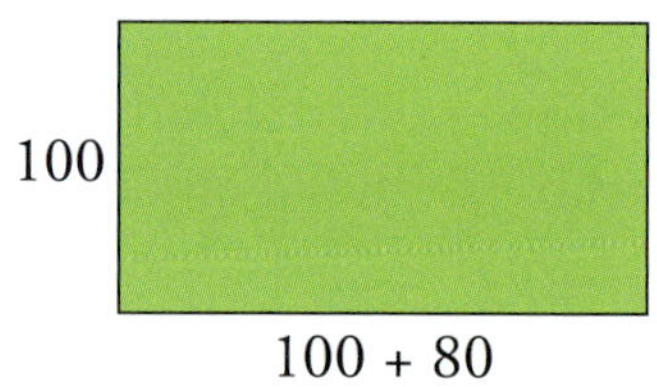

Costat curt → 100 m

Costat llarg → 100 + 80 = 180 m

La finca mesura 180 m de llarg per 100 m d'ample.

Comprovació:

Longitud de la tanca: $2 \cdot 100 + 2 \cdot 180 = 200 + 360 = 560$ m

» APLICA EL QUE HAS APRÈS

25. Calen 150 m de filat per encerclar una finca rectangular que és el doble de llarga que d'ampla. Quines són les dimensions de la finca?

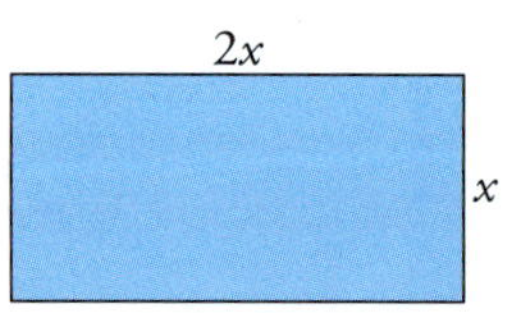

26. El costat mitjà d'un triangle escalè mesura 7 cm més que el costat curt i 5 cm menys que el costat llarg. Si el perímetre mesura 52 cm, quina és la longitud de cada costat?

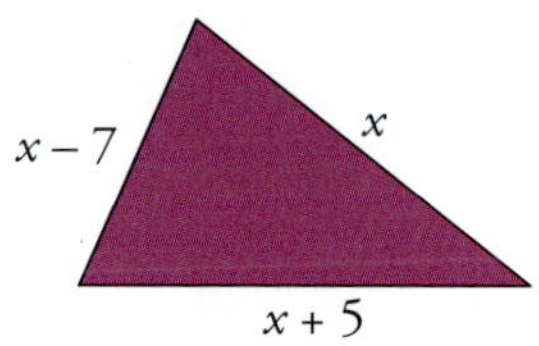

27. El costat desigual d'un triangle isòsceles mesura 11 cm més que un dels costats iguals i el perímetre fa 65 cm. Calcula la longitud de cada costat.

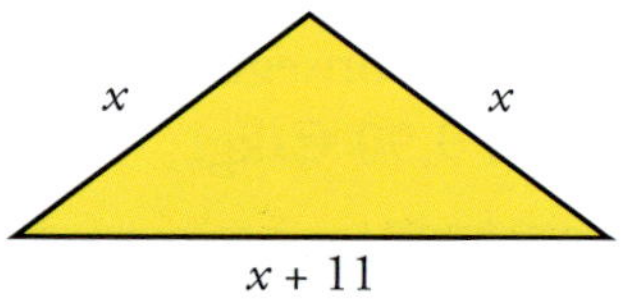

28. El perímetre d'un trapezi fa 51 cm, la base gran mesura el doble que la petita, i aquesta, 3 cm menys que cada un dels costats no paral·lels. Calcula la mesura de cada costat.

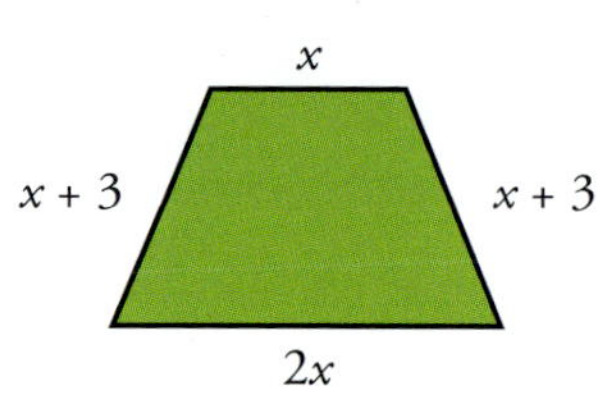

8. EQUACIONS DE SEGON GRAU

Una equació és de segon grau si, després de reduir-la, compleix aquestes condicions:

- Algun dels seus termes és un monomi de segon grau.
- No conté termes de grau superior a dos.

Per exemple, l'equació següent és de segon grau:

$$2x + 5x^2 - 1 = 3 + 4x^2 + 5x$$

MONOMIS DE SEGON GRAU

L'equació anterior es pot reduir així:

$$2x + 5x^2 - 1 - 3 - 4x^2 - 5x = 0 \rightarrow \boxed{x^2 - 3x - 4 = 0}$$

FORMA GENERAL DE L'EQUACIÓ

Qualsevol equació de segon grau amb una incògnita es pot expressar amb la **forma general** següent:

$$ax^2 + bx + c = 0 \begin{cases} \text{en què } a \neq 0,\ b \text{ i } c \text{ són} \\ \text{coeficients coneguts.} \end{cases}$$

Per exemple:

EQUACIÓ →	$5x^2 = 45$	$(x-3) \cdot (x-2) = 0$
FORMA GENERAL →	$5x^2 + 0x - 45 = 0$	$x^2 - 5x + 6 = 0$
COEFICIENTS →	$a = 5,\ b = 0,\ c = -45$	$a = 1,\ b = -5,\ c = 6$

Recorda

$(x-3) \cdot (x-2)$

$$\begin{array}{r} x - 3 \\ \times\ \ x - 2 \\ \hline -2x + 6 \\ +\ x^2 - 3x \\ \hline x^2 - 5x + 6 \end{array}$$

Solucions d'una equació de segon grau

En general, una equació de segon grau té dues solucions diferents, encara que també en trobaràs amb una solució doble o sense solució.

Tingues en compte

A les solucions d'una equació de segon grau també se les anomena **arrels**.

$$x^2 - 3x - 4 = 0 \rightarrow \begin{cases} x = 4 \\ x = -1 \end{cases}$$

Les arrels de l'equació són $x = 4$ i $x = -1$.

Exemple

L'equació $x^2 - 3x - 4 = 0$ té dues solucions: $\begin{cases} x = 4 \\ x = -1 \end{cases}$

Per a $x = 4 \rightarrow 4^2 - 3 \cdot 4 - 4 = 16 - 12 - 4 = 0$

Per a $x = -1 \rightarrow (-1)^2 - 3 \cdot (-1) - 4 = 1 + 3 - 4 = 0$

» APLICA EL QUE HAS APRÈS

29. Indica quines d'aquestes equacions són de segon grau i expressa-les amb la forma general:

a) $x^2 = 5$ **b)** $x^2 + 3 = x^2 + x$

c) $2x(x-1) = 4$ **d)** $x(x-3) = x^2 - 1$

e) $7x^2 - 4x = x^2 + 2$ **f)** $5x + 6 - x^2 = 7x^3 + 4$

g) $3x^2 + 9 - 3x^2 = x$ **h)** $x^3 + 2x = x(x+3)$

30. Relaciona cada equació amb les seves solucions:

a) $x^2 = 25$ **b)** $x^2 = 9$

c) $x^2 + x - 6 = 0$ **d)** $x^2 - 7x + 10 = 0$

e) $x^2 + 3x - 10 = 0$ **f)** $x^2 - 5x + 6 = 0$

| 3 | −5 | 2 | 5 | −3 |

9. RESOLUCIÓ D'EQUACIONS DE SEGON GRAU

L'equació $x^2 = k$

Per resoldre l'equació $x^2 = k$, busquem els nombres el quadrat dels quals és k. És a dir, busquem l'arrel quadrada de k.

$$x^2 = k \rightarrow x = \pm\sqrt{k}$$

Si k és un nombre positiu, hi ha dues solucions oposades; si k és negatiu, no hi ha solució.

Exemples

- $x^2 = 36 \rightarrow x = \pm\sqrt{36} \rightarrow x = \begin{cases} +6 \\ -6 \end{cases}$
- $x^2 + 25 = 0 \rightarrow x^2 = -25 \rightarrow x = \pm\sqrt{-25}$

No té solució, ja que l'arrel quadrada de –25 no existeix.

L'equació $ax^2 + c = 0$

Es tracta d'un cas similar a l'anterior:

$$ax^2 + c = 0 \rightarrow ax^2 = -c \rightarrow x^2 = \frac{-c}{a} \rightarrow x = \pm\sqrt{\frac{-c}{a}}$$

Si el radicand és positiu, hi ha dues solucions; si és negatiu, l'equació no té solució.

Exemples

- $2x^2 - 18 = 0 \rightarrow x^2 = \frac{18}{2} \rightarrow x = \pm\sqrt{9} \rightarrow x = \begin{cases} +3 \\ -3 \end{cases}$
- $5x^2 + 20 = 0 \rightarrow x^2 = \frac{-20}{5} \rightarrow x = \pm\sqrt{-4}$. No té solució.

Tingues en compte

Sovint hauràs de donar solucions aproximades.

Per exemple:

$3x^2 - 15 = 0 \rightarrow x^2 = \frac{15}{3} \rightarrow$

$x = \pm\sqrt{5}$

$\sqrt{5} \rightarrow$ 2.2366679

$x = \begin{cases} \approx 2{,}24 \\ \approx -2{,}24 \end{cases}$

L'equació $ax^2 + bx = 0$

En aquest cas, traiem factor comú en el primer membre:

$$ax^2 + bx = 0 \rightarrow x \cdot (ax + b) = 0$$

Si un producte és igual a zero, necessàriament un dels factors ha de ser zero; per tant, hi ha dues solucions:

$$x \cdot (ax + b) = 0 \rightarrow \begin{cases} x = 0 \longleftarrow \text{PRIMERA SOLUCIÓ} \\ ax + b = \rightarrow x = \frac{-b}{a} \longleftarrow \text{SEGONA SOLUCIÓ} \end{cases}$$

Exemples

- $x^2 - 5x = 0 \rightarrow x \cdot (x - 5) = 0 \rightarrow \begin{cases} x = 0 \\ x - 5 = 0 \rightarrow x = 5 \end{cases}$
- $5x^2 - 2x = 0 \rightarrow x \cdot (5x - 2) = 0 \rightarrow \begin{cases} x = 0 \\ 5x - 2 = 0 \rightarrow x = \frac{2}{5} \end{cases}$

L'equació $ax^2 + bx + c = 0$

El procés per resoldre una **equació de segon grau completa** és llarg i complicat, per la qual cosa fem servir la fórmula que dona la incògnita ja aïllada:

$$ax^2 + bx + c = 0 \rightarrow x = \frac{-b \pm \sqrt{b^2 - 4ac}}{2a}$$

Aquesta fórmula permet arribar a les solucions amb rapidesa i comoditat. La justificació d'aquesta fòrmula l'estudiarem en cursos superiors. Ara, però, convé memoritzar-la i aprendre'n el funcionament amb l'ajuda dels exemples següents:

Solució doble

$$(x-5)^2 = 0 \rightarrow$$

$$x^2 - 10x + 25 = 0 \rightarrow \begin{cases} a = 1 \\ b = -10 \\ c = 25 \end{cases}$$

$$x = \frac{-(-10) \pm \sqrt{(-10)^2 - 4 \cdot 1 \cdot 25}}{2 \cdot 1} =$$

$$= \frac{10 \pm \sqrt{0}}{2 \cdot 1} = \begin{cases} \frac{10+0}{2} = 5 \\ \frac{10-0}{2} = 5 \end{cases}$$

Exemples

- $5x^2 - 7x + 2 = 0 \rightarrow a = 5;\ b = -7;\ c = 2$

$$x = \frac{-(-7) \pm \sqrt{(-7)^2 - 4 \cdot 5 \cdot 2}}{2 \cdot 5} = \frac{7 \pm \sqrt{9}}{10} = \begin{cases} \frac{7+3}{10} = 1 \\ \frac{7-3}{10} = \frac{2}{5} \end{cases}$$

- $5x^2 + 6x + 2 = 0 \rightarrow a = 5;\ b = 6;\ c = 2$

$$x = \frac{-6 \pm \sqrt{6^2 - 4 \cdot 5 \cdot 2}}{2 \cdot 5} = \frac{-6 \pm \sqrt{-4}}{10}$$

L'equació no té solució, ja que l'arrel quadrada de –4 no existeix.

» FIXA IDEES

F8. Copia, completa els coeficients i calcula les solucions:

a) $x^2 + 2x - 3 = 0 \rightarrow \begin{cases} a = 1 \\ b = 2 \\ c = -3 \end{cases}$

$$x = \frac{-\square \pm \sqrt{\square^2 - 4 \cdot \square \cdot (-3)}}{2 \cdot \square} = \dots$$

b) $5x^2 - 3x - 2 = 0 \rightarrow \begin{cases} a = 5 \\ b = -3 \\ c = -2 \end{cases}$

$$x = \frac{-(-\square) \pm \sqrt{(-\square)^2 - 4 \cdot \square \cdot (-2)}}{2 \cdot \square} = \dots$$

» APLICA EL QUE HAS APRÈS

31. Resol les equacions següents:

a) $x^2 = 81$ **b)** $x^2 = 25$ **c)** $5x^2 = 20$

d) $x^2 - 9 = 0$ **e)** $x^2 + 6 = 10$ **f)** $4x^2 + 1 = 2$

g) $\frac{x^2}{7} = 7$ **h)** $\frac{5x^2}{8} = \frac{2}{5}$ **i)** $\frac{2x^2}{9} - \frac{1}{50} = 0$

32. Redueix, treu factor comú i resol:

a) $x^2 - 4x = 0$ **b)** $x^2 + 2x = 0$ **c)** $x^2 - x = 0$

d) $x^2 + x = 0$ **e)** $3x^2 - 2x = 0$ **f)** $5x^2 + x = 0$

g) $\frac{x^2}{3} = x$ **h)** $\frac{x^2}{2} = \frac{x}{3}$ **i)** $\frac{x}{3} + \frac{x^2}{4} = \frac{5x}{6}$

33. Calcula la solució aplicant la fórmula:

a) $x^2 - 6x + 8 = 0$ **b)** $x^2 - 6x + 5 = 0$

c) $x^2 + x - 12 = 0$ **d)** $x^2 + 7x + 10 = 0$

e) $2x^2 - 7x + 6 = 0$ **f)** $x^2 - 2x + 1 = 0$

g) $x^2 + 6x + 9 = 0$ **h)** $x^2 - 3x + 3 = 0$

34. Redueix i resol:

a) $x^2 - 3x - 5 = 2x + 9$

b) $6x^2 - 5(x-1) = x(x+1) + 4$

c) $x(x+1) - \frac{1}{2} = \frac{x-4}{6}$

» EXERCITA LES TEVES COMPETÈNCIES

Equacions senzilles

1. Resol mentalment:

a) $x + 4 = 5$ **b)** $x - 3 = 6$ **c)** $7 + x = 10$

d) $7 - x = 5$ **e)** $9 = 15 - x$ **f)** $2 - x = 9$

2. Resol:

a) $2x - 5 + 3x + 1 = 3x - 2$

b) $x + 7 = 12x - 3 - 8x + 1$

c) $6x - 1 + x = 4 - 5x + 3$

d) $x + 2x + 3x - 5 = 4x - 9$

e) $5x + 4 - 6x = 7 - x - 3$

f) $4x + 2 + 7x = 10x + 3 + x$

3. Treu parèntesis i resol:

a) $6(x + 1) - 4x = 5x - 9$

b) $18x - 13 = 8 - 4(3x - 1)$

c) $3x + 5(2x - 1) = 8 - 3(4 - 5x)$

d) $5 - (4x + 6) = 3x + (7 - 4x)$

e) $x - 7(2x + 1) = 2(6 - 5x) - 13$

f) $11 - 5(3x + 2) + 7x = 1 - 8x$

g) $13x - 5(x + 2) = 4(2x - 1) + 7$

Equacions de primer grau amb denominadors

4. Treu denominadors i resol:

a) $\frac{5x}{3} + 1 = \frac{5}{6} + x$

b) $\frac{3x}{5} - \frac{1}{4} = x - \frac{7x}{10} - \frac{1}{5}$

c) $\frac{x}{3} + \frac{4}{15} - x = \frac{1}{6} - \frac{7x}{10}$

d) $\frac{7x}{4} - 1 - \frac{x}{8} = x + \frac{5x}{8} + 1$

e) $\frac{x}{2} + \frac{1}{6} - \frac{x}{3} = \frac{5}{6} + \frac{x}{6} - \frac{2}{3}$

5. Elimina parèntesis i denominadors i resol:

a) $2x - \frac{5}{2} = \frac{1}{2}(x - 3)$ **b)** $\frac{5}{6}(2x - 1) - x = \frac{x}{6}$

c) $\frac{x}{5} - 1 = 2\left(x - \frac{4}{5}\right)$ **d)** $x - \frac{1}{3} = \frac{1}{6}(2x - 5)$

6. EXERCICI RESOLT

Resol l'equació: $\frac{3x}{5} - 1 = x - \frac{x + 1}{2}$

$10 \cdot \left(\frac{3x}{5} - 1\right) = 10 \cdot \left(x - \frac{x+1}{2}\right)$

$6x - 10 = 10x - 5(x + 1)$

$6x - 10 = 10x - 5x - 5$

$6x - 10 = 5x - 5$

$6x - 5x = 10 - 5 \rightarrow x = 5$

7. Elimina denominadors i resol:

a) $1 - \frac{x+1}{3} = 2x - \frac{1}{3}$ **b)** $1 - \frac{1-x}{3} = x + \frac{1}{2}$

c) $\frac{3x-1}{2} - 1 = 2x - 2$ **d)** $x + \frac{2-3x}{5} = \frac{x}{2} + 1$

e) $2x + \frac{x-3}{2} = \frac{x-3}{4}$ **f)** $\frac{3x}{5} - 1 = x - \frac{x+1}{2}$

g) $\frac{x+3}{5} - \frac{x-6}{7} = 1$ **h)** $\frac{1-x}{3} - \frac{x-1}{12} = \frac{3x-1}{4}$

8. Resol aquestes equacions:

a) $\frac{3x-1}{4} - \frac{2x+1}{5} = \frac{7x-13}{20}$

b) $2 + \frac{2}{5}(x+1) = x - \frac{2x+3}{5}$

c) $\frac{2}{3}(1-3x) + \frac{3(x-1)}{4} = \frac{5}{12}(1 - x)$

d) $\frac{3}{5}\left(\frac{x-1}{3} + 1\right) + x = \frac{3}{4}\left(x - \frac{2}{3}\right)$

9. EXERCICI RESOLT

Resol l'equació: $1 + \frac{2}{x} + \frac{1}{3} = \frac{2}{3x}$

$3x \cdot \left(1 + \frac{2}{x} + \frac{1}{3}\right) = 3x \cdot \frac{2}{3x}$

$3x + 6 + x = 2 \rightarrow 4x = 2 - 6$

$4x = -4 \rightarrow x = \frac{-4}{4} \rightarrow x = -1$

10. Resol, com en l'exercici anterior:

a) $\frac{2}{x} + \frac{1}{2} = \frac{5}{3x} + 1$ **b)** $\frac{1}{2x} + \frac{1}{5} = \frac{1}{5x} + \frac{1}{2}$

c) $\frac{1}{2x} - \frac{2}{9x} = 1 + \frac{1}{3x}$ **d)** $\frac{1}{x-1} + \frac{3}{2} = \frac{3}{2(x-1)}$

Multiplica per 6x, 10x, 18x i 2(x – 1), respectivament.

Equacions de segon grau

11. Observa, raona i resol:

a) $5x^2 = 45$
b) $12x^2 = 3$
c) $x(x - 3) = 0$
d) $(x + 5)x = 0$
e) $x(3x - 1) = 0$
f) $3x(5x + 2) = 0$
g) $x^2 - 7x = 0$
h) $x^2 + 4x = 0$
i) $3x^2 = 2x$
j) $5x^2 = x^2 - 2x$

12. Aplica la fórmula i resol:

a) $x^2 - 10x + 21 = 0$
b) $x^2 + 2x - 3 = 0$
c) $x^2 + 9x + 40 = 0$
d) $5x^2 + 14x - 3 = 0$
e) $15x^2 - 16x + 4 = 0$
f) $14x^2 + 5x - 1 = 0$
g) $x^2 - 10x + 25 = 0$
h) $9x^2 + 6x + 1 = 0$
i) $6x^2 - 5x + 2 = 0$
j) $6x^2 - x - 5 = 0$

13. Redueix a la forma general i aplica la fórmula:

a) $x^2 - \frac{1}{4} = \frac{1}{5}\left(\frac{x}{4} - 1\right)$

b) $\frac{x}{2}\left(x - \frac{1}{2}\right) = \frac{x}{6}\left(\frac{x}{2} + \frac{5}{3}\right)$

c) $\frac{x}{3}\left(\frac{1}{2} - x\right) = 2 - \frac{x}{2}\left(x - \frac{5}{3}\right)$

d) $\frac{x^2}{2} + x = \frac{2x^2 - 5}{3} - 1$

Resol problemes amb equacions de primer grau

14. Calcula, primer, mentalment i, després, amb l'ajuda d'una equació:

a) Si a un nombre li sumes 12 unitats, n'obtens 25. De quin nombre es tracta?

b) Si a un nombre li restes 10 unitats, n'obtens 20. Quin nombre és?

c) Un nombre, x, i el següent, $x + 1$, sumen 13. Quins són aquests nombres?

d) A la classe som 29 en total, però hi ha tres nois més que noies. Quants nois i quantes noies hi ha a la classe?

15. Busca un nombre el doble del qual més tres unitats sigui igual al seu triple menys cinc unitats.

16. Multiplicant un nombre per 5, s'obté el mateix que sumant-n'hi 12. Quin és aquest nombre?

17. La suma de dos nombres és 167 i la seva diferència, 19. Quins són aquests nombres?

18. Calcula el nombre natural que sumat al següent dona 157.

- el nombre $\rightarrow x$
- el següent $\rightarrow x + 1$

19. La suma de tres nombres consecutius és 135. Quins són aquests nombres?

20. La Teresa és 7 anys més gran que el seu germà Toni i 2 anys més petita que la seva germana Blanca. Calcula l'edat de cada un si sabem que entre tots tres sumen 34 anys.

TONI $\rightarrow x - 7$; TERESA $\rightarrow x$; BLANCA $\rightarrow x + 2$

21. Una ensaïmada costa 10 ct. més que un croissant. Tres croissants i quatre ensaïmades han costat 6 €. Quant costa cada peça?

22. En Narcís ha comprat a les rebaixes dos pantalons i tres samarretes per 161 €. Quin era el preu de cada article, si uns pantalons costaven el doble que una samarreta?

23. Un dipòsit d'aigua s'omple amb dues aixetes. Obrint només la primera, el dipòsit s'omple en 40 minuts. Però si s'obre també la segona, que aboca 5 litres per minut, llavors el dipòsit s'omple en 30 minuts. Quin cabal té la primera aixeta? Quina és la capacitat del dipòsit?

24. A la caixa d'un supermercat hi ha 1.140 € repartits en bitllets de 5, 10, 20 i 50 €.

Sabem que:

— Hi ha el doble de bitllets de 5 € que de 10 €.

— De 10 € n'hi ha la mateixa quantitat que de 20 €.

— De 20 € hi ha sis bitllets més que de 50 €.

Quants bitllets de cada classe hi ha a la caixa?

25. Un pagès sembra la meitat de l'hort de melons, la tercera part de tomàquets i la resta, que són 200 m², de patates. Quina superfície té l'hort?

- superfície hort $\rightarrow x$
- melons $\rightarrow \frac{x}{2}$
- tomàquets $\rightarrow \frac{x}{3}$
- patates $\rightarrow 200\ m^2$

26. L'Adrià avança, caminant, 0,80 m en cada pas i, corrent, 1,25 m. Per fer una volta a la pista del poliesportiu ha de fer 180 passos més si va caminant que si corre.

Quants passos fa, en cada cas, en una volta?

Quina és la longitud de la pista?

27. Del forn d'un obrador han sortit dues fornades amb el mateix nombre de magdalenes. Les magdalenes de la primera fornada les han envasat en bosses de 10 unitats i les de la segona, en bosses de 12.

Quantes magdalenes surten en cada fornada si s'han omplert 5 bosses més en la primera que en la segona?

- Nombre de magdalenes per fornada $\rightarrow x$
- Nombre de bosses de 10 unitats $\rightarrow \frac{x}{10}$
- Nombre de bosses de 12 unitats $\rightarrow \frac{x}{12}$

28. Una aixeta omple un dipòsit en 30 minuts. Una altra aixeta, amb un cabal inferior a l'anterior de 2 litres per minut, omple un segon dipòsit en 20 minuts.

Si sabem que en el primer dipòsit hi caben 200 litres més que en el segon, quin és el cabal de cada aixeta?

29. PROBLEMA RESOLT

En Quim té 14 anys, la seva germana en té 16 i la seva mare, 42. Quants anys han de transcórrer perquè entre ambdós fills igualin l'edat de la mare?

	EDAT AVUI	EDAT AL CAP DE *X* ANYS
QUIM	14	$14 + x$
GERMANA	16	$16 + x$
MARE	42	$42 + x$

Al cap de x anys, s'ha de complir:

EDAT D'EN QUIM + EDAT DE LA GERMANA = EDAT DE LA MARE

$$(14 + x) + (16 + x) = 42 + x$$

$$2x + 30 = 42 + x \rightarrow x = 12$$

Solució: Han de passar 12 anys.

30. Un pare té 38 anys i el seu fill, 11. Quants anys han de transcórrer perquè el pare tingui el doble d'edat que el fill?

31. L'edat de la senyora Adela és sis vegades la del seu net Joan, però d'aquí a vuit anys només serà el quàdruple. Quina edat té cada un?

	EDAT AVUI	EDAT AL CAP DE 8 ANYS
NET	x	$x + 8$
SENYORA ADELA	$6x$	$6x + 8$

EDAT DE LA SENYORA ADELA D'AQUÍ A 8 ANYS $= 4 \cdot$ EDAT DEL NET D'AQUÍ A 8 ANYS

32. Un ciclista puja un port a 15 km/h i, després, el baixa a 35 km/h. Si la ruta ha durat 30 minuts, quant temps ha trigat a pujar?

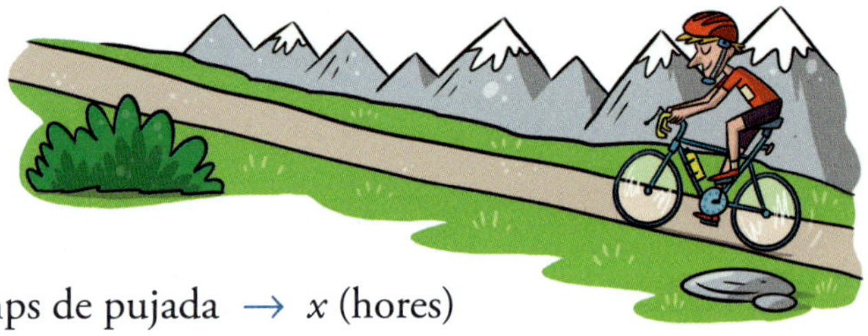

- Temps de pujada $\rightarrow x$ (hores)
- Temps de baixada $\rightarrow \frac{1}{2} - x$ (hores)
- Distància de pujada $\rightarrow 15x$
- Distància de baixada $\rightarrow 35\left(\frac{1}{2} - x\right)$

DISTÀNCIA DE PUJADA = DISTÀNCIA DE BAIXADA

33. Dos ciclistes surten alhora: un, de A cap a B a la velocitat de 24 km/h i l'altre, de B cap a A a 16 km/h. Si la distància entre A i B és de 30 km, quant tardaran a trobar-se?

- Temps fins a la trobada $\rightarrow x$ (hores)
- Distància recorreguda pel primer $\rightarrow 24x$
- Distància recorreguda pel segon $\rightarrow 16x$

DISTÀNCIA RECORREGUDA PEL PRIMER + DISTÀNCIA RECORREGUDA PEL SEGON = 30

34. Dos trens es troben, respectivament, a les estacions de dues ciutats separades 132 km. Ambdós surten a la mateixa hora, per vies paral·leles, cap a la ciutat contrària. Si el primer va a 70 km/h i el segon, a 95 km/h, quant tardaran a creuar-se?

35. Un ciclista surt d'una població a la velocitat de 22 km/h. Una hora i mitja després, un motorista surt de la mateixa població a 55 km/h. Quant tardarà a atrapar-lo?

36. Una ciclista circula per una carretera a 18 km/h durant 20 min. A quina velocitat hauria d'anar durant els 10 min següents perquè la mitjana dels 30 min fos de 20 km/h?

37. S'han pagat 66 € per una peça que estava rebaixada el 12 %. Quin era el preu sense rebaixa?

- Preu original → x
- Rebaixa → $\frac{12x}{100}$
- Equació → $x - \frac{12x}{100} = 66$

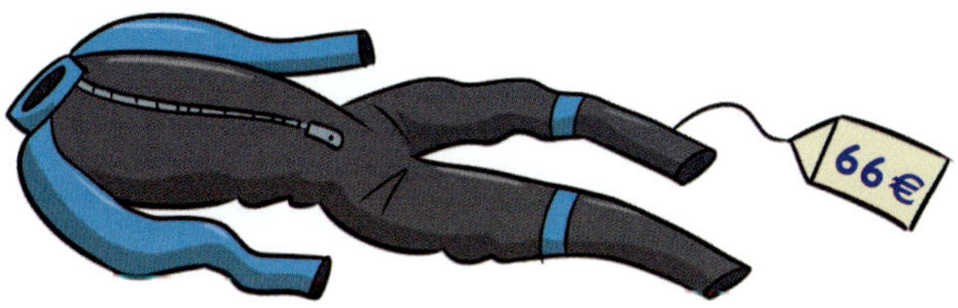

38. La Laura ha comprat una faldilla i una brusa a les rebaixes per 59 €. La faldilla costava 16 € més que la brusa, però li han fet el 20 % de rebaixa i a la brusa, només el 15 %. Quant costava cada peça?

	COST SENSE REBAIXA	COST AMB REBAIXA
FALDILLA	x	$0{,}80 \cdot x$
BRUSA	$x - 16$	$0{,}85 \cdot (x - 16)$

COST FALDILLA REBAIXADA + COST BRUSA REBAIXADA = 59 €

39. Un fabricant de formatge ha barrejat llet de vaca, a 0,50 €/ℓ, amb llet d'ovella, a 0,80 €/ℓ, i ha aconseguit 300 litres de barreja a un preu mitjà de 0,70 €/ℓ. Quants litres de cada tipus de llet ha fet servir?

	QUANTITAT (ℓ)	PREU (€/ℓ)	COST (€)
VACA	x	0,50	$0{,}5 \cdot x$
OVELLA	$300 - x$	0,80	$0{,}8 \cdot (300 - x)$
BARREJA	300	0,70	$0{,}7 \cdot 300$

COST LLET VACA + COST LLET OVELLA = COST BARREJA

40. Una empresa compra un dipòsit de suc concentrat a 0,35 €/ℓ. Per rebaixar-lo hi afegeix 35 litres d'aigua. Així, el litre surt 7 ct. més barat. Quant suc hi havia al dipòsit abans d'aigualir-lo?

41. Per delimitar una zona rectangular el doble de llarga que d'ampla, es necessiten 84 m de cinta. Quines són les dimensions del sector delimitat?

42. L'amplitud d'un dels angles d'un triangle és 12° més gran i 18° més petita, respectivament, que les amplituds dels altres dos angles. Calcula la mesura de cada angle.

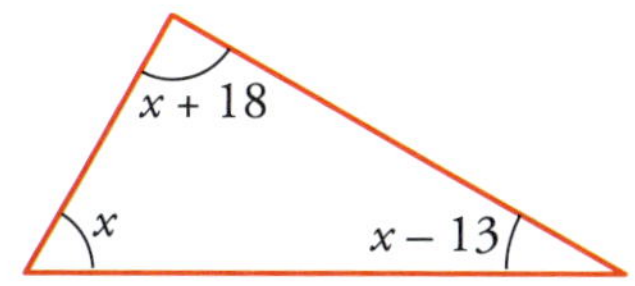

43. PROBLEMA RESOLT

D'una parcel·la rectangular s'han cedit 10 m de llargària i 10 m d'amplada, per la qual cosa la parcel·la ha perdut una superfície de 800 m².
Si el rectangle resultant mesura 50 m de llargària, quina n'és l'amplada?

a) Ens ajudem amb un gràfic:

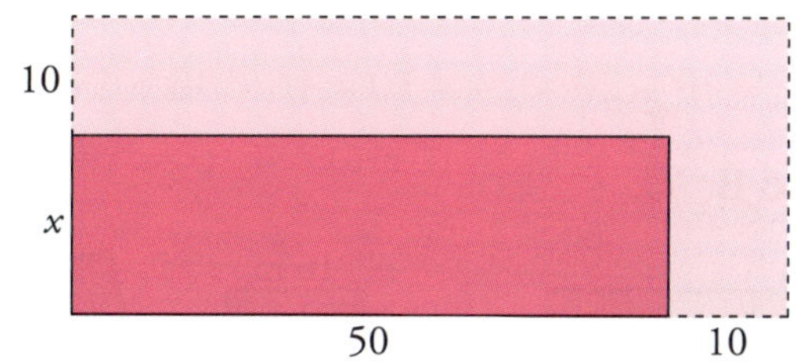

b) Codifiquem algebraicament les dades i la incògnita:

- Superfície original → $60 \cdot (x + 10)$
- Superfície resultant → $50 \cdot x$
- Superfície perduda → $60 \cdot (x + 10) - 50 \cdot x$; → $800\ m^2$

c) Escrivim l'equació i la resolem:

$$60 \cdot (x + 10) - 50x = 800$$

$$60x + 600 - 50x = 800 \rightarrow 10x = 200 \rightarrow x = 20$$

d) *Solució:* L'amplada del rectangle és de 20 m.

44. En una planxa quadrada de fusta, es fan dos talls perpendiculars entre si i paral·lels als costats per aconseguir dos taulons de 20 cm i 15 cm d'amplada, respectivament. Quines eren les dimensions de la planxa, si els taulons tenen una superfície de 0,32 m²?

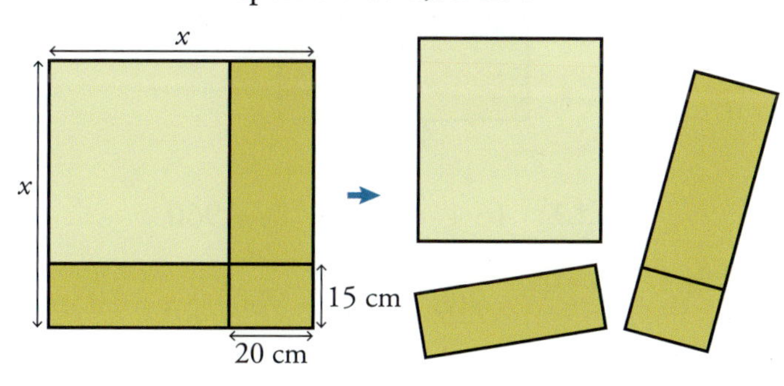

Analitza i expressa't

45. Analitza les solucions del problema i explica com s'ha construït l'equació en cada cas.

Calcula el perímetre d'aquesta finca, si sabem que té una superfície de 960 m².

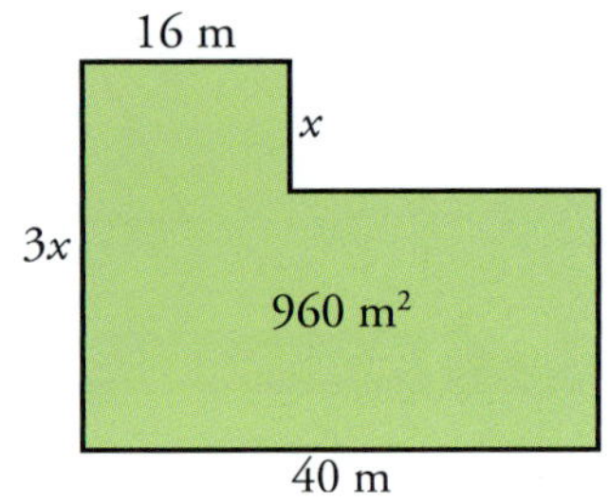

Resolució A

$$16 \cdot 3x + (40 - 16) \cdot (3x - x) = 960$$

$$48x + 24 \cdot 2x = 960 \rightarrow 48x + 48x = 960$$

$$96x = 960 \rightarrow x = \frac{960}{96} \rightarrow x = 10 \text{ m}$$

Perímetre = 40 + 20 + 24 + 10 + 16 + 30 = 140 m

Resolució B

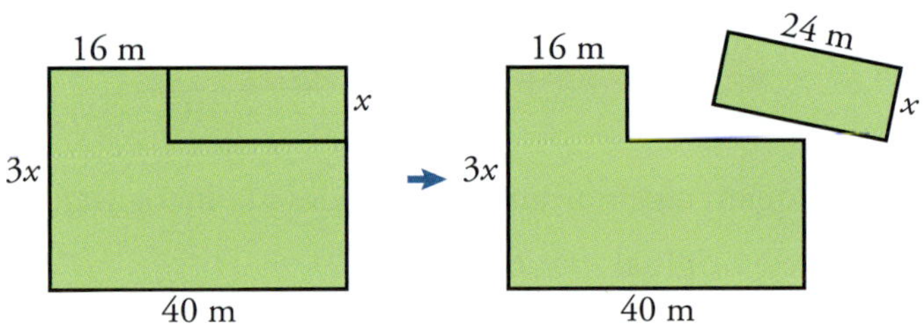

$$40 \cdot 3x - 24 \cdot x = 960$$

$$120x - 24x = 960 \rightarrow 96x = 960 \rightarrow x = 10 \text{ m}$$

Perímetre = 140 m

Resolució C

$$960 - 16 \cdot x = 40 \cdot (3x - x)$$

$$960 - 16x = 40 \cdot 2x \rightarrow 960 = 80x + 16x$$

$$960 = 96x \rightarrow x = 10 \text{ m}$$

Perímetre = 140 m

Resolució D

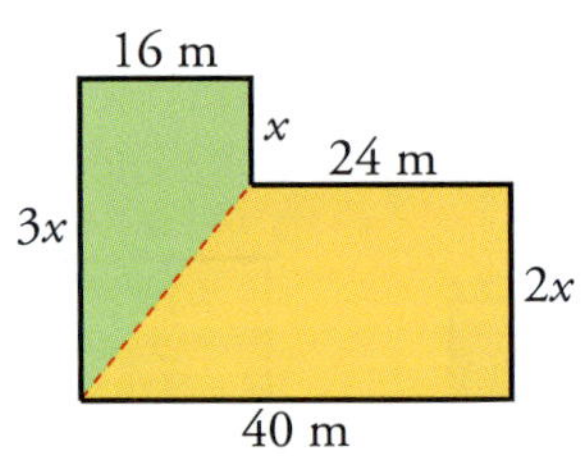

$$\frac{3x + x}{2} \cdot 16 + \frac{24 + 40}{2} \cdot 2x = 960$$

$$2x \cdot 16 + 32 \cdot 2x = 960 \rightarrow 96x = 960 \rightarrow x = 10 \text{ m}$$

Perímetre = 140 m

Resol problemes amb equacions de segon grau

46. EXERCICI RESOLT

Calcula el nombre enter tal que el producte de l'anterior pel següent supera el seu quàdruple en 11 unitats. Busca totes les solucions.

$$(x + 1) \cdot (x - 1) = 4x + 11$$

$$x^2 - 1 = 4x + 11 \rightarrow x^2 - 4x - 12 = 0$$

$$x = \frac{4 \pm \sqrt{4^2 - 4 \cdot 1 \cdot (-12)}}{2 \cdot 1} = \frac{4 \pm \sqrt{64}}{2}$$

$$x = \frac{4 \pm 8}{2} \quad \begin{cases} \frac{12}{2} = 6 \\ \frac{-4}{2} = -2 \end{cases}$$

Solució: Hi ha dos nombres que compleixen les condicions del problema, 6 i –2.

Comprovació:

$$(6 + 1) \cdot (6 - 1) \rightarrow 35 \leftarrow 4 \cdot 6 + 11$$

$$(-2 + 1) \cdot (-2 - 1) \rightarrow 3 \leftarrow 4 \cdot (-2) + 11$$

47. Calcula, primer mentalment i després amb una equació.

a) Quin nombre multiplicat pel següent dona 12?

$$x \cdot (x + 1) = 12$$

b) La suma dels quadrats de dos nombres consecutius és 5. De quins nombres es tracta?

$$x^2 + (x + 1)^2 = 5$$

48. Si un nombre augmentat en tres unitats es multiplica pel mateix nombre disminuït en tres unitats, s'obté 55. Quin nombre és?

$$(x + 3) \cdot (x - 3) = 55$$

49. Si multiplico la meva edat per la de la meva germana petita, amb qui em porto 5 anys, obtinc el triple de l'edat de la meva mare, que em va tenir als 28 anys. Quants anys tinc?

- La meva edat $\rightarrow x$
- La de la meva germana $\rightarrow x - 5$
- L'edat de la meva mare $\rightarrow x + 28$

50. Aquest matí han sortit de l'aparcament del meu bloc sis cotxes més dels que hi han entrat. Si el producte dels uns pels altres és igual al nombre de rodes de tots els cotxes, quants n'han sortit i quants n'han entrat?

51. EXERCICI RESOLT

Calcula les dimensions d'un rectangle si sabem que és 7 cm més llarg que ample i que la seva àrea és de 120 cm².

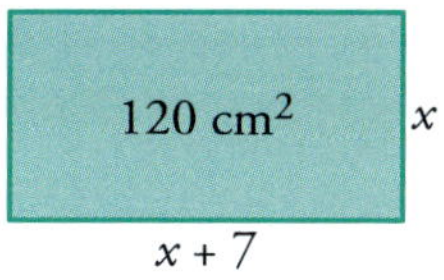

$$x \cdot (x + 7) = 120$$

$$x^2 + 7x - 120 = 0$$

$$x = \frac{-7 \pm \sqrt{7^2 - 4 \cdot 1 \cdot (-120)}}{2 \cdot 1} = \frac{-7 \pm 23}{2} \begin{cases} 8 \\ -15 \end{cases}$$

Solució:

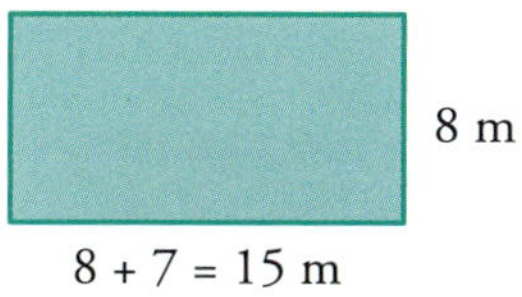

$$8 \cdot 15 = 120 \text{ m}^2$$

52. Una finca rectangular ocupa una superfície de 6 hectàrees i té un perímetre de 1.000 m. Calcula les dimensions de la finca.

Recorda: 1 ha = 10.000 m²

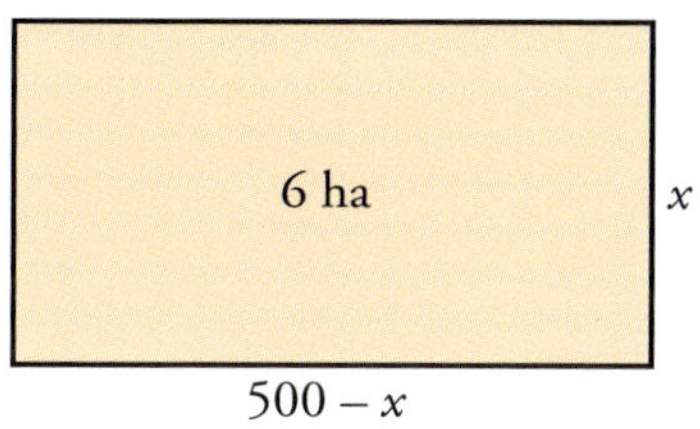

53. La hipotenusa d'un triangle rectangle mesura un metre més que el catet gran, i aquest, un metre més que el catet petit. Calcula la mida dels costats.

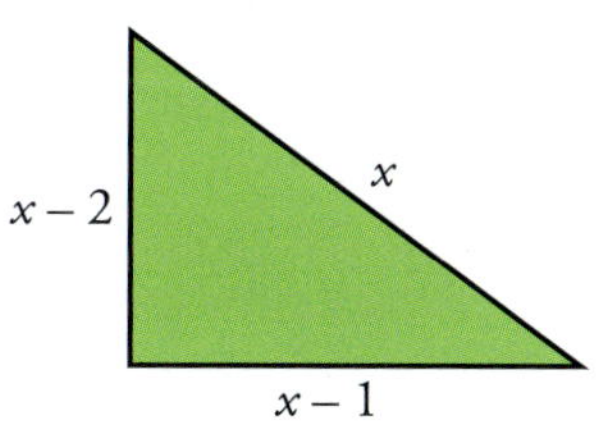

54. La base gran d'un trapezi amb eix de simetria és el triple que la base petita i aquesta supera en 3 cm l'altura. Si ocupa una superfície de 216 cm², calcula el perímetre.

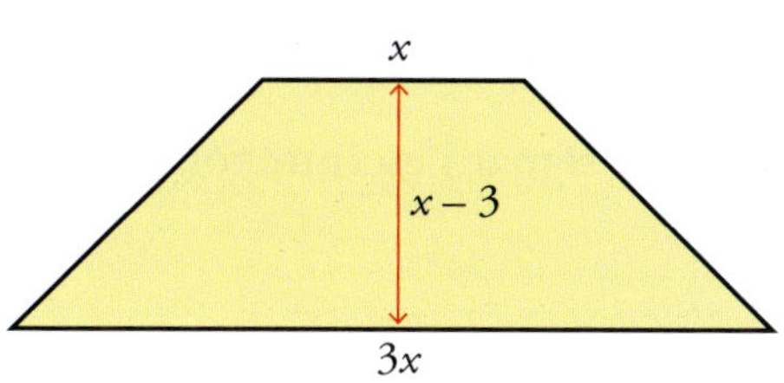

55. EXERCICI RESOLT

Per omplir una bassa es fan servir dues boques d'aigua, A i B. Si només s'obre la boca A, la bassa s'omple en 3 h. Si s'obren totes dues, s'omple en 2 h. Quant tardarà a omplir-se si s'obre només la boca B?

	A	B	A + B
TARDA	3 h	*x* h	2 h
FRACCIÓ QUE S'OMPLE EN 1 HORA	$\frac{1}{3}$	$\frac{1}{x}$	$\frac{1}{2}$

FRACCIÓ QUE OMPLE A EN 1 HORA + FRACCIÓ QUE OMPLE B EN 1 HORA = FRACCIÓ QUE OMPLEN TOTES DUES EN 1 HORA

$$\frac{1}{3} + \frac{1}{x} = \frac{1}{2}$$

Multipliquem ambdós membres per $6x$:

$$\frac{6x}{3} + \frac{6x}{x} = \frac{6x}{2} \rightarrow 2x + 6 = 3x \rightarrow x = 6$$

Solució: Si s'obre només la boca B, la bassa tardarà a omplir-se 6 hores.

56. Una font disposa de dues aixetes. Si s'obre només la primera, s'omple en 8 hores, i si s'obren totes dues, en 3 hores. Quant tarda a omplir-se si s'obre només la segona aixeta?

57. Els membres de l'equip farem un regal a l'entrenador que costa 80 €. Ens surt una mica car, però si fóssim dos més, tocaríem a 2 € menys cada un. Quants som a l'equip?

- Nombre de components de l'equip $\rightarrow x$
- Cada un ha de pagar $\rightarrow \frac{80}{x}$
- Si fossin dos més, cada un pagaria $\rightarrow \frac{80}{x+2}$

EL QUE PAGA CADA UN – 2 = EL QUE PAGARIA CADA UN SI FÓSSIM DOS MÉS

58. Un automòbil surt de A cap a B a la mateixa hora que un camió ho fa des de B cap a A i tarden a creuar-se 2 h en un punt intermedi del camí. Quant temps ha invertit el cotxe en el viatge complet si el camió l'ha fet en 5 h?

» MATEMÀTIQUES EN CONTEXT

FI DE CURS

Arriba el final del curs i els alumnes d'últim any han decidit fer diverses coses per celebrar-ho. Uns quants companys i companyes han pensat comprar un petit regal per a cada docent i donar-los-el l'últim dia. I, per acomiadar-se, volen celebrar una gran festa.

1. Regals

Un cop triats els regals, per comprar-los han recollit 5,50 € de cada alumne que volia participar-hi. A darrera hora s'han sumat a la iniciativa sis alumnes més, per la qual cosa finalment només hauran de posar 3,85 € cada un.

a) Quants alumnes han participat, finalment, en el pagament dels regals?

b) Quant costen, en total, els regals que han triat?

c) Quants diners, en total, han retornat als alumnes que havien pagat primer?

En sortir de l'escola, un cop pagada la seva part dels regals, cada alumne porta una quantitat diferent de diners a sobre:

- En Robert duu en el seu moneder 3 € més que la Rosa.
- L'Aina en duu el doble que la Rosa.
- L'Òscar té tants euros com l'Aina i en Robert junts.
- La Berta té 1 € menys que l'Aina.

Anomena x els diners, en euros, de la Rosa i fes les activitats següents a partir de les dades anteriors.

d) Copia aquesta taula i completa-la amb la quantitat de diners, en euros, que porta cada un:

ROBERT	ROSA	AINA	ÒSCAR	BERTA	ENTRE TOTS
…	x	…	…	…	…

e) Si sabem que entre tots tenen 23 €, calcula quants diners té cada un.

Acompanyaran els regals amb una gran fotografia amb dedicatòries de tota la classe. Per no fer malbé la fotografia, escriuran en una cara de la cartolina i enganxaran la fotografia en l'altra cara. Al taller de Tecnologia hi troben cartolines de colors de dues mides diferents: unes de rectangulars, que fan 2 dm d'altura, i unes altres de quadrades. Calculen que necessiten una superfície de 900 cm^2 per escriure i signar tota la classe.

f) Quina mida haurà de tenir la base de la cartolina rectangular perquè hi puguin signar i escriure tots?

g) Quina mida haurà de tenir el costat de la cartolina quadrada?

Fes un dibuix a escala en un full a part per ajudar-te a resoldre el problema.

BARCANOVA EDITORIAL

2. Festa grossa

A la festa de fi de curs hi actuaran tres grups musicals i hi punxarà una discjòquei. Per pagar per avançat el lloguer de la sala, però, necessiten recaptar 250 €. Per aconseguir-los, han pensat vendre entrepans i begudes a l'escola a l'hora de pati.

Han anat al mercat a comprar les fruites per preparar la taronjada i la llimonada. Al mercat, 1 kg de llimones costa 20 ct. més que 1 kg de taronges. Per a 2 kg de llimones i 3 kg de taronges, han pagat 7,90 €.

Si anomenem x el preu d'1 kg de taronges, podem expressar així el cost de les fruites:

- Cost d'1 kg de taronges (€) → x
- Cost d'1 kg de llimones (€) → $x + 0{,}20$
- Cost de 2 kg de llimones (€) → $2(x + 0{,}20)$
- Cost de 3 kg de taronges (€) → $3x$

a) A partir de les dades anteriors, expressa amb una equació la igualtat següent:

(COST 2 KG LLIMONES) + (COST 3 KG TARONGES) = 7,90 €

b) Resol l'equació anterior.

c) Calcula el preu de les llimones i el de les taronges.

3. Entrepans i begudes

Ajuda'ls a passar comptes:

a) Amb la venda d'entrepans volen recaptar 180 €. Si l'entrepà de pernil ha de costar 0,5 € més que el de sobrassada i si en tenen per vendre 90 de sobrassada i 60 de pernil, a quin preu han de vendre cada entrepà?

b) Amb la venda de 80 gots de llimonada i 50 de taronjada volen recaptar la resta. Si un got de taronjada costa 0,1 € més que un de llimonada, a quant han de vendre cada beguda?

» TALLER DE MATEMÀTIQUES

» LLEGEIX I INFORMA-TE'N

Història de la *x*

$x + 5 = 2x - 7$

Les primeres referències a les equacions apareixen en escrits de matemàtics àrabs anteriors al segle XV: *Tractat de la cosa,* en què, a falta d'un altre nom, *la cosa* fa referència a allò desconegut; és a dir, la incògnita.

«Quant val ***la cosa*** *que augmentada en cinc*
és igual al doble de ***la cosa*** *menys set?»*

I com que la paraula *cosa*, en àrab, es pronuncia *xay,* aquesta és l'expressió que van utilitzar els traductors. Més tard es va acabar abreujant amb la inicial, *x*.

Equacions: grau i dificultat

L'obtenció de fórmules per resoldre les equacions de primer i segon grau no ha representat una gran dificultat per als matemàtics. Aquests problemes es van solucionar a l'edat mitjana.

Però no va passar el mateix amb les de grau superior a dos. De fet, durant el Renaixement, els matemàtics italians del segle XVI, que eren llavors els més avançats, hi van treballar molt.

Van destacar en la tasca Niccolo Fontana (1501-1557), anomenat Tartaglia, i Girolamo Cardano (1501-1576), que van ser rivals i van protagonitzar intrigues i disputes (Tartaglia va acusar Cardano de robar-li els resultats).

Els matemàtics van continuar treballant en el problema, però a finals del segle XVII seguien sense trobar fórmules per resoldre les equacions de grau superior a quatre. Fins que, al segle XIX, el geni noruec Niels Henrik Abel (1802-1829), que va morir als 27 anys!, va demostrar que no existeixen fórmules generals per resoldre aquestes equacions.

» INVESTIGA

Però tu pots fer-ho

Tanmateix, tu pots resoldre algunes equacions de grau tres o superior.

Per exemple, observa les equacions:

$$x^3 - 2x^2 - 5x + 6 = 0 \qquad (x - 1) \cdot (x + 2) \cdot (x - 3) = 0$$

Per resoldre la primera, amb el que has estudiat fins ara, només tens el recurs del tempteig, que és poc segur.

Però pots endevinar que les solucions de la segona són aquestes:

$$x = 1 \qquad x = -2 \qquad x = 3$$

I aquestes són també les solucions de la primera. Comprova-ho i constata també, multiplicant els parèntesis, que es tracta de la mateixa equació.

- T'atreveixes ara a resoldre aquestes tres equacions?

$$(x + 1) \cdot (x + 3) \cdot (2x - 1) = 0 \qquad x^3 - 9x = 0 \qquad x^3 - 9x^2 = 0$$

- Sabries construir una equació les solucions de la qual fossin $x = 5$, $x = \frac{1}{5}$ i $x = -2$?

» ENTRENA'T RESOLENT ALTRES PROBLEMES

Dibuixa un esquema, fes comptes, tempteja

- El rellotge de la torre, en tocar les hores, tarda un segon i mig entre campanada i campanada. Quant tarda a tocar les dotze del migdia?
- Un aizkolari tarda un quart d'hora a tallar un tronc en tres parts. Quant tardarà a tallar un altre tronc igual de gruixut en sis parts?
- Una pagesa ven els seus tomàquets a un majorista. El majorista els ven a un intermediari i hi guanya el 20 %. L'intermediari els ven a un magatzem, i hi guanya el 20 %. El magatzem els ven a un detallista i aquest, als seus clients, i cada un guanya, també, un 20 %. En quin percentatge ha augmentat el que va cobrar el pagès quan el producte arriba, finalment, als clients?
- Escriu els nombres de l'1 al 9, un dins de cada cercle, de manera que tots els costats del triangle sumin 23.

  Hi ha dues solucions.

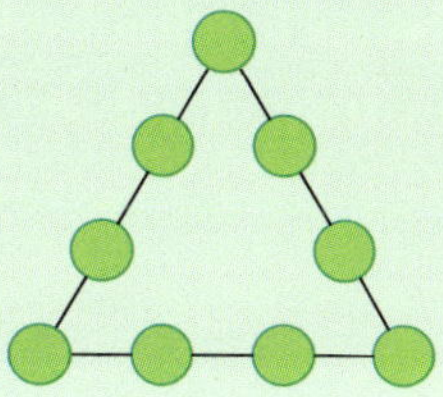

» POSA'T A PROVA

1. Indica quins dels valors següents són solució de l'equació:

$$\frac{x^2-1}{5} = \sqrt{x} - 1$$

$x = 1$	$x = 2$	$x = 4$	$x = 9$	$x = -\frac{1}{2}$

2. Resol:

a) $7x - 3 - 2x = 6 + 3x + 1$

b) $1 - 4x - 6 = x - 3(2x - 1)$

3. Resol:

a) $\frac{3}{4}(2x + 4) = x + 19$

b) $x - \frac{x+1}{5} = \frac{x+3}{2} - 2$

c) $x - \frac{1}{2} = \frac{5x}{8} - \frac{3}{4}$

d) $\frac{2x}{3} - 4\left(\frac{x}{5} - \frac{1}{6}\right) = \frac{2}{15}$

4. Resol:

a) $3a^2 - 5 = 70$

b) $6x^2 - 3x = x$

c) $x^2 - 2x - 3 = 0$

d) $8x^2 - 6x + 1 = 0$

5. Expressa amb la forma general i troba les solucions de l'equació:

$$\frac{3x}{2} - \frac{8}{x} = x - 3$$

6. Per 3 kg de peres i 2 kg de pomes, en Ramon ha pagat 7,80 €. Esbrina el preu de les peres i les pomes, si sabem que 1 kg de peres costa el mateix que 1 kg i mig de pomes.

7. Un pagès ha plantat bledes en 1/3 de la superfície de l'hort i pastanagues en 3/10. Si encara li queden 110 m^2 lliures, quina és la superfície total de l'hort?

8. Si reduïm un quadrat 4 cm per un costat i 3 cm per l'altre, la seva superfície queda reduïda a la meitat. Quant mesura el costat del quadrat?

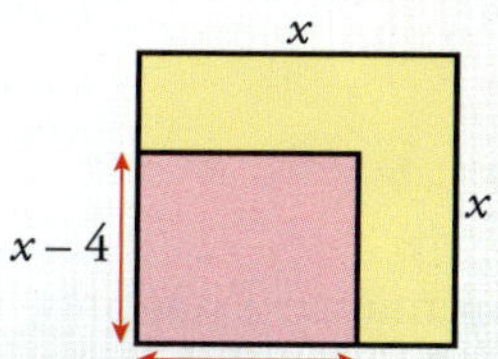

UNITAT 6

TEOREMA DE PITÀGORES. SEMBLANÇA

RESOLUCIÓ DE PROBLEMES · RAONAMENT I PROVA
CONNEXIONS · COMUNICACIÓ I REPRESENTACIÓ · SOCIOEMOCIONAL

El teorema de Pitàgores és un resultat geomètric molt important que, com ja saps, relaciona els quadrats dels costats de qualsevol triangle rectangle.

Fa més de 3.000 anys, tant els egipcis com els babilonis sabien que certs triangles eren rectangles i se'n valien per construir angles rectes. Els egipcis, per exemple, van utilitzar el triangle de costats 3, 4 i 5 (que consideraven sagrat) per a la divisió de camps o la construcció de piràmides.

Altres triangles rectangles?

1. Creus que un altre triangle, de costats 6 cm, 8 cm, 10 cm, serà també rectangle?

Dibuixa'l i comprova-ho.

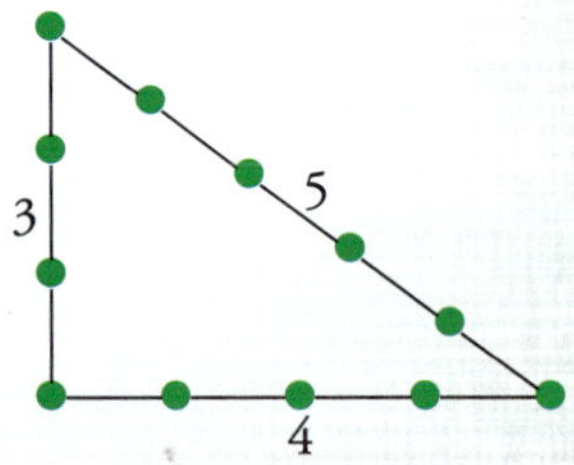

Pitàgores (segle VI aC) va viatjar quan era jove a Egipte i Babilònia i va conèixer, indubtablement, aquests resultats. El seu gran mèrit va ser que va enunciar el teorema de forma general, relacionant les àrees dels quadrats construïts sobre els costats de qualsevol triangle rectangle. Per això aquest teorema porta el seu nom.

El teorema de Pitàgores

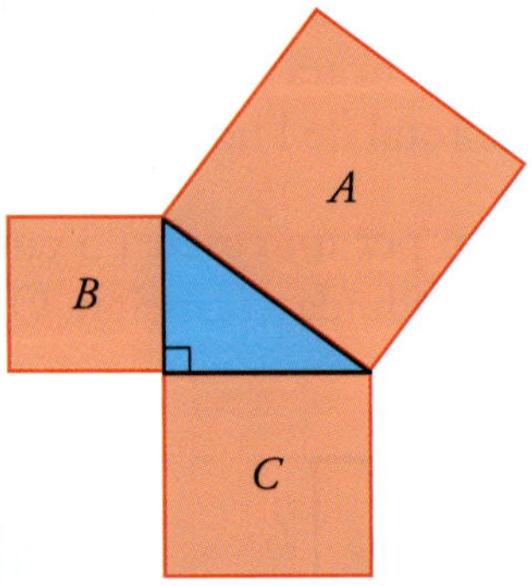

Teorema de Pitàgores

Quan el triangle blau és rectangle:

$A = B + C$

L'àrea del quadrat gran equival a la suma de les àrees dels dos petits.

2. Segons el teorema de Pitàgores, si B ocupa 9 cm^2 i C ocupa 16 cm^2, quant ocupa A?

BARCANOVA EDITORIAL

Tales de Milet (segle VII aC), el primer dels *set savis* de Grècia, va impulsar el pensament grec i, juntament amb **Pitàgores** i els seus deixebles, va ser el creador de la **matemàtica deductiva**: un sistema de pensament segons el qual unes veritats es van deduint lògicament d'unes altres.

El procés deductiu

Fixa't en aquesta seqüència deductiva al final de la qual s'obté l'angle d'un pentàgon regular.

Veritats de partida: *L'angle complet mesura 360 °.*

Els angles d'un triangle sumen 180 °.

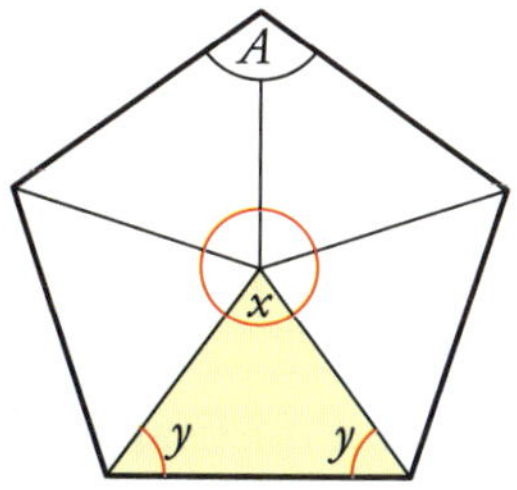

$x = 360^\circ : 5 = 72^\circ$

↓

$x + 2y = 180^\circ$

↓

$72^\circ + 2y = 180^\circ$

↓

$2y = 108^\circ$

↓

$A = 2y = 108^\circ$

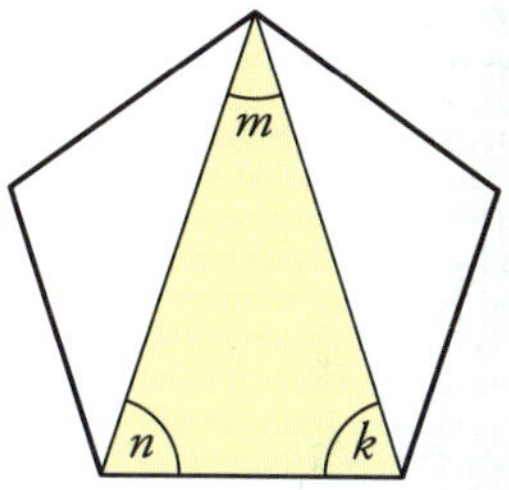

Resol deductivament tenint en compte el resultat anterior:

3. Dedueix la mesura dels angles m, n i k en el pentàgon.

4. Quant mesuraran els angles indicats en l'activitat anterior si ara els costats del pentàgon mesuren la meitat?

Arran dels seus nombrosos viatges, Tales va aprendre les matemàtiques egípcies i babilòniques. S'explica que va calcular l'altura d'una de les piràmides mesurant-ne l'ombra i comparant-la amb l'ombra que feia el seu bastó. Es tracta d'una aplicació del teorema que porta el seu nom.

Una aplicació del teorema de Tales

5. El pal, que mesura un metre, fa una ombra d'un metre i mig. En el mateix moment l'obelisc de la plaça fa una ombra de 15 m. Quina és l'altura de l'obelisc?

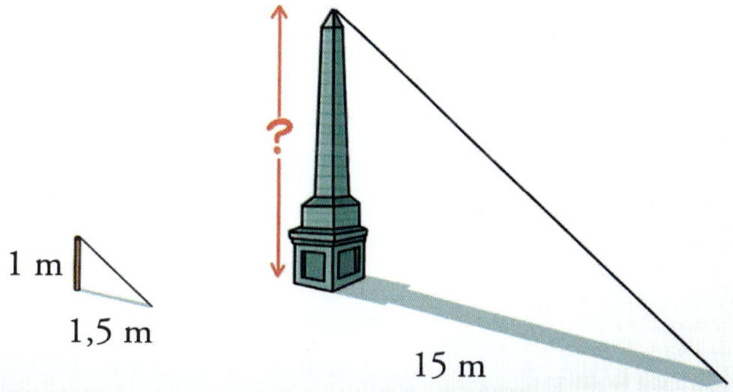

1. TEOREMA DE PITÀGORES

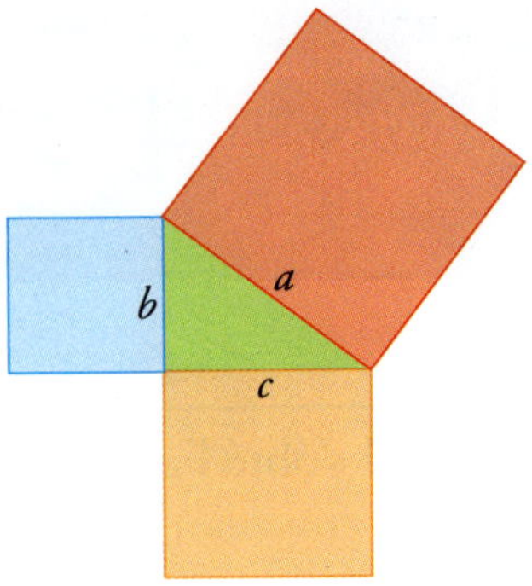

$a^2 = b^2 + c^2$

Sorprenent!

Aquesta demostració la van construir els xinesos 400 anys abans que naixés Pitàgores.

En un triangle rectangle, els costats més petits (b i c) s'anomenen **catets** i són els que formen l'angle recte. Del costat més gran (a) se'n diu **hipotenusa**.

> El **teorema de Pitàgores** afirma que $a^2 = b^2 + c^2$.
>
> Això vol dir que l'àrea d'un quadrat construït sobre la hipotenusa és igual a la suma de les àrees dels quadrats construïts sobre els catets.
>
> Aquesta relació és certa només si el triangle és rectangle.

Observa la demostració següent:

Els costats dels dos quadrats iguals mesuren $b + c$.

Si comparem les dues figures, és clar que $a^2 = b^2 + c^2$.

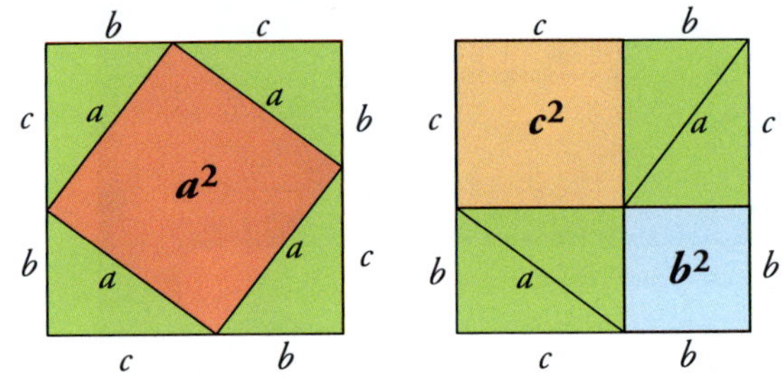

Ternes pitagòriques

Si tres nombres naturals, c, b, a, compleixen $c^2 + b^2 = a^2$, és a dir, si són les mesures dels costats d'un triangle rectangle, llavors diem que formen una **terna pitagòrica**. Aquí en tens algunes:

3, 4, 5	8, 15, 17	12, 35, 37
7, 24, 25	11, 60, 61	16, 63, 65

Fixa't que si c, b, a és una terna pitagòrica, també ho és kc, kb i ka.

Els costats determinen el tipus de triangle

Observa les figures i analitza el raonament següent:

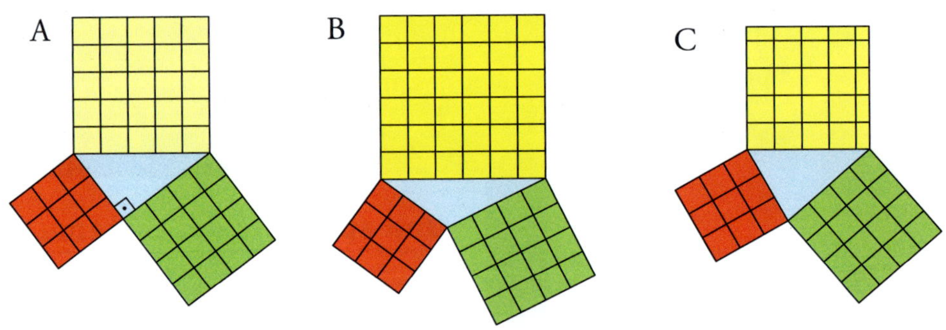

RECTANGLE OBTUSANGLE ACUTANGLE

- Ja coneixem la relació entre les àrees dels quadrats construïts sobre els costats d'un triangle rectangle:

  Figura A → 5^2 és igual a $3^2 + 4^2$ → En general: $a^2 = b^2 + c^2$.
- Si obrim l'angle recte i el convertim en obtús, el costat oposat augmenta i també ho fa el quadrat corresponent. Llavors:

  Figura B → 6^2 és més gran que $3^2 + 4^2$ → En general: $a^2 > b^2 + c^2$.
- Si tanquem l'angle recte i el convertim en agut, el costat oposat disminueix i també ho fa el quadrat corresponent. Llavors:

  Figura C → $4{,}5^2$ és més petit que $3^2 + 4^2$ → En general: $a^2 < b^2 + c^2$.

Tingues en compte

Si coneixem els costats d'un triangle, podem esbrinar si és o no rectangle:

- Si $a^2 = b^2 + c^2$, el triangle és **rectangle**.
- Si $a^2 > b^2 + c^2$, el triangle és **obtusangle**.
- Si $a^2 < b^2 + c^2$, el triangle és **acutangle**.

GeoGebra. Demostració gràfica del teorema de Pitàgores.

2. CÀLCUL D'UN COSTAT CONEIXENT ELS ALTRES DOS

Si sabem que un triangle és rectangle i coneixem la longitud de dos dels seus costats, el teorema de Pitàgores ens permet calcular la longitud del tercer.

Càlcul de la hipotenusa coneixent els dos catets

$$a^2 = b^2 + c^2 \rightarrow a = \sqrt{b^2 + c^2}$$

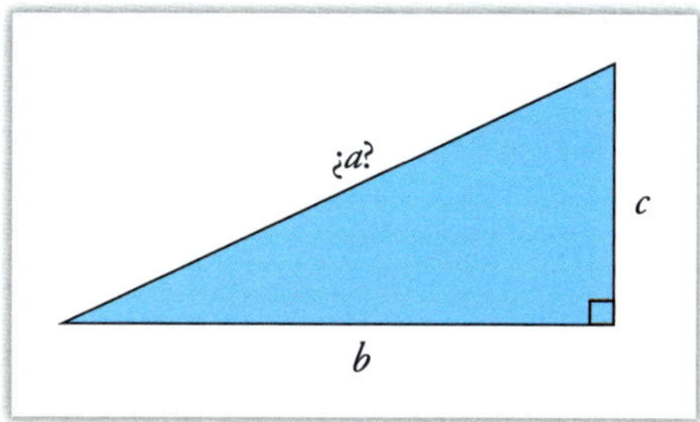

Exemple

Els catets d'un triangle rectangle mesuren 88 m i 105 m. Calcula la longitud de la hipotenusa.

$$a = \sqrt{88^2 + 105^2} = \sqrt{7.744 + 11.025} = \sqrt{18.769} = 137$$

La hipotenusa mesura 137 m.

Càlcul d'un catet coneixent l'altre i la hipotenusa

$$a^2 = b^2 + c^2 \rightarrow b^2 = a^2 - c^2 \rightarrow b = \sqrt{a^2 - c^2}$$

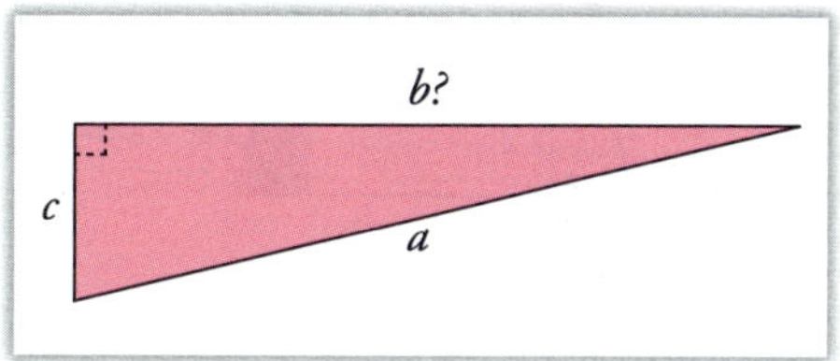

Exemple

La hipotenusa d'un triangle rectangle mesura 130 cm i un dels catets, 32 cm. Calcula la longitud de l'altre catet.

$$b = \sqrt{130^2 - 32^2} = \sqrt{16.900 - 1.024} = \sqrt{15.876} = 126$$

L'altre catet mesura 126 cm.

» FIXA IDEES

Copia, completa i comprova, en cada cas, que arribes a la solució donada.

F1. Una tirolina s'estén entre dos arbres separats 12 m. El cable està lligat a 10 m d'altura en un arbre i a 1 m d'altura en l'altre. Quina és la longitud del cable si es col·loca tibant i s'afegeix el 10 % més de cable per lligar-lo als arbres?

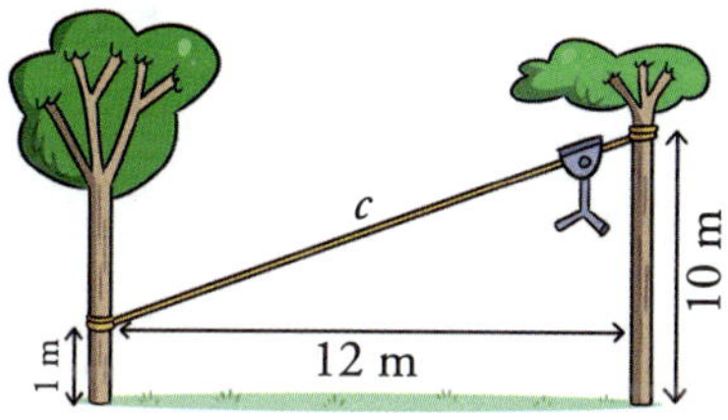

Com que coneixem els catets, trobem la hipotenusa:

$$c^2 = 9^2 + 12^2 = \ldots + \ldots = \ldots \rightarrow c = \sqrt{\ldots} = \ldots \text{ m}$$

La longitud del cable tens és de … m.

Si afegim el 10 % → … · 1,10 = 16,5 m.

F2. Volem evitar un esglaó d'1 m d'altura per passar amb el carretó. Disposem d'un tauló de 2,6 m per fer de rampa. A quina distància de l'esglaó ha de començar la rampa?

Com que coneixem la hipotenusa i el catet vertical, calculem el catet horitzontal:

$$d^2 = 2{,}6^2 - \ldots = 6{,}76 - \ldots = \ldots \rightarrow d = \sqrt{\ldots} = 2{,}4 \text{ m}$$

El peu del tauló ha de situar-se a 2,4 m de l'esglaó o a una mica menys perquè l'extrem superior pugui recolzar-s'hi.

F3. Un globus està subjecte al terra amb una corda de 20 m. El vent l'empeny i manté la corda tensa, de manera que la vertical del globus s'allunya 8 m del punt d'amarratge. A quina altura es troba el globus?

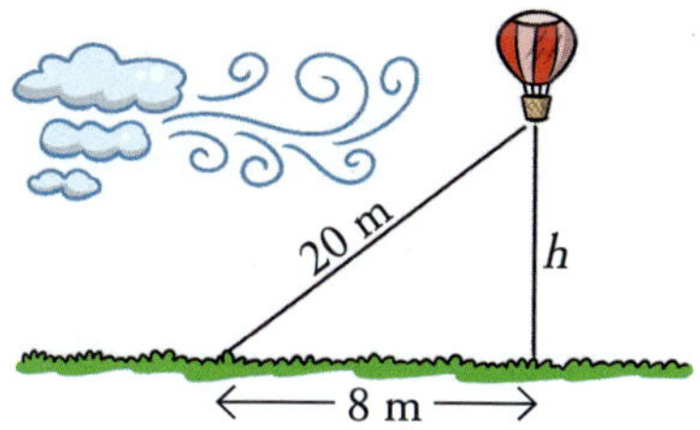

Calculem la longitud del catet vertical:

$$h^2 = \ldots^2 - 8^2 = \ldots \rightarrow h = \sqrt{\ldots} = \ldots \text{ m}$$

El globus es troba a … m d'altura.

GeoGebra. Calcula el costat desconegut mitjançant el teorema de Pitàgores.

3. APLICACIONS DEL TEOREMA DE PITÀGORES

Els costats d'un triangle rectangle sovint són part dels elements d'un polígon. Això permet relacionar-los mitjançant el teorema de Pitàgores i calcular la longitud d'un si coneixem els altres dos.

» FIXA IDEES

F4. Les diagonals d'un rombe mesuren 10 cm i 24 cm. Calcula'n el perímetre.

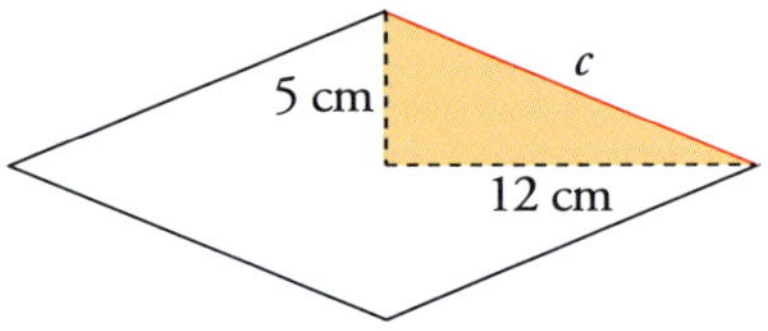

Calculem la longitud del costat $c = \sqrt{12^2 + \ldots^2} = \sqrt{\ldots} = \ldots$

Cada costat mesura … cm.

El perímetre és $P = 4 \cdot \ldots = 52$ cm.

F5. Calcula l'àrea d'un trapezi isòsceles si les seves bases mesuren 30 cm i 48 cm i el seu costat oblic, 41 cm.

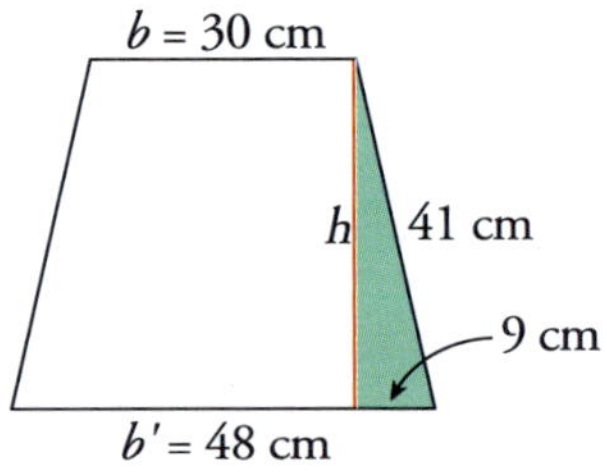

Recordem que l'àrea d'un trapezi és $A = \dfrac{(b + b') \cdot h}{2}$.

El costat petit del triangle verd mesura (48 – 30) : 2 = 9 cm.

Calculem l'altura $h = \sqrt{41^2 - 9^2} = \sqrt{\ldots} = \ldots$

L'altura del trapezi mesura … cm.

L'àrea $A = \dfrac{(30 + 48) \cdot \ldots}{2} = 1.560$ cm^2.

F6. Calcula l'àrea d'un triangle equilàter de 8 cm de costat.

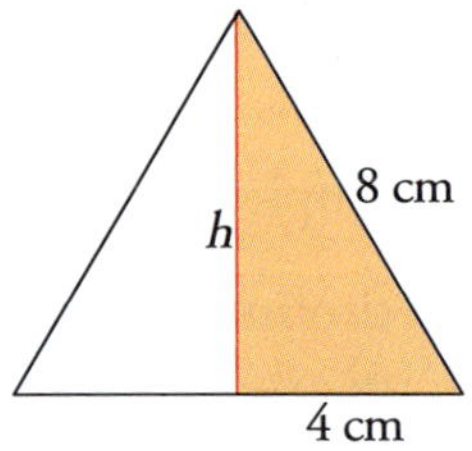

Calculem l'altura: $h = \sqrt{8^2 - 4^2} = \sqrt{\ldots} \approx \ldots$

L'altura mesura … cm, aproximadament.

L'àrea és $A = \dfrac{\ldots \cdot \ldots}{2} = 27{,}6$ cm^2.

F7. Calcula l'àrea i el perímetre d'un pentàgon regular de 16,2 cm d'apotema i 20 cm de radi.

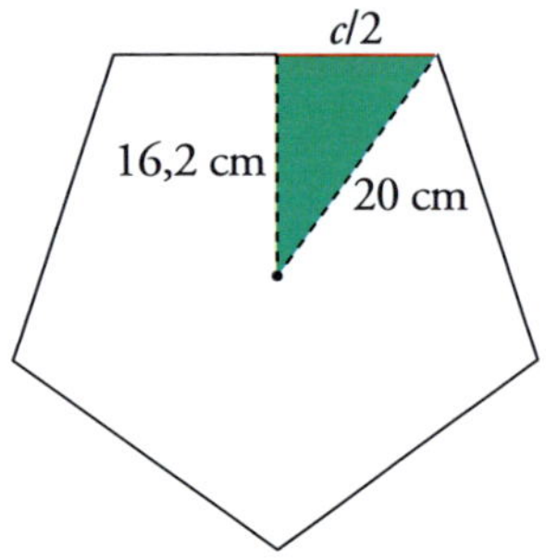

Calculem el costat: $\dfrac{c}{2} = \sqrt{\ldots^2 - \ldots^2} = \sqrt{137{,}56} \approx \ldots$

El costat del pentàgon mesura: $c = \ldots \cdot 2 = \ldots$ cm.

Per tant, el seu perímetre $P = \ldots \cdot 5 = 117$ cm.

Finalment, calculem l'àrea $A = \dfrac{\text{perímetre} \cdot \text{apotema}}{2} = \dfrac{\ldots \cdot \ldots}{2} = 947{,}7$ cm^2.

F8. Calcula la longitud d'una circumferència en la qual s'ha traçat una corda de 6,6 cm a una distància de 5,6 cm del centre. Calcula l'àrea del cercle corresponent.

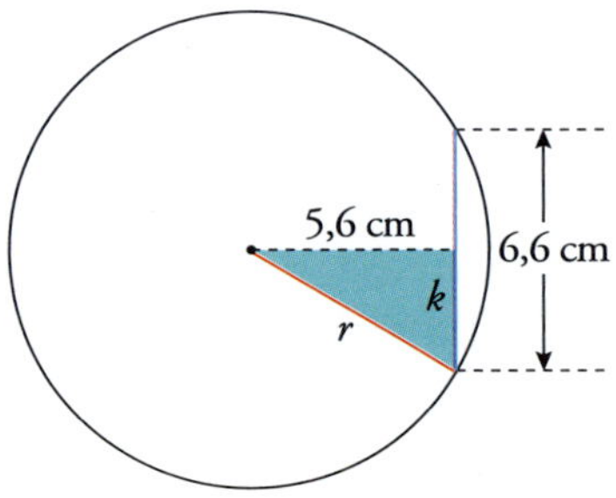

En el triangle rectangle acolorit, el costat petit mesura $k = 6{,}6 : 2 = 3{,}3$ cm.

Per tant, $r = \sqrt{\ldots^2 + \ldots^2} = \sqrt{42{,}25} = \ldots$

El radi mesura … cm.

$P = 2\pi r = 2 \cdot 3{,}14 \cdot \ldots \approx 40{,}8$ cm

$A = \pi r^2 = \ldots \cdot \ldots^2 \approx 132{,}7$ cm^2

GeoGebra. Calcula el costat desconegut mitjançant el teorema de Pitàgores (2).

» FIXA IDEES

F9. En una circumferència, la distància d'un punt P al centre O és $\overline{OP} = 23$ cm. Tracem una tangent a la circumferència des de P. El segment tangent PT mesura 18 cm. Troba l'àrea del cercle.

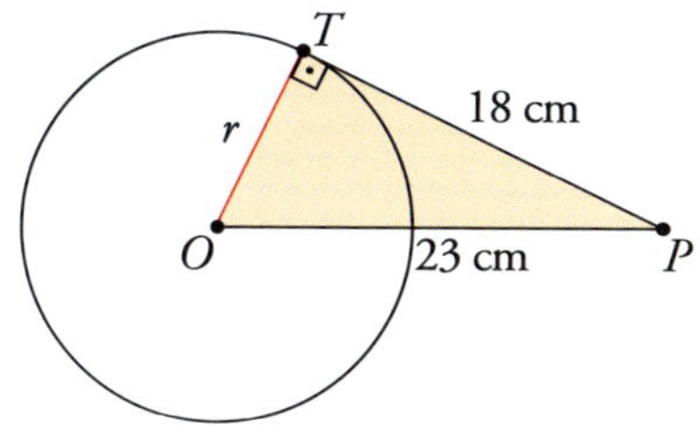

La recta tangent és perpendicular al radi; per tant, el triangle PTO és rectangle en T:

$$r^2 = \overline{OP}^2 - \overline{PT}^2 = \ldots^2 - \ldots^2 = \ldots$$

$$A_{\text{CERCLE}} = \pi r^2 = \ldots \cdot \ldots \approx 643{,}7 \text{ cm}^2$$

F10. Calcula el radi de la circumferència circumscrita en un quadrat de 10 cm de costat.

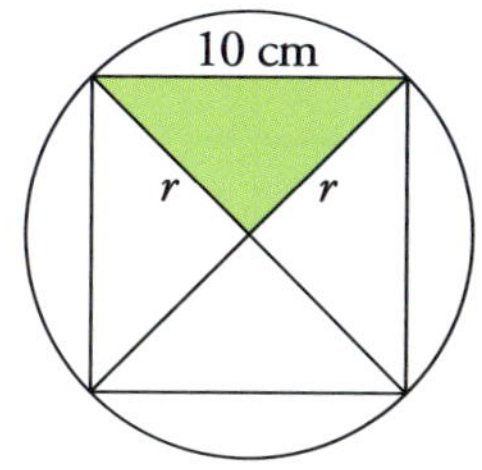

Les diagonals del quadrat són perpendiculars; per tant, el triangle acolorit és rectangle i té els catets iguals:

$$r^2 + r^2 = \ldots^2 \rightarrow 2r^2 = \ldots \rightarrow r^2 = \ldots$$

$$r = \sqrt{\ldots} = 7{,}07 \text{ cm}$$

F11. Troba la diagonal d'un ortoedre de dimensions 1,2 m × 1,6 m × 4,8 m.

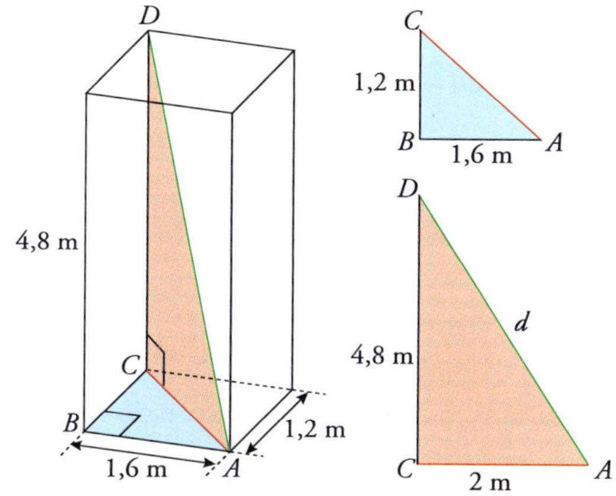

En el triangle blau: $\overline{AC} = \sqrt{1{,}2^2 + \ldots^2} = \ldots$ m.

En el triangle vermell: $d = \sqrt{\ldots^2 + 4{,}8^2} = \ldots$ m.

La diagonal de l'ortoedre mesura 5,2 m.

Observa que es pot trobar directament:

$$d = \sqrt{1{,}2^2 + 1{,}6^2 + 4{,}8^2} = \sqrt{\ldots} = 5{,}2 \text{ m}$$

En general, en un ortoedre de dimensions $a \times b \times c$ la diagonal és:

$$d = \sqrt{a^2 + b^2 + c^2}$$

F12. Calcula l'altura, h, d'una piràmide quadrangular regular si la seva base és un quadrat de 30 m de costat i la seva cara lateral té una àrea de 255 m^2.

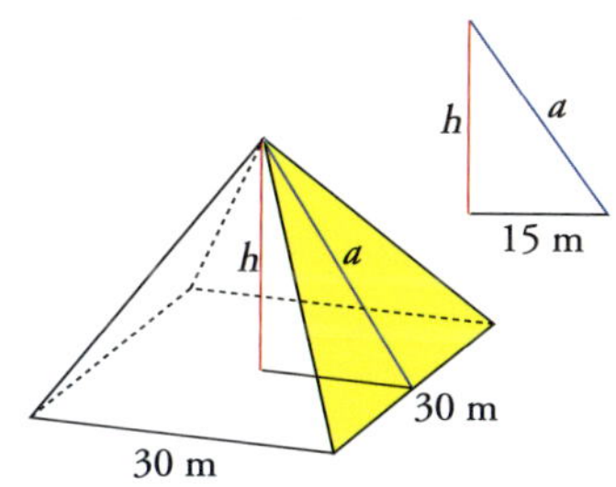

Primer trobem l'altura, a, de la cara lateral:

$$255 = \frac{30 \cdot a}{2} \rightarrow 510 = 30a \rightarrow a = \ldots \text{ m}$$

L'altura de la cara lateral és la hipotenusa del triangle de la dreta:

$$h = \sqrt{\ldots^2 - \ldots^2} = \sqrt{\ldots} = 8 \text{ m}$$

La piràmide fa 8 m d'altura.

» APLICA EL QUE HAS APRÈS

1. Calcula l'àrea d'un triangle equilàter de 54 cm de perímetre.

2. Troba l'àrea i el perímetre d'un trapezi isòsceles si les seves bases mesuren 3,2 m i 6,4 m i la seva altura, 6,3 m.

3. Calcula l'àrea d'un hexàgon regular de 18 cm de costat. (Recorda que el costat d'un hexàgon regular mesura el mateix que el radi.)

4. En una circumferència de 9,7 m de radi, es traça una corda de 13 m. A quina distància de la corda és el centre de la circumferència?

5. Un pentàgon regular està inscrit en una circumferència d'1 m de radi. El seu perímetre és 5,85 m. Calcula'n l'àrea.

6. Troba la longitud de la diagonal d'un ortoedre les dimensions del qual són 8 dm, 6 dm i 14 dm.

GeoGebra. Calcula àrees mitjançant el teorema de Pitàgores.

4. FIGURES SEMBLANTS

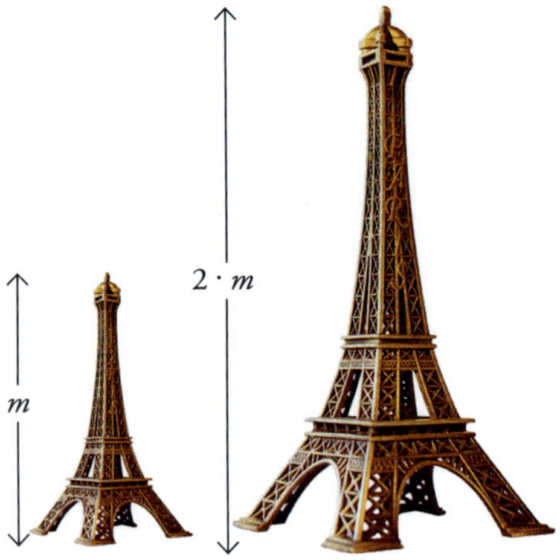

Les dues reproduccions del marge són iguals, tret de la mida. Tenen la *mateixa forma;* és a dir, són **semblants**.

Com es caracteritza matemàticament aquesta sensació que és tan clara visualment? La torre de la dreta és el doble d'alta que la de l'esquerra. I la base també és doble, tant d'ample com de llarg.

Cada longitud de la figura de la dreta s'obté multiplicant per dos la corresponent longitud de la figura de l'esquerra.

Dues **figures** diferents són **semblants** quan només difereixen en la mida. En aquest cas, cada longitud d'una s'obté multiplicant la longitud corresponent de l'altra per un nombre fix, anomenat **raó de semblança**.

Raó de semblança

Si diem que la raó de semblança entre dues figures F i F' és $\frac{1}{2}$, volem dir que:

$$\frac{\text{logitud } m \text{ en F}}{\text{logitud } m' \text{en F'}} = \frac{1}{2}$$

Però la raó de semblança entre F' i F és aquesta:

$$\frac{\text{logitud } m' \text{en F'}}{\text{logitud } m \text{ en F}} = \frac{1}{2} = 2$$

Per tant, quan utilitzem l'expressió *raó de semblança,* és important especificar l'ordre de les figures.

Observa aquestes dues reproduccions en bronze, de mides diferents, d'un atleta de l'antiga Grècia:

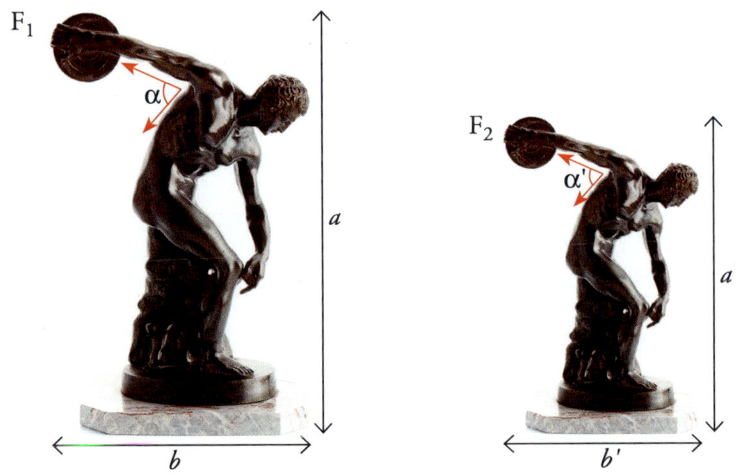

- Els angles α i α' coincideixen.
- La relació, $\frac{a}{b}$, entre l'altura i l'amplada de la primera és la mateixa que $\frac{a'}{b'}$ de la segona. O semblantment:

  La raó de les seves altures, $\frac{a}{a'}$, coincideix amb la raó de les seves amplades, $\frac{b}{b'}$.

En dues figures semblants es compleix que:
- Els **angles** corresponents són **iguals**. → $\alpha = \alpha'$
- Els **segments** corresponents són **proporcionals**. → $\frac{a}{a'} = \frac{b}{b'} \rightarrow \frac{a}{b} = \frac{a'}{b'}$

Exemple

En les figures de bronze, a = 45 cm, b = 35 cm i b' = 28 cm.

a) *Quina és l'altura a' de F_2?*

$$\frac{b}{b'} = \frac{a}{a'} \rightarrow \frac{35}{28} = \frac{45}{a'} \rightarrow a' = \frac{45 \cdot 28}{35} = 36 \text{ cm}$$

b) *Quina és la raó de semblança entre F_1 i F_2?*

$$r = \frac{a}{a'} = \frac{45}{36} = \frac{5}{4} = 1{,}25$$

Relació entre les àrees de dues figures semblants

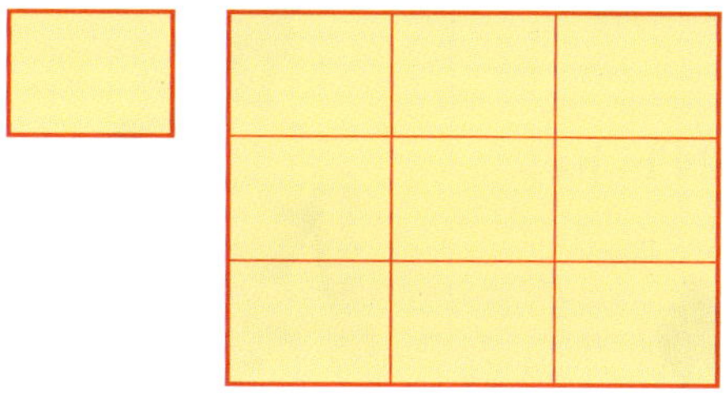

Aquests dos rectangles són semblants. Cada longitud del gran és el triple de la corresponent longitud del petit. És a dir, la raó de semblança és 3.

Tanmateix, observa que l'àrea del gran és $3 \cdot 3 = 3^2 = 9$ vegades l'àrea del petit.

> Si la raó de semblança de dues figures és k, llavors la raó de les seves àrees és k^2.

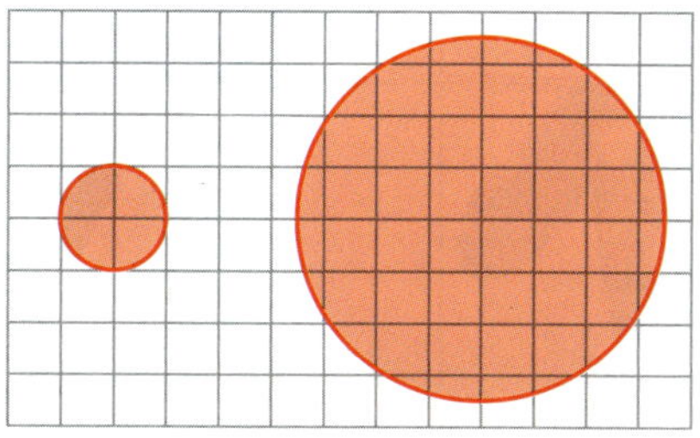

Exemple

El radi del cercle gran és 3,5 vegades el radi del petit. Llavors, les seves àrees són aquestes:

$$A_{\text{PETIT}} = \pi\, r^2 \qquad A_{\text{GRAN}} = \pi \cdot (3{,}5 \cdot r)^2 = (3{,}5)^2 \cdot \pi\, r^2$$

L'àrea del gran és $3{,}5^2 = 12{,}25$ vegades l'àrea del petit.

Relació entre els volums de dues figures semblants

Aquests dos ortoedres són semblants. Cada longitud del gran és el doble de la corresponent del petit. És a dir, la raó de semblança és 2.

Tanmateix, observa que el volum del gran és $2 \cdot 2 \cdot 2 = 2^3 = 8$ vegades el volum del petit.

> Si la raó de semblança de dos cossos és k, llavors la raó dels seus volums és k^3.

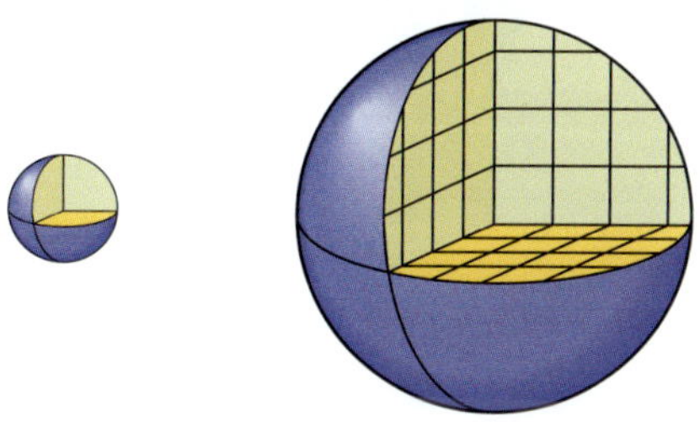

Exemple

El radi de l'esfera gran és 3,5 vegades el radi de la petita. Per tant, els seus volums són:

$$V_{\text{PETITA}} = \frac{4\,\pi\, R^3}{3} \qquad V_{\text{GRAN}} = \frac{4\,\pi\,(3{,}5 \cdot R)^3}{3} = (3{,}5)^3 \cdot \frac{4\,\pi\, R^3}{3}$$

El volum de la gran és $3{,}5^3 = 42{,}875$ vegades el volum de la petita.

» FIXA IDEES

F13. Copia i completa:

Una empresa de transports té a la seva base logística dos dipòsits cilíndrics per a emmagatzematge de combustible. Ambdós són semblants i l'altura d'un és 1,6 vegades la de l'altre.

a) Quina és la raó de semblança?

$$\text{altura}_{\text{GROS}} = r \cdot \text{altura}_{\text{PETIT}} \rightarrow r = \ldots$$

b) Per pintar el petit, han consumit 12,5 kg de pintura. Quants quilograms necessitaran per pintar el gros?

$$m_{\text{GROS}} = r^2 \cdot m_{\text{PETIT}} \rightarrow m_{\text{GROS}} = (\ldots)^2 \cdot 12{,}5 = \ldots \text{ kg}$$

c) En el petit, hi caben 3.750 litres de gasoil. Quants litres hi caben, en el gros?

$$C_{\text{GROS}} = r^3 \cdot C_{\text{PETIT}} \rightarrow C_{\text{GROS}} = (\ldots)^3 \cdot \ldots = \ldots\ \ell$$

GeoGebra. Calcula l'àrea i el volum de dues figures diferents.

» FIXA IDEES

F14. Copia, completa i comprova que arribes als resultats donats.

En una petita botiga de Florència venen reproduccions del *David* de Miquel Àngel. N'hi ha de dues altures: de 18 cm i de 12 cm.

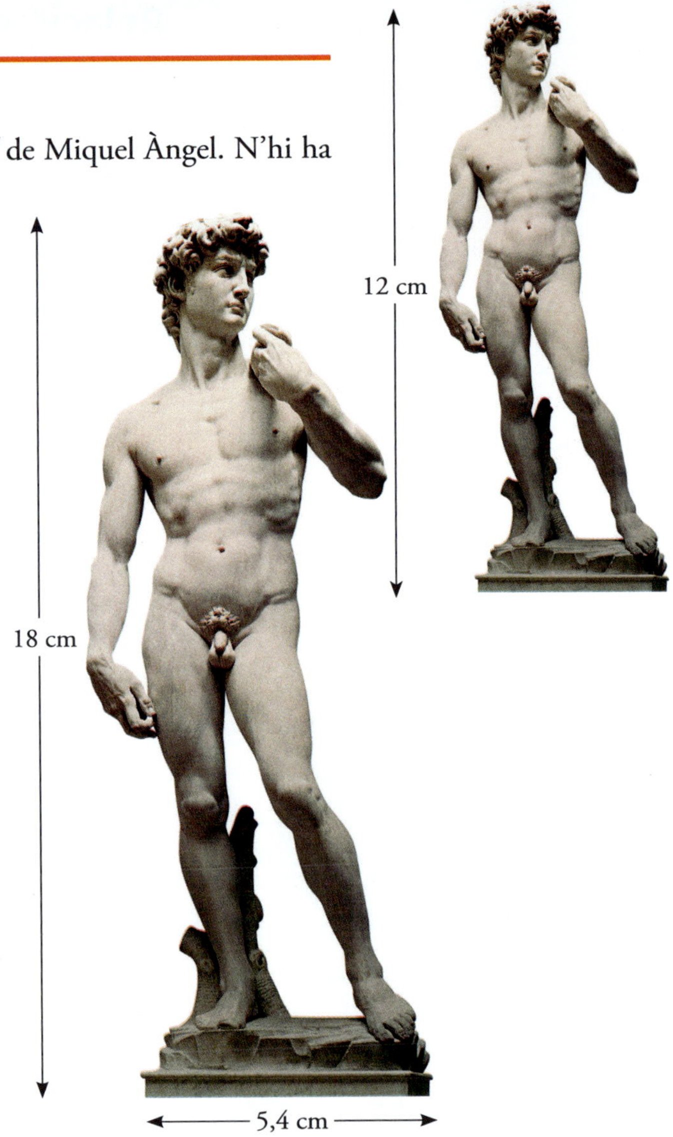

a) Són figures semblants? Quina és la raó de semblança entre l'estàtua grossa i la petita?

Les figures són semblants perquè tenen la mateixa…, és a dir, només difereixen en la…

La raó de semblança, *r*, entre la grossa i la petita és:

$$r = \frac{\dots}{\dots} = \frac{3}{2} = 1{,}5$$

b) L'amplada del peu de la figura grossa és de 5,4 cm. Quina és l'amplada del peu de la petita?

Amplada, *a*, del peu de la petita:

$$a \cdot r = 5{,}4 \rightarrow a = \frac{\dots}{\dots} = \dots \text{ cm}$$

c) Si el peu de l'estàtua original té una amplada d'1,55 m, quina altura té l'estàtua?

Altura, *h*, de l'estàtua:

$$\frac{\dots}{5{,}4} = \frac{h}{\dots} \rightarrow h = \frac{\dots \cdot \dots}{\dots} = 516{,}66 \text{ cm} \approx 517 \text{ cm} = \dots \text{ m}$$

d) Si per embolicar la petita utilitzem un plec de paper de 4 dm^2, quina serà la superfície del plec necessari per embolicar en les mateixes condicions la grossa?

$$\text{superfície}_{\text{PAPER GROSSA}} = r^2 \cdot \text{superfície}_{\text{PAPER PETITA}}$$

$$\text{superfície}_{\text{PAPER GROSSA}} = \dots^2 \cdot 4 = 9 \text{ dm}^2$$

» APLICA EL QUE HAS APRÈS

7. Les figures B i C són reduccions de la figura A que s'han fet en una fotocopiadora.

a) Quina reducció s'ha aplicat a la imatge central? Expressa-la en forma decimal i en tant per cent.

b) Quant mesura l'ample de la imatge central?

c) Calcula els valors *x* i *y* si la figura C s'ha reduït al 60 %.

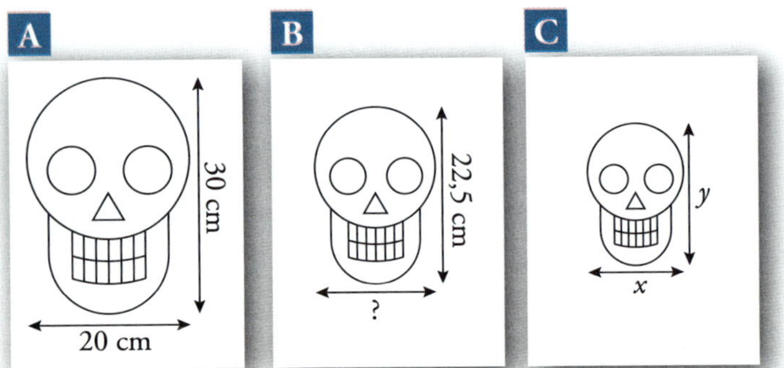

8. Aquestes dues piscines són semblants:

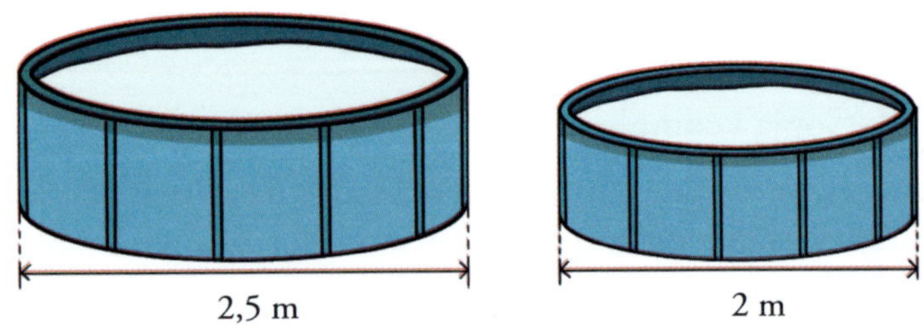

a) Quina és la raó de semblança?

b) Si la fondària de la petita és de 120 cm, quina és la fondària de la gran?

c) La lona impermeable que cobreix la superfície de la petita va costar 50 €. Quant costa la lona de la gran?

d) Omplir d'aigua la petita costa 23 €. Quant costa omplir la gran?

GeoGebra. Calcula els costats desconeguts de figures semblants.

5. PLÀNOLS, MAPES I MAQUETES

Qui es disposa a comprar una casa, l'estudia amb cura. Gran part d'aquest estudi se sol fer sobre un **plànol**.

L'elaboració del projecte per construir una carretera o un embassament o per a la reforestació d'una comarca es basa en un **mapa** de la zona.

El plànol i la casa **són figures semblants**, i el mateix passa amb el mapa i la regió que representa.

En un esbós o una representació artística, contemplem la forma, la composició, el color... Tanmateix, en consultar plànols o mapes, a més a més de la forma, importen les mides i les distàncies reals. Per això, sempre van acompanyats de l'**escala** a què s'han representat.

L'escala és el quocient entre cada longitud de la reproducció (mapa, pla o maqueta) i la longitud corresponent en la realitat.

Les roselles, de Claude Monet.

- Els plànols i els mapes són **semblants** a la realitat que representen.
- En un plànol o mapa sempre hi consta l'**escala**.
- L'escala és la **raó de semblança** entre la reproducció i la realitat.

Exemple

Aquest mapa de les illes Canàries s'ha construït a escala 1:4.000.000.

Això vol dir que, si amb el regle mesurem una distància sobre el mapa i la multipliquem per quatre milions, obtindrem la distància real.

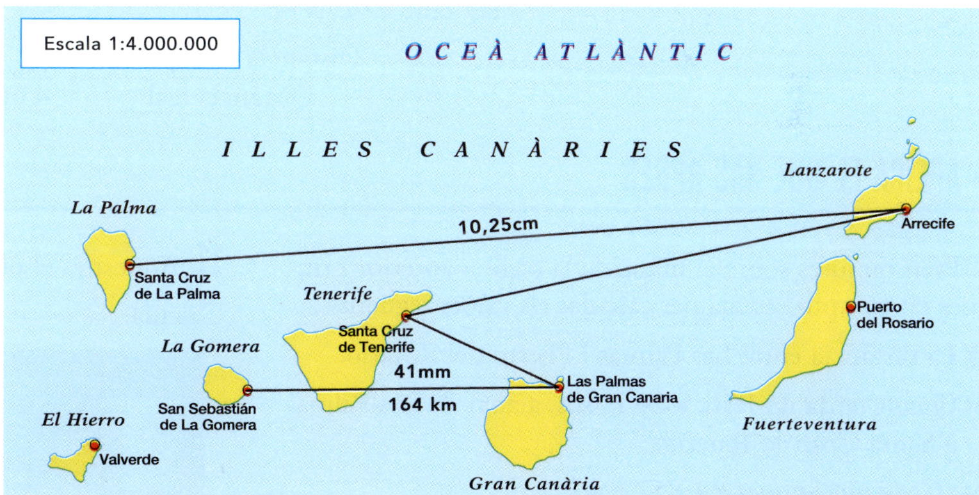

- Comprova amb el regle que la distància entre Arrecife, a l'illa de Lanzarote, i Santa Cruz de La Palma és de 10,25 cm.

  Llavors, la distància real entre les capitals de Lanzarote i La Palma és de:

  $$10{,}25 \text{ cm} \cdot 4.000.000 = 41.000.000 \text{ cm} = 410 \text{ km}$$

- Si busques a internet la distància real entre Las Palmas de Gran Canaria i San Sebastián de La Gomera, comprovaràs que és 4.000.000 vegades la distància mesurada en el mapa:

  $$\frac{\text{Distància real}}{\text{Distància en el mapa}} = \frac{\dots \text{ km}}{41 \text{ mm}} = \frac{\dots \text{ mm}}{41 \text{ mm}} = \dots$$

Escala gràfica

Alguns mapes ofereixen l'escala mitjançant una barra en la qual s'indica la distància que representa.

En aquest mapa de l'illa de Mallorca, la barra de sota indica que la seva longitud equival a 50 km en la realitat.

Escala gràfica

En aquest mapa de l'illa de Mallorca, la barra de sota indica que la seva longitud (2 cm) equival a 50 km en la realitat.

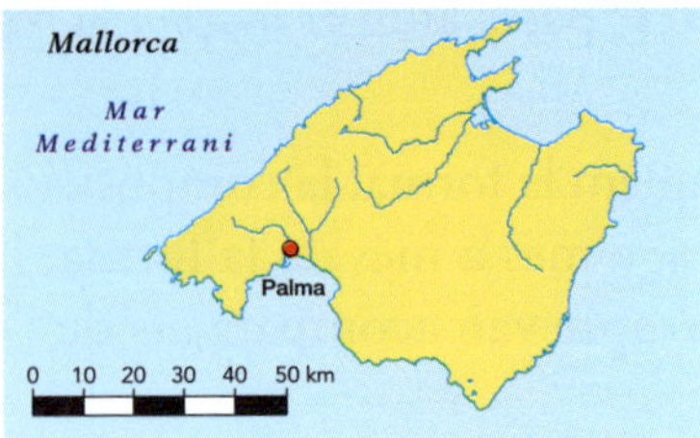

Llavors:

$$\frac{2\text{ cm}}{50\text{ km}} = \frac{2\text{ cm}}{5.000.000\text{ cm}} = \frac{1\text{ cm}}{2.500.000\text{ cm}}$$

L'escala numèrica és 1:2.500.000.

Obtenció de l'escala

Quan se'ns dona una reproducció (plànol, mapa o maqueta) sense indicar-ne l'escala, podem esbrinar-la si coneixem la distància real entre dos dels seus punts. N'hi ha prou de dividir aquesta distància real entre el que mesuri en el mapa, però totes dues s'han d'expressar en la mateixa unitat.

Exemple

Tenim el plànol de casa, però ens l'han donat sense escala. En lloc de mesurar totes les parets, optem per mesurar la llargària de la cuina tant en la realitat com en el plànol.

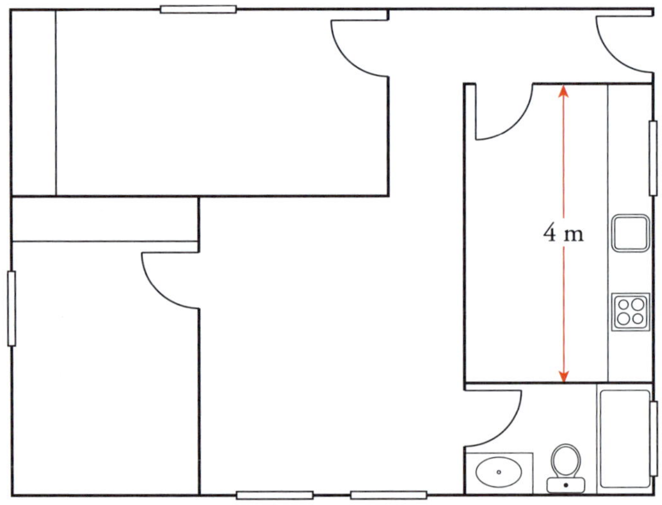

La mesura en el plànol és de 4 cm i en la realitat, 4 m.

Per tant, l'escala és:

$$\frac{\text{Distància en el plànol}}{\text{Distància real}} = \frac{4\text{ cm}}{4\text{ m}} = \frac{4\text{ cm}}{400\text{ cm}} = \frac{1}{100} \rightarrow 1:100$$

» APLICA EL QUE HAS APRÈS

9. Pren mesures sobre el mapa de la pàgina anterior i tingues en compte l'escala per calcular els valors següents:

a) La distància entre Las Palmas i Puerto del Rosario.

b) Quant tarda un ferri, a 20 nusos, a anar de Las Palmas a Santa Cruz de Tenerife.

Cada nus equival a 1,852 km/h.

10. Si la distància que separa en la realitat l'embarcador de la font és de 136 m, troba'n l'escala i calcula la distància entre la tenda blava i la groga.

11. Aquest és el plànol de la paret d'una cuina.

Calcula:

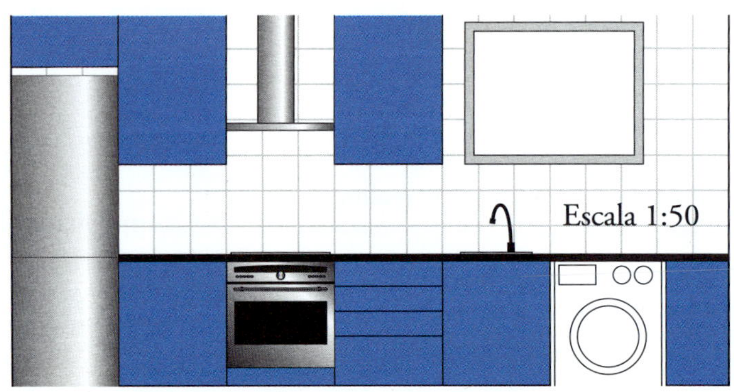

a) Les seves dimensions (llarg i ample).

b) La superfície de la finestra.

c) La distància entre els fogons i la campana.

d) Les dimensions de la nevera.

6. COM ES CONSTRUEIXEN FIGURES SEMBLANTS

Per construir una figura semblant a una altra de coneguda, amb determinada raó de semblança, hem de seguir un procediment que garanteixi que les longituds de la nova figura tenen la relació desitjada amb l'original.

Per exemple, si volem construir en cartolina una maqueta de la nostra habitació, a escala 1:10, prenem les mesures de l'habitació i les reduïm a la desena part.

Si una paret fa 3,5 m de llargària i 2,5 m d'altura, construïm un rectangle de cartolina de 3,5 dm × 2,5 dm.

Vegem, a continuació, diversos mètodes per reproduir figures planes.

Mètode de la quadrícula

Per reproduir la figura inicial a una mida determinada, la quadriculem.

Construïm una quadrícula similar (semblant) que tingui la mida desitjada. Si prenem la quadrícula com a referència, és més senzill reproduir la figura inicial.

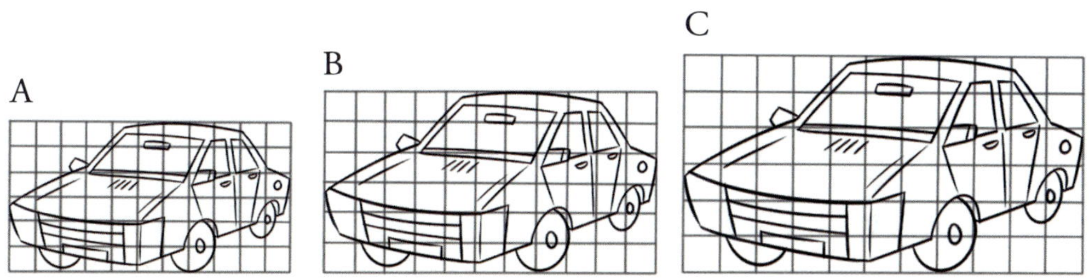

La relació entre les mides (escala o raó de semblança) és igual a la relació entre les dimensions de les dues quadrícules.

Observa, en les altures de les quadrícules anteriors, que sis quadres de A equivalen a cinc de B. Així, si prenem com a unitat de mesura la quadrícula de B, la raó de semblança entre B i A és $\frac{6}{5} = 1{,}2$.

» FIXA IDEES

F15. Copia i completa:

Quina ampliació s'ha aplicat a la figura A per convertir-la en la figura B?

Si prenem com a unitat de mesura la quadrícula de B:

$$\left.\begin{array}{l}\text{Altura de B} \rightarrow \ldots \quad \text{Amplada de B} \rightarrow \ldots \\ \text{Altura de A} \rightarrow \ldots \quad \text{Amplada de A} \rightarrow \ldots\end{array}\right\} \rightarrow r = \frac{6}{\ldots} = \frac{\ldots}{6} = \frac{\ldots}{2} = \ldots$$

Cada distància de A s'ha multiplicat per $r = \ldots$

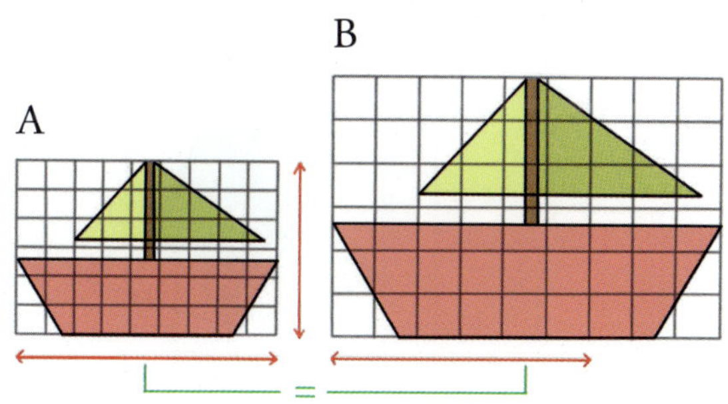

Figures homotètiques

Matemàticament, aquesta transformació de la figura F en F' es diu **homotècia.**

La figura F' és homotètica a F amb raó d'homotècia 3.

El punt O s'anomena **centre d'homotècia**.

Mètode de la projecció

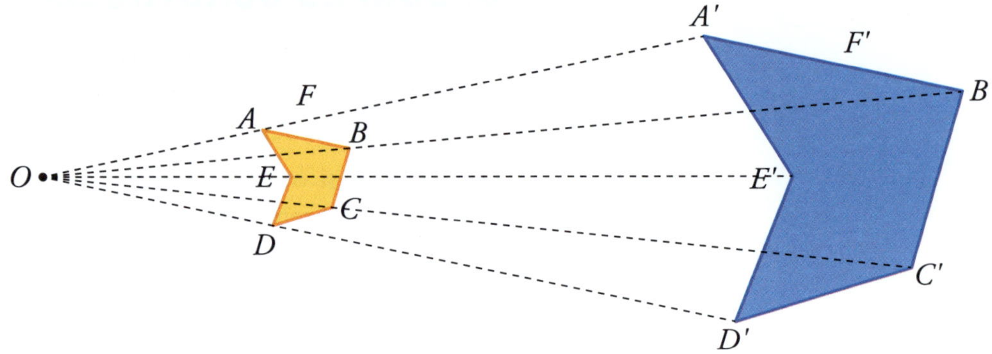

Per ampliar la figura F al triple de la seva mida, prenem un punt O qualsevol, tracem rectes que passin per O i pels punts clau de la figura F i obtenim els punts corresponents a una distància triple.

El punt A' està al triple de distància del punt O que A. És a dir:

$$\overline{OA'} = 3 \cdot \overline{OA}$$

I també: $\overline{OB'} = 3 \cdot \overline{OB}$, $\overline{OC'} = 3 \cdot \overline{OC}$, etc.

S'obté així la figura F', semblant a la F, amb raó de semblança 3.

És a dir, els costats $A'B'$, $B'C'$ ... són el triple de llargs que els seus corresponents AB, BC... i el mateix passa amb qualsevol d'altres segments:

$$\overline{A'C'} = 3 \cdot \overline{AC} \qquad \overline{E'B'} = 3 \cdot \overline{EB} \ldots$$

A més a més, els segments de F' són paral·lels als seus corresponents de F.

L'ampliació es fa amb especial comoditat quan prenem com a punt de projecció un vèrtex de la figura inicial.

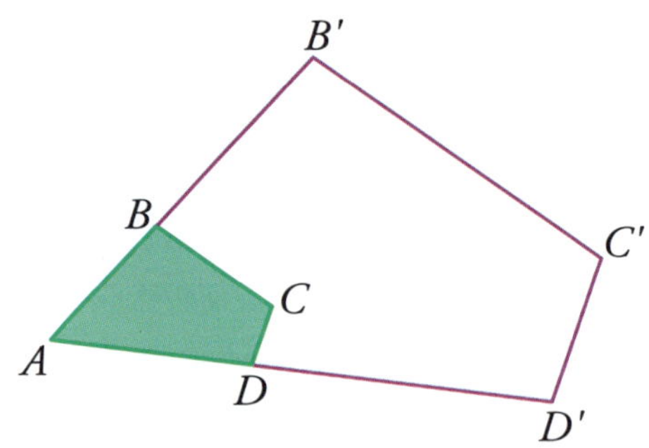

» APLICA EL QUE HAS APRÈS

12. Dibuixa una figura com aquesta i amplia-la al doble de mida mitjançant el mètode de la projecció.

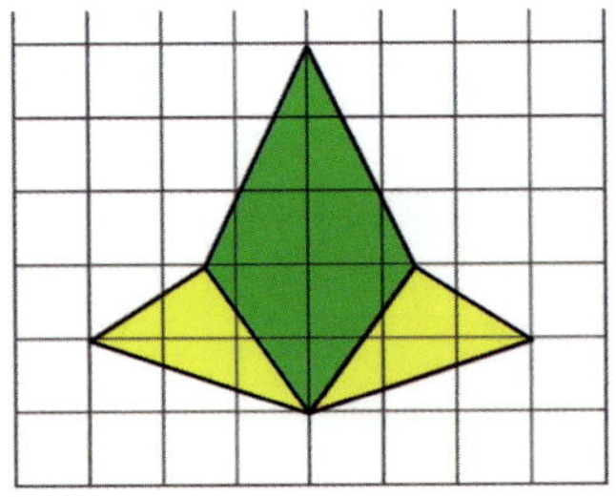

13. Dibuixa un pentàgon irregular. Projecta'l des d'un punt interior per reduir-lo a la tercera part. Pren com a punt de projecció un dels vèrtexs i repeteix l'operació.

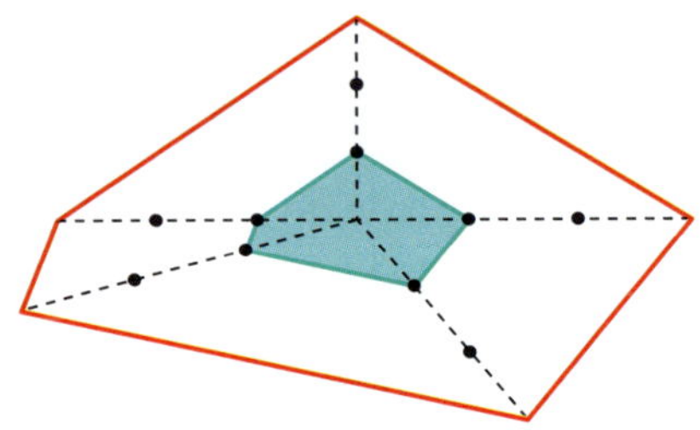

GeoGebra. **Figures semblants amb el mètode de la projecció.**

7. TEOREMA DE TALES

El teorema de Tales és important perquè s'hi basa l'estudi de la semblança de triangles. A partir dels triangles, es comprova la semblança de dues figures qualssevol.

Rectes paral·leles que en tallen unes altres dues

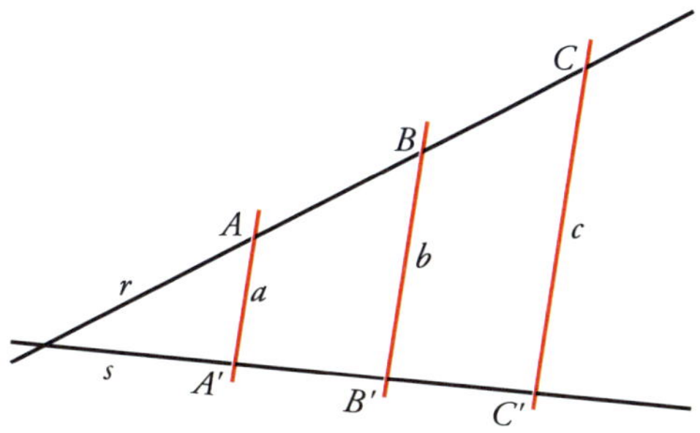

Les rectes *a*, *b* i *c* són paral·leles i tallen les rectes *r* i *s*.

Si els segments *AB* i *BC* són iguals, llavors els segments *A'B'* i *B'C'* són iguals.

Comprova-ho mesurant-los.

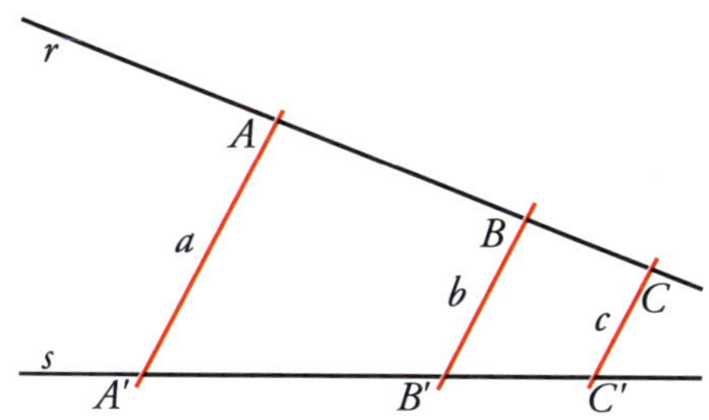

També ara les rectes *a*, *b* i *c* són paral·leles i tallen les rectes *r* i *s*.

El segment *AB* és el doble que el segment *BC*:

$$\overline{AB} = 2 \cdot \overline{BC}$$

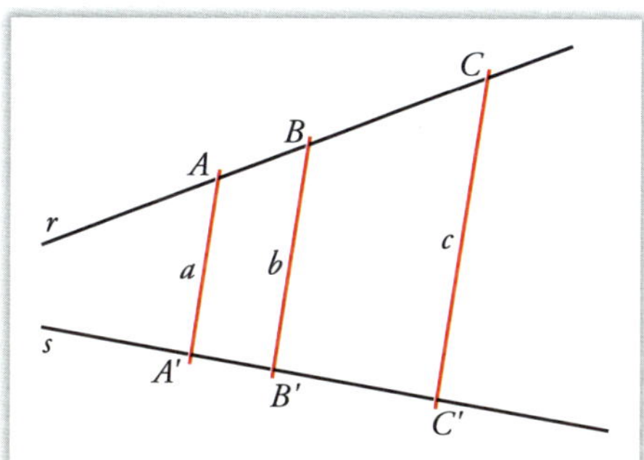

Llavors, també el segon *A'B'* és el doble que *B'C'*:

$$\overline{A'B'} = 2 \cdot \overline{B'C'}$$

Teorema de Tales

Si les rectes *a*, *b* i *c* són paral·leles i tallen unes altres dues rectes, *r* i *s*, aleshores els segments que determinen són proporcionals:

$$\frac{\overline{AB}}{\overline{BC}} = \frac{\overline{A'B'}}{\overline{B'C'}}$$

» FIXA IDEES

F16. Traça dues rectes qualssevol, *r* i *s*. Assenyala en *r* quatre punts, *A*, *B*, *C* i *D*, de manera que:

$$\overline{AB} = 1 \text{ cm} \qquad \overline{BC} = 2 \text{ cm} \qquad \overline{CD} = 3 \text{ cm}$$

Traça quatre rectes paral·leles, *a*, *b*, *c* i *d*, que passin per *A*, *B*, *C* i *D*. Anomena *A'*, *B'*, *C'* i *D'* els punts en què aquestes rectes tallen *s*.

Comprova que $\overline{B'C'} = 2 \cdot \overline{A'B'}$ i $\overline{C'D'} = 3 \cdot \overline{A'B'}$.

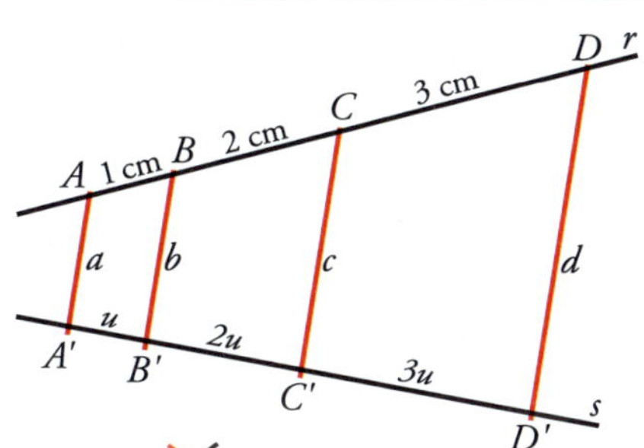

F17. Copia i completa per calcular *x:*

Primer comprova que les rectes *a*, *b* i *c* del dibuix són paral·leles.

Escriu una proporció amb els segments determinats en les rectes *r* i *s* i calcula *x*.

$$\frac{1}{\dots} = \frac{\dots}{x} \rightarrow x = \frac{\dots \cdot \dots}{1} = \dots$$

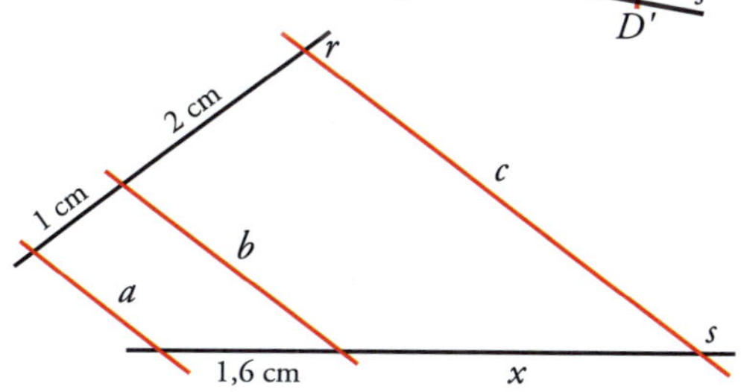

Aplicació del teorema de Tales: semblança de triangles

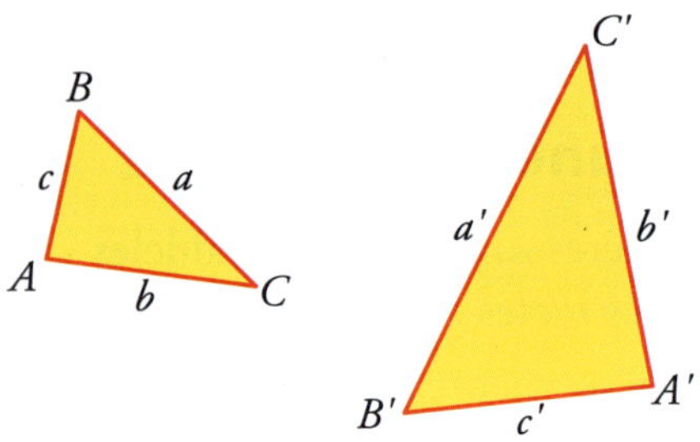

Per analitzar una figura, de vegades recorrem a la triangulació. Així doncs, els triangles, gràcies a la seva senzillesa, resulten bàsics per a l'estudi de les altres figures. Per això, la semblança de triangles mereix una atenció especial.

Si els triangles ABC i $A'B'C'$ del marge són semblants, llavors els seus angles són iguals i els seus costats són proporcionals:

- $\hat{A} = \hat{A}'$, $\hat{B} = \hat{B}'$, $\hat{C} = \hat{C}'$
- $\dfrac{a}{a'} = \dfrac{b}{b'} = \dfrac{c}{c'}$

Si dos triangles compleixen aquestes igualtats, són **semblants**, i viceversa.

Triangles en posició de tales

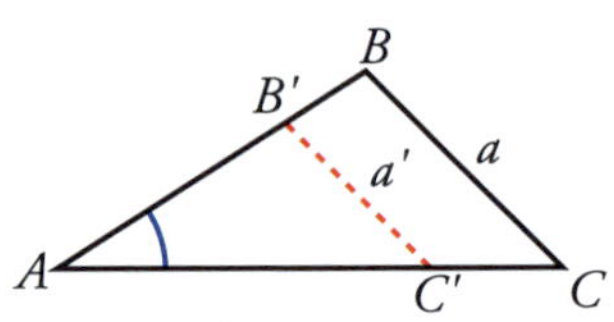

Els triangles ABC i $AB'C'$ tenen un angle comú, l'$\hat{A}$. És a dir, el triangle petit està «encaixat» en el gran. A més, els costats oposats a $\hat{A}$ són paral·lels. Per això, diem que aquests dos triangles estan en **posició de Tales**.

- Dos triangles en posició de Tales són semblants.
- Si dos triangles es poden posar en posició de Tales, són semblants.

Un criteri de semblança de triangles

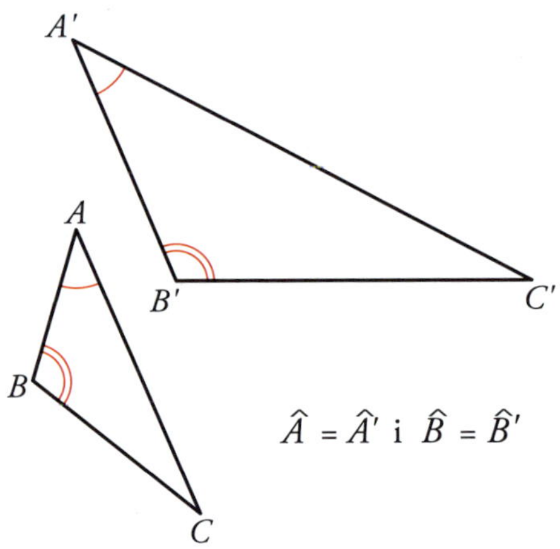

Si dos angles d'un triangle són, respectivament, iguals a dos angles d'un altre triangle, els triangles són semblants.

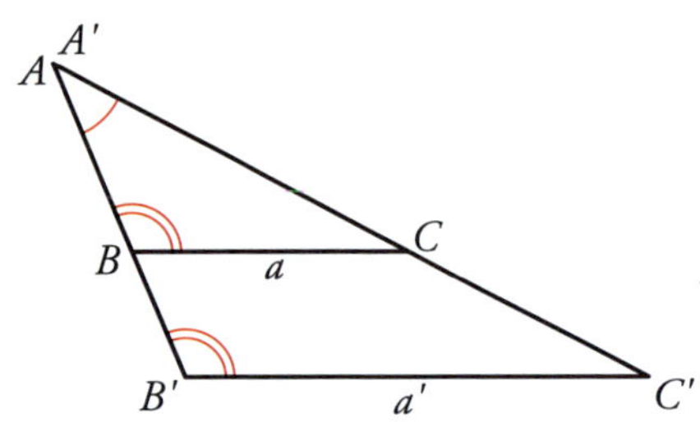

Perquè si $\hat{A} = \hat{A}'$, el triangle petit es pot encaixar en el gran. I si, a més a més, $\hat{B} = \hat{B}'$ els costats a i a' queden paral·lels.

Així, els dos triangles s'han pogut posar en posició de Tales i, per tant, són semblants.

» FIXA IDEES

F18. Copia i comprova:

a) La sala de la casa d'en Jaume és sota teulada. Per mesurar l'altura de la paret, en Jaume es col·loca com es veu en el dibuix. Tenint en compte les mesures, calcula l'altura màxima de la sala.

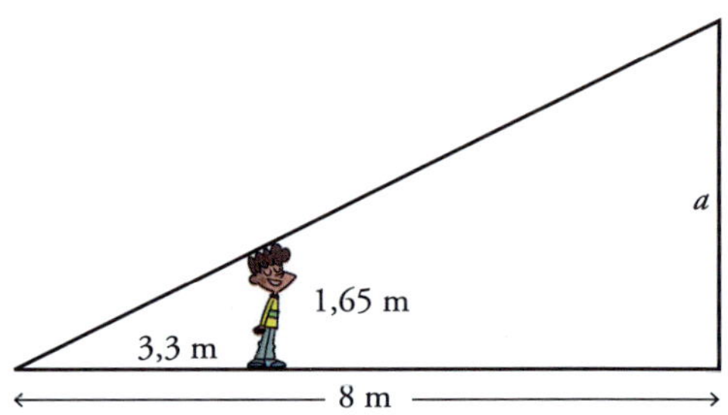

Anomenem a l'altura màxima de la sala d'en Jaume.

Com que són dos triangles en posició de Tales, són semblants. Per tant:

$$\frac{1{,}65}{\dots} = \frac{a}{\dots} \rightarrow a = \frac{165 \cdot \dots}{\dots} = 4 \text{ m}$$

b) La Raquel, que mesura 1,83 m, visita el seu amic Jaume. A quina distància, d, de la paret s'ha de col·locar per tocar el sostre amb el cap?

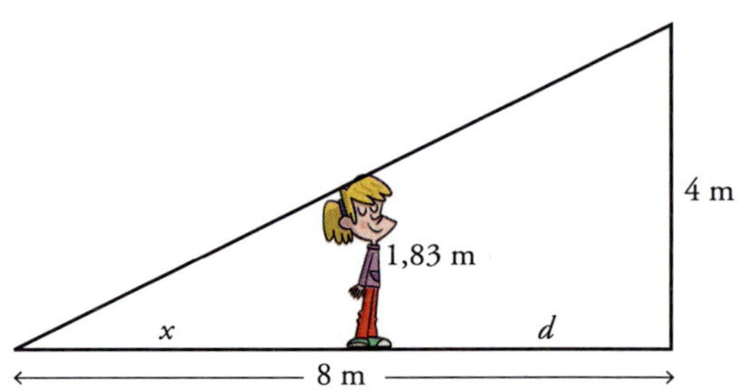

Veiem que en el triangle més gran, un costat, 8 m, és el doble de l'altre, 4 m.

Com que els triangles són semblants:

$x = 2 \cdot \dots = \dots \text{ m} \rightarrow d = 8 - x = \dots - \dots = 4{,}34 \text{ m}$

GeoGebra. Semblança de triangles.

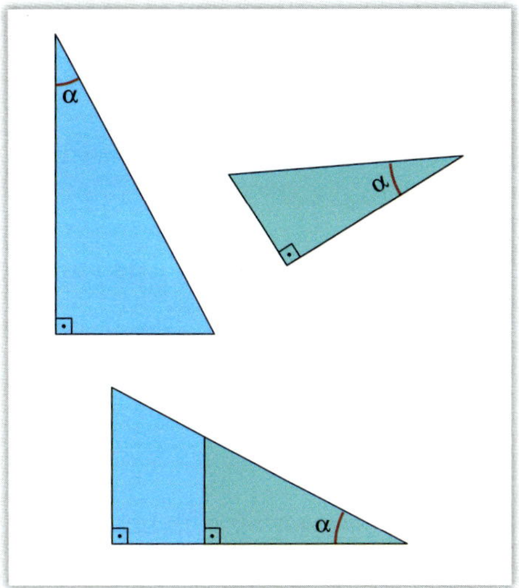

8. SEMBLANÇA ENTRE TRIANGLES RECTANGLES

Estudiem diversos criteris pels quals es comprova molt fàcilment si dos triangles rectangles són o no semblants.

Dos triangles rectangles que tinguin un angle agut igual són semblants.

Dos triangles rectangles són semblants si tenen:

- Els seus dos catets proporcionals.
- O bé un catet i la hipotenusa proporcionals.

En tots aquests casos es poden posar en posició de Tales.

Tots els triangles que s'obtenen en traçar perpendiculars a algun dels costats d'un angle són semblants, ja que tots són triangles rectangles i tenen un angle α en comú. Per tant, els seus costats són proporcionals.

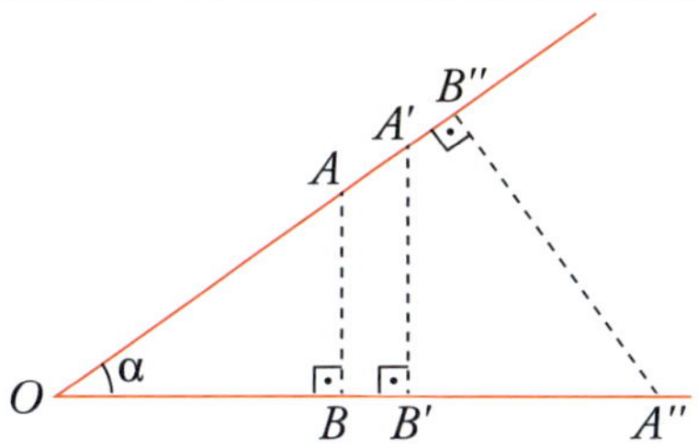

En un triangle rectangle, l'altura sobre la hipotenusa determina dos triangles semblants a l'original.

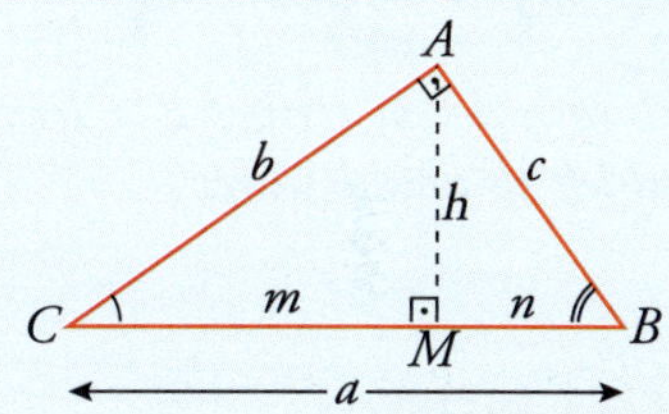

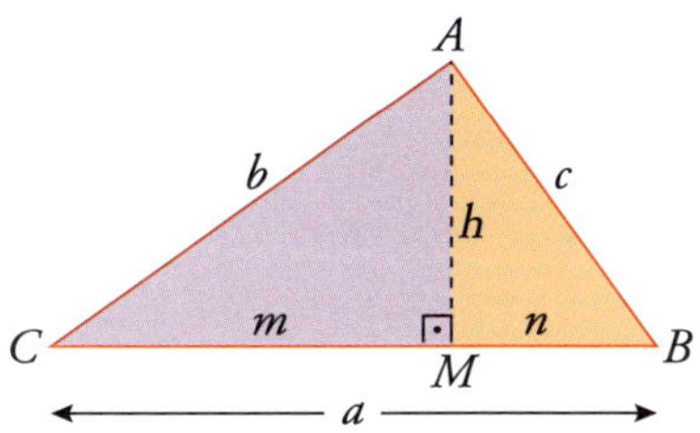

Teorema del catet

Els dos triangles rectangles del marge formats en traçar l'altura sobre la hipotenusa d'un triangle rectangle són semblants al gran i entre si. Per tant:

$$\frac{a}{b} = \frac{b}{m} \rightarrow b^2 = a \cdot m \qquad \frac{a}{c} = \frac{c}{n} \rightarrow c^2 = a \cdot n$$

El quadrat d'un catet és igual al producte de la hipotenusa per la projecció d'aquest catet sobre la hipotenusa.

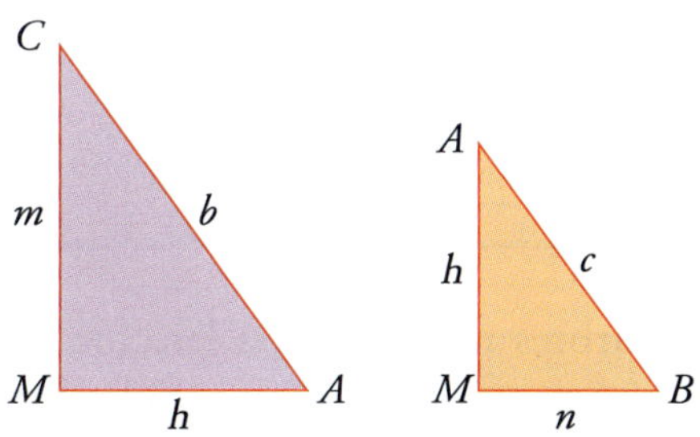

Teorema de l'altura

De la semblança dels triangles *MAC* i *MBA* del marge s'obté que:

$$\frac{m}{h} = \frac{h}{n} \rightarrow h^2 = m \cdot n$$

El quadrat de l'altura sobre la hipotenusa és igual al producte dels dos segments en què l'altura divideix la hipotenusa.

» APLICA EL QUE HAS APRÈS

14. Raona:

a) Per què són iguals els angles assenyalats del mateix color?

b) Per què els triangles *ABC*, *AHB* i *BHC* són semblants?

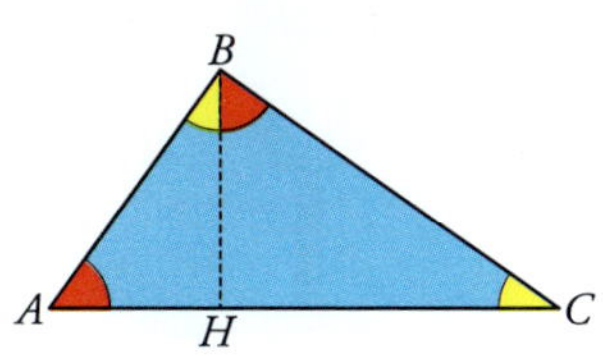

15. En un triangle rectangle, les projeccions dels catets sobre la hipotenusa mesuren 8 cm i 4,5 cm, respectivament. Calcula les mesures dels catets i de l'altura sobre la hipotenusa.

GeoGebra. Practica l'aplicació del teorema del catet i el teorema de l'altura.

9. APLICACIONS DE LA SEMBLANÇA DE TRIANGLES

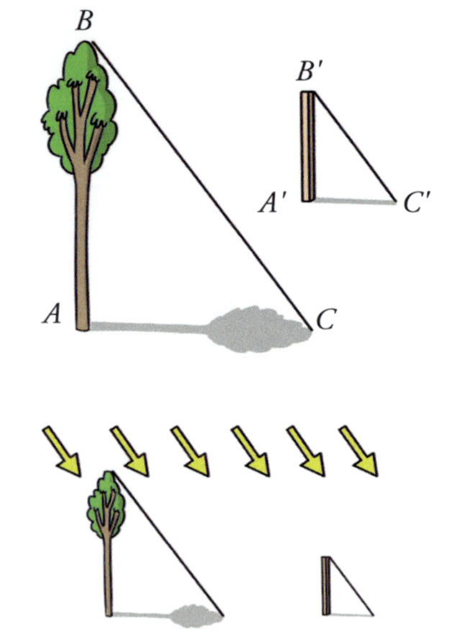

Els raigs del sol arriben a la Terra paral·lels els uns als altres.

Càlcul de l'altura d'un objecte vertical a partir de la seva ombra

Per calcular l'altura $\overline{AB}$ d'un arbre, fem el següent:

- Clavem a terra, verticalment, una estaca $\overline{A'B'}$.
- Mesurem la longitud de l'estaca, $\overline{A'B'}$, i de les ombres, $\overline{AC}$ i $\overline{A'C'}$, de l'arbre i de l'estaca, respectivament, projectades pel sol en el mateix instant.

Els triangles ABC i $A'B'C'$ són semblants perquè tenen dos angles respectivament iguals:

$\hat{A} = \hat{A}'$ perquè tots dos són rectes.

$\hat{C} = \hat{C}'$ perquè *els raigs del sol incideixen sobre l'arbre i l'estaca amb el mateix angle.*

Com que els triangles són semblants, els seus costats són proporcionals:

$$\frac{\overline{AB}}{\overline{A'B'}} = \frac{\overline{AC}}{\overline{A'C'}}$$

Com que coneixem $\overline{AC}$, $\overline{A'B'}$ i $\overline{A'C'}$, podem calcular l'altura de l'arbre, $\overline{AB}$.

» FIXA IDEES

F19. Calcula l'altura de l'arbre descrit si:

- Longitud de l'estaca = 1,6 m
- Ombra de l'arbre = 3,5 m
- Ombra de l'estaca = 0,7 m

$$\frac{\overline{AB}}{1{,}6} = \frac{\dots}{\dots} \rightarrow \overline{AB} = \frac{1{,}6 \cdot \dots}{\dots} = 8 \text{ m}$$

Solució: L'arbre mesura 8 m.

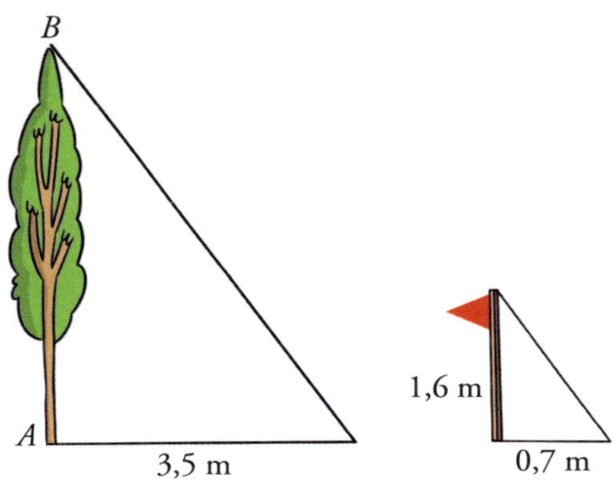

» APLICA EL QUE HAS APRÈS

16. Calcula l'altura d'un fanal que projecta una ombra d'1,90 m en el moment en què la marquesina de l'autobús, de 2,40 m d'altura, projecta una ombra de 96 cm.

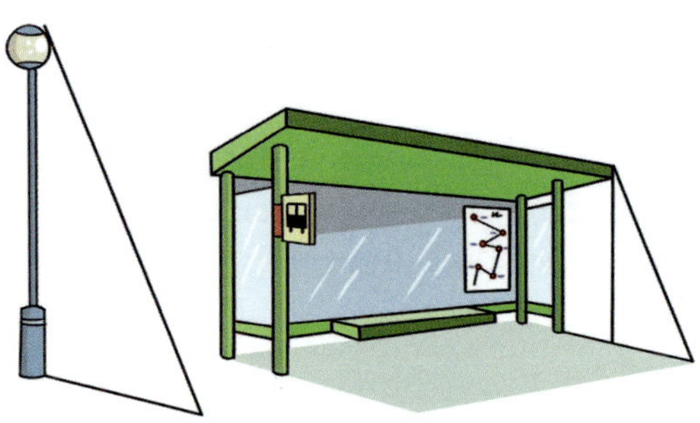

17. Les ombres d'aquests arbres mesuraven, a les cinc de la tarda, 12 m, 8 m, 6 m i 4 m, respectivament. Si l'arbre petit mesura 2,5 m, quant mesuren els altres?

Càlcul de l'altura d'un objecte vertical sense recórrer a l'ombra

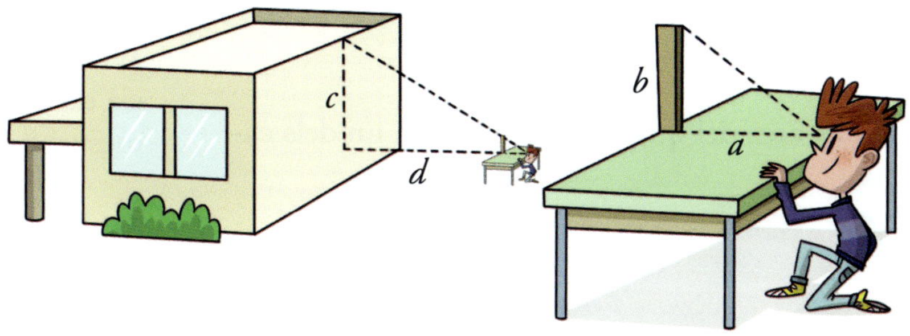

El noi traça una línia visual des del cantell de la taula fins al punt més alt de la casa. En aquesta posició, mou el regle i el situa de manera que el seu extrem quedi alineat amb la visual (la taula ha d'estar en posició horitzontal i el regle, en vertical).

Els triangles rectangles, de catets a, b i d, c, són semblants, ja que es troben en posició de Tales. Per tant:

$$\frac{c}{d} = \frac{b}{a}$$

Com que coneixem a, b i d, calculem c. L'altura de la casa és igual a c més l'altura de la taula.

» FIXA IDEES

F20. Calcula l'altura de la casa anterior a partir d'aquestes dades:

- Longitud del regle, b = 35 cm
- Distància del cantell de la taula al peu del regle, a = 50 cm
- Distància del cantell de la taula a la casa, d = 4,5 m
- Altura de la taula = 80 cm

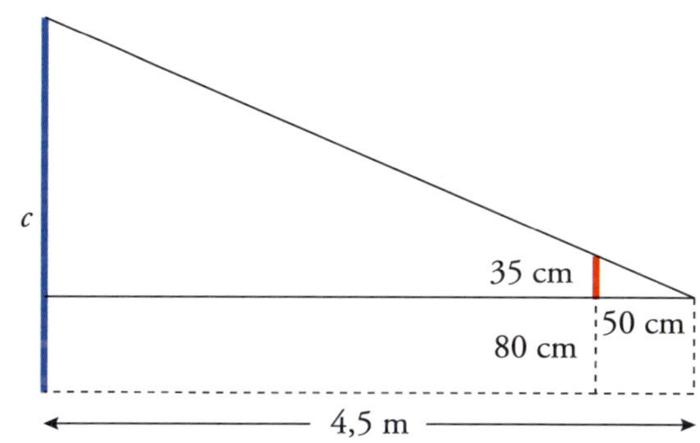

Expressem totes les distàncies en metres:

$$\frac{c}{d} = \frac{b}{a} \rightarrow \frac{c}{4,5} = \frac{\dots}{\dots} \rightarrow c = \frac{4,5 \cdot \dots}{\dots} = \dots \text{ m}$$

Solució: L'altura de la casa és de … + 80 = 3,95 m.

» APLICA EL QUE HAS APRÈS

18. Observa de quin enginyós mètode es val en Ramon per esbrinar l'altura de l'edifici:

Se situa de manera que la part alta del reixat i la part alta de l'edifici estiguin alineades amb els seus ulls. Assenyala la seva posició i pren les mesures que es veuen en el dibuix.

a) Explica per què els triangles ABC i CDE són semblants.

b) Calcula $\overline{ED}$.

c) Calcula l'altura de l'edifici.

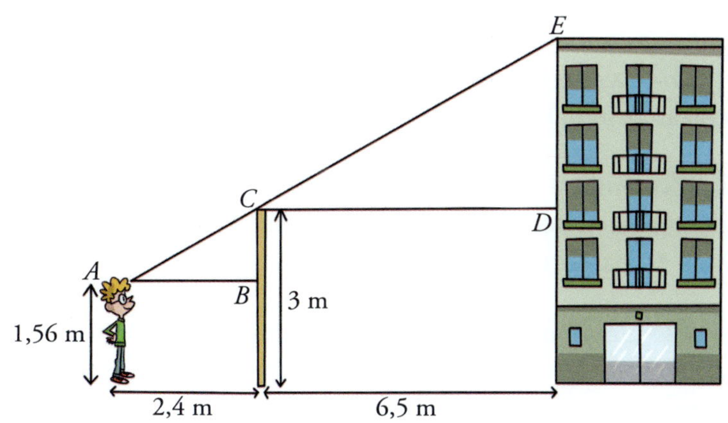

» EXERCITA LES TEVES COMPETÈNCIES

Teorema de Pitàgores

1. Calcula l'àrea del quadrat verd en cada un dels casos següents:

a)

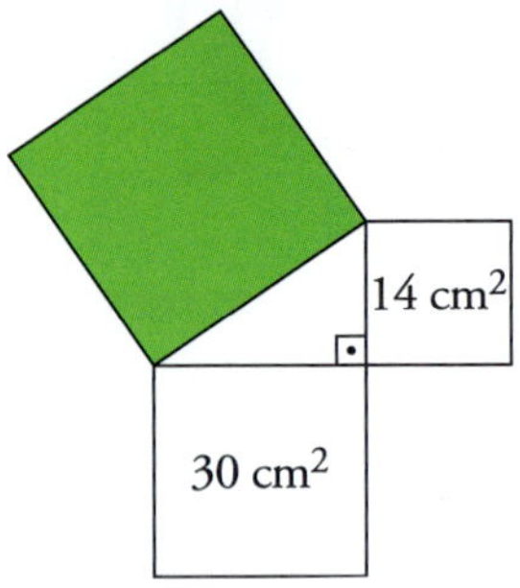

b)

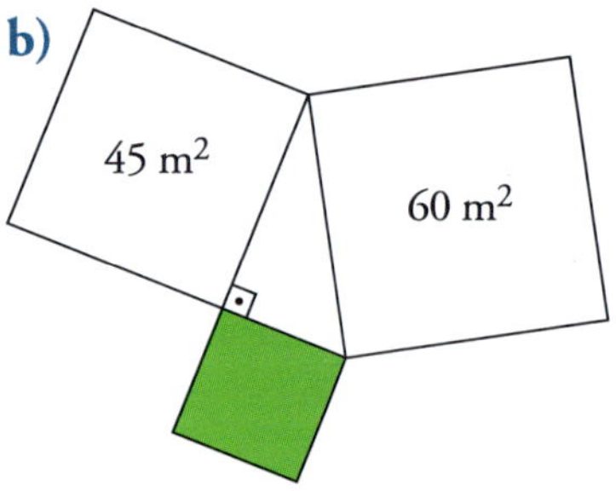

2. Digues si aquests triangles són rectangles, acutangles o obtusangles:

a) 15 cm, 10 cm, 11 cm

b) 35 m, 12 m, 37 m

c) 23 dm, 30 dm, 21 dm

3. Calcula el costat desconegut de cada triangle rectangle:

a)

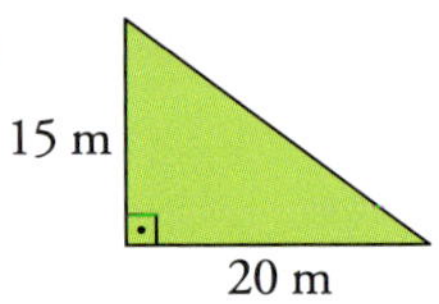

b)

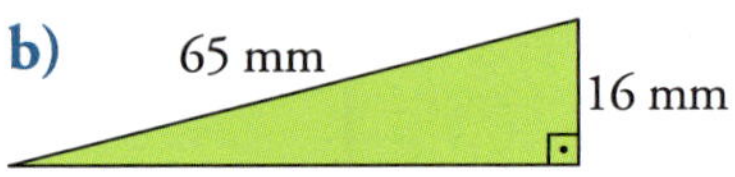

4. Calcula el perímetre d'un rectangle si la diagonal mesura 5,8 cm i un dels costats, 4 cm.

5. Troba la diagonal d'un quadrat el perímetre del qual mesura 28 dam.

6. Els costats paral·lels d'un trapezi rectangle mesuren 13 dm i 19 dm i el costat oblic mesura 10 dm. Calcula'n l'altura.

7. Calcula els costats iguals d'un triangle isòsceles si el costat desigual mesura 5 m i l'altura corresponent, 6 m.

8. Troba l'apotema d'un hexàgon regular de 20 cm de costat. (Recorda que el costat d'hexàgon regular mesura el mateix que el radi.)

9. Un pentàgon regular d'11,7 cm de costat està inscrit en una circumferència de 10 cm de radi. Calcula'n l'apotema.

10. A quina distància del centre d'una circumferència de 8 cm de radi ha de passar una recta perquè la corda mesuri 8 cm?

11. Calcula la diagonal d'un cub de 20 cm d'aresta. Aproxima fins als mil·límetres.

12. Des d'un punt *P* exterior a una circumferència de radi 10 m tracem un segment tangent de 24 m. A quina distància es troba *P* del centre de la circumferència?

13. Calcula, amb una xifra decimal, la longitud de x en cada un dels cossos geomètrics següents:

a)

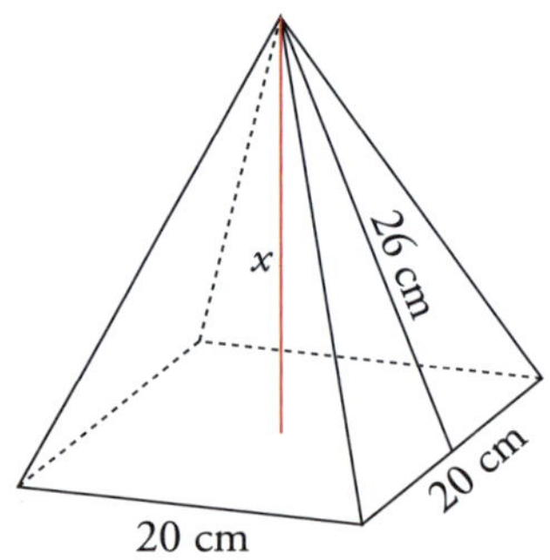

b)

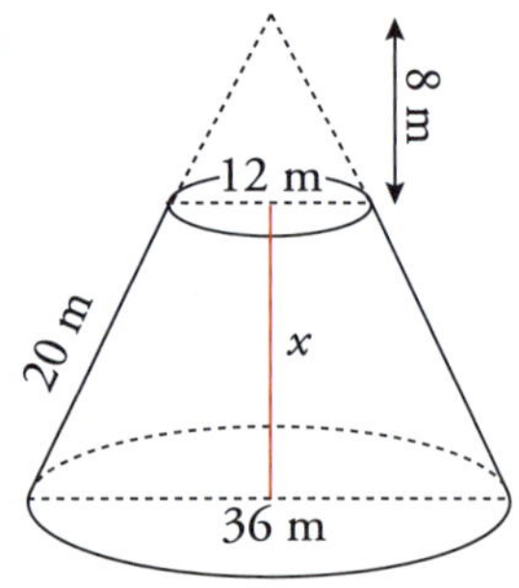

Àrees i perímetres usant el teorema de Pitàgores

14. Troba l'àrea i el perímetre d'aquestes figures. Calcula primer la longitud desconeguda d'algun dels seus elements. Si no és exacta, expressa-la amb una xifra decimal.

a)

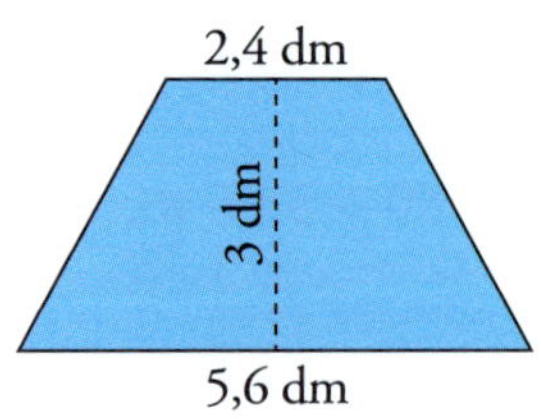

b)

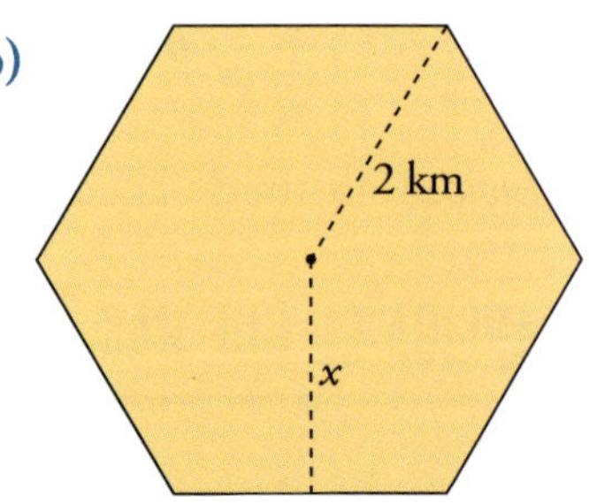

15. Calcula l'àrea i el perímetre de cadascuna d'aquestes figures. Observa que el perímetre de la primera és el contorn interior i exterior.

a)

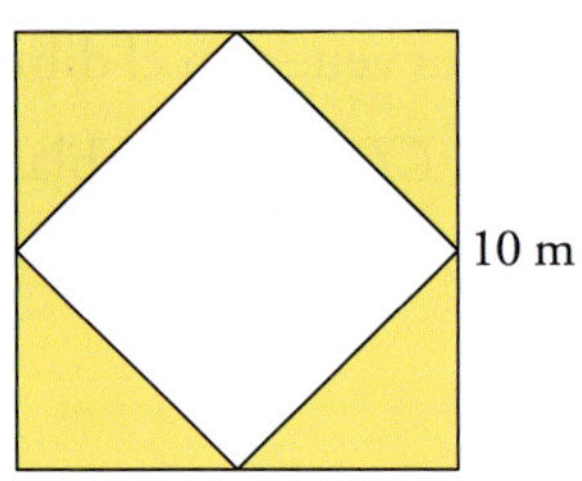

b)

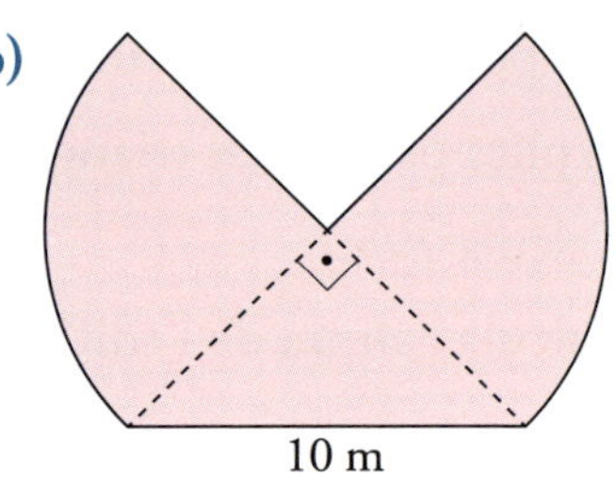

16. Troba l'àrea i el perímetre d'aquestes figures. Calcula primer la longitud desconeguda d'algun dels seus elements. Si no és exacta, expressa-la amb una xifra decimal.

a)

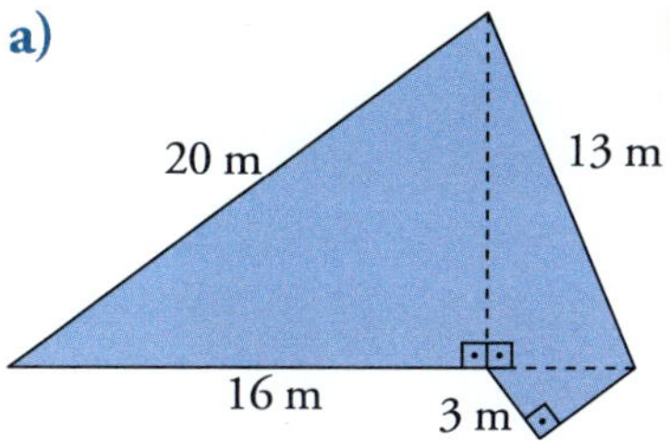

b)

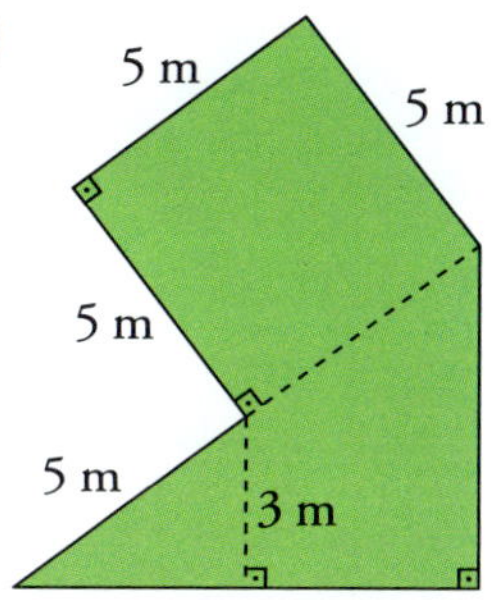

17. EXERCICI RESOLT

És rectangle aquest triangle?

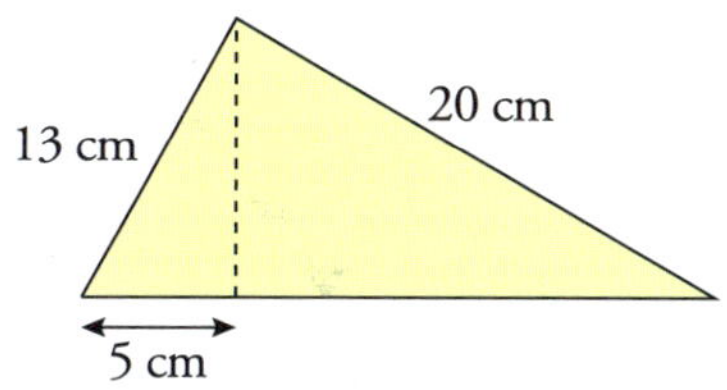

Resolució:

Primer calculem el costat desconegut $\overline{CB}$:

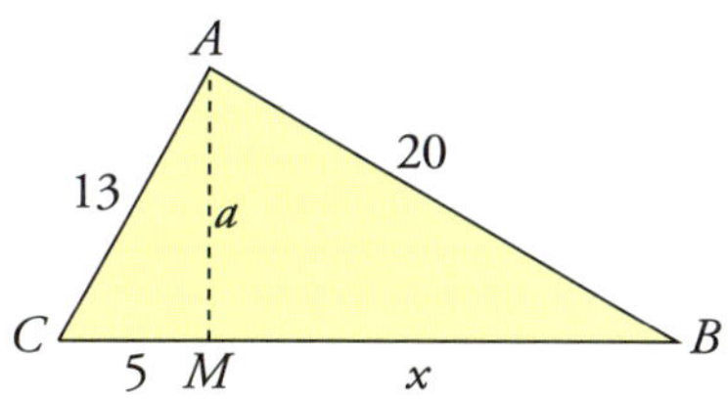

$a^2 = 13^2 - 5^2 = 144 \rightarrow a = \sqrt{144} \rightarrow a = 12$

$x^2 = 20^2 - a^2 = 256 \rightarrow x = \sqrt{256} \rightarrow x = 16$

$\overline{CB} = 5 + x = 21$ cm

$$\left.\begin{array}{l} 13^2 + 20^2 = 569 \\ 21^2 = 441 \end{array}\right\} \rightarrow 21^2 < 13^2 + 20^2$$

El triangle és acutangle.

18. Classifica aquest triangle en rectangle, acutangle o obtusangle. Primer, calcula la mida d'algun dels seus elements:

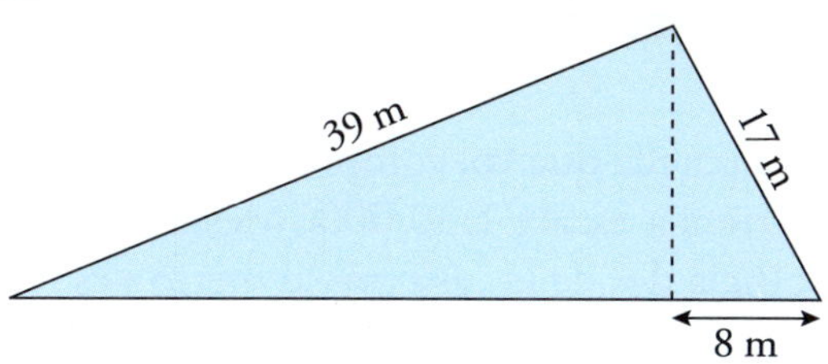

Figures semblants

19. Aquestes dues figures són semblants:

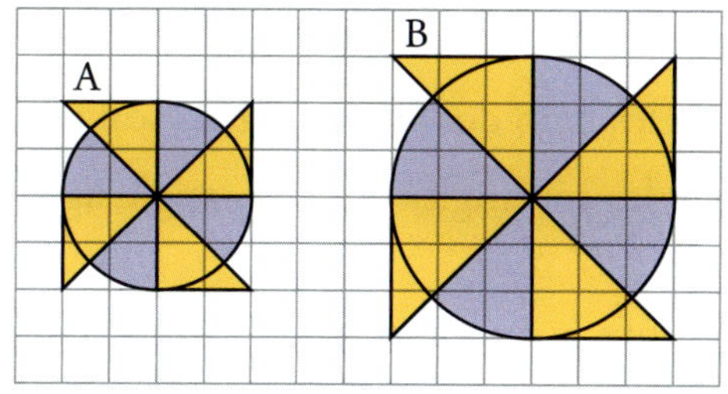

a) Quina és la raó de semblança entre *B* i *A*? Expressa el resultat amb un nombre decimal.

b) Quina és la raó de semblança entre *A* i *B*? Expressa el resultat amb una fracció.

20. Si la imatge reprodueix parelles de figures semblants, calcula la raó de semblança entre la petita i la gran i troba les longituds que falten.

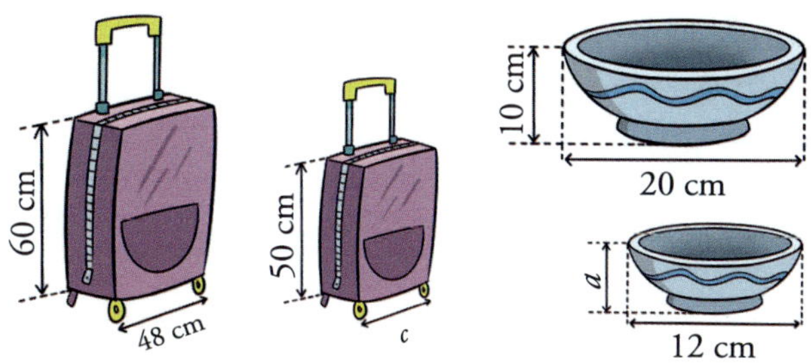

Semblança de triangles

21. Explica per què aquests dos triangles són semblants:

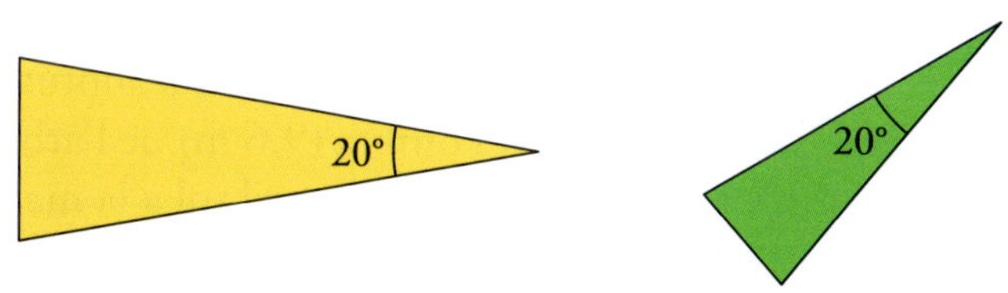

22. Els costats d'un triangle mesuren 7,5 cm, 18 cm i 19,5 cm. Si se'n construeix un de semblant, el costat més petit del qual mesura 5 cm.

a) Quina és la raó de semblança que permet passar del primer al segon?

b) Quant mesuren els altres dos costats del segon triangle?

c) Si el primer triangle és rectangle, podem assegurar que el segon també ho és? Per comprovar-ho, aplica el teorema de Pitàgores als dos triangles.

23. Vertader o fals?

a) Si la raó de semblança entre dos triangles T_1 i T_2 és 2/3, el més gran és T_1.

b) Dos triangles amb dos angles iguals són semblants.

c) Dos triangles amb dos costats iguals són semblants.

d) Dos triangles rectangles amb un angle agut igual són semblants.

e) L'altura sobre la hipotenusa divideix un triangle rectangle en dos triangles semblants.

Aplicacions de la semblança

24. Si el més alt d'aquests jugadors mesura 1,80 m, quant mesuren els altres?

25. Un rectangle té unes dimensions de 10 cm per 15 cm. El costat més petit d'un altre rectangle semblant mesura 12 cm. Calcula:

a) La raó de semblança per passar del primer al segon rectangle.

b) El costat més gran del segon.

c) Les àrees de tots dos rectangles.

26. Per determinar que l'altura d'un eucaliptus és d'11 m, en Carles ha mesurat l'ombra (9,6 m) de l'arbre i la seva (1,44 m), totes dues projectades pel sol a la mateixa hora. Quant mesura en Carles?

27. A la vora del riu Sena (París) hi ha una rèplica a escala 1:4 de l'Estàtua de la Llibertat, l'altura de la qual és d'11,5 m. Troba l'altura de l'estàtua de Nova York.

A Cenicero, un poble de la Rioja, hi ha una altra rèplica de l'Estàtua de la Llibertat d'1,2 m d'altura. Quina és l'escala d'aquesta respecte a la de Nova York?

28. En la pantalla del sonar d'un submarí es veu que un objecte s'apropa a 1 cm per minut. Si la imatge a la pantalla té una escala d'1:1.000.000, a quants quilòmetres per hora es mou l'objecte?

Resol problemes

29. A les festes d'un poble, pengen una pinyata d'1 m d'altura al mig d'una corda de 34 m lligada als extrems de dos pals de 12 m separats 30 m entre si. A quina distància de terra és la pinyata?

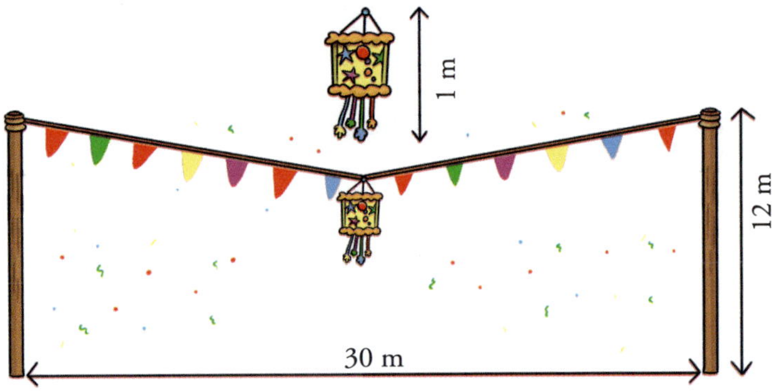

30. Un pal de 14,5 m d'altura es trenca per la base i cau sobre un edifici que és a 10 m. A quina altura de l'edifici impacta?

31. Una parella que vol comprar una casa consulta una llista de carrers a escala 1:30.000. Mesuren sobre el plànol la distància des de la casa fins al metro i és de 2,3 cm. Quina és la distància real?

32. El tronc d'un arbre sec de 20 m d'altura és al centre d'un parc circular. Hem hagut de tallar-lo per instal·lar-hi gronxadors, però com que no volíem que en partir-se sortís del recinte del parc, l'hem tallat a un quart de la seva altura i així ha caigut just al límit del recinte. Quants metres mesura el diàmetre del parc?

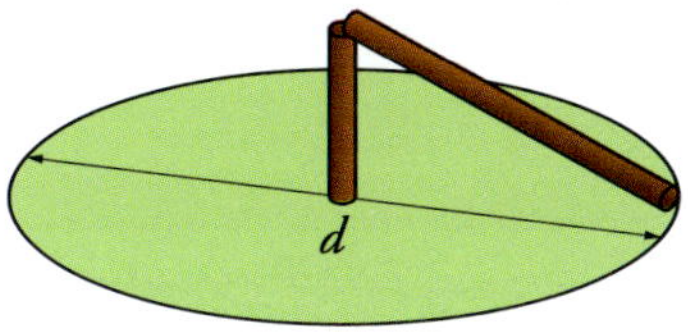

33. Indica si una barnilla de 65 cm de longitud cap en un cilindre de 63 cm d'altura i 8 cm de radi de la base.

34. Aquest pot de pintura és ple en les seves tres quartes parts. Dins ha caigut un pinzell de 40 cm de llargària. Creus que el pinzell s'haurà submergit completament en la pintura?

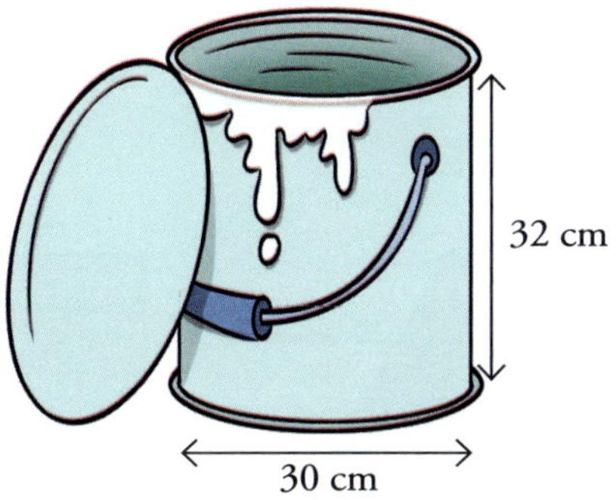

35. Calcula la longitud del llistó més llarg que podem desar en cada una d'aquestes capses:

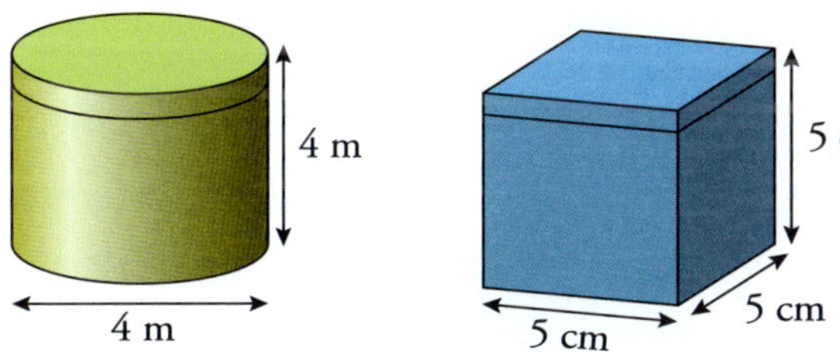

36. Observa el plànol del pis on viu l'Adela:

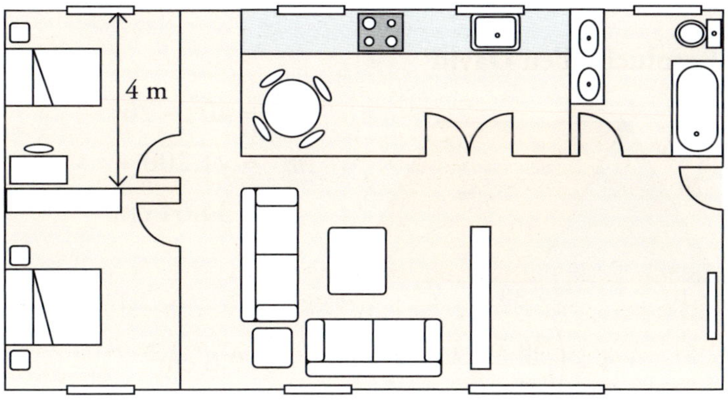

a) Quants metres quadrats té l'habitatge si l'habitació de l'Adela, des de la finestra fins a la paret de davant, mesura 4 m?

b) Els pares de l'Adela han comprat una taula de billar per a la sala. Les seves dimensions són 2,5 m × 1,5 m. Hi ha prou espai buit per posar-la?

37. El banyista és a 5 m del vaixell. La borda del vaixell és a 1 m sobre el nivell del mar. El pal del vaixell sobresurt 3 m de la borda. El banyista veu alineats l'extrem del pal i el focus del far. A quina altura sobre el nivell del mar és el focus del far?

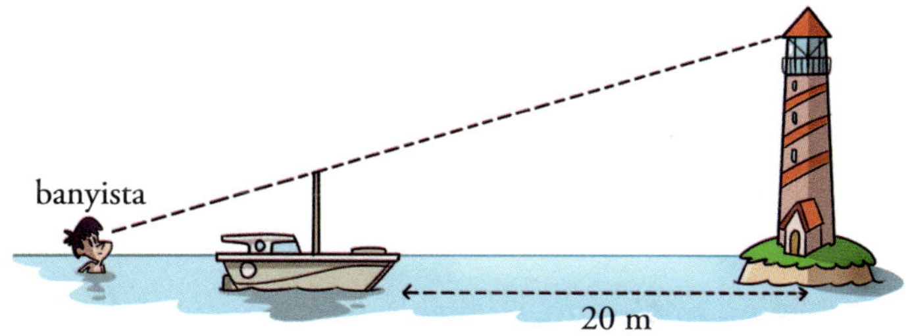

38. Una llanterna, a 3 m d'una paret, hi il·lumina un cercle de 60 cm de radi. A quina distància de la paret s'ha de col·locar perquè el cercle il·luminat tingui 1 m de radi?

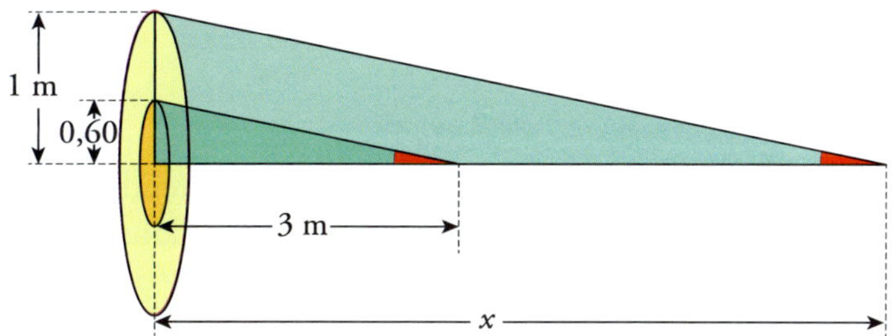

39. En Marc veu els merlets de la torre reflectits a l'aigua. Troba'n la distància a la base de la torre a partir de les dades del dibuix.

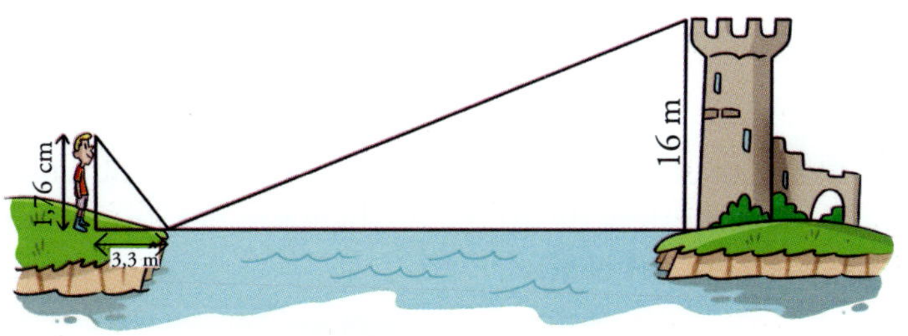

40. Una operària de la companyia elèctrica recolza una escala de 6,5 m de llargada en una paret a una altura de 6 m. Després de reparar l'avaria, sense moure la base de l'escala, la recolza a la paret de davant a una altura de 5,2 m. A quina distància es troben les parets?

41. La base d'una torre en forma de prisma de 36 m d'altura que té una escala exterior és un rectangle de 40 m de llarg i 12 m d'ample. Hi ha quatre trams d'escala, un per cada cara lateral. En tots s'assoleix la mateixa altura (*h*).

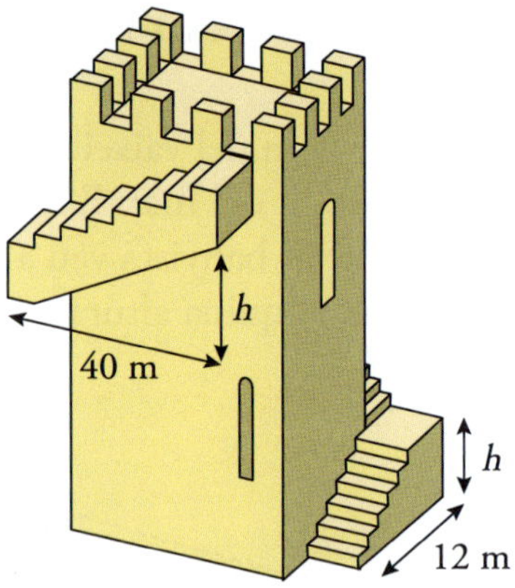

Si cada metre d'escala té tres esglaons, quants esglaons hi ha en cada tram? Quants n'hi ha en total?

Imagina que és un retallable de cartó i que l'estens. (La mida dels esglaons és fictícia.)

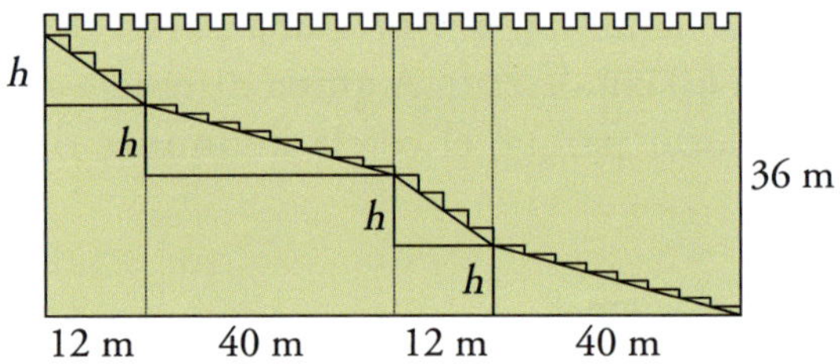

42. En Julià vol desar una planxa metàl·lica de 20 cm × 62 cm en una capsa com aquesta. Comprova si pot fer-ho.

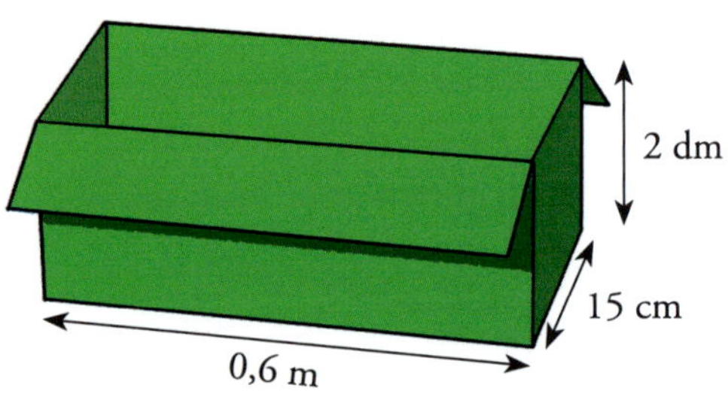

43. Calcula el radi de la circumferència que obtenim si tallem una esfera de 40 cm de diàmetre per un pla que passa a 10 cm del centre.

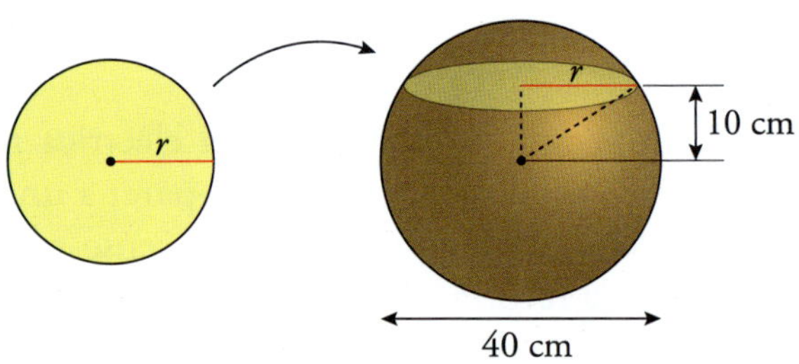

Interpreta, descriu, expressa't

44. Explica què ha fet cada un per resoldre el problema.

Calcula l'àrea d'aquesta figura.

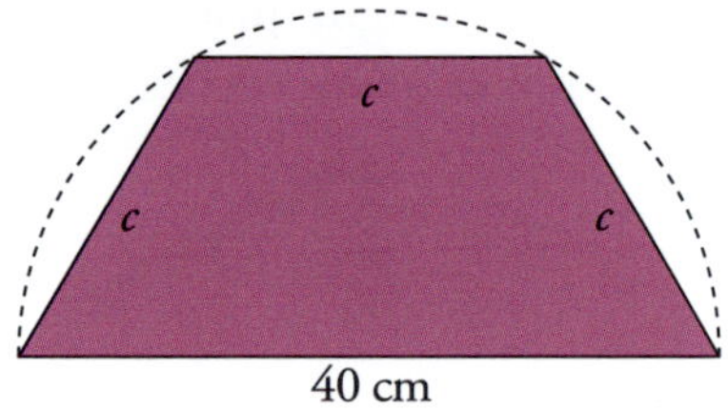

Resolució de l'Alba

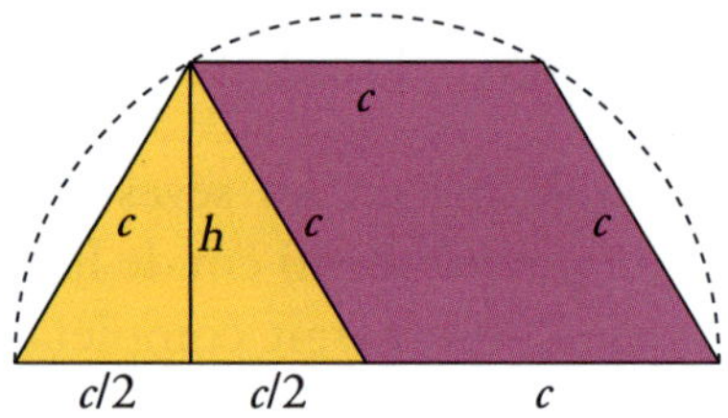

$c = 40 : 2 = 20$ cm

$h = \sqrt{20^2 - 10^2} =$

$= \sqrt{300} = 17{,}3$ cm

$$A = \frac{(40 + 20) \cdot 17{,}3}{2} = 519 \text{ cm}^2$$

Resolució de l'Enric

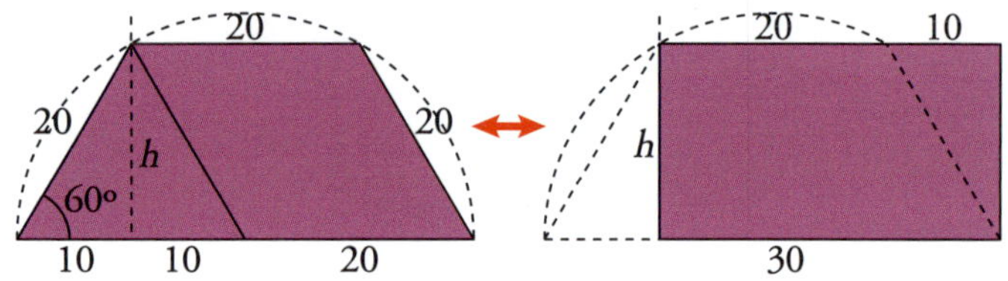

$h = \sqrt{400 - 100} = 17{,}32$ cm

$A = 30 \cdot 17{,}32 = 519{,}6$ cm^2

Resolució de la Cèlia

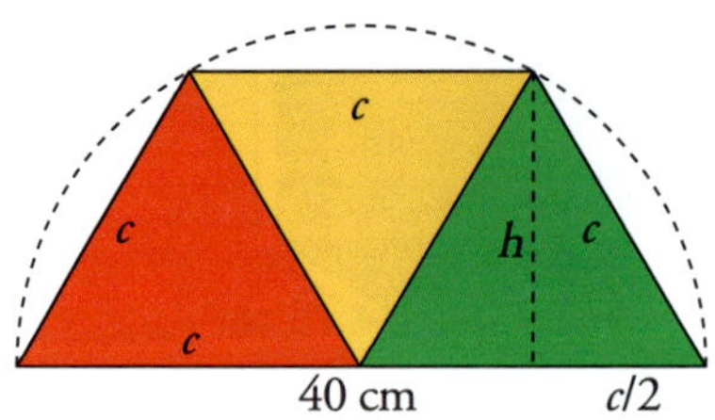

$c = 40 : 2 = 20$ cm

$h = \sqrt{20^2 - 10^2} =$

$= \sqrt{300} = 17{,}3$ cm

$$A = 3 \cdot \frac{c \cdot h}{2} = 3 \cdot \frac{20 \cdot 17{,}3}{2} = 519 \text{ cm}^2$$

Resolució d'en David

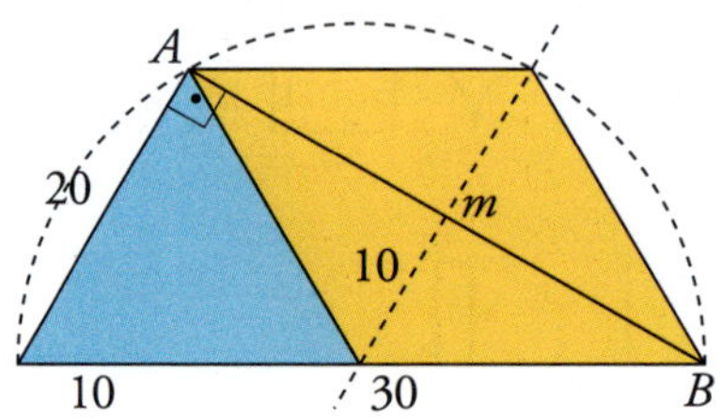

$m^2 = 40^2 - 20^2 \rightarrow$

$m = \sqrt{1.200} =$

$= 34{,}64$ cm

$$A = \left(\frac{34{,}64 \cdot 20}{2} : 2\right) \cdot 3 = 519{,}6 \text{ cm}^2$$

45. Observa dues construccions sobre un hexàgon regular de 10 cm de costat i explica:

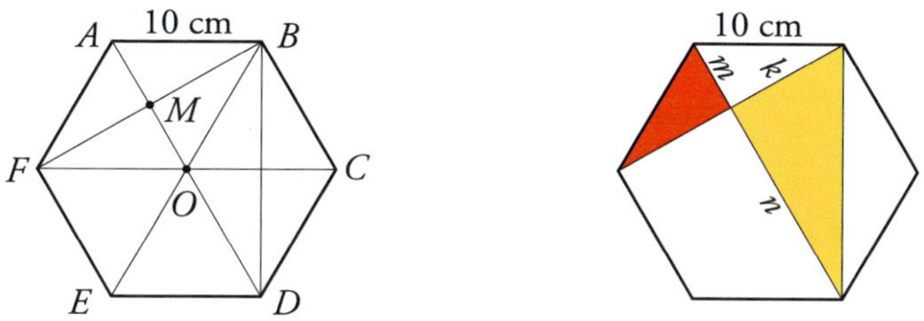

a) Per què $\widehat{AFB} = 30°$; $\widehat{FBD} = 60°$; $\widehat{AMF} = 90°$.

b) Per què els triangles acolorits són semblants.

c) Per què $\overline{AD} = 20$ cm; $m = 5$ cm; $n = 15$ cm.

d) Per què $k^2 = 5 \cdot 15 \rightarrow k = \sqrt{75}$.

Problemes «+»

46. Hem tallat quatre cubs de porexpan com es mostra en les figures. Troba l'àrea i el perímetre d'aquests polígons.

a)

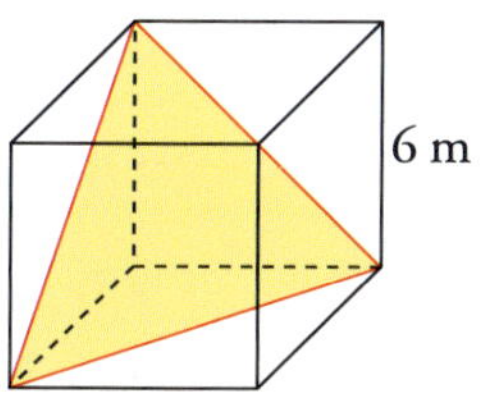

b)

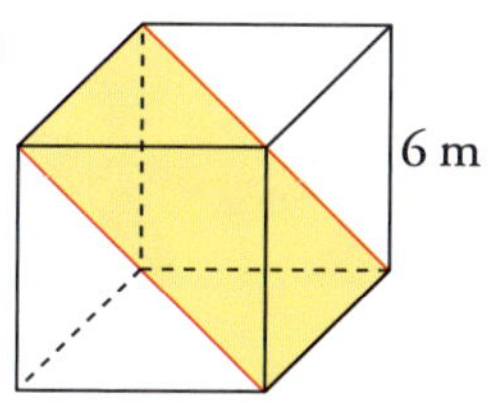

47. L'edifici del Pentàgon, a Washington (Estats Units d'Amèrica), és un pentàgon regular de 300 m de costat. L'apotema del seu pati interior, que també té forma de pentàgon regular, mesura 86 m.

La longitud del costat del pentàgon exterior és 2,4 vegades la de l'interior i la distància entre els vèrtexs A i B (observa el gràfic) és de 148,51 m. Quina superfície té la seva planta?

48. Si voles en un avió a 10.000 m d'altura, a quina distància es troba el punt més allunyat que pots veure en l'horitzó?

Radi de la Terra: 6.371 km

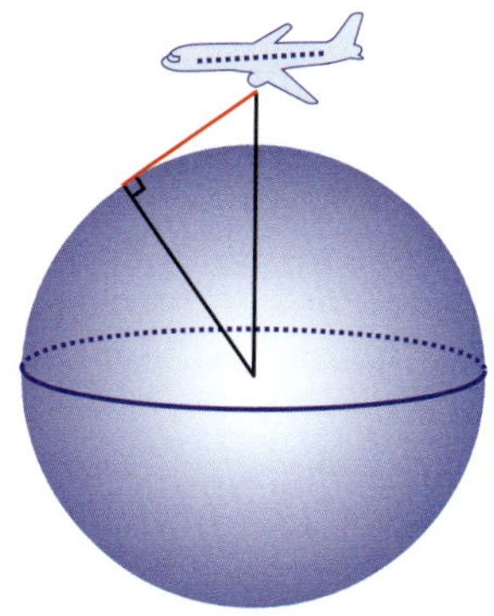

49. Pensa en una esfera de 12 dm de radi. Si dins hi construïm el cub més gran que sigui possible, quant mesurarà l'aresta d'aquest cub?

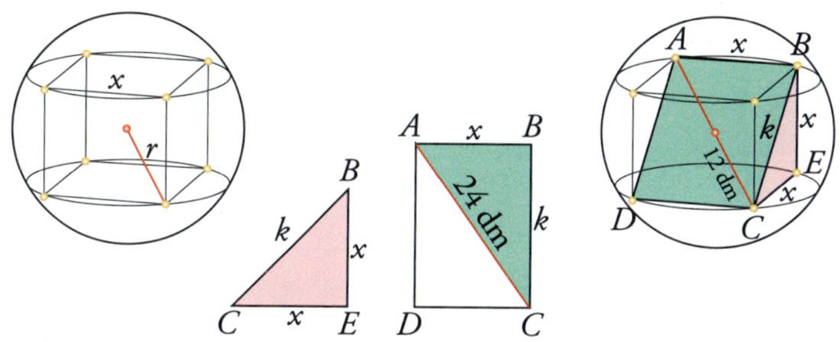

50. Calcula la longitud del trampolí tenint en compte les mesures:

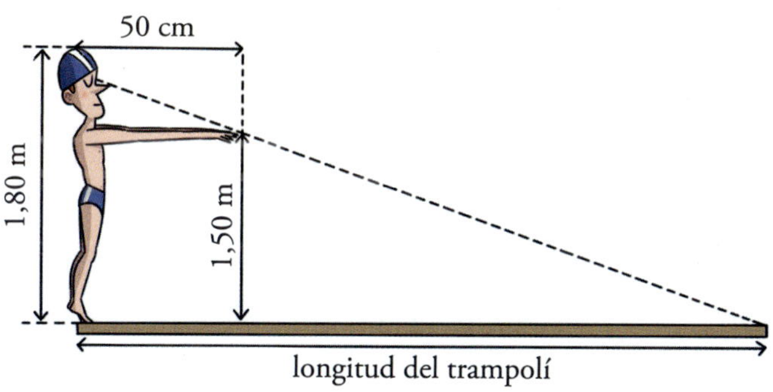

51. El *Titanic* va ser un vaixell britànic que es va enfonsar el 1912 durant el seu viatge inaugural. James Cameron per rodar la pel·lícula *Titanic* en va construir una rèplica d'uns 15 m de llarg. El *Titanic* mesurava uns 270 m de llargària, 30 m d'amplada i 53 m d'altura i pesava unes 46.000 tones.

a) A quina escala va construir James Cameron el vaixell?

b) Quant mesuraven l'amplada i l'altura de la maqueta?

c) Si la maqueta s'hagués construït amb els mateixos materials que el vaixell, quant hauria pesat?

» MATEMÀTIQUES EN CONTEXT

REFORMES A CASA

La família Guasch vol fer reformes a casa. Volen donar-hi un aire nou i entre tots han fet esbossos i plànols. De moment, enrajolaran la cuina i el passadís, posaran un projector i una pantalla a la sala i canviaran la decoració de l'entrada.

1. La cuina

El primer que volen fer és renovar el terra de la cuina i posar-hi un mosaic amb peces vermelles i com el de la figura. Construiran el mosaic col·locant les peces com s'indica en el quadrat petit.

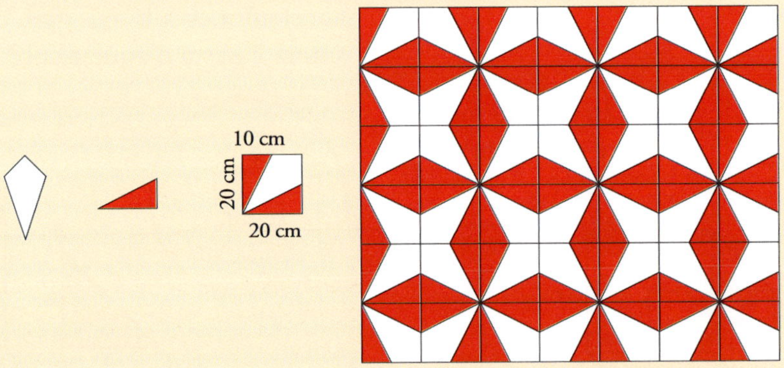

Calcula:

a) L'àrea i el perímetre d'un dels rombes vermells que componen el mosaic.

b) L'àrea i el perímetre d'una de les estrelles blanques que componen el mosaic.

c) El terra de la cuina és rectangular i fa 4,40 m × 5,20 m. Quants triangles vermells es necessitaran per enrajolar-lo? I quants quadrilàters blancs?

2. La sala

Els Guasch volen comprar una pantalla enrotllable i un projector per penjar-los al sostre de la sala. La pantalla que volen comprar fa 1,2 m d'ample i la volen col·locar de manera que, quan es desplegui, quedi centrada en una cantonada de la sala i formi un triangle isòsceles amb les parets El marc de la porta, però, és només a 1 m de la cantonada.

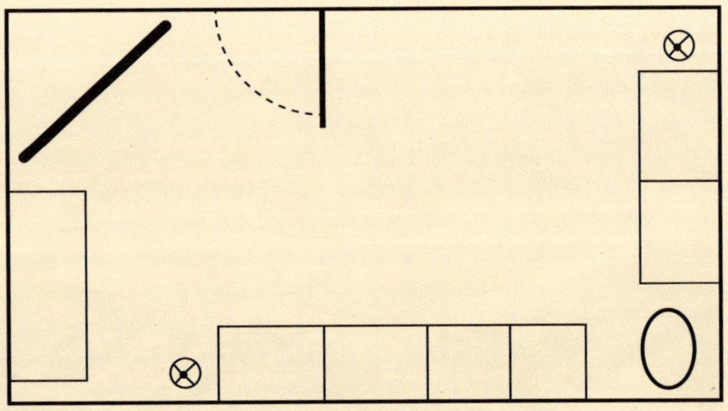

a) Podran col·locar la pantalla sense que hi toqui el marc de la porta?

b) Quina és l'escala d'aquest plànol de la sala?

Compte: necessitaràs un regle per contestar la pregunta.

c) Quines són les mides de la sala (llargada i amplada)?

d) Quants metres quadrats de superfície fa el terra de la sala?

BARCANOVA EDITORIAL

3. L'escultura i la fotografia

A l'entrada de casa, els Guasch volen posar-hi una reproducció a escala, ben grossa, d'una escultura que va fer l'avi Manel. L'altura de l'escultura original és de 80 cm i volen que la reproducció faci 2,40 metres d'alt.

a) Quina raó de semblança hi haurà entre l'escultura i la seva reproducció?

b) La base de l'escultura té una superfície de 625 cm^2. Quina serà la superfície de la base en la reproducció? Quina serà la raó de semblança de les dues superfícies?

c) El taller que la reproduirà calcula que el volum de l'escultura serà de 405 dm^3. Quin és el volum de l'escultura original? Quina serà la raó de semblança entre els dos volums?

A la paret d'una habitació volen penjar aquesta foto recent de l'Àlex i en Biel Guasch amb un marc ben bonic.

d) Si l'Àlex, el germà gran, fa 1,50 metres d'alçada, calcula l'alçada d'en Biel.

Compte: necessitaràs un regle per poder contestar la pregunta.

e) Expressa amb nombres la relació entre l'alçada de l'Àlex i la d'en Biel en la foto i les seves alçades reals.

Quan veuen la reproducció, als Guasch els sembla més grossa del que havien demanat. Com que és molt alta, no arriben a l'extrem superior i no poden mesurar-la amb la cinta mètrica. Se'ls acut mesurar l'ombra que projecta a terra i, alhora, mesuren l'ombra de l'Àlex. Si l'ombra del noi fa 75 cm de llarg i la de la reproducció fa 130 cm, contesta:

f) Quina és l'alçada de la reproducció que els han portat? És més alta que la que volien, com sospiten els Guasch?

» TALLER DE MATEMÀTIQUES

» LLEGEIX I DESCOBREIX

Dinosaures amb radiador

Per què fa 300 milions d'anys l'evolució va donar lloc al dimetrodont, dinosaure aparentment estrafolari, amb una gegantina aleta dorsal?

Els rèptils no tenen mecanismes propis per regular la temperatura corporal. Quan el medi es va fer més càlid, necessitaven evacuar calor. La irradiació es fa a través de la pell i és, per tant, proporcional al quadrat de la longitud, mentre que la producció de calor és proporcional al volum del cos; és a dir, al cub de la longitud. Així, els dinosaures grossos tenien un gran problema: produïen més calor del que podien eliminar.

L'aleta és un mecanisme d'adaptació que augmenta la superfície corporal sense gairebé augmentar-ne el volum.

» INVESTIGA

Semblança de rectangles

Dos rectangles són semblants si les seves dimensions (llarg i ample) són proporcionals.

Una manera de comprovar si dos o més rectangles són semblants és fer-ne coincidir els vèrtexs, com en el dibuix, i veure si la diagonal és comuna per a tots. Prova-ho!

Un full DIN A4

Els fulls que fem servir habitualment (DIN A4) tenen una propietat curiosa: si els partim pel mig, cada un dels dos trossos és semblant al full inicial.

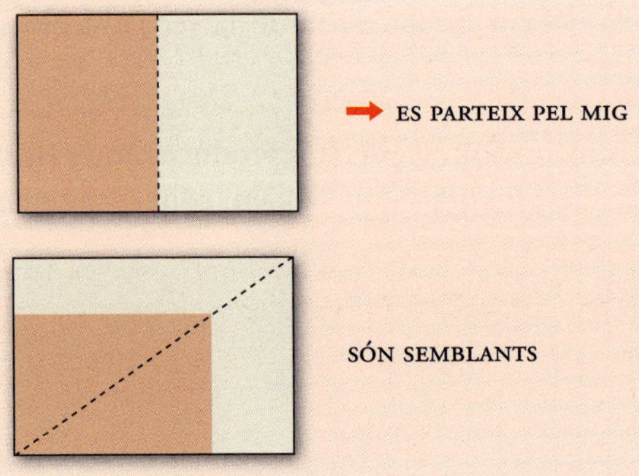

El rectangle auri

El rectangle auri té la peculiaritat següent: si en suprimim un quadrat, el rectangle que queda és semblant a l'inicial.

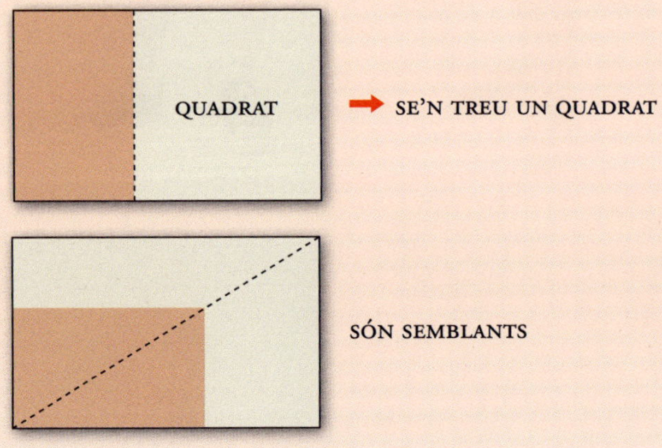

» ENTRENA'T RESOLENT ALTRES PROBLEMES

Imagina en l'espai

Tenim dotze fitxes col·locades en tres files de quatre. Col·loca-les ara de manera que hi hagi sis files de quatre.

Un manat d'espàrrecs

Una venedora d'espàrrecs creu que duplica la quantitat d'espàrrecs de cada manat si duplica la longitud de la cinta amb què els embolica, però s'equivoca. Si la cinta es duplica, què passa amb la quantitat d'espàrrecs del manat?

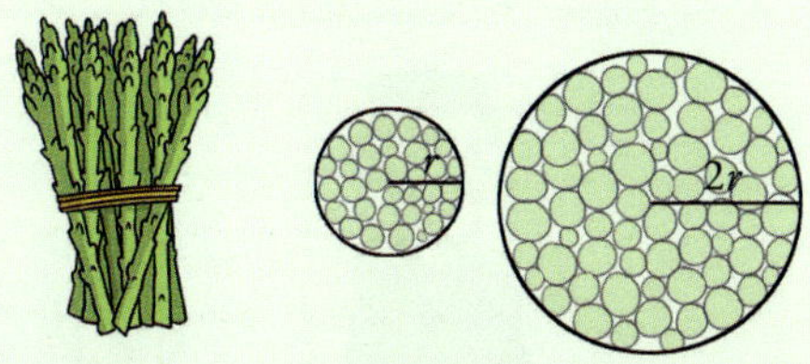

» POSA'T A PROVA

1. Digues si els triangles següents són rectangles, acutangles o obtusangles:

a) 20 cm, 24 cm, 30 cm **b)** 5 m, 6 m, 10 m

2. Calcula el segment desconegut:

a)

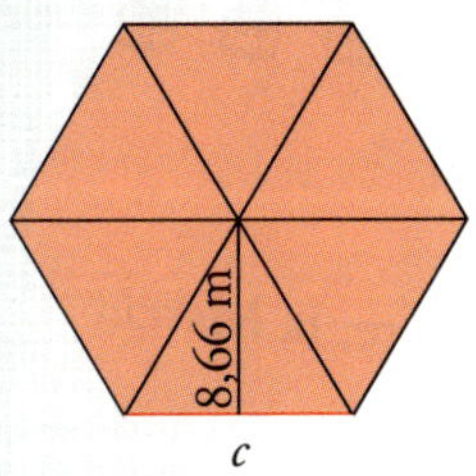

b)

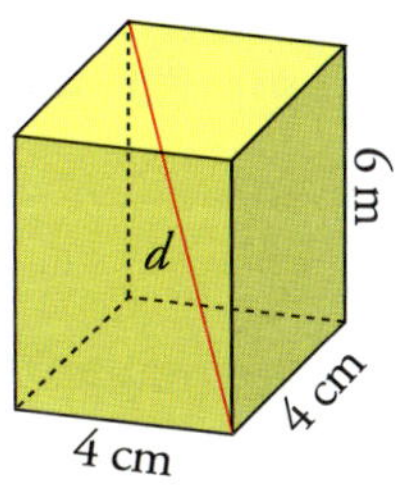

3. Calcula l'àrea i el perímetre d'aquestes figures:

a)

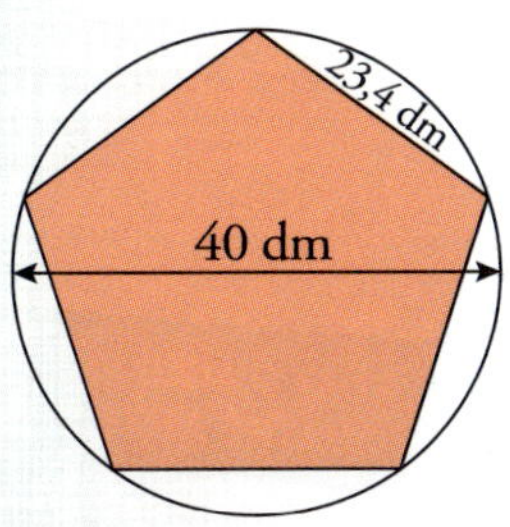

b)

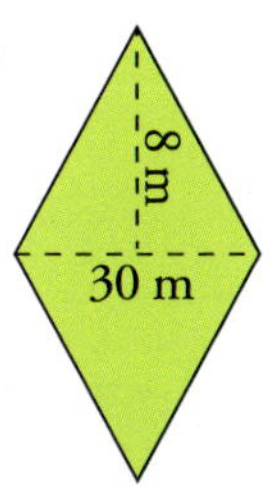

4. La plaça d'un poble té la forma i les dimensions que es mostren en el dibuix. Els angles assenyalats són tots de 45°. Calcula l'àrea i el perímetre de la plaça.

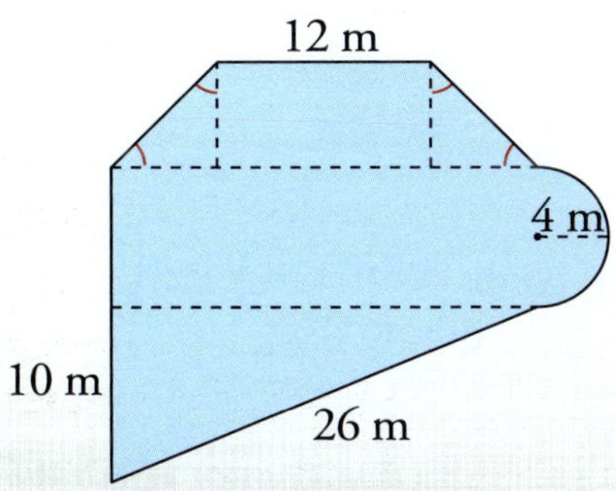

5. Aquests dos gerros de vidre, G i P, són semblants.

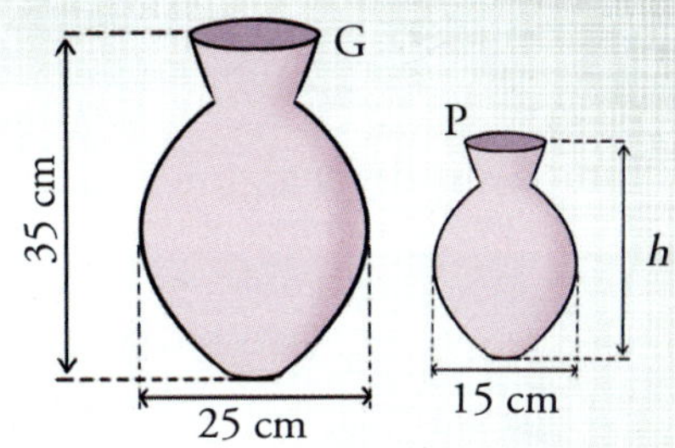

a) Quina és la raó de semblança entre P i G?

b) Quina és l'altura, *h*, de P?

c) Si P, buit, pesa 400 g, quant estimes que pesa G?

d) Si G té una capacitat de 16 ℓ, quants litres caben a P?

6. Observa i calcula *a* i *b*.

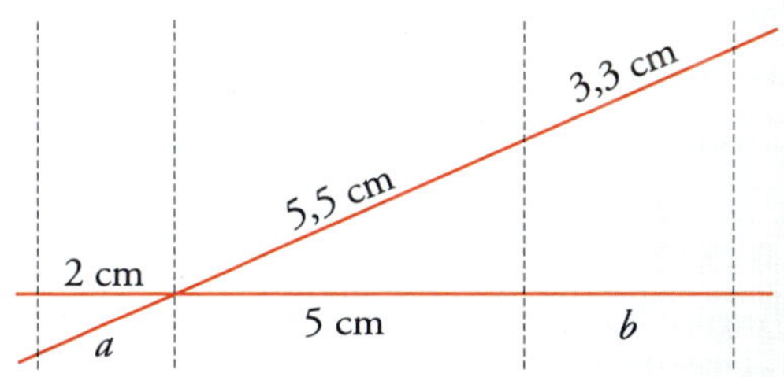

7. La Mar s'ha enfilat en una caixa des d'on pot veure reflectida en un bassal la copa d'un arbre. Calcula:

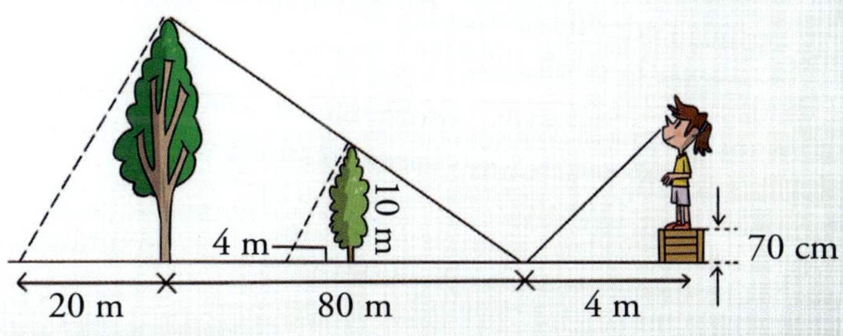

a) L'altura de l'arbre. **b)** L'altura de la Mar.

» REPTE: EL DIARI DE LA NEUS

La Neus ha començat a escriure un diari. Com que li agrada molt dibuixar, en la primera pàgina ha reproduït una foto recent de la seva família.

També ens dona algunes dades sobre ella mateixa, la família i el barri on viu.

Edats

1. Tinc cinc anys més que el meu germà Jordi i dos menys que la meva germana Montse. La mare, la Mercè, va tenir la Montse als vint-i-tres anys. El pare, l'Andreu, té tres anys més que la mare.

Anomena x l'edat de la Neus i codifica algebraicament l'edat de cada un dels altres membres de la família.

2. Entre els tres germans tenim els mateixos anys que la mare.

a) Tradueix a llenguatge algebraic, mitjançant una equació, la frase anterior.

b) Quina edat té cada un dels membres de la família?

3. La tieta Rosa, la germana petita de la mare, quadruplica l'edat de la seva filla Alba, però d'aquí quatre anys només la triplicarà.

a) Copia la taula, anomena x l'edat actual de l'Alba i completa-la amb les expressions algebraiques corresponents.

	EDAT ACTUAL	EDAT D'AQUÍ A QUATRE ANYS
ALBA	x	…
ROSA	…	…

b) Expressa amb una equació aquesta igualtat:

Edat de la Rosa d'aquí a quatre anys	=	Triple de l'edat de l'Alba d'aquí a quatre anys

c) Quina és l'edat actual de l'Alba? I la de la Rosa?

Alçades

4. Faig 1,60 m d'alçada, però encara estic creixent. Em sembla que d'aquí uns quants anys seré tan alta com la Montse, però no crec que arribi a fer l'alçada del pare.

a) Tenint en compte la imatge familiar, quina és l'alçada actual d'en Jordi? I la del pare?

b) Quina és l'escala de la imatge?

El barri

5. Aquest és el plànol del barri. Els de la colla solem quedar a la plaça Nova, a tocar de la biblioteca. Per aquí és per on acostumo a moure'm cada dia.

De casa a l'escola, per l'avinguda dels Til·lers, tardo tres minuts més que si vaig de casa a la biblioteca. I des de la biblioteca tardo 9 minuts justos a arribar a l'escola.

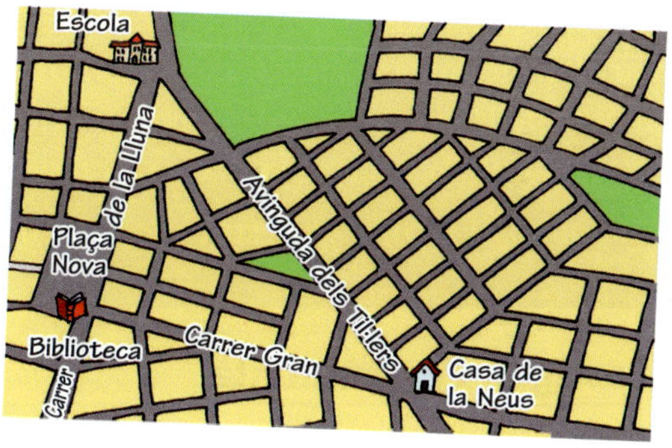

a) Quant tarda la Neus a anar, per l'avinguda dels Til·lers, de casa a l'escola?

Et serveix aquesta equació per resoldre la pregunta?

$$x^2 = (x - 3)^2 + 9^2$$

Explica per què.

b) La distància entre l'escola i la biblioteca és de 750 m. A quina distància és l'escola de la casa de la Neus?

c) A quina escala s'ha dibuixat el plànol del barri?

UNITAT 7

COSSOS GEOMÈTRICS

RESOLUCIÓ DE PROBLEMES · RAONAMENT I PROVA
CONNEXIONS · COMUNICACIÓ I REPRESENTACIÓ · SOCIOEMOCIONAL

Els cossos geomètrics més senzills eren coneguts i utilitzats per les antigues civilitzacions.

L'impressionant desenvolupament de la geometria a Egipte, fa més de 3.500 anys, va suposar un important impuls en aquest àmbit. Per al càlcul d'àrees i volums, els egipcis tenien procediments als quals, probablement, van arribar de forma experimental. Uns donaven resultats exactes i d'altres, els més difícils, aproximats, encara que ells no distingien entre els uns i els altres, i els donaven a tots la mateixa validesa.

El món grec va recollir aquests coneixements i els va enriquir teòricament.

Investiga i experimenta

1. Per construir un cub de 2 cm d'aresta s'han fet servir 24 cm^2 de cartolina (sense comptar les solapes).

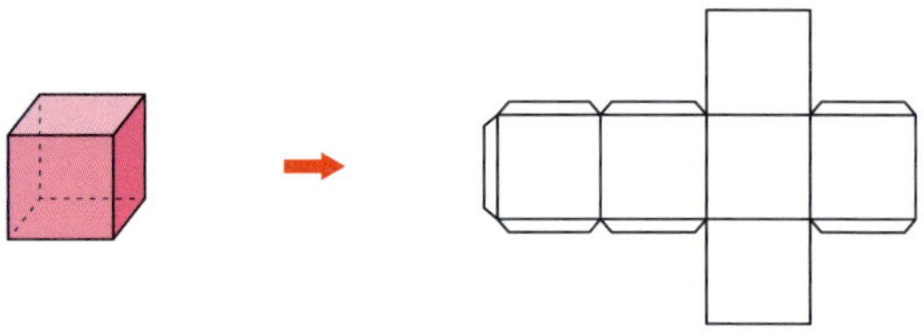

Quina quantitat de cartolina es necessita per construir un altre cub de 4 cm d'aresta?

30 cm^2 més | El doble | El quàdruple | 30 cm^2 menys

2. Sabries calcular, en centímetres quadrats, la quantitat de xapa que porta aquest pot de conserva?

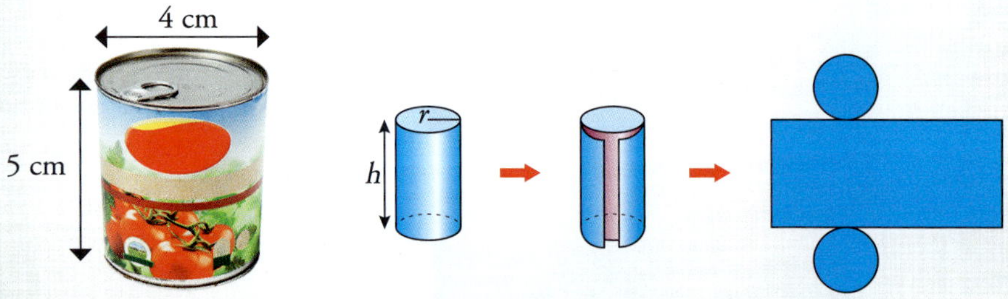

RECORDA: Longitud de la circumferència → $2\pi \cdot r$

Superfície del cercle → $\pi \cdot r^2$

El filòsof grec **Plató**, fundador de l'Acadèmia d'Atenes al segle IV aC, tenia tanta fascinació per les formes geomètriques que va penjar un cartell a la porta de l'Acadèmia que deia: «Que no entri ningú que no sàpiga geometria».

Els sòlids platònics

Plató va estudiar els cinc poliedres regulars (*sòlids platònics*), els va atribuir propietats místiques i els va relacionar amb la composició de l'univers.

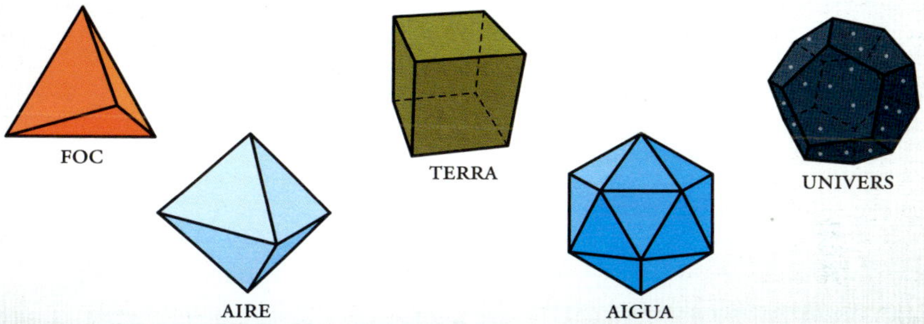

Posteriorment, al segle III aC, **Euclides** i **Arquimedes** van donar un enfocament matemàtic més rigorós a l'estudi d'aquestes figures.

Estudia propietats dels cossos

3. Compta i compara les cares, les arestes i els vèrtexs del cub i de l'octàedre.

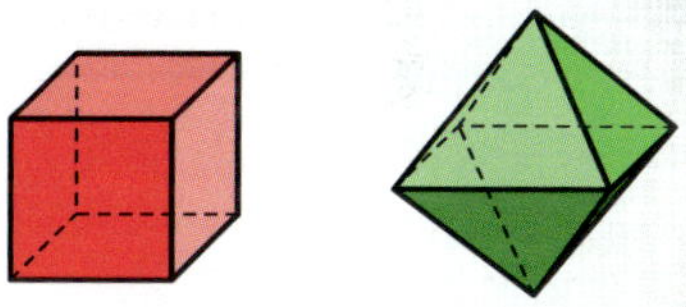

4. Construeix, manipula i observa.

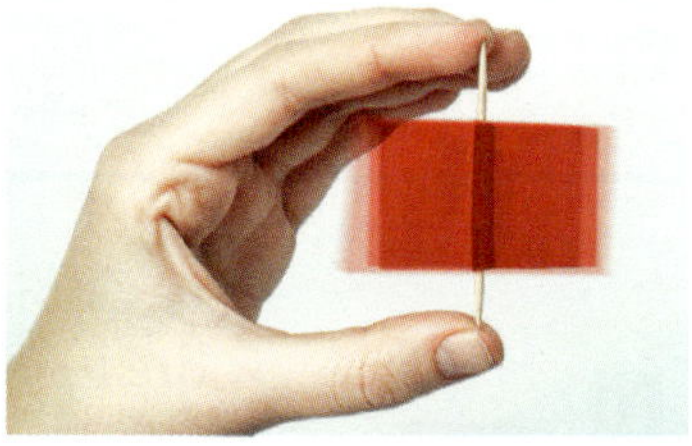

Quins cossos geomètrics es veuen en fer girar aquestes cartolines prenent com a eix l'escuradents?

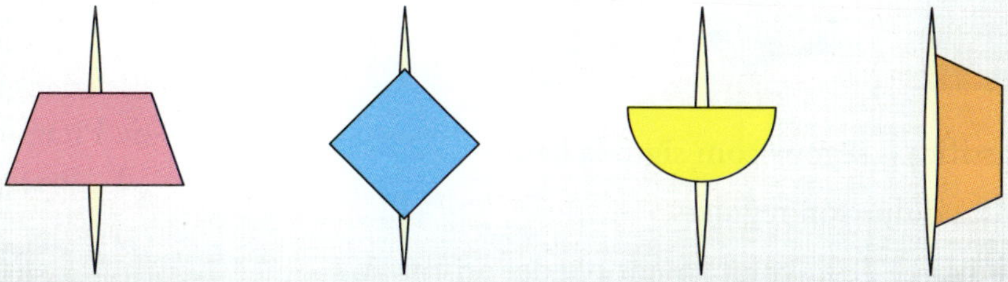

1. PRISMES

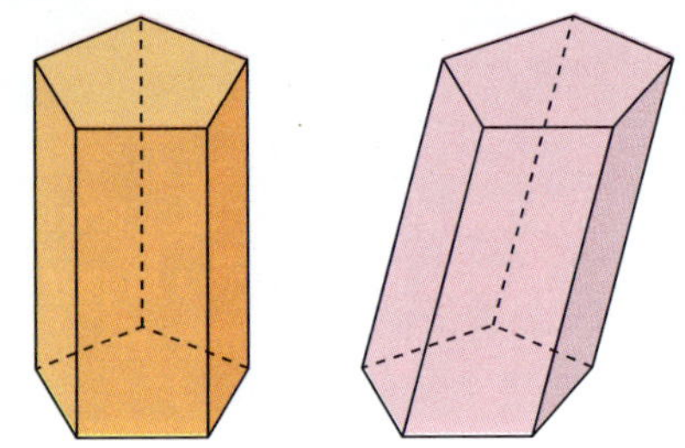

PRISMA RECTE PRISMA OBLIC

Etimologia

Prisma. Ve del grec i significa «el que ha estat serrat», perquè les cares laterals del prisma estan com serrades.

Observa

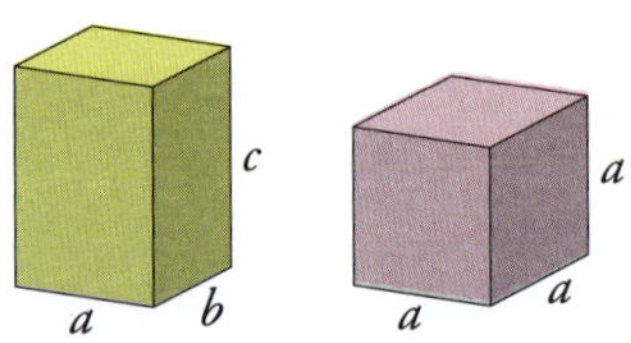

ORTOEDRE CUB

L'ortoedre de dimensions iguals és el **cub**.

Un **prisma** és un poliedre limitat per dos polígons iguals i paral·lels anomenats **bases** i diversos paral·lelograms anomenats **cares laterals**.

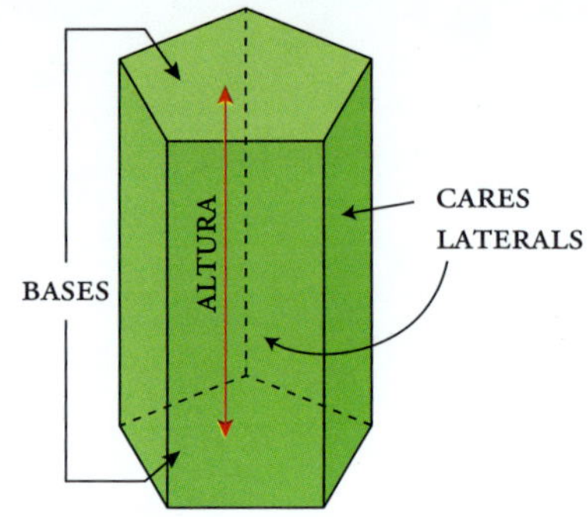

- L'**altura** d'un prisma és la distància entre les bases.
- Els prismes es classifiquen segons els polígons de les seves bases:

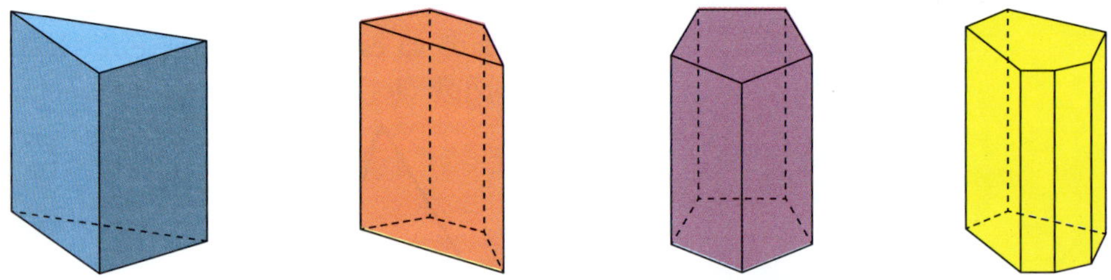

TRIANGULAR QUADRANGULAR PENTAGONAL HEXAGONAL

- Un prisma recte la base del qual és un rectangle es diu **ortoedre**. L'ortoedre de dimensions iguals és el **cub**.
- Els prismes rectes les bases dels quals són polígons regulars s'anomenen **prismes regulars**.
- Si tallem un prisma recte al llarg d'algunes de les seves arestes, l'obrim i col·loquem les cares sobre un pla, n'obtenim el **desenvolupament pla**.

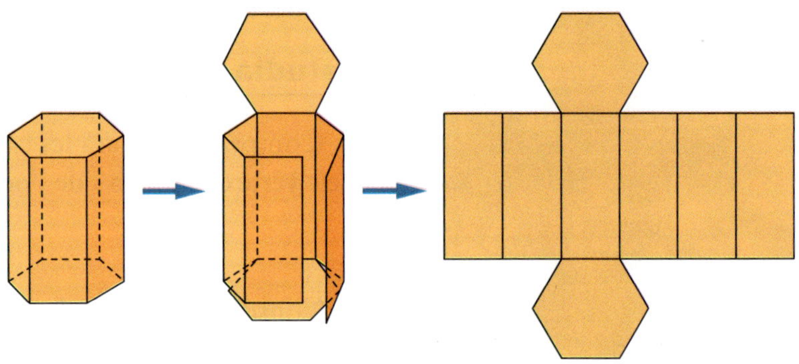

» APLICA EL QUE HAS APRÈS

1. Observa els prismes següents:

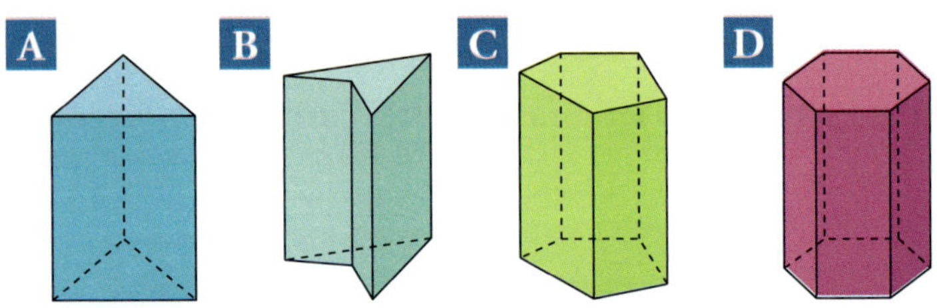

a) Classifica'ls segons com sigui la base.

b) Indica quins són regulars.

c) Dibuixa el desenvolupament pla del prisma A.

2. Copia i completa per calcular la diagonal d'un ortoedre les dimensions del qual són 4 cm, 6 cm i 12 cm.

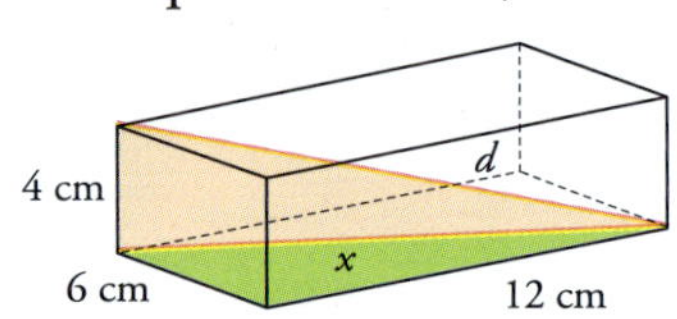

Els triangles acolorits són rectangles. Si s'aplica el teorema de Pitàgores s'obté que:

$x^2 = 12^2 + 6^2$

$d^2 = x^2 + 4^2 = \ldots^2 + \ldots^2 + \ldots^2 = \ldots \rightarrow d = \sqrt{\ldots} = 14$ cm

Solució: La diagonal de l'ortoedre mesura 14 cm.

Superfície d'un prisma

A partir del desenvolupament d'un prisma, en calculem amb facilitat la mesura de la superfície.

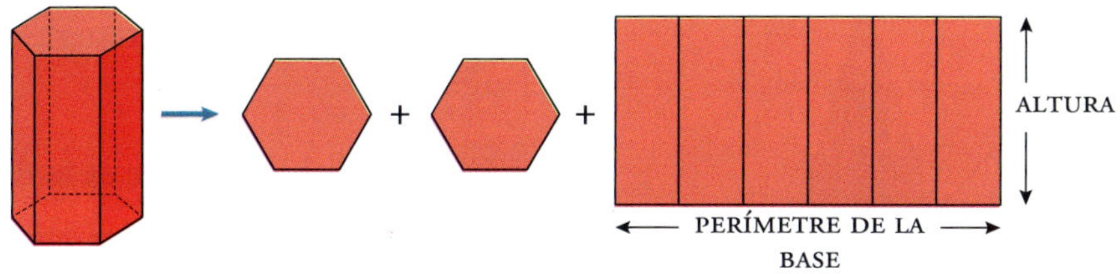

> ÀREA LATERAL = perímetre de la base · altura
>
> ÀREA TOTAL = ÀREA LATERAL + 2 · ÀREA DE LA BASE

» FIXA IDEES

Copia i completa:

F1. Calcula l'àrea d'aquest prisma pentagonal regular:

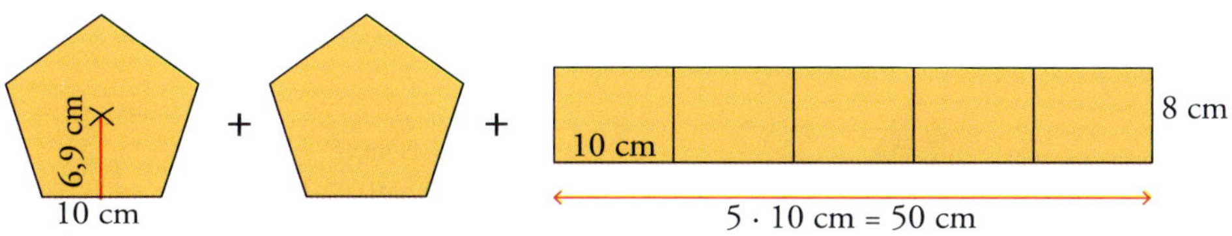

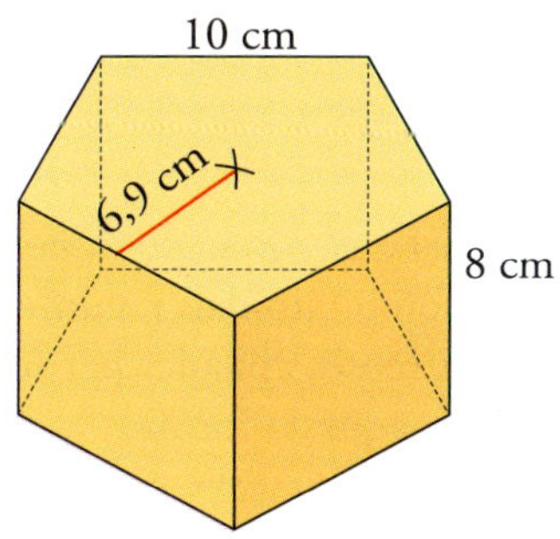

$A_{\text{BASE}} = \dfrac{\text{perímetre} \cdot \text{apotema}}{2} = \dfrac{\ldots \cdot \ldots}{2} = \ldots \text{ cm}^2$

$A_{\text{LATERAL}} = \text{perímetre de la base} \cdot \text{altura} = \ldots \cdot \ldots = \ldots \text{ cm}^2$

$\rightarrow A_{\text{TOTAL}} = A_{\text{LATERAL}} + 2 \cdot A_{\text{BASE}} = \ldots + 2 \cdot \ldots = 745 \text{ cm}^2$

F2. Les bases d'un prisma recte són rombes les diagonals dels quals mesuren 8 cm i 6 cm. L'altura del prisma fa 10 cm. Calcula'n l'àrea total.

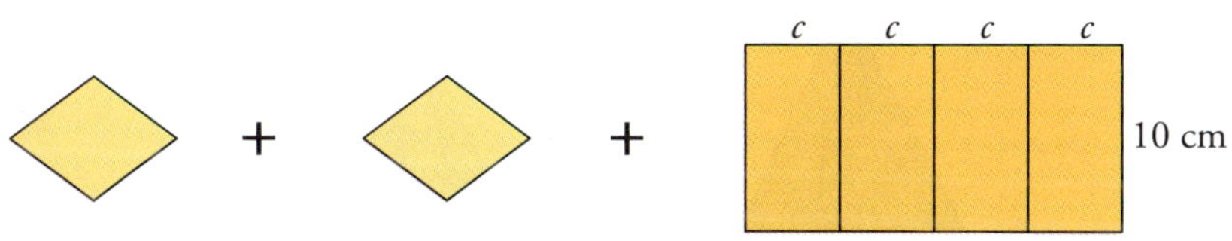

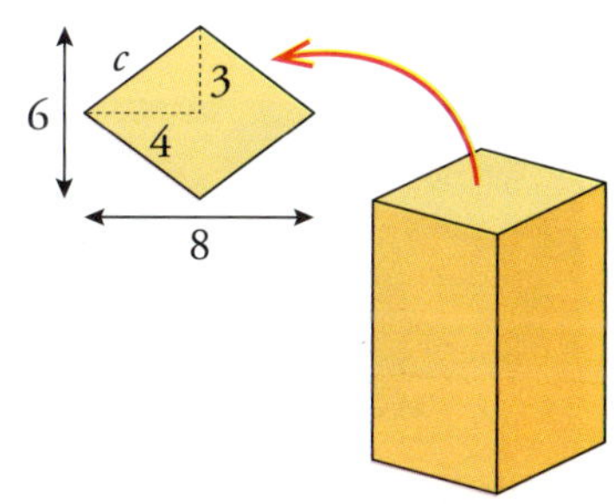

Utilitzant el teorema de Pitàgores: $c = \sqrt{3^2 + \ldots^2} = \ldots$ cm

Perímetre de la base: $P = 4 \cdot c = \ldots$ cm; Altura: $h = \ldots$ cm

$A_{\text{BASE}} = \dfrac{\text{diagonal}_1 \cdot \text{diagonal}_2}{2} = \dfrac{\ldots \cdot \ldots}{2} = \ldots \text{ cm}^2$

$A_{\text{LATERAL}} = P \cdot h = \ldots \cdot \ldots = \ldots \text{ cm}^2$

$\rightarrow A_{\text{TOTAL}} = \ldots + 2 \cdot \ldots = 248 \text{ cm}^2$

F3. Calcula l'àrea total d'un ortoedre les dimensions del qual són 4 cm, 6 cm i 12 cm.

Com que les cares són iguals dos a dos, podem calcular directament:

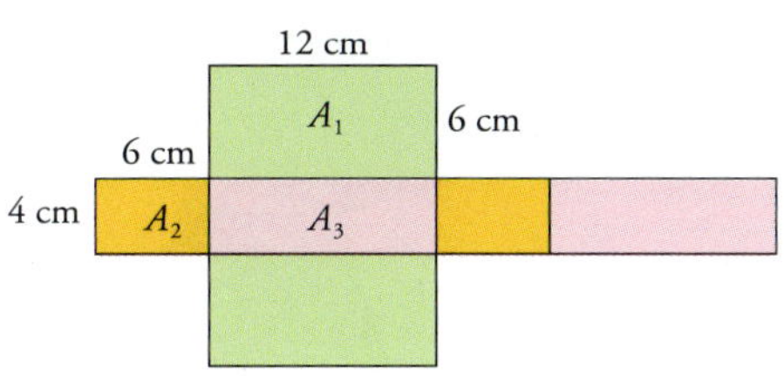

$A_1 = 12 \cdot 6 = \ldots \text{ cm}^2$

$A_2 = 4 \cdot \ldots = \ldots \text{ cm}^2$

$A_3 = \ldots \cdot \ldots = \ldots \text{ cm}^2$

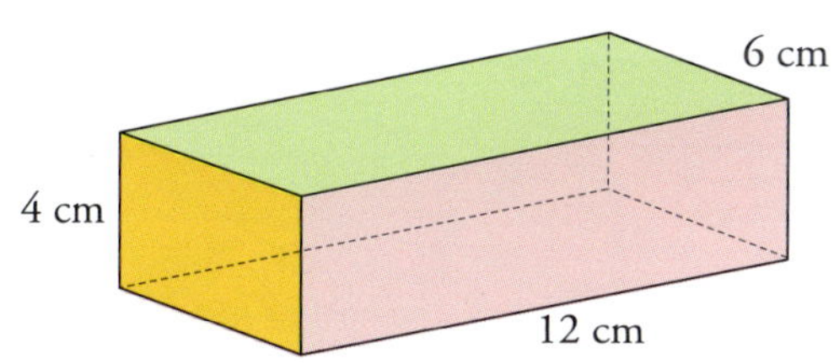

$A_{\text{TOTAL}} = 2 \cdot (A_1 + A_2 + A_3) = 2 \cdot (\ldots + \ldots + \ldots) = 288 \text{ cm}^2$

2. PIRÀMIDES

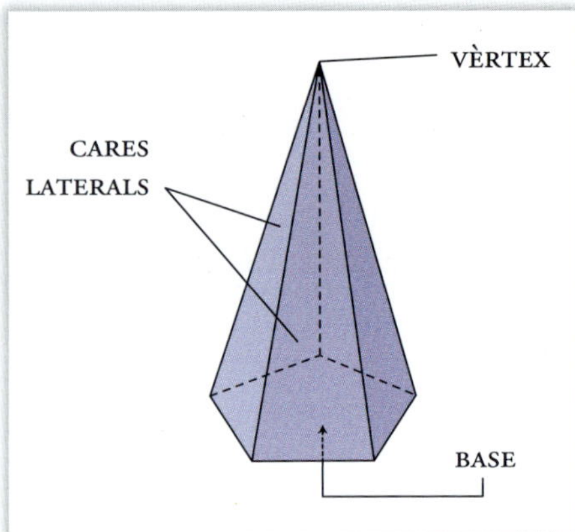

Una **piràmide** és un poliedre la base del qual és un polígon qualsevol i les seves cares laterals són triangles amb un vèrtex comú, anomenat **vèrtex** de la piràmide.

- L'**altura** de la piràmide és la distància del vèrtex al pla de la base.
- Una **piràmide** és **regular** quan la base és un polígon regular i el vèrtex es projecta sobre el centre d'aquest polígon.
- En una piràmide regular, totes les arestes laterals són iguals i les cares laterals són triangles isòsceles iguals. L'altura de cada un d'aquest triangles s'anomena **apotema** de la piràmide.

L'apotema d'una piràmide regular és la hipotenusa d'un triangle rectangle els catets del qual són l'altura de la piràmide i l'apotema del polígon de la base.

L'aresta lateral d'una piràmide regular és la hipotenusa d'un triangle rectangle els catets del qual són l'altura de la piràmide i el radi de la base.

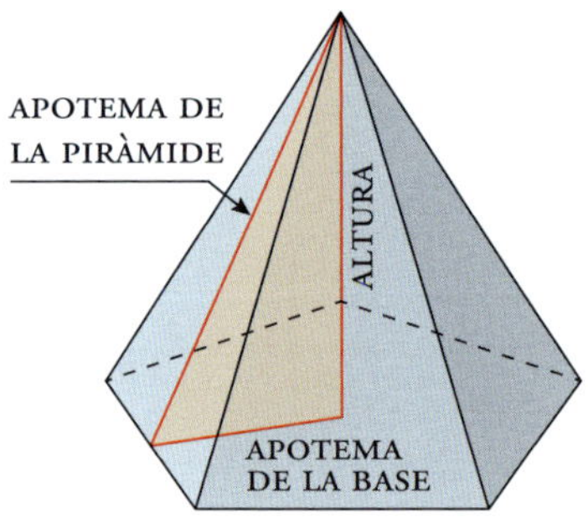

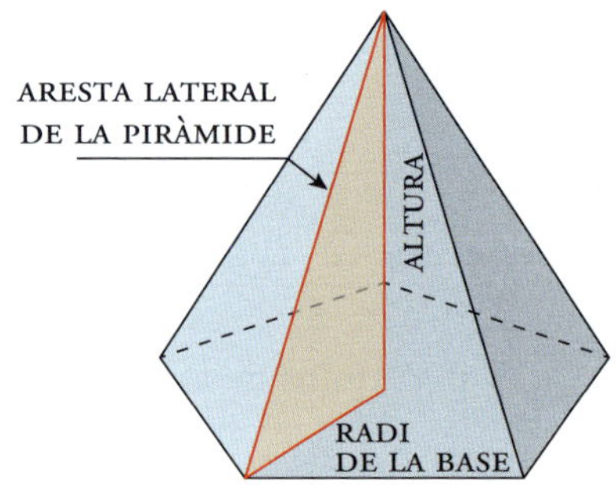

- Les piràmides es classifiquen segons els polígons de les seves bases:

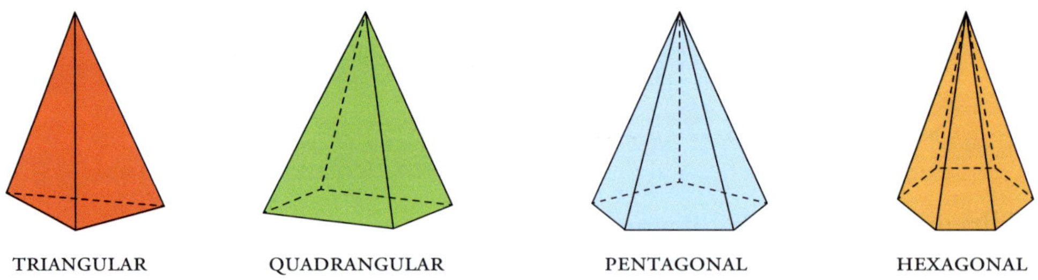

- Si tallem una piràmide regular per alguna de les seves arestes, l'obrim i n'estenem les cares sobre el pla, n'obtenim el **desenvolupament** pla:

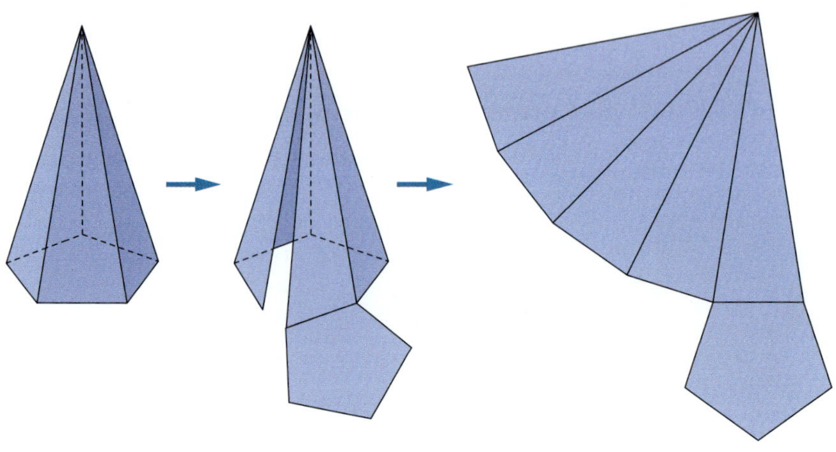

Etimologia

Piràmide. Ve del grec *pyros,* «foc», perquè les flames són piramidals i, també, perquè les pires (coses apilades per ser cremades) tenen aquesta forma.

Nota històrica

Les piràmides d'Egipte van ser construïdes com a sepulcres dels faraons fa milers d'anys.

Són regulars i quadrangulars. L'altura de la més gran, la de Kheops, fa 146 m i el costat de la seva base mesura 230 m.

Superfície d'una piràmide

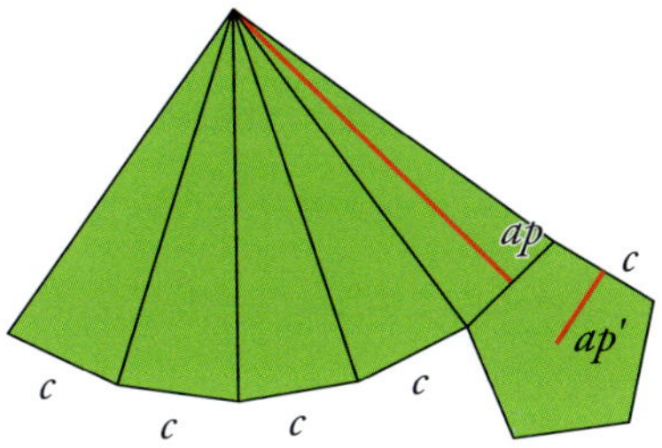

L'àrea lateral d'una piràmide regular és la suma de les àrees dels n triangles iguals (n és el nombre de costats de la base):

$$A_{\text{LATERAL}} = n \cdot \frac{1}{2} c \cdot ap = \frac{1}{2}(n \cdot c) \cdot ap = \frac{\text{perímetre de la base} \cdot ap}{2}$$

Com que la base és un polígon regular, l'àrea és $\frac{\text{perímetre} \cdot ap'}{2}$. Per tant:

$$A_{\text{TOTAL}} = A_{\text{LAT.}} + A_{\text{BASE}} = \frac{\text{perímetre de la base} \cdot ap}{2} + \frac{\text{perímetre de la base} \cdot ap'}{2}$$

» FIXA IDEES

Copia i completa:

F4. Troba l'àrea total d'aquesta piràmide pentagonal regular:

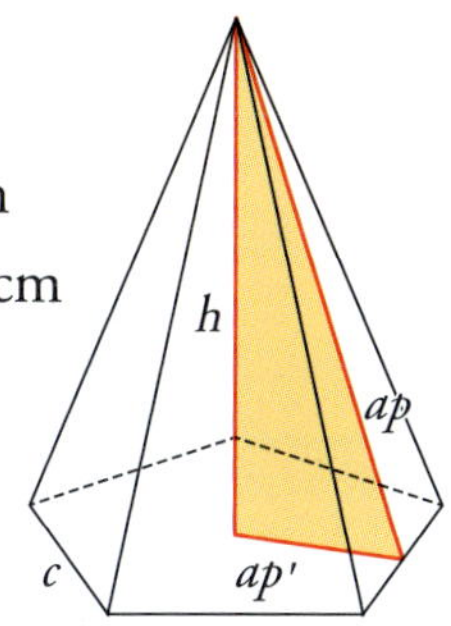

Comencem calculant l'apotema, *ap*, de la piràmide. Tingues en compte que el triangle acolorit és rectangle (la hipotenusa és *ap* i els catets són *ap'* i *h*).

$ap = \sqrt{h^2 + (ap')^2} = \sqrt{\ldots + \ldots} = \sqrt{\ldots} \approx \ldots$ cm

$A_{\text{BASE}} = \dfrac{\text{perímetre de la base} \cdot ap'}{2} = \dfrac{(5 \cdot \ldots) \cdot \ldots}{2} = \ldots \text{ cm}^2$

$A_{\text{LATERAL}} = \dfrac{\text{perímetre de la base} \cdot ap}{2} = \dfrac{(5 \cdot \ldots) \cdot \ldots}{2} = \ldots \text{ cm}^2$

$A_{\text{TOTAL}} = A_{\text{BASE}} + A_{\text{LATERAL}} = \ldots + \ldots = 486 \text{ cm}^2$

F5. Troba l'àrea total d'una piràmide regular si la base és un quadrat de 10 cm de costat i la seva aresta lateral mesura 13 cm.

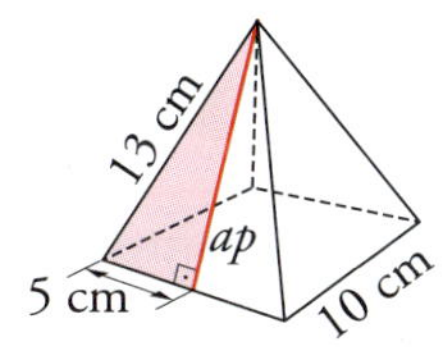

Comencem calculant l'apotema, *ap*, de la piràmide. Tingues en compte que el triangle acolorit és rectangle (la hipotenusa és 13 i els catets són *ap* i 5).

$ap = \sqrt{13^2 - \ldots^2} = \sqrt{\ldots - \ldots} = \sqrt{\ldots} = \ldots$ cm

$A_{\text{BASE}} = \ldots^2 = \ldots \text{ cm}^2$

$A_{\text{LATERAL}} = \dfrac{\text{perímetre de la base} \cdot ap}{2} = \dfrac{4 \cdot \ldots \cdot \ldots}{2} = \ldots \text{ cm}^2$

$A_{\text{TOTAL}} = A_{\text{BASE}} + A_{\text{LATERAL}} = \ldots + \ldots = 340 \text{ cm}^2$

F6. Calcula les superfícies lateral i total d'una piràmide hexagonal regular si l'altura mesura 13 cm i el radi de la base fa 6 cm.

Calculem l'apotema de la piràmide, *ap*, i l'apotema de la base, *ap'*. Recorda que en un hexàgon regular el radi és igual al costat. Per tant:

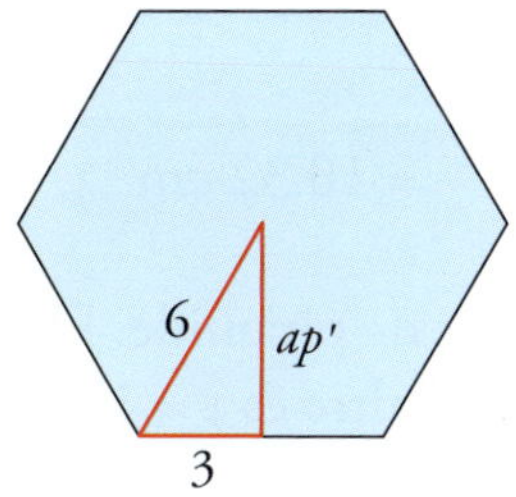

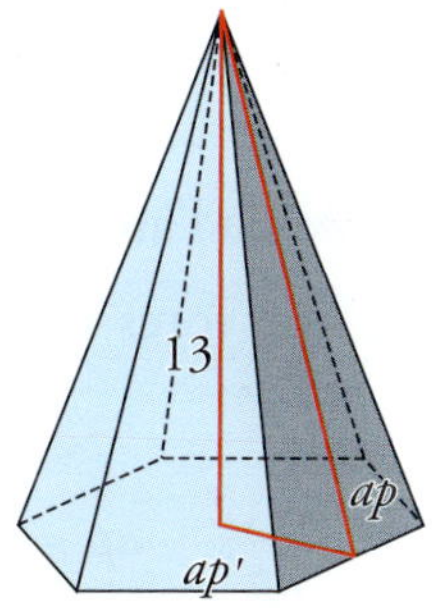

$(ap')^2 = 6^2 - 3^2 = 27 \rightarrow ap' = \sqrt{27} \approx 5{,}2$ cm

$ap = \sqrt{\ldots^2 + (ap')^2} = \sqrt{\ldots + 27} = \sqrt{\ldots} = \ldots$ cm

$A_{\text{BASE}} = \dfrac{\text{perímetre de la base} \cdot ap'}{2} = \dfrac{6 \cdot \ldots \cdot \ldots}{2} \approx \ldots \text{ cm}^2$

$A_{\text{LATERAL}} = \dfrac{\text{perímetre de la base} \cdot ap}{2} = \dfrac{6 \cdot \ldots \cdot \ldots}{2} = \ldots \text{ cm}^2$

$A_{\text{TOTAL}} = A_{\text{BASE}} + A_{\text{LATERAL}} = \ldots + \ldots = 345{,}6 \text{ cm}^2$

GeoGebra. Superfície d'una piràmide.

3. TRONCS DE PIRÀMIDE

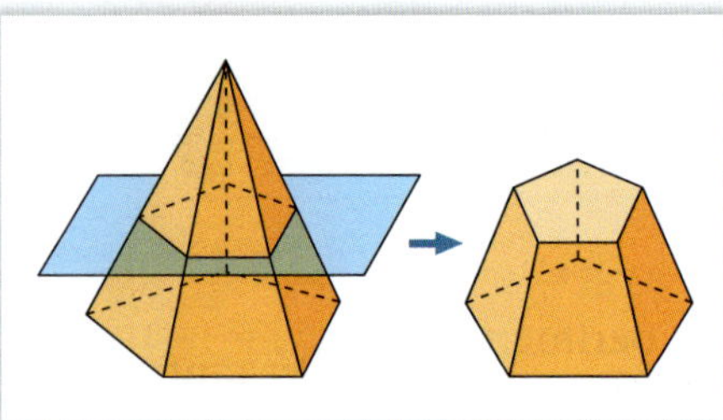

Si tallem una piràmide per un pla paral·lel al de la base, el cos comprès entre els dos plans s'anomena **tronc de piràmide**.

- Un tronc de piràmide té dues **bases** que són polígons semblants. La distància entre aquestes és l'**altura** del tronc.

Si la piràmide és regular, el tronc de la piràmide corresponent també és **regular**. Les cares laterals són trapezis isòsceles iguals. L'altura de cada un s'anomena **apotema** del tronc de piràmide.

Recorda

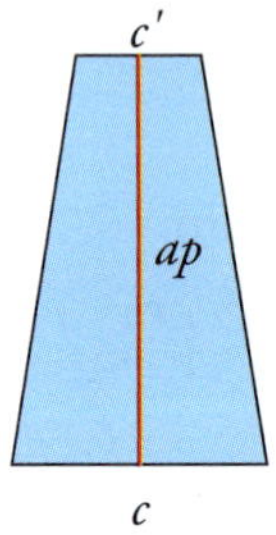

Àrea del trapezi = $\frac{c+c'}{2} \cdot ap$

Àrea d'un tronc de piràmide regular

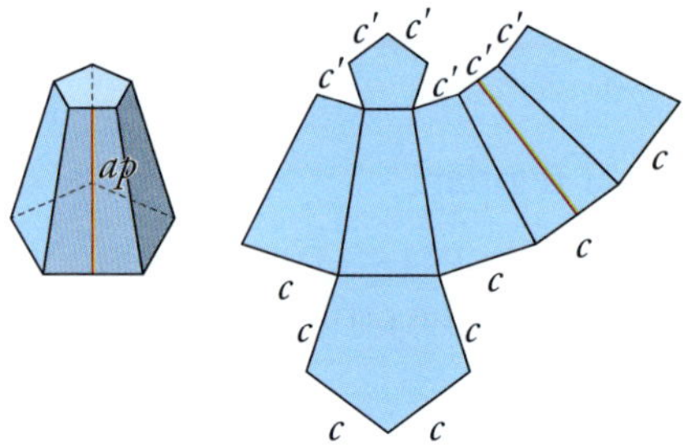

La seva àrea lateral és la suma de les àrees dels n trapezis.

La seva àrea total és la suma de la seva àrea lateral i les àrees de les dues bases.

$$A_{\text{LATERAL}} = n \cdot \frac{c+c'}{2} \cdot ap = \frac{n \cdot c + n \cdot c'}{2} \cdot ap = \frac{\text{suma de perímetres de les bases}}{2} \cdot ap$$

$$A_{\text{TOTAL}} = A_{\text{LATERAL}} + A_{\text{BASE GRAN}} + A_{\text{BASE PETITA}}$$

» FIXA IDEES

Copia i completa:

F7. Troba l'àrea lateral i l'àrea total del tronc de piràmide quadrangular regular.

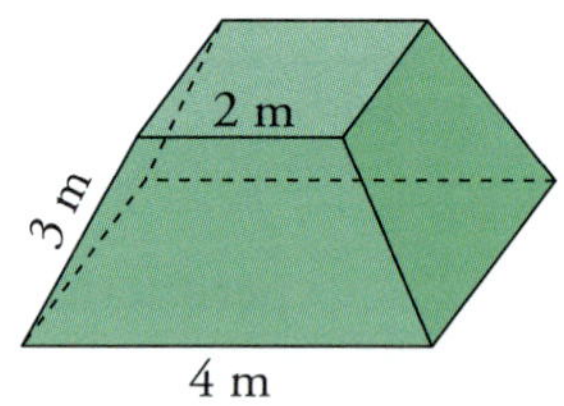

Primer, calculem l'apotema (altura de la cara lateral):

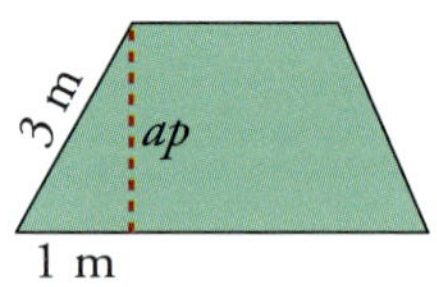

$ap = \sqrt{3^2 - 1^2} = 2{,}83$ m

$A_{\text{LATERAL}} = \frac{4 \cdot \ldots + 4 \cdot \ldots}{2} \cdot \ldots = 33{,}96 \text{ m}^2$

$A_{\text{TOTAL}} = A_{\text{LATERAL}} + A_{\text{BASE GRAN}} + A_{\text{BASE PETITA}} = \ldots + 4^2 + \ldots^2 = 53{,}96 \text{ m}^2$

F8. Calcula l'àrea lateral del tronc de piràmide següent:

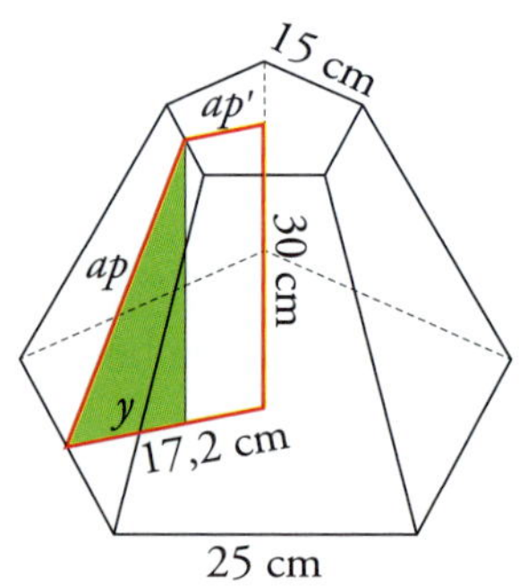

Com que totes dues bases són polígons semblants, calculem l'apotema, *ap'*, de la base petita:

$\frac{25}{15} = \frac{17{,}2}{ap'} \quad ap' = \frac{15 \cdot 17{,}2}{25} = 10{,}32$ cm

Calculem l'apotema del tronc de piràmide. El triangle acolorit és rectangle. La hipotenusa és *ap*, un catet és 30 i l'altre és $y = 17{,}2 - ap' = \ldots$

$ap = \sqrt{30^2 + \ldots^2} \approx 30{,}78$ cm $\quad A_{\text{LATERAL}} = \frac{5 \cdot \ldots + 5 \cdot \ldots}{2} \cdot \ldots = 3.078 \text{ cm}^2$

» APLICA EL QUE HAS APRÈS

3. Troba l'àrea total d'un cub de 10 cm d'aresta.

4. Les dimensions d'un ortoedre són 4 cm, 3 cm i 12 cm. Calcula'n l'àrea total i la longitud de la diagonal.

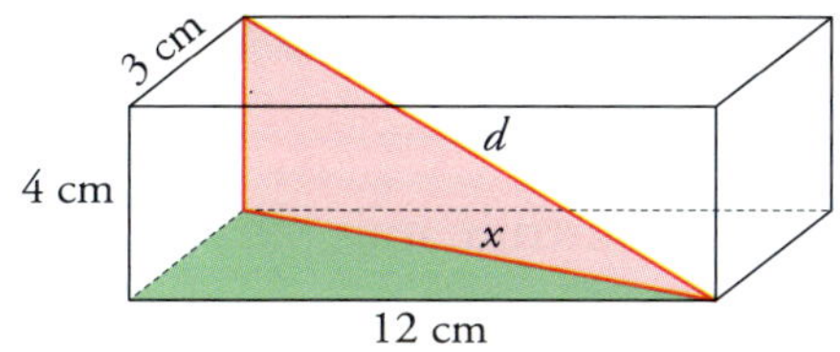

Observa que els dos triangles acolorits són rectangles. Si calcules primer x, després pots calcular d.

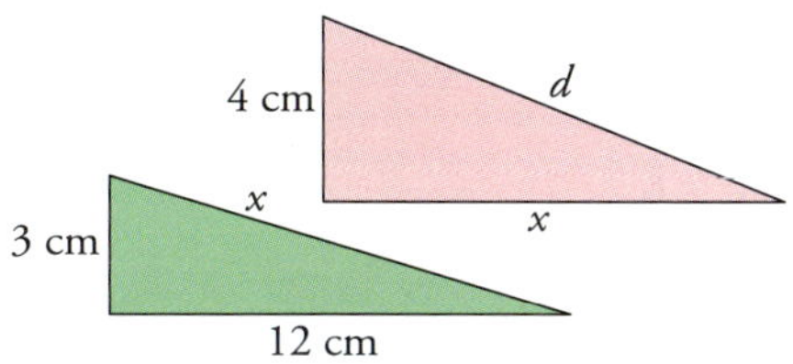

5. La base d'un ortoedre és un rectangle de costats 9 cm i 12 cm i la diagonal mesura 17 cm. Calcula'n l'altura i l'àrea total.

$x^2 = \ldots^2 + \ldots^2$

$h^2 = 17^2 - x^2$

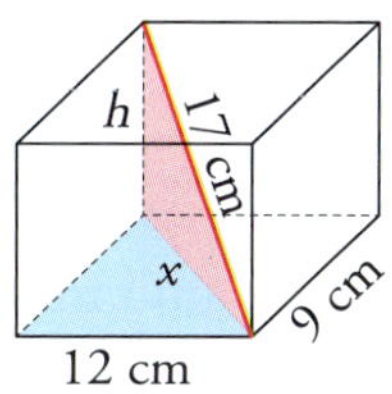

6. L'altura d'un prisma recte fa 20 cm. Les seves bases són trapezis rectangles amb unes bases que mesuren 11 cm i 16 cm, respectivament, i una altura de 12 cm. Calcula l'àrea total del prisma.

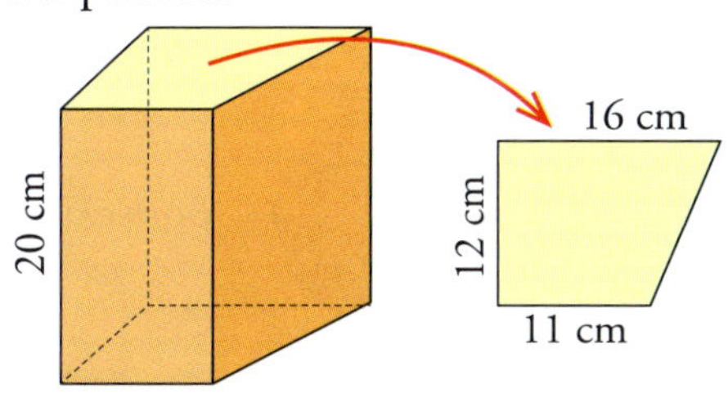

7. L'altura d'un prisma octogonal regular mesura 15 m, el costat de la base fa 10 m i el radi de la base, 13 m. Calcula'n l'àrea total.

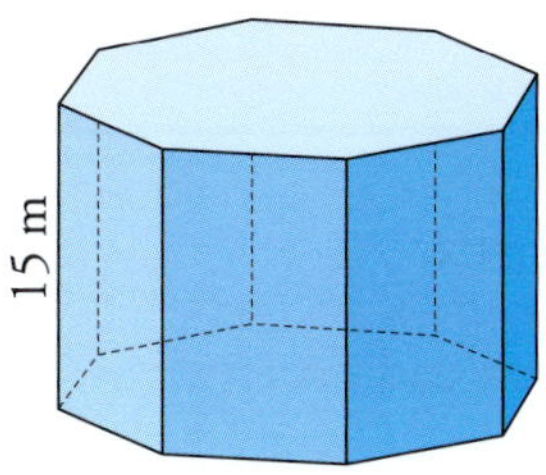

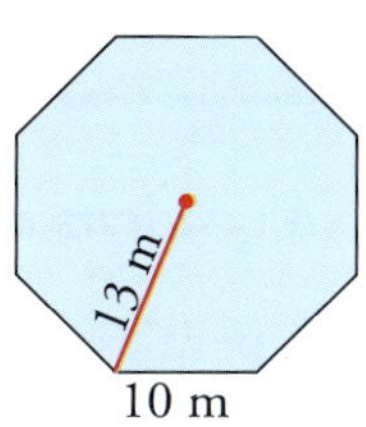

8. Troba l'àrea total d'una piràmide regular si la base és un quadrat de 10 cm de costat i l'altura fa 12 cm.

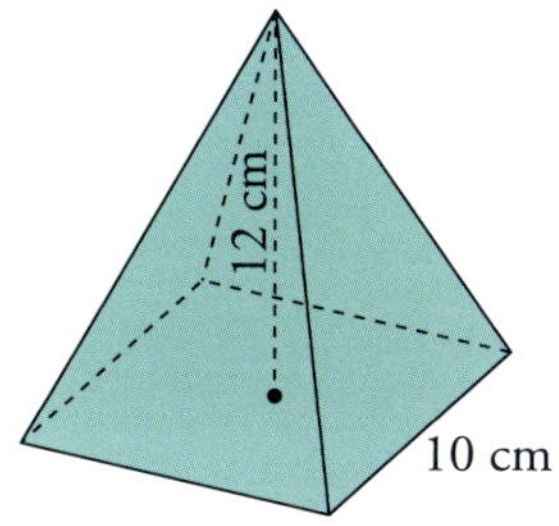

9. La base d'una piràmide regular és un pentàgon de 16 dm de costat i 11 dm d'apotema. Si l'altura de la piràmide fa 26,4 dm, calcula'n l'àrea total.

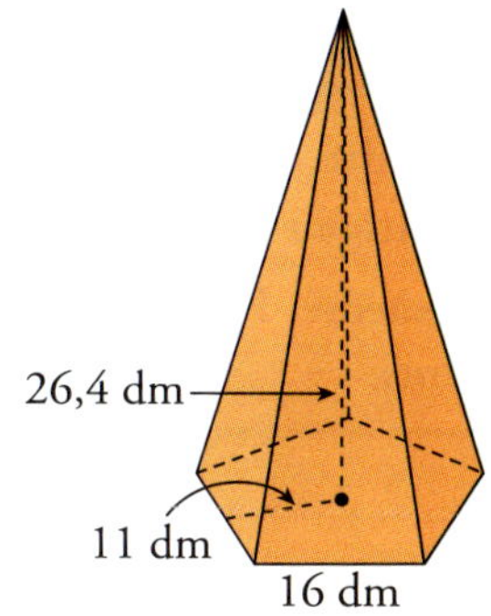

10. Calcula l'àrea total d'una piràmide hexagonal regular si el costat de la base mesura 18 cm i l'aresta lateral fa 41 cm.

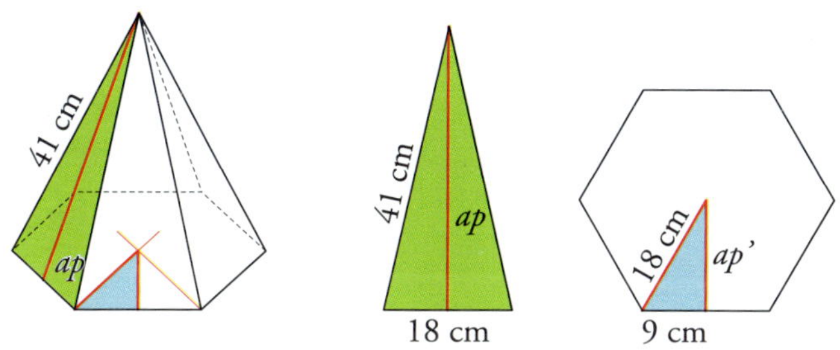

11. Una piràmide regular de base quadrada, de 10 cm de costat i amb una aresta lateral de 13 cm, es talla per un pla a la meitat de la seva altura. Troba l'àrea total del tronc de piràmide resultant.

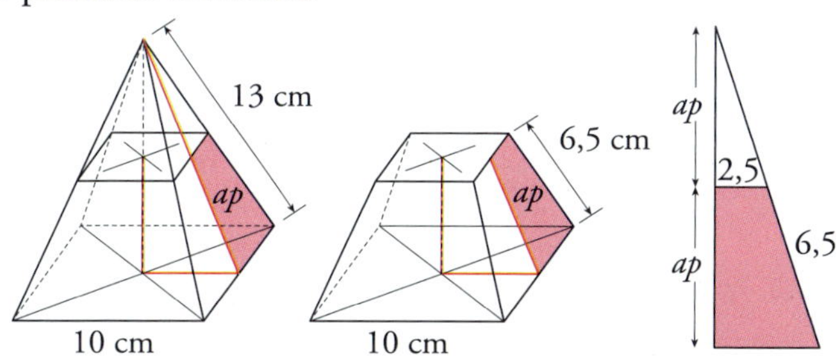

12. Troba l'àrea lateral d'un tronc de piràmide hexagonal regular les dimensions del qual són les del dibuix.

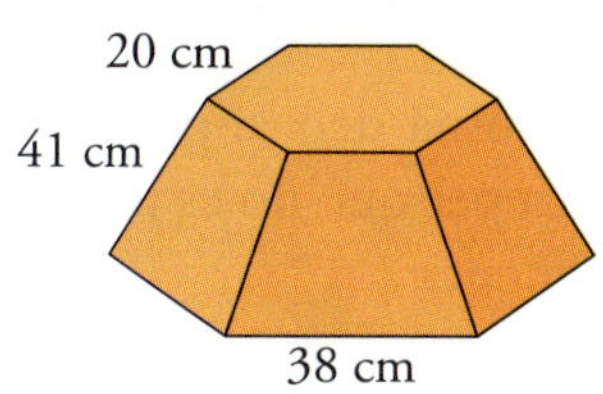

4. POLIEDRES REGULARS

Un **poliedre regular** compleix aquestes dues condicions:
- Les seves cares són polígons regulars idèntics.
- En cada vèrtex del poliedre conflueix el mateix nombre de cares.

Etimologia

Poliedre. En grec, *poli* significa «molts» i *edro,* «cara».

Icosàedre. En grec, *eikós* significa «vint».

Tipus de poliedres regulars

Vegem quins poliedres regulars es poden construir amb cada polígon:

3 TRIANGLES en cada vèrtex

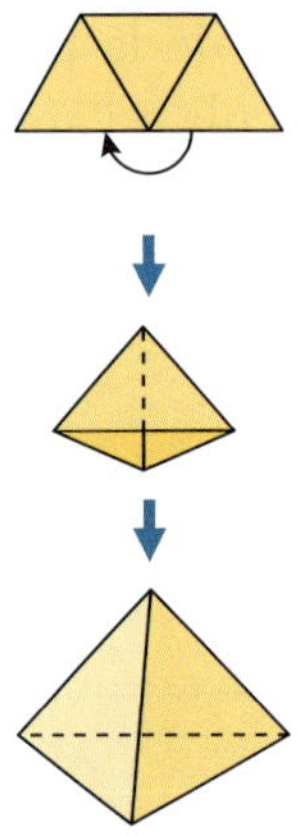

TETRÀEDRE (4 cares)

4 TRIANGLES

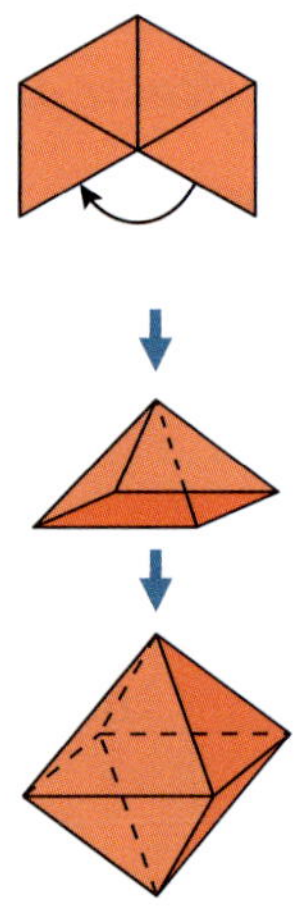

OCTÀEDRE (8 cares)

5 TRIANGLES

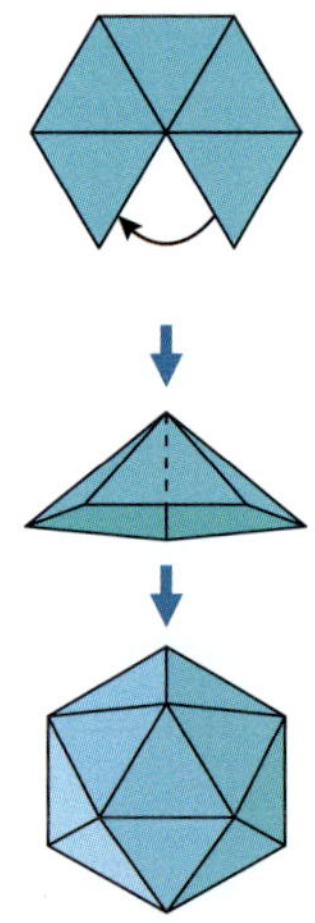

ICOSÀEDRE (20 cares)

No es pot formar un poliedre amb més de cinc triangles equilàters en cada vèrtex.

3 QUADRATS en cada vèrtex

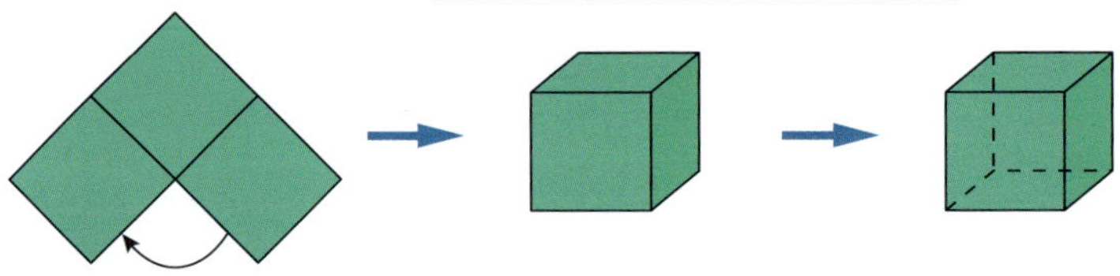

CUB (6 cares)

3 PENTÀGONS en cada vèrtex

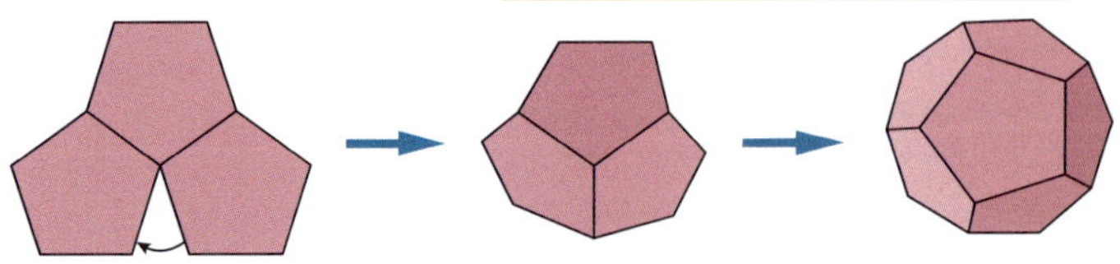

DODECÀEDRE (12 cares)

No es poden formar poliedres amb més de tres quadrats o pentàgons regulars ni amb polígons regulars de més de cinc costats. Per tant, només hi ha cinc tipus de poliedres regulars.

» APLICA EL QUE HAS APRÈS

13. Considerant la suma dels angles que coincideixen en cada vèrtex, justifica per què no es pot construir un poliedre en els casos següents:

a) Amb 6 triangles equilàters en cada vèrtex.

b) Amb 4 quadrats en cada vèrtex.

c) Amb 4 pentàgons regulars en cada vèrtex.

d) Amb hexàgons regulars o polígons regulars de més costats.

Desenvolupament dels poliedres regulars

Tetràedre

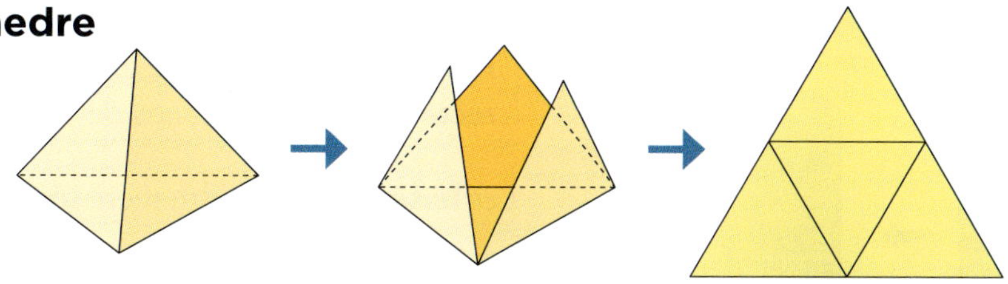

Hexàedre

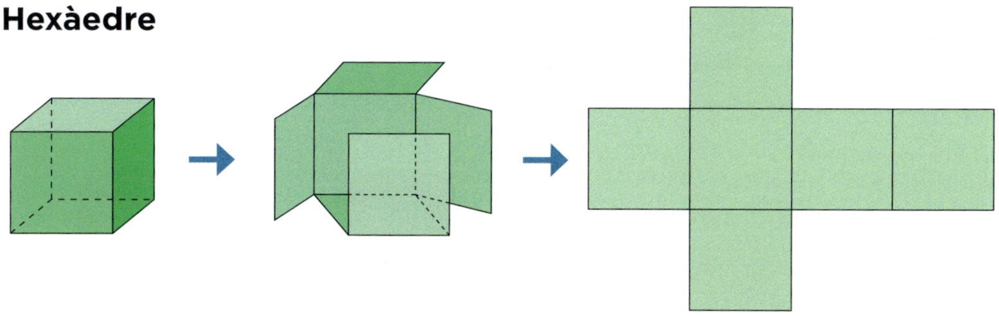

Octàedre

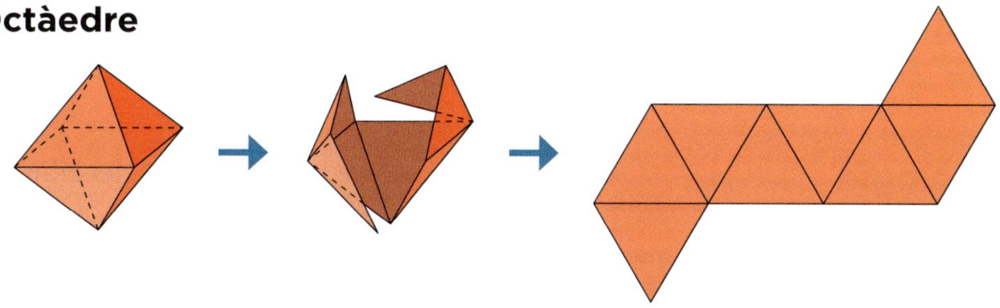

Dodecàedre

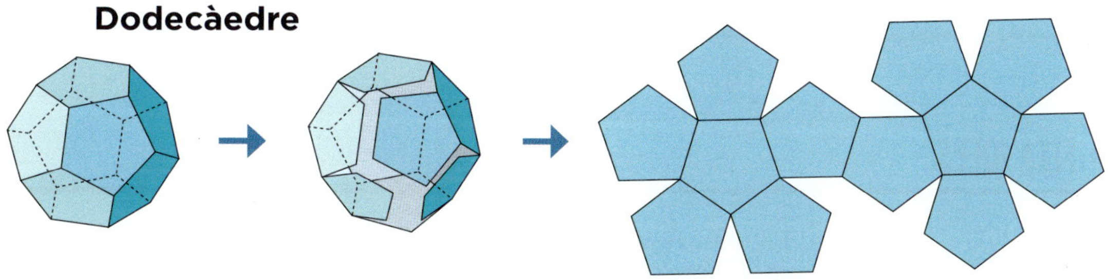

Icosàedre

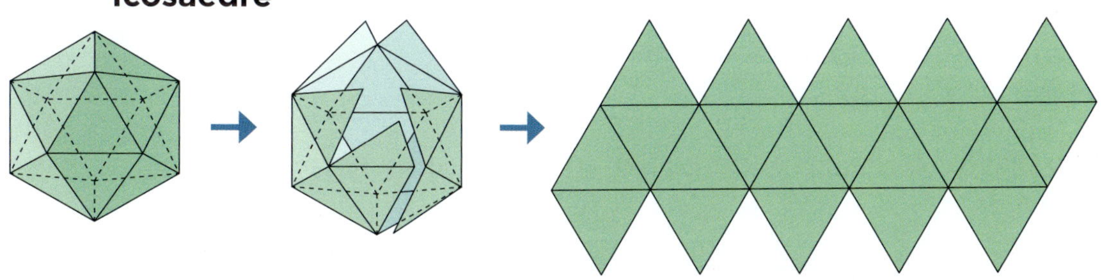

» APLICA EL QUE HAS APRÈS

14. Troba l'àrea de:

a) Un triangle equilàter de 2 cm de costat.

b) Un quadrat de 2 cm de costat.

c) Un pentàgon regular de 2 cm de costat i 1,38 cm d'apotema.

15. A partir dels resultats de l'activitat anterior, calcula l'àrea d'aquests poliedres si l'aresta de tots mesura 2 cm:

a) Un tetràedre. **b)** Un cub. **c)** Un octàedre.

d) Un dodecàedre. **e)** Un icosàedre.

GeoGebra. Poliedres regulars.

5. CILINDRES

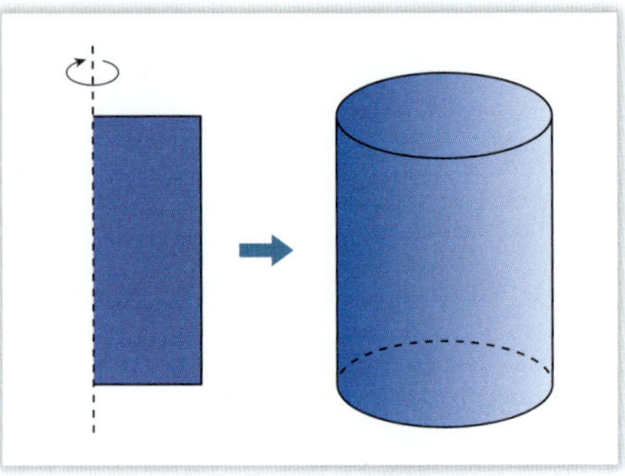

Fent girar un rectangle al voltant d'un dels seus costats, es genera un **cilindre recte**. És, doncs, un cos de revolució.

Les **bases** d'un cilindre recte són cercles. La distància entre les bases es diu **altura**.

Superfície d'un cilindre recte

En tallar un cilindre tal com veus, se n'obté el desenvolupament pla:

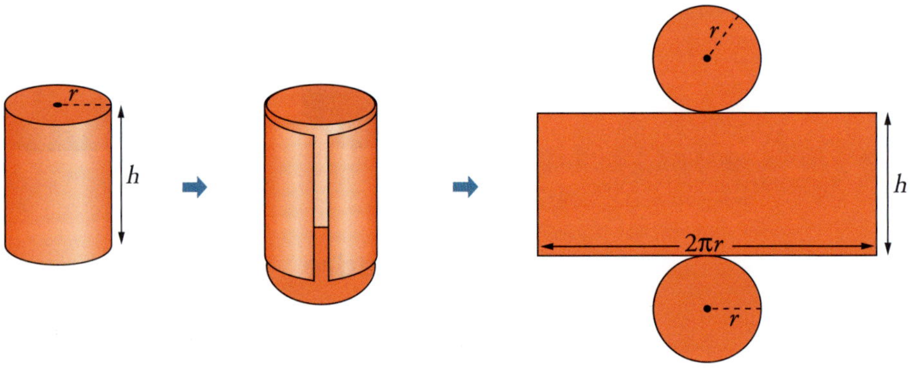

S'aprecia que la paret lateral del cilindre és un rectangle amb la base igual al perímetre del cercle, $2\pi r$, i l'altura, h, igual a la del cilindre. Per tant:

ÀREA LATERAL = $2\pi r \cdot h$

ÀREA TOTAL = ÀREA LATERAL + ÀREA DE LES DUES BASES = $2\pi r \cdot h + 2\pi r^2$

Etimologia

Cilindre. Ve del grec *kulindo,* que significa «enrotllat», ja que el cilindre té forma de rotllo o cosa enrotllada.

» FIXA IDEES

F9. Dibuixa el desenvolupament d'un cilindre recte si la base fa 2 cm de radi i l'altura és de 8 cm. Copia i completa:

- La superfície lateral és un …
- La base mesura $b = 2\pi \cdot \ldots = \ldots$ cm.
- I l'altura, $h = \ldots$ cm.

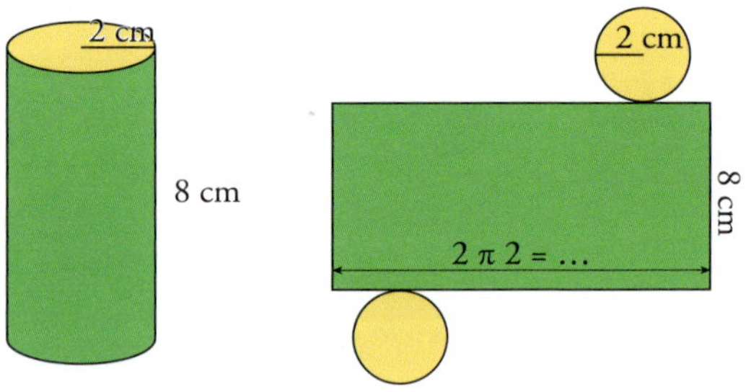

F10. Dibuixa els cilindres que es generen en fer girar aquest rectangle al voltant de:

a) AF

b) BG

c) AC

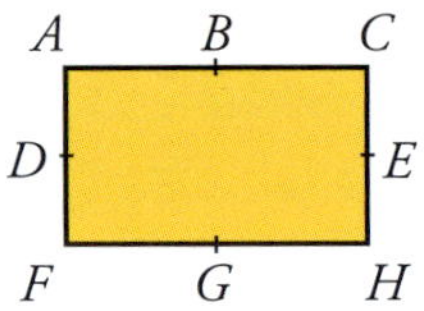

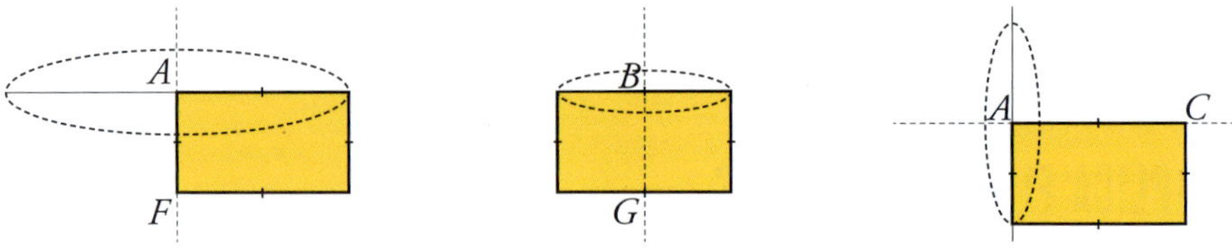

F11. Troba l'àrea lateral i l'àrea total d'un cilindre de revolució si l'altura fa 5 dm i el radi de la base fa 3 dm. Copia i completa:

$A_{\text{LATERAL}} = 2\pi r \cdot h = 2\pi \cdot \ldots \cdot \ldots = \ldots \text{ dm}^2$

$A_{\text{BASE}} = \pi r^2 = \pi \cdot \ldots^2 = \pi \cdot \ldots = \ldots \text{ dm}^2$

$A_{\text{TOTAL}} = A_{\text{LATERAL}} + 2 \cdot A_{\text{BASE}} = \ldots + \ldots = 150{,}72 \text{ dm}^2$

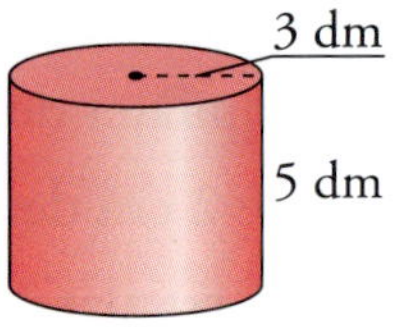

GeoGebra. Practica l'àrea d'un cilindre.

6. CONS

Fent girar un triangle rectangle al voltant d'un dels catets, s'obté un **con recte**. És, doncs, un cos de revolució.

L'**altura** és la distància del vèrtex a la base. El segment g (hipotenusa del triangle rectangle) s'anomena **generatriu**.

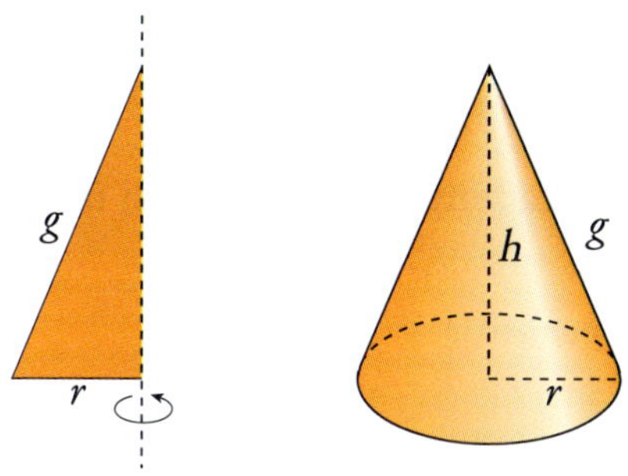

h, r i g compleixen la relació:

$$g^2 = h^2 + r^2$$

Superfície d'un con recte

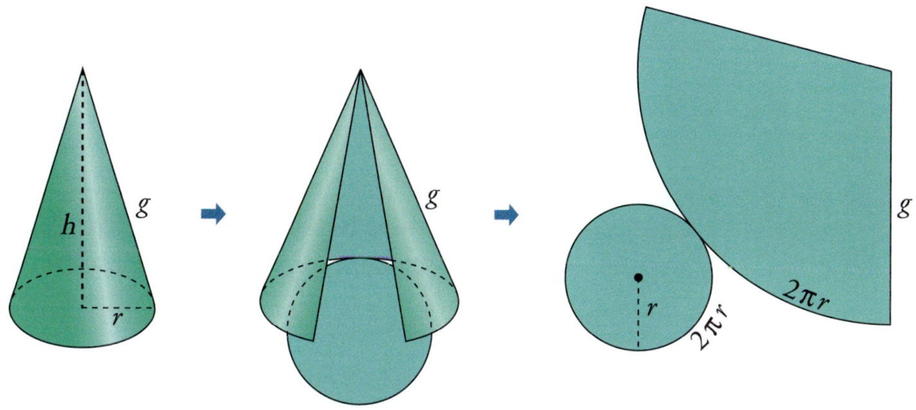

El desenvolupament de la superfície lateral d'un con recte és un sector circular de radi g. Quina porció de cercle té aquest sector? Esbrinem-ho:

- La circumferència completa té una longitud de $2\pi g$.
- L'arc del sector té una longitud de $2\pi r$.

$$\frac{\text{longitud de la circumferència}}{\text{longitud de l'arc}} = \frac{\text{superfície del cercle}}{\text{superfície del sector}}$$

$$\frac{2\pi g}{2\pi r} = \frac{\pi g^2}{A} \rightarrow A = \frac{2\pi r \cdot \pi g^2}{2\pi g} = \pi r g$$

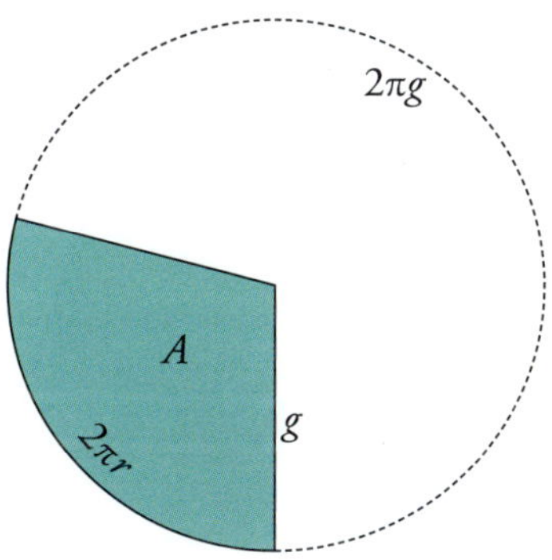

Per tant:

ÀREA LATERAL = $\pi r g$

ÀREA TOTAL = ÀREA LATERAL + ÀREA DE LA BASE = $\pi r g + \pi r^2$

Etimologia

Con. Ve del llatí i significa «pinya». Estrany, oi? Tanmateix, et resultarà menys estrany si recordes que els pins són *coníferes* (que produeixen *cons*).

» FIXA IDEES

F12. Dibuixa un triangle rectangle. Després, dibuixa el con que es genera en fer-lo girar al voltant de cada catet.

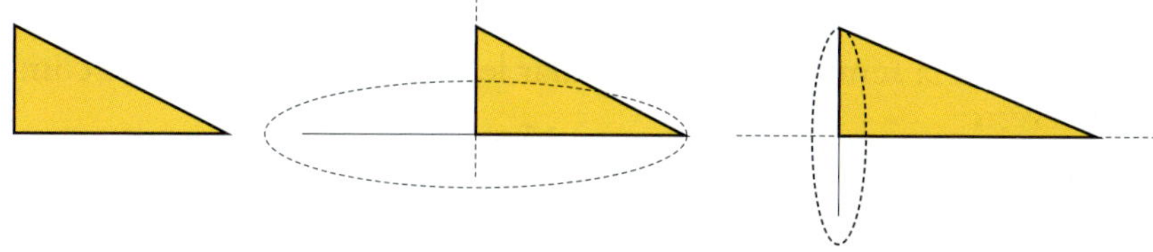

F13. La generatriu d'un con mesura 10 cm i el radi de la base, 3 cm. Calcula'n l'àrea lateral i l'àrea total. Copia i completa:

$A_{\text{LATERAL}} = \pi r g = \pi \cdot \ldots \cdot \ldots = \ldots \text{ cm}^2$

$A_{\text{BASE}} = \pi r^2 = \pi \cdot \ldots^2 = \pi \cdot \ldots = \ldots \text{ cm}^2$

$A_{\text{TOTAL}} = A_{\text{LATERAL}} + A_{\text{BASE}} = \ldots + \ldots = 122{,}46 \text{ cm}^2$

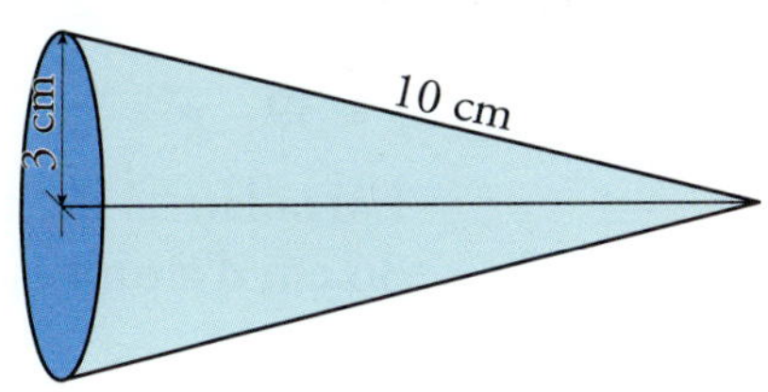

GeoGebra. Practica l'àrea d'un con.

7. TRONCS DE CON

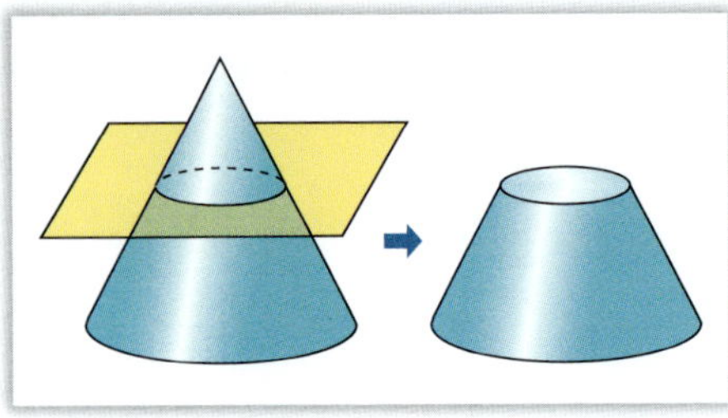

Si tallem un con per un pla paral·lel al pla de la base, el cos geomètric comprès entre els dos plans s'anomena **tronc de con**.

El tronc de con és un cos de revolució que es genera fent girar un trapezi rectangle al voltant de la seva altura.

El triangle format per g, h i $r - r'$ és rectangle. Per tant:

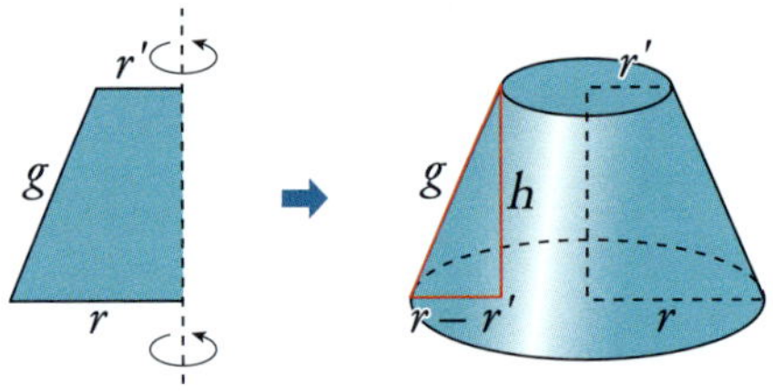

$$g^2 = h^2 + (r - r')^2$$

Té **dues bases** circulars. L'**altura** és la distància entre les bases i la **generatriu** és el segment que, en el gir, escombra la superfície lateral.

» FIXA IDEES

Copia i completa:

F14. El radi de la base d'un con recte fa 3 cm i la superfície lateral, 90 cm^2. El tallem per un pla paral·lel a la base i la secció resultant fa 2 cm de radi. Quina és la superfície lateral del tronc de con resultant del tall?

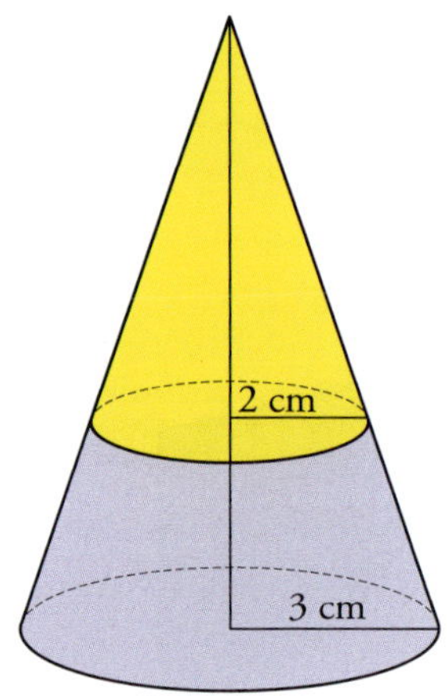

Després del tall, tenim dos cons semblants: l'original i el pintat de groc, que és més petit.

La raó de semblança és $k = \frac{r'}{r} = \frac{2}{3}$. I la raó de les seves àrees és $k^2 = \left(\frac{2}{3}\right)^2 = \frac{4}{9}$.

$A_{\text{CON PETIT}} = \frac{4}{9} \cdot A_{\text{CON GRAN}} = \frac{4}{9} \cdot \ldots = \ldots \text{ cm}^2$

$A_{\text{TRONC DE CON}} = A_{\text{CON GRAN}} - A_{\text{CON PETIT}} = \ldots - \ldots = 50 \text{ cm}^2$

F15. Un con, amb la base de 15 cm de radi i l'altura de 36 cm, es talla per un pla paral·lel a la base i a 12 cm d'aquesta. Calcula les dimensions i l'àrea lateral del tronc de con resultant.

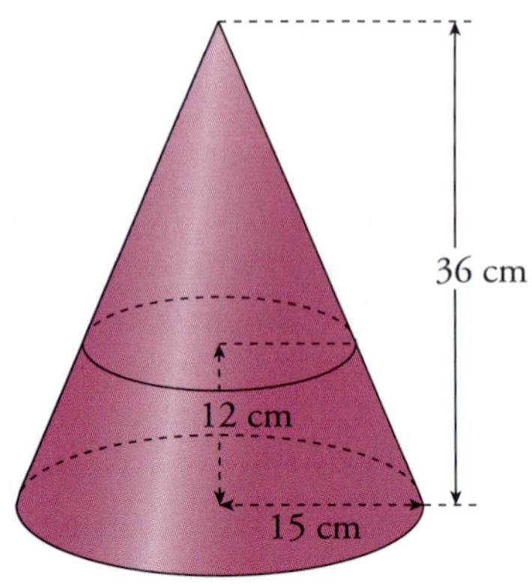

Calculem la generatriu del con amb el teorema de Pitàgores:

$$\sqrt{\ldots^2 + \ldots^2} = \sqrt{\ldots} = 39 \text{ cm}$$

I recorrem a la semblança per calcular les mesures del tronc de con:

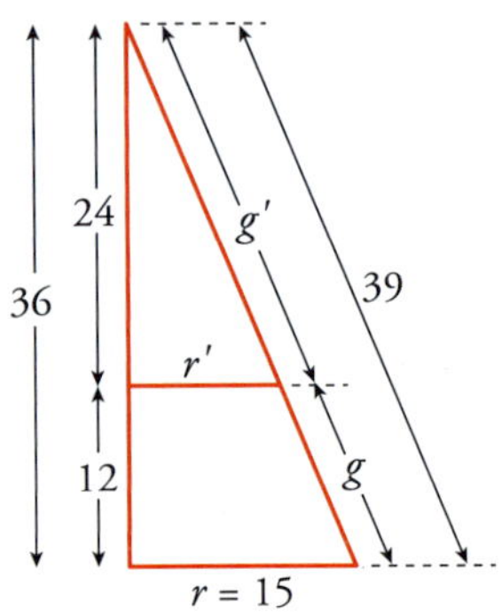

$\frac{r'}{24} = \frac{15}{\ldots} \rightarrow r' = \frac{24 \cdot \ldots}{\ldots} = 10 \text{ cm}$

$\frac{g'}{24} = \frac{39}{\ldots} \rightarrow g' = \frac{24 \cdot \ldots}{\ldots} = 26 \text{ cm}$

$g = 39 - g' = 39 - 26 = 13 \text{ cm}$

L'àrea lateral del tronc de con és l'àrea lateral del con de 36 cm d'altura menys la del con de 24 cm d'altura:

$A_{\text{LAT.}} = \pi \cdot 15 \cdot 39 - \pi \cdot \ldots \cdot \ldots = 325\pi \approx 1.021 \text{ cm}^2$

Superfície d'un tronc de con

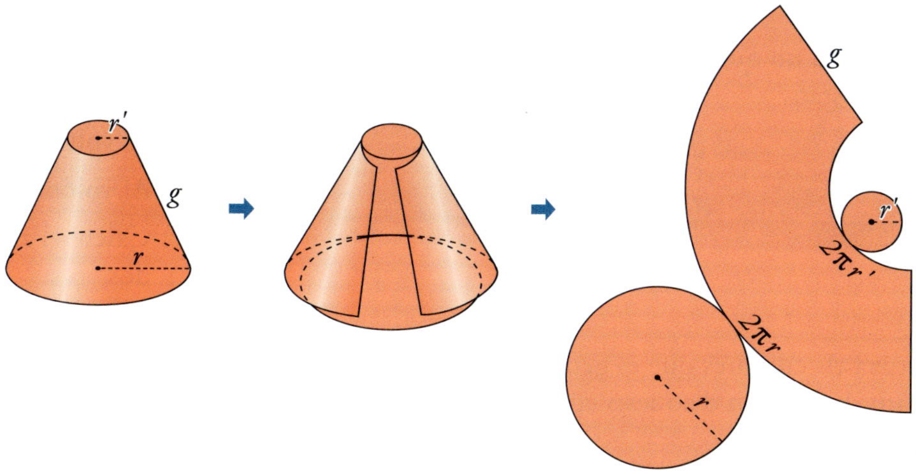

Per calcular l'àrea lateral d'un tronc de con, es poden restar les àrees laterals de dos cons, com hem fet en els exercicis de la pàgina anterior.

Tanmateix, hi ha una fórmula molt senzilla amb què es pot calcular més còmodament:

> ÀREA LATERAL = $\pi(r + r') \cdot g$
>
> ÀREA TOTAL = $\pi(r + r') \cdot g + \pi r^2 + \pi r'^2$

Demostrarem aquestes fórmules en cursos superiors.

» FIXA IDEES

Copia i completa:

F16. Calcula, aplicant les fórmules anteriors, l'àrea del tronc de con de l'últim exercici de la pàgina anterior:

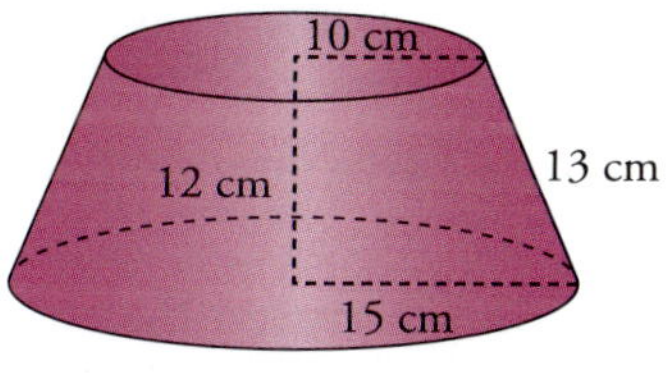

Segons les fórmules, només necessitem tres dades:

$r = 15$ cm $\quad r' = 10$ cm $\quad g = 13$ cm

Llavors:

$A_{\text{LATERAL}} = \pi(r + r') \cdot g = \pi(\ldots + \ldots) \cdot \ldots = \ldots\pi \approx \ldots \text{ cm}^2$

$A_{\text{TOTAL}} = \pi(r + r') \cdot g + \pi r^2 + \pi r'^2 = \ldots + \pi \cdot 15^2 + \pi \cdot \ldots^2 \approx 2.042 \text{ cm}^2$

F17. Calcula l'àrea del tronc de con:

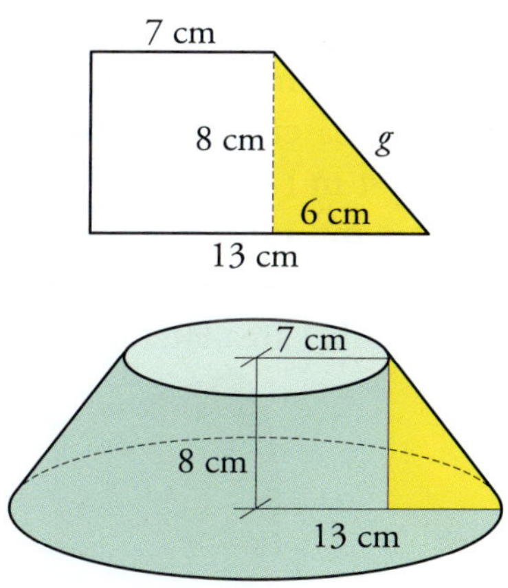

Coneixem *r* i *r'*. Només ens falta la generatriu, *g*, que obtenim aplicant el teorema de Pitàgores en el triangle acolorit:

$g = \sqrt{\ldots^2 + \ldots^2} = \sqrt{\ldots} = 10$ cm

Tenim, per tant, que:

$r = 13$ cm

$r' = 7$ cm

$g = 10$ cm

$A_{\text{LATERAL}} = \pi(r + r') \cdot g = \pi(\ldots + \ldots) \cdot \ldots = \ldots\pi \approx \ldots \text{ cm}^2$

$A_{\text{TOTAL}} = \pi(r + r') \cdot g + \pi r^2 + \pi r'^2 = \ldots + \pi \cdot 13^2 + \pi \cdot \ldots^2 \approx 1.313 \text{ cm}^2$

» APLICA EL QUE HAS APRÈS

16. Dibuixa un quadrat i traça els eixos de simetria paral·lels als costats.

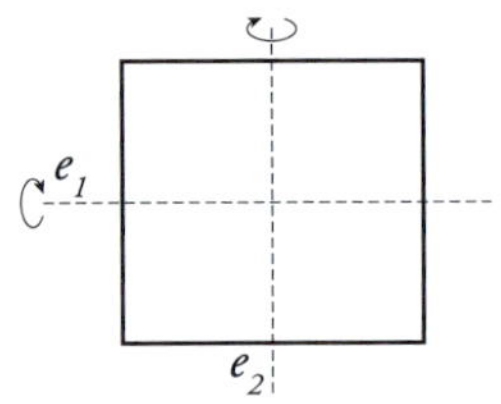

Dibuixa els cilindres que es generen en girar el quadrat al voltant de cada un d'aquests eixos.

17. Pren mesures i decideix quin dels desenvolupaments següents correspon a un cilindre.

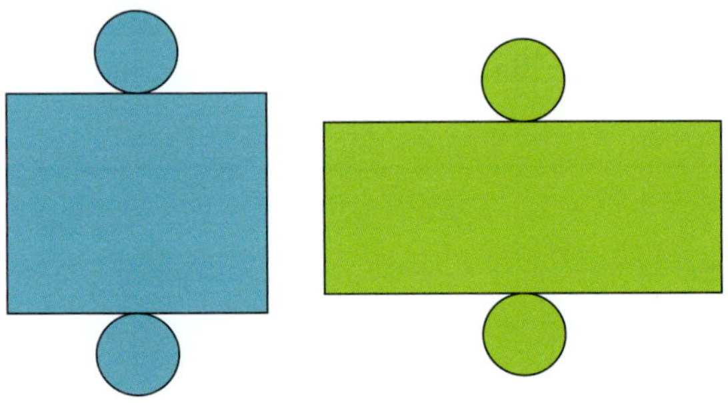

18. Dibuixa el desenvolupament d'un cilindre recte si la base fa 3 cm de radi i l'altura, 2 cm.

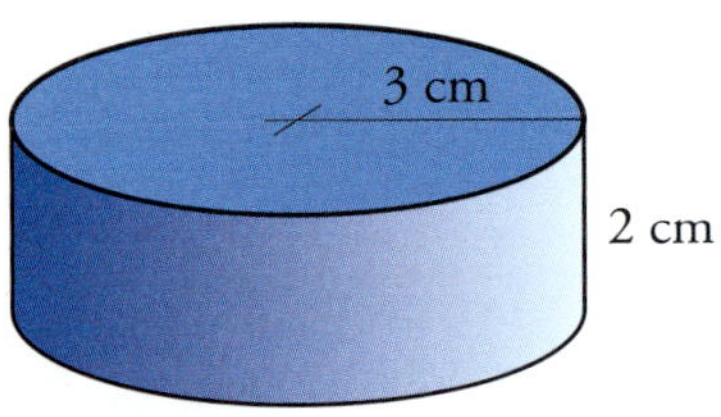

Calcula'n l'àrea lateral i l'àrea total.

19. Quina quantitat de xapa es necessita per construir un dipòsit cilíndric tancat de 0,6 m de radi de la base i 1,8 m d'altura?

20. S'han d'impermeabilitzar el terra i les parets interiors d'una bassa cilíndrica oberta per dalt. El radi de la base mesura 4 m i l'altura, 5 m. Si costa 18 € impermeabilitzar-ne 1 m^2, quin és el cost de tota l'obra?

21. Calcula l'àrea lateral i l'àrea total d'aquest con:

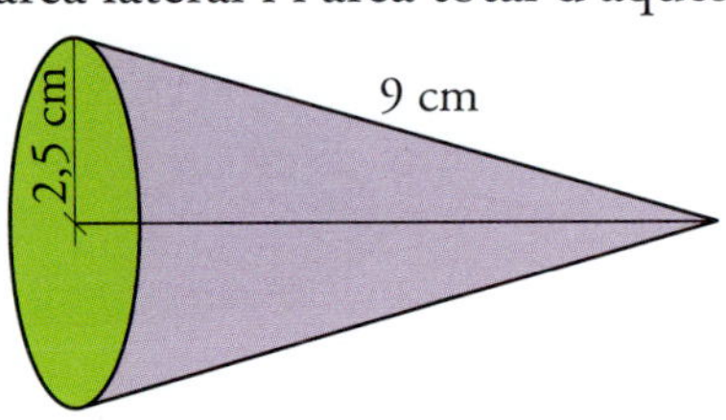

22. Dibuixa els cons que s'obtenen en fer girar aquest triangle rectangle:

a) Al voltant de *AC*.

b) Al voltant de *BC*.

c) Calcula l'àrea total de tots dos.

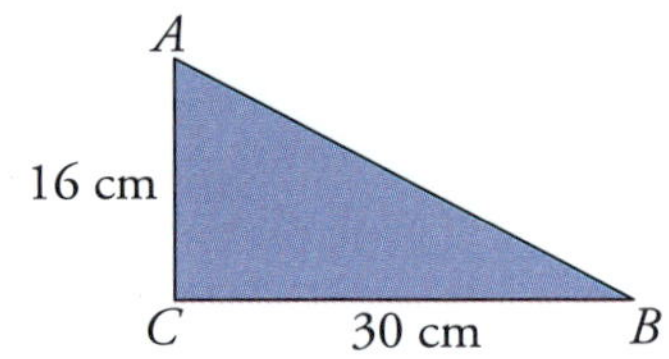

23. Calcula l'àrea lateral i l'àrea total d'aquest con, si:

$\overline{MO} = 84$ cm

$\overline{MN} = 85$ cm

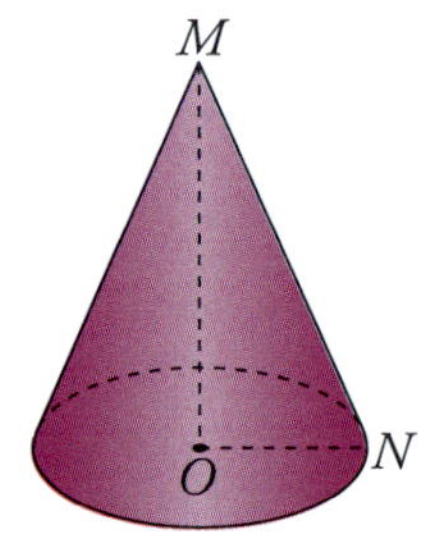

24. Un con amb un radi de la base de 12 cm i una altura de 16 cm és tallat per un pla perpendicular a l'eix que passa a 4 cm de la base. Troba les dimensions, l'àrea lateral i l'àrea total del tronc de con que es forma.

25. L'altura d'aquest tronc de con fa 12 cm i els radis de les seves bases fan 17 cm i 22 cm.

a) Troba'n la generatriu.

b) Calcula'n l'àrea lateral.

c) Troba'n l'àrea total.

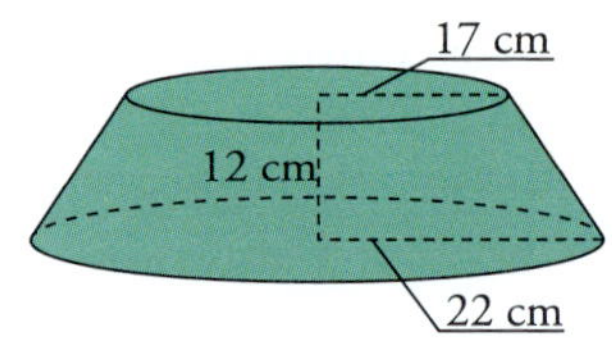

26. Troba la superfície d'una flamera oberta per dalt, que té les mesures següents: radi de les bases, 10 cm i 15 cm; generatriu, 13 cm.

27. Al jardí tenim 32 testos grossos en forma de tronc de con. Els radis de les seves bases mesuren 14 cm i 20 cm, respectivament, i la seva generatriu, 38 cm. Calcula quant costa pintar-los (només la part exterior) a raó de 40 € el metre quadrat.

8. ESFERES

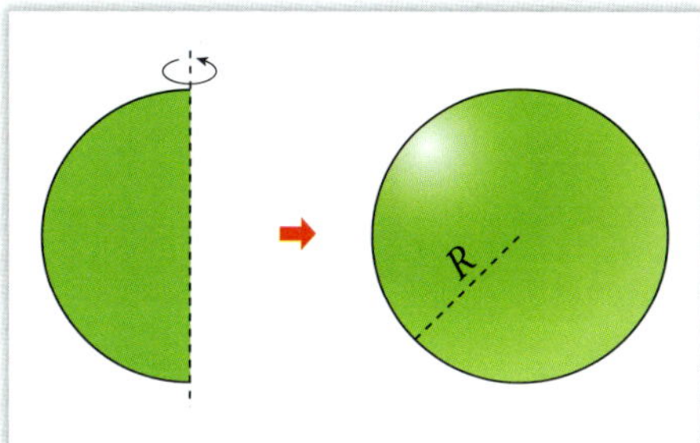

L'**esfera** es genera fent girar un semicercle al voltant del seu diàmetre. És, doncs, un cos de revolució.

L'esfera queda determinada pel seu radi, R.

Superfície de l'esfera

La superfície de l'esfera s'anomena superfície esfèrica. Només es pot desenvolupar sobre el pla aproximadament. Tanmateix, podem mesurar-ne l'àrea mitjançant una fórmula senzilla.

Imaginem l'esfera dins un cilindre que s'hi ajusta completament. L'àrea de l'esfera és igual a l'àrea lateral d'aquest cilindre:

$$A_{\text{LATERAL DEL CILINDRE}} = 2\pi R \cdot 2R = 4\pi R^2$$

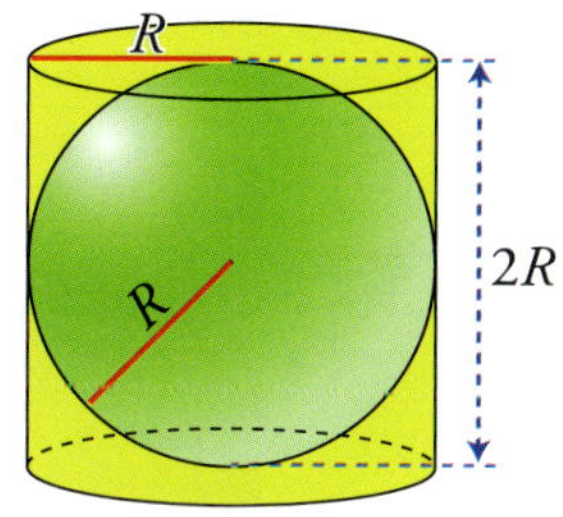

L'àrea de la superfície esfèrica de radi R és $A = 4\pi R^2$.

Aquesta relació entre l'esfera i el cilindre que l'envolta és molt interessant, perquè val també per a proporcions d'esfera limitades per plans paral·lels.

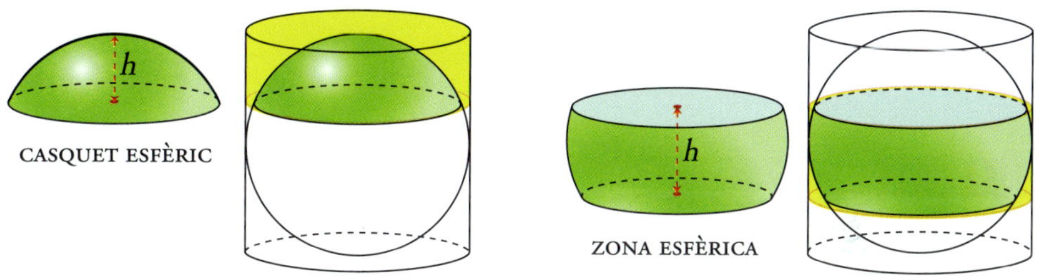

Àrea del casquet esfèric = Àrea lateral de la porció de cilindre corresponent = $2\pi Rh$

Àrea de la zona esfèrica = Àrea lateral de la porció de cilindre corresponent = $2\pi Rh$

Etimologia

En grec, *sfaira* significa «pilota».

Observa

Quina superfície té la part acolorida de vermell?

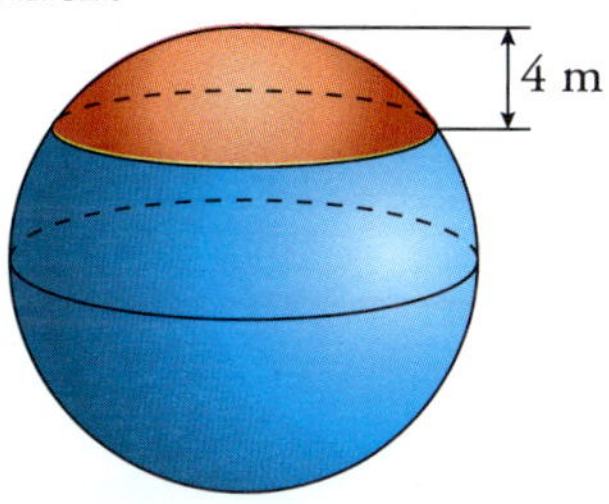

Radi de l'esfera = 9 m

$A = 2\pi \cdot 9 \cdot 4 \approx 226\ \text{m}^2$

» FIXA IDEES

F18. En una esfera terrestre escolar de 20 cm de radi hi ha assenyalades les zones climàtiques. Si cada casquet polar fa 2 cm d'altura i cada zona temperada, 10 cm d'altura, calcula i completa:

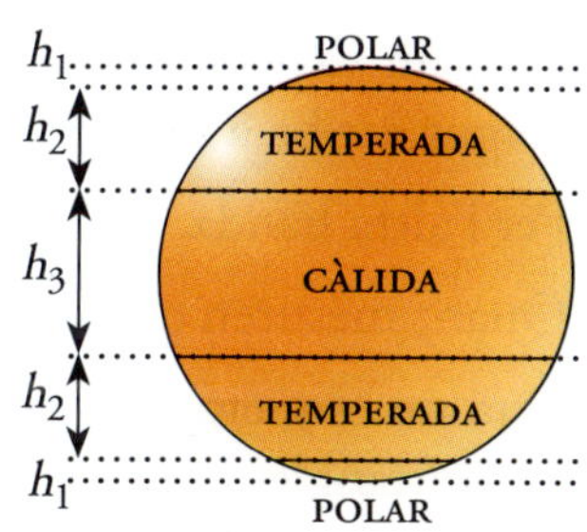

a) La superfície de l'esfera: $A_{\text{ESFERA}} = 4\pi R^2 = 4\pi \cdot \ldots^2 \approx \ldots\ \text{cm}^2$

b) La superfície de cada zona. Comprova que la suma de totes és igual a la superfície de l'esfera.

$R = 20$ cm $h_1 = 2$ cm $h_2 = 10$ cm $h_3 = 40 - 2 \cdot (2 + 10) = \ldots$ cm

$A_{\text{CASQUET POLAR}} = 2\pi Rh_1 = 2\pi \cdot \ldots \cdot \ldots \approx 251{,}2\ \text{cm}^2$

$A_{\text{ZONA TEMPERADA}} = 2\pi Rh_2 = 2\pi \cdot \ldots \cdot \ldots \approx 1.256\ \text{cm}^2$

$A_{\text{ZONA CÀLIDA}} = 2\pi Rh_3 = 2\pi \cdot \ldots \cdot \ldots \approx 2.009{,}6\ \text{cm}^2$

$\rightarrow 2 \cdot 251{,}2 + 2 \cdot \ldots + \ldots = \ldots\ \text{cm}^2$

GeoGebra. Practica l'àrea d'una esfera.

9. SECCIONS D'ESFERES, CILINDRES I CONS

- Si es talla una esfera per un pla el resultat és un cercle. Observa que el teorema de Pitàgores ens permet relacionar el radi de la secció, r, amb el radi de l'esfera, R, i amb la distància, d, del pla de tall al centre de l'esfera.

$$R^2 = r^2 + d^2$$

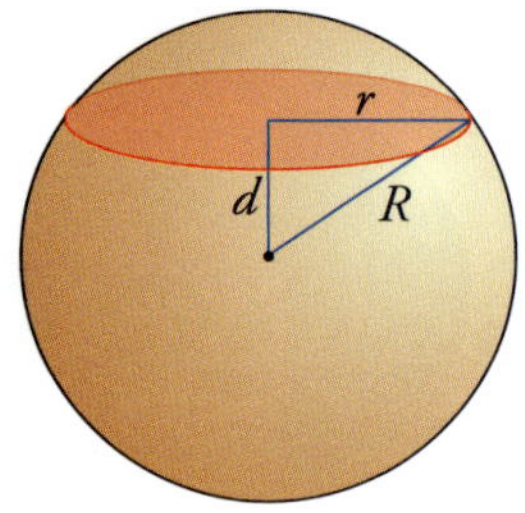

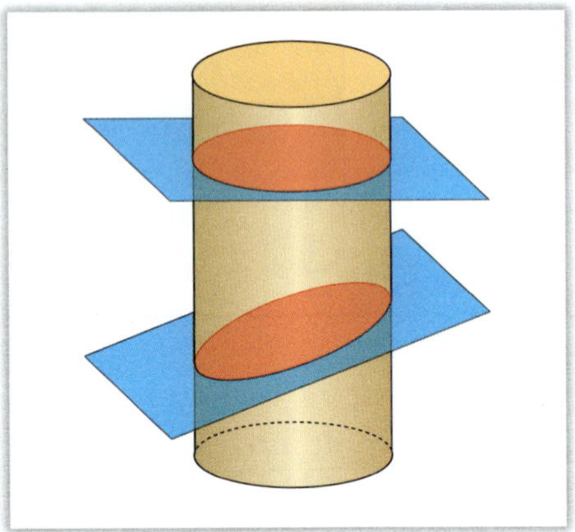

- Si es talla un cilindre per un pla perpendicular a l'eix el resultat és una circumferència igual a la seva base.

  Tanmateix, si el tall és inclinat, el resultat és una corba anomenada **el·lipse**, més o menys allargada segons la inclinació del pla.

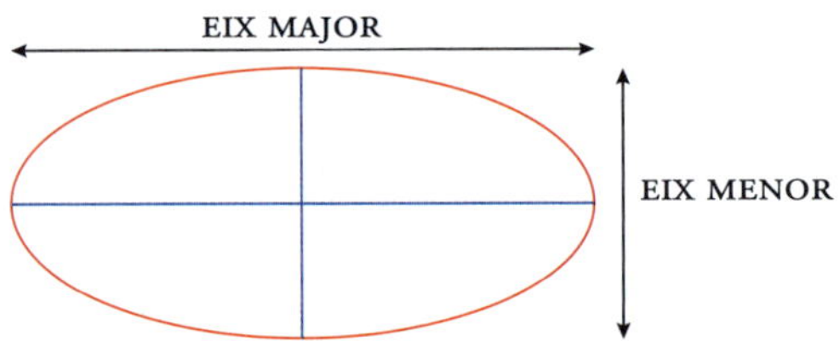

Comprova-ho omplint d'aigua un got i inclinant-lo. Veuràs tota una família d'el·lipses, més allargades com més inclines el got.

» FIXA IDEES

Copia i completa:

F19. Una esfera de 13 cm de radi és tallada per un pla que hi determina una circumferència de 12 cm de radi.

Calcula la distància del centre de l'esfera al pla, aplicant el teorema de Pitàgores en el triangle assenyalat en vermell:

$$d^2 = \ldots^2 - 12^2 = \ldots \rightarrow d = \sqrt{\ldots} = \ldots \text{ cm}$$

Solució: La distància del centre de l'esfera al pla és de 5 cm.

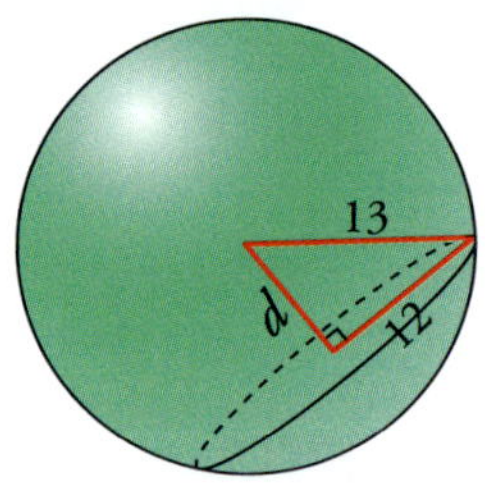

F20. Un vas cilíndric de 7 cm de diàmetre i 12 cm d'altura ple d'aigua s'inclina fins que l'aigua arriba a la vora.

Per l'altra banda, l'aigua queda a 3 cm del fons del vas.

Quant mesuren els dos eixos de l'el·lipse que forma la superfície de l'aigua?

Fem un esquema del vas i observem que l'eix major de l'el·lipse correspon a la hipotenusa d'un triangle rectangle els catets del qual coneixem.

El calculem:

$$x = \sqrt{\ldots^2 + \ldots^2} = \sqrt{\ldots} = \ldots \text{ cm}$$

Solució: L'eix menor té una longitud igual al diàmetre del vas, 7 cm, i l'eix major mesura 11,4 cm.

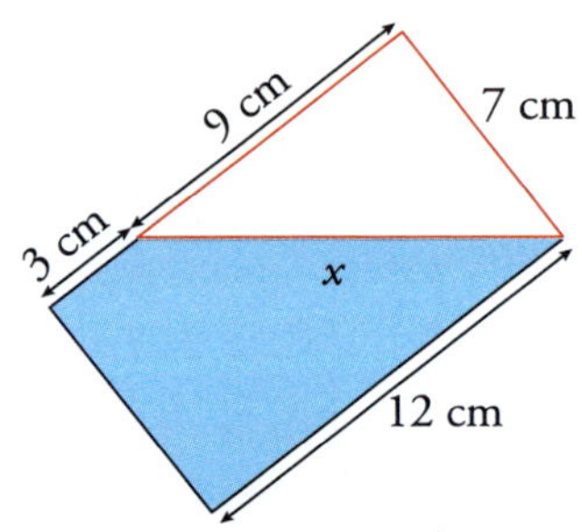

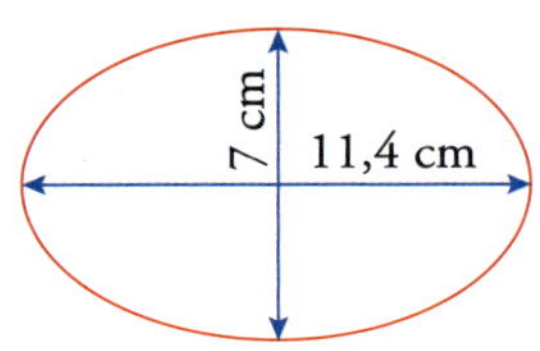

Seccions del con

Les seccions del con són especialment interessants.

- Si el pla és perpendicular a l'eix del con, els talls són **circumferències**.
- Si el pla talla l'eix del con amb una petita inclinació, s'obté la corba que hem vist abans en tallar el pla amb el cilindre: l'**el·lipse**. Aquesta serà més allargada com més inclinat sigui el pla.

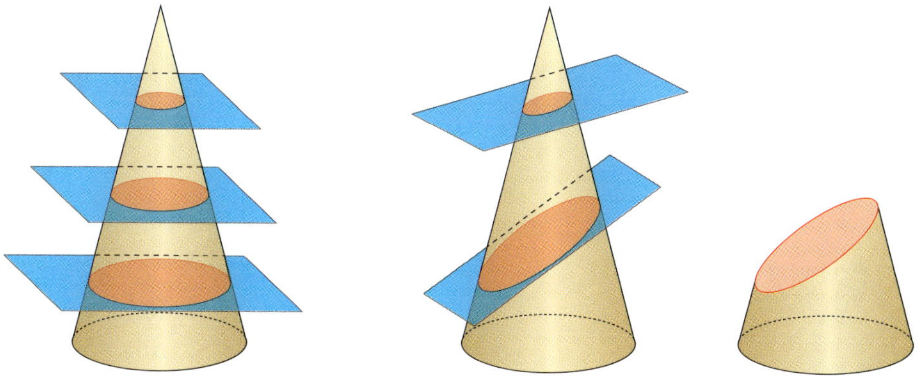

- Si el pla és paral·lel a una de les arestes del con, llavors el tall és una **paràbola**.

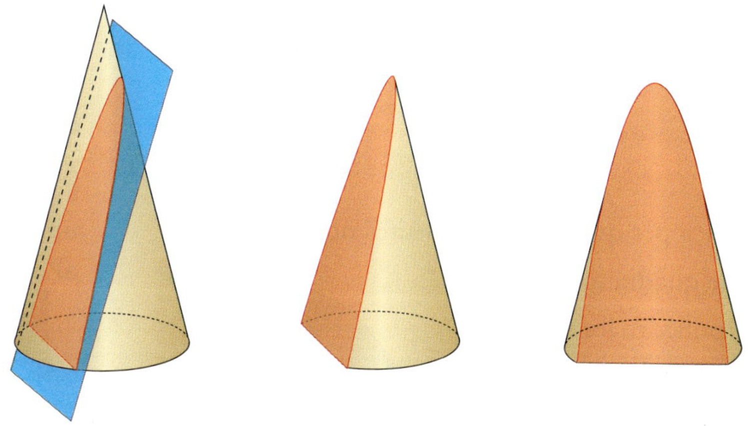

Aquestes tres corbes —circumferència, el·lipse i paràbola— s'anomenen **còniques** perquè s'obtenen com a seccions del con.

» APLICA EL QUE HAS APRÈS

28. El resultat de tallar una esfera de 12 cm de diàmetre per un pla és una secció circular la superfície de la qual fa 72,3456 cm^2. Calcula la distància del pla al centre de l'esfera.

Considera que el valor de π és 3,14.

29. Un cub cilíndric de 10,5 cm d'altura la base de la qual mesura 7 cm de radi és ple d'aigua. L'inclinem per buidar-ne la meitat del contingut.

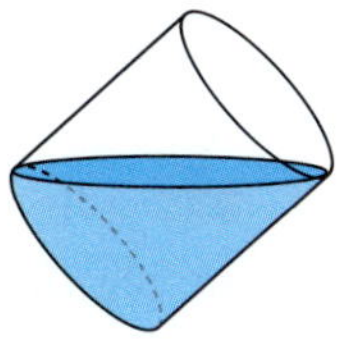

Quant mesuren els dos eixos de l'el·lipse que forma la superfície de l'aigua?

30. Indica per on un pla ha de tallar un cilindre per obtenir:

a) Un rectangle.

b) El rectangle més gran possible.

c) Un quadrat.

d) L'el·lipse amb l'eix major més llarg possible.

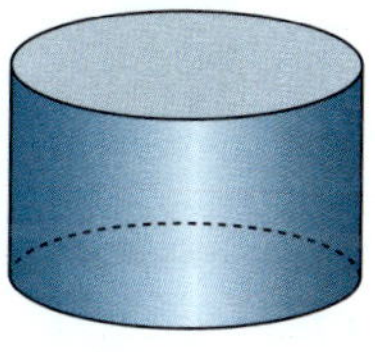

31. Si el cilindre de l'activitat anterior tingués una altura més gran que el diàmetre de la base, seria possible obtenir un quadrat? Explica per què.

» EXERCITA LES TEVES COMPETÈNCIES

Tipus de cossos geomètrics

1. Indica quins d'aquests poliedres no són catalogables entre els coneguts (prisma, piràmide, tronc de piràmide, poliedre regular). Cataloga els altres.

a) 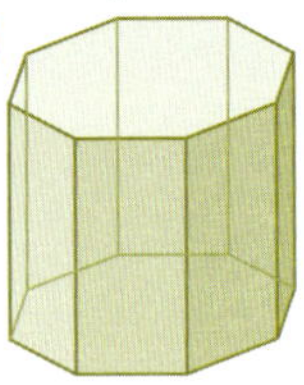
b) 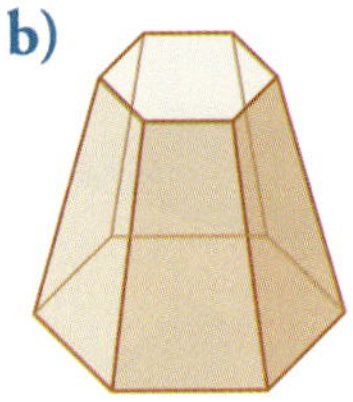
c) 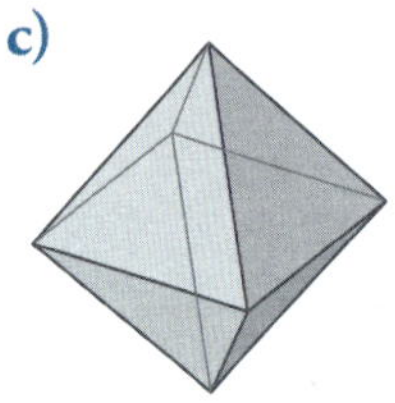
d) 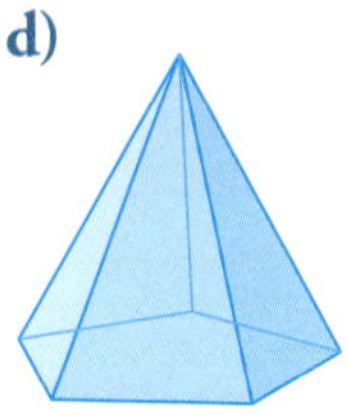
e) 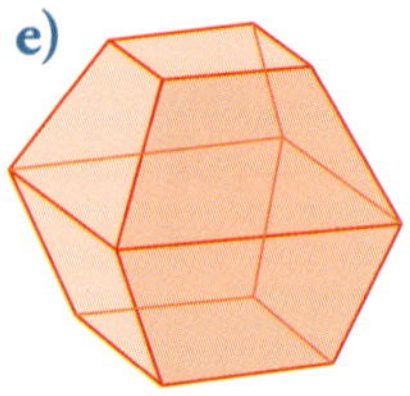
f) 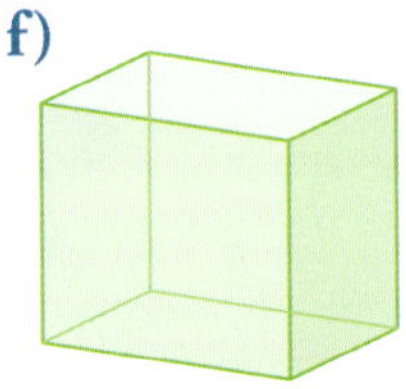
g) 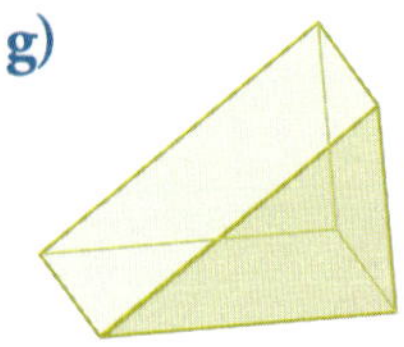
h) 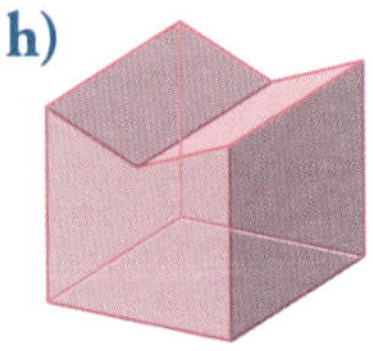
i) 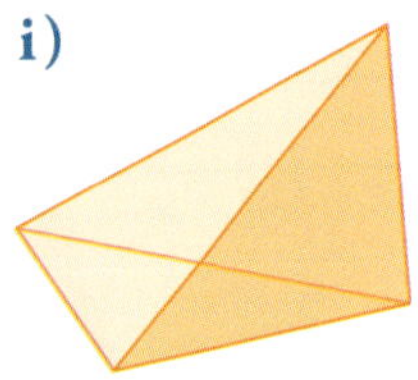

2. Explica per què aquests poliedres no són regulars:

a) Piràmide quadrangular regular.

b) Aquest poliedre les cares del qual són rombes iguals:

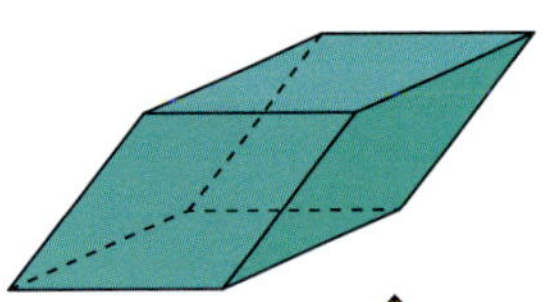

c) Aquest poliedre format per sis triangles equilàters:

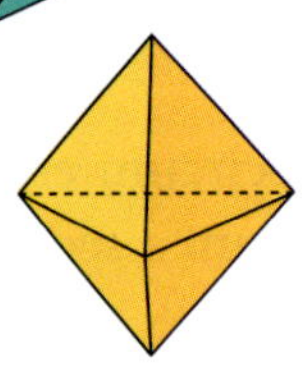

3. Quines d'aquestes figures són cossos de revolució? Identifica les que reconeguis.

a) 
b) 
c) 
d) 
e) 
f) 
g) 
h) 

4. Dibuixa els cossos de revolució generats en girar cada una d'aquestes figures al voltant de l'eix:

a) 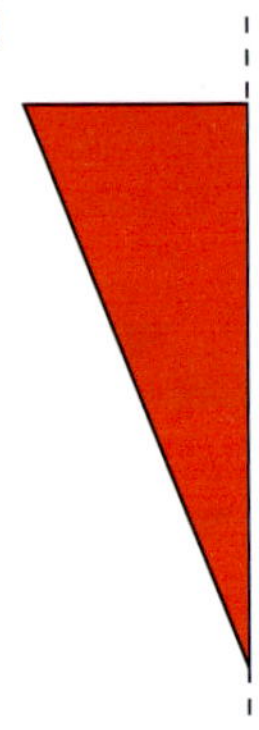
b) 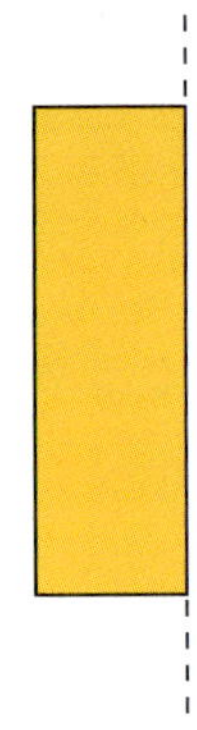
c) 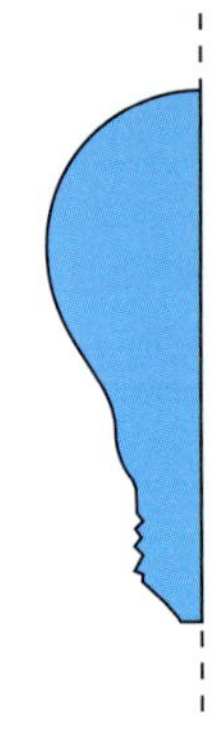

Relaciona cada una de les figures que has dibuixat amb una de l'exercici anterior.

5. Dibuixa la figura i l'eix sobre el qual ha de girar per generar els objectes dels apartats a), d), g) i h) de l'exercici 3.

Desenvolupament de cossos geomètrics

6. Quins d'aquests desenvolupaments corresponen a un poliedre o un cos de revolució? Indica'n el nom.

a) 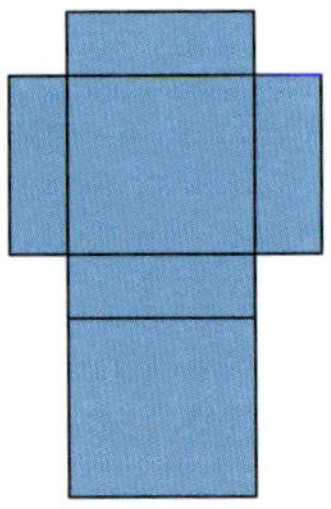
b) 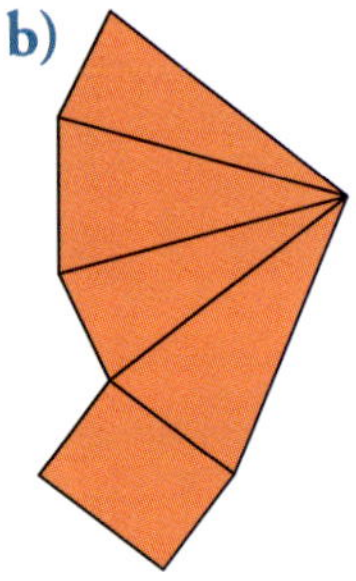
c) 
d) 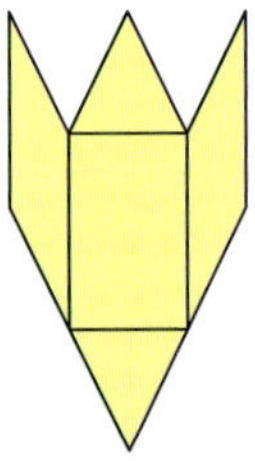
e) 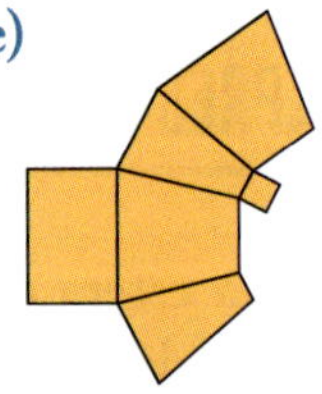
f) 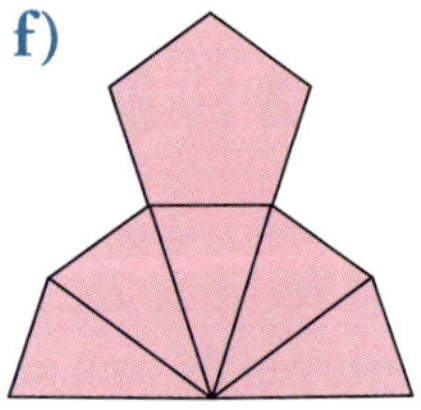
g) 
h) 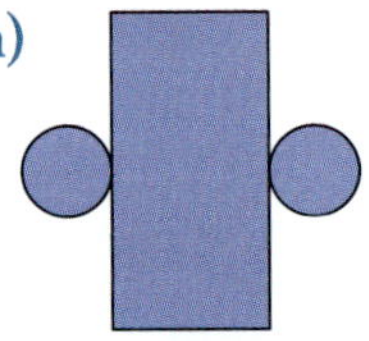
i) 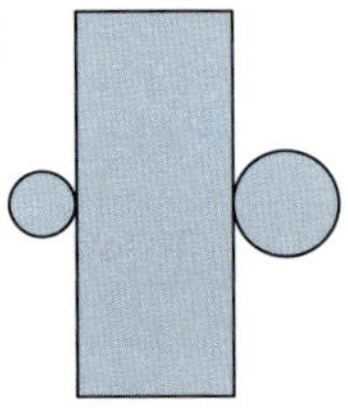

7. Dibuixa de forma aproximada el desenvolupament pla dels poliedres dels apartats a), b), c), d), f) i g) de l'exercici 1.

BARCANOVA EDITORIAL

8. Quina o quines d'aquestes figures corresponen al desenvolupament d'un tetràedre regular?

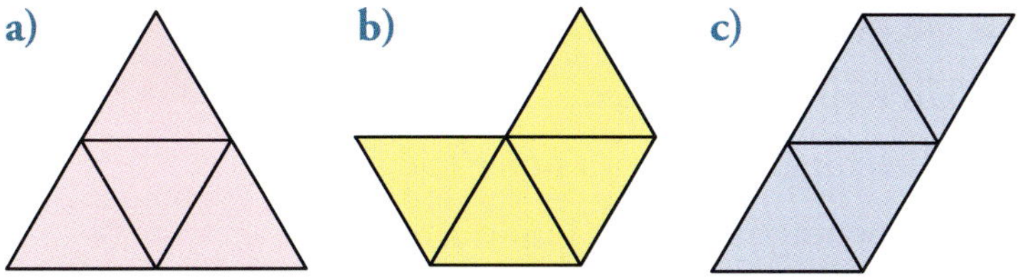

9. Quina o quines d'aquestes figures correspon al desenvolupament d'un hexàedre regular?

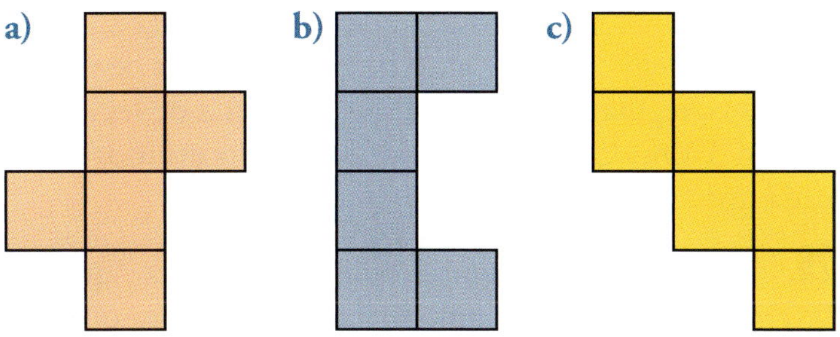

10. Fixa't en aquests dos retallables per construir un dodecàedre i un icosàedre.

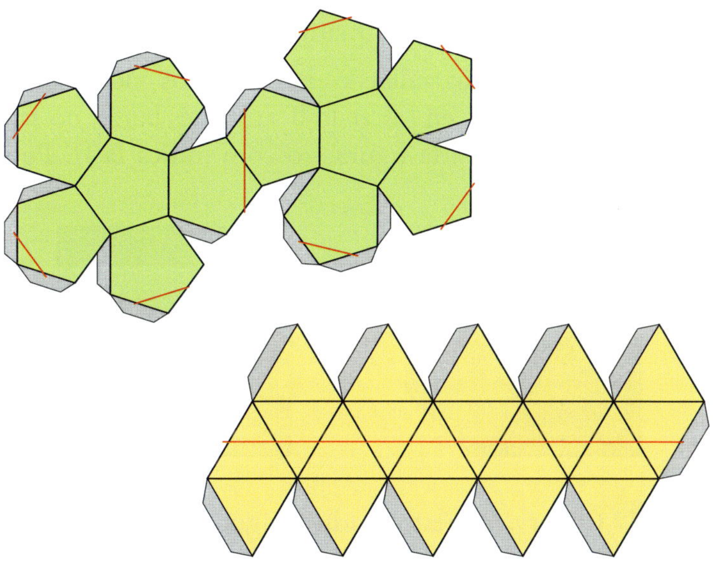

Quina figura formaran les línies vermelles, en cada cas, en muntar els poliedres?

Àrees de cossos geomètrics

11. L'àrea total d'un cub és de 150 dm^2. Troba'n la diagonal.

12. Calcula l'àrea total d'un ortoedre si les seves dimensions són 3 cm, 4 cm i 12 cm.

Troba també la longitud de la diagonal.

13. La base d'una piràmide regular és un pentàgon regular de 2,5 m de costat. L'apotema de la piràmide mesura 4,2 m. Quina n'és la superfície lateral?

14. Calcula l'àrea total d'un prisma recte si l'altura fa 15 cm i les diagonals de les bases en forma de rombe mesuren 16 cm i 12 cm.

15. Calcula l'àrea d'aquests cossos geomètrics:

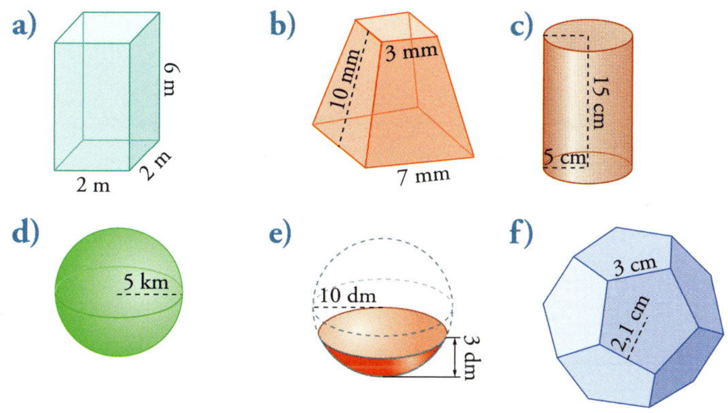

16. Calcula l'àrea d'aquests cossos geomètrics. Primer, hauràs d'obtenir la dada que falta.

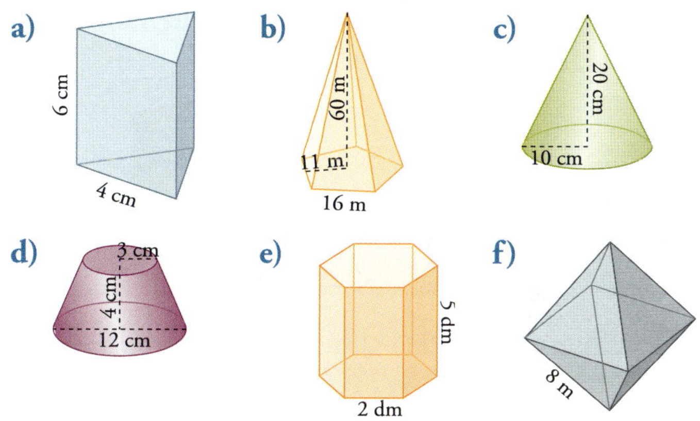

17. La base d'una piràmide regular és un quadrat de 6 dm de costat i la seva altura fa 4 dm. Calcula'n l'àrea total.

18. Les bases d'un tronc de piràmide regular són quadrats de 10 cm i 20 cm de costat, respectivament, i les arestes laterals mesuren 13 cm. Calcula'n l'àrea total.

19. Troba l'àrea total d'aquests cossos:

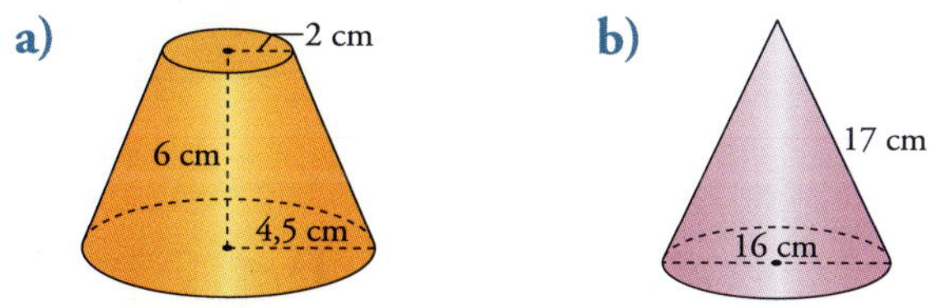

20. Calcula la superfície d'un casquet esfèric de 2 dm d'altura i d'una zona esfèrica de 4 dm d'altura continguts en una esfera de 10 dm de diàmetre.

Seccions en els cossos geomètrics

21. PROBLEMA RESOLT

Dibuixa un cub i els possibles talls d'aquest cos amb un pla per obtenir un triangle, un quadrat, un rectangle, un trapezi, un pentàgon i un hexàgon.

Si truquem un vèrtex del cub, obtenim triangles. Si trunquem el cub amb plans paral·lels a una aresta, obtenim rectangles, i, si inclinem el pla de tall de manera adequada, obtenim quadrats, trapezoides, pentàgons o hexàgons.

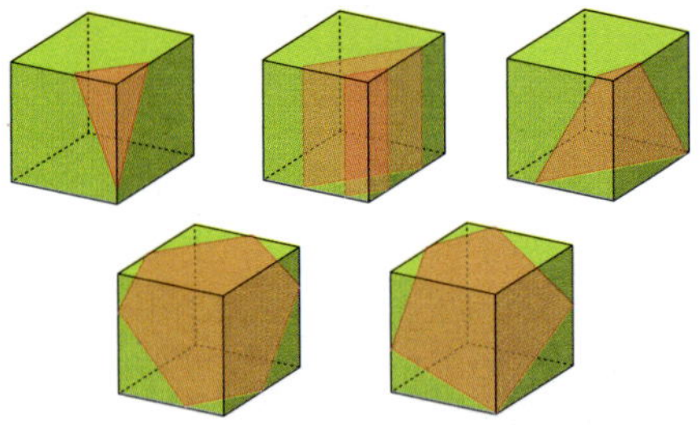

22. Busca i dibuixa els possibles talls de cada un d'aquests cossos geomètrics mitjançant un pla per obtenir un quadrat, un rectangle, un trapezi, una circumferència, una el·lipse, un pentàgon i un hexàgon.

a) 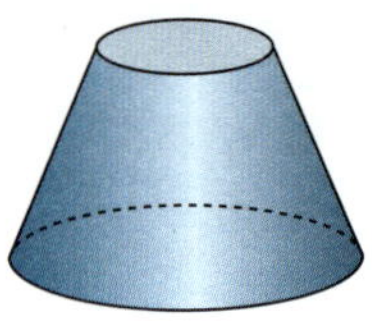

b) 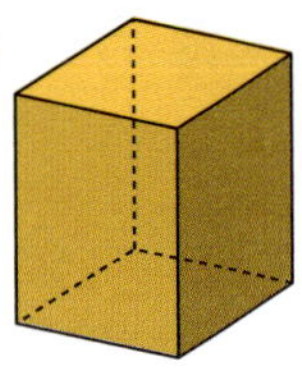

23. Observa el con i el cilindre:

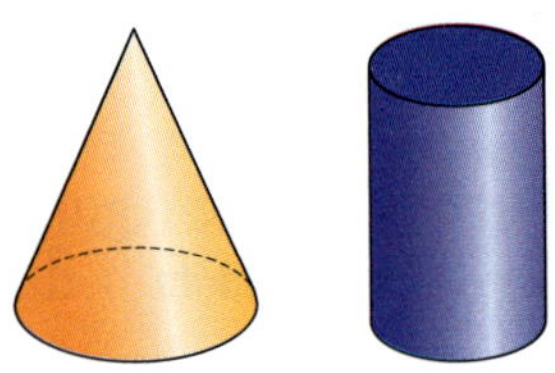

Mitjançant seccions planes d'aquests cossos geomètrics, s'obtenen les figures següents:

a) 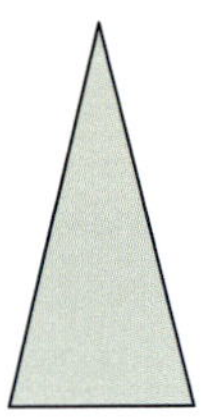

b) 

c) 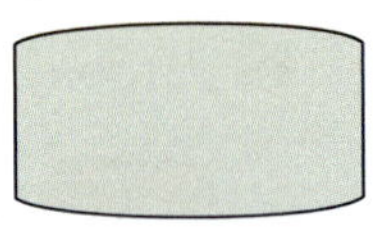

d) 

e) 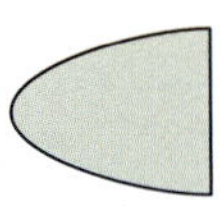

f) 

Esbrina a quin cos correspon cadascuna de les figures i mitjançant quin pla s'aconsegueix.

24. Indica per on un pla ha de tallar aquest prisma per obtenir:

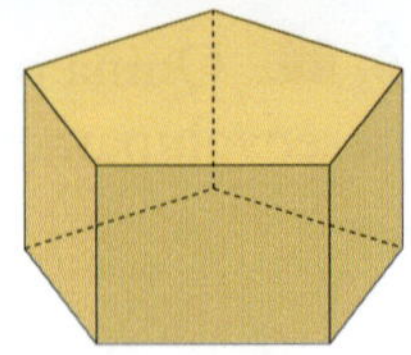

a) Un quadrat.
b) Un triangle equilàter.
c) El rectangle amb més superfície possible.
d) Un pentàgon regular i un d'irregular.
e) El trapezi amb més àrea possible.

Resol problemes

25. Volem construir amb filferro l'esquelet de tots els poliedres regulars, de manera que cada una de les arestes mesuri 1 dm. Quina quantitat de filferro utilitzarem en cada un?

26. Quant costarà folrar un calaix que fa 0,6 m × 0,5 m × 0,4 m amb una xapa metàl·lica que surt a 18 €/m^2? I si, a més a més, volem cobrir les arestes amb un embellidor de fusta de 23 €/m^2?

27. L'Aleix vol folrar un cub de 4 cm d'aresta amb làmines d'or de 5 €/cm^2. Quant li costarà?

Finalment, decideix tallar-lo per fer dos petjapapers iguals, però, perquè en folrar-lo li surti més barat, no sap si fer-ho com indica la figura I o com indica la II. Pots ajudar-lo?

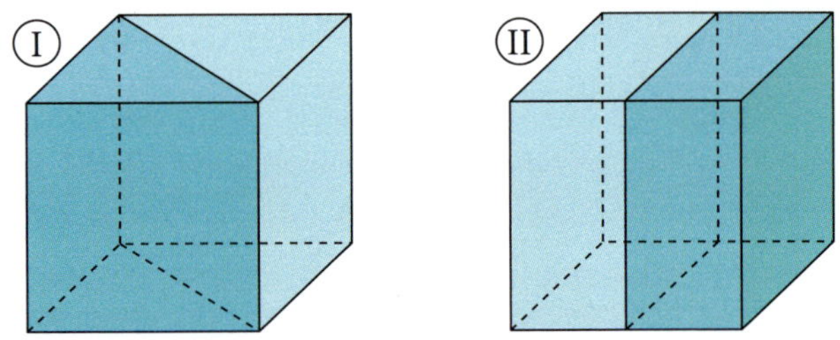

28. Observa aquest cilindre i algunes de les seccions que podem obtenir en tallar-lo:

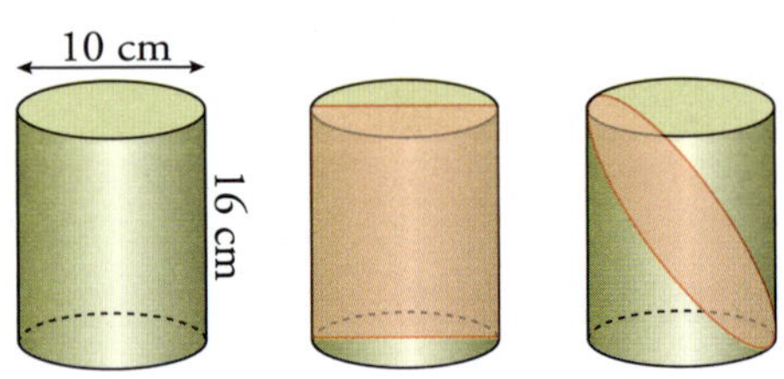

a) Troba les dimensions del rectangle i de l'el·lipse.
b) Per on caldria tallar el cilindre per obtenir una el·lipse els eixos major i menor de la qual fessin 12,5 cm i 10 cm, respectivament?
c) I per obtenir un rectangle l'altura del qual fes el doble que la base?

29. Les parets d'un pou de 12 m de profunditat i 1,6 m de diàmetre s'han cimentat. El preu d'aquesta feina és de 40 €/m². Quant ha costat?

30. Una caixa en forma d'ortoedre fa 9 dm de llarg i 6 dm d'ample. La seva superfície total és de 228 dm². Troba'n l'altura i la diagonal.

31. Un reixat és format per 20 barrots de ferro de 2,5 m d'altura i 1,5 cm de diàmetre. Cal donar-los una mà de pintura a raó de 24 €/m². Quin n'és el cost?

32. Omplim d'aigua fins a la meitat un vas la base del qual fa 4 cm de diàmetre. L'inclinem fins que l'aigua arribi a la vora i es forma una el·lipse tres vegades més llarga que ampla. Quina altura té el vas?

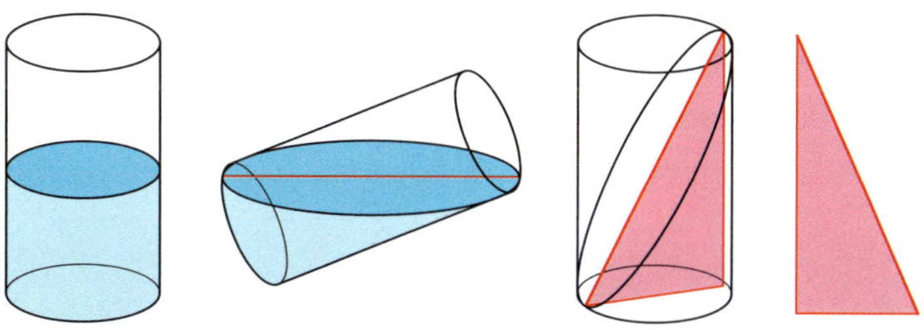

33. Un pintor ha cobrat 1.000 € per impermeabilitzar l'interior del dipòsit sense tapa de l'esquerra. Quant haurà de cobrar per impermeabilitzar el de la dreta, també sense tapa?

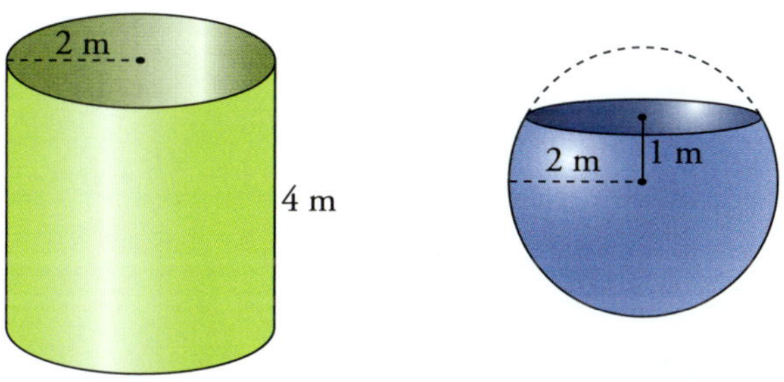

34. PROBLEMA RESOLT

La Berta ha partit una síndria en dos trossos i entre tota la família s'han menjat el tros gros. El tros petit és un casquet de 7 cm d'altura amb una secció de circumferència de 28 cm de diàmetre. Quin radi tenia la síndria?

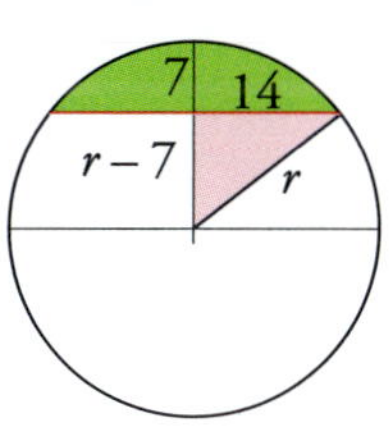

$r^2 = (r-7)^2 + 14^2$

$r^2 = r^2 - 14r + 7^2 + 14^2$

$14r = 49 + 196$

$r = \dfrac{245}{14} \rightarrow r = 17{,}5$ cm

35. L'altura d'un casquet esfèric fa 6 cm i el radi de la seva base mesura 12 cm. Quina és l'àrea de l'esfera a què pertany el casquet?

36. La Maria talla un formatge de bola de 16 cm de diàmetre de manera que obté una circumferència de 6,4 cm de radi. Quina altura té cada tros si els recolza sobre el tall?

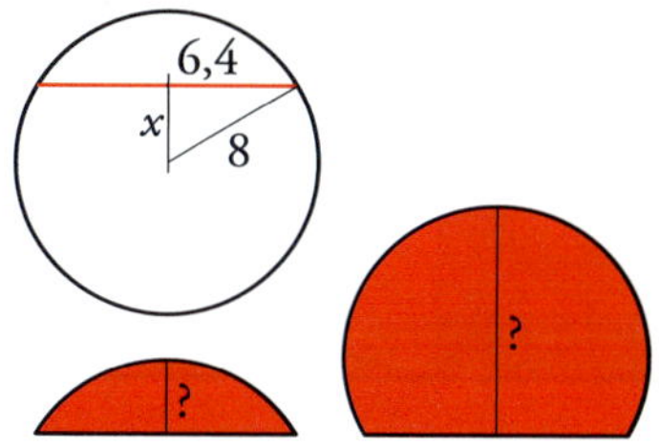

37. En Marc ha tallat una síndria de 15 cm de radi. La zona vermella comestible ocupa una superfície aproximada de 405 cm², que corresponen al 90 % de la secció. A quina altura s'ha tallat la síndria?

38. PROBLEMA RESOLT

L'àrea total d'un tetràedre fa 45 cm². Si es talla per un pla paral·lel a la base i a un terç de la seva altura, calcula l'àrea del tetràedre petit i del tronc de piràmide resultants de la secció.

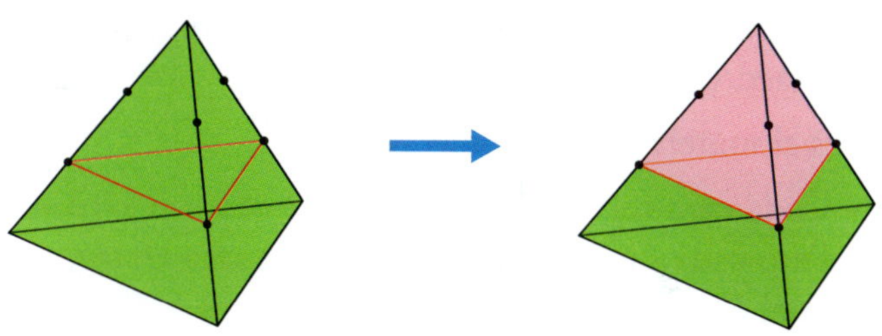

Comparem una cara del tetràedre original i una cara del tetràedre més petit (rosa):

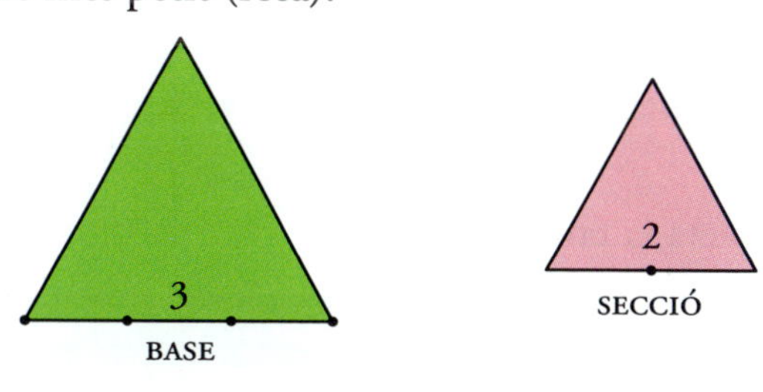

La raó de semblança és $k = \dfrac{2}{3}$.

I la raó de les àrees és $k^2 = \left(\dfrac{2}{3}\right)^2 = \dfrac{4}{9}$.

$A_{\text{TETRÀEDRE PETIT}} = \dfrac{4}{9} \cdot 45 = 20 \text{ cm}^2$

$A_{\text{SECCIÓ}} = 20 : 4 = 5 \text{ cm}^2$

$A_{\text{TRONC DE PIRÀMIDE}} = 45 - 20 + 5 = 30 \text{ cm}^2$

39. Observa aquest dipòsit de combustible i calcula l'àrea de la zona de color blanc i la de la zona de color vermell.

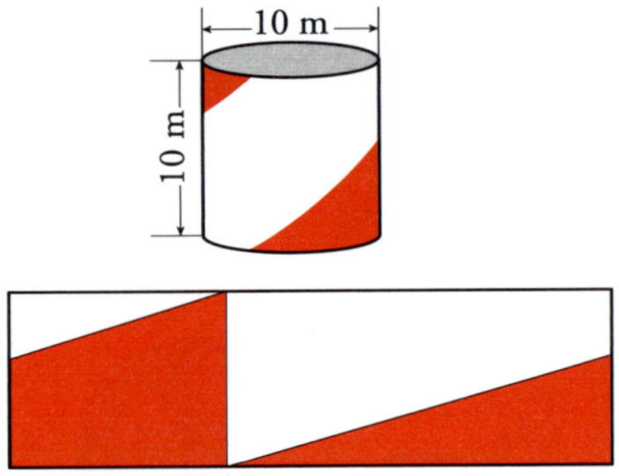

40. Dibuixa el desenvolupament d'un tronc de piràmide quadrangular regular si les arestes de la base gran fan 4 cm, les de la petita, 2 cm i les laterals, 5 cm.

Troba'n l'àrea total. (Les cares laterals són trapezis. Comprova que l'altura fa 4,9 cm.)

Interpreta, descriu, expressa't

41. Estudia els poliedres regulars:

a) Compta el nombre de cares del tetràedre, del cub i de l'octàedre.

b) Fes el mateix amb el dodecàedre:

- Cada cara té 5 arestes i hi ha 12 cares: $5 \cdot 12 = 60$. Però cada dues cares comparteixen una aresta, per la qual cosa el nombre d'arestes és $60 : 2 = 30$.
- Cada cara té 5 vèrtexs: $5 \cdot 12 = 60$. Però cada tres cares comparteixen un vèrtex, per la qual cosa el nombre de vèrtexs és $60 : 3 = 20$.

c) Calcula quantes arestes i quants vèrtexs té l'icosàedre regular.

d) Completa la taula següent:

	CARES	ARESTES	VÈRTEXS
TETRÀEDRE	4	...	...
CUB	6	...	...
OCTÀEDRE	8	...	...
DODECÀEDRE	12	...	...
ICOSÀEDRE	20	...	...

Comprova que en tots es compleix que:

CARES + VÈRTEXS = ARESTES + 2

e) Es compleix la mateixa relació en altres poliedres?

42. A continuació, hi ha dues resolucions del mateix problema. Analitza-les i explica'n les diferències.

Calcula l'àrea total de cada un dels cossos resultants en tallar un tetràedre regular per un pla que passa pel punt mitjà de quatre de les seves arestes, segons mostra la il·lustració.

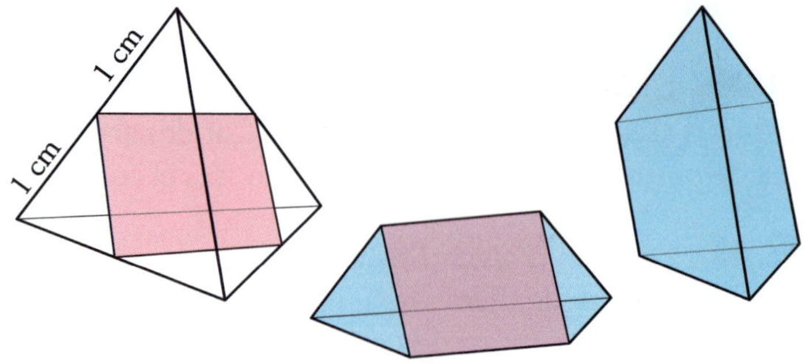

Resolució A

Tots dos cossos són iguals. N'hi ha prou a calcular l'àrea d'un:

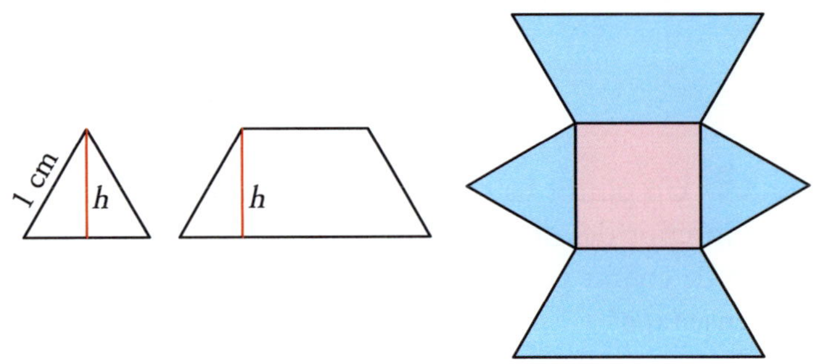

$h = \sqrt{1^2 - 0,5^2} = \sqrt{0,75} \approx 0,87$ cm

$A = 1^2 + 2 \cdot \dfrac{(1+2) \cdot h}{2} + 2 \cdot \dfrac{1 \cdot h}{2} = 1 + 3h + h =$

$= 1 + 4h = 1 + 4 \cdot 0,87 = 4,48$ cm^2

Resolució B

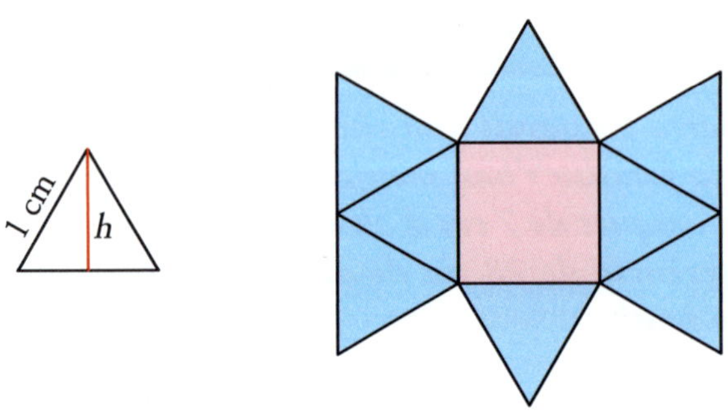

$h = \sqrt{1^2 - \left(\dfrac{1}{2}\right)^2} = \sqrt{\dfrac{3}{4}} \approx 0,87$ cm

$A = 1^2 + 8 \cdot \dfrac{1 \cdot 0,87}{2} = 1 + 4 \cdot 0,87 = 4,48$ cm^2

Problemes «+»

43. Una piràmide regular de base quadrada de 10 cm de costat i 12 cm d'altura és tallada per un pla a la meitat de la seva altura. Troba l'àrea total del tronc de piràmide resultant.

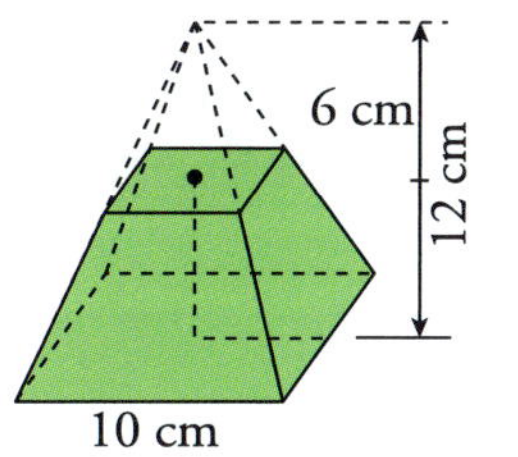

44. Calcula l'àrea de la secció d'aquest tetràedre:

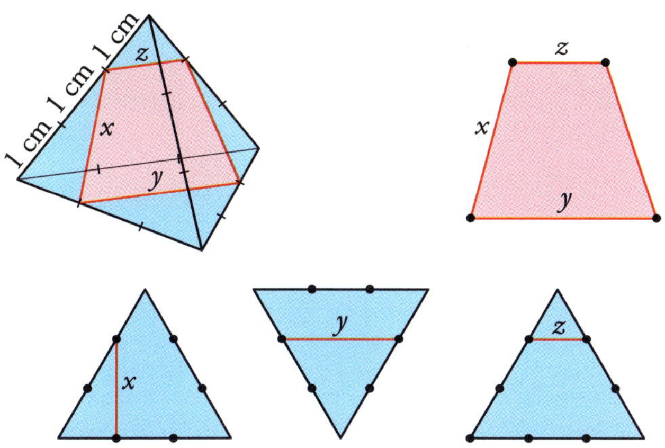

45. Troba l'àrea total d'un octàedre regular en el qual la distància entre dos vèrtexs no contigus és de 20 cm:

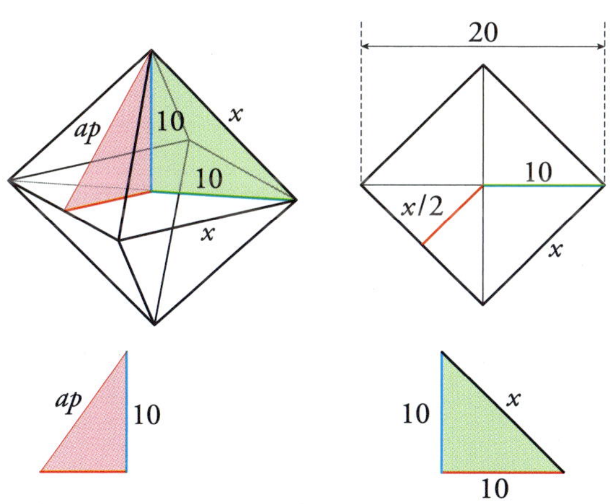

46. Una proveta cilíndrica, que s'ha omplert fins a la meitat, té dues marques que en divideixen l'altura en tres parts iguals. En inclinar-la de manera que el líquid toqui una de les marques, pel costat oposat tocarà l'altra. Si la superfície del líquid és una el·lipse que té un eix major de 10 cm i un eix menor de 8 cm, quina altura té la proveta?

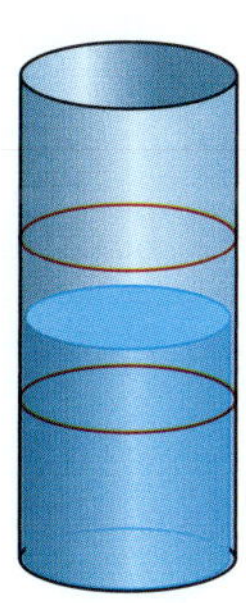

47. El desenvolupament lateral d'un con és un semicercle de 12 cm de radi. Troba'n el radi de la base i l'altura.

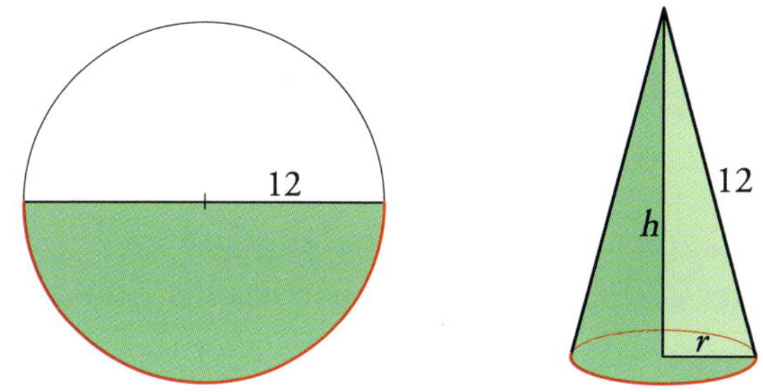

$$\frac{2\cdot\pi\cdot 12}{2} = 2\cdot\pi\cdot r$$

48. La base d'una piràmide regular és un hexàgon de 10 cm de costat i la seva altura fa 24 cm.

Es talla per un pla que passa a 18 cm de la base. Troba l'àrea total del tronc de piràmide resultant.

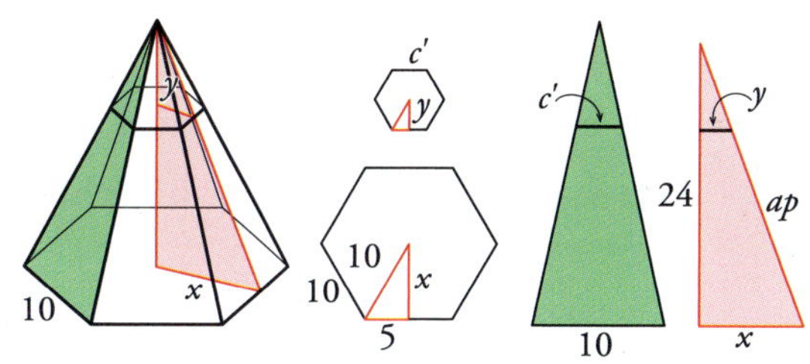

49. Llegeix, observa i calcula:

a) Comprova que el triangle següent és rectangle i que l'altura sobre la hipotenusa mesura 4,8 cm.

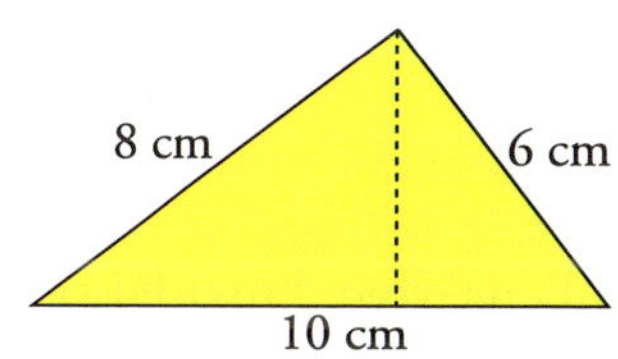

$$A = \frac{10\cdot h}{2} = \frac{8\cdot 6}{2}$$

b) Troba la superfície total de les figures engendrades per aquest triangle en girar al voltant de cada un dels seus costats.

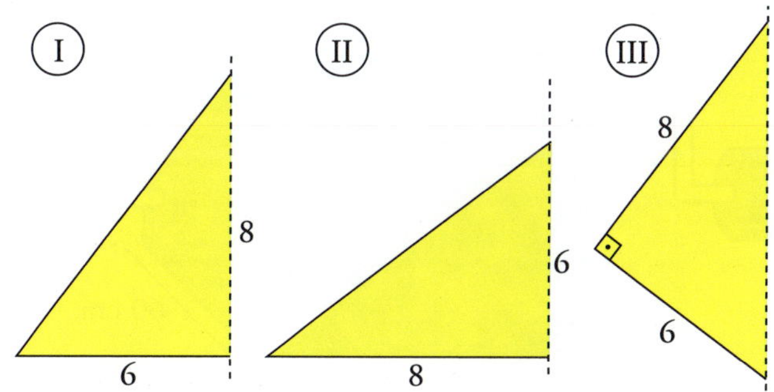

» MATEMÀTIQUES EN CONTEXT

UN DIA DE FEINA A CAL FERRER

Al taller metal·lúrgic Cal Ferrer reben encàrrecs de cooperatives agrícoles i ramaderes, empreses de carburants, fàbriques d'alimentació, companyies distribuïdores de gas i aigua... per construir dipòsits de xapa inoxidable, portes i reixes de ferro i tota mena d'estructures metàl·liques.

1. De bon matí

Avui, a primera hora del matí, a Cal Ferrer han rebut l'encàrrec d'una cooperativa agrícola que produeix i comercialitza sucs de fruita. Els han donat els detalls per a la construcció d'un dipòsit de xapa inoxidable amb la forma i les dimensions de la figura, que faran servir per a l'emmagatzematge de suc concentrat.

Si el taller cobra, per aquest tipus de dipòsit, 38,50 €/m^2 per la xapa i 23,60 €/m per la soldadura, calcula:

a) El cost de la xapa que faran servir en la construcció del dipòsit.

b) El cost de tota la soldadura que s'hi haurà de fer.

c) L'import de la factura final, incloent-hi el 21 % d'IVA.

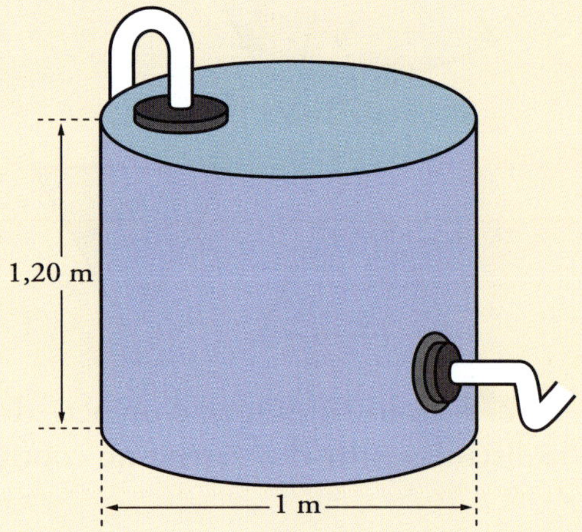

2. Al migdia

Al migdia, reben l'encàrrec d'una fàbrica de xocolata de construir un altre dipòsit de xapa inoxidable amb la forma i les dimensions de la figura de sota.

Construiran el dipòsit a partir d'una sola peça de xapa, que, gràcies a les màquines que tenen, podran doblegar com vulguin i no caldrà tallar. Per facilitar-ne la construcció i perquè resulti tan barat com sigui possible, els tècnics calcularan la manera de fer-lo que comporti la mínima longitud possible de soldadura. Sabent això i que el taller cobra, per aquest tipus de dipòsit, el mateix que per l'anterior, calcula:

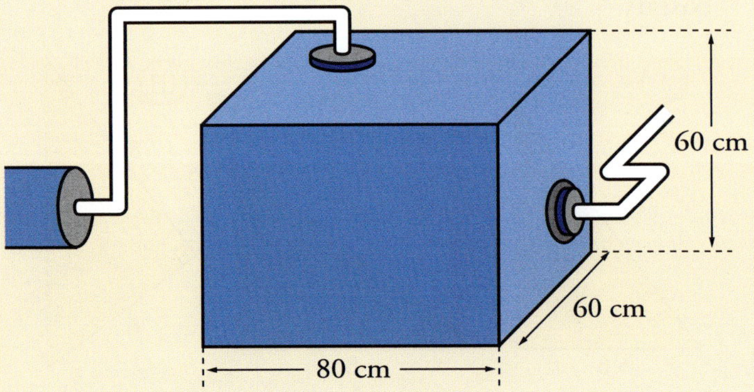

a) El cost de la xapa que faran servir en la construcció del dipòsit.

b) El cost de la soldadura que s'hi haurà de fer.

c) L'import de la factura final, incloent-hi el 21 % d'IVA.

3. A la tarda

A la tarda, reben una petició de pressupost d'una empresa de distribució de carburants, que ha iniciat un programa de manteniment de les seves instal·lacions i necessita renovar la pintura externa d'aquests dos tipus de dipòsits de combustible:

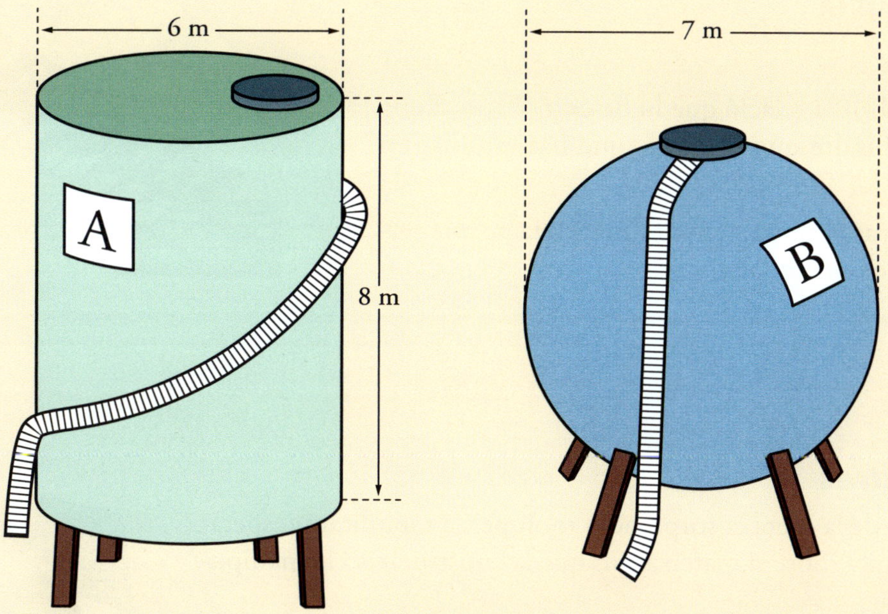

Com que tots els tècnics de la casa treballen en els altres encàrrecs, s'ocupen de fer el pressupost dos estudiants de cicles formatius en pràctiques, la Marina i en Quim.

- La Marina elabora un pressupost de 925 €, IVA inclòs, per a cada dipòsit del tipus A.
- En Quim elabora un pressupost de 750 €, IVA inclòs, per a cada dipòsit del tipus B. En fer-lo, considera que $\pi = 3{,}14$.

Ajuda el cap del taller a repassar els pressupostos dels estudiants, abans d'enviar-los a l'empresa de distribució de carburants, mitjançant les preguntes següents:

a) Quina és la superfície del dipòsit A?

b) Quina és la superfície del dipòsit B?

c) Quin estudiant ha fet el pressupost més car amb relació al material usat? Justifica la resposta.

El cap del taller afegirà als pressupostos un apartat amb el que costaria fer de nou cada dipòsit, per si la distribuïdora vol renovar-ne algun. Fent-los un descompte especial, els cobraria 50 €/m² de xapa, incloent-hi la soldadura i la pintura.

d) Quin serà el preu de cada dipòsit?

e) Quina és la diferència de preu del dipòsit del tipus A amb descompte especial, respecte al preu que se'ls cobraria (45,50 $€/m^2_{XAPA}$ i 23,60 $€/m_{SOLDADURA}$) si no se'ls fes aquest descompte? Recorda que has de sumar-hi el preu de la pintura.

» TALLER DE MATEMÀTIQUES

» LLEGEIX I DESCOBREIX

Arquimedes

Com a geòmetra, va descobrir la relació que hi ha entre l'àrea d'una esfera i l'àrea lateral del cilindre que la conté, que has estudiat en aquesta unitat.

Com a inventor, va dissenyar el cargol sense fi, un artefacte que serveix, entre d'altres coses, per elevar l'aigua.

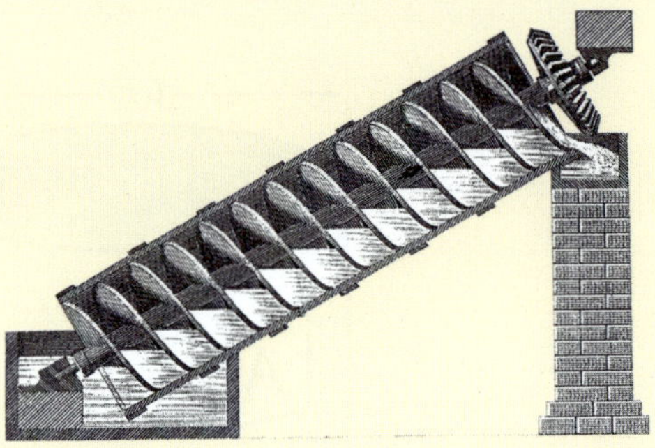

» INVESTIGA

Braçalet de tetràedres

La construcció geomètrica de la dreta et sorprendrà molt per la mobilitat inesperada que té. No creuràs que gira sobre si mateixa fins que la construeixis i la manipulis. T'animes a construir-la?

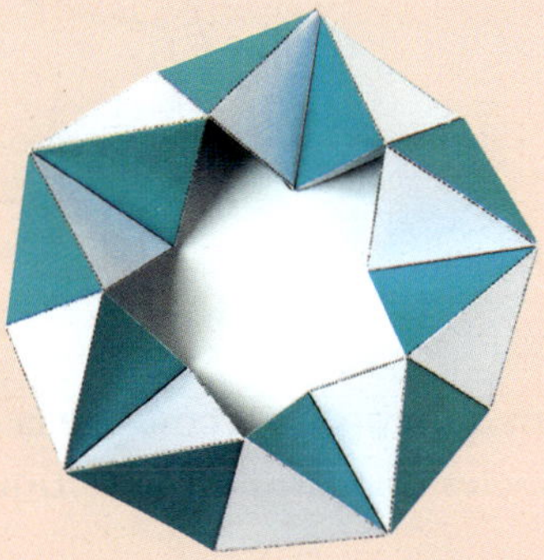

Necessitaràs una cartolina forta per dibuixar, ampliat, el desenvolupament següent:

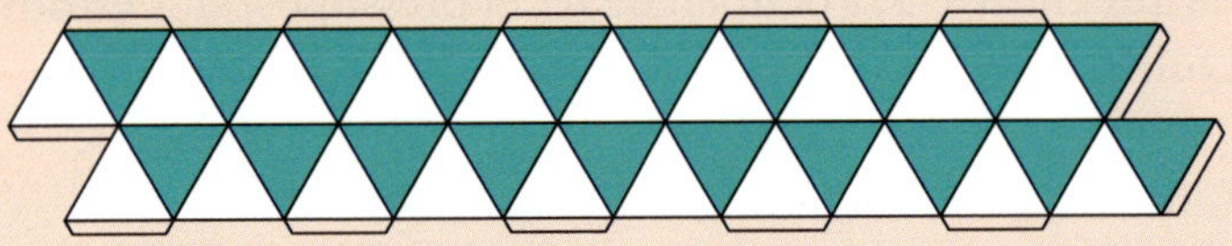

Retalla'l deixant les pestanyes per poder encavalcar-les i aconseguir solidesa.

Construir un con

Et proposem construir un con amb un radi de la base de 5 cm i amb una altura de 12 cm.

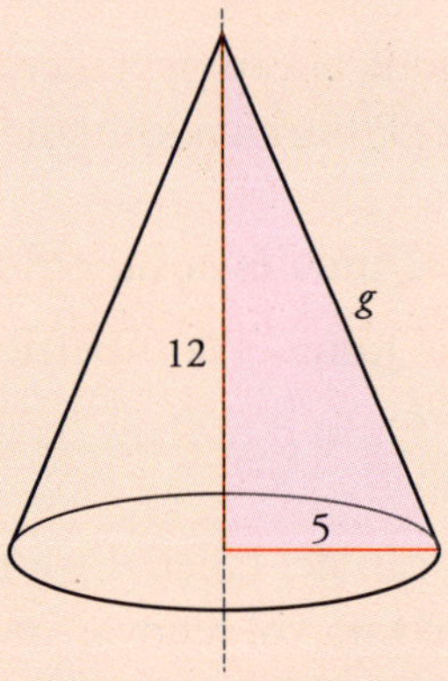

Perfer-ho, segueix aquestes instruccions:

- Fixa't com es calcula la mesura de la generatriu: $g = \sqrt{12^2 + 5^2} = 13$ cm.
- Dibuixa, en una cartolina, un cercle de radi $g = 13$ cm i un altre de radi $r = 5$ cm.
- La superfície lateral del con és un sector circular de radi $g = 13$ cm. Però necessites saber l'angle, α, que inclou. Observa com es calcula:

$$\frac{2\pi \cdot 13}{360} = \frac{2\pi \cdot 5}{\alpha} \rightarrow \alpha = \frac{5 \cdot 360}{13} \approx 138°$$

- Marca, amb ajuda del transportador, un sector de 138° en el cercle gran.
- Afegeix-hi les solapes, retalla'l i enganxa'l. Ja el tens!

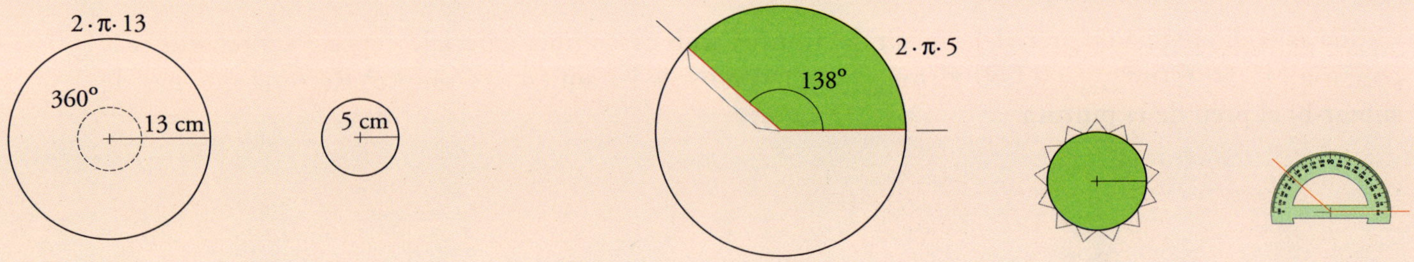

» ENTRENA'T RESOLENT ALTRES PROBLEMES

• Fixa't en aquestes quatre copes:

Si considerem que els seus peus són punts, com les col·locaries perquè els quatre peus equidistin?

💡 Pensa a invertir-ne una i recorda com és un tetràedre.

• Observa aquesta sèrie de torres de cubs:

Si l'àrea de la primera és 6:

a) Quina és l'àrea de cada una de les tres següents?

b) Quina seria l'àrea d'una torre de 10 pisos?

c) I si els pisos fossin *n*?

» POSA'T A PROVA

1. Escriu el nom d'aquests cossos geomètrics:

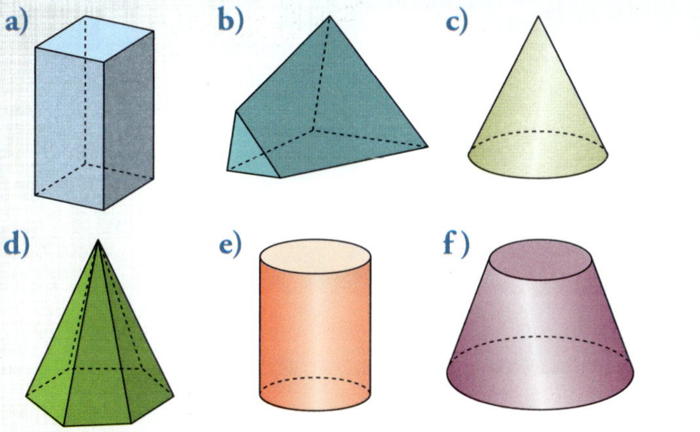

2. Indica a quins dels cossos geomètrics de l'exercici anterior corresponen aquests desenvolupaments:

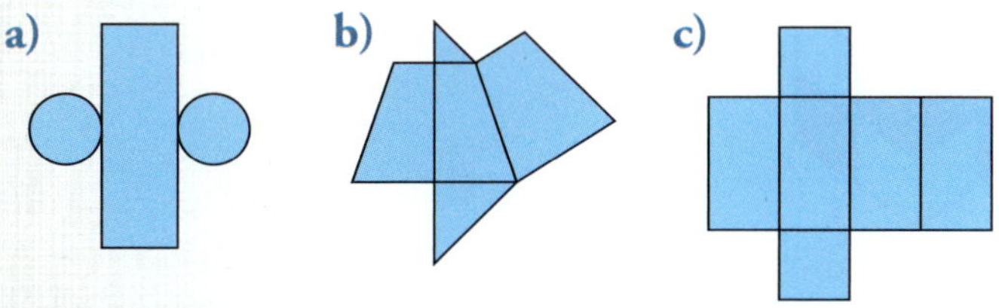

Dibuixa el desenvolupament del poliedre de l'apartat d) de l'exercici 1.

3. Calcula l'àrea de cada poliedre:

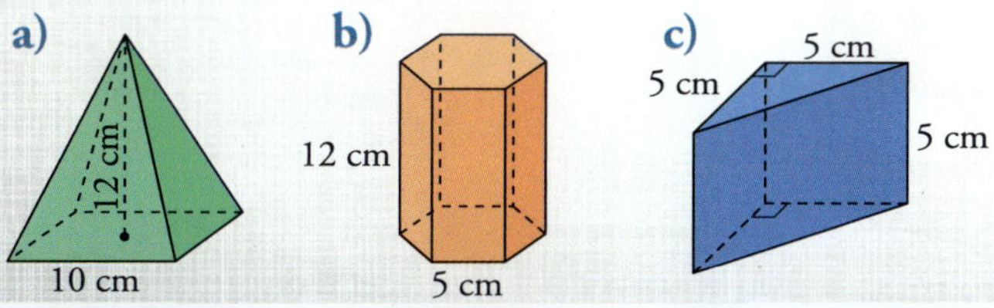

4. Troba l'àrea d'aquests cossos de revolució:

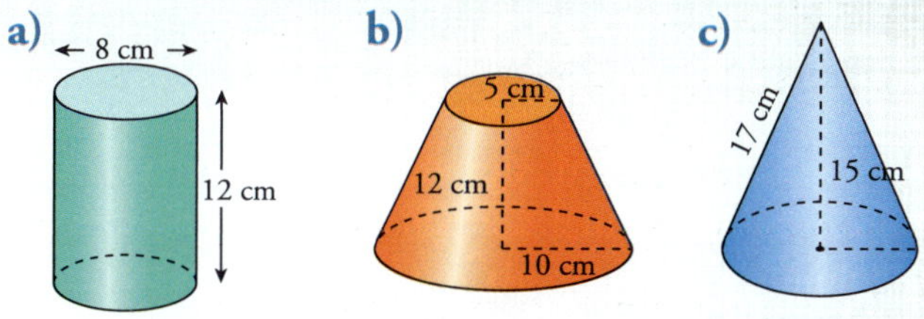

5. Copia el tronc de con i dibuixa els plans que l'han de tallar per obtenir cada una de les figures planes que hi ha al costat:

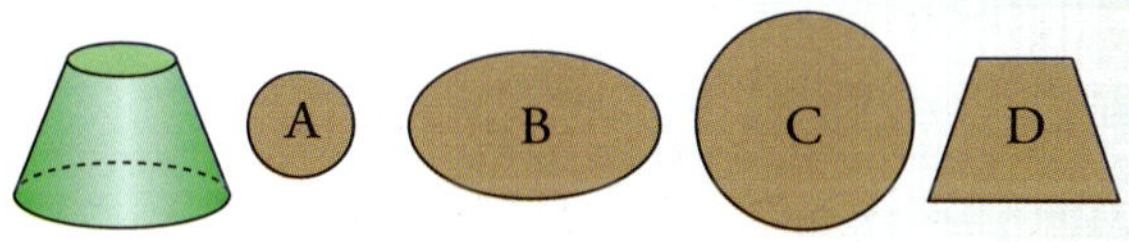

6. Indica quins talls plans cal fer a aquest poliedre per obtenir aquests polígons:

a) Triangle. **b)** Quadrat.

c) Rectangle. **d)** Trapezi.

e) Rombe. **f)** Pentàgon.

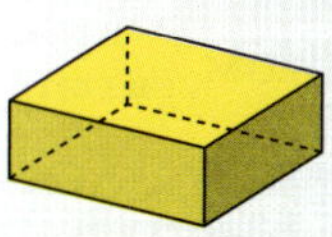

7. Per construir un joc, cal pintar 25 boles de suro sintètic de 40 cm de diàmetre.

La pintura blanca surt a 12 €/m^2 i la verda, a 15 €/m^2. Quin serà el cost total de la pintura?

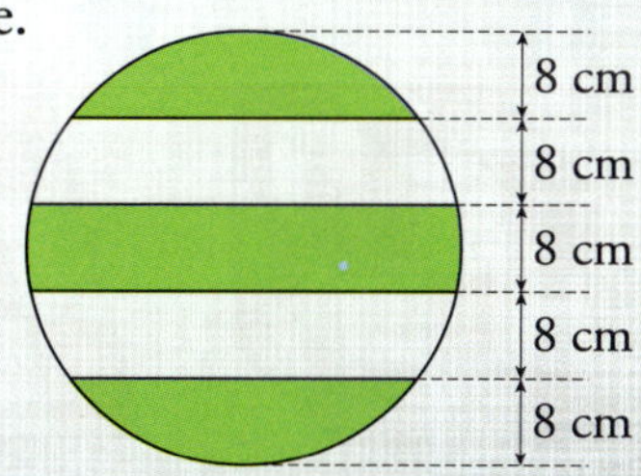

UNITAT 8

MESURA DEL VOLUM

RESOLUCIÓ DE PROBLEMES · RAONAMENT I PROVA
CONNEXIONS · COMUNICACIÓ I REPRESENTACIÓ · SOCIOEMOCIONAL

Euclides i **Arquimedes** van ser, juntament amb **Apol·loni,** els màxims exponents de la geometria a l'antiga Grècia. La rellevància de la seva obra es va mantenir vigent durant més de vint segles.

Euclides (segle III aC) era conegut com «el pare de la geometria». Encara que hi ha poques certeses sobre la seva biografia, sabem que va viure a Alexandria. En aquesta ciutat va fundar l'escola més important de l'antiga Grècia, on va destacar com a professor i científic i va gaudir d'un prestigi extraordinari. Va sistematitzar, ampliar i dotar d'estructura lògica el saber matemàtic de la seva època en els 13 volums d'*Elements*, en els quals també es descriuen i analitzen amb profunditat els cossos geomètrics.

Arquimedes (segle III aC), a més de matemàtic, va ser físic i un gran inventor. Es va educar a l'escola d'Alexandria fundada per Euclides, però, a diferència de la línia tradicional del pensament grec, especulatiu, ell es va valer de l'experimentació per obtenir resultats matemàtics que, després, demostrava rigorosament.

Euclides i Arquimedes van centrar els seus treballs, entre d'altres, en el càlcul del volum dels diferents sòlids.

Què és mesurar el volum?

El cub gran ocupa el mateix espai que 8 cubs petits.

Si prenem com a unitat de volum el cub petit, diem que:

VOLUM$_{\text{CUB PETIT}}$ → 1 u^3

VOLUM$_{\text{CUB GRAN}}$ → 8 u^3

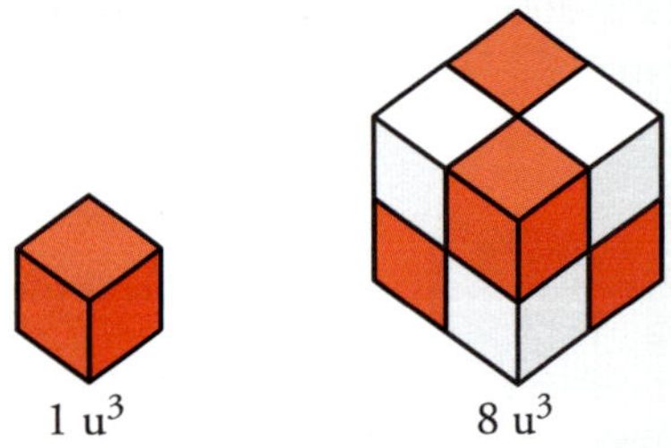

1. Quantes unitats cúbiques ocupa cada una d'aquestes figures?

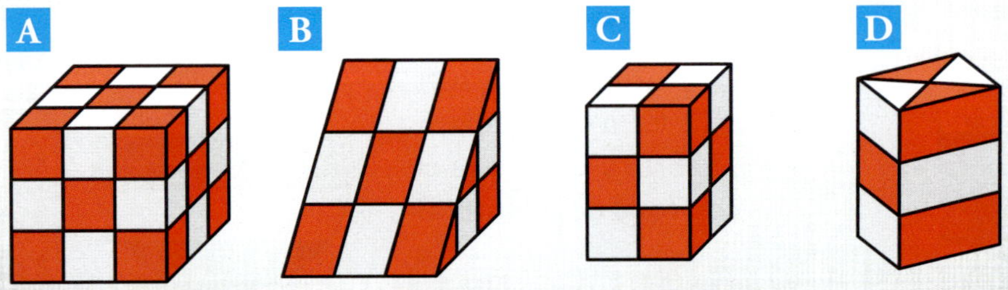

Per trobar àrees i volums de cossos complicats, Arquimedes imaginava la figura descomposta en infinitat de trossos petitíssims fàcils de mesurar que, després, reagrupava convenientment. Aquest procediment va suposar un gran avenç per a les matemàtiques de la seva època.

Diferents maneres de calcular volums

2. Imagina que tens un cassó on cap la mateixa quantitat d'aigua que en una unitat cúbica d'1 dm d'aresta. Ara, observa els dos prismes i el cilindre que hi ha a continuació:

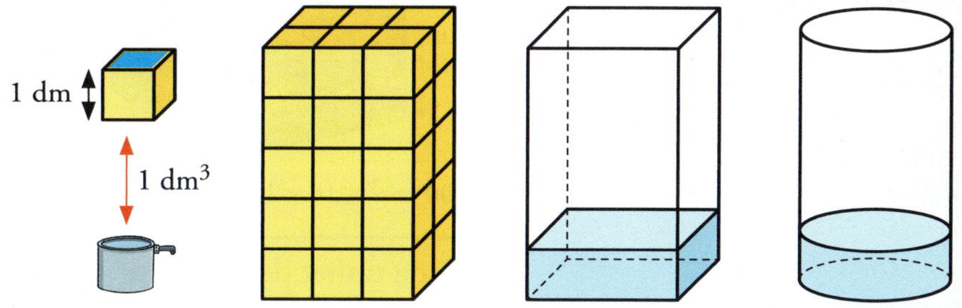

a) Quants cassons d'aigua s'han abocat al segon prisma perquè l'aigua arribi fins a 1 cm d'altura? Quants cassons hi caben en total?

b) Quants cassons caldria abocar al cilindre perquè l'aigua arribi fins a 1 cm d'altura? I per omplir-lo? Recorda que les bases tenen la mateixa superfície.

3. En el volum XII d'*Elements*, trobem, entre d'altres, la proposició següent:

Qualsevol con és la tercera part d'un cilindre amb la mateixa base i la mateixa altura.

Si el volum d'aquest cilindre és de 45 u³, quin és el volum del con que l'acompanya?

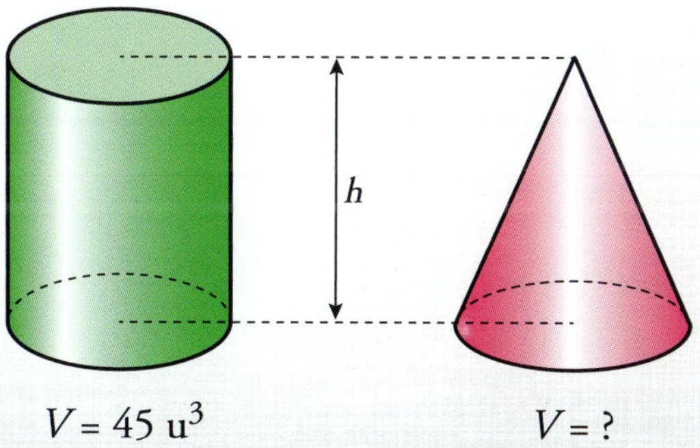

1. UNITATS DE VOLUM

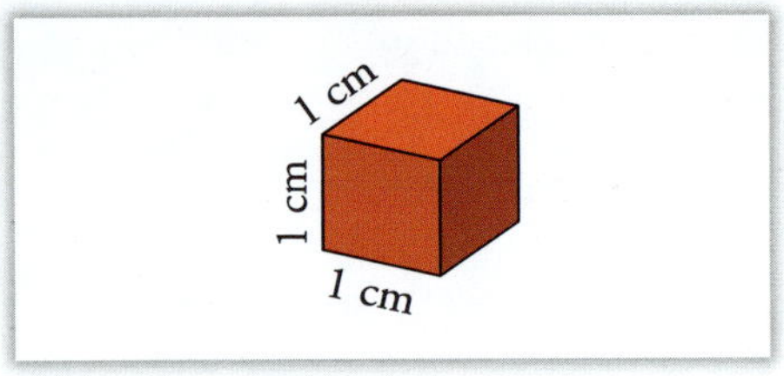

En el marge hi ha un centímetre cúbic (1 cm^3). És un cub d'1 cm d'aresta.

De manera anàloga, es defineixen el decímetre cúbic (dm^3), el metre cúbic (m^3) i les altres unitats de volum. Són les següents:

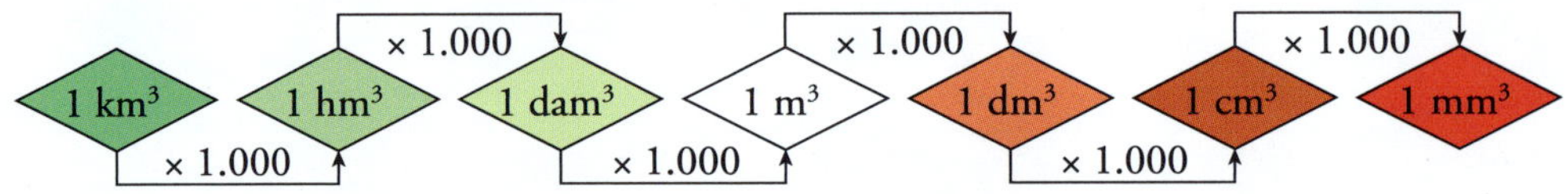

Vegem per què cada unitat cúbica conté 1.000 unitats de la immediata inferior:

En cada cada fila hi ha 10 glaçons. En cada nivell hi ha 10 files.

$1\ cm^3 \times 10 = 10\ cm^3$

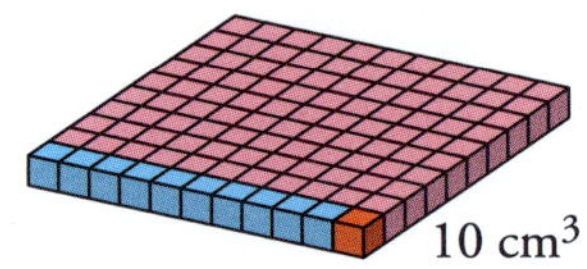

$10\ cm^3 \times 10 = 100\ cm^3$

En el cub (1 dm^3) hi ha 10 nivells.

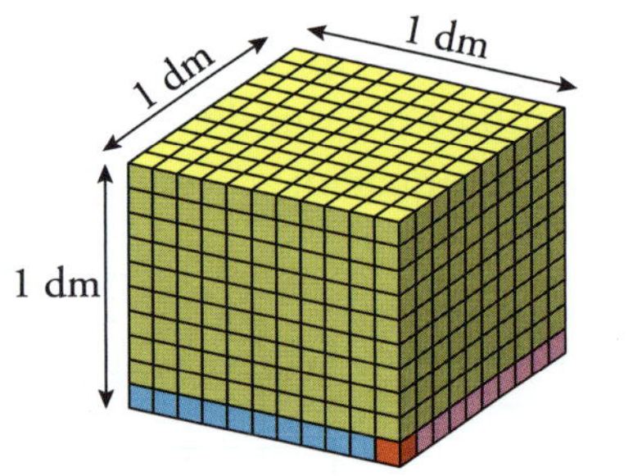

$100\ cm^3 \times 10 = 1.000\ cm^3 = 1\ dm^3$

Per tant, en 1 dm^3 hi ha 1.000 cm^3.

Així:

- 1 m^3 = 1.000 dm^3
- 1 dam^3 = 1.000 m^3
- …

Cada unitat de volum és 1.000 vegades la unitat d'ordre inferior i la mil·lèsima part (0,001) de la unitat d'ordre superior.

Formes complexa i incomplexa

La quantitat 438 m^3 12 dm^3 està expressada en forma **complexa**.

Aquesta mateixa quantitat la podem expressar amb una sola unitat, en forma **incomplexa**: 438.012.000 cm^3.

Observa alguns exemples de transformació d'unitats:

a) $14\ dam^3\ 38\ m^3 = 14 \cdot 10^6\ dm^3 + 38 \cdot 10^3\ dm^3 = 14.038.000\ dm^3$

b) $481{,}03\ hm^3 = 481{,}03 \cdot 10^3\ dam^3 = 481.030\ dam^3$

c) $0{,}001831\ dam^3 = 0{,}001831 \cdot 10^9\ cm^3 = 1.831.000\ cm^3$

La taula següent facilita el pas d'una unitat a una altra:

	hm³			dam³			m³			dm³			cm³			
a)					1	4	0	3	8	0	0	0				→ 14.038.000 dm³
b)	4	8	1	0	3	0										→ 481.030 dam³
c)						0	0	0	1	8	3	1	0	0	0	→ 1.831.000 cm³

» APLICA EL QUE HAS APRÈS

1. Expressa en metres cúbics:

a) 2 dam^3 123 m^3 52 dm^3

b) 29.320.000 cm^3

c) (435 cm^3 425 mm^3) · 500.000

d) 37 hm^3 12 dam^3 325 m^3 402 dm^3

2. Passa a forma complexa:

a) 35.297.853 cm^3

b) (4.253 hm^3) · 2.000

c) 0,00030124 dm^3

d) 34,5832 hm^3

Com es mesura la pluja

La quantitat de pluja que cau en un lloc durant un període de temps se sol mesurar en *litres per metre quadrat*.

Si un litre d'aigua cau en una superfície d'1 m^2, a quina altura arribarà?

- 1 m^2 té 10.000 cm^2
- 1 ℓ té 1.000 cm^3

A cada centímetre quadrat li corresponen 0,1 cm^3. És a dir, arribarà a una altura de 0,1 cm = 1 mm.

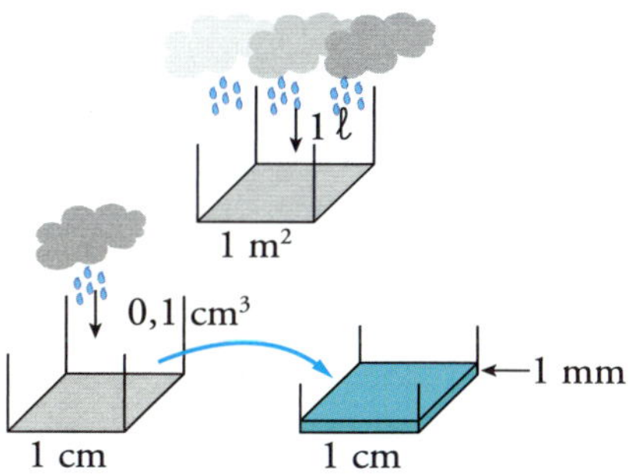

Per això, la quantitat de pluja caiguda s'expressa, també, en *mm d'altura*:

1 ℓ/m^2 = 1 mm d'altura

Capacitat i volum

La paraula **volum** se sol utilitzar per designar el que ocupa un cos en l'espai i la paraula **capacitat**, per designar el que cap dins d'un recipient. Però són magnituds idèntiques i, per tant, es mesuren amb les mateixes unitats.

Tanmateix, quan es parla de capacitat, se sol utilitzar com a unitat el litre, que equival al decímetre cúbic:

Un **litre** (1 ℓ) ↔ 1 dm^3

El litre té múltiples i submúltiples:

quilolitre (kℓ) ⟶	1.000 ℓ	decilitre (dℓ) ⟶	0,1 ℓ
hectolitre (hℓ) ⟶	100 ℓ	centilitre (cℓ) ⟶	0,01 ℓ
decalitre (daℓ) ⟶	10 ℓ	mil·lilitre (mℓ) ⟶	0,001 ℓ

Els incloem en la taula juntament amb les unitats cúbiques:

m^3			dm^3			cm^3			mm^3		
		kℓ	hℓ	daℓ	ℓ	dℓ	cℓ	mℓ			

Tant les unitats cúbiques com els múltiples i els divisors del litre s'utilitzen per mesurar volums i capacitats. Tanmateix, s'han d'escollir les unitats segons la mida del que es mesura. Per exemple:

- La mida d'una dosi de xarop → mℓ, mm^3
- El contingut d'un got o una ampolla → ℓ, cℓ, cm^3
- La capacitat d'un camió cisterna → ℓ, m^3
- El consum anual d'aigua d'una gran ciutat → hm^3

» FIXA IDEES

F1. Copia i completa:

	m^3			dm^3			cm^3			mm^3			
			kℓ	hℓ	daℓ	ℓ	dℓ	cℓ	mℓ				
7,4 ℓ													→ … cm^3
25 hℓ													→ … m^3
75 cm^3													→ … cℓ
0,047 m^3													→ … ℓ

» APLICA EL QUE HAS APRÈS

3. Indica quina seria la unitat adequada per expressar:

a) La capacitat d'un pot de xampú.

b) La capacitat del maleter d'un cotxe.

c) L'aigua que conté un embassament.

4. Expressa en litres:

a) 125 m^3 705 dm^3 500 cm^3 **b)** 590.000 mm^3

c) 0,000317 dam^3 **d)** 2.700 mm^3

5. Copia i completa:

a) 2.560 ℓ = … m^3 **b)** 370 cℓ = … cm^3

c) 520 cℓ = … dm^3 **d)** 4,8 mℓ = … cm^3

e) 0,55 ℓ = … cm^3 **f)** 1.780 hℓ = … m^3

6. A quants mil·límetres d'altura corresponen els 120 ℓ/m^2 que van caure ahir? Quants litres per metre quadrat hauran caigut si arriben als 48 mm d'altura?

2. PRINCIPI DE CAVALIERI

Vocabulari

Principi. Proposició o veritat fonamental que serveix de base per a l'estudi d'alguna part de la ciència.

Nota històrica

Bonaventura Cavalieri, deixeble de Galileu, va publicar el 1635 un llibre de geometria en el qual, seguint, sense saber-ho, un mètode similar al d'Arquimedes (*), va raonar sobre volums descomponent els cossos en seccions finíssimes i va enunciar la proposició que porta el seu nom.

(*) En l'època de Cavalieri, l'obra d'Arquimedes no era coneguda.

Aquí veiem quatre piles de sotagots. Tant els quadrats com els rodons tenen la mateixa superfície i el mateix gruix.

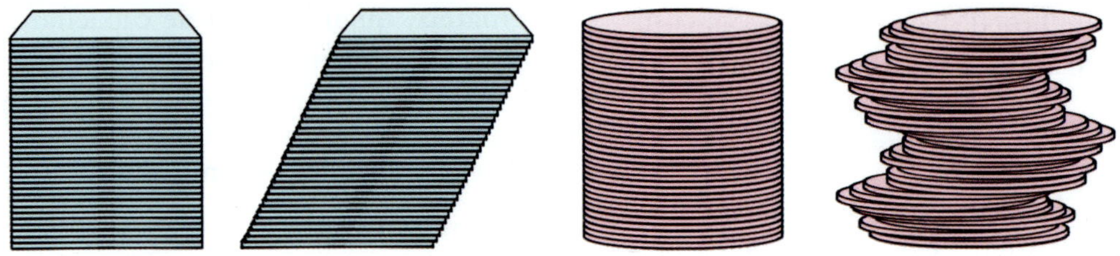

Amb les condicions esmentades, és evident que totes tenen el mateix nombre de peces i, per tant, ocupen el mateix volum.

Aquesta senzilla observació es generalitza de forma molt interessant per al càlcul del volum d'algunes figures.

PRINCIPI DE CAVALIERI

Si dos cossos tenen la mateixa altura i en tallar-los per plans paral·lels a les seves bases s'obtenen figures amb la mateixa àrea, llavors tenen el mateix volum.

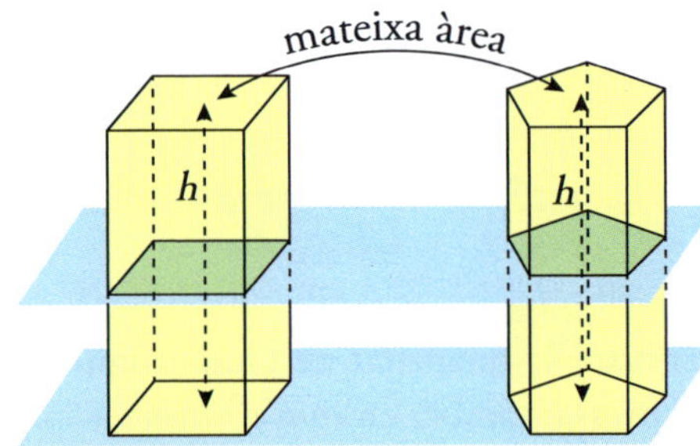

Observem parelles de figures que, en ser tallades per plans paral·lels a les seves bases, donen lloc a figures diferents, però amb la mateixa àrea:

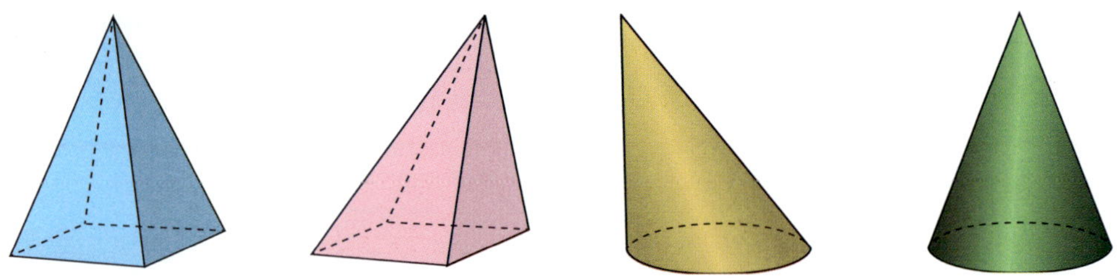

Les figures de cada parella tindran el mateix volum.

» APLICA EL QUE HAS APRÈS

7. Cert o fals?

Els volums d'aquests cossos geomètrics…

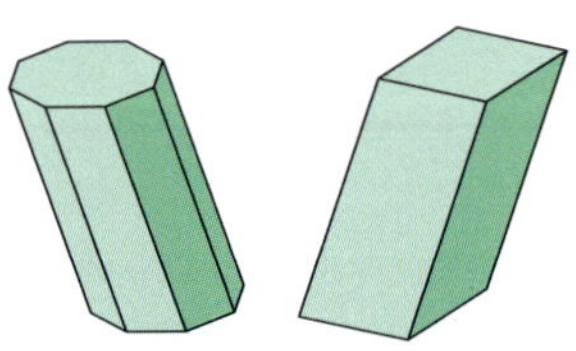

a) Són iguals, perquè tenen la mateixa altura.

b) No són iguals, perquè les seves bases són polígons diferents.

c) Són iguals, perquè l'àrea de les seves bases és igual.

d) Són iguals, perquè tenen la mateixa altura i les àrees de les seccions paral·leles a les seves bases tenen la mateixa àrea.

8. Entre les figures següents n'hi ha que tenen l'àrea de la base igual i n'hi ha que tenen la mateixa altura:

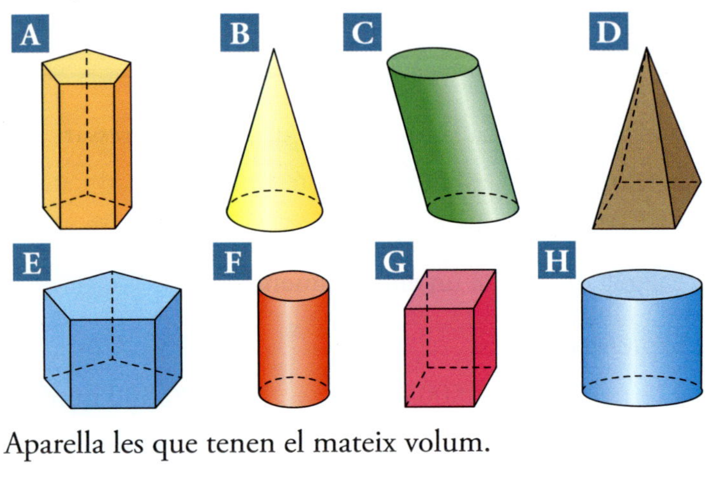

Aparella les que tenen el mateix volum.

3. VOLUM DEL PRISMA I DEL CILINDRE

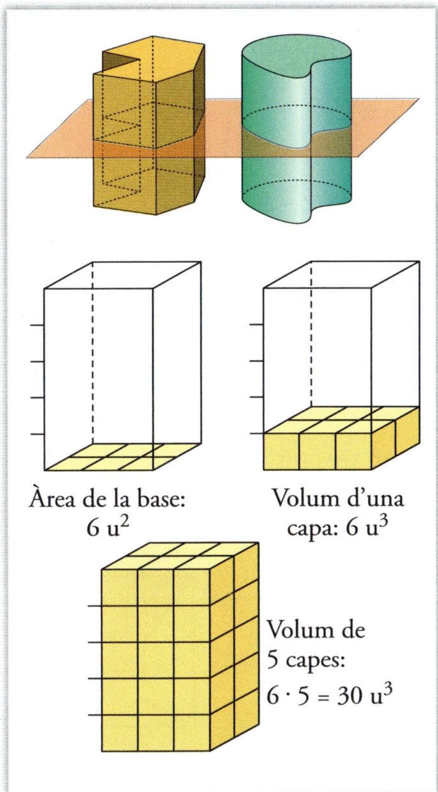

Els dos cossos geomètrics del marge són **figures prismàtiques** perquè tenen dues bases iguals i paral·leles. A més a més, si les tallem per plans paral·lels a les bases, s'obtenen seccions idèntiques a les bases.

Les dues figures prismàtiques tenen la mateixa altura i, en tallar-les per plans paral·lels a les seves bases, s'obtenen seccions amb la mateixa àrea. Per tant, els seus volums coincideixen (principi de Cavalieri).

Volum de la figura prismàtica = àrea de la seva base · altura

Els prismes i els cilindres són figures prismàtiques. Els seus volums són:

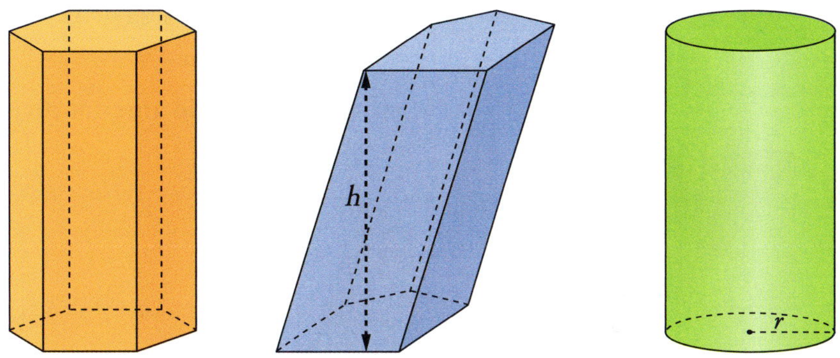

PRISMA RECTE PRISMA OBLIC

$V = A_{\text{BASE}} \cdot \text{altura}$

CILINDRE

$V = A_{\text{BASE}} \cdot \text{altura} = \pi r^2 \cdot h$

» FIXA IDEES

Copia i completa:

F2. Troba el volum d'un prisma hexagonal regular d'1 m d'aresta lateral i 30 cm de costat de la base.

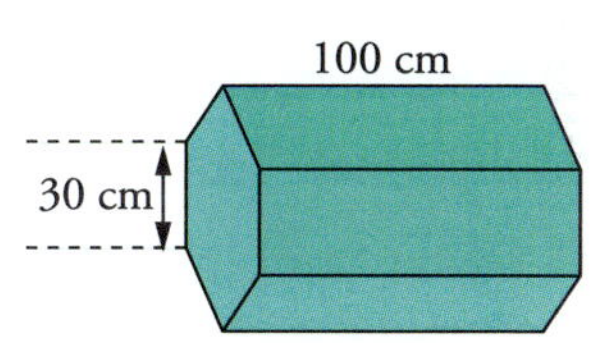

En un hexàgon regular, el radi i el costat són iguals.

Per tant, el catet més petit del triangle rectangle assenyalat fa 15 cm.

$ap = \sqrt{30^2 - 15^2} \approx 26$ cm

$A_{\text{BASE}} = \dfrac{\text{perímetre} \cdot \text{apotema}}{2} = \dfrac{\ldots \cdot \ldots \cdot 26}{2} = \ldots \text{ cm}^2$

$V_{\text{PRISMA}} = A_{\text{BASE}} \cdot \text{altura} = \ldots \cdot \ldots = \ldots \text{ cm}^3 = 234\ \ell$

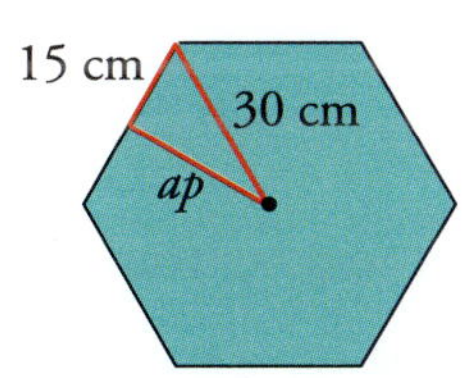

» APLICA EL QUE HAS APRÈS

9. Troba el volum d'aquests cossos geomètrics:

a)

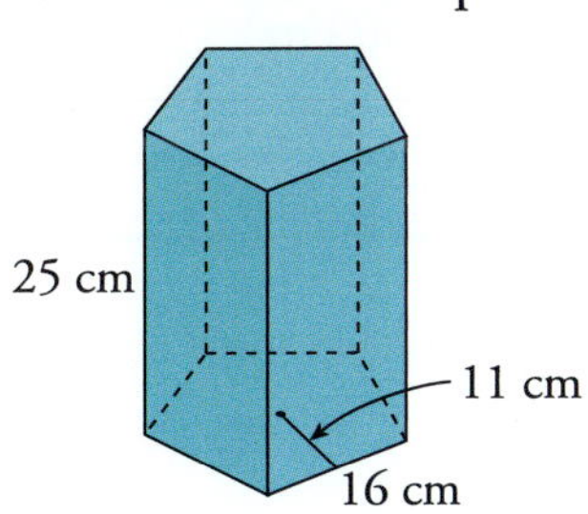

b)

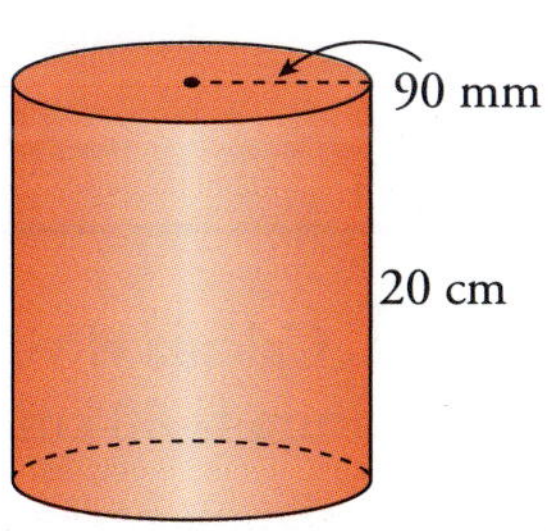

c)

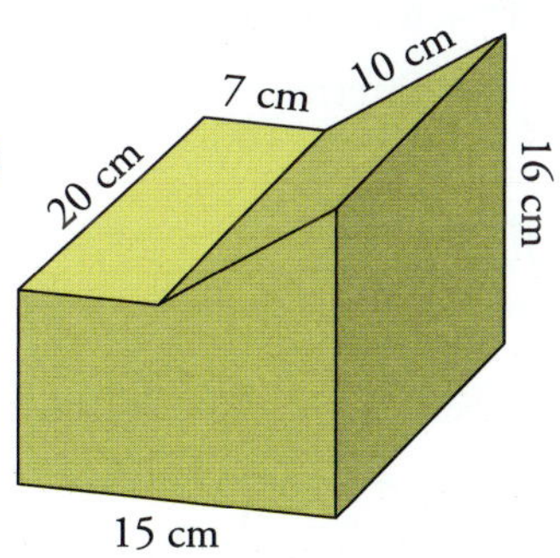

4. VOLUM DE LA PIRÀMIDE I DEL TRONC DE PIRÀMIDE

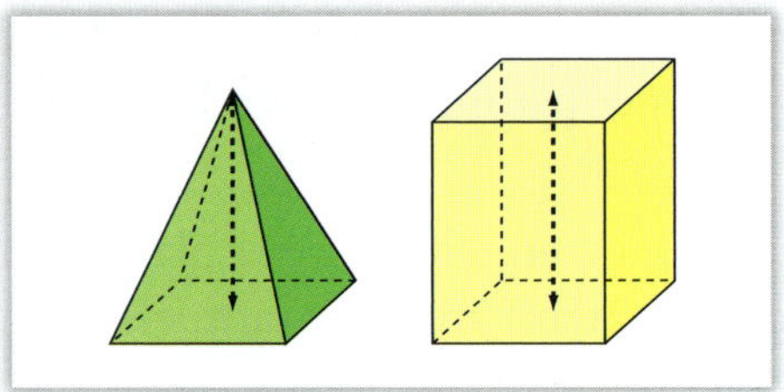

Tenim una piràmide i un prisma amb la mateixa base i la mateixa altura. Compararem-ne els volums.

Si omplim d'aigua la piràmide i l'aboquem dins del prisma, n'ocuparà una tercera part.

És a dir, es necessiten tres piràmides per completar el volum del prisma. Per tant:

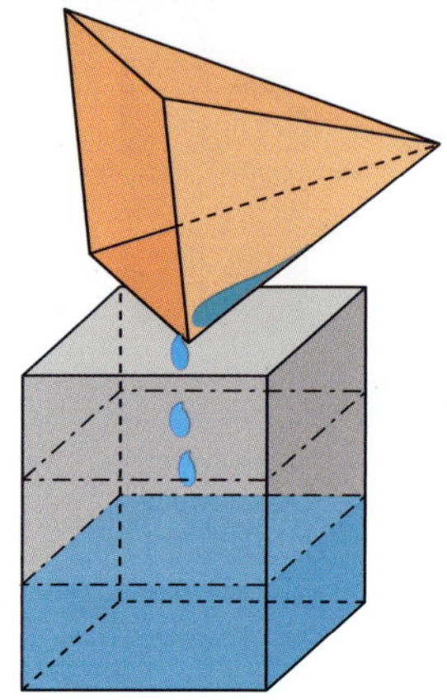

> El **volum** d'una **piràmide** és aquest:
>
> $$V = \frac{1}{3} \cdot \text{àrea de la base} \cdot \text{altura}$$

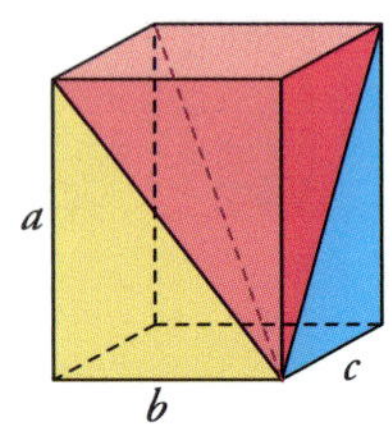

$V = (b \cdot c) \cdot a$

Confirmem la relació anterior dividint el prisma en tres piràmides amb el mateix volum:

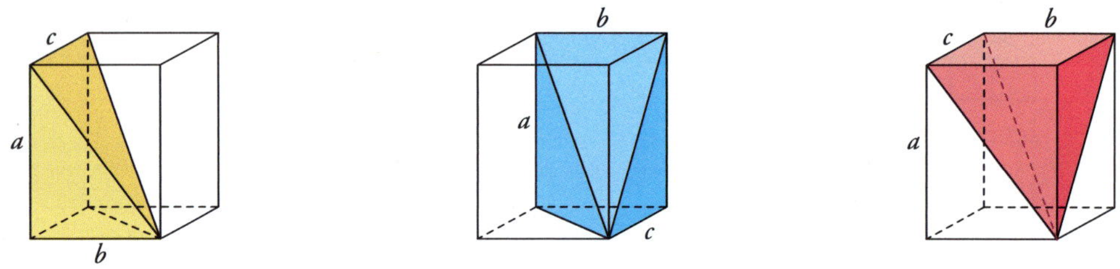

$V = \frac{(a \cdot c) \cdot b}{3}$ $V = \frac{(a \cdot b) \cdot c}{3}$ $V = \frac{(b \cdot c) \cdot a}{3}$

» FIXA IDEES

Copia i completa:

F3. Una piràmide de 30 cm d'altura té una base rectangular de 24 cm de llarg i 26 cm de diagonal. Troba'n el volum.

El costat (ample) del rectangle mesura:

$$c = \sqrt{26^2 - 24^2} = \sqrt{100} = 10 \text{ cm}$$

$A_{\text{BASE}} = \ldots \cdot 10 = \ldots \text{ cm}^2$ $V_{\text{PIRÀMIDE}} = \frac{1}{3} \cdot \ldots \cdot 30 = 2.400 \text{ cm}^3$

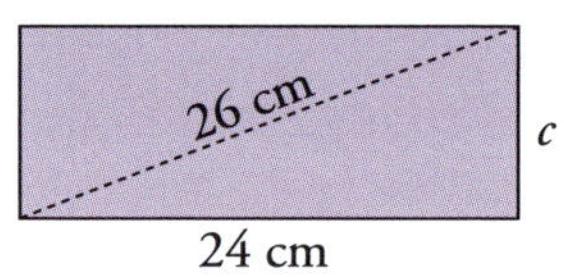

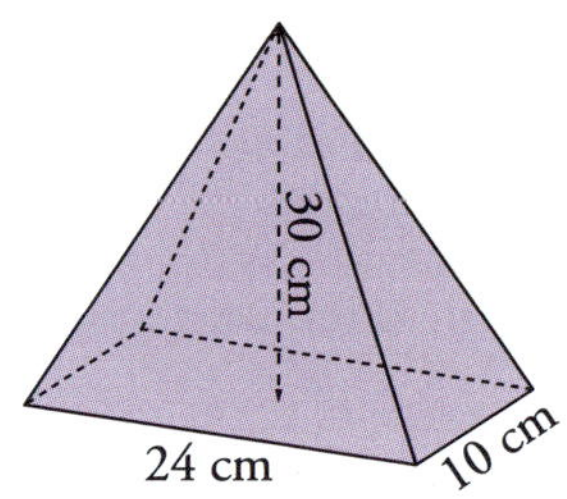

F4. Calcula el volum d'una piràmide pentagonal regular amb les mesures següents:

- Costat de la base → 16 cm
- Apotema de la base → 11 cm
- Aresta lateral → 25 cm

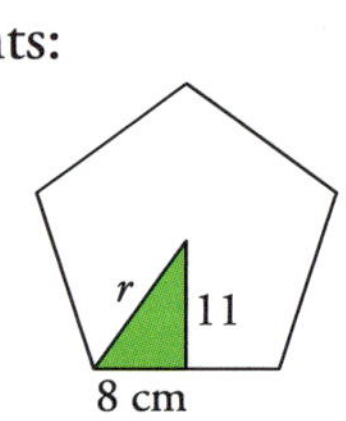

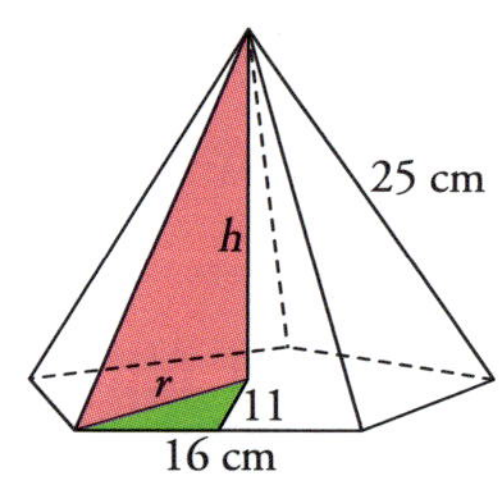

Calculem primer el radi i després l'altura de la piràmide:

$r^2 = 11^2 + 8^2 = 185$ $h = \sqrt{25^2 - r^2} = \sqrt{\ldots} \approx \ldots \text{ cm}$

$A_{\text{BASE}} = \frac{\text{perímetre} \cdot \text{apotema}}{2} = \frac{\ldots \cdot 5 \cdot \ldots}{2} = \ldots \text{ cm}$ $V_{\text{PIRÀMIDE}} = \frac{1}{3} \cdot \ldots \cdot \ldots = 3.080 \text{ cm}^3$

» APLICA EL QUE HAS APRÈS

10. La piràmide de Kheops és quadrangular regular. El costat de la base mesura 230 m i l'altura fa 146 m. Troba'n el volum en hectòmetres cúbics.

11. Calcula el volum d'una piràmide hexagonal regular si l'altura fa 80 cm i el costat de la base fa 30 cm.

En un hexàgon regular, r = c.

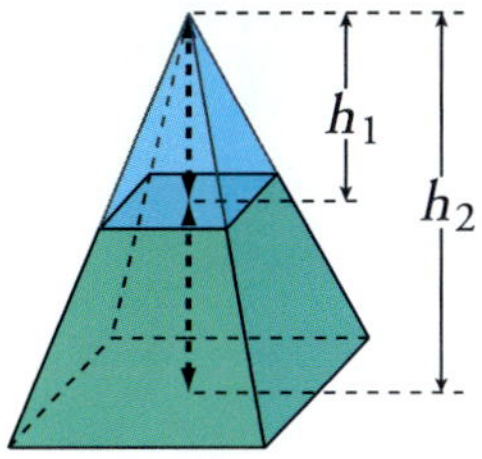

Un tronc de piràmide és el resultat de seccionar una piràmide per un pla paral·lel a la base i eliminar-ne la part superior, que és una altra piràmide semblant, més petita.

El **volum** del **tronc de piràmide** s'obté restant al volum de la piràmide gran el de la petita.

$$V_{\text{TRONC DE PIRÀMIDE}} = V_{\text{PIRÀMIDE GRAN}} - V_{\text{PIRÀMIDE PETITA}}$$

Ambdues piràmides, la gran i la petita, són semblants. La raó de semblança és $\frac{h_1}{h_2}$.

I la raó dels seus volums és $\left(\frac{h_1}{h_2}\right)^3$.

Per tant, el volum de la petita és igual al volum de la gran multiplicat per aquesta quantitat:

$$V_{\text{PIRÀMIDE PETITA}} = V_{\text{PIRÀMIDE GRAN}} \cdot \left(\frac{h_1}{h_2}\right)^3$$

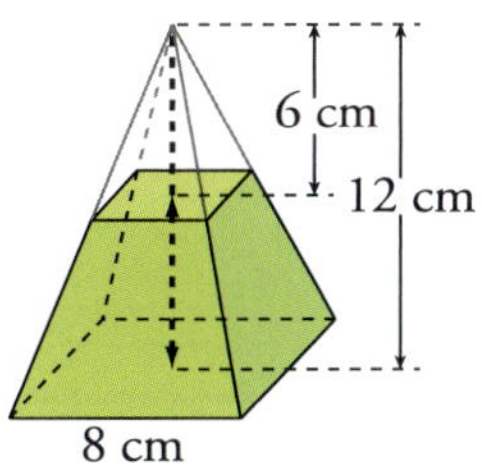

EXERCICI RESOLT

Calcula el volum del tronc de piràmide del marge:

$V_{\text{PIRÀMIDE GRAN}} = \frac{1}{3} \cdot 8^2 \cdot 12 = 256 \text{ cm}^3$

La piràmide petita és semblant a la gran.

La raó de semblança és $\frac{6}{12} = \frac{1}{2}$ i la raó dels seus volums és $\left(\frac{1}{2}\right)^3 = \frac{1}{8}$.

Per tant:

$V_{\text{PIRÀMIDE PETITA}} = \frac{1}{8} \cdot V_{\text{PIRÀMIDE GRAN}} = \frac{1}{8} \cdot 256 = 32 \text{ cm}^3$

$V_{\text{TRONC DE PIRÀMIDE}} = 256 - 32 = 224 \text{ cm}^3$

» FIXA IDEES

Copia i completa:

F5. Una piràmide hexagonal regular amb el costat de la base de 12 cm i amb una altura de 30 cm es talla per un pla paral·lel a la base a 10 cm de la base. Calcula el volum del tronc de piràmide resultant.

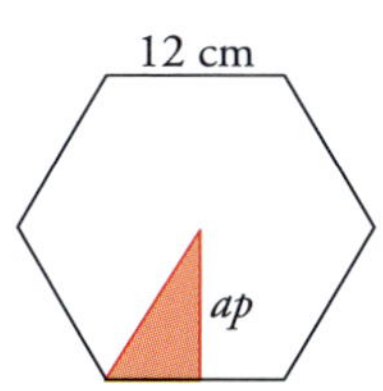

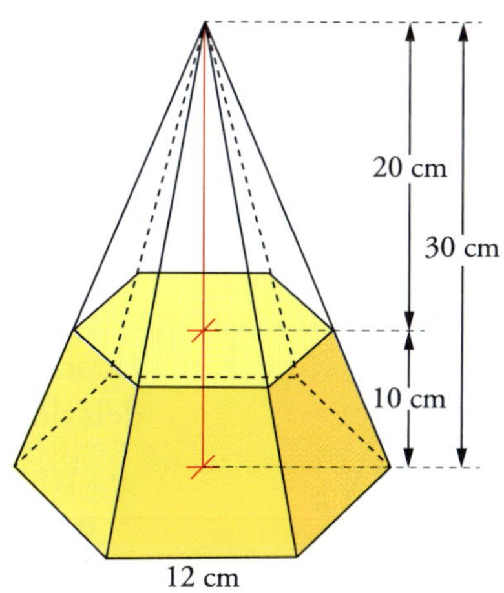

Calculem l'apotema i l'àrea de la base:

$ap = \sqrt{12^2 - \ldots^2} = \sqrt{\ldots} \approx \ldots \text{ cm}$

$A_{\text{BASE}} = \frac{12 \cdot 6 \cdot \ldots}{2} = 374{,}4 \text{ cm}^2$

La raó de semblança entre la piràmide petita i la gran és $\frac{20}{30} = \frac{\ldots}{\ldots}$

La raó dels volums és $\left(\frac{\ldots}{\ldots}\right)^3 = \frac{8}{27}$

$V_{\text{PIRÀMIDE GRAN}} = \frac{1}{3} \cdot \ldots \cdot 30 = 3.744 \text{ cm}^3$

$V_{\text{PIRÀMIDE PETITA}} = \frac{\ldots}{27} \cdot \ldots \approx 1.110 \text{ cm}^3$

$V_{\text{TRONC DE PIRÀMIDE}} = 3.744 - \ldots = 2.634 \text{ cm}^3$

GeoGebra. Volum del tronc de piràmide.

5. VOLUM DEL CON I DEL TRONC DE CON

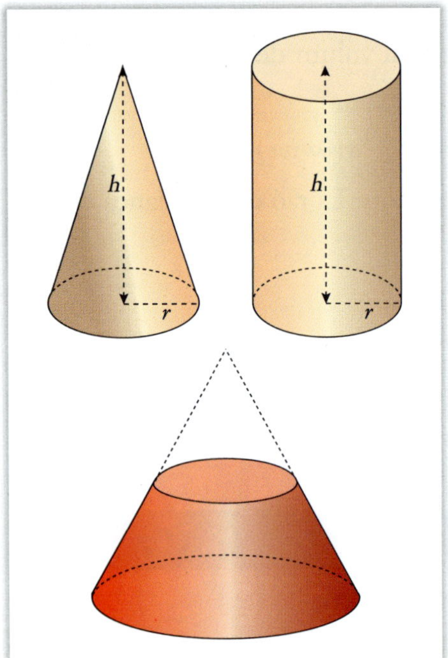

Com passa amb la piràmide, el volum del con és la tercera part del volum d'un cilindre amb la base i l'altura iguals; és a dir, és igual a la tercera part de l'àrea de la base per l'altura.

El **volum** d'un **con** és aquest:

$$V = \frac{1}{3} \cdot \text{àrea de la base} \cdot \text{altura} = \frac{1}{3} \cdot \pi r^2 \cdot h$$

Com en el tronc de piràmide, el **volum d'un tronc de con** s'obté restant al volum del con gran el del petit.

També es pot trobar el volum per semblança, com hem fet amb la piràmide en la pàgina anterior.

Si coneixem els radis i l'altura del tronc de con, aplicant la semblança, podem trobar l'altura del con petit i, per tant, la del gran.

Podràs experimentar-ho en resoldre l'activitat F7 d'aquesta pàgina.

» FIXA IDEES

Copia i completa:

F6. El radi de la base d'un con recte fa 6 cm i l'altura fa 15 cm. El tallem per un pla paral·lel a la base a 5 cm. Calcula el volum del con gran, del con petit sorgit del tall i del tronc de con resultant.

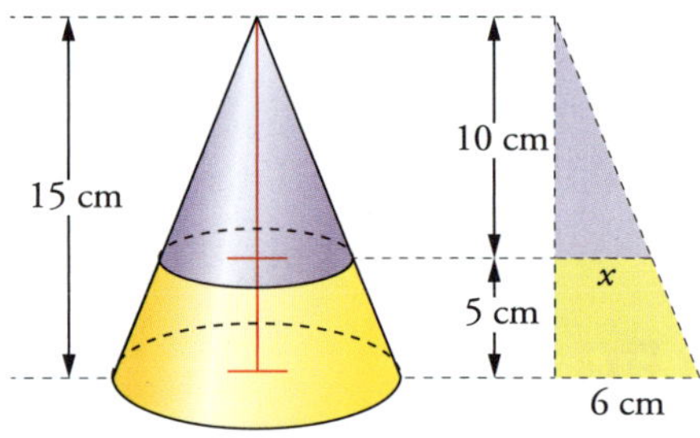

El con gran i el petit són semblants. Calculem el radi x de la base del petit:

$$\frac{15}{6} = \frac{\dots}{x} \rightarrow x = \frac{\dots \cdot \dots}{\dots} = 4 \text{ cm}$$

$$V_{\text{CON GRAN}} = \frac{1}{3} \cdot \pi \cdot \dots^2 \cdot \dots = 565{,}2 \text{ cm}^3$$

$$V_{\text{CON PETIT}} = \frac{1}{3} \cdot \pi \cdot \dots^2 \cdot \dots \approx 167{,}5 \text{ cm}^3$$

$$V_{\text{TRONC DE CON}} = \dots - \dots = 397{,}7 \text{ cm}^3$$

F7. Troba el volum d'un tronc de con de 10 cm d'altura les bases del qual tenen radis de 6 cm i 2 cm.

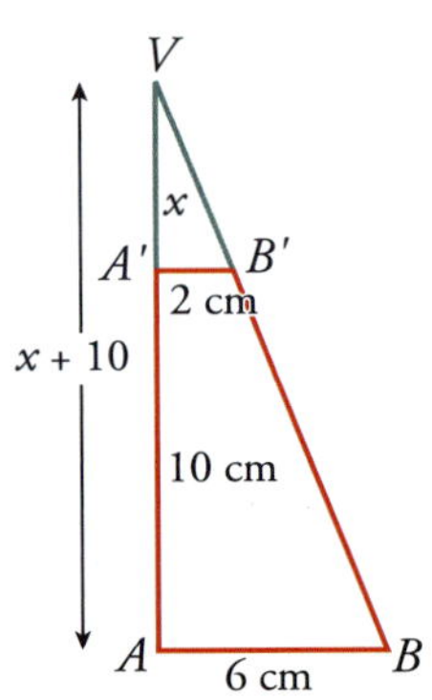

La semblança dels triangles VAB i $VA'B'$ ens permetrà trobar l'altura dels dos cons:

$$\frac{x+10}{6} = \frac{x}{2} \rightarrow 2x + 20 = 6x \rightarrow 4x = 20 \rightarrow x = 5 \text{ cm}$$

Per tant, l'altura del con gran fa 15 cm i la del con petit, 5 cm.

$$V_{\text{TRONC DE CON}} = V_{\text{CON GRAN}} - V_{\text{CON PETIT}} =$$

$$= \frac{1}{3} \cdot \pi \cdot \dots^2 \cdot \dots - \frac{1}{3} \cdot \pi \cdot \dots^2 \cdot \dots \approx 544 \text{ cm}^3$$

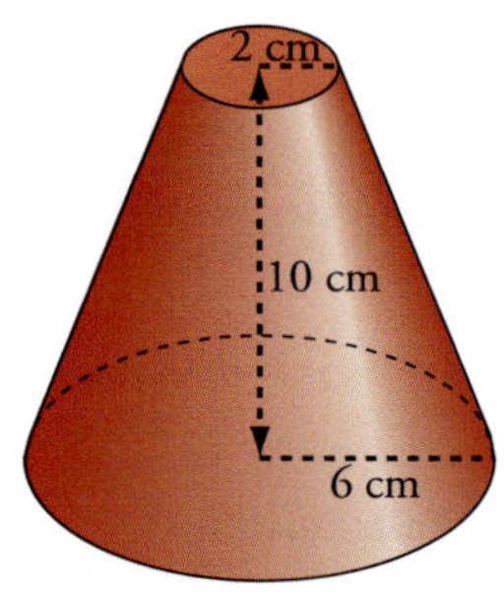

GeoGebra. Volum del con i del tronc de con.

6. VOLUM DE L'ESFERA

Tingues en compte

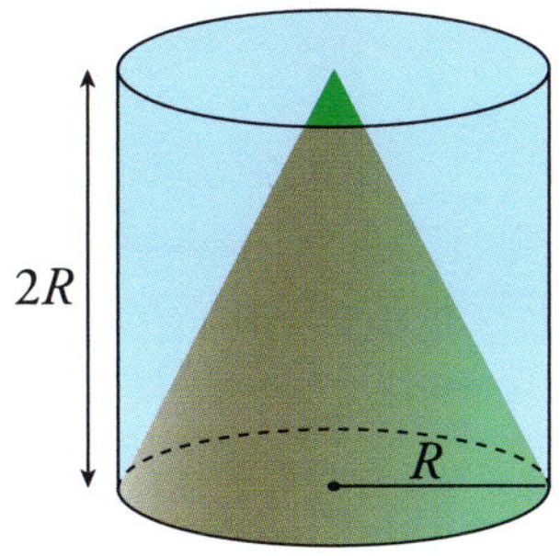

$$V_{\text{CON}} = \frac{1}{3} \cdot V_{\text{CILINDRE}}$$

$$V_{\text{CON}} = \frac{1}{3} \cdot \pi R^2 \cdot 2R = \frac{2}{3} \cdot \pi R^3$$

Hem vist que el volum d'un con equival a $\frac{1}{3}$ del volum d'un cilindre amb la mateixa base i la mateixa altura.

Pel que fa a l'esfera, el volum equival a $\frac{2}{3}$ del volum del cilindre en què està inscrita (radi R i altura $2R$).

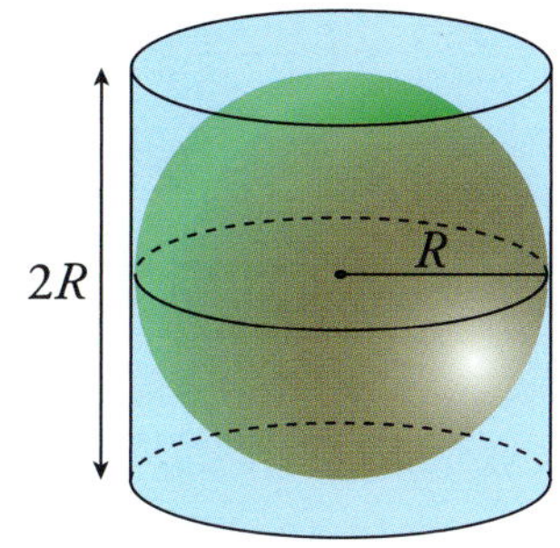

$$V_{\text{CILINDRE}} = A_{\text{BASE}} \cdot \text{altura} = \pi R^2 \cdot 2R = 2\pi R^3$$

$$V_{\text{ESFERA}} = \frac{2}{3} \cdot V_{\text{CILINDRE}} = \frac{2}{3} \cdot 2\pi R^3 = \frac{4}{3} \cdot \pi R^3$$

> El **volum** d'una **esfera** de radi R és aquest:
>
> $$V = \frac{4}{3} \cdot \pi R^3$$

La fórmula anterior es pot justificar de la manera següent:

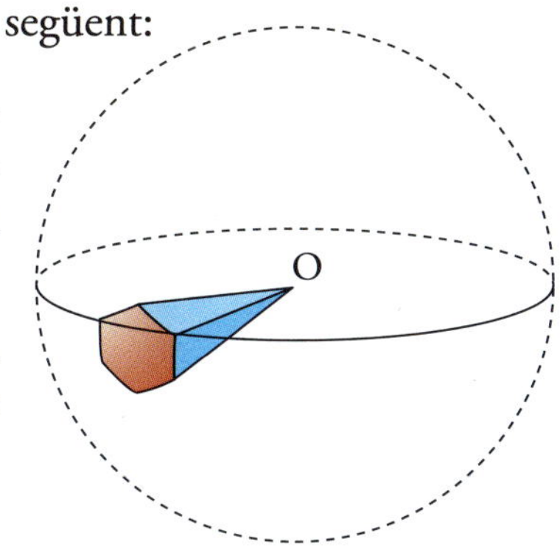

- Imagina que aïllem una petita porció d'una esfera de forma «gairebé» piramidal la base corbada de la qual pertany a la superfície de l'esfera i l'altura de la qual és el radi de l'esfera, R.
- Si dividim l'esfera en moltes porcions similars a l'anterior, el seu volum serà igual a la suma dels volums de totes les «petites piràmides»:

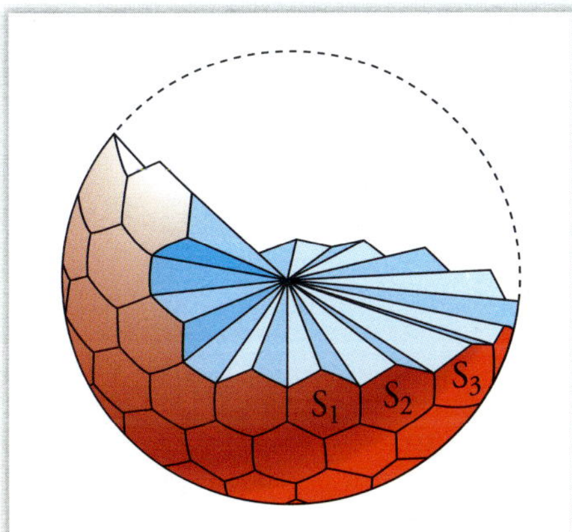

$$V_{\text{ESFERA}} = \frac{S_1 \cdot R}{3} + \frac{S_2 \cdot R}{3} + \frac{S_3 \cdot R}{3} + \ldots = \frac{R}{3}(S_1 + S_2 + S_3 + \ldots)$$

- Com que la suma de les bases de totes les porcions, $S_1 + S_2 + S_3 + \ldots$, equival a la superfície de l'esfera, $4\pi R^2$, resulta que:

$$V_{\text{ESFERA}} = \frac{R}{3} \cdot 4\pi R^2 = \frac{4}{3} \cdot \pi R^3$$

» FIXA IDEES

Copia i completa:

F8. S'introdueix una pilota de 30 cm de diàmetre en un gibrell ple d'aigua i es recull el líquid desallotjat. Quants litres s'han recollit?

El volum d'aigua desallotjada coincideix amb el volum d'una esfera de 15 cm de radi:

$$V_{\text{ESFERA}} = \frac{4}{3} \cdot \pi \cdot \ldots^3 = \ldots \text{ cm}^3 \rightarrow \ldots \text{ cm}^3 : 1.000 = 14{,}13\ \ell$$

F9. Troba el volum d'un tascó esfèric de 60" que correspon a una esfera de 9 cm de radi.

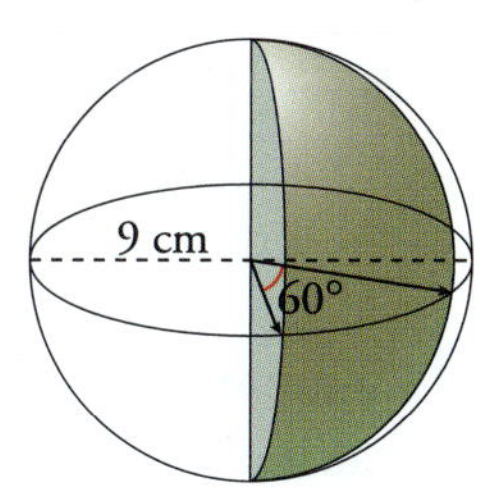

A un tascó de 60° li correspon $\frac{60^\circ}{360^\circ} = \frac{1}{6}$ del volum de l'esfera:

$$V_{\text{ESFERA}} = \frac{4}{3} \cdot \pi \cdot \ldots^3 \approx \ldots \text{ cm}^3 \rightarrow V_{\text{TASCÓ ESFÈRIC}} = \frac{1}{6} \cdot \ldots \approx 509 \text{ cm}^3$$

Operacions

$$\frac{1}{3}\cdot\pi\cdot R^3+\frac{2}{3}\cdot\pi\cdot R^3=$$
$$=\left(\frac{1}{3}+\frac{2}{3}\right)\cdot\pi\cdot R^3=$$
$$=\frac{3}{3}\cdot\pi\cdot R^3=\pi\cdot R^3$$

Relació entre volums

Observa aquesta curiosa relació entre els volums del con, la semiesfera i el cilindre. Comença comprovant l'expressió de cada volum:

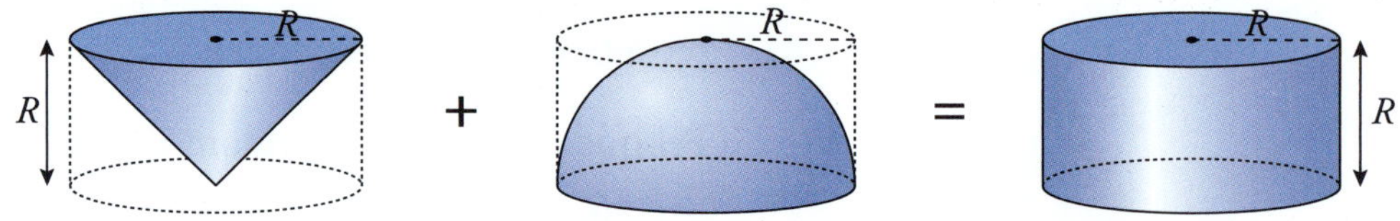

$V=\frac{1}{3}\cdot\pi\cdot R^3$ $\qquad$ $V=\frac{2}{3}\cdot\pi\cdot R^3$ $\qquad$ $V=\pi\cdot R^3$

V_{CON} + $V_{\text{SEMIESFERA}}$ = V_{CILINDRE}

Podem anar més lluny. Si tallem el con, la semiesfera i el cilindre (així col·locats) mitjançant dos plans paral·lels a les bases, obtenim tres cossos: un tronc de con, una zona esfèrica i un cilindre. El volum dels dos primers és igual al volum del tercer.

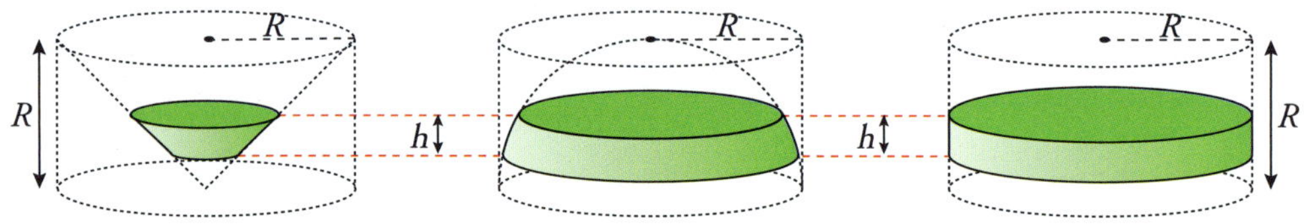

EXERCICI RESOLT

Calcula el volum del cilindre, del tronc de con i del casquet esfèric:

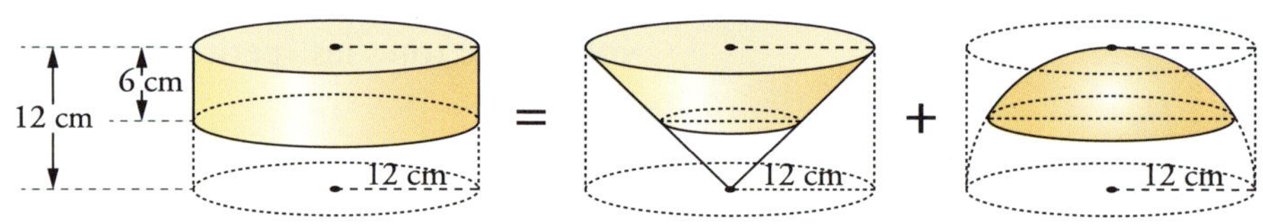

$V_{\text{CILINDRE}}=\pi\cdot 12^2\cdot 6=864\,\pi\approx 2.713\ \text{cm}^3$

Com que el radi de la base petita del con mesura 6 cm:

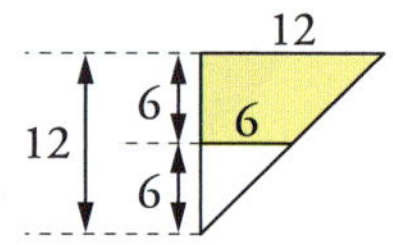

$V_{\text{TRONC DE CON}}=\frac{1}{3}\cdot\pi\cdot 12^3-\frac{1}{3}\cdot\pi\cdot 6^3=504\,\pi\approx 1.583\ \text{cm}^3$

$V_{\text{CASQUET ESFÈRIC}}=V_{\text{CILINDRE}}-V_{\text{TRONC DE CON}}=2.713-1.583=1.130\ \text{cm}^3$

» APLICA EL QUE HAS APRÈS

12. Calcula el volum de cada un dels 10 grills d'una taronja el diàmetre de la qual és de 12 cm, si el gruix de la pell és de 0,8 cm.

13. Quantes boles de 5 mm de diàmetre podrem fer fonent un cable cilíndric de 3 m de llarg i 5 mm de diàmetre?

14. Si la densitat de l'acer és de 7.850 kg/m^3, calcula el pes d'una esfera buida de 20 cm de radi exterior i 1 cm de gruix.

15. Calcula el volum d'un casquet esfèric de 6 cm d'alt, que pertany a una esfera de 18 cm de diàmetre.

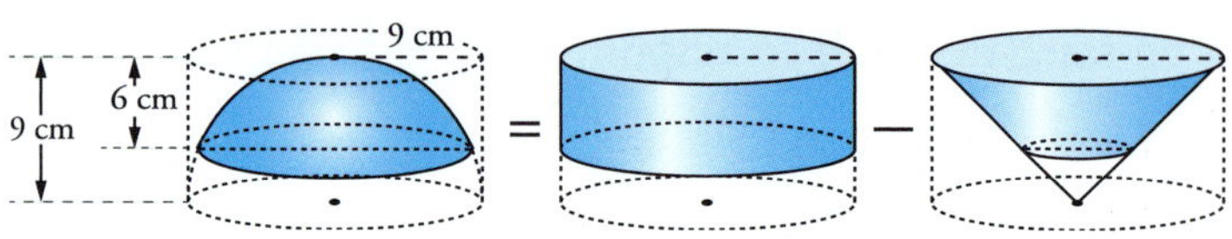

GeoGebra. Relacions entre els volums del con, la semiesfera i el cilindre.

» EXERCITA LES TEVES COMPETÈNCIES

Unitats de volum. Operacions

1. Transforma en metres cúbics les quantitats següents:

a) 0,025 hm^3 b) 459 hm^3
c) 45.214 dm^3 d) 0,015 km^3
e) 23 dam^3 f) 58.000 ℓ

2. Transforma en litres:

a) 400.000 hm^3 b) 0,000047 hm^3
c) 6 dam^3 318 m^3 d) 8.562 m^3 1.749 cm^3
e) 14.350 dℓ f) 0,32 hℓ

3. Copia i completa les igualtats següents:

a) 0,0037 km^3 = … m^3
b) 0,36 hm^3 = … dm^3
c) 1,8342 dam^3 = … m^3 = … dm^3
d) 0,0007 m^3 = … dm^3 = … cm^3
e) 15 hm^3 13 dam^3 432 m^3 = … m^3
f) 15 hm^3 13 dam^3 432 m^3 = … ℓ

4. Expressa aquestes quantitats en forma complexa:

a) 45.125.145 dm^3 b) 0,45124568 km^3
c) 451,14521 dm^3 d) 183 000 dam^3
e) 527.002.045 m^3 f) 183.070.693.002 cm^3

5. Copia i completa les igualtats següents:

a) 1 hm^3 = … hℓ b) 1 dam^3 = … daℓ
c) 1 m^3 = … ℓ d) 1 dm^3 = … dℓ
e) 1 cm^3 = … cℓ f) 1 mm^3 = … mℓ

6. Fes les operacions següents i expressa el resultat en hectolitres. Abans de fer els càlculs, passa a forma incomplexa i expressa totes les quantitats en les mateixes unitats.

a) 0,34 dam^3 + 84 m^3 + 1 284 m^3
b) 0,00035 km^3 + 0,45 hm^3 + 65 dam^3
c) 0,541 dam^3 – 421 m^3 300 dm^3
d) 4 500 m^3 : 25
e) 24 hm^3 123 dam^3 128 m^3 : 40
f) 568 kℓ – 0,508 dam^3

7. Digues quin dels tres volums indicats és el més probable que tingui cada un d'aquests recipients:

a) Un pantà:
71 hm^3 387.000 ℓ 4.000.000.000 cm^3

b) Un dipòsit d'aigua d'un habitatge:
2 dam^3 0,8 m^3 45 000 ℓ

c) Un got normal:
2 dm^3 0,2 dm^3 0,02 dm^3

d) Una cullerada de cafè:
3 dℓ 3 cm^3 3 mm^3

Càlcul de volums

8. Calcula el volum de cada un d'aquests poliedres. Expressa tots els volums en litres.

a)
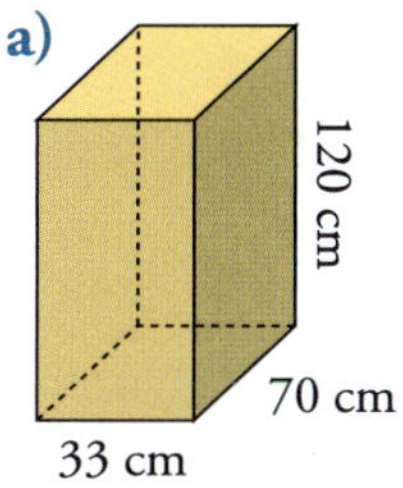

b)
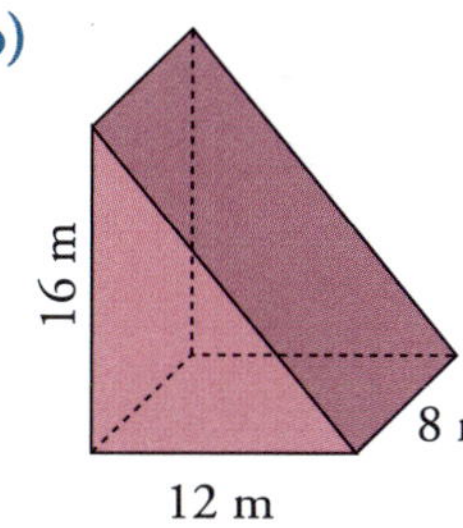

c)
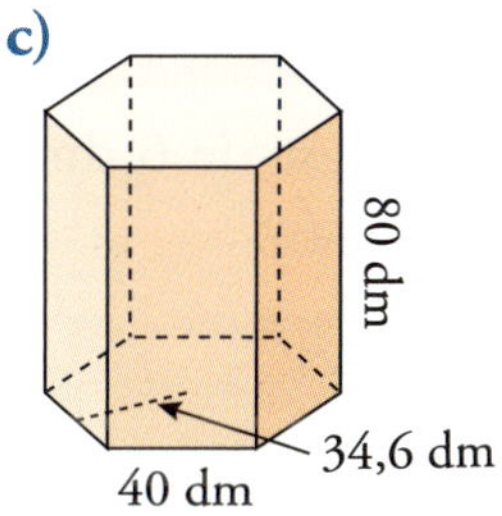

d)
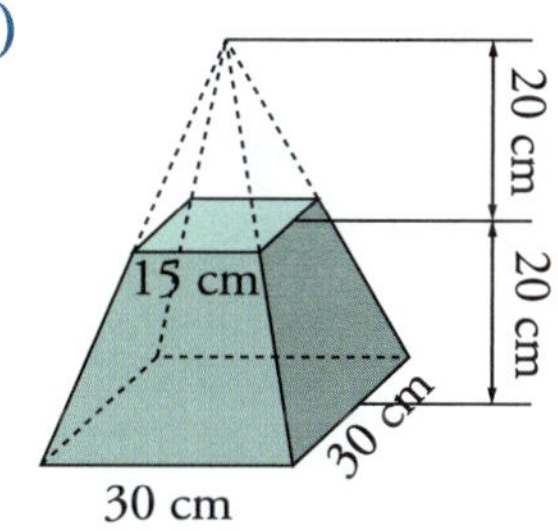

e)
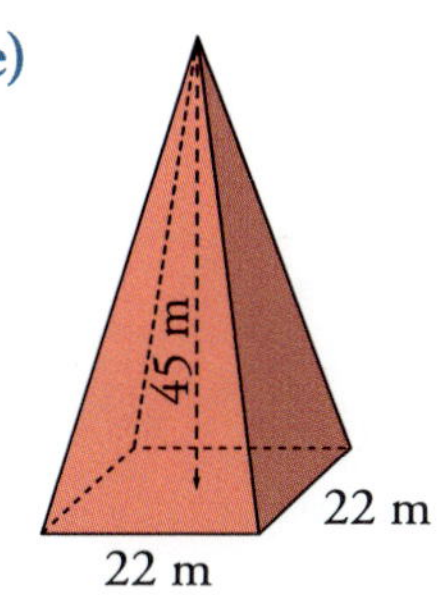

f)
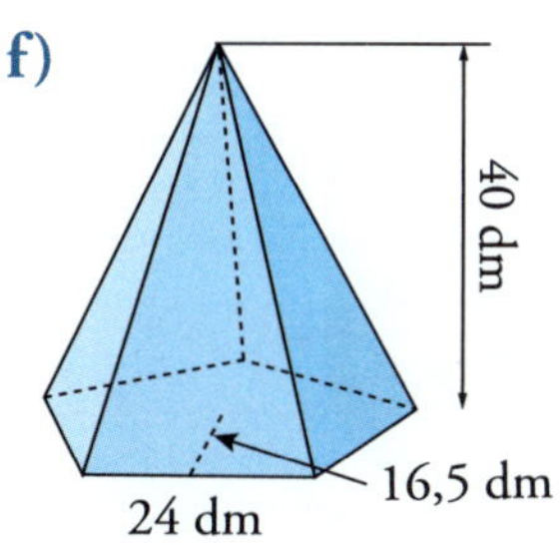

9. Calcula el volum d'un ortoedre les dimensions del qual són 9 dm × 15 dm × 8 dm.

10. La base d'un prisma recte és un triangle rectangle els catets del qual mesuren 12 cm i 15 cm. Si l'altura del prisma fa 2 dm, calcula'n el volum.

11. Quin és el volum d'un cub de 15 cm d'aresta?

12. Les diagonals d'un prisma amb les bases en forma de rombe mesuren 40 dm i 28 dm. Si l'altura fa 1,2 m, calcula'n el volum.

13. Calcula el volum i expressa'l en litres:

a)

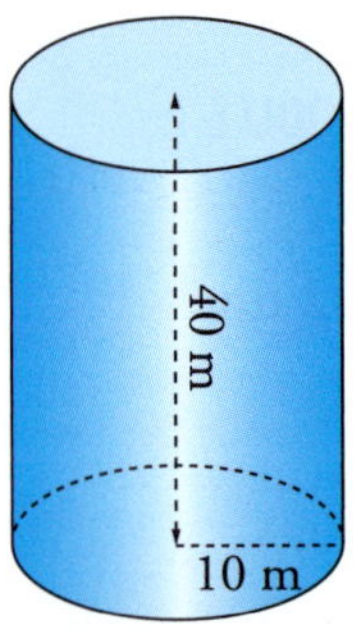

b)

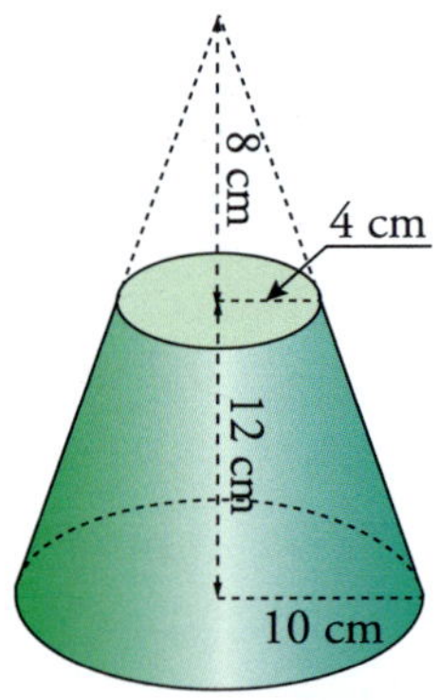

c)

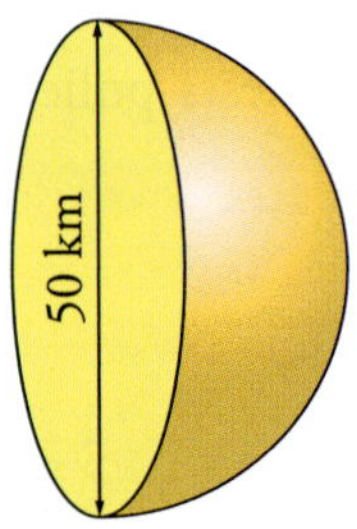

d)

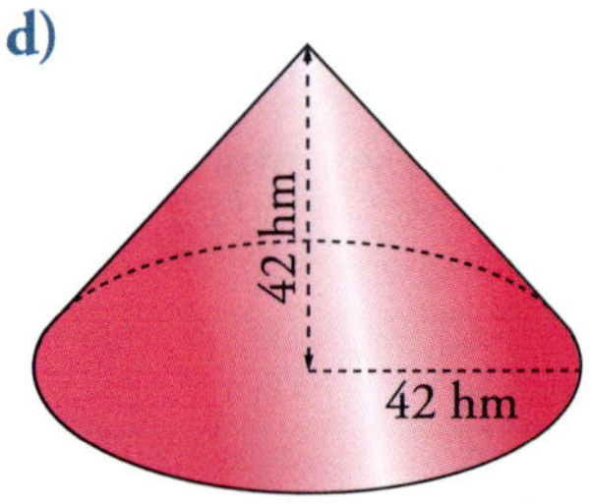

14. Troba el volum de:

a) Un cilindre de 10 cm de radi i 20 cm d'altura.

b) Una esfera de 12 cm de diàmetre.

c) Un disc cilíndric amb un radi de la base de 6 dm i 15 cm d'altura.

15. Calcula el volum i expressa'l en litres:

a)

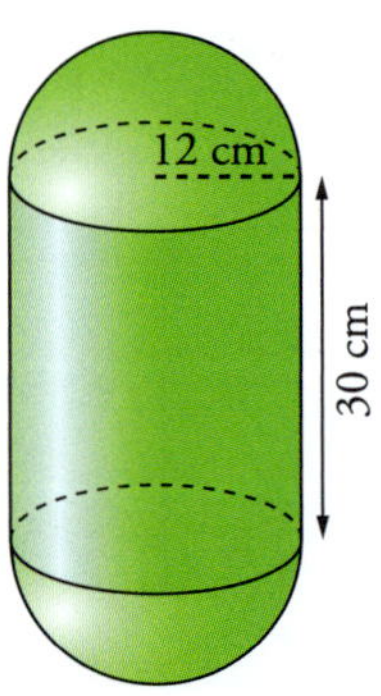

b)

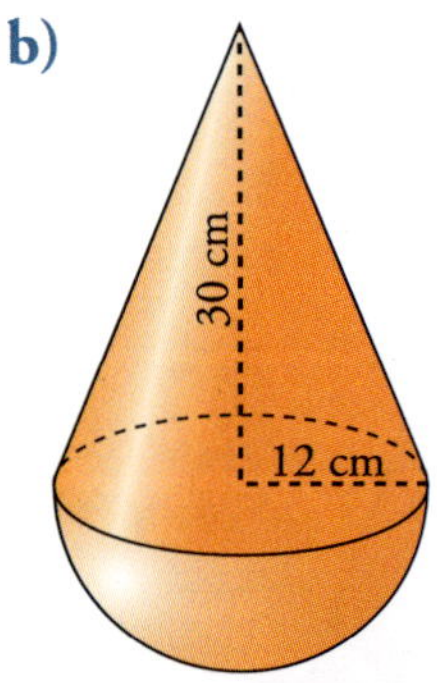

c)

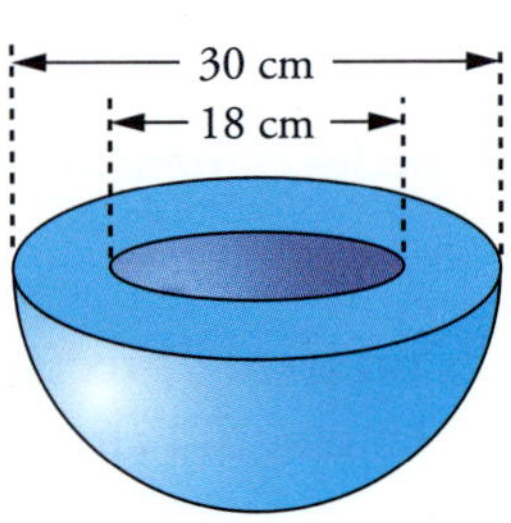

d)

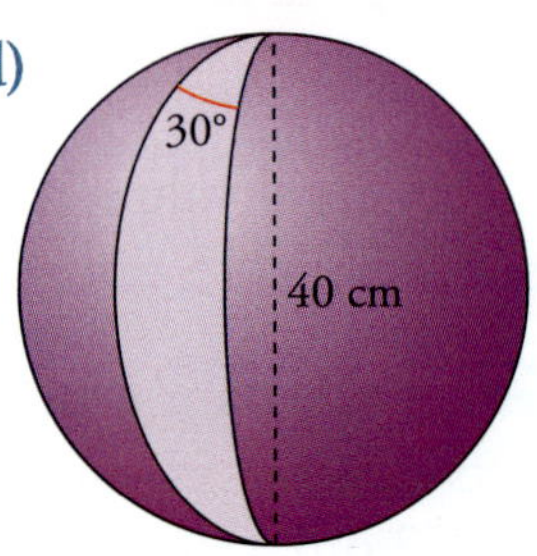

16. Troba el volum del prisma i de la piràmide. Primer, calcula les dades que falten:

a)

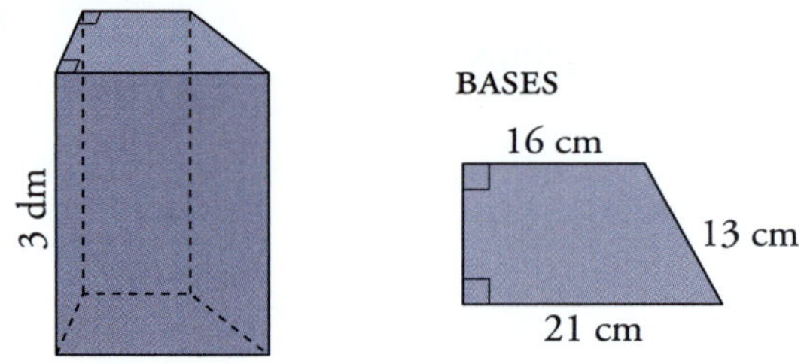

b)

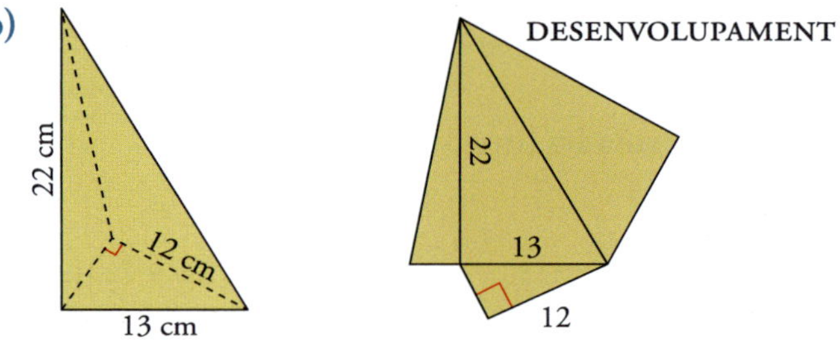

17. Calcula el volum dels dos cossos geomètrics que es generen en tallar un con per un pla tal com es mostra en el dibuix:

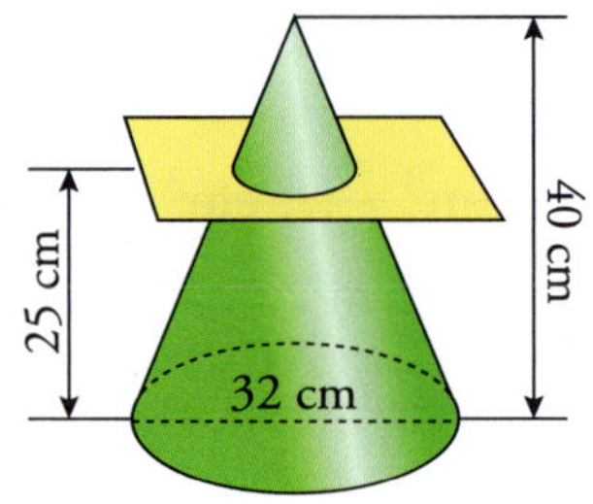

18. Troba el volum d'aquest tronc de con:

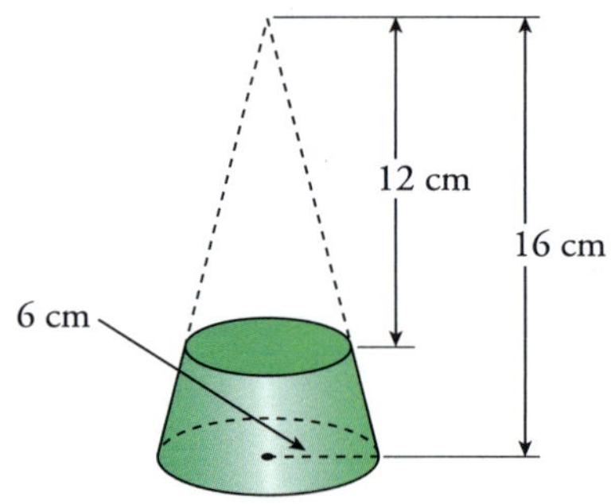

19. Troba el volum d'aquests cossos de revolució. Primer, calcula les dades que falten.

a)

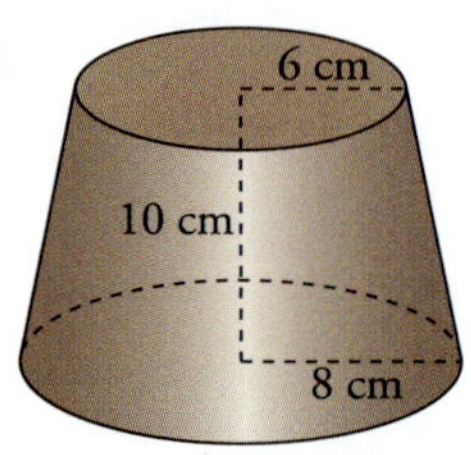

b)

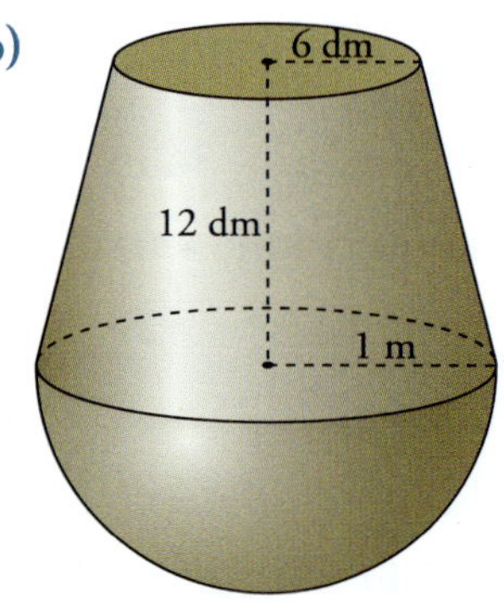

20. Troba el volum d'aquests cossos geomètrics:

a)

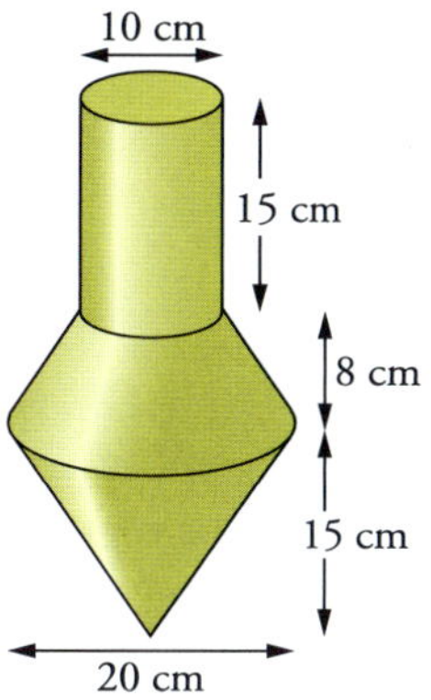

b)

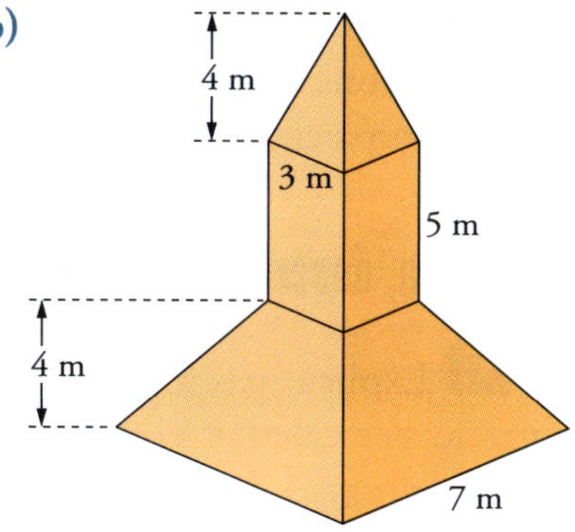

Resol problemes

21. Quantes ampolles de 3/4 de litre es poden omplir amb 0,03 dam^3?

22. Un pantà té una capacitat de 0,19 km^3. Si ara està al 28 % de la seva capacitat, quants litres d'aigua conté?

23. La conca fluvial les aigües de la qual arriben a un pantà és de 62 km^2. Aquests darrers dies va ploure i van caure 27 ℓ/m^2. Si al pantà es recull el 43 % de l'aigua caiguda, quants hectòmetres cúbics es van recollir al pantà com a conseqüència de les pluges?

24. Un dipòsit buit pesa 27 kg i ple d'oli, 625,5 kg. Quants litres d'oli conté? La densitat d'aquest oli és 0,95 kg/dm^3.

25. Troba el volum d'una habitació de 2,8 m d'altura, la planta de la qual té aquesta forma i aquestes dimensions:

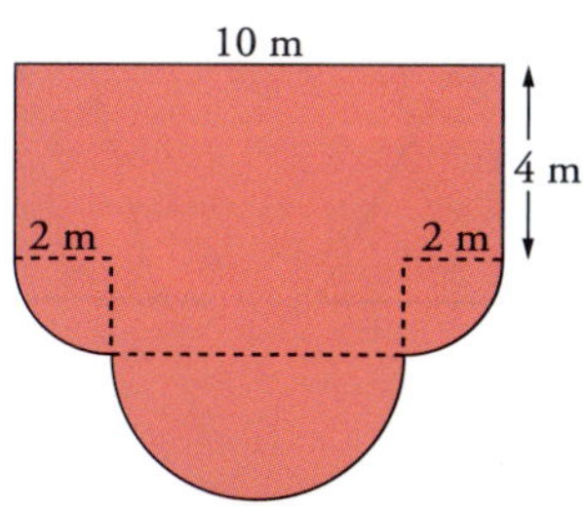

26. Calcula el volum de formigó necessari per fer aquest túnel:

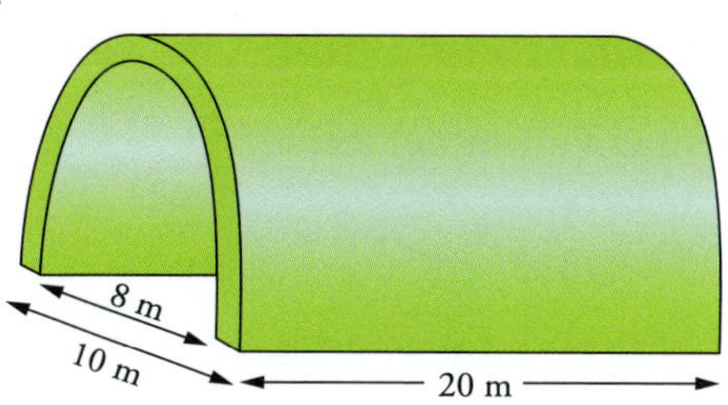

27. Troba el volum d'una habitació en forma d'ortoedre les dimensions del qual són 6 m × 3,8 m × 2,6 m. Quantes vegades et podries dutxar amb l'aigua que cap a l'habitació si gastes 80 ℓ d'aigua en cada dutxa?

28. Un soterrani la superfície del qual és de 208 m^2 s'ha inundat. L'aigua arriba a 1,65 m d'altura. S'extreu l'aigua amb una bomba que xucla 6 hℓ per minut. Quant temps tardarà a buidar-lo?

29. Amb una barra cilíndrica d'or de 15 cm de llargada i 5 mm de diàmetre es fabrica un fil d'1/4 mm de diàmetre. Quina és la longitud del fil?

30. Una columna de basalt té forma de prisma hexagonal regular. El costat de la base mesura 15 cm i l'altura de la columna és de 2,95 m. Calcula'n el pes si 1 m^3 de basalt pesa 2.845 kg.

31. Per mesurar el volum d'una pedra petita, omplim un got cilíndric fins a la meitat, submergim la pedra i comprovem que el nivell ha pujat 22 mm. Quin és el volum de la pedra?

DADES DEL GOT

Diàmetre exterior: 9 cm

Diàmetre interior: 8,4 cm

Altura: 15 cm

Utilitza només les dades que necessitis.

32. Calcula el volum d'un octàedre regular de 10 cm d'aresta.

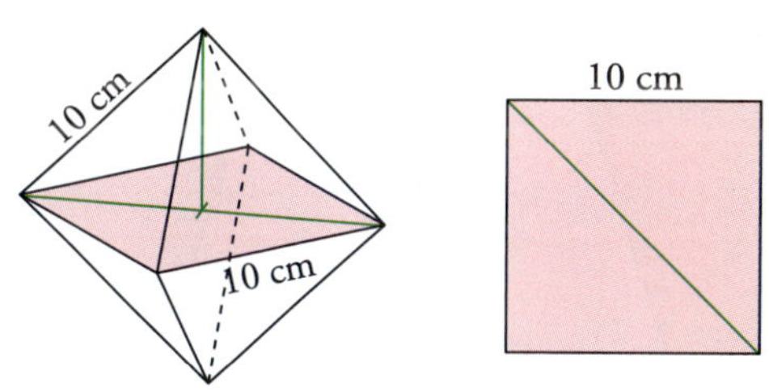

33. A un cub de 10 cm d'aresta se li tallen les cantonades tal com es mostra en l'imatge. Calcula el volum del poliedre resultant.

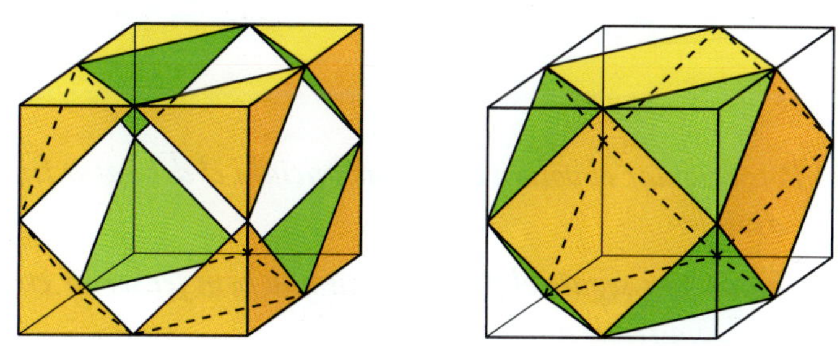

34. PROBLEMA RESOLT

Fixa't en la il·lustració i calcula quantes vegades cal omplir el dipòsit cilíndric petit i abocar-lo en el gran perquè s'ompli.

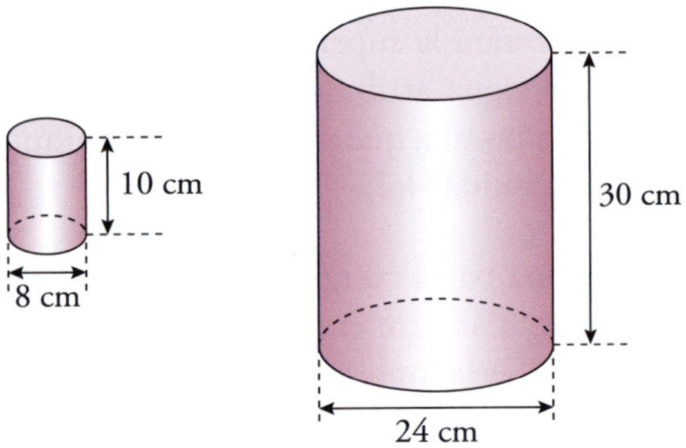

Els dos cilindres són semblants: $\frac{10}{30} = \frac{8}{24} = \frac{1}{3}$.

La raó de semblança és $\frac{1}{3}$.

La raó dels seus volums és $\left(\frac{1}{3}\right)^3 = \frac{1}{27}$.

Per tant, el volum del gran és 27 vegades el volum del petit.

Solució: Cal omplir 27 vegades el dipòsit petit.

35. L'Anna s'ha assegut en una terrassa i ha demanat un batut de maduixa, que li serveixen en una copa com la que veus en la il·lustració. Després de fer diversos xarrups, comprova que el nivell ha baixat fins a la tercera part. Quina fracció del batut li queda?

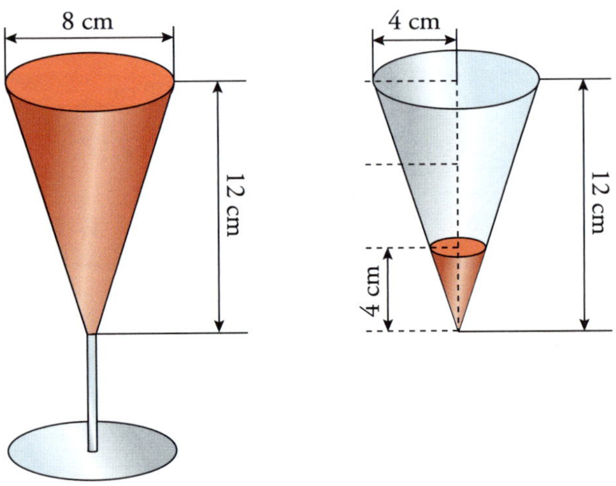

Suggeriments:

a) *Pots calcular el volum del batut inicial i el del batut final i dividir.*

b) *També pots seguir el procediment que hem fet servir en el problema resolt anterior.*

36. En Lluc vol construir una paret de 7,5 m per 5,6 m i un gruix de 30 cm.

Quants maons de 15 cm × 10 cm × 6 cm necessitarà si el ciment ocupa el 15 % del volum?

Interpreta, descriu, expressa't

37. Explica, pas a pas, el procés que s'exposa a continuació per calcular el volum d'un tetràedre regular de 10 cm d'aresta:

- La figura:

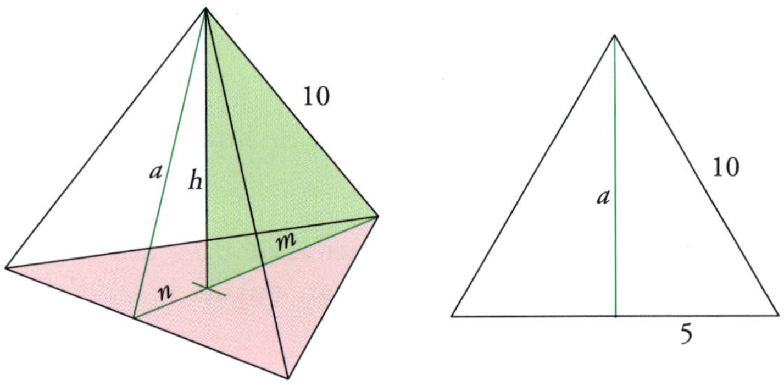

- Calculem a:

$a = \sqrt{10^2 - 5^2} \approx 8{,}7$ cm

- Calculem l'àrea de la base:

$A_{BASE} = \frac{10 \cdot a}{2} = \frac{10 \cdot 8{,}7}{2} = 43{,}5 \text{ cm}^2$

- Calculem m i h:

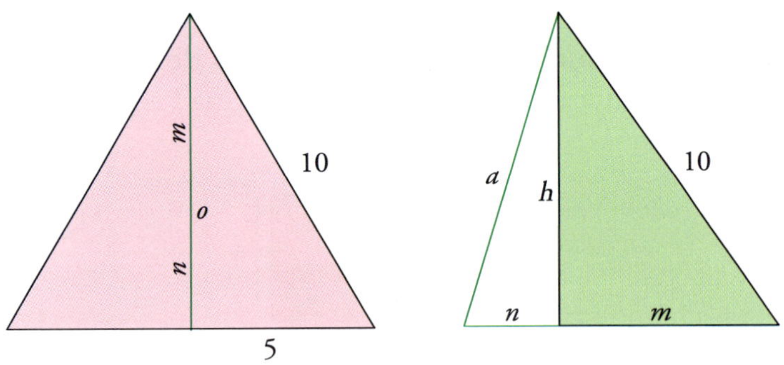

$a = m + n$

$m = \frac{2}{3} \cdot a = \frac{2}{3} \cdot 8{,}7 = 5{,}8$ cm

$h = \sqrt{10^2 - m^2} = \sqrt{10^2 - 5{,}8^2} \approx 8{,}1$ cm

- Calculem el volum del tetràedre:

$V_{TETRÀEDRE} = \frac{1}{3} \cdot A_{BASE} \cdot h =$

$= \frac{1}{3} \cdot 43{,}5 \cdot 8{,}1 = 117{,}45 \text{ cm}^3$

38. A continuació, es presenta un problema amb dues resolucions diferents. Analitza-les i descriu-ne les diferències.

Un con de revolució de 60 cm d'altura i amb un radi de la base de 20 cm es talla per un pla paral·lel a la base que dista 36 cm del vèrtex. Calcula el volum de tronc de con que queda per sota del tall.

Resolució A

$$\frac{60}{20} = \frac{36}{x} \rightarrow x = \frac{36 \cdot 20}{60} = 12$$

$$V_{\text{CON GRAN}} = \frac{1}{3} \cdot \pi \cdot 20^2 \cdot 60 \approx$$
$$\approx 25.120 \text{ cm}^3$$

$$V_{\text{CON PETIT}} = \frac{1}{3} \cdot \pi \cdot 12^2 \cdot 36 \approx$$
$$\approx 5.426 \text{ cm}^3$$

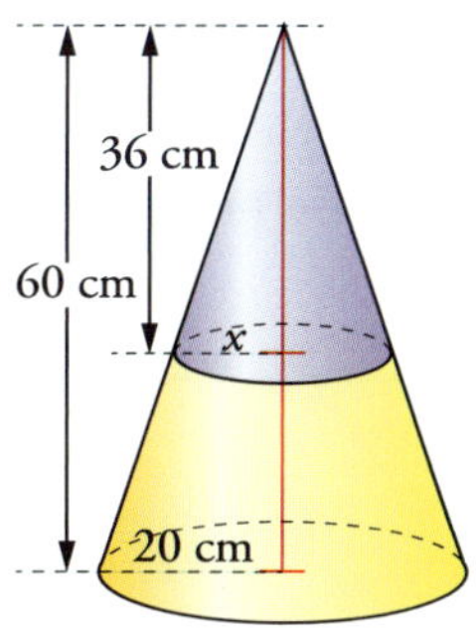

$$V_{\text{TRONC DE CON}} = 25.120 - 5.426 = 19.694 \text{ cm}^3$$

Resolució B

Raó de semblança entre els cons: $\frac{36}{60} = \frac{3}{5}$

Relació entre els volums: $\left(\frac{3}{5}\right)^3 = \frac{27}{125}$

$$V_{\text{CON GRAN}} = \frac{1}{3} \cdot \pi \cdot 20^2 \cdot 60 \approx 25.120 \text{ cm}^3$$

$$V_{\text{CON PETIT}} = \frac{27}{125} \cdot 25.120 = 5.426 \text{ cm}^3$$

$$V_{\text{TRONC DE CON}} = 25.120 - 5.426 = 19.694 \text{ cm}^3$$

Problemes «+»

39. Calcula el volum de l'octàedre regular els vèrtexs del qual coincideixen amb els centres de les cares d'un cub de 10 cm d'aresta.

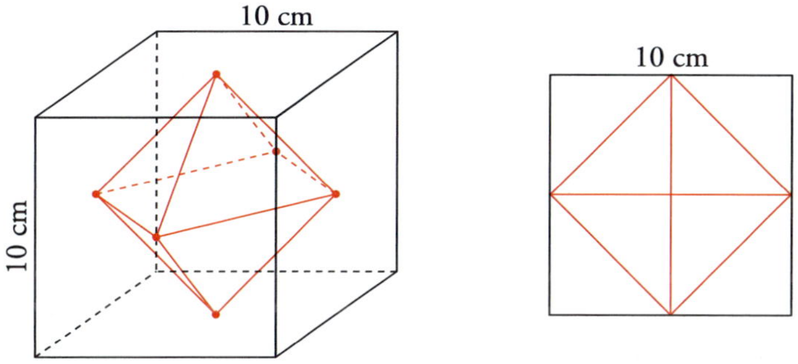

40. Calcula el volum d'un tetràedre regular de 20 cm d'aresta.

41. Una copa cònica de 8 cm de diàmetre a la part més ampla i 10 cm d'altura era plena de suc de taronja. Ara només en queda la vuitena part del volum. A quina altura arriba el líquid que queda?

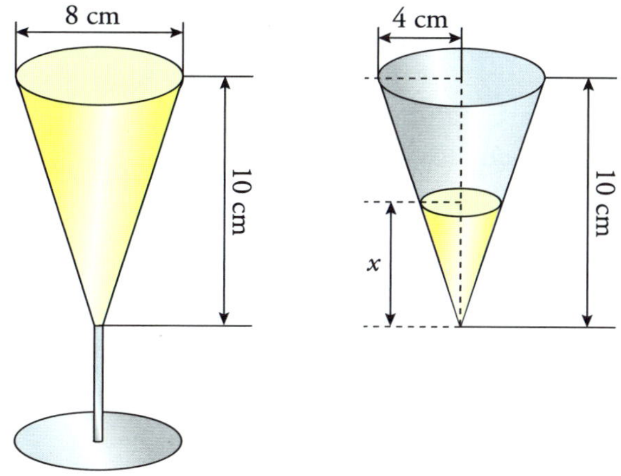

42. Una copa cònica de 8 cm de diàmetre a la part més ampla i 6 cm d'altura s'omple fins a la meitat del seu volum. A quina altura arriba el líquid?

43. Calcula el volum d'aquesta zona esfèrica:

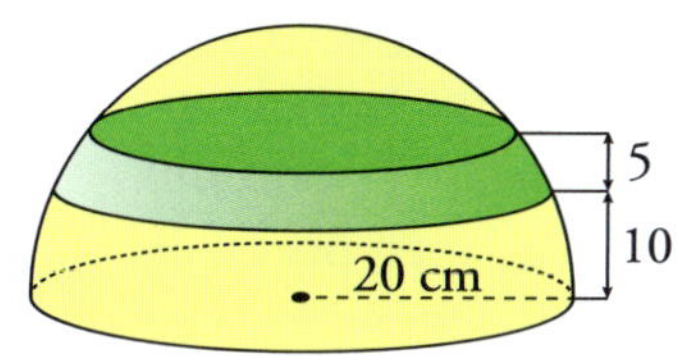

44. En introduir una pilota de 24 cm de diàmetre en un gibrell ple d'aigua, comprovem que s'enfonsa 4 cm. Quin percentatge del volum de la pilota queda submergit sota la superfície de l'aigua del gibrell?

45. Una esfera de 50 cm de radi es talla per un pla horitzontal que deixa una secció de 30 cm de radi. Després de suprimir el casquet esfèric que queda a sota de la secció, se li adossa un cilindre de 50 cm d'altura la base superior del qual coincideix amb la secció assenyalada en l'esfera. Calcula el volum del cos resultant.

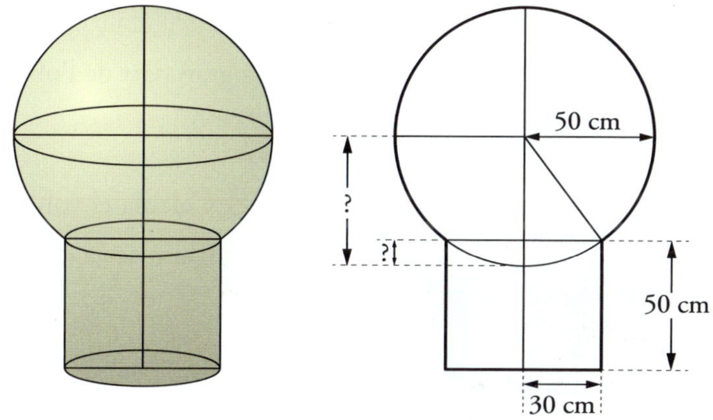

» MATEMÀTIQUES EN CONTEXT

QUÈ EN FEM, DE L'OLI?

Arreu de Catalunya hi ha cooperatives agrícoles que elaboren i comercialitzen oli d'oliva de molt bona qualitat. Però què en fem, de l'oli usat?

Una manera de reciclar l'oli és barrejar-lo amb sosa càustica per elaborar sabó casolà.

Però el sabó també el podem elababorar amb una mescla de glicerina, colorants i essències, amb què aconseguim que sigui bonic i perfumat. O també podem reciclar-ne els trossos petits fonent-los, emmotllant-los i deixant-los refredar per fer-ne d'altres amb formes noves.

1 Qui oli remena, els dits se n'unta

Una cooperativa agrària d'una comarca del sud de Catalunya ha venut a un majorista l'oli que tenia emmagatzemat en dos dipòsits com els de la il·lustració, plens fins al capdamunt. El majorista envia camions cisterna a recollir l'oli per portar-lo cap a les seves instal·lacions, on serà tractat i envasat per vendre'l.

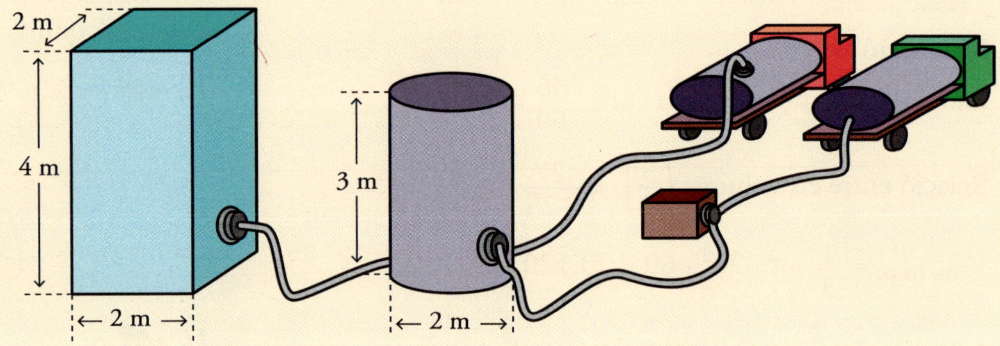

L'oli de cada dipòsit té un preu i una qualitat diferents. Així, l'oli del dipòsit de l'esquerra ha costat 16.000 € i l'oli del dipòsit de la dreta, 14.130 €.

a) Quina és la capacitat, en litres, de cada dipòsit? (Considera $\pi = 3,14$.)

b) Quin dels dos dipòsits conté l'oli de qualitat superior A?

c) Si el majorista barregés la totalitat dels dos olis per obtenir una mescla de qualitat intermèdia AB, quant li costaria el litre de la mescla?

d) I si els barregés a parts iguals, quant li costaria? Seria de més qualitat que la mescla anterior o en tindria menys?

El majorista envasarà i comercialitzarà gran part de l'oli que ha comprat en recipients de plàstic d'una sola dosi, com el de la imatge.

e) Calcula el volum d'oli d'oliva que contindrà aquest recipient.

f) Quin seria el preu de cost de l'oli d'aquest envàs si s'omplís amb la mescla AB?

BARCANOVA EDITORIAL

2. A can Jubany fan sabó ben bo

Els tres germans Jubany, en Juli, la Júlia i en Julià, aquest cap de setmana fan sabó a casa seva.

Per començar, en Juli i en Julià fonen una bola de sabó de 10 cm de diàmetre i, sense afegir-hi res, aboquen el sabó fos en un motlle en forma de prisma de base quadrada de 8 cm de costat.

a) Amb quants centímetres cúbics de sabó han treballat?

b) Quina és l'altura del sabó de forma prismàtica que en resulta?

Després, la Júlia fon un cilindre de sabó, de 5 cm de radi i 10 cm d'altura, i hi afegeix 4 cm^3 de flocs de civada. Tot seguit, ho aboca tot en un motlle, també de forma cilíndrica, però de 12 cm de diàmetre.

c) Quants centímetres cúbics de sabó tenia el cilindre inicial?

d) Quina altura tindrà el nou cilindre?

Finalment, en Julià fon tres pastilles de sabó semiesfèriques de 2 cm de radi, hi afegeix dues culleradetes de polpa de fulla d'àloe (10 mℓ) i, amb l'ajuda de la Júlia, ho remena i ho aboca tot en una flamera, que té una base de 7 cm de diàmetre, una altura de 12 cm i un diàmetre de 14 cm a la part superior.

e) Quants centímetres cúbics de sabó ha fos en Julià?

» TALLER DE MATEMÀTIQUES

» LLEGEIX I DESCOBREIX

Pilotes polièdriques

T'imagines jugar un partit de futbol o de bàsquet amb un tetràedre o un cub? Quin disbarat! Fins i tot el dodecàedre i l'icosàedre, més semblants a l'esfera, resultarien succedanis deficients d'una pilota.

Tanmateix, sí que hi ha poliedres que s'utilitzen amb aquesta finalitat:

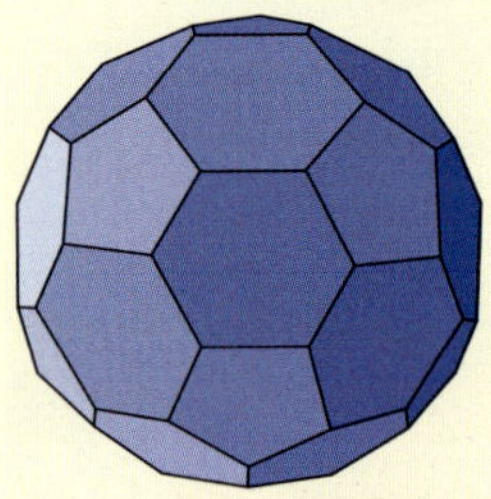

Aquest poliedre, format per pentàgons i hexàgons, s'obté tallant els vèrtexs (*truncant-los*) d'un icosàedre. En inflar-lo, adopta la forma esfèrica amb força precisió. D'aquesta manera es fabriquen les pilotes actuals.

Observa el percentatge que ocupen diferents poliedres respecte de l'esfera que es vol omplir:

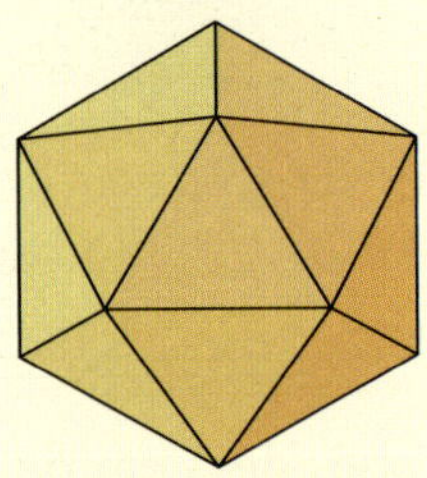

66,55 %

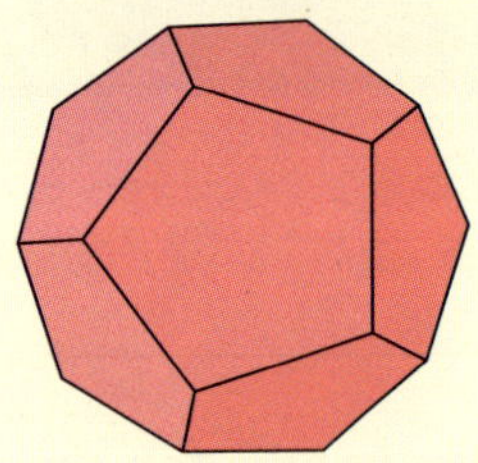

66,49 %

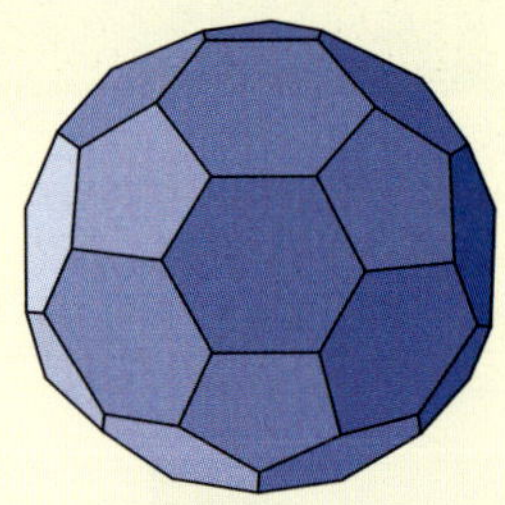

86,74 %

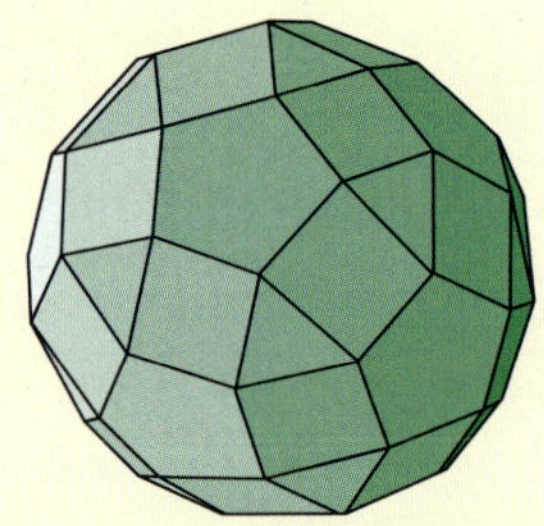

94,33 %

L'últim poliedre, anomenat ni més ni menys que ROMBICOSIDODECÀEDRE, és un candidat magnífic a convertir-se en pilota. Però encara espera la seva oportunitat.

» INVESTIGA

Un poliedre regular?

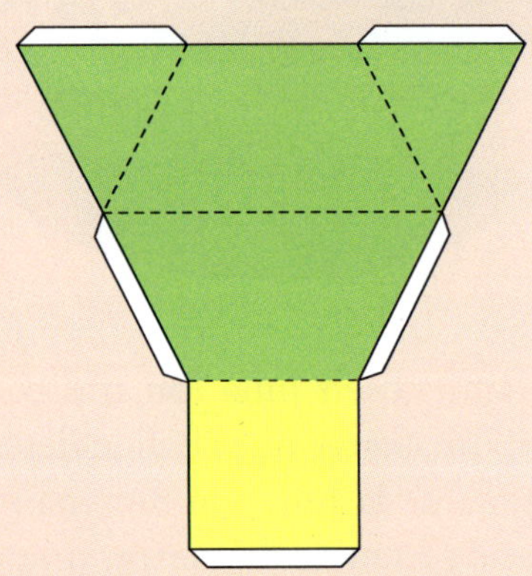

Copia i amplia aquesta figura. Doblega-la per les línies de punts, enganxa'n les solapes i hauràs construït un poliedre.

Construeix-ne un altre d'igual i busca la manera d'unir les dues peces per aconseguir un poliedre regular. Quin és?

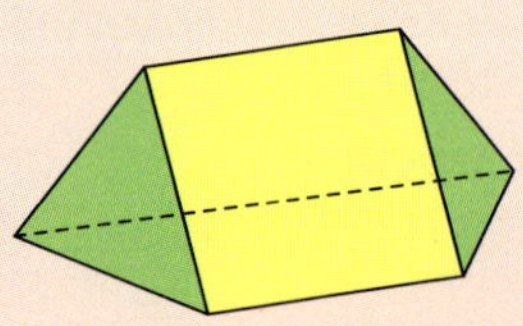

Sabies que?

Si tallem les quatre cantonades d'un tetràedre regular per plans que passin per la meitat de les arestes, obtenim un altre poliedre regular.

Quin poliedre és?

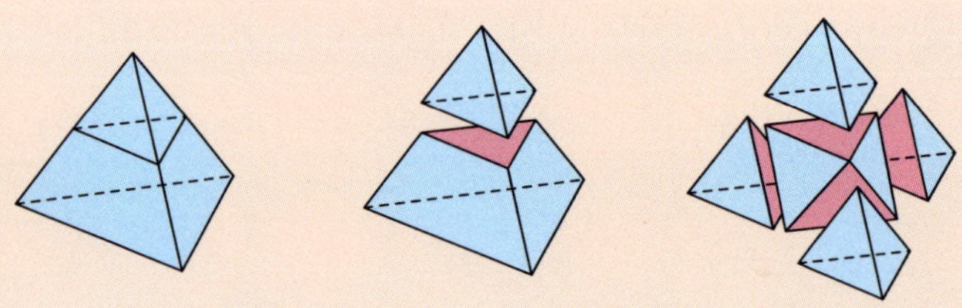

» ENTRENA'T RESOLENT ALTRES PROBLEMES

Fes comptes

Un ric mercader va decidir repartir entre les seves nombroses filles una bossa plena de monedes d'or.

- A la més gran li va donar una moneda, més 1/11 de la resta.
- A la segona, dues monedes més 1/11 de la resta.
- A la tercera, tres monedes més 1/11 de la resta.
- I així successivament fins a la més petita.

I va resultar que totes van rebre la mateixa quantitat de monedes. Quantes filles tenia el mercader i quantes monedes va repartir?

Imagina en l'espai i calcula

El volum d'un tetràedre regular és de 80 cm^3. Quin és el volum del poliedre que queda després de tallar-ne les quatre cantonades com hem fet al final de la pàgina anterior? Pots resoldre el problema mentalment?

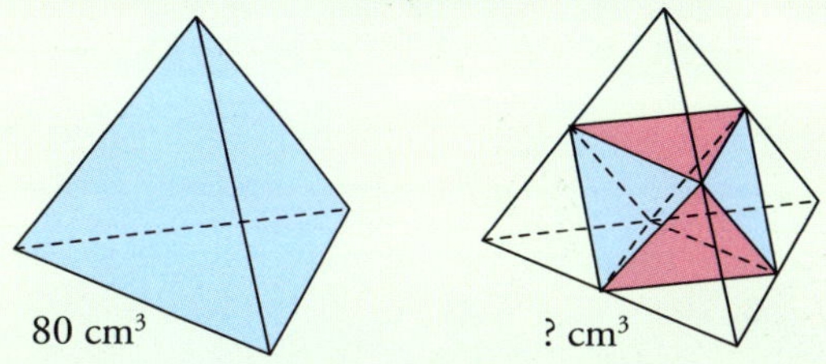

» POSA'T A PROVA

1. Transforma en metres cúbics aquestes quantitats:
a) 450 dam^3 **b)** 35.840 dm^3 **c)** 500 hℓ **d)** 30.000 ℓ

2. Expressa en forma complexa:
a) 75.427.038 m^3 **b)** 32,14962 dm^3
c) 0,0000084 km^3 **d)** 832.000 dam^3

3. Troba el volum d'aquests cossos de revolució:

a)
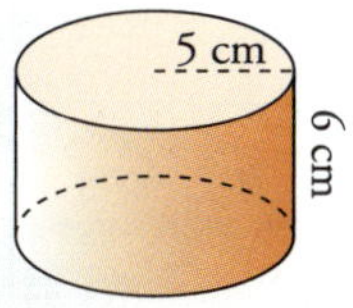

b)
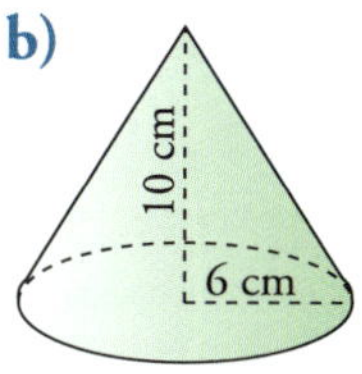

c)
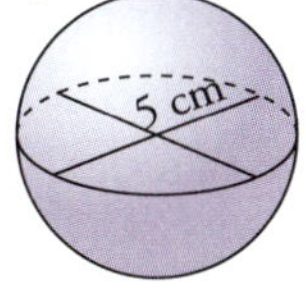

4. Calcula el volum d'aquests poliedres:

a)
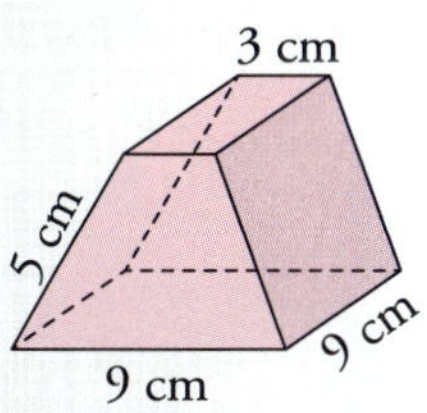

b)
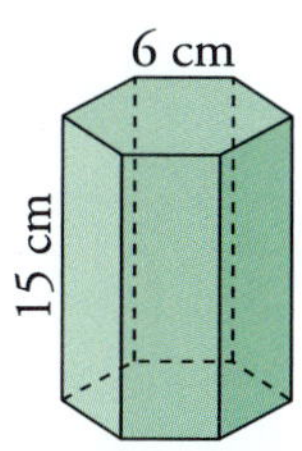

c)
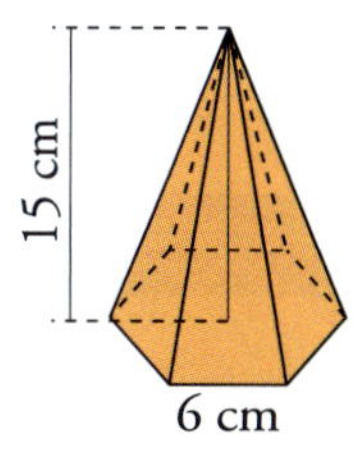

5. Calcula els volums del tronc de piràmide i el tronc de con:

a)
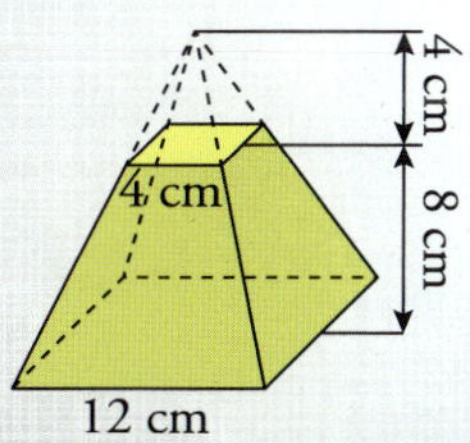

b)
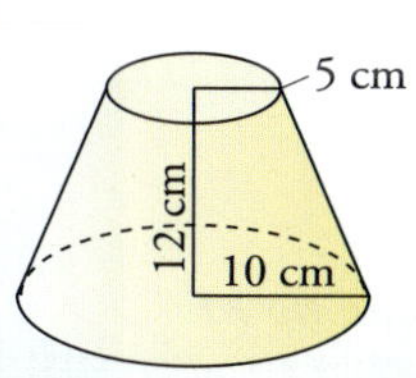

6. Aquí tens tres dels formatges que ha fet la Martina amb la llet de la granja. Tots tres tenen la mateixa base i la mateixa altura. Quant pesarà el tercer?

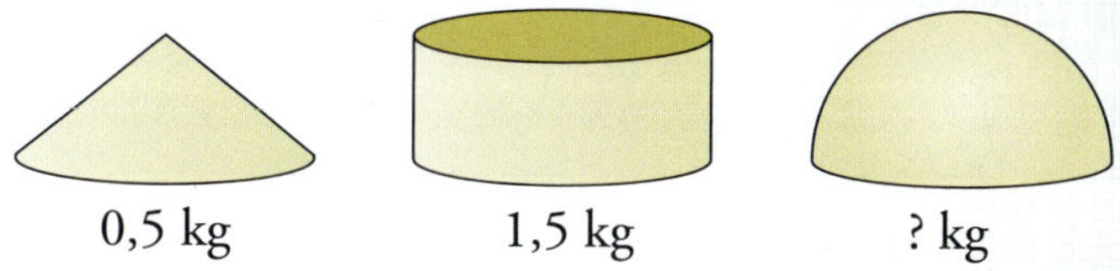

7. a) Quina és la capacitat d'aquesta piscina?

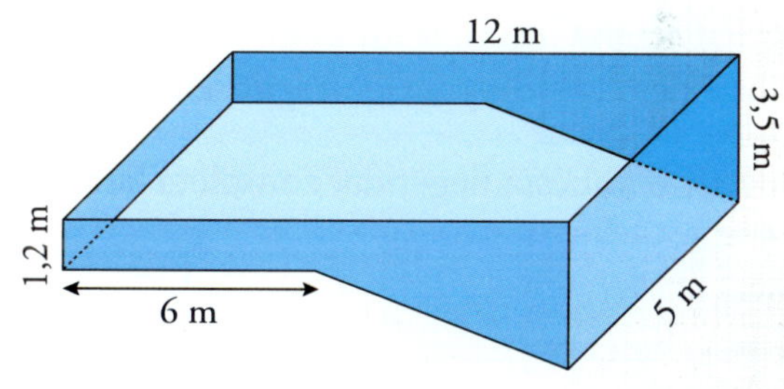

b) La piscina es comença a omplir amb una aixeta que aboca 120 litres per minut. Al cap de 9 hores, es tanca. A quina distància de la vora quedarà l'aigua?

8. En aquest got, que mesura 8 cm de diametre i 12 cm d'altura i està mig ple d'aigua, s'hi llancen 20 bales de 3 cm de diametre.

a) L'aigua vessarà? Si no és així, a quina altura arribarà?

b) I si s'hi llancen 22 bales?

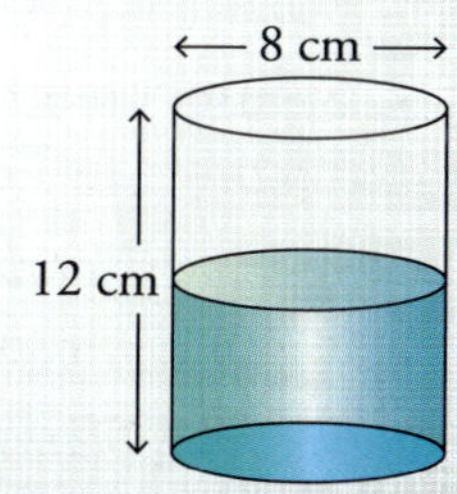

UNITAT 9 FUNCIONS

RESOLUCIÓ DE PROBLEMES · RAONAMENT I PROVA
CONNEXIONS · COMUNICACIÓ I REPRESENTACIÓ · SOCIOEMOCIONAL

Les funcions neixen de la necessitat de descriure quantitativament fenòmens físics a fi de donar-los explicació. Per exemple:

- El cost d'un aparcament, durant una quantitat de temps, depèn de la tarifa que s'imposi.
- La quantitat de massa forestal d'un bosc depèn del temps que hagi transcorregut des que va començar a formar-se.

Encara que aquesta relació era coneguda des de molt temps enrere, va ser **Galileu,** a mitjans del segle XVII, el primer que, experimentant, va intentar relacionar numèricament les variables que intervenen en el fenomen. Aquestes relacions numèriques van permetre donar forma algebraica a les funcions.

Funcions i relacions numèriques

Segons explica la llegenda, el rei de Lleó, en una partida de caça, va comprar al comte Ferran González un astor pel preu d'un gra de blat. El deute s'havia de doblar per cada dia transcorregut sense que fos saldat. El rei ho va oblidar.

1. A partir d'aquesta llegenda, completa la taula:

DIES TRANSCORREGUTS	1	2	3	4	5	10	20	d
GRANS DE BLAT	1	2	4	8	…	…	…	…

Funcions i relacions algebraiques

El llenguatge algebraic és un recurs magnífic per generalitzar les relacions numèriques.

2. Seguint amb la taula anterior, anomena G el nombre de grans i d els dies transcorreguts i tradueix al llenguatge algebraic aquesta equació:

Nombre de grans = 2 elevat al nombre de dies menys un

NOTA: *Passat un any, el comte va reclamar el pagament i va resultar que no hi havia prou blat al món. Així va aconseguir la independència de Castella.*

Descartes, filòsof i matemàtic francès del segle XVII, va concebre la manera de plasmar gràficament les funcions sobre uns eixos cartesians. (Recorda: «cartesià» ve de Cartesius, Descartes en llatí.)

La paraula «funció» per designar aquestes relacions, així com la seva definició precisa van aparèixer temps després.

Funcions i gràfiques

3. Uns bussejadors han mesurat la pressió i la temperatura de l'aigua durant una immersió a diferents profunditats. Els resultats són aquests:

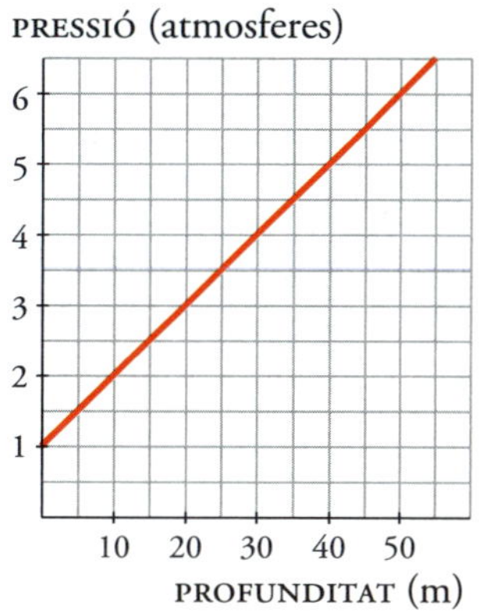

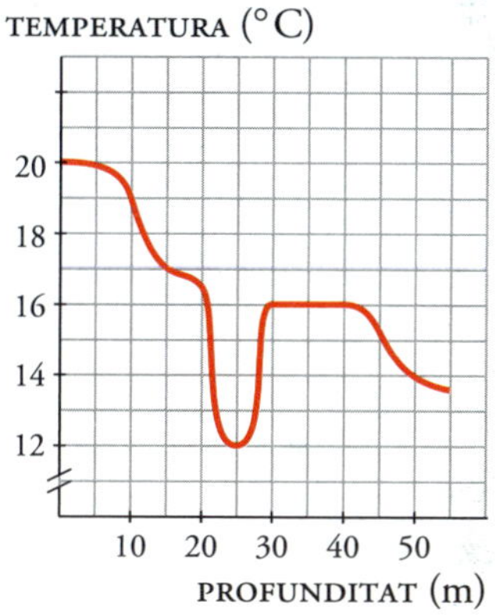

a) Quina és la pressió a 25 m de profunditat? I la temperatura?

b) Podem afirmar que a més profunditat més pressió? Passa el mateix amb la temperatura?

c) Durant la immersió, els bussejadors van creuar un corrent fred. A quina profunditat? Quines eren la temperatura i la la pressió de l'aigua?

4. Observa aquestes relacions funcionals i relaciona cada enunciat amb una de les gràfiques:

A La distància d'un vehicle dels cavallets a l'eix de gir en funció del temps.

B La pressió atmosfèrica en funció de l'altura a la qual pugem.

C El nivell d'aigua d'un pantà en funció del mes de l'any.

1

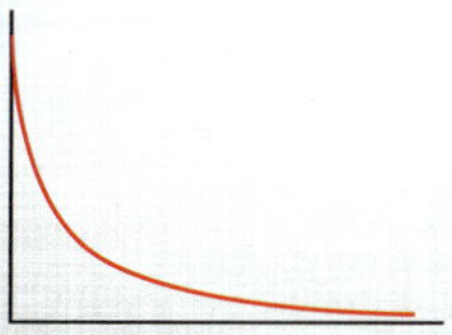

2

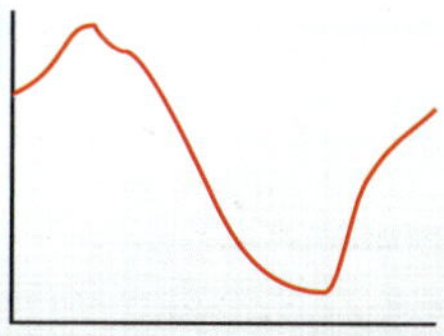

3

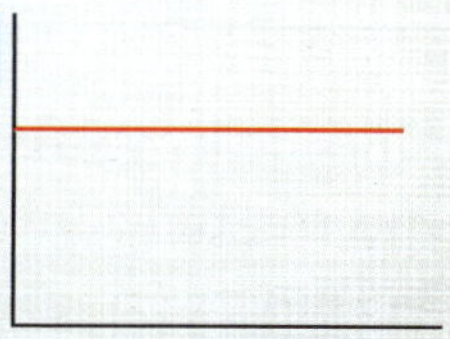

1. CONCEPTE DE FUNCIÓ

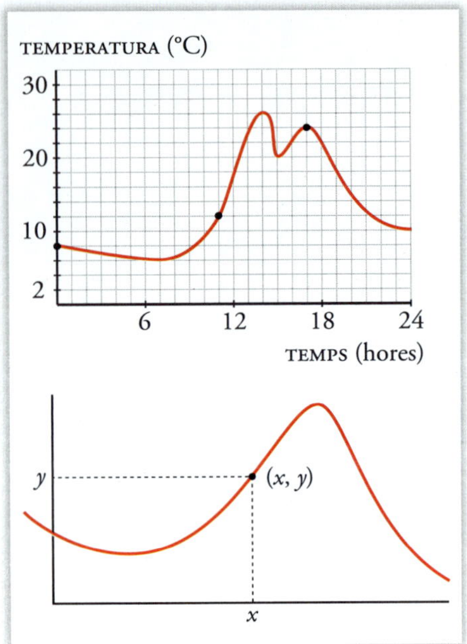

La gràfica del marge descriu la temperatura ambient, en un cert lloc, a cada instant d'un dia.

Cada punt de la gràfica relaciona un valor de l'eix horitzontal (temps, hora del dia) amb un altre de l'eix vertical (temperatura, °C):

- A les 0 h (12 de la nit), la temperatura era de 8 °C.
- A les 11 h, la temperatura era de 12 °C.
- A les 17 h (5 de la tarda), la temperatura era de 24 °C.

És una funció que fa correspondre a cada instant una temperatura.

Una **funció** relaciona **dues variables**. En general es designen per x i y:

- x és la **variable independent**.
- y és la **variable dependent** (el seu valor depèn del valor de x).

La funció associa a cada valor de x **un únic** valor de y.

Per apreciar amb claredat el comportament d'una funció, es representa gràficament en uns eixos cartesians.

» FIXA IDEES

Copia i completa:

F1. Quines de les gràfiques següents són funcions i quines no?

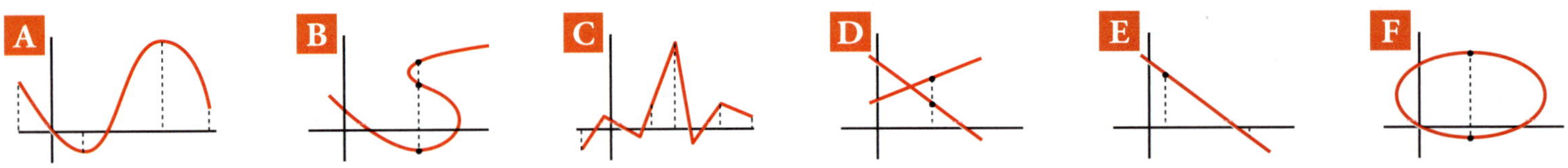

	A	B	C	D	E	F
A cada valor de x li correspon un únic valor de y.	✗	…	…	…	…	…
A alguns valors de x els corresponen diversos valors de y.	…	✗	…	…	…	…
És funció?	Sí	No	…	…	…	…

F2. Obverva la gràfica de dalt (temperatura al llarg del dia) i completa:

a) La temperatura mínima va ser de … graus centígrads, a les … del …

b) A les cinc de la tarda la temperatura era de … graus.

c) A les … del matí la temperatura era de 12 °C.

d) El sol va estar amagat pels núvols durant una hora, entre les … i les … de la tarda.

» APLICA EL QUE HAS APRÈS

1. Quines de les gràfiques següents són funcions i quines no?

Justifica les teves respostes.

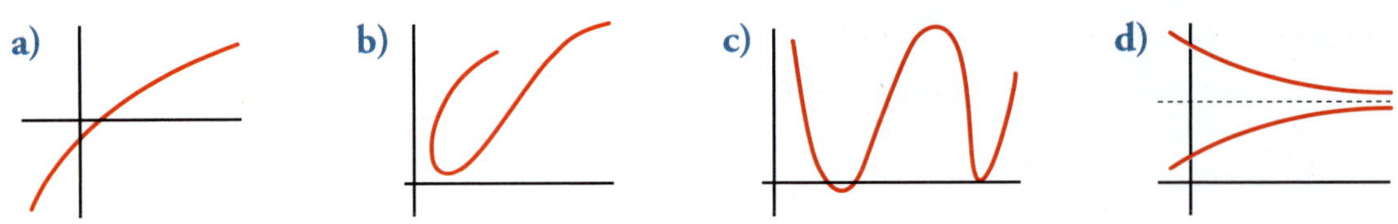

2. CREIXEMENT, DECREIXEMENT, MÀXIMS I MÍNIMS

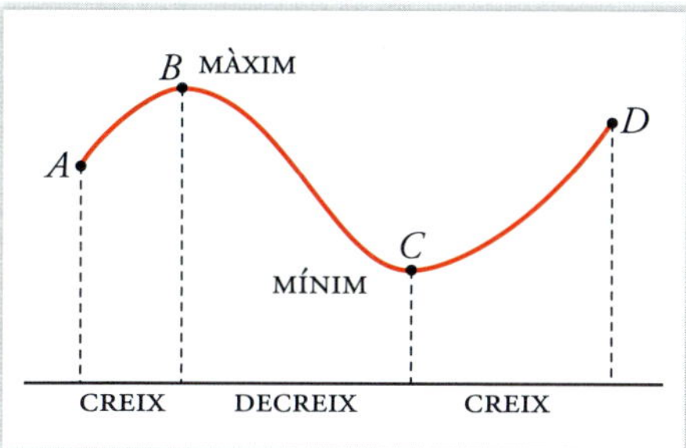

Les funcions s'analitzen i es descriuen d'esquerra a dreta. La funció del marge és *creixent* des de *A* fins a *B* perquè els valors de l'ordenada són cada vegada més grans. És *decreixent* des de *B* fins a *C*, perquè, d'esquerra a dreta, els valors de *y* són cada vegada més petits. Finalment, torna a ser creixent en el tram des de *C* fins a *D*.

El valor *màxim* l'assoleix en el punt *B* i el *mínim*, en el *C*.

> Una funció és **creixent** en un tram quan, en augmentar *x* (és a dir, en recórrer-la d'esquerra a dreta), augmenta *y*.
>
> És **decreixent** si, en augmentar *x*, disminueix *y*.
>
> Si manté el mateix valor en tot el tram, es diu que és **constant** en aquest tram.
>
> El punt en el qual l'ordenada assoleix un valor més gran es diu **màxim** de la funció i el punt en el qual l'ordenada assoleix el valor més petit, **mínim**.

Vegem-ho amb un exemple de l'evolució del nivell d'aigua (en percentatge) en un embassament al llarg d'un any:

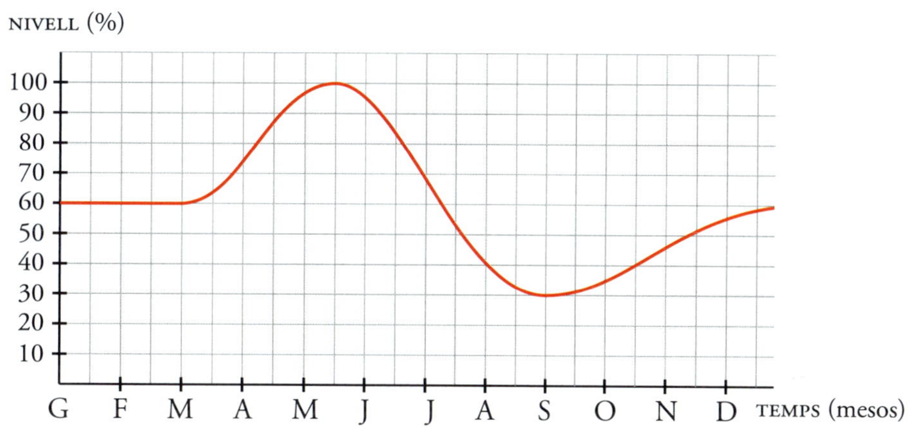

- En els dos primers mesos es manté estable (constant).
- Té un tram creixent des de principis de març fins a mitjans de maig, que és quan assoleix el seu màxim.
- Decreix fins a finals d'agost, quan arriba al seu mínim.
- A partir de llavors, torna a créixer fins a finals d'any.

Taxa de variació

En economia, s'anomena **taxa de creixement** o **variació** en un interval, l'augment respecte del valor inicial expressat en forma de percentatge.

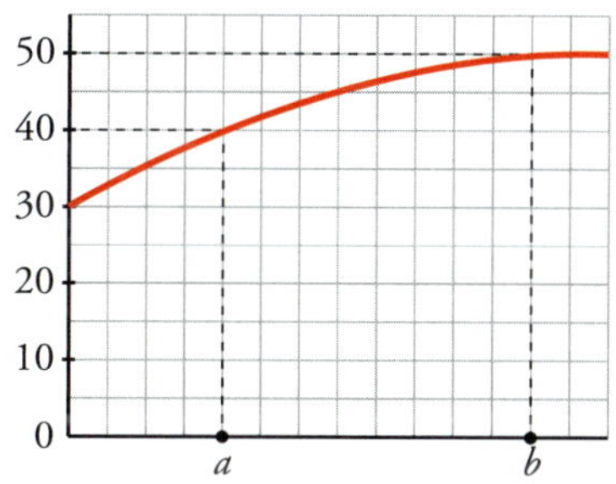

$$\text{TVM}[a,b] = \frac{50-40}{60-20} = 0{,}25 \rightarrow 25\,\%$$

» APLICA EL QUE HAS APRÈS

2. En la gràfica pots veure l'altura d'una avioneta durant tres hores de vol:

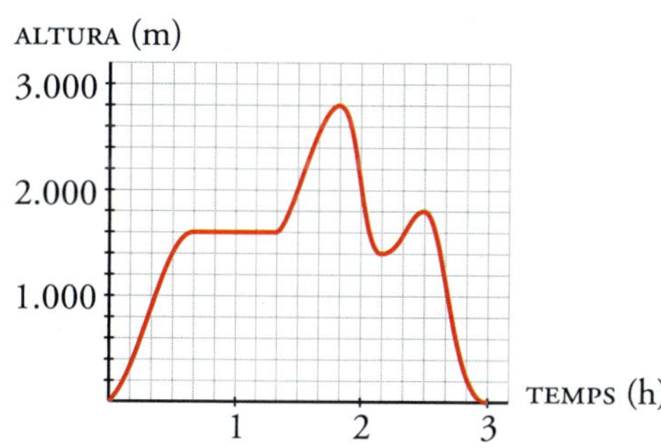

a) Quant temps roman estable? A quina altura?

b) Quant tarda a estabilitzar l'altura?

c) Quan arriba al màxim? Quina altura assoleix?

d) Fes un breu resum de l'evolució de l'altura de l'avioneta des que s'enlaira fins que aterra.

GeoGebra. Creixement, decreixement, màxims i mínims.

3. FUNCIONS DONADES PER TAULES DE VALORS

Hi ha funcions de les quals coneixem una sèrie de punts que, normalment, venen donats en una taula. A més, se sol conèixer la relació que hi ha entre les dues variables. Amb tot això, podem representar la gràfica de la funció de manera aproximada i estudiar-ne les característiques.

Exemple 1

Un atleta fa diversos salts de llargada en el seu entrenament diari. Observa'n els resultats:

SALT	1	2	3	4	5	6	7	8	9	10
LONGITUD	6,75	6,83	6,92	7,35	7,42	7,59	7,28	7,13	7,04	6,87

Els primers salts, per no forçar gaire els músculs, són curts. Després, arriben al seu nivell més alt. I, finalment, els últims salts són més curts a causa, probablement, del cansament.

La funció està formada per punts. La línia que els uneix només serveix per apreciar-ne millor l'evolució.

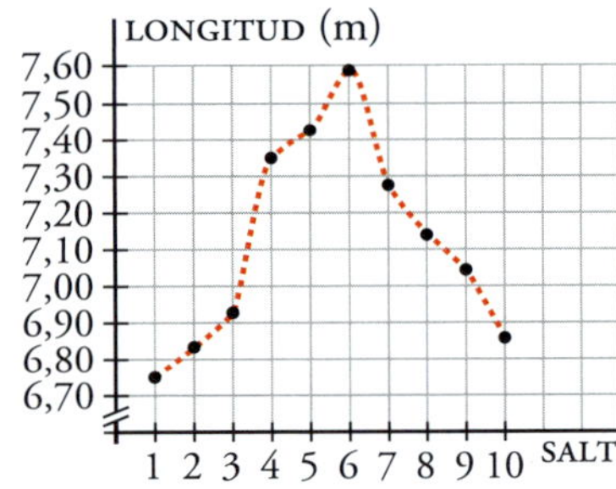

Funcions discontínues

Les funcions que estan formades només per punts, com la de l'exemple 1, s'anomenen **discontínues.**

També són discontínues funcions com la següent:

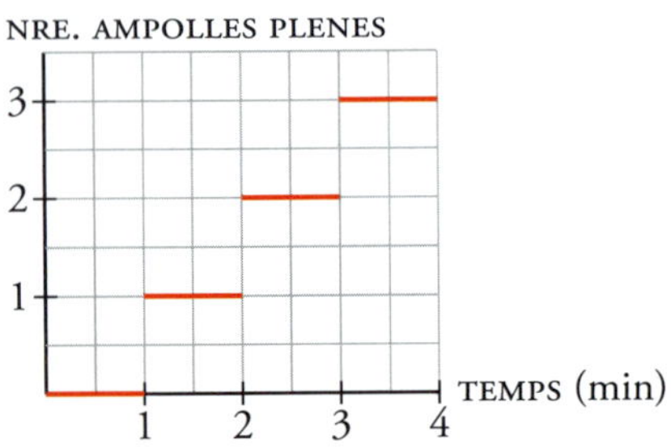

Volem omplir d'aigua diverses ampolles i tardem 1 min a omplir-ne una. En la gràfica es mostra el nombre d'ampolles plenes que tenim a mesura que passa el temps.

Exemple 2

Un corredor de fons fa servir en els entrenaments un mesurador de pulsacions, que està programat per registrar les pulsacions per minut en cada quilòmetre recorregut. Aquests en són els resultats:

DISTÀNCIA (km)	1	2	3	4	5	6	7	8	9	10	11	12
puls./min	145	148	164	182	184	175	162	154	160	173	189	176

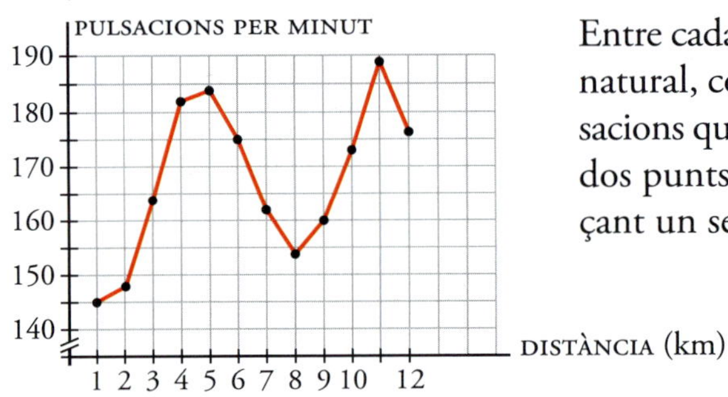

Entre cada dues mesures, el corredor, com és natural, continua tenint un nombre de pulsacions que desconeixem. Per això unim cada dos punts de la forma més senzilla: mitjançant un segment rectilini.

» APLICA EL QUE HAS APRÈS

3. Representa les marques d'un saltador de llargada tal com s'ha fet en l'exemple 1.

SALT	1	2	3	4	5	6	7	8	9	10
LONGITUD	7,02	7,11	7,09	7,23	7,76	7,87	8,01	7,69	7,42	7,26

4. Un corredor de fons s'ha mesurat les pulsacions. Representa-les.

DISTÀNCIA (km)	1	2	3	4	5	6	7	8	9	10
puls./min	125	120	122	127	135	140	143	148	142	138

4. FUNCIONS DONADES PER LA SEVA EQUACIÓ

Tingues en compte

La taula de valors també s'utilitza com a pas intermedi entre l'equació de la funció i la seva representació gràfica.

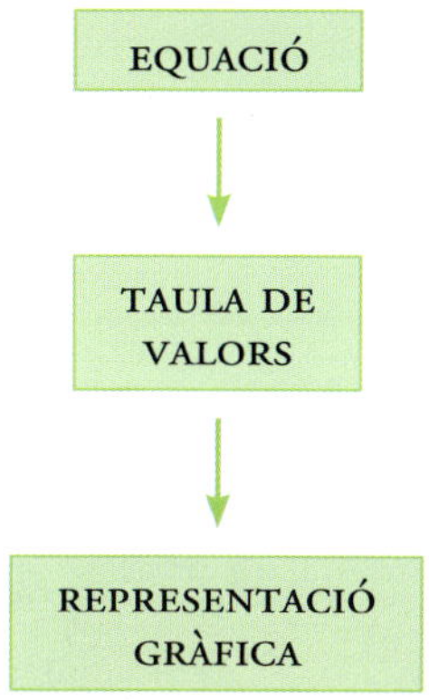

Les funcions també poden donar-se mitjançant la seva equació, que és la relació algebraica entre l'abscissa, *x*, i l'ordenada, *y*. Aquesta manera d'expressar una funció és molt més precisa, ja que permet trobar qualsevol valor intermedi entre dos punts qualssevol.

Per representar una funció donada mitjançant la seva equació, per exemple $y = 2x$, assignem valors a x i obtenim els que corresponen a y. Vegem-ho:

$y = 2x$, si $x = 0 \rightarrow y = 2 \cdot 0 = 0$

si $x = 1 \rightarrow y = 2 \cdot 1 = 2$

si $x = 2 \rightarrow y = 2 \cdot 2 = 4$

...

Aquests resultats, i d'altres, es resumeixen en una taula:

x	0	1	2	3	4	5
y	0	2	4	6	8	10

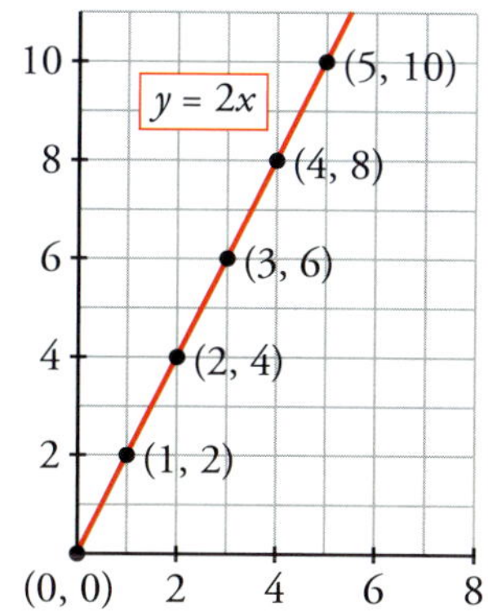

Les funcions poden estar donades per taules de valors que en permeten conèixer alguns dels punts.

La relació algebraica entre la *x* i la *y* dels punts s'anomena **equació de la funció**.

Si coneixem l'equació d'una funció podem obtenir-ne tants punts com necessitem per representar-la.

» FIXA IDEES

Copia i completa:

F3. Per a la funció $y = x^2 - 4x + 4$:

a) Calcula els valors de *y* corresponents als valors 0, 1, 2, 3, 4, 5 i 6 de *x*:

$x = 0 \rightarrow y = 0 - 0 + 4 = 4$

$x = 1 \rightarrow y = \ldots - \ldots + \ldots = \ldots$

$x = 2 \rightarrow y = 4 - 8 + 4 = 0$

$x = 3 \rightarrow y = 9 - \ldots + \ldots = \ldots$

$x = 4 \rightarrow y = \ldots - \ldots + \ldots = \ldots$

$x = 5 \rightarrow y = 25 - 20 + 4 = 9$

$x = 6 \rightarrow y = \ldots - \ldots + \ldots = \ldots$

b) Completa la taula amb aquests valors:

x	0	1	2	3	4	5	6
y	4	...	0	...	...	9	...

c) Representa'ls i comprova que corresponen a aquesta gràfica.

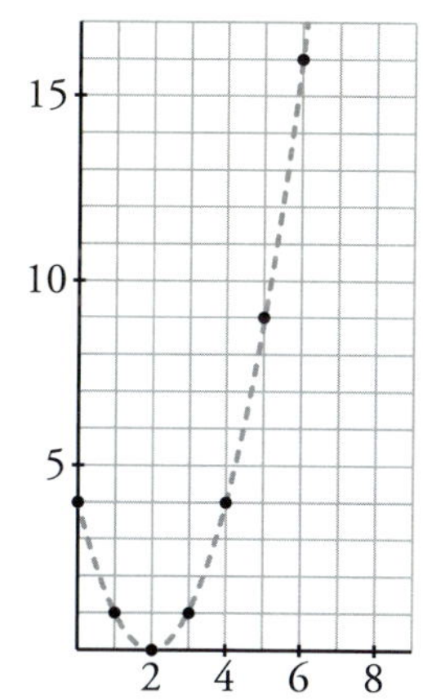

» APLICA EL QUE HAS APRÈS

5. Copia, completa i representa la funció:

$$y = x + 4$$

x	0	1	2	3	4	5	6
y	4	...	...	7	...	...	...

6. Assigna a *x* els valors 0, 1, 2, 3, 4, 5 i 6 i representa la funció $y = \dfrac{x+2}{2}$.

7. Assigna a *x* els valors 0, 1, 2, 3, 4, 5, 6, 7, 8, 9 i 10 i representa $y = x \cdot (10 - x)$.

5. FUNCIONS DE PROPORCIONALITAT: $y = mx$

Durant el recorregut, la distància que avança el cargol és proporcional al temps. Al parc ha observat que un cargol pot avançar mig metre per minut, que una tortuga recorre un metre per minut i que un escarabat en recorre dos en el mateix temps.

Després, ha completat les taules següents amb les dades per calcular la distància que pot recórrer cada animal en funció del temps transcorregut. I, finalment, les ha representat en una gràfica.

- CARGOL: 0,5 m/min

TEMPS (min)	0	1	2	3	4	...	x
DISTÀNCIA (m)	0	0,5	1	1,5	2	...	$0{,}5x$

La distància que recorre el cargol en funció del temps s'obté mitjançant aquesta equació:

$$y = 0{,}5x$$

- TORTUGA: 1 m/min

TEMPS (min)	0	1	2	3	4	...	x
DISTÀNCIA (m)	0	1	2	3	4	...	x

La distància que recorre la tortuga en funció del temps s'obté mitjançant aquesta equació:

$$y = x$$

- ESCARABAT: 2 m/min

TEMPS (min)	0	1	2	3	4	...	x
DISTÀNCIA (m)	0	2	4	6	8	...	$2x$

La distància que recorre l'escarabat en funció del temps s'obté mitjançant aquesta equació:

$$y = 2x$$

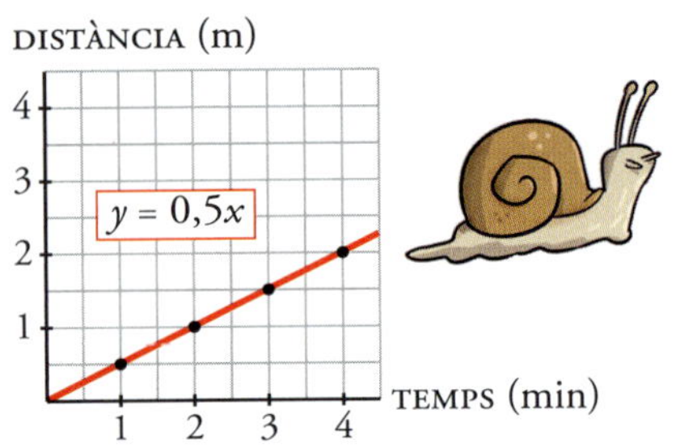

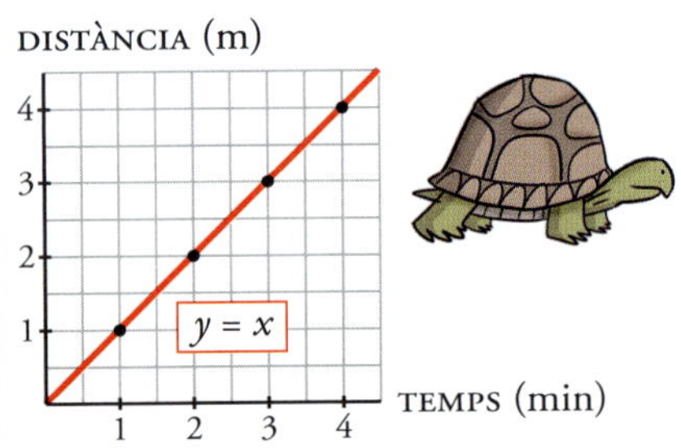

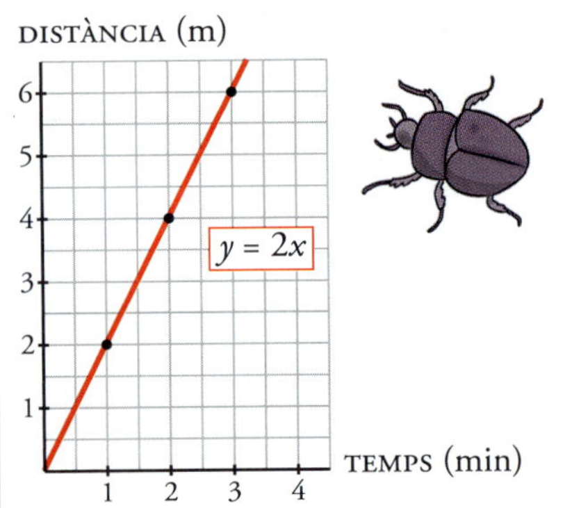

Observa, a l'esquerra, que cada una d'aquestes equacions es representa amb una recta i que aquestes rectes només es diferencien per la inclinació: com més gran és el nombre que multiplica *x*, més gran és la inclinació de la recta.

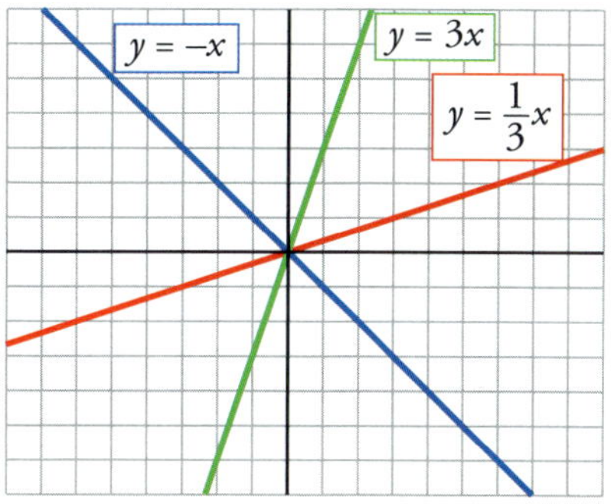

Durant el recorregut, la distància que avança el cargol és **proporcional** al temps. I el mateix passa amb la tortuga i l'escarabat. Per això, les funcions que relacionen la distància amb el temps s'anomenen *funcions de proporcionalitat*. Les funcions següents ho són:

$y = 0{,}5x$ $\qquad$ $y = x$ $\qquad$ $y = 2x$

Una **funció de proporcionalitat** relaciona dos valors directament proporcionals.

- L'equació corresponent és $\boldsymbol{y = mx}$.
- Es representa mitjançant **una recta** que passa pel punt (0, 0).
- La constant de proporcionalitat, m, pot ser positiva o negativa. Es diu **pendent** de la recta i té a veure amb la seva inclinació.

EXERCICI RESOLT

Representa les funcions de proporcionalitat que tenen aquestes equacions:

a) $\boldsymbol{y = -2x}$ $\qquad$ *b)* $\boldsymbol{y = \frac{2}{3}x}$

a)

x	0	1	2	3	–1	–2
y	0	–2	…	…	2	…

b) Per obtenir ordenades (y) enteres, assignem a les abscisses (x) valors múltiples de 3:

x	0	3	6	9	–3	–6
y	0	2	…	…	–2	…

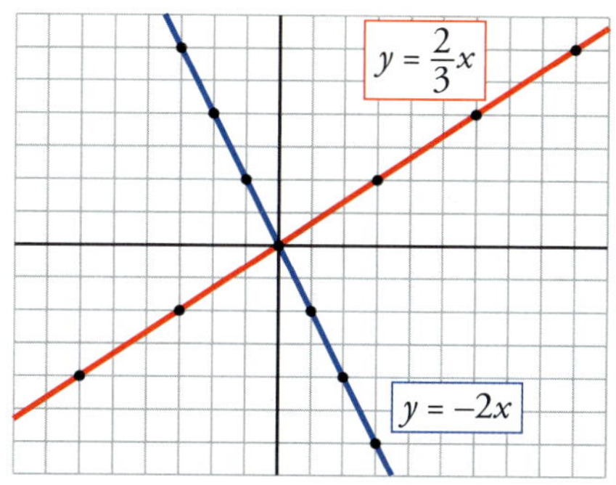

» APLICA EL QUE HAS APRÈS

8. Relaciona cada equació amb la gràfica corresponent:

a) $y = 4x$ $\qquad$ b) $y = \frac{4}{3}x$ $\qquad$ c) $y = \frac{-1}{4}x$ $\qquad$ d) $y = -3x$

A

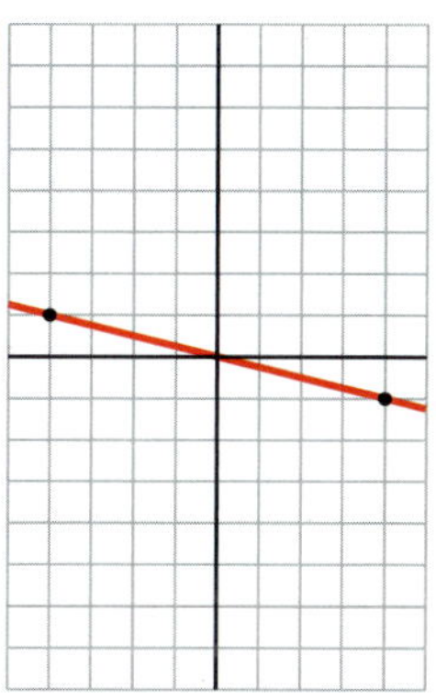

B

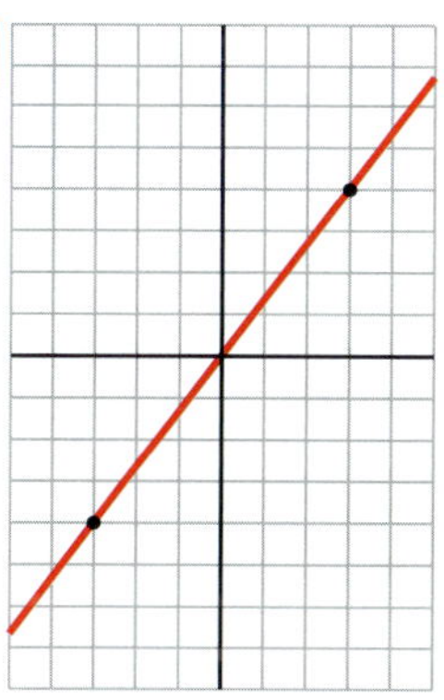

C

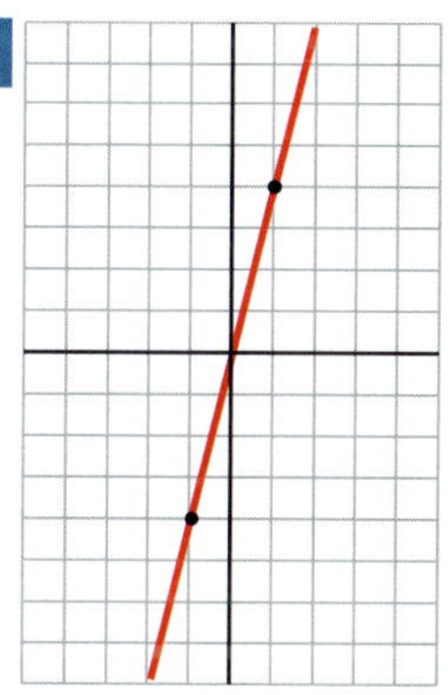

D

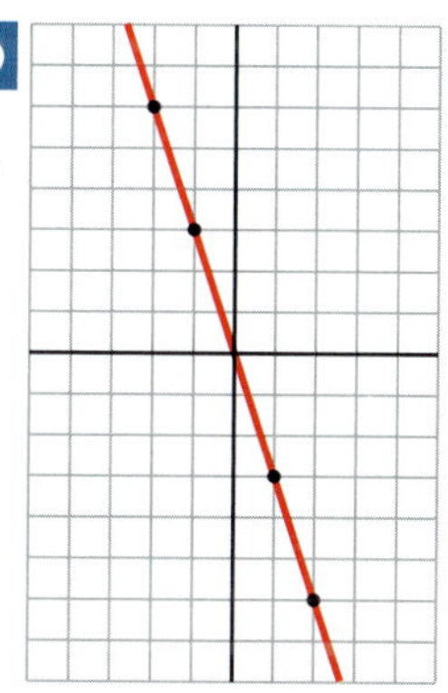

9. Completa la taula corresponent a cada una d'aquestes funcions de proporcionalitat i representa-les gràficament:

a) $y = -\frac{1}{2}x$

x	0	2	4	6	–2	–4
y	…	…	…	–3	…	…

b) $y = \frac{2}{5}x$

x	0	5	10	15	–5	–10
y	…	…	…	6	…	…

GeoGebra. Representa funcions de proporcionalitat.

6. PENDENT D'UNA RECTA

- L'equació d'aquesta recta és $y = \frac{4}{3}x$.

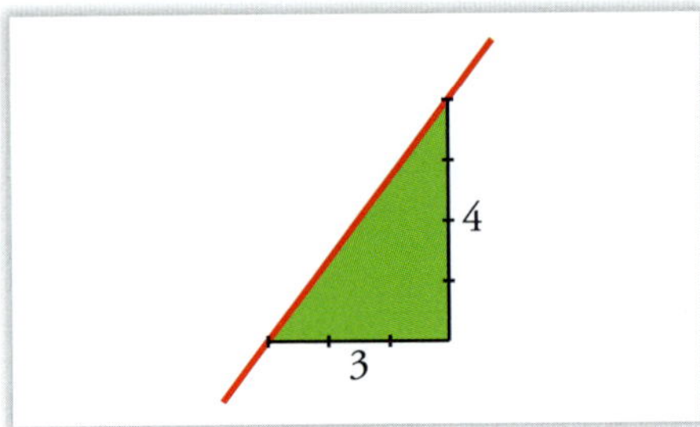

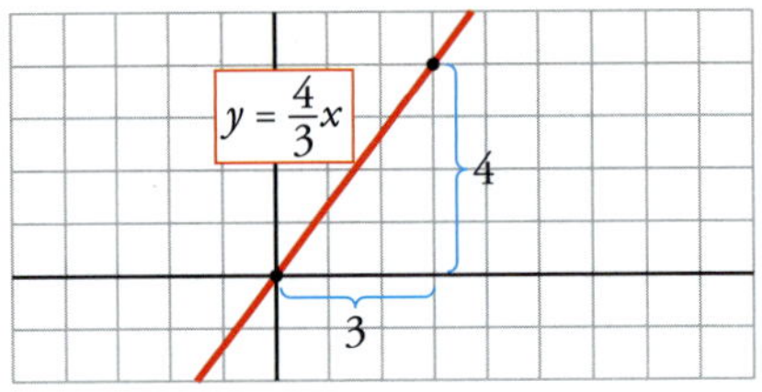

El seu pendent és $\frac{4}{3}$.

Quan la x avança 3 unitats, la y puja 4 unitats.

- L'equació d'aquesta recta és $y = \frac{1}{2}x$.

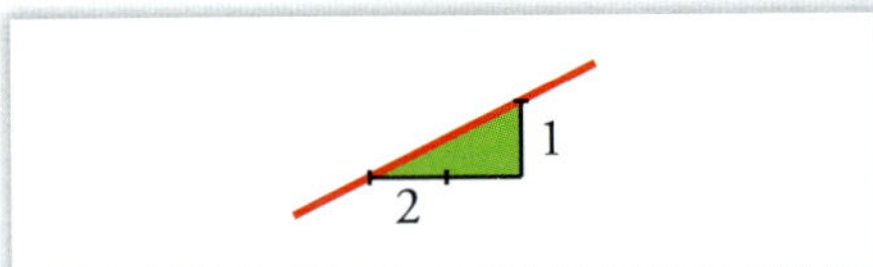

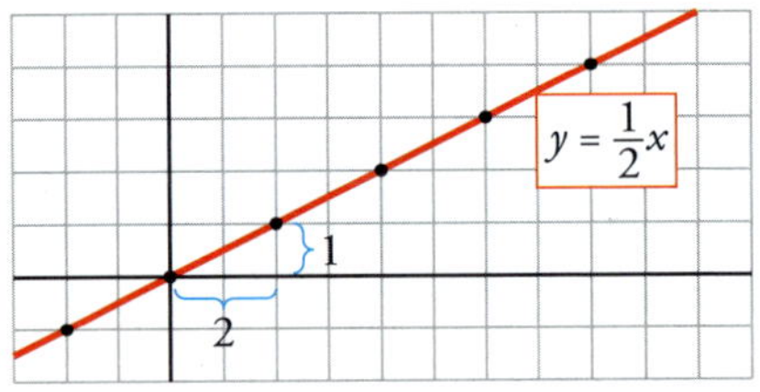

El seu pendent és $\frac{1}{2}$.

Quan la x avança 2 unitats, la y puja 1 unitat.

- L'equació d'aquesta recta és $y = 3x$.

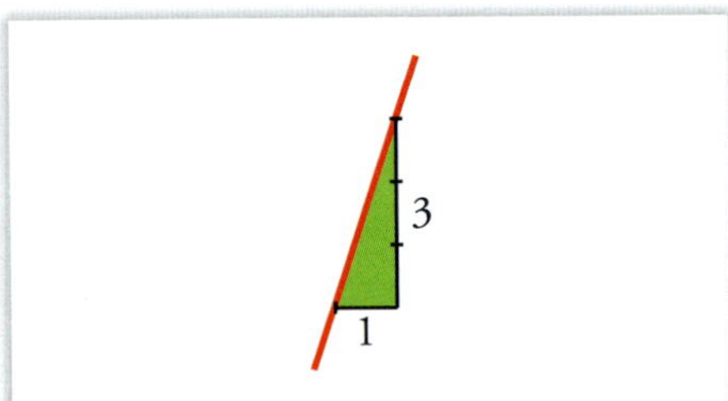

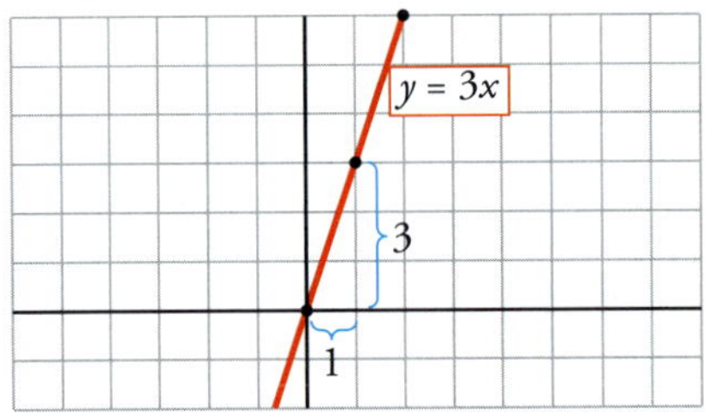

El seu pendent és $3 = \frac{3}{1}$.

Quan la x avança 1 unitat, la y puja 3 unitats.

- L'equació d'aquesta recta és $y = -\frac{5}{4}x$.

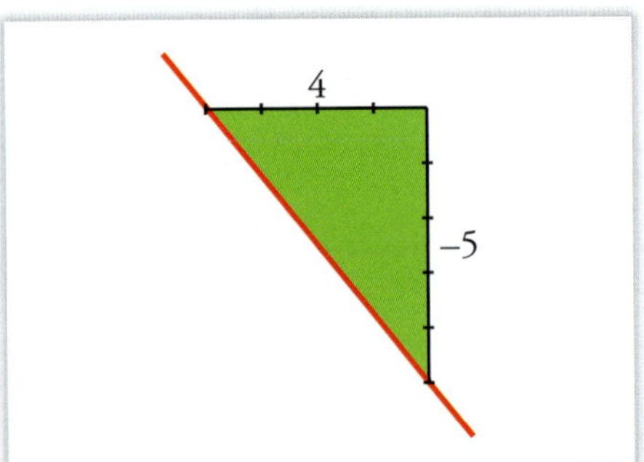

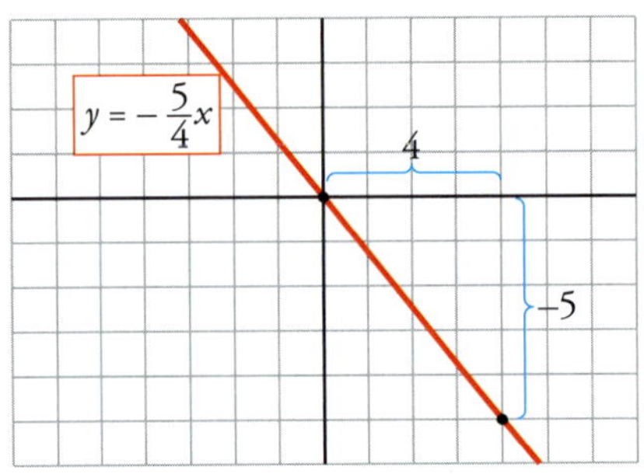

El seu pendent és $-\frac{5}{4} = \frac{-5}{4}$.

Quan la x avança 4 unitats, la y baixa 5 unitats.

El **pendent** m d'una recta $y = mx$ és la mesura del seu creixement:

- Si m és positiva, la recta és creixent.
- Si m és negativa, la recta és decreixent.

La recta $y = \frac{a}{b}x$ i la recta $y = -\frac{a}{b}x$, en què a i b són nombres naturals, es representen de la manera següent:

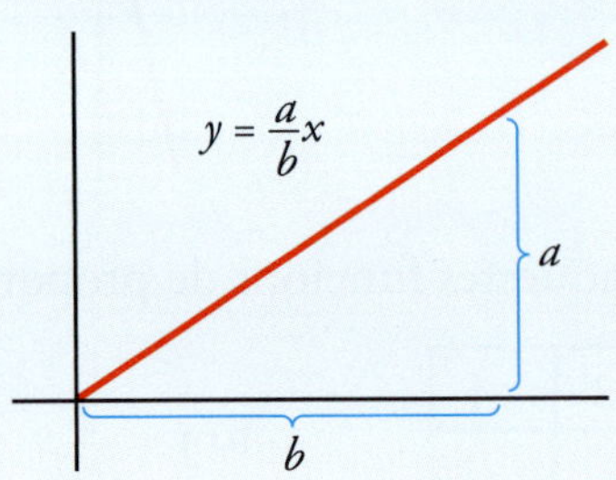

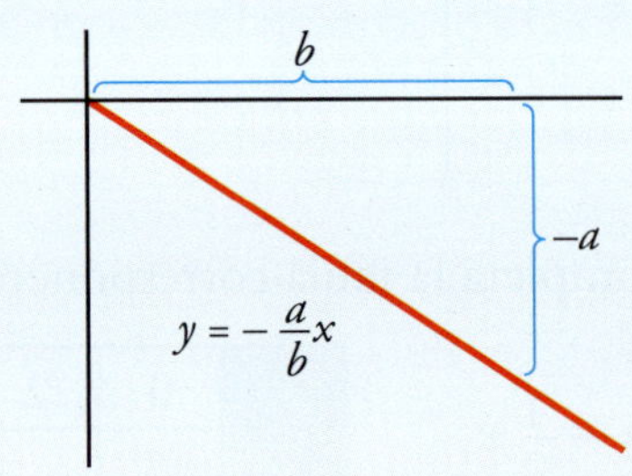

» FIXA IDEES

Copia i completa:

F4. Obtén el pendent i escriu l'equació de cada una de les rectes següents:

A

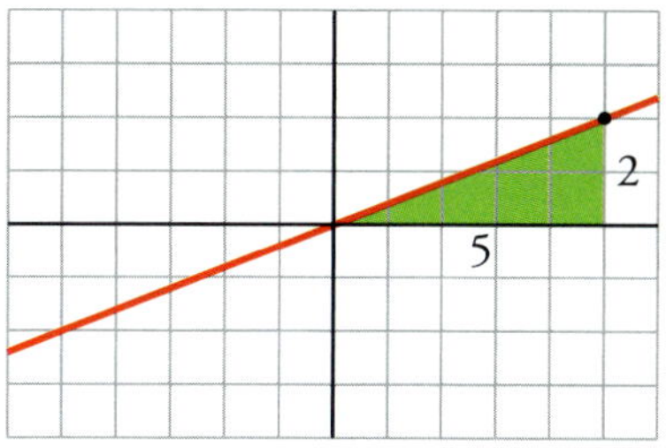

B

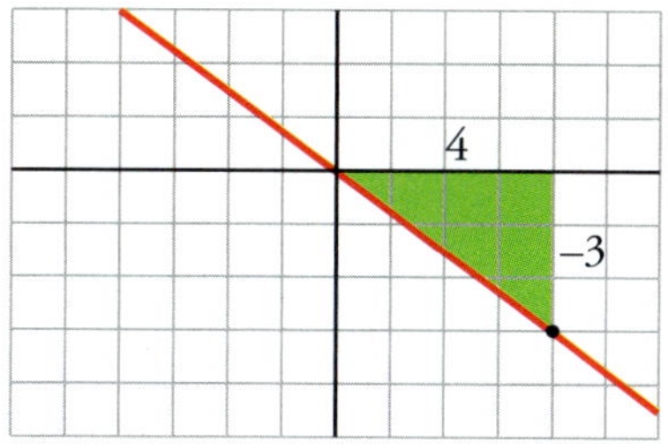

C

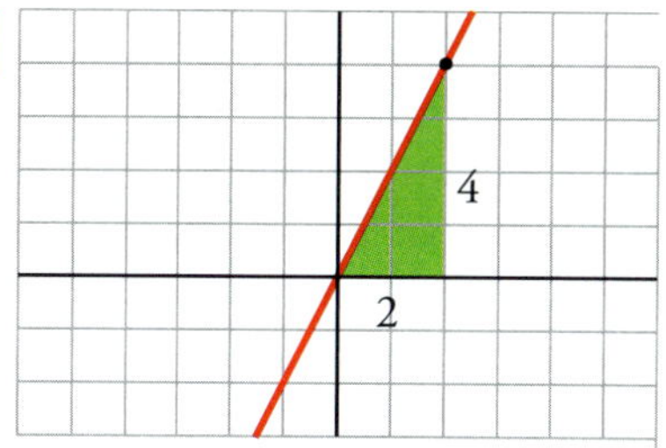

a) $m = \frac{2}{5} \rightarrow y = \frac{\square}{\square}x$

b) $m = \frac{-3}{\square} = -\frac{3}{\square} \rightarrow y = -\frac{\square}{\square}x$

c) $m = \frac{4}{2} = \square \rightarrow y = \square x$

D

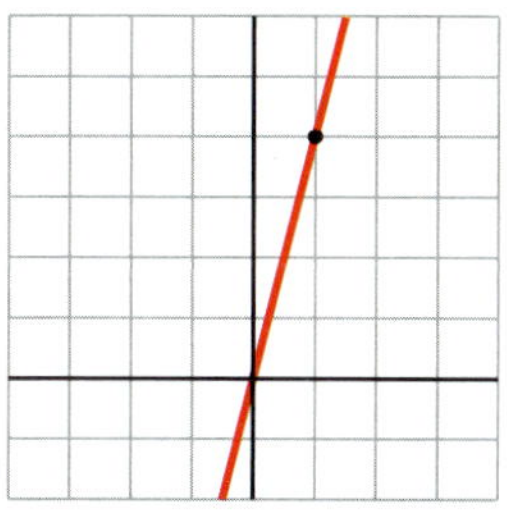

E

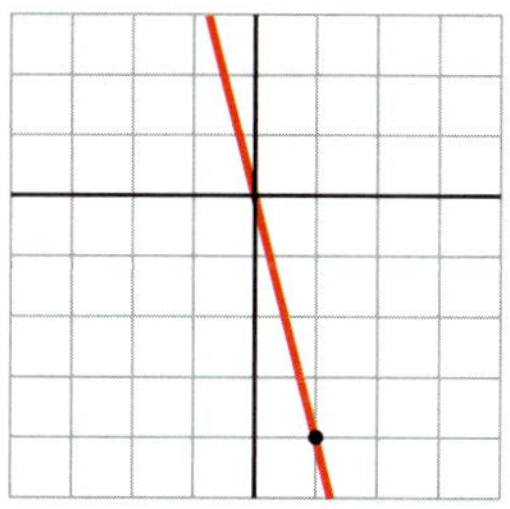

F

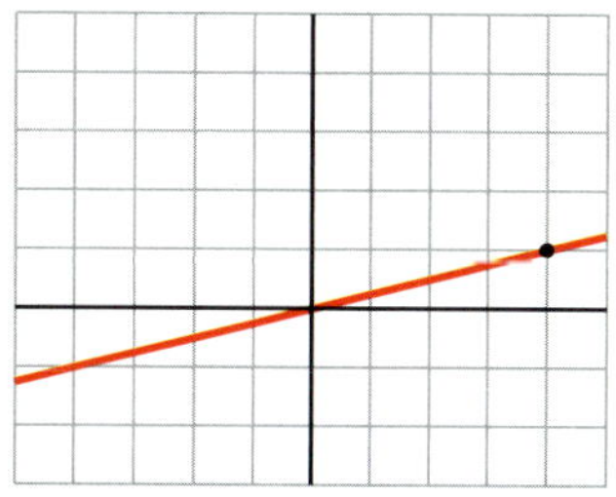

G

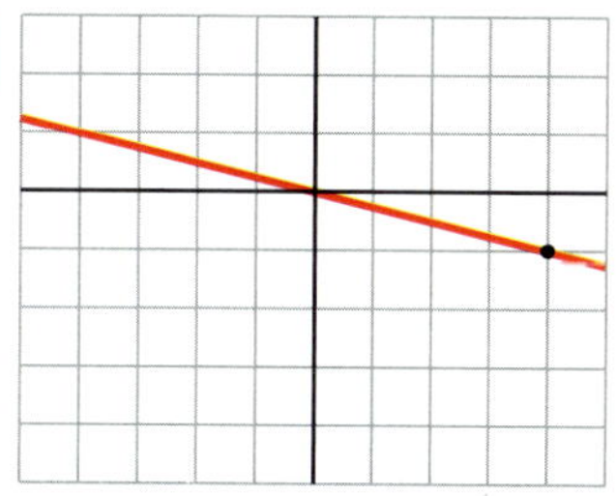

d) $m = \frac{\square}{1} = \square$

$y = \square x$

e) $m = \frac{-4}{\square} = -\square$

$y = -\square x$

f) $m = \frac{\square}{\square}$

$y = \frac{\square}{\square}x$

g) $m = \frac{-\square}{\square}$

$y = -\frac{\square}{\square}x$

F5. Observa les gràfiques, obtén el pendent i escriu l'equació de cada una de les rectes. Tingues en compte que la inclinació d'una recta és la mateixa en qualsevol dels seus segments.

A

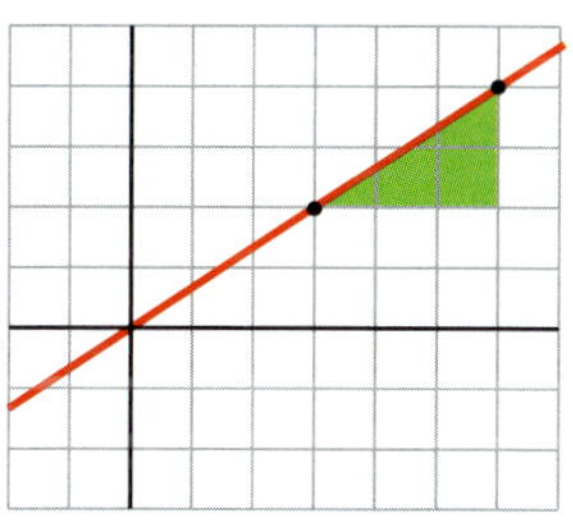

B

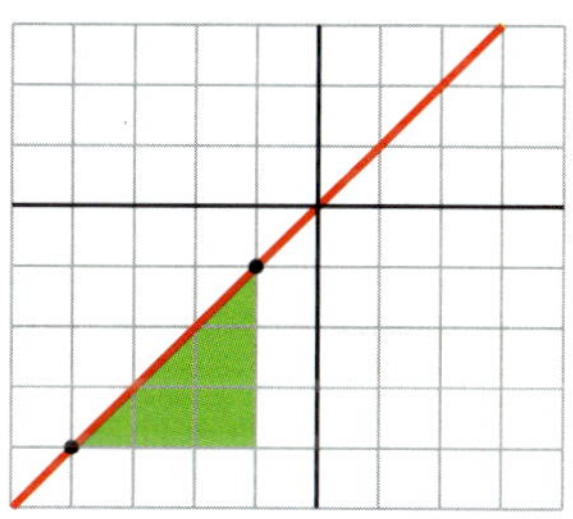

C

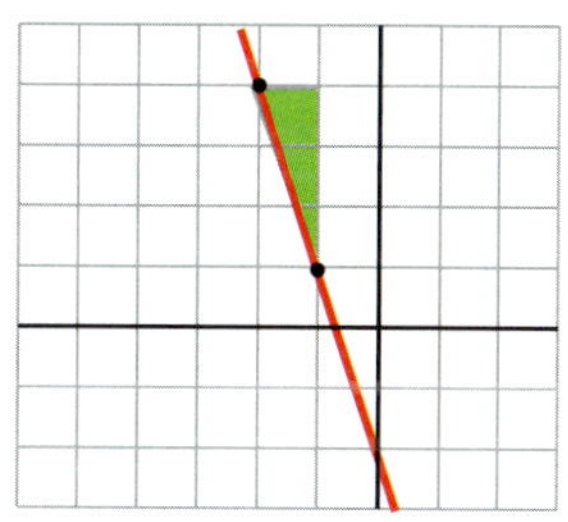

D

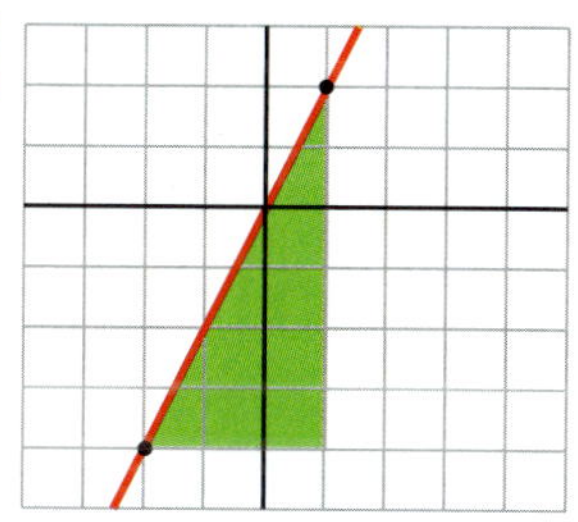

a) $y = \frac{2}{3}x$

b) $y = \square x$

c) $y = -\square x$

d) $y = \square x$

» APLICA EL QUE HAS APRÈS

10. Indica quin d'aquests pendents correspon a cada una de les rectes representades:

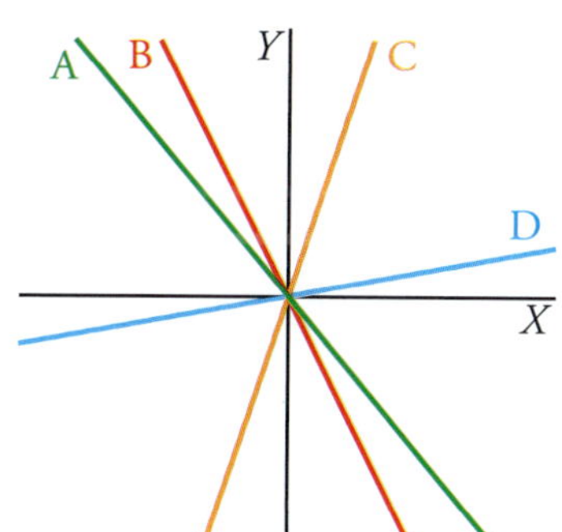

a) $m = 3$

b) $m = \frac{1}{4}$

c) $m = -1$

d) $m = \frac{-7}{3}$

GeoGebra. Practica el càlcul del pendent d'una recta.

7. FUNCIONS LINEALS: $y = mx + n$

Nota

En matemàtiques superiors, s'anomenen *funcions lineals* les del tipus $y = mx$ i *funcions afins* les del tipus $y = mx + n$.

Tanmateix, en matemàtiques aplicades, com, per exemple, en economia, s'anomenen lineals les funcions que es representen mitjançant rectes.

I aquest és el criteri que fem servir:

lineals → $y = mx + n$

de proporcionalitat → $y = mx$

La Samira és al parc amb el Tobi, la seva mascota. Quan el gos està a 3 metres, li llança una pilota. Per anar-la a buscar, el Tobi recorre 2 metres per segon.

La distància entre la Samira i el Tobi en funció del temps que esmerça per anar a buscar la pilota és la següent:

0 segons → 3 m

1 segon → $3 + 1 \cdot 2 = 5$ m

2 segons → $3 + 2 \cdot 2 = 7$ m

3 segons → $3 + 3 \cdot 2 = 9$ m

4 segons → $3 + 4 \cdot 2 = 11$ m

5 segons → $3 + 5 \cdot 2 = 13$ m

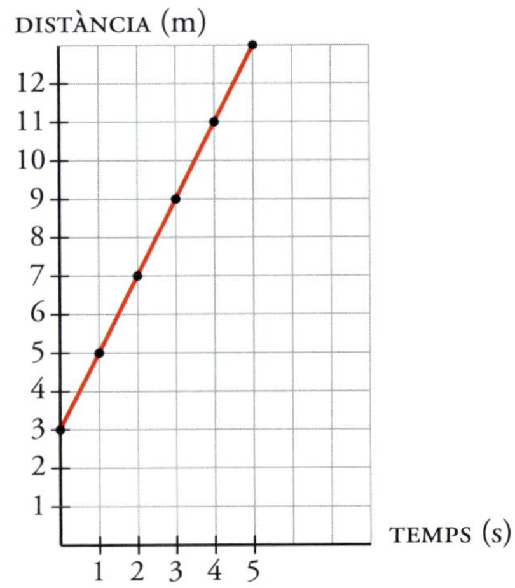

TEMPS (s)	0	1	2	3	4	5	...	x
DISTÀNCIA (m)	3	5	7	9	11	13	...	$3 + 2x$

La distància s'obté en funció del temps mitjançant aquesta equació:

$$y = 3 + 2x$$

Les funcions $y = mx + n$ s'anomenen **funcions lineals.**

- L'equació $\boldsymbol{y = mx + n}$ es representa mitjançant una recta de **pendent** m que talla l'eix Y en el punt $(0, n)$.
- Dues equacions amb el mateix pendent es representen mitjançant rectes paral·leles.
- El valor n s'anomena **ordenada en l'origen.**
- Si $n = 0$, es tracta d'una funció de proporcionalitat, $y = mx$.

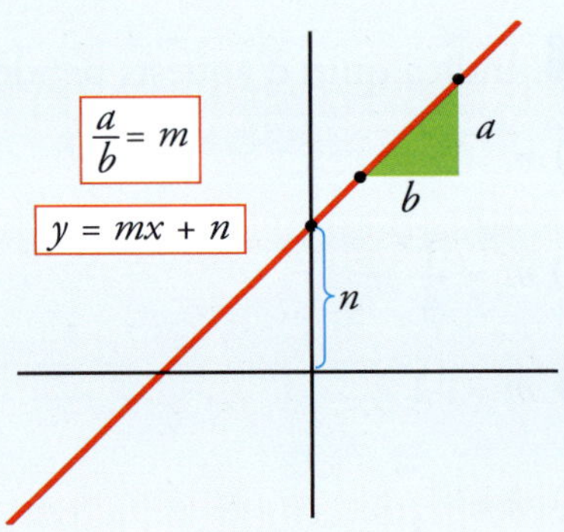

Tingues en compte

Rectes paral·leles → mateix pendent

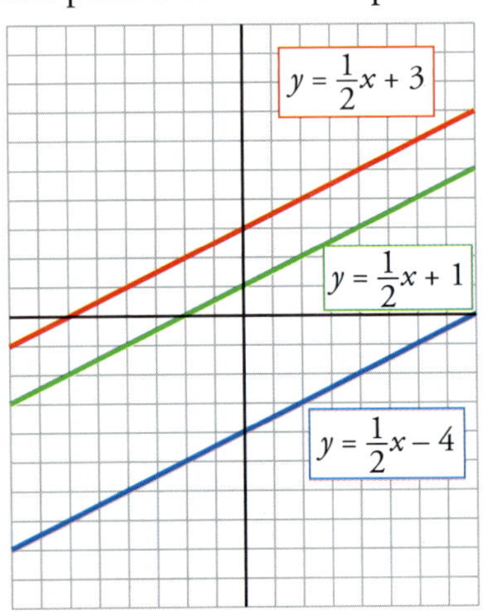

EXERCICI RESOLT

Representa la funció $y = 2x - 5$.

NOTA: Podríem construir una taula de valors i representar els punts, però aquí et proposem un mètode més ràpid.

Ens fixem en el pendent ($m = 2$) i en l'ordenada en l'origen ($n = -5$).

- El pendent, $m = 2 = \frac{2}{1}$, indica que:
  Per cada unitat (1) que avança, en puja 2.
- L'ordenada en l'origen, $n = -5$, indica que:
  Passa pel punt (0, –5).

Amb aquestes dades podem dibuixar la gràfica.

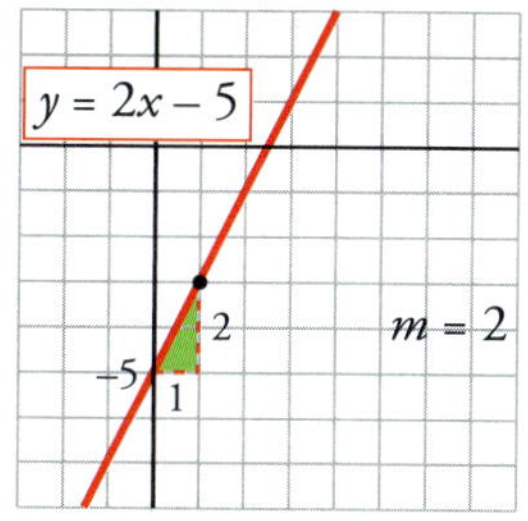

» FIXA IDEES

Copia i completa els textos i les gràfiques:

F6. Representa la funció $y = \frac{2}{3}x + 1$ a la primera gràfica de la dreta:

- El pendent és $m = \frac{2}{3}$. Per cada … unitat que avança, puja … unitats.
- L'ordenada en l'origen és $n = 1$. Passa pel punt (0, …).

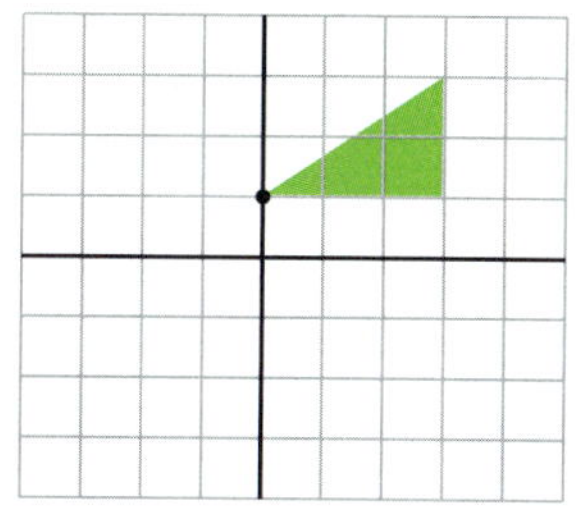

F7. Representa la funció $y = -3x + 4$ a la segona gràfica de la dreta:

- El pendent és $m = -3 = \frac{-3}{1}$. Per cada … u que avança, baixa … u.
- L'ordenada en l'origen és $n = 4$. Passa pel punt (0, …).

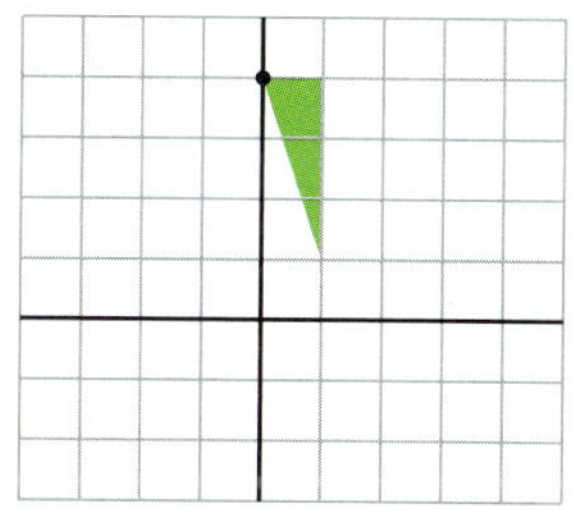

F8. a) Escriu l'equació de la recta r de la tercera gràfica de la dreta:

- Passa pel punt $P(0, 2) \longrightarrow n = \dots$
- Quan avança 3, puja … $\longrightarrow m = \frac{\dots}{3}$
- La seva equació és $\longrightarrow y = \frac{\dots}{3}x + \dots$

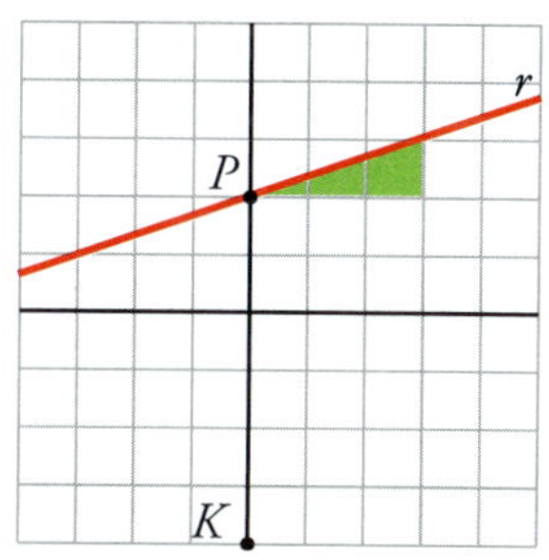

b) Dibuixa una recta paral·lela a la recta r de la quarta gràfica que passi pel punt $M(0, 4)$. Després escriu-ne l'equació:

- Passa pel punt $m(0, 4) \longrightarrow n = \dots$
- Té el mateix pendent que $r \longrightarrow m = \frac{\dots}{3}$
- La seva equació és $\longrightarrow y = \frac{\dots}{3}x + \dots$

c) Dibuixa un altra recta paral·lela a r que passi per $K(0, -4)$ i escriu-ne l'equació.

- Passa pel punt $K(0, -4) \longrightarrow n = - \dots$
- Té el mateix pendent que $r \longrightarrow m = \frac{\dots}{3}$
- La seva equació és $\longrightarrow y = \frac{\dots}{3}x - \dots$

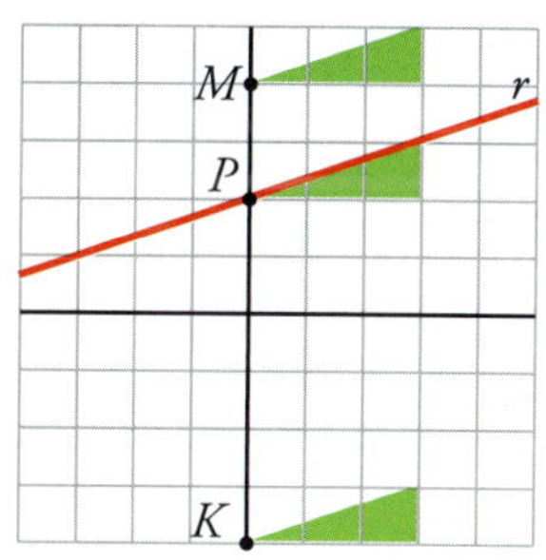

GeoGebra. Representa funcions lineals.

8. FUNCIONS CONSTANTS: $y = k$

Una llanxa ràpida es desplaça pel mar.

Un helicòpter, que es manté a deu metres d'altura, la segueix.

Un dofí curiós, que es manté a una profunditat de tres metres, persegueix la llanxa ràpida.

Pensa en les funcions que relacionen, en cada cas, l'altura amb el temps transcorregut.

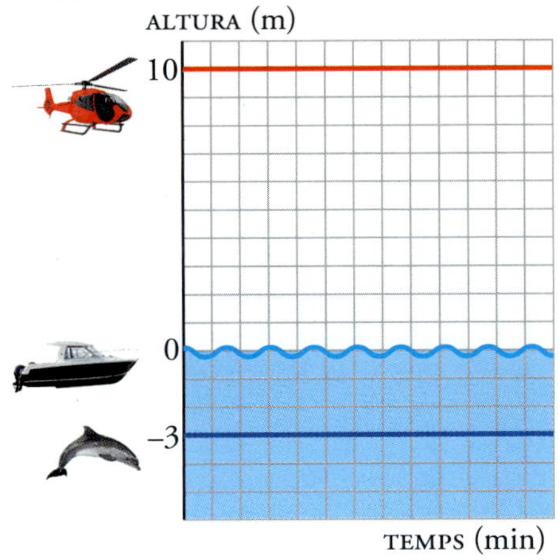

Helicòpter:

TEMPS (min)	0	1	2	3	4	...
ALTURA (m)	10	10	10	10	10	...

L'altura de l'helicòpter en funció del temps és constant: $y = 10$.

La funció $\boldsymbol{y = k}$, en què el valor de y no depèn de x, s'anomena **funció constant**.

Es representa per una recta paral·lela a l'eix X, a una distància k d'aquesta.

El pendent d'una funció constant és 0.

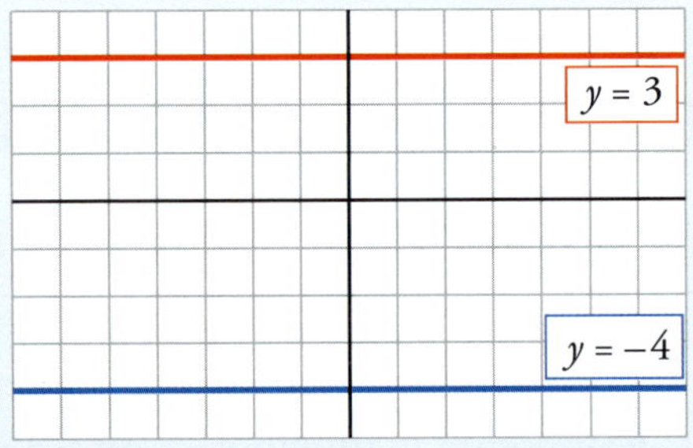

EXERCICI RESOLT

El London Eye és una roda mirador de 136 m d'altura que hi ha al centre de Londres. Escriu l'equació de la funció que relaciona el temps que gira la roda i la distància a la qual es troba del centre una determinada cabina.

Com que l'altura és de 136 m, la distància d'una cabina al centre és aquesta:

$$136 : 2 = 68 \text{ m}$$

Per tant, la funció que relaciona el temps transcorregut amb la distància d'una cabina al centre de la roda és una funció constant que té aquesta equació:

$$y = 68$$

» APLICA EL QUE HAS APRÈS

11. Representa les funcions següents:

a) $y = 7$ **b)** $y = -3$ **c)** $y = 0$

12. **a)** Representa la recta que passa per aquests punts:

$A(-2, 3)$

$B(5, 3)$

b) Sense fer cap càlcul, quina n'és l'equació?

13. Quina és l'equació de l'eix X?

14. Escriu l'equació de les funcions següents:

GeoGebra. Representa funcions constants.

» EXERCITA LES TEVES COMPETÈNCIES

Representació i interpretació de punts

1. Dibuixa en un paper quadriculat uns eixos coordenats i representa-hi aquests punts:

$A(3, 2)$; $B(3, 7)$; $C(4, -1)$; $D(-4, 3)$; $E(-6, -2)$;
$F(0, 5)$; $G(3, 0)$; $H(-2, 0)$; $I(0, -5)$; $J(0, 0)$

2. Digues les coordenades de cada punt:

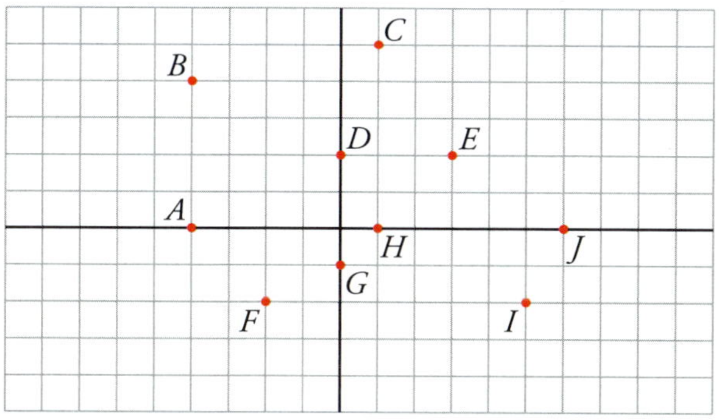

Concepte de funció

3. Quines d'aquestes gràfiques corresponen a una funció i quines no? Explica per què.

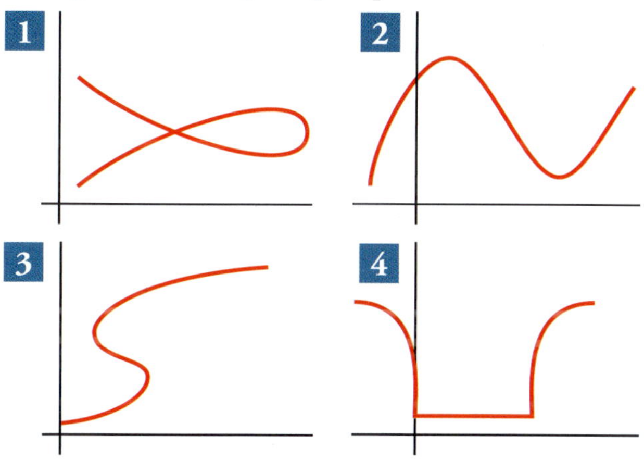

4. **a)** Una recta vertical, paral·lela a l'eix Y, pot ser la representació gràfica d'una funció?

b) I una recta horitzontal?

c) I una circumferència?

5. Indica quins enunciats corresponen a una funció:

a) La velocitat d'una moto en funció del temps de viatge.

b) La temperatura màxima en funció del dia.

c) El pes d'una persona en funció de la seva altura.

d) La distància a casa en funció de l'hora del dia.

e) L'edat de l'Anna en funció de l'any actual.

Interpretació de gràfiques

6. Aquesta gràfica descriu la velocitat d'un cotxe de competició en cada punt d'aquest circuit:

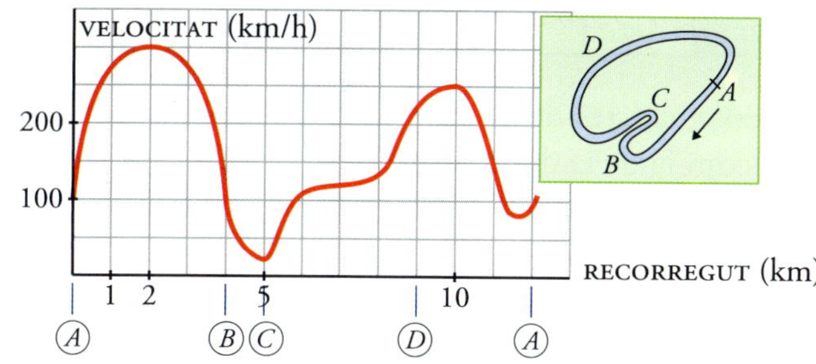

a) Digues en quins trams la velocitat és creixent i en quins és decreixent.

b) A què creus que es deuen els augments i les disminucions de velocitat?

c) Assenyala el màxim i el mínim d'aquesta funció.

7. Indica quina d'aquestes gràfiques representa la distància recorreguda per un vehicle al llarg de 4 h de viatge, si al cap de 2 h s'atura a a descansar durant mitja hora i al cap de 3 h puja un port:

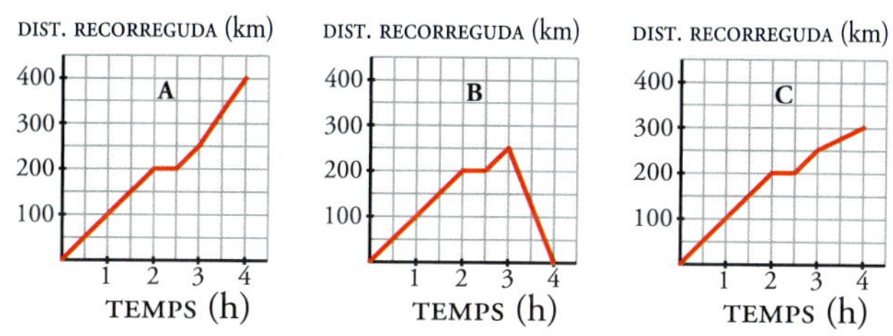

Quina distància ha recorregut?

8. La Sara i en Daniel organitzen una cursa de cargols. Un porta un adhesiu vermell i l'altre, un adhesiu verd.

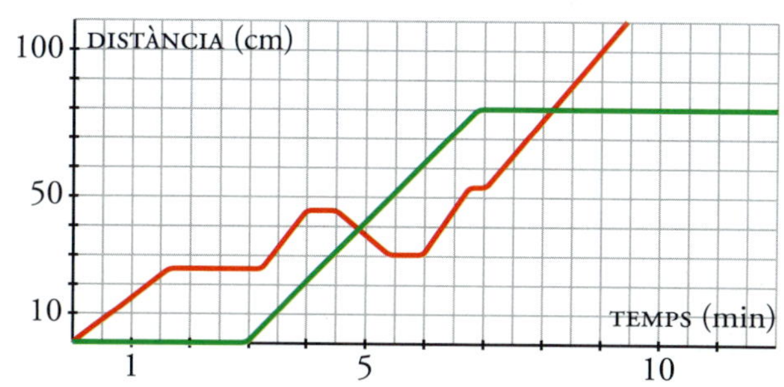

El verd tarda a sortir i s'atura abans d'arribar a la meta.

a) Quant temps està aturat en cada cas? A quina distància de la meta s'atura definitivament?

b) Quants centímetres i durant quant temps el vermell va en direcció contrària?

c) Descriu la cursa.

Representació de funcions

9. S'ha mesurat, mes a mes, l'estatura d'un nen des que neix fins que té un any:

EDAT (mesos)	0	1	2	3	4	5	6	7	8	9	10	11	12
ESTATURA (cm)	54	58	62	64	67	69	71	72	74	75	77	78	80

Representa els resultats en una gràfica com la de la dreta. Observa que l'escala de l'eix Y comença a 50 i arriba fins a 80, ja que si comencés a 0 no s'apreciarien bé les petites diferències d'estatura d'un mes a l'altre.

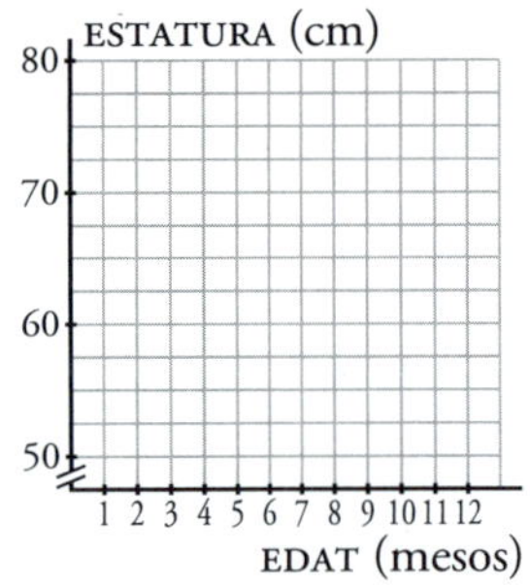

10. Durant deu setmanes seguides, un llançador de pes ha anotat la seva millor marca obtinguda durant els entrenaments.

La taula de la dreta recull els resultats aconseguits.

Representa la funció. Tingues en compte que els valors de l'eix Y han d'anar de 15 m a 19 m.

SETMANA	LLANÇ. (m)
1	15,18
2	15,91
3	16,33
4	16,52
5	18,40
6	16,62
7	16,90
8	17,44
9	16,40
10	17,00

11. Hem mesurat la base i l'àrea d'una sèrie de rectangles de 20 cm de perímetre. Els resultats són aquests:

BASE, en cm, x	1	2	3	4	5	6	7	8	9
ÀREA, en cm², y	9	16	21	24	25	24	21	16	9

a) Representa la funció. Estableix els valors adequats en l'eix Y perquè s'apreciïn bé les diferències d'àrees.

b) Comprova que l'equació d'aquesta funció és la següent:

$$y = 10x - x^2$$

12. Representa les funcions següents. Assigna a x els valors que s'indiquen en cada cas:

a) $y = \sqrt{x-7}$ — 7, 8, 11, 16, 23, 32

b) $y = \sqrt{25 - x^2}$ — –5, –3, 0, 3, 5

c) $y = \sqrt{(x-4)^2}$ — –4, –2, 0, 2, 4, 6, 8, 10

d) $y = 4 - \sqrt{(x-4)^2}$ — –4, –2, 0, 2, 4, 6, 8, 10

13. Representa en un paper quadriculat les funcions següents. Assigna a x, en cada cas, els valors que s'indiquen:

1 $y = x^2$ — –3, –2, –1, 0, 1, 2, 3

2 $y = x^2 - 2$ — –3, –2, –1, 0, 1, 2, 3

3 $y = (x-3)^2$ — 0, 1, 2, 3, 4, 5, 6

a) Què observes quant a la forma de totes les funcions? I quant a la seva posició?

b) Sense necessitat de donar valors, sabries dibuixar les funcions següents?

4 $y = x^2 + 2$ 5 $y = (x+3)^2$

14. Dona els mateixos valors i representa les funcions que resulten de canviar el signe a les funcions de l'exercici anterior:

1 $y = -x^2$ 2 $y = 2 - x^2$ 3 $y = -(x-3)^2$

Què observes?

15. EXERCICI RESOLT

Representa la funció de segon grau:

$$y = x^2 + 2x - 2$$

1 Comencem assignant alguns valors:

x	0	1	2	3	4	…
y	–2	1	6	13	22	…

2 Com que els valors de y creixen ràpidament, seguim amb els del costat contrari (els negatius):

x	–1	–2	–3	–4	–5	…
y	–3	–2	1	6	13	…

Representem primer els punts d'abscissa positiva i després els d'abscissa negativa:

1
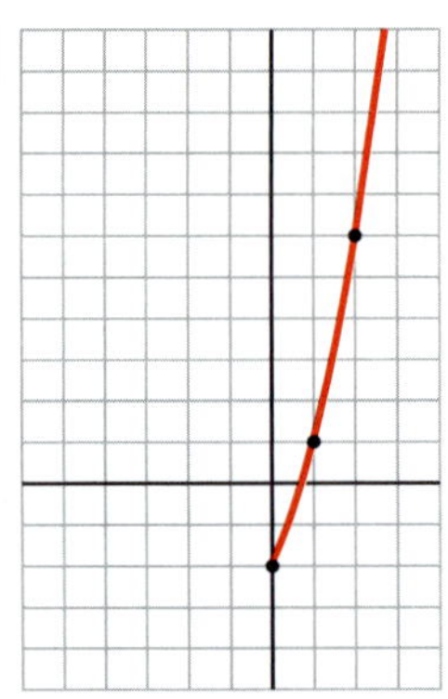

2
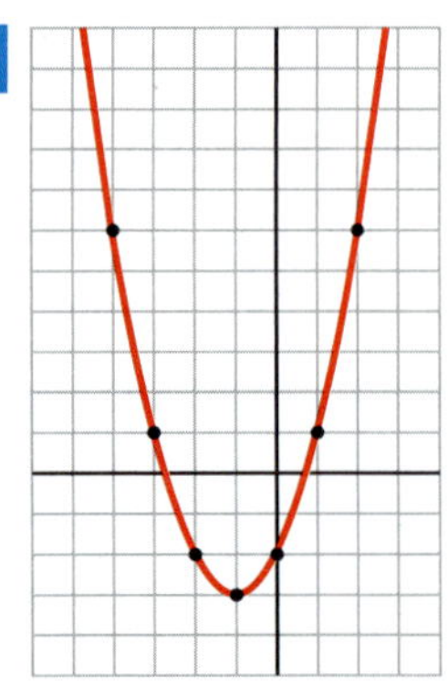

NOTA: Totes les funcions de segon grau del tipus $y = ax^2 + bx + c$ tenen com a representació gràfica paràboles amb l'eix paral·lel a l'eix Y.

16. Construeix la taula amb els valors adequats en cada cas i representa aquestes paràboles:

a) $y = (x - 2)^2$ **b)** $y = -x^2 + 1$

c) $y = x^2 - 4x + 3$ **d)** $y = -x^2 + 4x$

17. De les paràboles de l'activitat anterior, indica quines tenen un màxim i quines, un mínim. Té res a veure aquesta característica amb el signe de x^2?

18. Relaciona cada una de les paràboles següents amb l'equació corresponent:

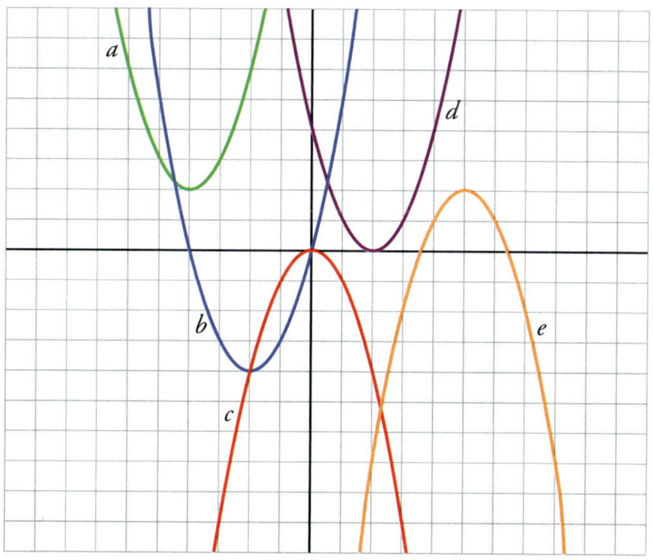

A $y = x^2 + 8x + 18$ **B** $y = x^2 + 4x$ **C** $y = -x^2$

D $y = (x - 2)^2$ **E** $y = -x^2 + 10x - 23$

Funcions lineals

19. Calcula el pendent de la recta a què pertany cada un dels segments següents:

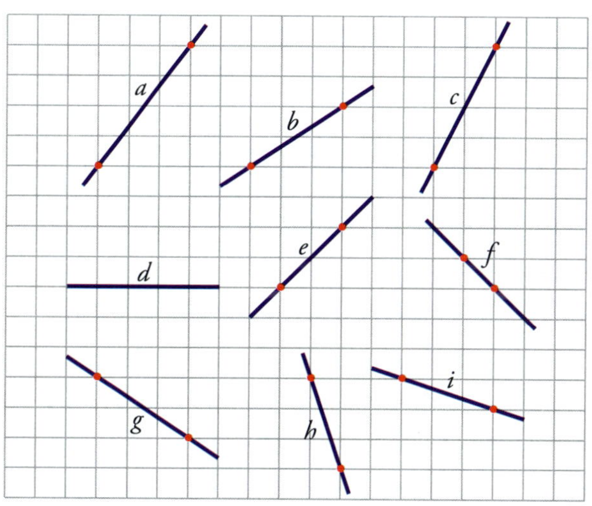

20. Representa les funcions següents sense l'ajuda d'una taula de valors:

a) $y = 2x$ **b)** $y = \frac{1}{2}x$

c) $y = -3x$ **d)** $y = \frac{4}{3}x$

e) $y = -\frac{2}{5}x$ **f)** $y = \frac{3}{4}x$

g) $y = -\frac{1}{2}x - 2$ **h)** $y = -3x + 5$

i) $y = -\frac{4}{3}x + 1$ **j)** $y = -\frac{2}{5}x + 4$

k) $y = -1$ **l)** $y = 4$

m) $y = 3$ **n)** $y = x$

21. Escriu l'equació de cada una de les funcions següents. Fixa't en el pendent i l'ordenada en l'origen de cada una:

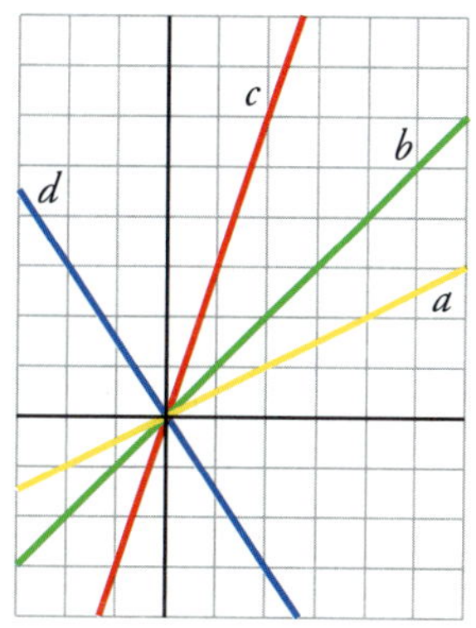

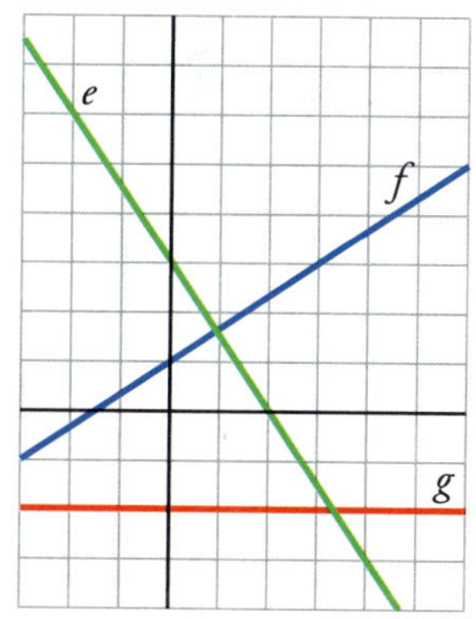

22. En un parc hi ha una botiga on lloguen patins a 0,50 €/h, monopatins a 1 €/h i bicicletes a 2 €/h.

El cost del monopatí, y, en funció del temps que s'utilitzi, x, ve donat per l'equació $y = x$.

a) Calcula l'equació que relaciona el cost dels patins en funció del temps que s'utilitzin.

b) Troba l'equació que relaciona el cost de la bicicleta en funció del temps.

c) Representa en els mateixos eixos coordenats les tres funcions de proporcionalitat.

d) Quins són els pendents de les tres rectes? Què representen en aquest context?

Funcions discontínues

23. En l'exercici anterior vam donar per fet que si, per exemple, lloguem un monopatí durant hora i mitja ens cobren 1,50 €.

En general, en aquestes botigues, i en altres establiments similars, cobren per hores; és a dir, per 1,5 h cobren 2 h i per 45 min cobren 1 h.

Segons aquesta manera de cobrar, la gràfica per al monopatí de l'exercici anterior seria com la següent:

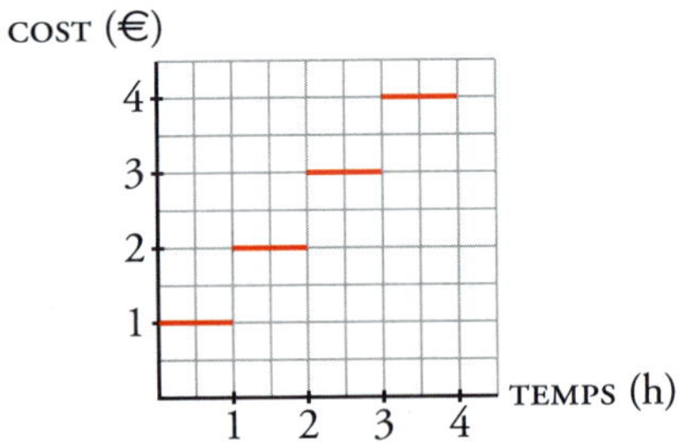

Representa com serien les gràfiques de les funcions corresponents a la bicicleta i als patins de l'exercici anterior.

24. Indica quines d'aquestes funcions s'han de representar amb una gràfica contínua i quines amb una de discontínua:

a) El cost de l'aparcament en funció del temps que s'ha estat aparcat.

b) L'espai recorregut en funció del temps.

c) La temperatura en funció de l'hora del dia.

d) L'estatura d'una persona en funció de la seva edat.

e) El temps que tardo a córrer 10 km cada dia d'un mes en funció del dia del mes.

25. Relaciona aquestes gràfiques amb els enunciats de l'exercici anterior:

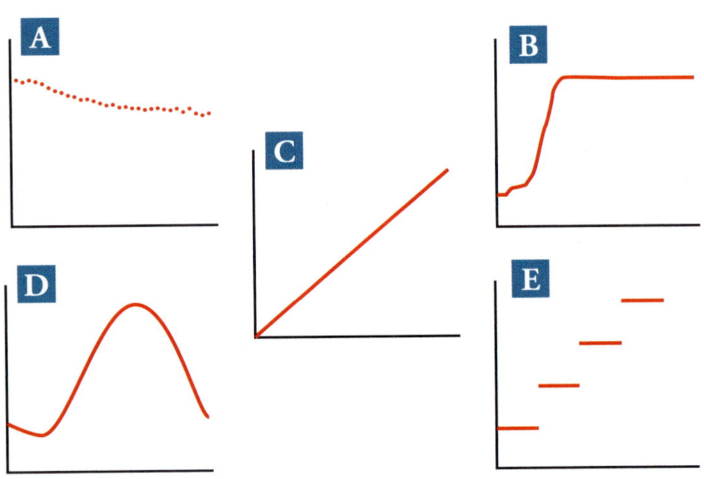

26. S'han pres les temperatures mitjanes a Barcelona i Buenos Aires al llarg d'un any. Els resultats estan representats en aquestes gràfiques:

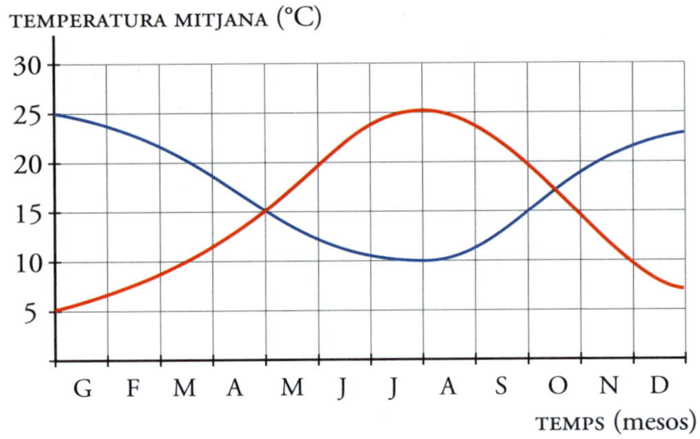

a) A quina ciutat correspon cada una de les funcions? Raona la resposta.

b) Quin és el màxim i quin és el mínim en cada ciutat?

c) A quines èpoques coincideixen les temperatures? Té sentit?

d) Considera la funció diferència de temperatura entre Barcelona i Buenos Aires. Representa-la en el tram de l'1 de gener al 30 d'abril.

27. Aquestes gràfiques corresponen als percentatges de persones que veuen la televisió o escolten la ràdio a certes hores del dia:

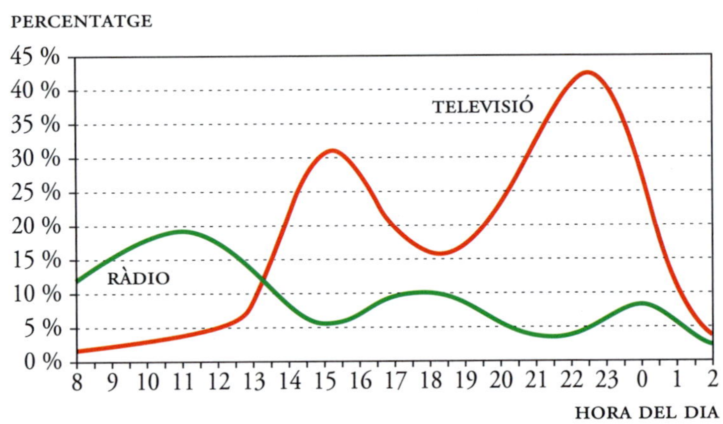

a) Descriu la corba corresponent a la televisió: on és creixent, on és decreixent, màxims, mínims... Relaciona-la amb les activitats quotidianes: llevar-se, dinar, sopar, anar a dormir...

b) Fes el mateix amb la corba de la ràdio.

c) Representa la funció que mostra la diferència dels percentatges d'audiència entre ràdio i televisió a la una del migdia i a la una de la matinada.

d) Compara les dues corbes i relaciona-les.

28. Una aixeta té un cabal constant. Aquestes són les gràfiques de la funció nivell d'aigua-temps en omplir diferents vasos:

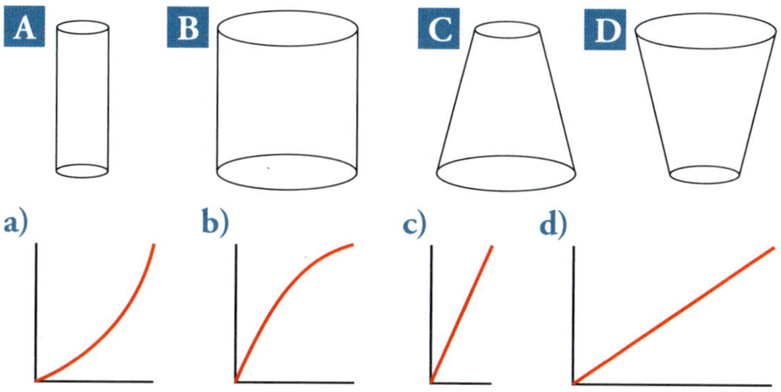

Relaciona cada gràfica amb el seu vas.

29. Representa gràficament aquesta cursa de 200 m entre dos corredors:

- A surt més ràpidament que B i en 5 segons li treu 10 m d'avantatge.
- A cau en l'instant 5 segons i B l'avança. Però A s'aixeca en 2 segons i avança B en la línia de meta.

Interpreta, descriu, expressa't

30. A continuació, hi ha dues resolucions diferents del mateix problema. Explica-les i valora'n les diferències.

Calcula l'equació de la recta que passa pels punts A(2, 5) i B(4, 2).

Resolució 1

- $A(2, 5)$; $B(4, 2)$
- Observem la gràfica:

$$m = \frac{-3}{2} \quad n = 8$$

Solució: $y = \frac{-3}{2}x + 8$

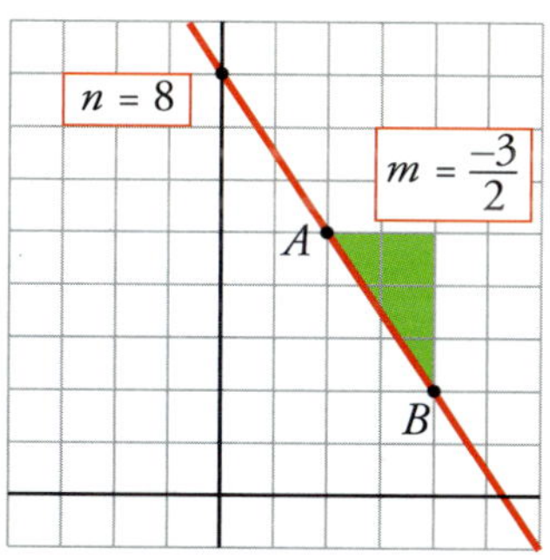

Resolució 2

- $A(2, 5)$; $B(4, 2)$
- L'equació té la forma $y = mx + n$.
- Sistema d'equacions:

$$\begin{cases} 5 = m \cdot 2 + n \\ 2 = m \cdot 4 + n \end{cases} \rightarrow \begin{matrix} n = 8 \\ m = \frac{-3}{2} \end{matrix}$$

Solució: $y = \frac{-3}{2}x + 8$

Problemes «+»

31. La tarifa de trucades a l'estranger d'una companyia de telèfons mòbils és 1 € per establiment de trucada i 0,50 € per minut de conversa.

a) Escriu l'equació de la funció que relaciona el cost en euros (y) amb la durada de la trucada en minuts (x).

b) Representa la gràfica de la funció.

c) Suposa que per qualsevol fracció de minut que es parli cal pagar el minut sencer. Per exemple, per parlar mig minut cal pagar 1,50 €, com si s'hagués utilitzat el minut sencer. Representa la gràfica de la funció tenint això en compte. Per fer-ho, revisa l'exercici 23.

32. Amb un fil de 16 cm els extrems dels quals estan lligats entre si formem rectangles:

a) Raona que la relació entre la base, x, i l'altura, y, és $y = 8 - x$.

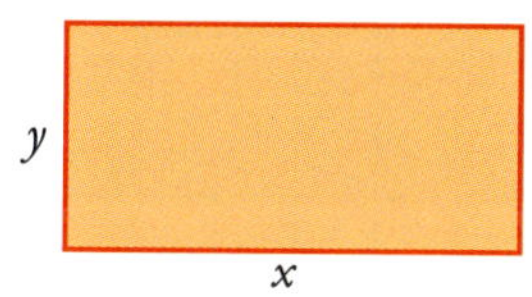

b) Representa la gràfica de la funció.

c) Si multipliquem la base, x, per l'altura, $8 - x$, obtenim l'àrea: $A = x \cdot (8 - x)$. Completa una taula de valors com la següent:

x	1	2	3	4	5	6	7
ÀREA	7	12	…	…	…	…	…

33. Representa gràficament aquestes funcions:

a) L'altura d'una pilota que bota fins que s'atura.

b) La temperatura d'un plat de sopa que queda sobre la taula sense consumir.

c) La distància a la Terra d'un satèl·lit artificial que gira sense parar.

d) L'altura a què es troba el seient d'un gronxador quan es balanceja.

» MATEMÀTIQUES EN CONTEXT

LA MOTO D'EN CONSTANTÍ

En Constantí sol anar a treballar en bicicleta; quan arriba el cap de setmana, però, li agrada circular amb la seva moto, un model antic que ha restaurat ell mateix i que té la màgica peculiaritat de poder-se mantenir a velocitat constant tota l'estona que calgui.

1. En Constantí fa encàrrecs

Dissabte va a una ciutat veïna. Allà s'atura uns quants minuts per fer un encàrrec i després torna cap a casa per la mateixa carretera, sempre a velocitat constant.

Tot això queda reflectit en la gràfica, que relaciona la distància respecte de casa seva en cada instant del viatge i el temps transcorregut.

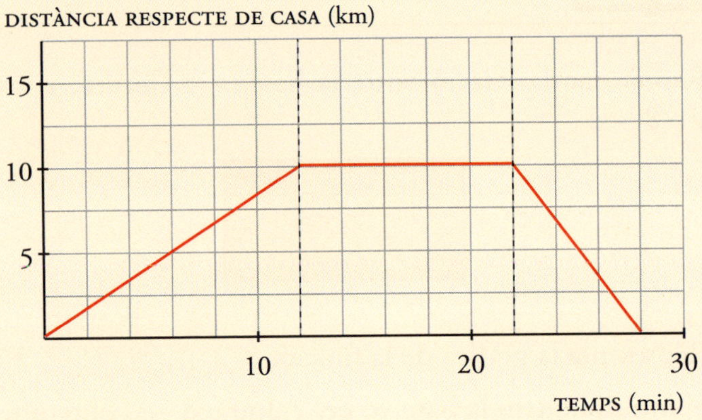

a) Observa la gràfica i respon:
- Quant ha durat el viatge d'anada?
- Quants minuts ha estat aturat?
- Quant ha durat el viatge de tornada?
- Quina distància ha recorregut en total en Constantí?

b) Calcula la velocitat mitjana del viatge d'anada i la velocitat mitjana del viatge de tornada.

c) Completa una gràfica velocitat (km) - temps (min) a partir de les dades de la gràfica anterior.

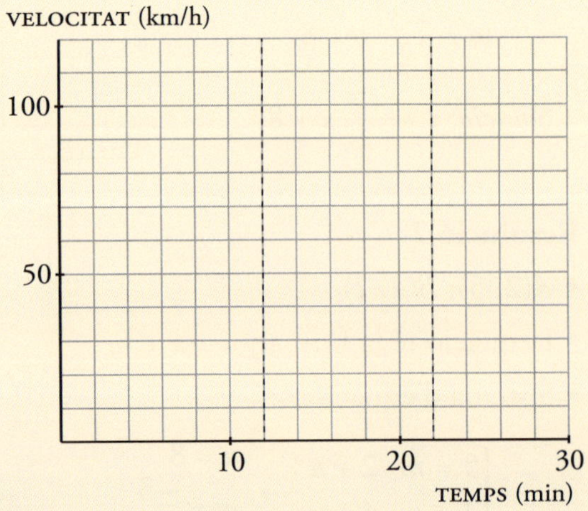

2. En Constantí fa quilòmetres

Diumenge en Constantí decideix agafar la carretera que creua la ciutat veïna i anar fins a la platja. Les gràfiques següents corresponen al començament del seu viatge i en reflecteixen el moviment, des que surt de casa, a velocitat constant:

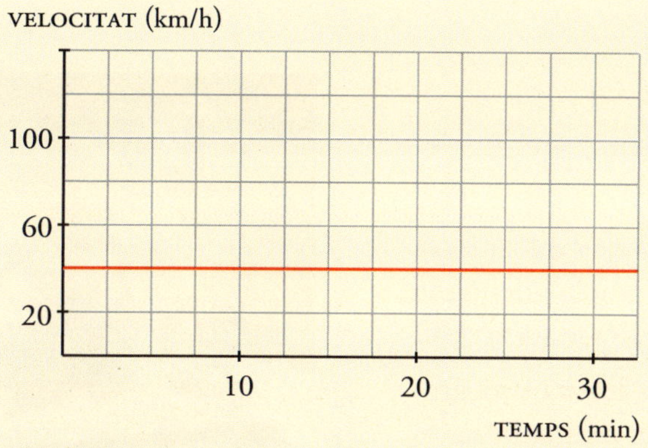

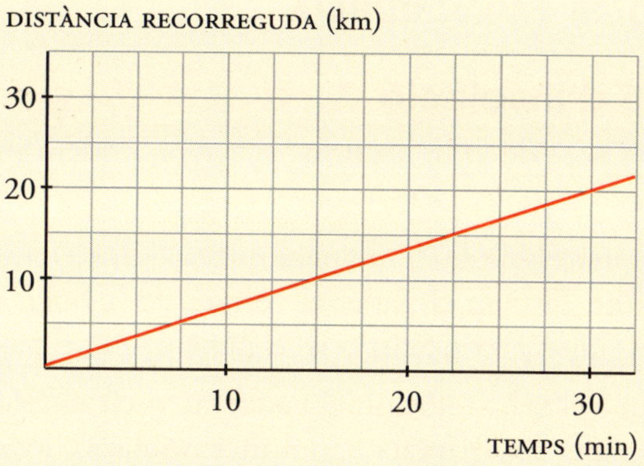

a) A quina velocitat ha anat?

b) Quina distància ha recorregut els primers 30 minuts?

c) Quina de les igualtats següents reflecteix la relació entre la distància, en quilòmetres, i el temps, en hores?

$D = 30 \cdot t$ $\quad$ $D = 40 \cdot t$ $\quad$ $D = \frac{50}{t}$ $\quad$ $t = 40 \cdot D$ $\quad$ $D \cdot t = 30$

20 minuts després que en Constantí hagi sortit de casa, des de la ciutat veïna un camió s'incorpora a la mateixa carretera i en el mateix sentit que en Constantí a una velocitat constant de 80 km/h.

d) Dibuixa, sobre els mateixos eixos, les gràfiques de velocitat i distància del camió.
ATENCIÓ! Per saber on és la ciutat, hauràs d'observar la gràfica de la pàgina anterior.

e) Si en Constantí i el camió s'arriben a trobar, quin punt de quina de les gràfiques ho indica? Encercla'l.

» TALLER DE MATEMÀTIQUES

» LLEGEIX I DESCOBREIX

Funció d'insolació

Amb una bola de vidre i un paper negre, podem portar a terme aquesta experiència.

Si col·loquem la bola de manera que reculli els raigs del sol, els concentrarà en un punt. Situem el paper al voltant de la bola, a una distància adequada perquè els rajos es concentrin en el paper i amb el pas dels minuts se socarrimi.

En moure's el sol, el lloc on es concentren els raigs canvia i es forma una gràfica de «paper socarrimat». Com més insolació, més gruixuda serà la línia. Si durant uns minuts el sol s'amaga darrere un núvol, la línia s'interromprà. D'aquesta manera obtenim una *funció d'insolació.*

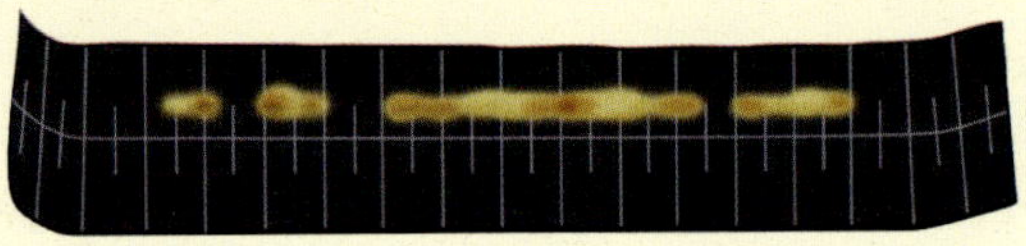

Funció en la roda d'una bicicleta

Si enganxes un adhesiu fluorescent al lateral d'una roda d'una bicicleta i la fas rodar en una habitació fosca, veuràs que l'adhesiu puja i baixa seguint una corba molt peculiar: la cicloide.

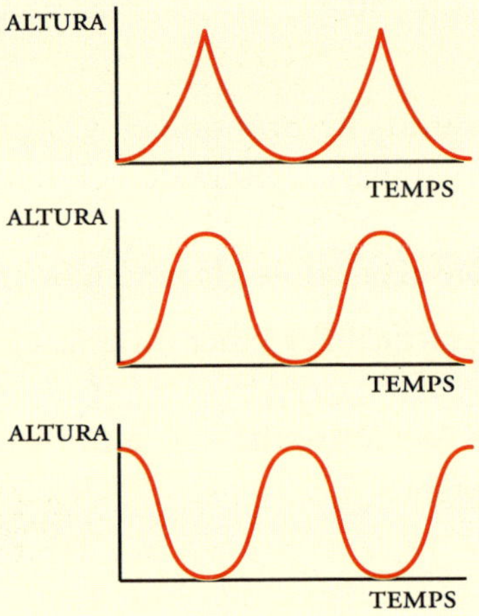

La cicloide reflecteix la trajectòria de l'adhesiu. Podries identificar, entre les gràfiques de la dreta, la seva altura en funció del temps?

Cursa de bales

Diverses amigues inventen la competició següent: s'ha de deixar caure una bala des d'un punt alt, A, fins a un altre punt baix, B. Cada una ha de construir la rampa de caiguda que prefereixi perquè la bala tardi el mínim temps a arribar a B. Guanya la que aconsegueixi que la bala arribi abans.

Aquestes són algunes opcions:

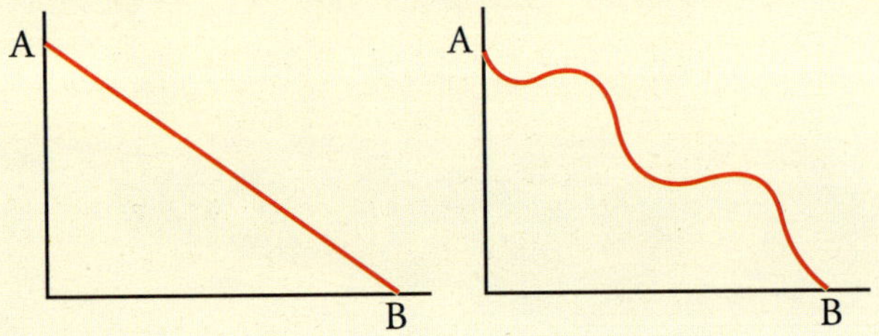

Aquesta és l'opció guanyadora. És una **cicloide invertida**.

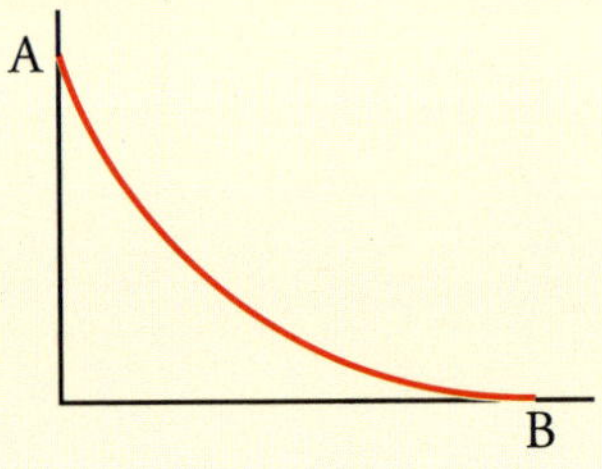

» ENTRENA'T RESOLENT ALTRES PROBLEMES

Imagina

Una aixeta té un cabal constant. Quina de les gràfiques reflecteix l'altura de l'aigua en funció del temps transcorregut?

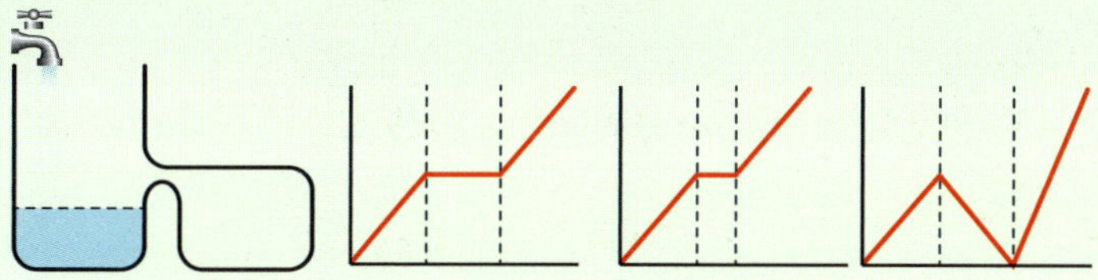

Crea

Dissenya un dipòsit per al qual la funció altura-temps tingui aquesta forma:

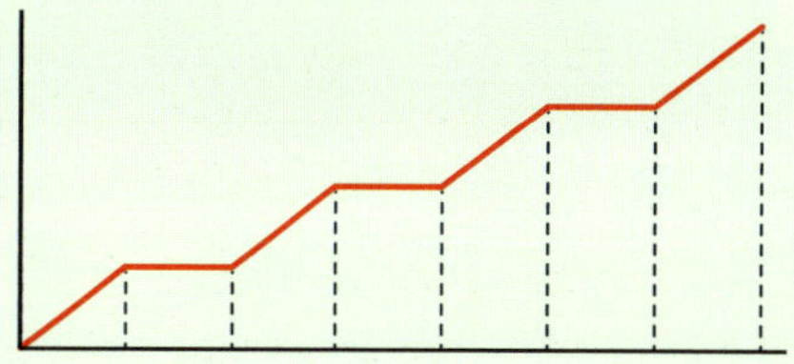

De lògica

Una parella viatja en el seu cotxe acompanyat de la seva filla de 12 anys i el seu fill de 2. Durant el viatge, cada un fa una activitat diferent: conduir, dormir, llegir i menjar.

El pare ni dorm ni llegeix. La mare no menja mai en els viatges i, si llegeix, es mareja. Si el nen està despert, no deixa llegir la seva germana. Quina activitat fa cada un?

» POSA'T A PROVA

1. **a)** Descriu l'evolució del preu de la mel al llarg d'un any.

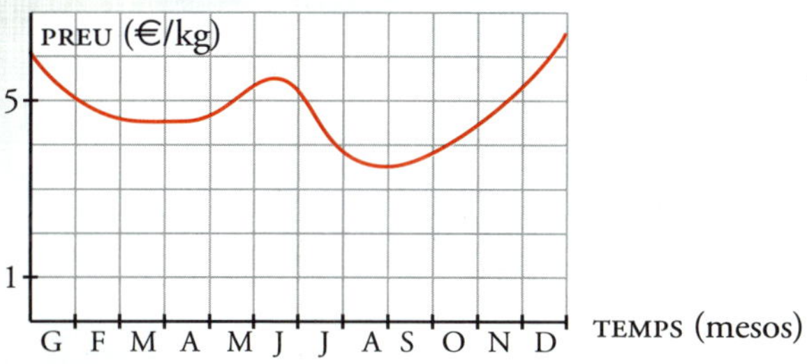

b) En quins trams la funció és creixent i en quins és decreixent?

c) Quan el preu és mínim? Quin és?

2. En Pere baixa de la muntanya en l'instant en què la Júlia comença a pujar pel mateix camí.

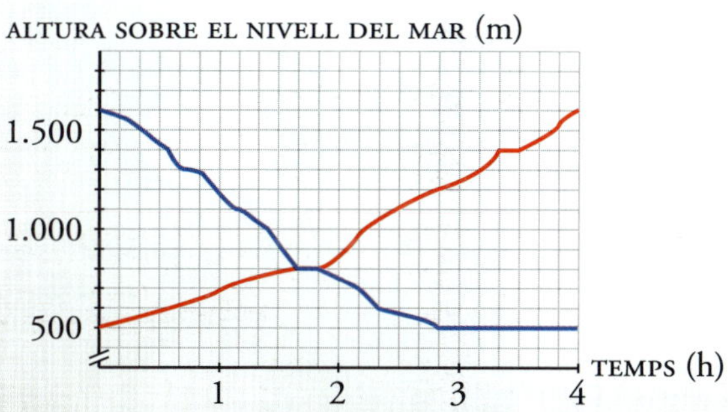

a) Des de quina altura surt la Júlia i a quina altura arriba?

b) Quant ha tardat cada un a fer el seu camí?

c) Quan es troben? A quina altura estan? Quant temps estan junts?

d) Dibuixa en uns eixos iguals la gràfica d'en Miquel, que surt amb la Júlia a ritme constant, es troba amb en Pere quan ha passat 1 hora i 10 minuts, descansa 20 minuts a aquesta altura i segueix al mateix ritme fins al cim.

3. Deixem caure una pedra des d'una altura de 125 m. Representa la funció que relaciona l'altura de la pedra amb el temps. Aquestes en són les dades:

TEMPS (s)	0	1	2	3	4	5
ALTURA (m)	125	120	105	80	45	0

4. Representa aquestes funcions:

a) $y = -\frac{5}{3}x$ **b)** $y = 2x - 5$ **c)** $y = 4$

5. Escriu l'equació de cada una d'aquestes funcions:

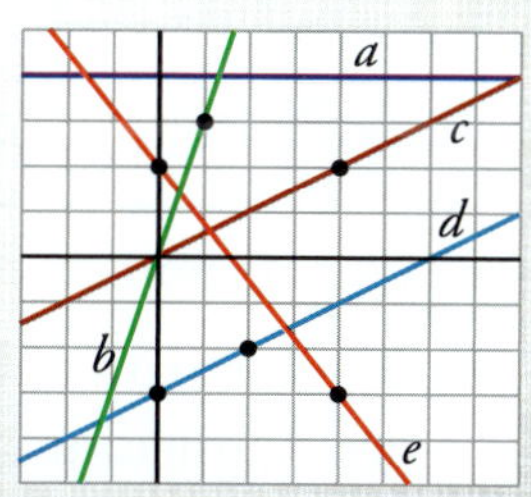

UNITAT 10

ESTADÍSTICA I ATZAR

RESOLUCIÓ DE PROBLEMES · RAONAMENT I PROVA
CONNEXIONS · COMUNICACIÓ I REPRESENTACIÓ · SOCIOEMOCIONAL

Els censos i els recomptes estadístics són presents en totes les civilitzacions des de temps antiquíssims, però es limitaven a la recollida de dades i, a tot estirar, a la seva exposició clara i ordenada. Generalment, les dades que es recollien eren relatives a l'estat, d'aquí l'origen de la paraula *estadística.*

Recopilació de dades i impostos

Hi ha papirs egipcis de fa més de 5.000 anys d'antiguitat en què hi ha constància de censos de població i de béns. Hi havia tanta dedicació a aquests assumptes que van concebre una divinitat anomenada Safnkit, deessa dels llibres i els comptes, que s'ocupava de protegir les dades recopilades.

1. En un papir trobat en l'excavació d'un temple egipci, es van anotar les dades següents relatives a la collita de cereals:

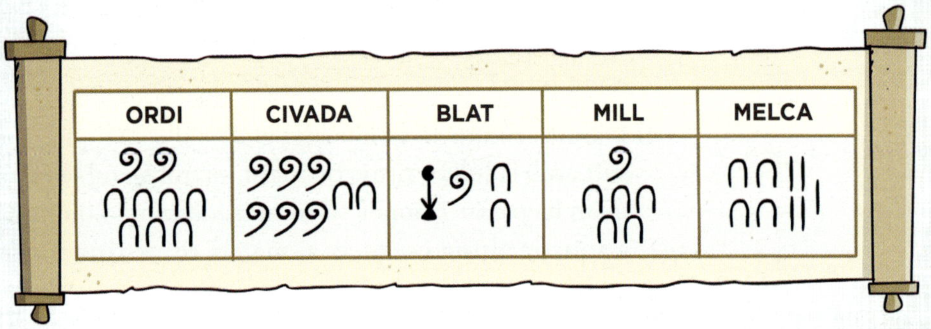

a) Quants cistells de cada classe de cereal es registren?

b) Quin interès creus que podien tenir aquestes dades per al temple?

Les dades i l'organització de l'estat en l'Imperi romà

2. La taula recull les dades relatives a la població masculina, reclamades al cònsol d'una regió per l'administració central de l'antiga Roma:

EDAT	Menys de 17	Entre 17 i 35	Entre 36 i 60	Més de 60
HOMES	MMCCL	MMMLXXII	MMD	CMXCVI

a) Quants homes, entre 17 i 60 anys, hi havia a la regió?

b) A quina part de l'administració de l'Estat podien interessar aquestes dades? (Agricultura, ramaderia, comerç, exèrcit...)

BARCANOVA EDITORIAL

Les nocions d'atzar i de probabilitat venen des d'antic i estan sempre relacionades amb els jocs. Et sona la frase *Alea iacta est*? La va pronunciar Juli Cèsar al segle I aC i significa «La sort ha estat donada». La paraula *alea* en llatí significa «sort» i també «dau». *Alea* dona lloc a la paraula «aleatori», relatiu a l'atzar.

Jocs aleatoris

En les antigues civilitzacions babilònica i egípcia es jugava a les tabes. Una taba és un os del taló d'una ovella (l'astràgal) que, en llançar-lo, pot caure en quatre posicions:

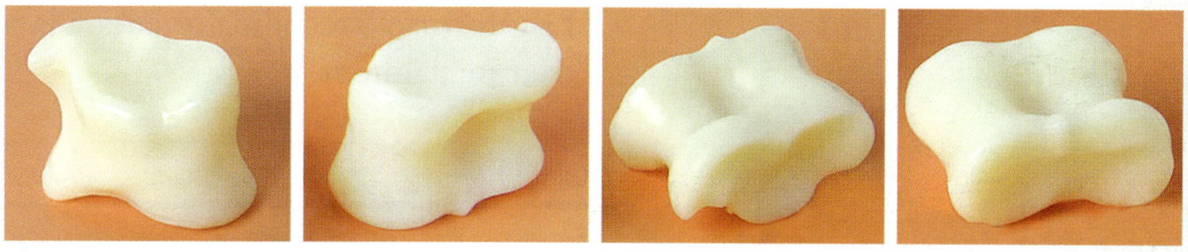

3. Si llancem una taba, per quina de les quatre posicions apostaries?

4. Et semblaria raonable pensar que totes tenen les mateixes possibilitats? En cas negatiu, quina et sembla menys probable?

Les tabes van donar origen als daus, i tant a Grècia com a la Roma imperial es practicaven tots dos jocs, les tabes i els daus.

Al segle XVI, l'italià **Cardano** (gran matemàtic i gran jugador) va escriure un llibre sobre els jocs d'atzar en el qual, a més de consells per fer trampes i evitar que te les fessin, teoritzava sobre el comportament de l'atzar. Va ser la primera vegada que es va tractar l'atzar de forma científica.

5. Llancem un dau del parxís. Què creus que és més probable, que surti un 5 o que surti un 1? Et sembla raonable assignar la mateixa probabilitat a les sis cares?

6. En Ricard aposta en un joc amb un dau:

- Col·loca una fitxa en un dels sis nombres.
- Si surt aquest nombre, s'emporta cinc fitxes (la seva i quatre més).
- Si no surt, perd la fitxa.

És equitatiu?

1. CONFECCIÓ D'UNA TAULA I EL SEU GRÀFIC

La informació que s'ha anat obtenint durant un procés estadístic es recull en taules i gràfics estadístics. Recordem els passos que se segueixen:

1. **Decisió del que es vol estudiar i dels motius pels quals cal fer-ho.**
   Els estudis estadístics en general es fan per algun motiu: augmentar les vendes d'un producte, guanyar en competitivitat, augmentar l'audiència, millorar els serveis públics...
2. **Enumeració adequada dels valors que pot prendre la variable.**
   Aquesta enumeració ha d'englobar tota la gamma possible de dades que cal recollir. És a dir, tota dada ha de poder ser inclosa en algun dels valors de la variable.
3. **Recollida de dades.**
   Les dades es poden obtenir d'una enquesta, mitjançant l'observació o l'experimentació, a través d'anuaris o pàgines oficials...
4. **Estructuració de les dades: recompte, tabulació i representació gràfica.**
   Cal confeccionar una taula a partir de les dades recollides. Habitualment, pot ser avantatjós acompanyar-la d'un gràfic adequat.
5. **Anàlisi dels resultats. Conclusions.**
   La informació recollida orientarà la presa de decisions de cara a l'objectiu plantejat inicialment.

Exemple

Els amos d'un local pròxim a un centre d'estudis volen muntar un negoci d'entrepans i altres aliments.

1. **Presa de decisions.**
   Pregunten a 30 estudiants del centre què solen menjar a mig matí.
2. **Enumeració dels valors de la variable.**
   Les possibles respostes són aquestes:
   ENT → entrepà o sandvitx
   FRUI → peça de fruita o fruita seca
   PAS → pasta dolça o llaminadura
   ALTRE → qualsevol altre menjar
   RES → no menja res
3. **Recollida de dades.**
   En realitzar l'enquesta, s'han obtingut els resultats següents:
   ALTRE, ENT, ENT, PAS, FRUI
   FRUI, PAS, FRUI, ENT, ENT
   FRUI, FRUI, ENT, PAS, ENT
   RES, ENT, PAS, PAS, PAS
   ENT, PAS, FRUI, PAS, ENT
   ENT, ALTRE, FRUI, ENT, PAS
4. **Estructuració de les dades: recompte, tabulació i representació gràfica.**

ESMORZAR	FREQÜÈNCIA
ENT	11
FRUI	7
PAS	9
ALTRE	2
RES	1

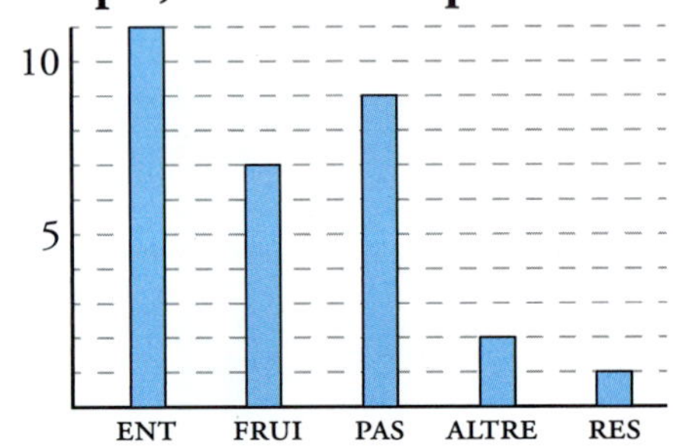

5. **Anàlisi dels resultats.**
   Amb aquests resultats els amos del local conclouran que el negoci és viable.

» FIXA IDEES

Copia i completa les taules i els gràfics:

F1. En una classe de 30 estudiants, la professora de Català ha recomanat 5 llibres per llegir a l'estiu. A la tornada de vacances, els ha preguntat quants d'aquests llibres han llegit. Els resultats són aquests:

0 2 2 3 1   1 2 2 1 5   2 1 2 4 1   1 2 1 5 2   2 3 4 2 1   2 4 2 1 3

a) Fes-ne un recompte i construeix-ne una taula de freqüències:

NRE. DE LLIBRES LLEGITS	RECOMPTE	FREQÜÈNCIA	FREQÜÈNCIA RELATIVA	FREQÜÈNCIA PERCENTUAL
0	|	1	1/30 = 0,03	3 %
1	~~||||~~ ||||	9	9/30 = 0,30	30 %
2	...	...	...	...
3	...	...	...	...
4	|||	3	3/30 = 0,10	10 %
5	||	2	2/30 = 0,07	7 %
TOTAL	...	**30**	...	**100 %**

Segons les freqüències percentuals, podem dir que el ... % dels estudiants ha llegit 4 o més llibres i que només el ... % no n'ha llegit cap. També podem dir que el ... % ha llegit 2 o 3 llibres.

b) Respresenta els resultats:

Diagrama de barres

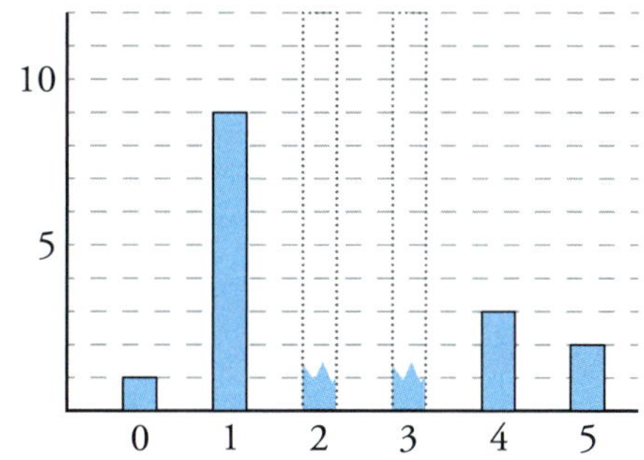

Diagrama de sectors

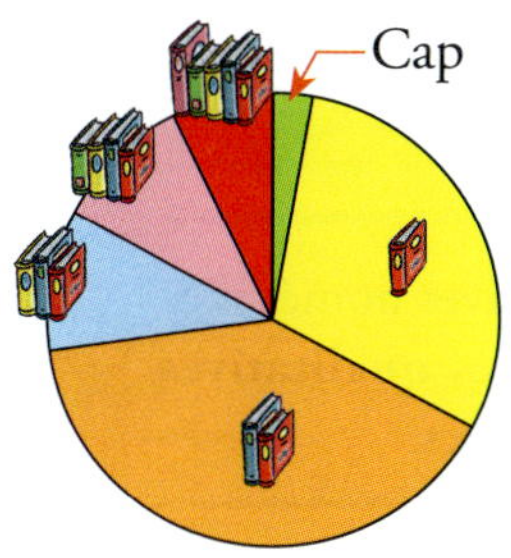

F2. En l'entrenament d'atletisme s'ha demanat als participants que llancin la pilota medicinal tan lluny com puguin. Aquestes són les distàncies (en cm):

387 355 432 483 348 497 410 427 365 392 455 373 383 413 459 392

a) Agrupa les dades en aquests intervals i construeix-ne una taula de freqüències:

340-380 380-420 420-460 460-500

Fem el recompte i anotem cada valor en l'interval en què s'inclou.

INTERVAL	VALOR DE L'INTERVAL (MARCA DE CLASSE)	RECOMPTE	FREQÜÈNCIA
340-380	360	||||	4
380-420	400	~~||||~~ |	6
420-460	...	...	...
...	...	...	...

NOTA: En el primer interval hi ha quatre valors, 355, 348, 365 i 373, però en construir la taula a tots quatre se'ls assigna el valor central de l'interval, 360, que s'anomena **marca de classe**. I el mateix passa amb els altres intervals.

b) Dibuixa els resultats en un histograma:

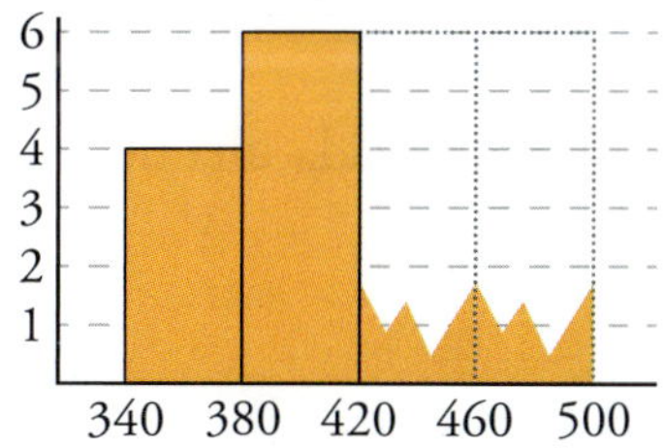

2. PARÀMETRES DE CENTRALITZACIÓ

Els paràmetres estadístics són valors que s'obtenen a partir de la distribució i que resumeixen alguna de les seves característiques globals.

La mitjana, la mediana i la moda s'anomenen **paràmetres de centralització** perquè són valors al voltant dels quals es distribueixen les dades.

Recordem en què consisteixen i com es calculen.

Exemple

A 10 estudiants els han preguntat pel nombre d'oncles i ties que tenen. Les respostes han estat les següents: 3, 5, 4, 3, 5, 6, 8, 2, 1, 3.

La seva **mitjana** és $\bar{x} = \frac{3+5+4+3+5+6+8+2+1+3}{10} = \frac{40}{10} = 4$.

Per trobar la **mediana**, s'ordenen les dades de la més petita a la més gran. La mediana és la dada que ocupa el lloc central. En aquest cas, com que hi ha un nombre parell de dades, n'hi ha dues (3 i 4) que ocupen el lloc central: 1, 2, 3, 3, **3**, **4**, 5, 5, 6, 8. La mediana és la mitjana de les dues, *Me* = 3,5.

La seva **moda** és *Mo* = 3, perquè és la dada més freqüent (3 vegades).

- La **mitjana** de diverses quantitats és la suma de totes dividida pel nombre de dades que hi ha.
- La **mediana** d'un conjunt de dades numèriques és la dada que ocupa el lloc central després de col·locar-les en ordre. Si hi ha un nombre parell de dades, s'assigna la mitjana al valor intermedi entre els dos centrals.
- La **moda** és la dada més freqüent.

La mitjana i la mediana només poden calcular-se per a variables quantitatives. La moda pot assignar-se a qualsevol tipus de variable.

Diferències amb la mitjana

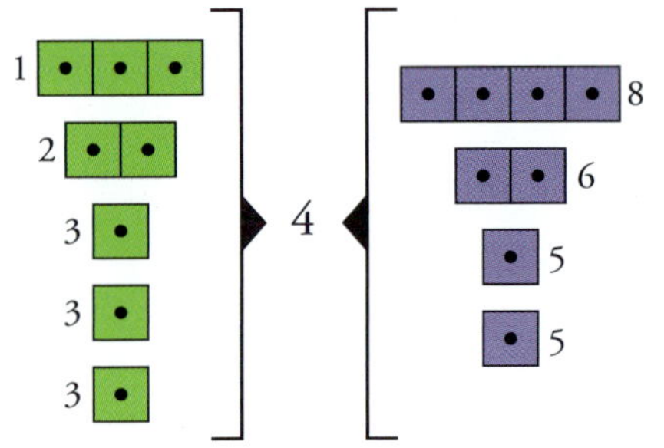

Les diferències amb la mitjana dels valors que queden a l'esquerra s'equilibren amb les dels que queden a la dreta.

Recorda

Les **variables quantitatives** només prenen valors numèrics i les **qualitatives** no prenen valors numèrics.

EXERCICI RESOLT

Troba la mitjana, la mediana i la moda d'aquestes distribucions:

a) Nombre de mascotes que tenen 13 estudiants d'una classe:

3, 2, 0, 0, 3, 2, 0, 2, 0, 1, 4, 6, 3

b) Estació de l'any en la qual van néixer 10 persones:

P, E, E, T, P, H, H, E, T, E

a) Mitjana: $\bar{x} = \frac{3+2+0+0+3+2+0+2+0+1+4+6+3}{13} = \frac{26}{13} = 2$

Mediana: s'ordenen les dades: 0, 0, 0, 0, 1, 2, **2**, 2, 3, 3, 3, 4, 6 → *Me* = 2

Moda: *Mo* = 0 (la dada que surt més vegades).

b) És una variable qualitativa i no es poden calcular ni la mitjana ni la mediana. La seva moda és *Mo* = E (ja que el nombre de persones nascudes a l'estiu, 4, és més gran que el corresponent a les altres estacions).

» APLICA EL QUE HAS APRÈS

1. Troba la mitjana, la mediana i la moda de cada una de les distribucions següents:

a) Grup sanguini de 15 persones:

A, A, B, AB, AB, A, A, B, A, O, AB, A, A, B, AB

b) Edats de diversos estudiants:

12, 15, 12, 16, 10, 11, 12, 10, 11, 12, 9, 9, 10, 8

c) Nombre d'assignatures no superades en l'avaluació:

0, 1, 0, 2, 4, 0, 1, 1, 2, 3, 3, 1, 0, 0, 0, 1

BARCANOVA EDITORIAL

La mitjana i la mediana per estudiar asimetries

Vegem amb uns exemples com els valors de la mitjana, $\bar{x}$, i de la mediana, *Me*, d'una distribució de variable quantitativa serveixen per apreciar si aquesta és simètrica o més o menys asimètrica.

Distribucions aproximadament simètriques

Ⓘ

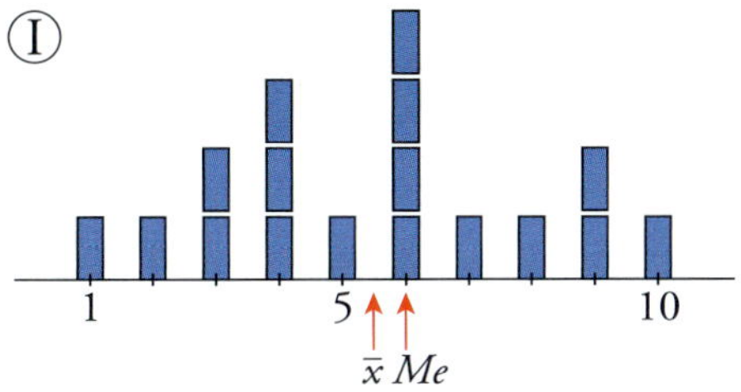

La distribució Ⓘ (edats dels nens i les nenes en una piscina infantil) és gairebé simètrica:

Ⓘ 1, 2, 3, 3, 4, 4, 4, 5, 6, 6, 6, 6, 7, 8, 9, 9, 10

La mitjana és $\bar{x} = 5{,}47$. La mediana és $Me = 6$.

La mitjana i la mediana prenen valors pròxims.

> En una distribució completament simètrica, $\bar{x}$ i *Me* coincideixen.
> Una distribució aproximadament simètrica té valors $\bar{x}$ i *Me* pròxims.

Distribucions asimètriques

ⅠⅠ

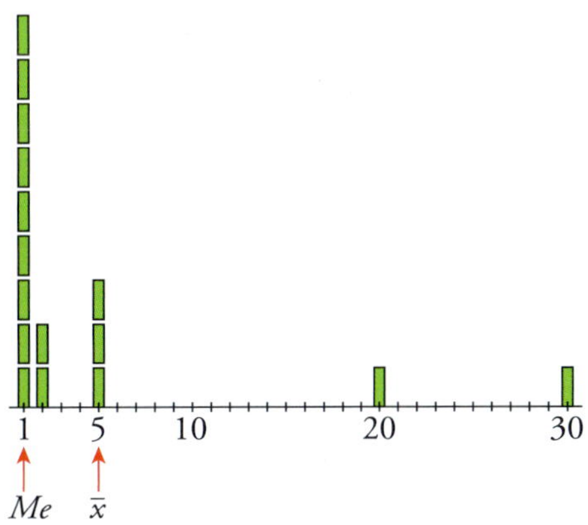

La distribució (II) correspon als sous mensuals (en milers d'euros) dels empleats d'una petita empresa:

(II) 1, 1, 1, 1, 1, 1, 1, 1, 1, 2, 2, 5, 5, 5, 20, 30

La mitjana és $\bar{x} = 4{,}875$. La mediana és $Me = 1$.

> En una distribució molt asimètrica, $\bar{x}$ i *Me* prenen valors poc pròxims.

Què passa amb la moda?

En les variables quantitatives, el valor de la moda és poc representatiu. Suposem que els sous de la distribució (II) fossin lleugerament diferents:

0,96; 0,97; 0,98; 0,99; 1; 1,01; 1,02; 1,03; 1,04; 2; 2; 5; 5; 5; 20; 30

La mitjana seria la mateixa, $\bar{x} = 4{,}875$; la mediana varia una mica, $Me = 1{,}035$. Tanmateix, la moda, que abans valia 1, ara val 5: quin salt!

> La moda és un paràmetre poc útil per a les distribucions de variables quantitatives.

» APLICA EL QUE HAS APRÈS

2. Troba la mitjana i la mediana de les distribucions següents. Utilitza els resultats per esbrinar si són més o menys simètriques. Després, representa-les i comprova com de simètriques o asimètriques són.

A: 1, 2, 2, 4, 5, 6, 7, 9, 9, 9, 9, 9, 10, 10, 10

B: 1, 1, 1, 2, 2, 3, 4, 5, 6, 6, 7, 7, 8, 9, 9, 9

C: 0, 1, 1, 2, 2, 2, 2, 2, 2, 2, 2, 3, 3, 3, 4, 9

3. Digues, a ull nu, si aquesta distribució és simètrica o asimètrica. Troba'n, després, la mitjana i la mediana per comprovar-ne l'estimació.

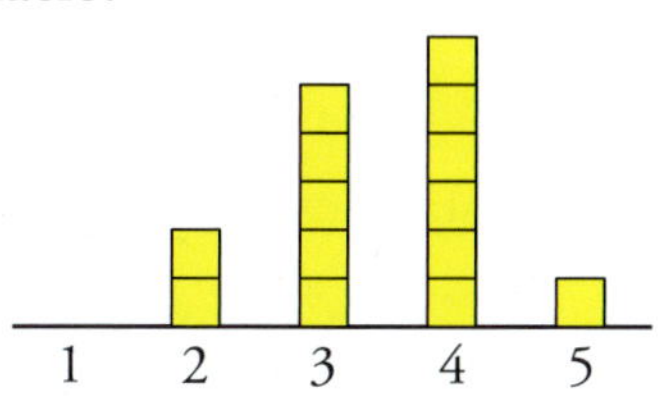

3. PARÀMETRES DE DISPERSIÓ

Els paràmetres de centralització donen una visió molt parcial de la distribució. Han de ser complementats amb altres paràmetres que informen sobre el grau de dispersió de les dades. Vegem-ne alguns.

Recorregut o rang

El **recorregut** o **rang** d'una distribució és la diferència entre els valors extrems:

RECORREGUT = valor més gran – valor més petit

En les distribucions de la pàgina anterior, els recorreguts són aquests:

RECORREGUT DE (I) = 10 – 1 = 9 RECORREGUT DE (II) = 30 – 1 = 29

Desviació mitjana: un paràmetre de dispersió lligat a la mitjana

La **desviació mitjana**, DM, d'una distribució és la mitjana de les distàncies entre les dades i la seva mitjana. (Les distàncies, tant a la dreta com a l'esquerra, es consideren positives.)

Exemple

Considerem la distribució 5, 8, 10, 11, 15, 17 la mitjana de la qual és $\bar{x} = 11$.

DADES	5	8	10	11	15	17
DISTÀNCIA A LA MITJANA	6	3	1	0	4	6

De 5 a $\bar{x}$ és 11 – 5 = 6.

De 15 a $\bar{x}$ és 15 – 11 = 4.

La mitjana de les distàncies a la mitjana es calcula així:

$$DM = \frac{6+3+1+0+4+6}{6} = \frac{20}{6} = 3{,}33$$

Variància i desviació típica

Si en lloc de la mitjana de les distàncies a la mediana trobem la mitjana dels seus quadrats, obtenim la **variància**.

L'arrel quadrada de la variància s'anomena **desviació típica**.

El pròxim curs treballarem a fons aquests paràmetres. Ara ens conformem a trobar-ne els valors per a les dades de l'exemple:

Variància:

$$\frac{6^2+3^2+1^2+4^2+6^2}{6} = 16{,}33$$

Desviació típica:

$$\sqrt{\text{variància}} = \sqrt{16{,}33} = 4{,}04$$

» FIXA IDEES

Copia i completa:

F3. Troba la desviació mitjana de les distribucions següents:

(III) 5, 7, 8, 9, 11, 13, 13, 15, 16, 18

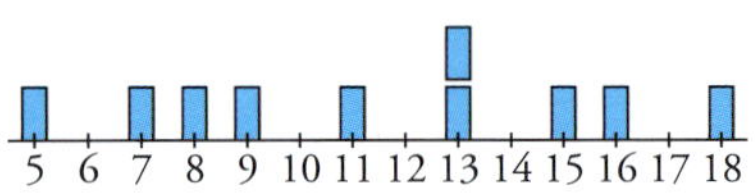

Comprova que la mitjana és $\bar{x} = 11{,}5$.

DADES	5	7	8	9	11	13	13	15	16	18
DISTÀNCIA A 11,5	6,5	4,5	…	…	0,5	1,5	1,5	…	…	…

Desviació mitjana:

$$DM = \frac{\text{suma de les distàncies a } \bar{x}}{10} = \frac{\dots}{10} = 3{,}5$$

(IV) 9, 10, 11, 11, 12, 12, 12, 13, 15, 15

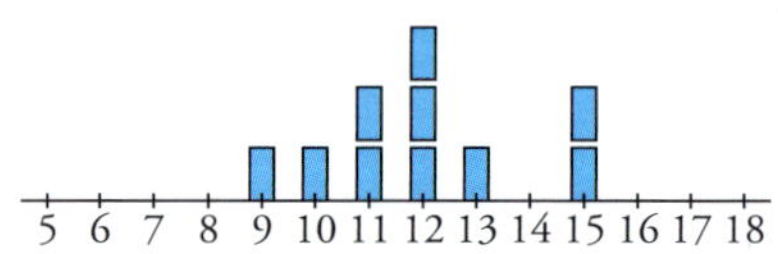

Comprova que la mitjana és $\bar{x} = 12$.

DADES	9	10	11	11	12	12	12	13	15	15
DISTÀNCIA A 12	3	…	…	…	0	…	…	1	…	…

Desviació mitjana: $DM = \frac{\dots}{10} = 1{,}4$

Les dades de (III) (DM = 3,5) estan més disperses que les de (IV) (DM = 1,4).

Càlcul de $\overline{x}$ i DM en taules de freqüències

NRE. DE FILLS	FREQÜÈNCIA
1	5
2	15
3	11
4	4
5	0
6	1
	36

La distribució del *nombre de fills* d'un grup de famílies ve donada per la taula del marge. És a dir, en aquesta mostra, hi ha 5 famílies amb 1 fill, 15 amb 2 fills…, cap amb 5 fills i 1 família amb 6 fills. En total, 36 famílies.

En volem calcular la mitjana i la desviació mitjana.

Càlcul de la mitjana

Quantes famílies hi ha? Sumem les freqüències: 5 + 15 + 11 + 4 + 1 = 36.

Quina és la suma total de fills de les 36 famílies?

$$\overbrace{1+1+1+1+1}^{\text{5 vegades}}+\overbrace{2+2+\ldots+2}^{\text{15 vegades}}+\overbrace{3+\ldots+3}^{\text{11 vegades}}+\overbrace{4+4+4+4}^{\text{4 vegades}}+\overbrace{6}^{1}$$

És més fàcil fer-ho així: $5 \cdot 1 + 15 \cdot 2 + 11 \cdot 3 + 4 \cdot 4 + 1 \cdot 6 = 90$.

La mitjana és, doncs, $\overline{x} = \dfrac{90}{36} = 2{,}5$.

NRE. DE FILLS → x FREQÜÈNCIA → f

x	DISTÀNCIA A $\overline{x}$	f
1	1,5	5
2	0,5	15
3	0,5	11
4	1,5	4
5	2,5	0
6	3,5	1
		36

Càlcul de la desviació mitjana

En la taula del marge hi ha tres columnes:

— La primera, amb els valors de la variable. Els anomenem x.

— La segona, amb les distàncies dels valors a la mitjana.

— La tercera, amb les freqüències, f.

Hi ha 5 individus la distància dels quals a $\overline{x}$ és 1,5. La suma de totes aquestes distàncies és $5 \cdot 1{,}5 = 7{,}5$.

D'aquesta manera, obtenim que:

$$\text{DM} = \frac{5 \cdot 1{,}5 + 15 \cdot 0{,}5 + 11 \cdot 0{,}5 + 4 \cdot 1{,}5 + 3{,}5}{36} = \frac{30}{36} = 0{,}83$$

Càlculs directes sobre la taula

Els càlculs anteriors es fan molt còmodament mitjançant l'ampliació de la taula, com pots veure a continuació:

x	f	$f \cdot x$	DISTÀNCIA A $\overline{x}$	$f \cdot$ DISTÀNCIA
1	5	5	2,5 – 1 = 1,5	7,5
2	15	30	2,5 – 2 = 0,5	7,5
3	11	33	3 – 2,5 = 0,5	5,5
4	4	16	4 – 2,5 = 1,5	6
5	0	0	5 – 2,5 = 2,5	0
6	1	6	6 – 2,5 = 3,5	3,5
	36	90		30

EL 2 HI ÉS 15 VEGADES: $15 \cdot 2 = 30$

EL 4 HI ÉS 4 VEGADES: $4 \cdot 4 = 16$

HI HA 15 INDIVIDUS LA DISTÀNCIA DELS QUALS A LA MITJANA ÉS $0{,}5 \rightarrow 15 \cdot 0{,}5 = 7{,}5$

HI HA 4 INDIVIDUS LA DISTÀNCIA DELS QUALS A LA MITJANA ÉS $1{,}5 \rightarrow 4 \cdot 1{,}5 = 6$

NOMBRE D'INDIVIDUS (36)

SUMA DELS VALORS DE TOTS ELS INDIVIDUS (90)

SUMA DE LES DISTÀNCIES A LA MITJANA DE TOTS ELS INDIVIDUS (30)

MITJANA $\rightarrow \overline{x} = \dfrac{90}{36} = 2{,}5$ DESVIACIÓ MITJANA $\rightarrow \text{DM} = \dfrac{30}{36} = 0{,}83$

» FIXA IDEES

Copia i completa:

F4. Calcula de cada una d'aquestes distribucions $\bar{x}$ i DM, representa-les i compara-les:

Ⓐ Qualificacions en un examen de Català d'un grup de 2n d'ESO:

EXAMEN	0	1	2	3	4	5	6	7	8	9	10
f	0	0	1	2	3	7	5	6	3	0	1

x	f	$f \cdot x$	DISTÀNCIA A $\bar{x}$	f · DISTÀNCIA
0	0	0	5,75 – 0 = 5,75	0 · 5,75 = 0
1	0	0	5,75 – 1 = 4,75	0 · 4,75 = 0
2	1	2	… = 3,75	1 · 3,75 = 3,75
3	2	6	…	…
4	3	12	…	…
5	7	35	… = 0,75	…
6	5	30	6 – 5,75 = 0,25	5 · 0,25 = 1,25
7	6	42	7 – 5,75 = 1,25	…
8	3	24	… = 2,25	…
9	0	0	…	…
10	1	10	…	…
	28	161		39,50

MITJANA → $\bar{x} = \dfrac{161}{28} = 5{,}75$

DESVIACIÓ MITJANA → $DM = \dfrac{\dots}{28} = 1{,}41$

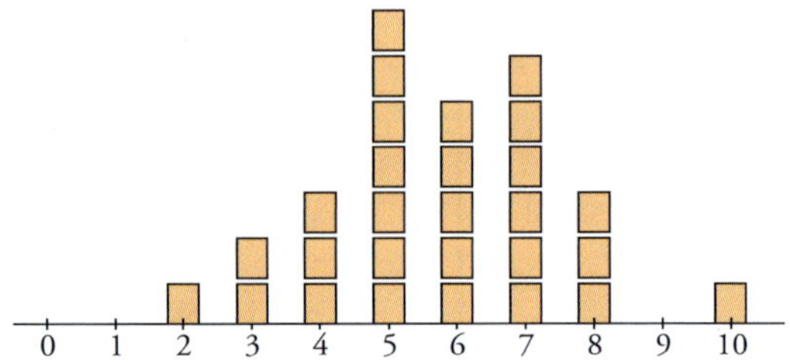

Ⓑ Notes dels treballs quinzenals, alguns dels quals, com podràs comprovar, no han estat entregats a temps o s'han fet precipitadament:

TREBALLS	0	1	2	3	4	5	6	7	8	9	10
f	2	3	2	0	3	6	0	0	0	8	4

x	f	$f \cdot x$	DISTÀNCIA A $\bar{x}$	f · DISTÀNCIA
0	2	0	5,75 – 0 = 5,75	2 · 5,75 = 11,5
1	3	3	5,75 – 1 = 4,75	3 · 4,75 = 14,25
2	2	4	… = 3,75	2 · 3,75 = 7,5
3	0	0	…	…
4	3	12	…	…
5	6	30	… = 0,75	…
6	0	0	6 – 5,75 = 0,25	0 · 0,25 = 0
7	0	0	7 – 5,75 = 1,25	…
8	0	0	… = 2,25	…
9	8	72	…	…
10	4	40	…	4 · 4,25 = 17
	28	161		…

MITJANA → $\bar{x} = \dfrac{161}{28} = 5{,}75$

DESVIACIÓ MITJANA → $DM = \dfrac{\dots}{28} = 3{,}07$

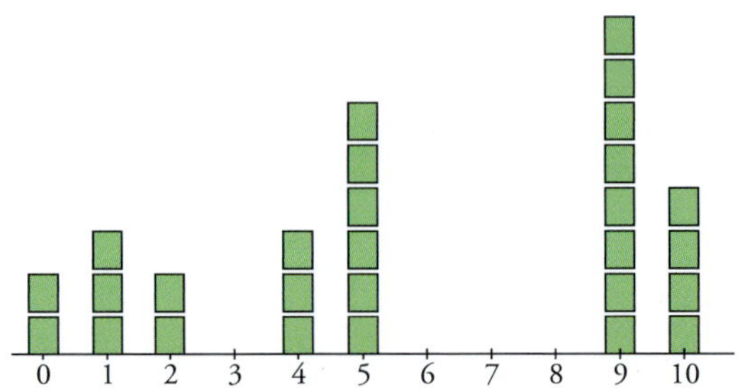

Totes dues distribucions tenen la mateixa mitjana, però Ⓐ és menys dispersa (DM = 1,41) que Ⓑ (DM = 3,07).

4. ESDEVENIMENTS ALEATORIS

Depèn de l'atzar?

Encistellar una pilota depèn de l'atzar? Doncs sí, per bo que sigui el jugador, sempre hi ha una part de sort en el resultat.

I aconseguir una feina després de fer una entrevista? Per més que el candidat s'hagi preparat, sempre hi ha un punt de sort.

Els resultats de les experiències següents depenen de l'atzar:

- Llançar un dau sobre la taula.
- Llançar una pilota a cistella.
- Comprovar si plourà al llarg del dia.
- Fer un examen i veure quina nota es treu.

D'aquests esdeveniments que depenen de l'atzar, se'n diu *esdeveniments aleatoris*.

Per analitzar com es comporta l'atzar, podem fer *experiències aleatòries*, és a dir, experiments els resultats dels quals depenen de l'atzar. Per exemple:

- Llançar una xinxeta i observar la posició en què cau.

- Llançar un dau de sis cares i anotar el nombre que surt.

- Treure una bola del bombo i observar-ne el color.

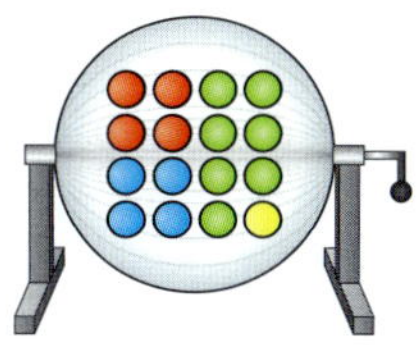

- Llançar tres monedes i observar quantes cares surten.

- Observar si un cotxe blau s'atura quan el semàfor es posa vermell.

- Comptar el nombre de persones que travessaran el pas de vianants.

- **Esdeveniment aleatori** és un esdeveniment en la realització del qual influeix l'atzar.
- **Experiència aleatòria** és aquella el resultat de la qual depèn de l'atzar.

» FIXA IDEES

F5. De cada una de les experiències que acabem de descriure, digues quins són tots els possibles resultats que es poden obtenir. Per exemple:

- Llançar una xinxeta: recta i inclinada.
- Comptar el nombre de persones que travessaran el pas de vianants: 0, 1, 2…

Segueix tu:

a) Anotar la puntuació obtinguda en llançar un dau de sis cares.

b) Observar de quin color és la bola treta del bombo anterior.

c) Nombre de cares en llançar tres monedes.

d) Observar si un cotxe blau s'atura quan el semàfor es posa vermell.

Espai mostral

De cada un dels resultats que poden obtenir-se en realitzar una experiència aleatòria, se'n diu **cas**.

- L'experiència aleatòria «Llançar una moneda» consta de dos casos: c i +.
- El «Comptar el nombre de cares en llançar tres monedes» té quatre casos: 0, 1, 2 i 3.
- Els casos de l'experiència «Llançar un dau de sis cares» són: 1, 2, 3, 4, 5 i 6.

Del conjunt de tots els casos d'una experiència aleatòria, se'n diu **espai mostral**. Se sol designar amb la lletra E.

- «Llançar una moneda» $\rightarrow E = \{c, +\}$
- «Comptar el nombre de cares en llançar tres monedes» $\rightarrow E = \{0, 1, 2, 3\}$
- «Llançar un dau de sis cares» $\rightarrow E = \{1, 2, 3, 4, 5, 6\}$

Un **esdeveniment** és un subconjunt extret de l'espai mostral.

Els casos també són esdeveniments. Es diuen **esdeveniments individuals**.

El mateix espai mostral és l'esdeveniment total o **esdeveniment segur**.

ESDEVENIMENT SEGUR

Per exemple, en llançar un dau podem considerar, entre d'altres, els esdeveniments següents:

» FIXA IDEES

F6. En fer girar la ruleta, la fletxa pot caure en el color vermell (Vm), el blau (B), en el groc (G) o en el verd (V), però no pot caure en el negre (N).

Fes correspondre aquests esdeveniments:

a) Esdeveniment segur	I	{N}
b) Blau o verd	II	{B, V, Vm}
c) No groc	III	{V, Vm, G, B}
d) Ni groc ni blau	IV	{Vm, V}
e) Esdeveniment impossible	V	{B, V}

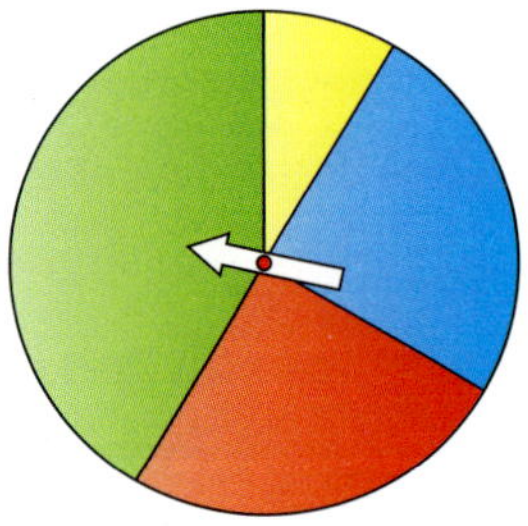

» APLICA EL QUE HAS APRÈS

4. Experiència: «Treure una bola del bombo».

a) Quins en són els casos?

b) Escriu-ne l'espai mostral.

c) Escriu els esdeveniments següents:
- «Més gran que 1»
- «Parell»
- «Més gran que 3 i més petit que 5»
- «Esdeveniment segur»

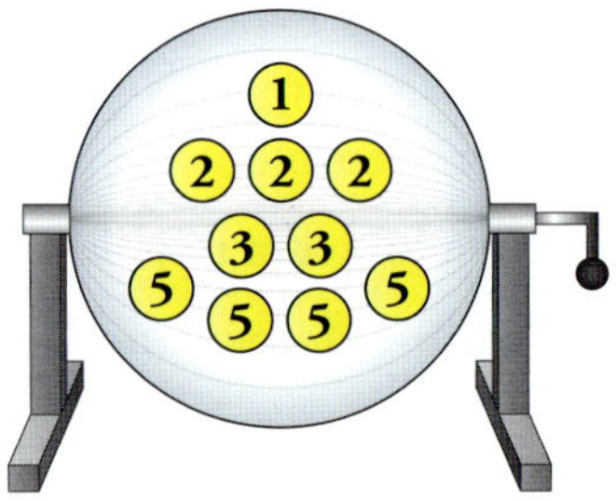

BARCANOVA EDITORIAL

5. PROBABILITAT D'UN ESDEVENIMENT

L'atzar no és tan capritxós com sembla. Els esdeveniments que depenen de l'atzar (esdeveniments aleatoris) tenen lloc amb més o menys facilitat, és a dir, amb més o menys probabilitat. I aquesta probabilitat es pot mesurar.

La **probabilitat d'un esdeveniment aleatori** és el grau de confiança que podem tenir que aquest esdeveniment tingui lloc. S'expressa mitjançant un nombre comprès entre 0 i 1.

Per designar la probabilitat d'un esdeveniment, S, escrivim $P[S]$.

- Si $P[S]$ és pròxima a 0, l'esdeveniment és poc probable.
- Si $P[S]$ és pròxima a 1, l'esdeveniment és molt probable.
- Si $P[S] = 0{,}5$, és a dir, $1/2$, significa que, de mitjana, l'esdeveniment S es produeix la meitat de les vegades que es realitza l'experiència.

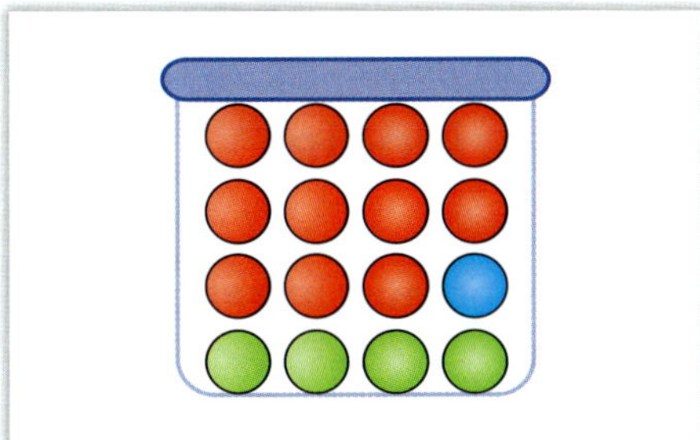

Exemple

Si traiem una bola de l'urna que hi ha en el marge, podem dir que:

- És molt probable que surti vermella.
- És molt poc probable que surti blava.
- És impossible que surti groga (probabilitat 0).
- És segur que no sortirà groga (probabilitat 1).

» FIXA IDEES

F7. Copia i completa amb POC PROBABLE, MOLT PROBABLE, IGUAL DE PROBABLE, SEGUR O IMPOSSIBLE:

a) En treure una carta de la baralla és … que surti l'as d'oros.

b) En llançar un dau és … que surti un nombre més gran que 1.

c) En llançar un dau és … que surti un nombre més gran que 6.

d) En llançar una moneda és … que sortirà cara o creu.

e) En llançar una moneda és … que surti cara o creu.

» APLICA EL QUE HAS APRÈS

5. Fem girar la fletxa d'aquesta ruleta i ens fixem en el color en què s'atura.

a) Com de probable és que s'aturi en el vermell? I en el blau?

b) Com de probable és que no s'aturi en el groc?

c) Com de probable és que s'aturi en el verd?

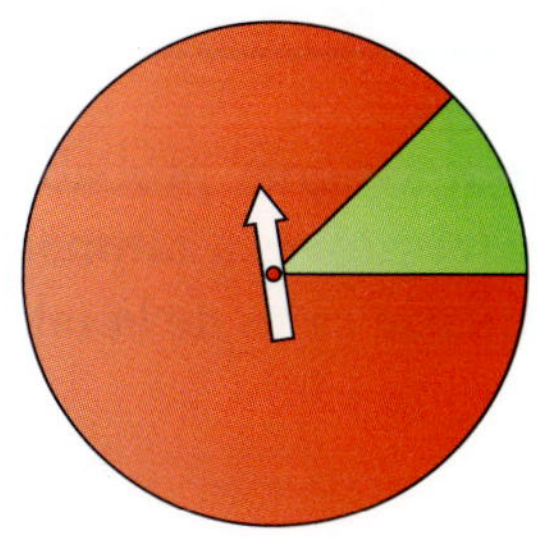

Mesurar probabilitats

- Les dues cares de la moneda tenen la mateixa probabilitat de sortir.

- Ignorem quina és la probabilitat de cada una d'aquestes dues posicions. Només podem esbrinar-ho experimentant.

Dues maneres de mesurar la probabilitat

- En llançar una moneda, sabem que, com que tots dos costats són idèntics, és igual de probable que surti CARA que CREU. Per això, podem assignar probabilitats sense necessitat d'experimentar i diem que:

$$P[\text{c}] = \frac{1}{2} \qquad P[+] = \frac{1}{2}$$

Tanmateix, si es tracta d'una xinxeta, desconeixem com de probable és que caigui així  o així . Només llançant-la moltes vegades i anotant els resultats podrem fer-nos-en una idea. És a dir, només l'experiència ens pot informar sobre la probabilitat que la xinxeta caigui d'una manera o de l'altra.

> Hi ha dues maneres de mesurar la probabilitat d'un esdeveniment:
> - Si l'**experiència** és **regular**, com en el cas de la moneda, es pot avaluar la probabilitat sense necessitat d'experimentar. Es farà assignant la mateixa probabilitat a tots els casos que puguin donar-se.
> - Si l'**experiència** és **irregular**, per assignar probabilitats cal experimentar.

Assignació de probabilitats en experiències irregulars

- Per assignar probabilitats a les dues posicions en què pot caure una xinxeta,  i , només podem experimentar: la llancem moltes vegades i obtenim la freqüència relativa de cada cas.

  Suposem que l'hem llançat 100 vegades i hem obtingut 21  i 79 .

  Direm que:

  P[] $= \frac{21}{100} = 0{,}21$ P[] $= \frac{79}{100} = 0{,}79$

  Els resultats només són aproximats. Si volem que l'estimació sigui millor, hem d'augmentar el nombre d'experiències.

- Per calcular la probabilitat de tenir un accident, no es pot experimentar, però sí observar, recollir dades i, així, obtenir freqüències relatives. És el que fan les companyies d'assegurances.

  Per exemple, si d'un total de 87.540 assegurats n'hi ha hagut 2.123 que han tingut un accident aquest any, la companyia dedueix que:

$$P[\text{ACCIDENT}] = \frac{2.123}{87.540} = 0{,}024$$

» APLICA EL QUE HAS APRÈS

6. Explica per què es pot assignar probabilitats a les cares d'un dau sense necessitat de fer proves i, tanmateix, cal experimentar per assignar les de les quatre cares de la taba.

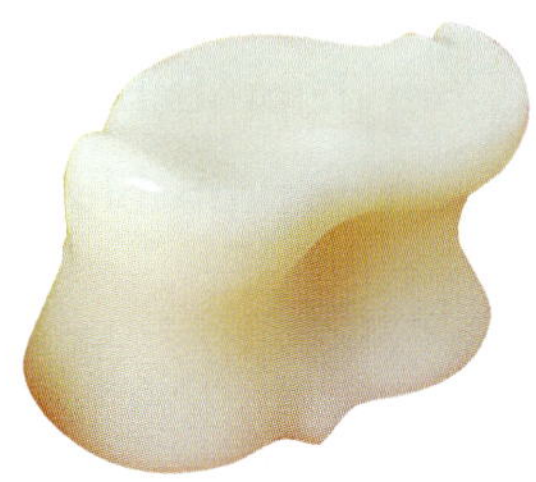

6. ASSIGNACIÓ DE PROBABILITATS EN EXPERIÈNCIES REGULARS

I si el dau és imperfecte?

Com hem vist en la pàgina anterior, si el dau és imperfecte, només experimentant podrem esbrinar alguna cosa de les probabilitats de les seves cares.

Si llancem un dau perfecte, totes les cares tenen la mateixa probabilitat de sortir. Per tant, esperem que cada una surti de mitjana *una de cada sis vegades*. Això s'expressa dient que la seva probabilitat és $\frac{1}{6}$.

ESPAI MOSTRAL = {⚀, ⚁, ⚂, ⚃, ⚄, ⚅}

Si el dau és perfecte: P[⚀] $= \frac{1}{6}$; P[⚁] $= \frac{1}{6}$; …; P[⚅] $= \frac{1}{6}$

> Quan una experiència aleatòria es duu a terme amb un instrument regular (com un dau perfecte), si l'espai mostral té n casos, la probabilitat de cada un d'aquests casos és $\frac{1}{n}$.

» FIXA IDEES

F8. Copia i completa, com en el primer apartat, les experiències aleatòries següents:

a) Extrauré una bola d'un bombo que conté 10 boles idèntiques numerades del 0 al 9. Quina probabilitat hi ha que surti cada nombre?

$$P[0] = P[1] = \ldots = P[9] = \frac{1}{10} = 0{,}1$$

b) Tinc un bitllet d'una rifa amb 100 nombres, del 0 al 99. Quina és la probabilitat que em toqui?

$$P[\text{EL MEU BITLLET}] = \frac{1}{100} = \ldots$$

c) Ha arribat una companya nova a classe. Quina probabilitat hi ha que el seu aniversari coincideixi amb el meu, que és el 5 de maig?

$$P[\text{5 DE MAIG}] = \frac{1}{\square} \approx \ldots$$

AJUDA

a) Espai mostral:

$E = [0, 1, 2, 3, 4, 5, 6, 7, 8, 9]$

Tots són iguals de probables.

b) L'espai mostral consta dels cent nombres de la rifa, tots iguals de probables.

$E = [0, 1, 2, 3, \ldots, 99]$

c) La companya pot complir anys qualsevol dels 365 dies de l'any (si l'any és de traspàs, 366).

» APLICA EL QUE HAS APRÈS

7. Quina és la probabilitat que la fletxa caigui en el color vermell en fer girar la ruleta?

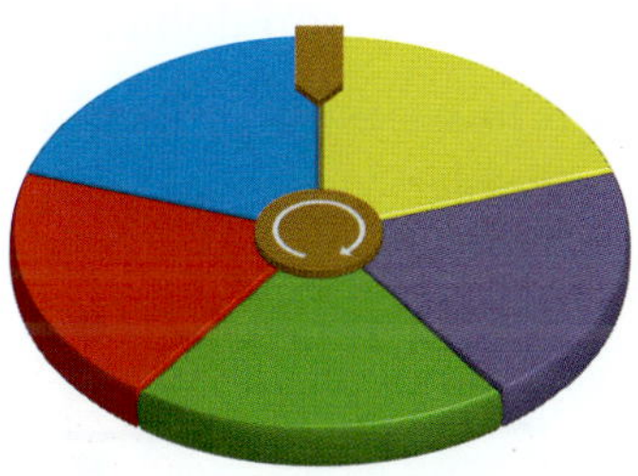

9. El meu signe del zodíac és lleó. Quina és la probabilitat que la persona que va asseguda al meu costat a l'autobús també sigui lleó?

8. Si escollim a l'atzar una de les 28 fitxes de dòmino, quina és la probabilitat que sigui el 6 doble?

10. Quina és la probabilitat de treure l'as de bastos d'una baralla espanyola? I el rei de copes?

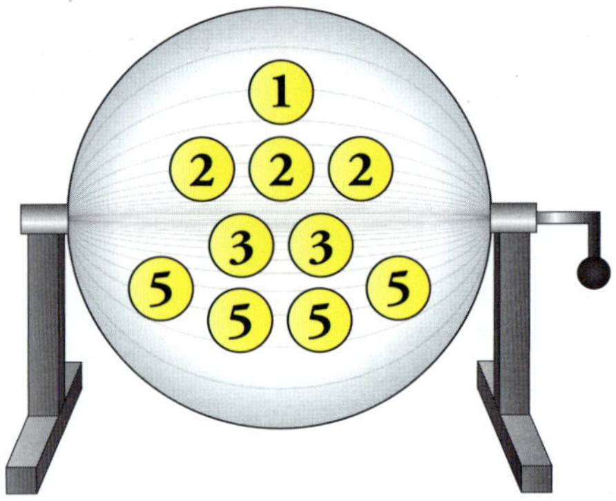

Llei de Laplace

En un bombo hi ha 10 fitxes numerades. En treure'n una a l'atzar, sembla lògic raonar que:

De mitjana...

- L'(1) sortirà 1 de cada 10 vegades. Per tant, $P[1] = \frac{1}{10}$.
- El (2) sortirà 3 de cada 10 vegades. Per tant, $P[2] = \frac{3}{10}$.
- El (3) sortirà 2 de cada 10 vegades. Per tant, $P[3] = \frac{2}{10}$.
- El (5) sortirà 4 de cada 10 vegades. Per tant, $P[5] = \frac{4}{10}$.

Aquests resultats es poden generalitzar així:

> En una experiència aleatòria amb un instrument regular, la probabilitat d'un esdeveniment, *S*, s'obté així:
>
> $$P[S] = \frac{\text{nombre de casos favorables a } S}{\text{nombre total de casos possibles}}$$

» FIXA IDEES

F9. Observa, copia i completa:

La probabilitat d'obtenir cada color en fer girar la fletxa de la ruleta és:

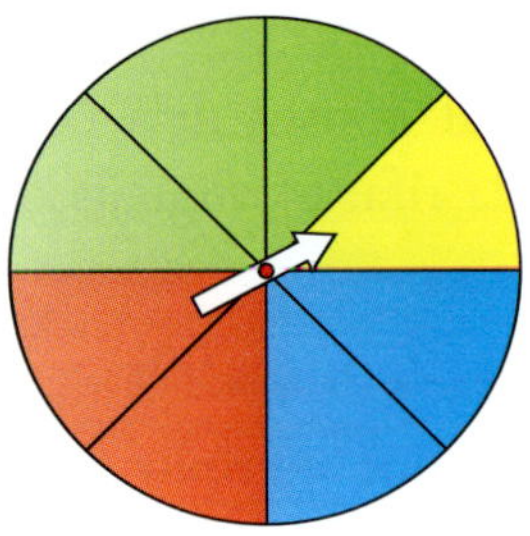

$P[\text{VERD}] = \frac{3}{8}$ $P[\text{VERMELL}] = \frac{2}{8} = \frac{\square}{4}$

$P[\text{GROC}] = \frac{\square}{8}$ $P[\text{BLAU}] = \frac{\square}{\square} = \frac{\square}{\square}$

AJUDA

- POSICIONS POSSIBLES → 8
- VERD → 3 porcions
- VERMELL → 2 porcions
- GROC → 1 porció
- BLAU → 2 porcions

» APLICA EL QUE HAS APRÈS

11. D'una baralla de 40 cartes se n'extreu una a l'atzar.

a) Quina és la probabilitat de treure un rei? (Recorda que la baralla té 4 reis.)

b) Quina és la probabilitat que surti un basto?

12. Traiem a l'atzar una bola d'aquesta bossa. Calcula la probabilitat que sigui de cada un dels colors.

13. Tenim les 28 fitxes d'un joc de dòmino de cap per avall sobre la taula.

a) Quantes són dobles?

b) Quina és la probabilitat que en tombar-ne una sigui doble?

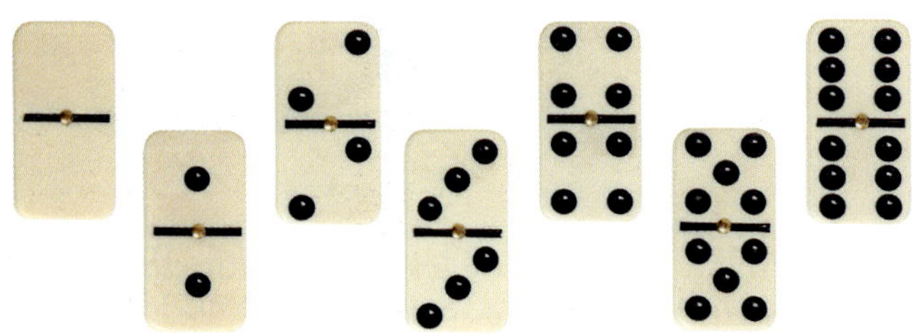

GeoGebra. Practica la llei de Laplace.

7. ESTRATÈGIES PER AL CÀLCUL DE PROBABILITATS

Analitza els problemes següents i les estratègies utilitzades en la resolució. Després, aplica aquestes estratègies en els problemes proposats en la pàgina següent.

Diagrama en arbre

Llancem tres monedes. Quina és la probabilitat d'obtenir dues cares?

L'esquema (diagrama en arbre) següent serveix per veure i explicar totes les possibilitats:

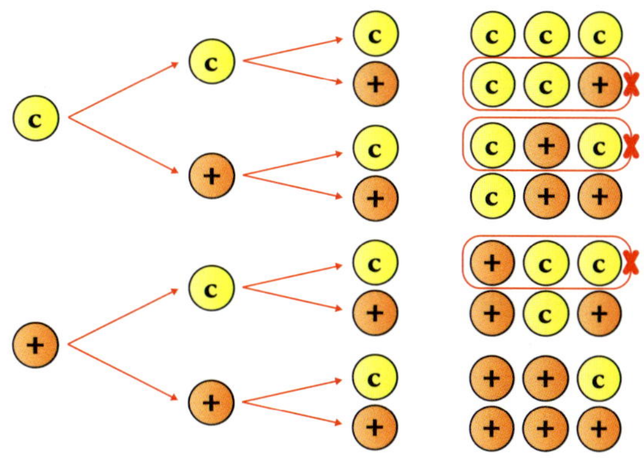

Hi ha 8 casos, 3 dels quals són favorables (✘).

Per tant:

$$P[2\text{ CARES}] = \frac{3}{8}$$

Repartiment de la probabilitat en una branca

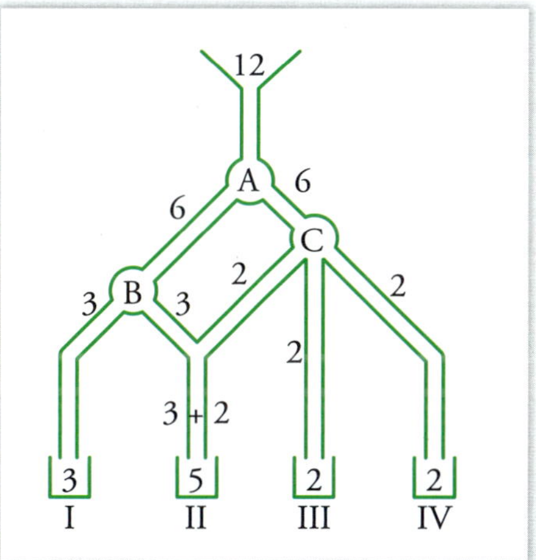

Observa l'aparell que hi ha en el marge. Si llancem una bola per l'embut de dalt, quina és la probabilitat que caigui en cada dipòsit?

Suposarem que llancem 12 boles (o 12 vegades una bola) que, en arribar a cada distribuïdor, es reparteixen de forma equitativa.

Així, la probabilitat que la bola caigui en cada un dels dipòsits és aquesta:

$$P[\text{I}] = \frac{3}{12} = \frac{1}{4} \quad P[\text{II}] = \frac{5}{12} \quad P[\text{III}] = P[\text{IV}] = \frac{2}{12} = \frac{1}{6}$$

Per què hem agafat 12 boles? Perquè el primer distribuïdor té dues sortides (2), la primera amb dues branques (2) i la segona amb tres (3) → $2 \times 3 \times 2 = 12$.

Taules de contingència

	NACIONAL	ESTRANG.
TITULARS	7	4
SUPLENTS	8	1

	NAC.	EST.	
TITULARS	7	4	11
SUPLENTS	8	1	9
	15	5	20

La taula del marge descriu la composició d'un equip de futbol. Si assenyalem a l'atzar un dels jugadors, quina és la probabilitat que sigui estranger?

I si n'apartem un a l'atzar entre els nacionals, quina és la probabilitat que sigui suplent?

Per resoldre'l, ampliem la taula amb més files i columnes.

- Dels 20 futbolistes, 5 són estrangers. Per tant, $P[\text{ESTRANGER}] = \frac{5}{20} = \frac{1}{4}$.
- N'hi ha 15 de nacionals, 8 dels quals són suplents:

$$P[\text{SUPLENT NACIONAL}] = \frac{8}{15}$$

GeoGebra. Practica el diagrama d'arbre.

» FIXA IDEES

Copia els problemes següents i aplica les estratègies utilitzades en la pàgina anterior per completar-los:

F10. El menú del dia d'un restaurant ofereix, de primer plat, llenties (L), bledes (B) o amanida (A), de segon plat, filet (F) o rap (R), i de postres, pastís de formatge (P) o taronja (T).

a) Construeix un diagrama d'arbre que reflecteixi totes les opcions del menú.

Total d'opcions → $3 \times 2 \times \ldots = \ldots$

b) Si un client tria un menú a l'atzar, quina és la probabilitat que mengi verdura (bledes o amanida), filet i postres?

Opcions favorables (verdura + filet + postres) → …

$$P[\text{VERDURA + FILET + POSTRES}] = \frac{\text{opcions favorables}}{\text{total d'opcions}} = \frac{\square}{\square} = \frac{\square}{\square}$$

F11. Suposa que llancem 18 boles en l'embut de l'aparell següent, que les reparteix de forma equitativa.

NOTA: Per què 18? Perquè el primer distribuïdor té tres sortides (3), una amb tres branques (3) i una altra amb dues (2) → $3 \times 3 \times 2 = 18$.

a) Teòricament, quantes en cauran en cada dipòsit?

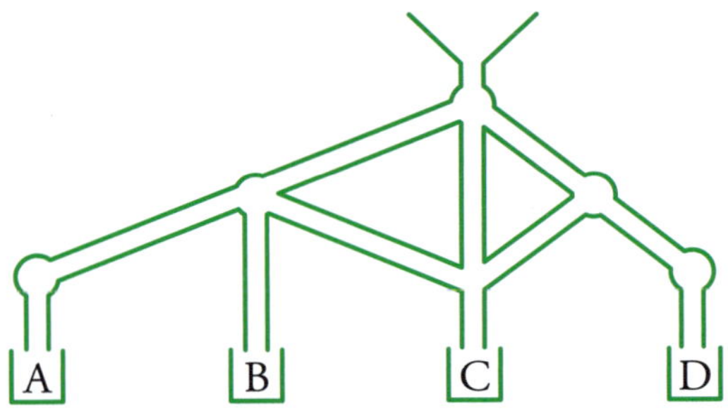

En l'A → … En el B → …
En el C → … En el D → …

b) Segons els resultats anteriors, si llancem una sola bola, quina serà la probabilitat que caigui en el dipòsit A? I que caigui en el C? I en el D?

$$P[A] = \frac{\square}{18} = \frac{\square}{\square} \quad P[C] = \frac{\square}{\square} \quad P[D] = \frac{\square}{\square}$$

F12. Els estudiants d'un centre es distribueixen així a l'hora de fer diferents activitats esportives:

	FUTBOL	NATACIÓ	TENIS
PRIMÀRIA	14	7	4
SECUNDÀRIA	16	4	15

Si en triem un a l'atzar, calcula aquestes probabilitats:

a) Que sigui de Primària. → $P[\text{PRIMÀRIA}] = \frac{\square}{\square}$

b) Que sigui de Primària i jugui a tenis. → $P[\text{PRIMÀRIA I TENIS}] = \frac{\square}{\square}$

c) Que jugui a tenis, si és de Secundària. → …

AJUDA

F10.

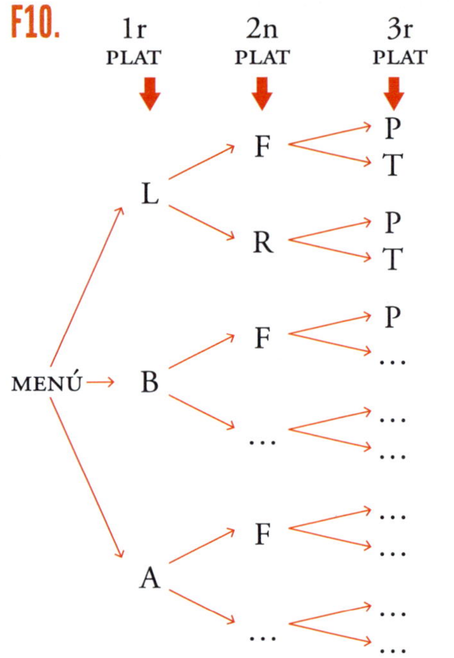

F11.

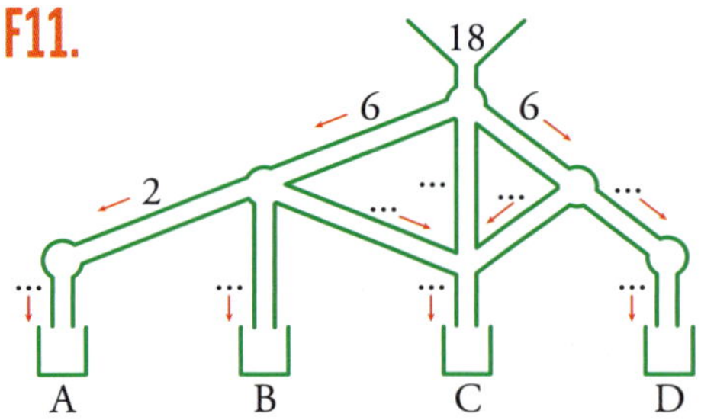

F12. Reprodueix la taula i afegeix-hi una fila i una columna amb els totals:

	F	N	T	
P	14	7	4	…
S	16	4	15	…
	30	…	…	…

La probabilitat que jugui a tenis sent de Secundària és:

$$P = \frac{\text{Nre. de tenistes de Secundària}}{\text{Total de Secundària}}$$

BARCANOVA EDITORIAL

Interpreta, descriu, expressa't

33. Explica el procediment que s'ha utilitzat en cada una de les distribucions següents per calcular la mediana:

a) 7 3 8 7 8 8 3 7 8 8 7 8

~~3~~ ~~3~~ ~~7~~ ~~7~~ ~~7~~ 7 8 ~~8~~ ~~8~~ ~~8~~ ~~8~~ ~~8~~

Me = 7,5

b)

x	0	1	2	3	4	5	TOTAL
f	4	2	2	0	3	2	13

13 : 2 = 6,5 → Setena dada

1⌒2⌒3⌒4⌒5⌒6⌒7

0 0 0 0 1 1 2 2 4 4 4 5 5

Me = 2

c)

x	0	1	2	3	4	5	TOTAL
f	3	0	7	11	15	9	45

45 : 2 = 22,5 → Vint-i-tresena dada

Sumant freqüències:

3 + 7 + 11 = 21 → No hi arriba.

3 + 7 + 11 + 15 = 36 → Afegint la freqüència del 4, la supera.

Llavors, *Me* = 4.

34. En una escola les notes van acompanyades d'un gràfic curiós. Observa la d'en Teo i contesta:

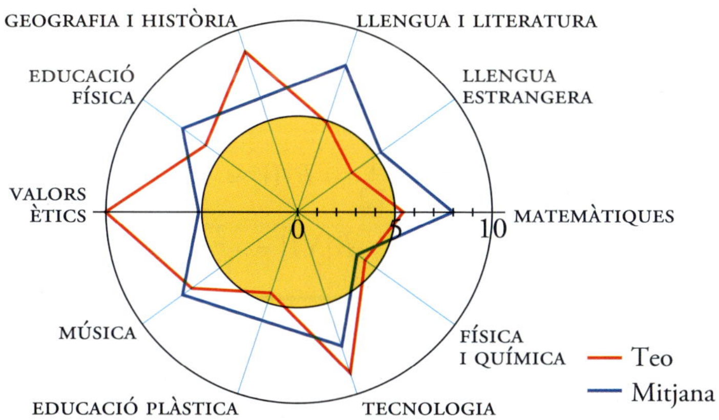

a) Què signifiquen els dos cercles que hi ha en el gràfic?

b) Creus que en Teo té facilitat per la Física i Química?

c) Quines assignatures ha suspès?

d) En quines assignatures està per sota de la mitjana?

e) Calcula'n la nota mitjana.

Resol problemes

35. Un joc semblant al dòmino està format per les peces següents:

Les posem en una bossa i en traiem una a l'atzar.

a) És una experiència regular? Per què?

b) Escriu-ne l'espai mostral.

c) Quina és la probabilitat de «Treure pera/poma»?

36. PROBLEMA RESOLT

Del dòmino de l'activitat anterior, posem sobre la taula la fitxa plàtan/pera i les altres les fiquem en una bossa. En traiem una fitxa a l'atzar.

Quina és la probabilitat que aquesta nova fitxa, segons les regles del dòmino, pugui encadenar-se amb la que hi ha sobre la taula?

- A la bossa hi ha 9 fitxes, totes amb la mateixa probabilitat de sortir (experiència regular). Per tant, l'espai mostral té 9 elements (aquestes 9 fitxes).
- Hi ha 6 fitxes que poden encadenar-se amb la fitxa plàtan/pera:

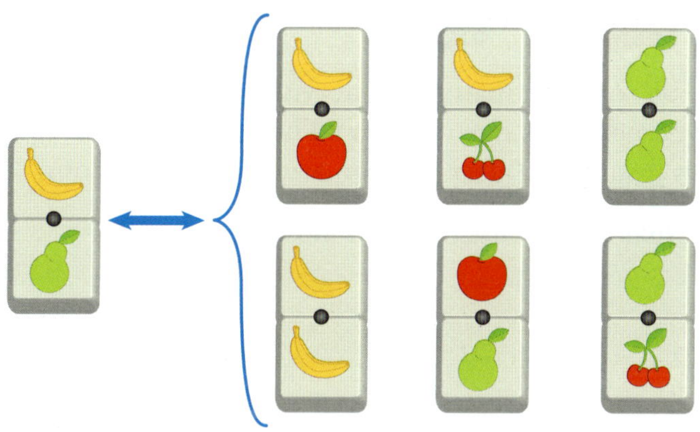

- La probabilitat que la fitxa extreta pugui encadenar-se amb la que hi ha sobre la taula és aquesta:

$$P[\text{ENCADENAR-SE AMB PLÀTAN/PERA}] = \frac{6}{9} = \frac{2}{3}$$

37. Observa aquests aparells. Quina és la probabilitat que la boleta caigui en cada recipient de A? I en cada recipient de B?

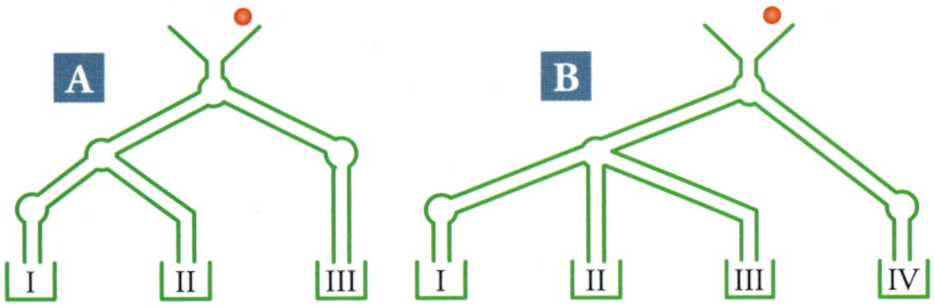

38. Llancem una moneda i agafem a l'atzar una bola de l'urna:

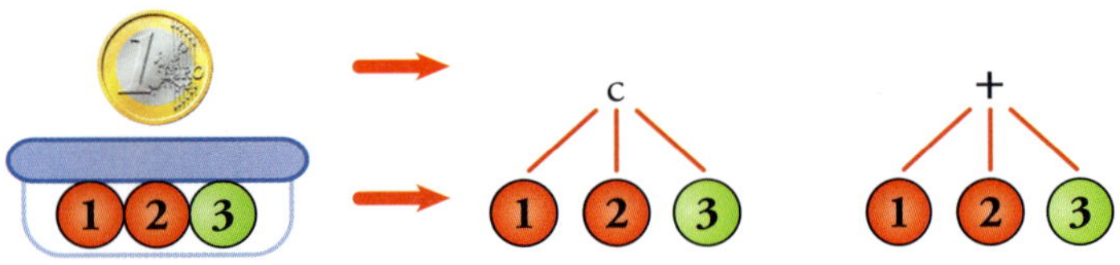

a) Escriu-ne l'espai mostral.

b) Quina és la probabilitat que la bola sigui vermella?

c) Quina és la probabilitat d'obtenir cara i bola vermella?

39. A la maleta tinc 4 samarretes i 2 pantalons:

He de sortir de matinada i no vull encendre el llum per no despertar els que dormen a l'habitació, així que agafo a les fosques, a l'atzar, una samarreta i uns pantalons.

a) Quants elements té l'espai mostral?

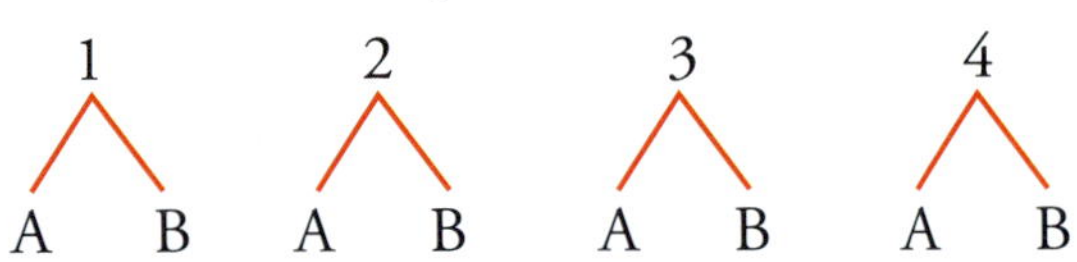

Quina és la probabilitat de cada cas?

b) Descriu l'esdeveniment «Agafar la samarreta negra i els pantalons blaus». Quina n'és la probabilitat?

c) Quina és la probabilitat de l'esdeveniment «Agafar una samarreta de màniga curta i els pantalons verds»?

40. Els estudiants d'una classe es distribueixen així:

	NOIES	NOIS
AMB ULLERES	3	6
SENSE ULLERES	12	1

N'escollim un a l'atzar. Calcula aquestes probabilitats:

a) Que sigui una noia.

b) Que porti ulleres.

c) Que sigui una noia amb ulleres.

d) Sabent que és un noi, que porti ulleres.

41. PROBLEMA RESOLT

Calcula la probabilitat que la bola caigui en cada recipient.

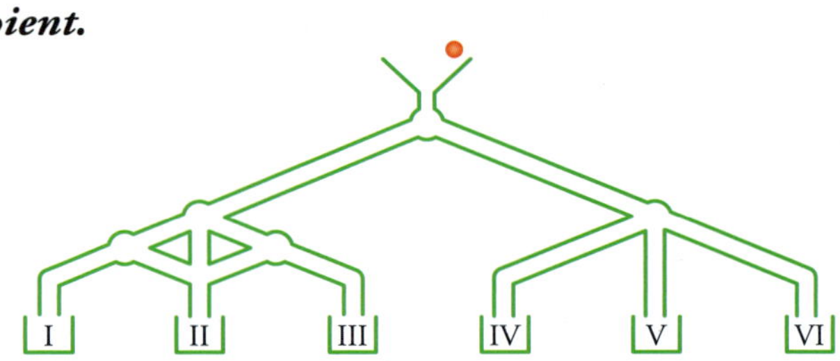

- El primer distribuïdor té dues sortides (2), cada una amb tres branques (3) i algunes d'aquestes amb dues branques (2).

$$2 \times 3 \times 2 = 12$$

Si llancem per l'embut 12 boles, es repartiran així:

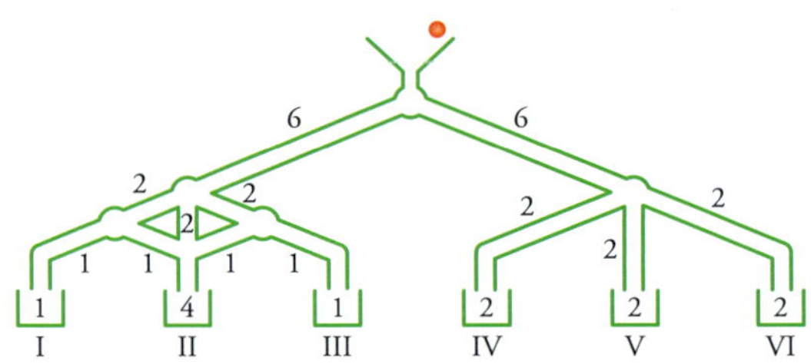

- Llavors:

$$P[\text{I}] = P[\text{III}] = \frac{1}{12} \qquad P[\text{II}] = \frac{4}{12} = \frac{1}{3}$$

$$P[\text{IV}] = P[\text{V}] = P[\text{VI}] = \frac{2}{12} = \frac{1}{6}$$

42. Calcula, en cada cas, la probabilitat que la bola caigui als diferents recintes:

a)

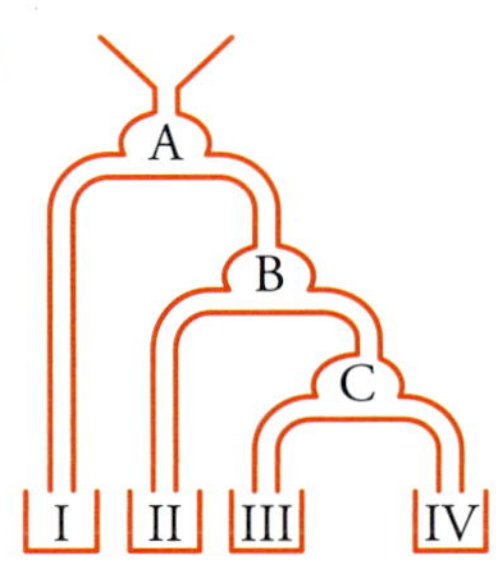

b)

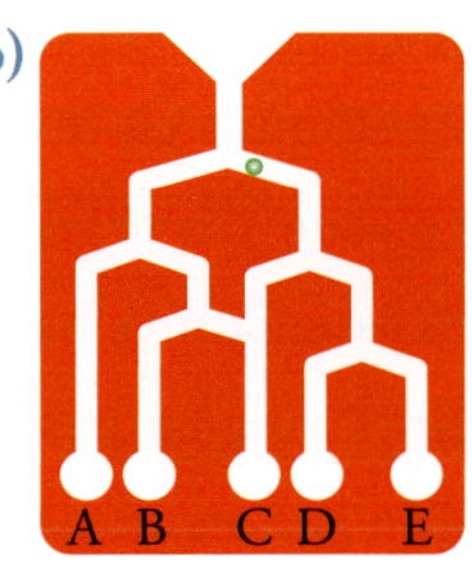

BARCANOVA EDITORIAL

43. El professor de Català ha dissenyat una experiència que consisteix a formar síl·labes agafant a l'atzar una papereta de l'urna 1 i una altra de l'urna 2.

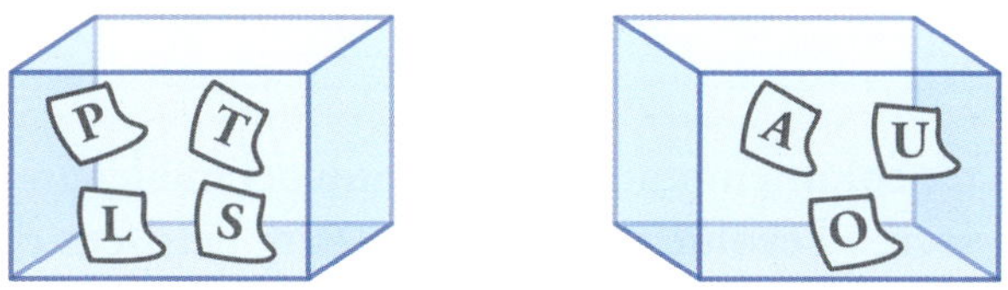

Cada alumne ha d'escriure una paraula que comenci amb aquesta síl·laba.

a) Escriu-ne l'espai mostral.

b) Quina és la probabilitat d'obtenir la síl·laba A?

c) I d'obtenir una síl·laba que acabi en A?

44. En un restaurant hi ha sopa, puré o amanida de primer, carn, peix o arròs de segon i, per acabar, cafè o postres.

a) Quants menús diferents podem triar?

b) Si ens serveixen un menú triat a l'atzar, quina probabilitat hi ha que sigui amanida i carn?

c) Quina és la probabilitat que porti arròs?

45. La taula recull les vendes d'una agència immobiliària durant el mes passat:

	MENYS DE 100.000 €	ENTRE 100. 000 I 300.000 €	MÉS DE 300.000 €
CASES	1	2	5
PISOS	3	10	3

Segons aquestes dades, quina és la probabilitat que la pròxima venda superi els 300.000 €? I que sigui un pis de menys de 300.000 €?

46. Dels 30 estudiants que som a classe, hi ha 18 noies, 12 de les quals ho han aprovat tot. Si en total hi ha 10 alumnes amb alguna assignatura suspesa i escollim a l'atzar algú de la classe, troba aquestes probabilitats:

a) Que sigui un noi i ho hagi aprovat tot.

b) Havent-ne suspès alguna, que sigui una noia.

47. El joc del dòmino té 28 fitxes. Si n'escollim una a l'atzar, indica aquestes probabilitats:

a) Que tingui un 3.

b) Que no sigui un doble.

c) Que els seus punts sumin 7.

d) Que enllaci amb el 6-4.

Atenció! Per a aquest últim cas hem d'escollir una de les altres 27 fitxes.

Problemes «+»

48. La Lea, una companya d'en Teo, ha tret excellent en gairebé totes les assignatures. Només ha tret un notable en Música i un aprovat en Tecnologia. Dibuixa el gràfic de les seves notes, en el mateix sistema de representació que les d'en Teo en l'exercici 34.

49. La Laura ha observat que en els últims 27 llançaments d'un dau no ha sortit cap 5 i pensa que és molt probable que en la pròxima tirada surti un 5. Té raó?

50. Als 100 nois i noies d'un campament se'ls dona l'opció de practicar piragüisme o equitació. 29 nois i la tercera part de les noies escullen caiac i 34 noies prefereixen muntar a cavall. Representa'n les dades en una taula i troba la proporció de noies que hi ha entre els que han triat caiac.

51. En el mapa següent s'indica la distància, en quilòmetres, de cada tram de carretera:

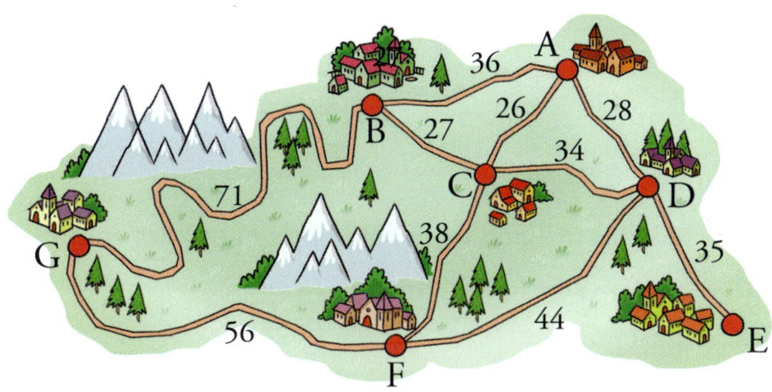

Aquesta taula resumeix la distància, en quilòmetres, entre cada dos pobles de la comarca:

	A	B	C	D	E	F
B	36					
C	26	27				
D	28	61	34			
E	...	...	...	...		
F	...	...	...	...	...	
G	...	...	...	...	...	...
	A	B	C	D	E	F

a) Comprova que les dades que hi ha en la taula són correctes.

b) Copia i completa-la de manera que en la taula aparegui la distància més curta possible entre cada dues localitats.

» MATEMÀTIQUES EN CONTEXT

VILAMODA DEL QUARTIL

L'Ajuntament de Vilamoda del Quartil organitza tot un seguit d'actes commemoratius amb motiu del mil·lenari de la població. Entre molts altres projectes, volen editar un llibre que reculli l'evolució del poble al llarg dels seus deu segles d'història. El tenen prou avançat, però encara els falta completar-ne alguna part. Ajuda'ls resolent les qüestions següents.

1. Coneguem la vila

En aquest gràfic pots veure les respostes de 32 vilamodins i vilamodines, escollits a l'atzar, que han contestat la pregunta «Com de feliç ets a Vilamoda?». El 0 correspon a «Gens ni mica» i el 10 a «Soc feliç com un anís»:

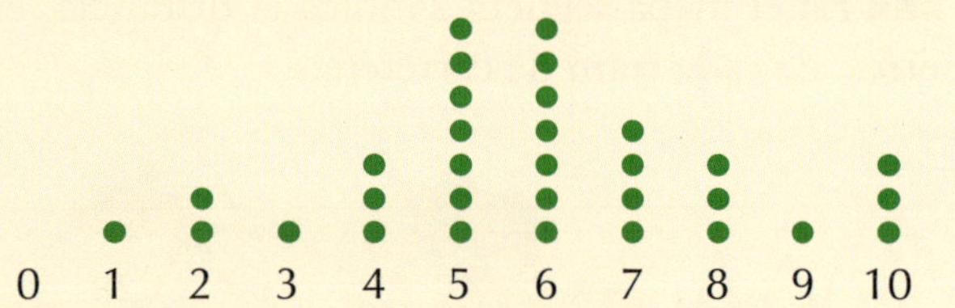

Calcula:

a) La felicitat mitjana expressada pels habitants enquestats.

b) La mediana de la distribució.

c) La moda.

2. Activitat econòmica

Les dues terceres parts de les famílies de Vilamoda del Quartil es dediquen a l'agricultura i a la ramaderia, la quarta part treballa en la indústria i la resta, en el sector dels serveis.

a) Elabora, utilitzant llapis de colors, un diagrama de sectors com el del model sobre la distribució de la població segons l'activitat econòmica:

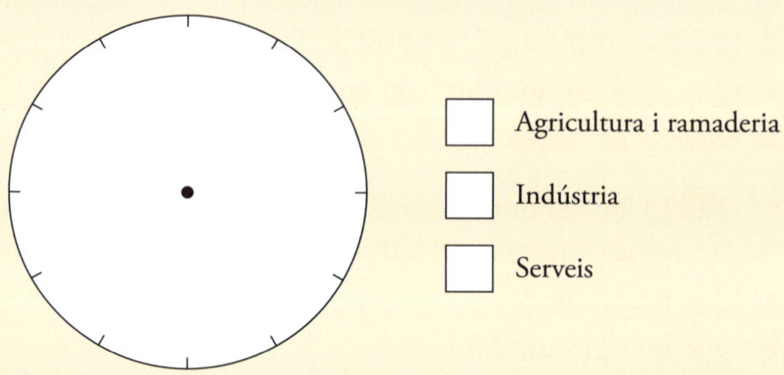

b) Quina fracció de la població es dedica al sector dels serveis?

c) Quin percentatge de la població es dedica a cada una de les activitats esmentades?

d) Si al poble hi ha 240 famílies, quantes viuen de cada activitat?

3. Clima

En els gràfics següents pots observar la representació de set mesuraments meteorològics fets al llarg d'un dia en dos mesos diferents:

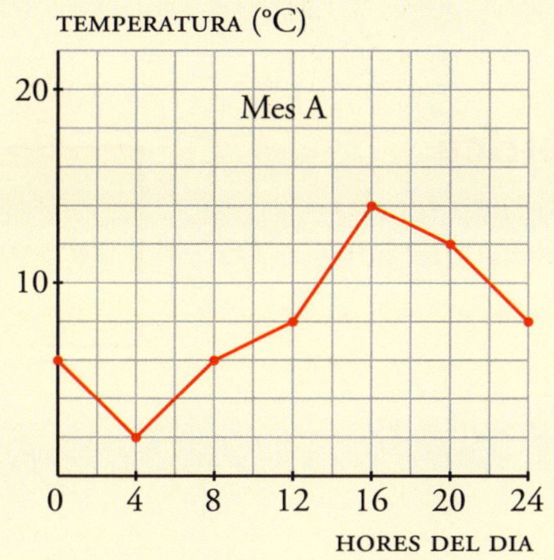

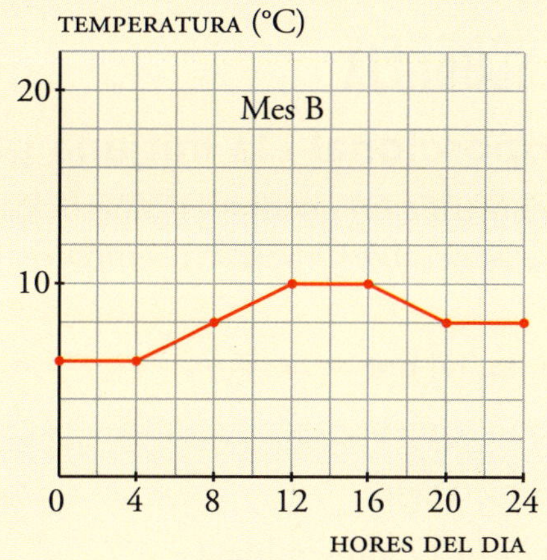

a) Observa els gràfics i estima:

- En quin dels dos mesos va baixar més la temperatura?
- En quin dels dos mesos les variacions de temperatura van ser més brusques?

b) Calcula la temperatura mitjana i la desviació mitjana en cada gràfic.

c) A partir del resultat dels càlculs, eren correctes les teves estimacions? Per què?

4. Població

En la part del llibre commemoratiu que explica com era Vilamoda del Quartil al començament del segle XX, hi ha aquesta piràmide de població, corresponent a l'any 1915:

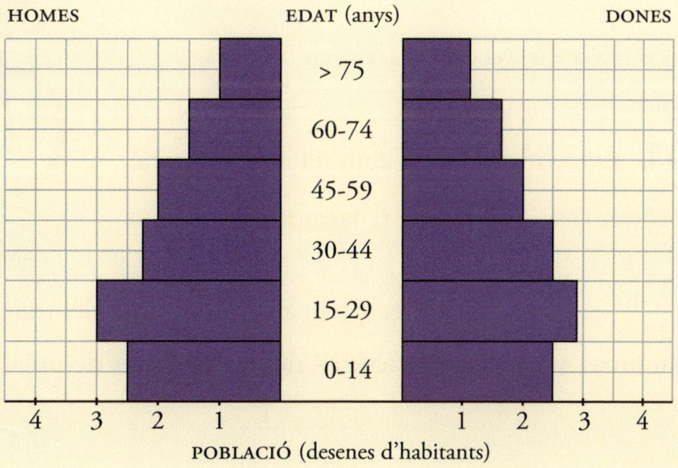

Observa el gràfic i respon:

a) Quina era la població d'homes, la de dones i la total?

b) Quin era el percentatge d'homes? I el de dones?

c) Quin tant per cent de la població tenia menys de 30 anys?

d) Quin percentatge de les dones tenia més de 60 anys?

» TALLER DE MATEMÀTIQUES

» LLEGEIX I DESCOBREIX

La mitjana proporcional i la mitjana geomètrica

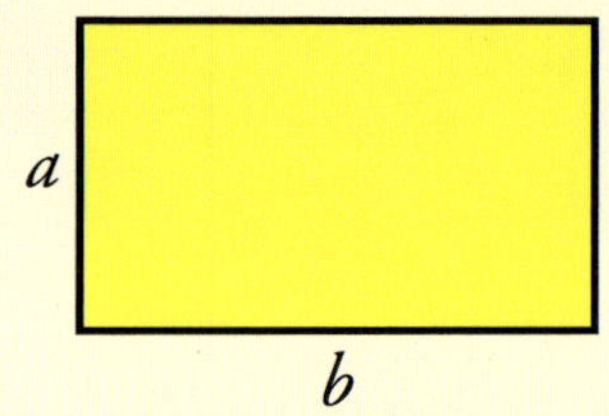

Suposa que volem construir un quadrat la superfície del qual sigui igual a la d'un rectangle de costats *a* i *b*. Quina serà la mesura, *m*, del costat d'aquest quadrat?

Busquem la mesura, *m*, tal que $m^2 = a \cdot b$.

Observa la construcció següent, per obtenir *m*, a partir del segment *a* + *b*:

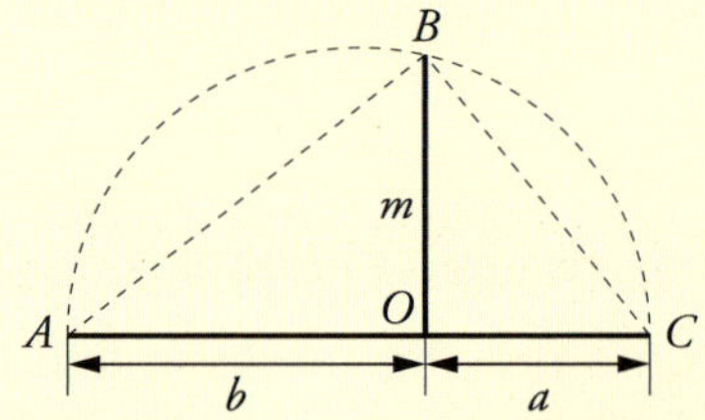

- El triangle *ABC* és rectangle.
- I els triangles *ABO* i *BCO* són semblants.

  Llavors: $\frac{m}{b} = \frac{a}{m} \rightarrow m^2 = a \cdot b$ (Recorda el teorema de l'altura.)

- En aquesta relació numèrica, el valor *m* s'anomena MITJANA PROPORCIONAL.
- Coneixent el valor de *m*, podem obtenir el quadrat equivalent recol·locant una partició del rectangle, com veiem a la dreta.

$$m^2 = a \cdot b \rightarrow m = \sqrt{a \cdot b}$$

- Així, diem que el segment *m* és la MITJANA GEOMÈTRICA dels segments *a* i *b*.

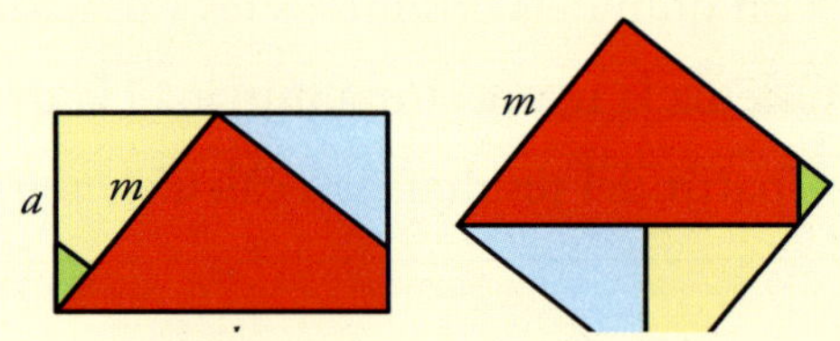

La mitjana harmònica

Un ciclista puja els 40 km que hi ha de A a B a 10 km/h i els baixa a 40 km/h. Quina és la seva velocitat mitjana, v_m, en tot el recorregut?

- Estem temptats de dir que $v_m = \frac{40 + 10}{2} = 25$ km/h. Però... compte! No és cert.

  Tarda 4 h a pujar i 1 h a baixar. És a dir, recorre 80 km en 5 hores.

  Per tant, $v_m = 80 : 5 = 16$ km/h.

- Però també podríem obtenir la velocitat mitjana d'aquesta altra manera:

  Pujant, tarda $\frac{1}{10}$ d'hora a recórrer cada quilòmetre i, baixant, $\frac{1}{40}$ d'hora.

  Així, de mitjana, tarda $\frac{\frac{1}{10} + \frac{1}{40}}{2} = \frac{1}{16}$ d'hora a recórrer cada quilòmetre del trajecte; és a dir, $v_m = 16$ km/h.

- La velocitat mitjana, v_m, s'anomena MITJANA HARMÒNICA de les velocitats de pujada i baixada:

$$\frac{1}{v_m} = \frac{\frac{1}{v_1} + \frac{1}{v_2}}{2}$$

En resum, donats els nombres *x* i *y*:

MITJANA ARITMÈTICA	MITJANA PROPORCIONAL ↔ MITJANA GEOMÈTRICA	MITJANA HARMÒNICA
$m = \frac{x + y}{2}$	$\frac{m}{x} = \frac{y}{m} \leftrightarrow m^2 = x \cdot y \leftrightarrow m = \sqrt{x \cdot y}$	$\frac{1}{m} = \frac{\frac{1}{m} + \frac{1}{y}}{2}$

» ENTRENA'T RESOLENT ALTRES PROBLEMES

Dues experiències semblants?

En quina d'aquestes dues experiències amb dues boles verdes i una de vermella és més difícil treure la bola vermella?

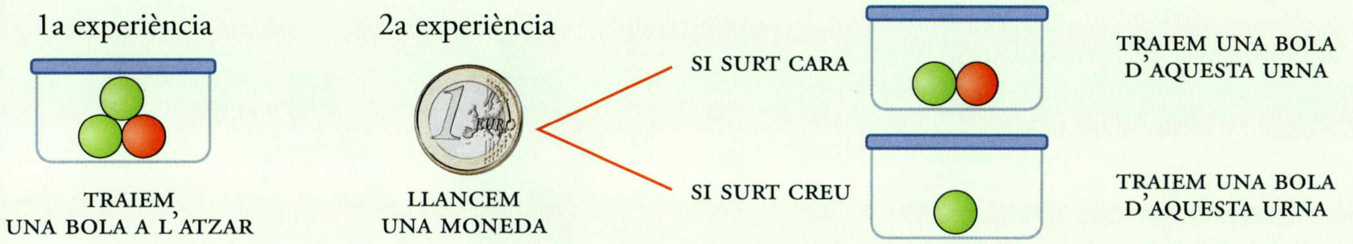

» POSA'T A PROVA

1. En un club de jugadors de videojocs s'ha anotat el nombre de partides guanyades per cada membre. Els resultats són aquests:

4, 4, 5, 3, 3   2, 1, 4, 2, 3   4, 3, 5, 5, 1

2, 0, 1, 0, 3   4, 2, 5, 3, 2   3, 2, 4, 1, 0

a) Construeix amb aquestes dades una taula de freqüències absolutes, relatives i percentuals.

b) Representa-les en un diagrama de barres.

c) Dibuixa'n el diagrama de sectors corresponent.

2. Calcula la mitjana, la mediana, la moda i la desviació mitjana de les distribucions següents:

a) 10, 12, 19, 15, 8, 10, 10

b) 0, 3, 3, 3, 3, 4, 5

c) 4, 2, 3, 4, 2, 3, 4, 5, 6, 3, 5, 7

3. Troba la mitjana, la desviació mitjana i el recorregut de la distribució següent:

x	2	3	4	5	6	7	8	9
f	4	8	6	3	1	2	0	1

4. Indica quins esdeveniments són aleatoris:

a) Que el teu equip guanyi el pròxim partit.

b) Que es faci de nit on vius.

5. Escriu l'espai mostral d'aquestes experiències:

a) Nombre de reis que et toquen si et donen 5 cartes.

b) Color del cabell d'un company elegit a l'atzar.

6. He llançat un dau defectuós 1.000 vegades i 580 vegades he obtingut un 6. Quina pots suposar que és la probabilitat d'obtenir un 6 en la tirada següent?

7. Calcula les probabilitats següents:

a) Treure un rei en una baralla de 40 cartes.

b) Treure una copa en una baralla de 40 cartes.

c) Obtenir un nombre més gran que 2 en llançar un dau.

8. Calcula la probabilitat que la fletxa s'aturi en cada un dels colors de la ruleta:

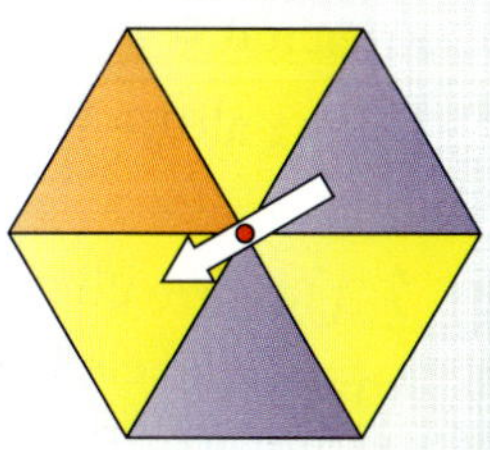

9. Tirem un dau vermell i un de verd i comprovem els nombres obtinguts.

a) Escriu-ne l'espai mostral.

NOTA: Considerem que 1-2 és diferent de 2-1.

b) Calcula la probabilitat de cada cas.

c) Quina és la probabilitat de l'esdeveniment «Treure un 5 en algun dels daus»?

NOTA: El 5-5 també val.

» REPTE: LA FORMA DELS ENVASOS

A la companyia ENVASALIA, SA fabriquen una gran quantitat d'envasos de plàstic i d'altres materials.

Treballen per a diverses empreses que necessiten envasar els seus productes. De vegades els demanen envasos més econòmics, altres vegades, evasos més fàcils d'apilar, i, fins i tot , envasos que tinguin formes curioses i atractives.

Entre tots els envasos que fabriquen es poden trobar aquestes formes:

- Poliedres
- Cossos de revolució
- Combinacions d'ambdues formes

1. En una comanda concreta, per exigències del client, cal que els envasos tinguin una base de 100 cm^2 i una capacitat d'1 litre.

Quina altura tindran els envasos amb formes més habituals?

2. Un altre client vol que el plàstic dels envasos sigui d'un color poc comú, que costa 400 €/m^2. A més, demana que els envasos tinguin 0,8 ℓ de capacitat i 12,5 cm d'altura.

El departament de màrqueting no té clar si l'envàs ha de tenir forma de prisma quadrangular regular o de cilindre. Per decidir-ho, fan un prototip de cada un. Quant costa el plàstic que han de fer servir en cada cas?

3. Quant costa el material per fabricar un prototip d'envàs en forma de prisma triangular regular amb les mateixes característiques que els de la pregunta anterior?

4. Un altre client pot triar entre dos tipus d'envasos (petit i gros) fabricats amb plàstic de 250 €/m^2. El cost del material d'aquests envasos és de 5 € i 11,3 €, respectivament.

Si són esfèrics, quina capacitat té cada un?

5. Una empresa de perfums ha fet una comanda de tres tipus de flascons d'un material que costa 1.034 €/m². Si el cost del perfum és de 300 €/ℓ, a quin preu hauran de vendre cada un d'aquests flascons per obtenir un benefici del 400 %? (No tinguis en compte el tap.)

a)

ORTOEDRE

b)

ESFERA

c)

CILINDRE I SEMIESFERA

6. Els plàstics que fan servir es barregen amb altres substàncies que en modifiquen les característiques. Per exemple, per aconseguir una bona elasticitat han d'afegir a un determinat plàstic un tipus de resina en l'instant del procés de fosa en què assoleix la temperatura màxima; després el deixen refredar i, al cap d'un temps, el tornen a escalfar per donar-li la forma final. Observa la gràfica del procés:

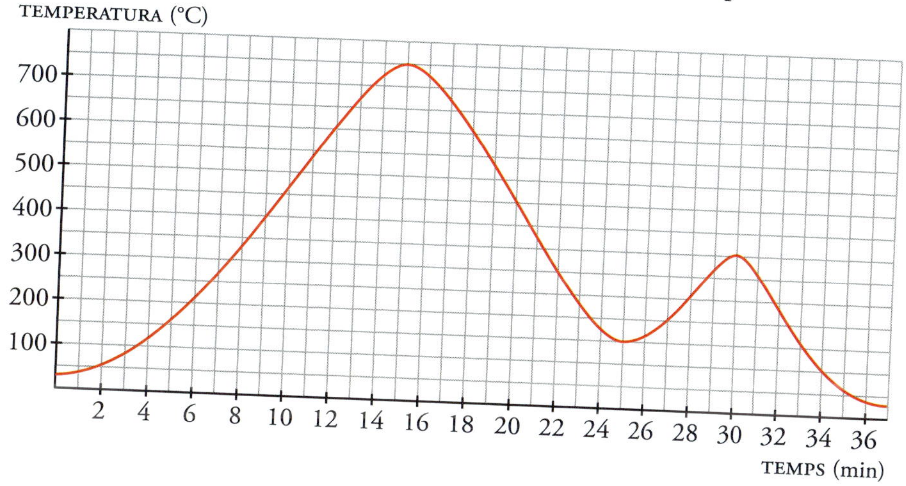

a) Quant temps dura el procés? A quina temperatura hi afegeixen la resina?

b) Quant temps ha de transcórrer per tornar-lo a escalfar? Fins a quina temperatura baixa?

7. L'empresa sotmet els seus productes a un control de qualitat rigorós. Un d'aquests controls consisteix a omplir de líquid els envasos per detectar-hi possibles pèrdues. L'aixeta que omple els envasos té un cabal constant.

Assigna a cada envàs la gràfica corresponent, que relaciona l'altura que assoleix el líquid i el temps:

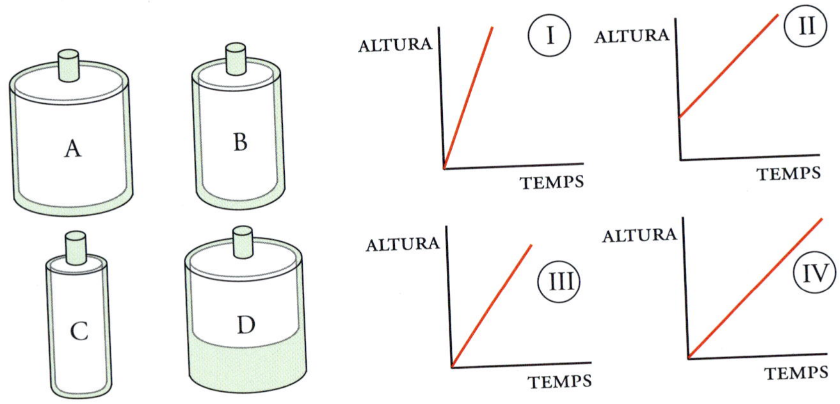

8. La direcció de l'empresa ha demanat al departament de producció que elabori un informe que reculli els volums (en litres) dels envasos que s'han fabricat al llarg d'una hora determinada. Aquests en són els resultats:

1; 0,5; 1,5; 0,8; 0,3
2,7; 1,4; 0,75; 1; 1,2
1,2; 0,2; 0,5; 1; 1,5
1; 1,3; 0,2; 0,8; 1

0,3; 1; 1,5; 1; 0,5
1; 1,5; 2; 1; 1
1; 2,5; 0,7; 0,2; 0,1
2,3; 1,2; 1; 2; 0,75

a) Fes una taula de freqüències en què les dades es reparteixin en aquests intervals:

0-0,49 — 0,49-0,99 — 0,99-1,49
1,49-1,99 — 1,99-2,49 — 2,49-2,99

b) Elabora un histograma que representi les dades.

9. Un altre informe mostra el nombre de dies de retard que han tingut en les comandes del mes:

DIES DE RETARD	0	1	2	3	4	5	6
FREQÜÈNCIA	18	11	4	3	2	1	1

a) Representa aquestes dades amb un diagrama de barres.

b) Calcula la mitjana i la desviació mitjana de la distribució.

c) Troba'n la mediana.

» RESOLUCIÓ DE PROBLEMES

Diverteix-te resolent problemes!

En aquestes pàgines et proposem una bona quantitat de problemes.

Són problemes «especials». Per resoldre'ls no cal que apliquis tècniques matemàtiques, sinó que utilitzis una bona planificació, sentit comú i una mica d'enginy. Alguns són molt fàcils, d'altres no ho són tant i n'hi ha que, fins i tot, són una mica difícils. Però tots són curiosos i divertits.

Alguns consells

- Sempre has d'entendre perfectament l'enunciat i fer una bona planificació.
- En alguns casos convindrà que facis un dibuix o una representació esquemàtica, en d'altres hauràs de fer una cerca, un procés sistemàtic, un tempteig o pensar en un problema similar, però més senzill.
- En tots els casos, diverteix-te pensant i, després, redacta les teves conclusions.

Fes comptes!

1. El iot del magnat grec Ricarchos mesura 30 m més la meitat de la seva pròpia longitud. Quant mesura el iot?

2. Generalment, 5 policies municipals tarden 5 minuts a posar 5 multes. Quant temps trigaran 10 policies municipals a posar 10 multes?

3. En un dels platets d'una balança s'ha col·locat un formatge manxec. En l'altre platet s'han col·locat els 3/4 d'un formatge igual a l'anterior més un pes de 3/4 kg. La balança ha quedat en equilibri. Quant pesa el formatge?

4. Tres pelegrins es troben en un encreuament de camins i s'asseuen a berenar. Un porta 5 coques; un altre 4 coques i el tercer, que no té coques, paga als seus companys amb nou monedes. Com han de distribuir-se les monedes?

5. A la Sandra li han ofert dues possibilitats per pagar-li un treball que durarà 10 dies:

A 100 € per cada un dels 10 dies.

B 1 € pel primer dia, el doble pel segon dia, el doble de l'anterior pel tercer dia, i així, successivament, fins al final.

Quina opció aconsellaries a la Sandra?

6. En una granja, entre gallines i conills, hi ha un total de 600 animals. Si els comptéssim les potes, n'obtindríem 1.480. Quantes gallines i quants conills hi ha?

7. Un examen consta de 50 preguntes, cada una amb quatre possibles respostes. Per cada resposta correcta es donen 3 punts i per cada resposta incorrecta es treu 1 punt. Les preguntes que no es responen no puntuen. Un alumne que va respondre 42 preguntes té 58 punts. Quants encerts va tenir?

8. Digues quin angle, en graus i minuts, formen les busques del rellotge en cada cas:

a) A les 3 en punt.

b) A les 6 h 30 min.

c) A les 3 h 24 min.

9. Una màquina fabrica 5 caragols per minut. Aquest és el temps que està funcionant:

DILLUNS A DIJOUS	De 8 h a 13 h i de 15 h a 17 h
DIVENDRES	De 8 h a 14 h

Per atendre una comanda de 25.000 caragols, la posen en funcionament el dimecres 24 de maig a les 11 del matí. Quan es completarà la comanda?

Juga amb els nombres

10. Cerca el nombre més petit de sis xifres la divisió del qual entre 7 és exacta. Després, cerca també el més gran.

11. El nombre de litres d'oli que conté un barril és tal que pot envasar-se de manera exacta en garrafes de 3 ℓ, de 7 ℓ o de 25 ℓ, però no en garrafes de 4 ℓ ni de 9 ℓ.

Quin pot ser el contingut del barril, si sabem que es troba entre els 1.000 i 2.500 ℓ?

12. El nombre de participants en una desfilada és tal que es poden agrupar així:

EN FILES DE **3** | EN FILES DE **5** | EN FILES DE **25**

Però no poden fer-ho així:

NI EN FILES DE **4** | NI EN FILES DE **9**

Quin és el nombre de participants si sabem que és superior a 900 però inferior a 1.000?

13. Si els membres d'un grup ballen de dos en dos, en sobra un. Si ho fan de tres en tres, en sobren dos, i si ho fan de cinc en cinc, també en sobren dos.

a) Quantes persones componen el grup, si sabem que el seu nombre està comprès entre 10 i 20?

b) I si estigués comprès entre 30 i 50?

14. En un centre escolar hi ha 5 grups, A, B, C, D i E, de 2n d'ESO, amb 28, 31, 24, 26 i 29 alumnes, respectivament. En un dels grups, el nombre de noies és el doble que el de nois.

Quin dels grups és i quants nois i noies hi ha?

15. Utilitzant només la xifra 5 i les operacions oportunes, es pot obtenir qualsevol nombre. Per exemple, fent 55 : 5 – 5 obtenim el 6.

Cerca, amb la quantitat mínima de cincs, les operacions necessàries per obtenir els nombres següents:

a) Els vint primers nombres naturals.

b) Els nombres 111 i 125.

c) Els nombres 500, 1.000 i 3.000.

16. Cerca els quatre nombres naturals més petits (A, B, C i D) que compleixin aquesta condició:

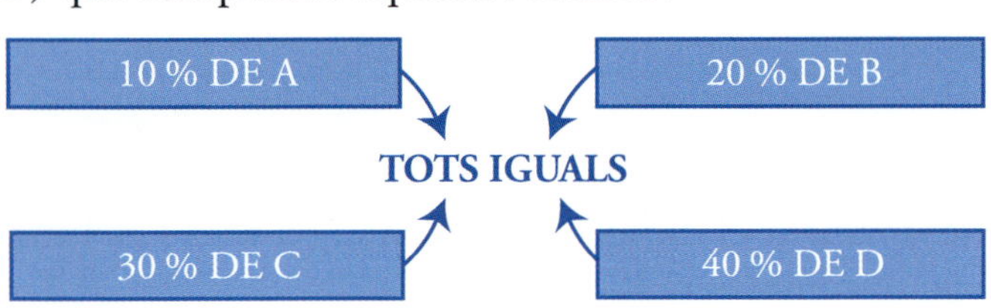

17. Quantes vegades s'utilitza la xifra 9 en escriure tots els nombres de l'1 al 1.000?

18. En quants capicues de quatre xifres les dues xifres dels extrems sumen el mateix que les dues centrals?

Sense àlgebra

19. Observa i resol:

Quant pesa A? I B?

20. Raona i resol:

Quant costa el croissant? I el pa de pagès? I la barra?

21. En un mercat es fan els intercanvis següents:

A Una síndria i un meló per un formatge.

B Un formatge per tres pans.

C Dos melons per tres pans.

Quantes síndries et donaran per un formatge?

22. Dos pantalons curts i dues samarretes tenen un preu de 80 €. Uns pantalons i tres samarretes costen 90 €. Quant costa cada unitat de pantalons? I cada samarreta?

23. Quatre vaques suïsses i tres d'autòctones donen tanta llet en cinc dies com tres vaques suïsses i cinc d'autòctones en quatre dies. Quina d'aquestes vaques és més bona lletera, la suïssa o l'autòctona?

24. Entre en Xavier i en Llorenç tenen 16 anys. Entre en Xavier i en David tenen 13 anys. Entre en David i en Llorenç tenen 17 anys. Quants anys té cada un?

25. La Glòria ha pagat 6 € per una hamburguesa i tres refrescs. Una hamburguesa i un refresc han costat a en Jan 3,5 €. Quant ha de pagar en Daniel per un refresc i dues hamburgueses?

Fes un esquema

26. En Hamadi participa per primera vegada en una caravana de camells pel desert. Com els altres companys, porta un bot ple d'aigua, però com que és inexpert no la raciona bé. El primer dia se'n beu la meitat. El segon dia se'n beu un terç del que queda. El tercer dia se'n beu un quart de la resta. El darrer dia del viatge s'acaba tota l'aigua, ja que se'n beu 3 litres. Amb quants litres d'aigua va iniciar en Hamadi el viatge?

27. Les noies i els nois de la classe d'en Blai se'n van d'excursió al camp. Entre altres coses, encarreguen 14 truites.

Per dinar, reparteixen una truita entre tres alumnes i per berenar, una entre quatre.

Quants nois i noies han anat d'excursió?

28. Dissabte, en Lluís tenia la quarta part de diners que la seva germana Mila. Diumenge, el seu avi els va donar 5 € a cada un i, ara, la Mila té el triple de diners que en Lluís. Quant tenia cada un dissabte?

29. En una garrafa A hi ha doble quantitat d'aigua que en una garrafa B. Si traiem 15 litres de cada una, la primera tindrà el triple d'aigua que la segona. Quants litres hi ha en cada garrafa?

30. L'Amèlia regala a en Julià un terç de la seva col·lecció de segells i a la seva germana Alícia, la meitat dels restants. Dels segells regalats, la quarta part eren d'Europa i 210, de la resta del món. Quants segells ha regalat a l'Alícia?

31. L'Esteve, la Mar i en Jordi han treballat repartint propaganda i han guanyat 153 € entre tots tres. Si la Mar hagués fet un terç menys de feina, hauria guanyat el mateix que en Jordi, i si n'hagués fet un terç més, hauria guanyat el mateix que l'Esteve. Quant ha guanyat cada un?

32. En un ball, tres quartes parts dels homes estan ballant amb tres cinquenes parts de les dones. Quina fracció del total d'assistents no estan ballant?

Fixa't en les figures

33. Calcula l'àrea d'un quadrat la diagonal del qual coincideix amb el costat d'un quadrat de 10 m^2 de superfície.

34. El perímetre del quadrat vermell més petit és de 32 cm.

Quin és el perímetre del quadrat vermell més gran?

35. Quina fracció del triangle gran s'ha pintat de color vermell?

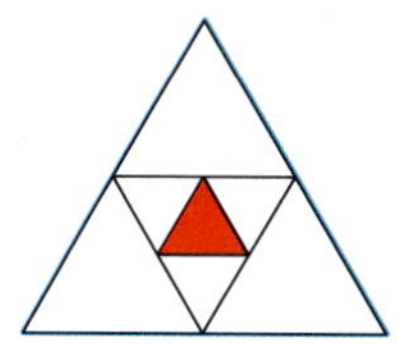

36. Un full en forma de rectangle té un perímetre de 80 cm. Si el doblego en quatre parts al llarg i després en sis a l'ample, n'obtinc un quadrat.

Quines són les dimensions del full?

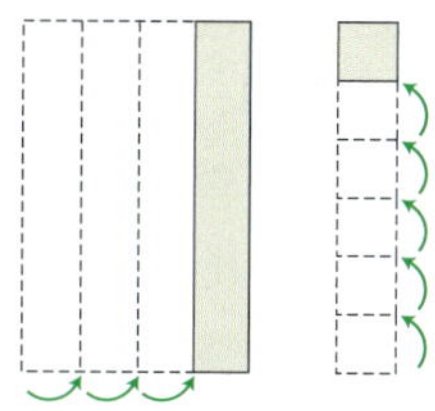

37. Calcula, en centímetres quadrats, la superfície d'aquestes figures:

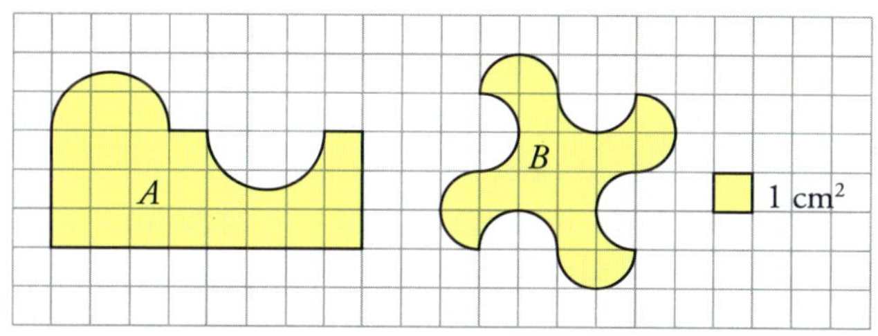

Ara, calcula, en centímetres cúbics, el volum d'aquests altres cossos:

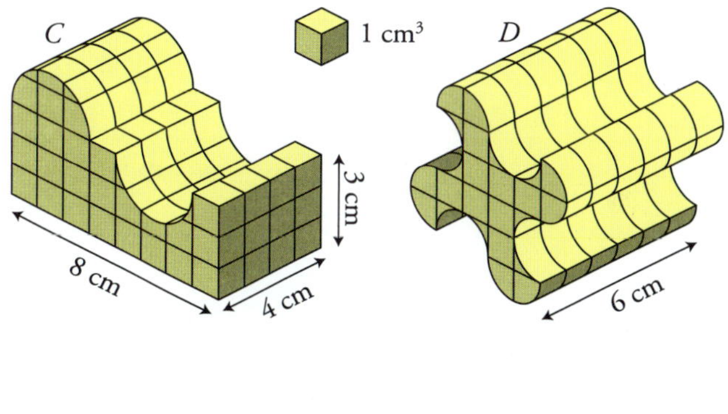

38. Troba l'àrea de la part pintada d'aquesta figura si sabem que el diàmetre de la circumferència gran és de 6 cm:

39. El perímetre d'aquesta figura és de 160 mm. Calcula'n l'àrea.

40. L'àrea d'aquesta finca és de 600 m^2. Quina és la longitud de la tanca que l'envolta?

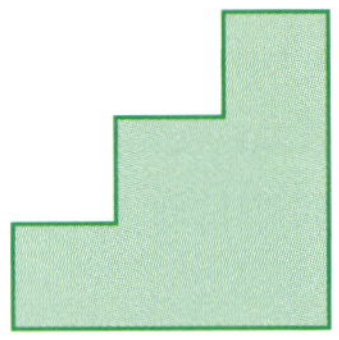

41. S'ha tancat un corral quadrat amb cinc files de filferro sostingudes per pals col·locats a 2 m de distància. S'han necessitat 60 pals.

El metre de filferro costa 0,45 € i un pal val 2 €. Quin ha estat el cost dels materials utilitzats?

42. Un constructor ha comprat tres parcel·les quadrades i iguals de 22 m de costat. Les parcel·les són l'una a tocar de l'altra i estan alineades.

Quant li costarà tancar el terreny amb un filat que venen en rotlles de 20 m si cada rotlle val 70 €?

43. Una catifa de 2 × 3 m està centrada en una habitació rectangular i ocupa la quarta part del terra. Les vores més llargues de la catifa queden a 1 m de la paret. A quina distància de la paret queden les vores més curtes?

44. Quants trams de carretera són necessaris per comunicar quatre ciutats de manera que des de cada una es pugui arribar a qualsevol altra sense passar per una tercera? I per comunicar cinc ciutats? I per comunicar sis ciutats?

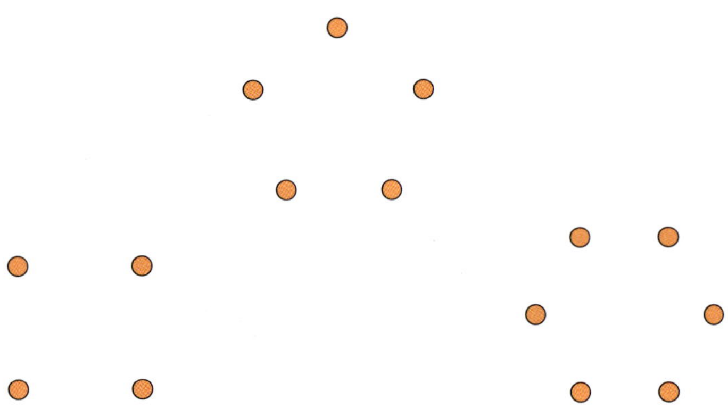

45. Calcula l'àrea de la part pintada de cada una de les figures següents:

a)

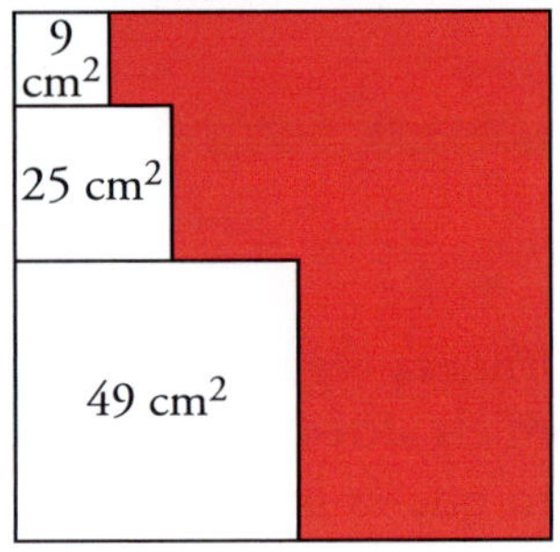

b)

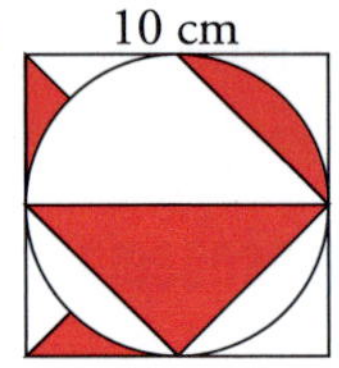

46. Comprova que totes aquestes figures es poden dibuixar sense alçar el llapis i sense passar dues vegades sobre el mateix tram:

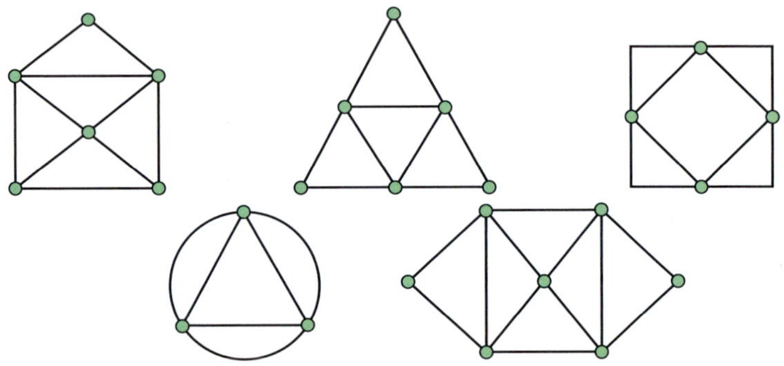

Ara, comprova que no ho pots fer amb aquestes altres:

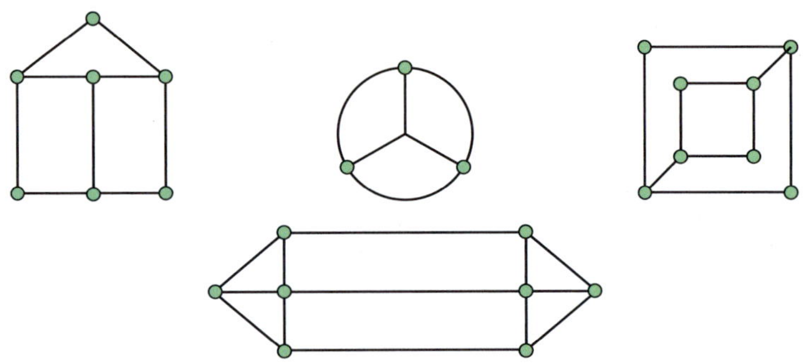

Pots dir quan es pot dibuixar una figura i quan no en les condicions anteriors?

Fixa't en el nombre de vèrtexs o nusos i en el nombre de branques (si és parell o senar).

47. Cerca la manera de dibuixar cada figura sense alçar el llapis i sense repassar cap tram.

A

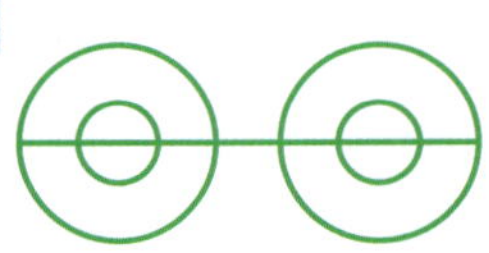

B

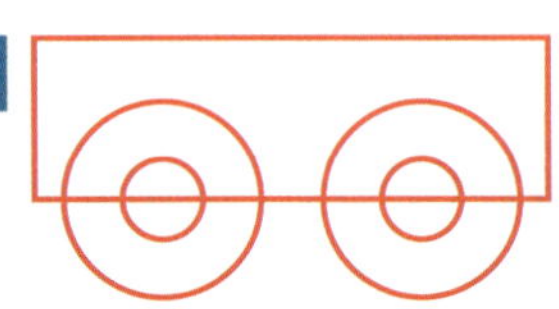

a) Des de quants punts es pot iniciar el traçat de la figura A?

b) I el de la figura B?

BARCANOVA EDITORIAL

Mou escuradents o fitxes

48. Aquests cinc escuradents formen una figura que anomenarem «girafa». Movent un únic escuradents, és possible aconseguir que la «girafa» miri en una altra direcció. Sabries fer-ho?

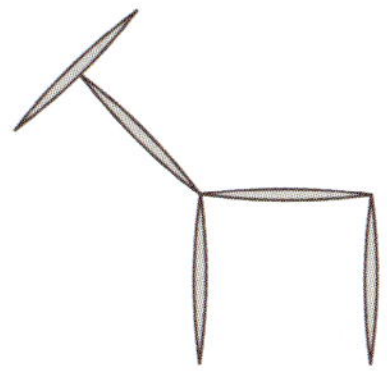

49. Observa aquesta figura:

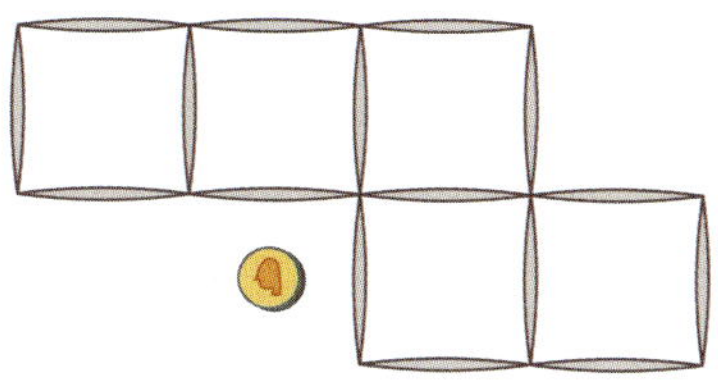

a) Desplaça dos escuradents per formar quatre quadrats i fer que la moneda queda dins d'un.

b) Desplaça dos escuradents per formar quatre quadrats i fer que la moneda quedi dins de dos.

50. Mig en broma, mig seriosament!

Movent només un escuradents, forma un quadrat. Sabries fer-ho?

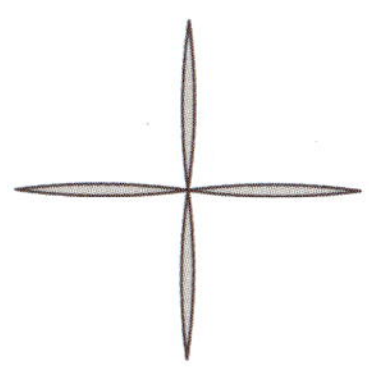

51. Col·loca 17 fitxes en 4 files, de manera que en cada fila hi hagi 5 fitxes.

52. Insereix dos quadrats en aquesta figura, de manera que els nou punts quedin aïllats:

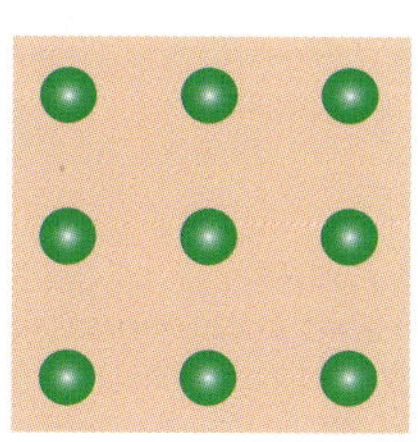

53. Quantes fitxes cal moure per transformar una figura en l'altra?

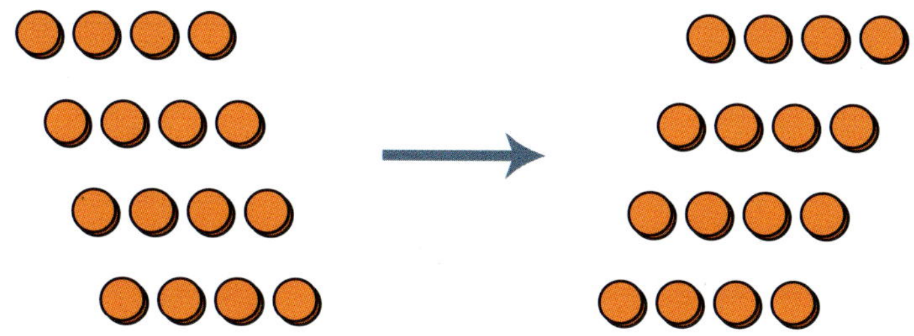

54. Aconsegueix invertir el triangle (amb el vèrtex cap avall) movent la mínima quantitat possible de fitxes.

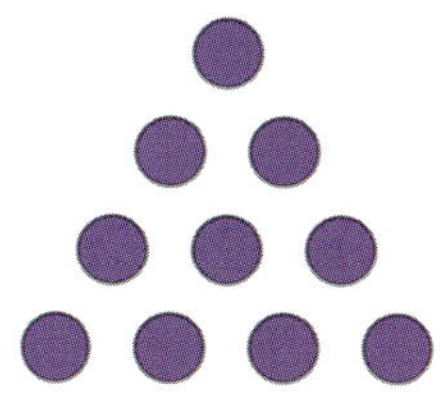

Lògica

55. L'objectiu d'aquest joc és intercanviar les fitxes de color vermell i les de color blau amb el mínim nombre de moviments.

Regles:

- Una fitxa pot moure's a la casella buida contigua.
- Una fitxa pot botar sobre una altra de diferent color per caure en una casella buida.

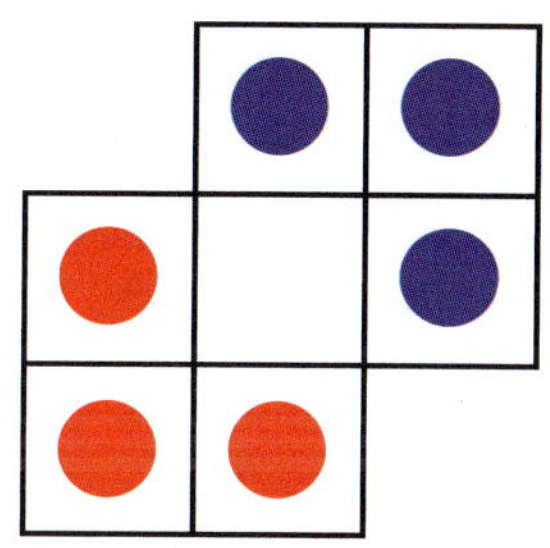

56. Abans-d'ahir l'Anna tenia 13 anys i, no obstant això, l'any que ve en complirà 16. Explica com pot ser possible.

57. Un nenúfar dobla la seva grandària cada dia i, en un mes, cobreix tot un llac.

Quant temps tardaran dos nenúfars a cobrir tot el llac?

Aquest projecte editorial de la matèria de Matemàtiques respon al Projecte de Decret d'ordenació dels ensenyaments de l'educació bàsica de l'any 2022.

Equip editorial:

Cap del projecte editorial: Montse Ballaró
Coordinació editorial: Montse Ciprés
Edició: Alícia Almonacid
Correcció: M. Mercè Estévez i Agnès Toda
Documentalista: Cristina Boj

Coordinació artística i disseny: Laura R. Dengra
Coordinació tècnica: Mercedes F. Bravo
Adaptació del disseny d'interiors i maquetació: Moelmo, SCP

Coordinació tècnica digital: Montse Cascales
Edició digital: Glòria Jodar Pubill

Il·lustracions: José Labari
Fotografies: Fotografies: AGE-Fotostock (Stefano Baldini); Alamy/Cordon Press (Mirostav Kral); Arxiu Anaya (Candel, C.; Cosano, P.; Lezama, D.; Martin, J.; Martín, J. A.; Peñuela Py, E.; Pozo, M.; Sánchez, J.); Imatges de Shutterstock.com; Getty Images (Abstract Aerial Art; onurdongel; SolStock); Nasa's Goddard Space Flight Center; 123 RF; Arxiu Barcanova

Rosa Sensat, 9-11, 4a planta. 08005 Barcelona
Telèfon 932 172 054
barcanova@barcanova.cat
www.barcanova.cat

Primera edició: març de 2021
Segona impressió: juny de 2022
ISBN: 978-84-489-5324-9
DL B 4490-2021
Printed in Spain

PAPER DE FIBRA CERTIFICADA